SOLIDWORKS®全球培訓教材系列

SOLIDWORKS 工程圖 培訓教材

2024 繁體中文版

Dassault Systèmes SOLIDWORKS® 公司 著
陳超祥、戴瑞華 主編

項次編號	零件名稱	描述	數量
1	60216001	Bulkhead	1
2	60214002		1
3	60214001		1
4	60258001	Kingpin Spacer	2
5	60217001	Lower Frame Articulation	1
6	60213002		1
7	90040001	Lock Pin	1
8	60257002		2
9	60257001		8
10	90045001	0.5 x 0.6 x 1 Bushing	4
11	6806 LLU Max C3	Ø 30 x Ø 42 x 7 - Bearing	2
12	6902 LLU Max - E	Ø 15 x Ø 28 x 7/10 Bearing	10
13	60213001		1
14	60218001	Lower AR Arm Linkage	2
15	90013004	M5x0.8x16 FHCS	4
16	60267001	Large Kingpin Spacer	1
17	60169001		1
18	92855A722_18-8 Stainless Steel Low-Profile Socket Head Screws (1)	M8 x 1.25 x 20 LP SHCS	1
19	60210001	Kingpin	1
20	60049001	Articulation Mount - Rear	1
21	90150001	King Pin End Cap	1

細部放大圖 A
縮放 1 : 4

SOLIDWORKS

PROPRIETARY AND CONFIDENTIAL

THE INFORMATION CONTAINED IN THIS DRAWING IS THE SOLE PROPERTY OF SOLIDWORKS CORP. ANY REPRODUCTION IN PART OR AS A WHOLE WITHOUT THE WRITTEN PERMISSION OF SOLIDWORKS CORP. IS PROHIBITED.

DIMENSIONS ARE IN MILLIMETERS
UNLESS OTHERWISE SPECIFIED, TOLERANCES ARE:
ONE PLACE (X.X) = ± 0.50
TWO PLACE (X.XX) = ± 0.20
THREE PLACE (X.XXX) = ± 0.10
ANGULAR = ± 1°

第三角法

MATERIAL

WEIGHT(KG) 4624.77

DESCRIPTION

Front End Sub Assembly

SIZE A3 DWG. NO. 40099001 A

SCALE:1:8 SHEET 1 OF 1

C:\USERS\USER\DOWNLOADS\COMPONENTS\COMPONENTS\

作　　者：Dassault Systèmes SOLIDWORKS Corp.
主　　編：陳超祥、戴瑞華
繁體編譯：許中原

董 事 長：曾梓翔
總 編 輯：陳錦輝

出　　版：博碩文化股份有限公司
地　　址：221 新北市汐止區新台五路一段 112 號 10 樓 A 棟
電話 (02) 2696-2869 傳真 (02) 2696-2867

發　　行：博碩文化股份有限公司
郵撥帳號：17484299　戶名：博碩文化股份有限公司
博碩網站：http://www.drmaster.com.tw
讀者服務信箱：dr26962869@gmail.com
訂購服務專線：(02) 2696-2869 分機 238、519
（週一至週五 09:30 ～ 12:00；13:30 ～ 17:00）

版　　次：2024 年 3 月初版

建議零售價：新台幣 560 元
I S B N：978-626-333-810-4
律師顧問：鳴權法律事務所 陳曉鳴律師

本書如有破損或裝訂錯誤，請寄回本公司更換

國家圖書館出版品預行編目資料

SOLIDWORKS 工程圖培訓教材 /Dassault Systèmes SOLIDWORKS Corp.. – 初版 . – 新北市：博碩文化股份有限公司 , 2024.03
面；　公分
2024繁體中文版
譯自 : SolidWorks drawings
ISBN 978-626-333-810-4(平裝)
1.CST: SolidWorks(電腦程式) 2.CST: 電腦繪圖
312.49S678　　113002771

Printed in Taiwan

博 碩 粉 絲 團

商標聲明

有限擔保責任聲明

著作權聲明

序

We are pleased to provide you with our latest version of SOLIDWORKS training manuals published in Chinese. We are committed to the Chinese market and since our introduction in 1996, we have simultaneously released every version of SOLIDWORKS 3D design software in both Chinese and English.

We have a special relationship, and therefore a special responsibility, to our customers in Greater China. This is a relationship based on shared values – creativity, innovation, technical excellence, and world-class competitiveness.

SOLIDWORKS is dedicated to delivering a world class 3D experience in product design, simulation, publishing, data management, and environmental impact assessment to help designers and engineers create better products. To date, thousands of talented Chinese users have embraced our software and use it daily to create high-quality, competitive products.

China is experiencing a period of stunning growth as it moves beyond a manufacturing services economy to an innovation-driven economy. To be successful, China needs the best software tools available.

The latest version of our software, SOLIDWORKS 2024, raises the bar on automating the product design process and improving quality. This release includes new functions and more productivity-enhancing tools to help designers and engineers build better products.

These training manuals are part of our ongoing commitment to your success by helping you unlock the full power of SOLIDWORKS 2024 to drive innovation and superior engineering.

Now that you are equipped with the best tools and instructional materials, we look forward to seeing the innovative products that you will produce.

Best Regards,

Gian Paolo Bassi

Chief Executive Officer, DS SOLIDWORKS

前言

DS SOLIDWORKS® 公司是一家專業從事三維機械設計、工程分析、產品資料管理軟體研發和銷售的國際性公司。SOLIDWORKS 軟體以其優異的性能、易用性和創新性，極大地提高了機械設計工程師的設計效率和品質，目前已成為主流 3D CAD 軟體市場的標準，在全球擁有超過 600 萬的忠實使用者。DS SOLIDWORKS 公司的宗旨是：To help customers design better product and be more successful（幫助客戶設計出更好的產品並取得更大的成功）。

"DS SOLIDWORKS® 公司原版系列培訓教材"是根據 DS SOLIDWORKS® 公司最新發佈的 SOLIDWORKS 軟體的配套英文版培訓教材編譯而成的，也是 CSWP 全球專業認證考試培訓教材。本套教材是 DS SOLIDWORKS® 公司唯一正式授權在中華民國台灣地區出版的原版培訓教材，也是迄今為止出版最為完整的 DS SOLIDWORKS 公司原版系列培訓教材。

本套教材詳細介紹了 SOLIDWORKS 軟體模組的功能，以及使用該軟體進行三維產品設計、工程分析的方法、思路、技巧和步驟。值得一提的是，SOLIDWORKS 不僅在功能上進行了多達數百項的改進，更加突出的是它在技術上的巨大進步與持續創新，進而可以更好地滿足工程師的設計需求，帶給新舊使用者更大的實惠！

本套教材保留了原版教材精華和風格的基礎，並按照台灣讀者的閱讀習慣進行編譯，使其變得直觀、通俗，可讓初學者易上手，亦協助高手的設計效率和品質更上一層樓！

本套教材由 DS SOLIDWORKS® 公司亞太區高級技術總監陳超祥先生和大中華區技術總監戴瑞華先生共同擔任主編，由台灣博碩文化股份有限公司負責製作，實威國際協助編譯、審校的工作。在此，對參與本書編譯的工作人員表示誠摯的感謝。由於時間倉促，書中難免存在疏漏和不足之處，懇請廣大讀者批評指正。

陳超祥　戴瑞華

陳超祥 先生
現任 DS SOLIDWORKS 公司亞太地區高級技術總監

陳超祥先生畢業於香港理工大學機械工程系，後獲英國華威大學製造資訊工程碩士及香港理工大學工業及系統工程博士學位。多年來，陳超祥先生致力於機械設計和 CAD 技術應用的研究，曾發表技術文章二十餘篇，擁有多個國際專業組織的專業資格，是中國機械工程學會機械設計分會委員。陳超祥先生曾參與歐洲航天局「獵犬 2 號」火星探險專案，是取樣器 4 位發明者之一，擁有美國發明專利（US Patent 6, 837, 312）。

戴瑞華 先生
現任達索系統大中華區技術諮詢部 SOLIDWORKS 技術總監

戴瑞華先生擁有在機械行業 25 年以上的工作經驗，之前曾服務於多家企業，主要負責設備、產品和模具，以及工裝夾具的開發和設計。其本人酷愛 3D CAD 技術，從 2001 年開始接觸三維設計軟體並成為主流 3D CAD SOLIDWORKS 的軟體應用工程師，先後為企業和 SOLIDWORKS 社群培訓了成百上千的工程師；同時他利用自己多年的企業研發設計經驗總結出如何在中國的製造企業成功應用 3D CAD 技術的最佳實踐方法，幫助眾多企業從 2D 設計平順地過渡到 3D 設計，為企業的資訊化與數位化建設奠定了扎實的基礎。

戴瑞華先生於 2005 年 3 月加盟 DS SOLIDWORKS 公司，現負責 SOLIDWORKS 解決方案在大中華地區的技術培訓、支援、實施、服務及推廣等，實作經驗豐富。其本人一直宣導企業構建以三維模型為中心之創新導向的研發設計管理平臺、實現並普及數位化設計與數位化製造，為中國企業最終走向智慧設計與智慧製造進行著不懈的努力與奮鬥。

戴瑞華先生曾於 1996 年被評為南昌市「十佳青年」，於 2002 年 3 月作為研修生赴日本學習「五金模具設計與加工」，於 2004 年 5 月作為輸入內地人才計畫赴香港工作。

推薦序

3D 設計軟體 SOLIDWORKS 所具備的易學易用特性，成為提高設計人員工作效率的重要因素之一，從 SOLIDWORKS 95 版在台灣上市以來至今累計了數以萬計的使用者，此次的 SOLIDWORKS 2024 新版本發佈，除了提供增強的效能與新增功能之外，同時推出 SOLIDWORKS 2024 繁體中文版原廠教育訓練手冊，並與全球的使用者同步享有來自 SOLIDWORKS 原廠所精心設計的教材，嘉惠廣大的 SOLIDWORKS 中文版用戶。

這一次的 SOLIDWORKS 2024 最新版的功能，囊括了多達 100 項以上的更新，更有完全根據使用者回饋所需，而產生的便捷新功能，在實際設計上有絕佳的效果，可以說是客製化的一種體現。不僅這本 SOLIDWORKS 2024 的繁體中文版原廠教育訓練手冊，目前也提供完整的全系列產品詳盡教學手冊，包括分析驗證的 SOLIDWORKS Simulation、數據管理的 SOLIDWORKS PDM、與技術文件製作的 SOLIDWORKS Composer 中文培訓手冊，可以讓廣大用戶參考學習，不論您是 SOLIDWORKS 多年的使用者，或是剛開始接觸的新朋友，都能夠輕鬆使用這些教材，幫助您快速在設計工作上提升效率，並在產品的研發上帶來 SOLIDWORKS 2024 所擁有的全面協助。這本完全針對台灣使用者所編譯的教材，相信能在您卓越的設計研發技巧上，獲得如虎添翼的效用！

實威國際本於〝誠信服務、專業用心〞的企業宗旨，將全數採用 SOLIDWORKS 2024 原廠教育訓練手冊進行標準課程培訓，藉由質量精美的教材，佐以優秀的師資團隊，落實教學品質的培訓成效，深信在引領企業提升效率與競爭力是一大助力。我們也期待 DS SOLIDWORKS 公司持續在台灣地區推出更完整的解決方案培訓教材，讓台灣的客戶可以擁有更多的學習機會。感謝學界與業界用戶對於 SOLIDWORKS 培訓教材的高度肯定，不論在教學或自修學習的需求上，此系列書籍將會是您最佳的工具書選擇！

SOLIDWORKS/ 台灣總代理

實威國際股份有限公司

總經理

許泰源

本書使用說明

關於本書

本書的目的是讓讀者學習如何使用 SOLIDWORKS 這個機械設計自動化軟體來建立零件和組合件的工程圖。SOLIDWORKS 是個功能強大的機械設計軟體，有豐富的特徵得以應用，然而本書章節有限，不可能解說軟體的每個細節要點，所以本書將重點放在建立工程圖時所需要的基本技能和概念。

本書可作為 SOLIDWORKS 線上說明的補充，但無法完全取代軟體本身的學習單元內容。在讀者了解 SOLIDWORKS 軟體的基本操作技巧後，對於較少使用到的指令或書中未提到的主題，即可參考線上說明或 SOLIDWORKS 學習單元，得到更好學習效果。

先決條件

讀者在學習這本書前，應該具備以下經驗：

- 機械設計經驗。
- 熟悉 Windows 作業系統。
- 已經學習《SOLIDWORKS 零件與組合件培訓教材》。

本書編寫原則

本課程是以實例和步驟為主的訓練方法所設計編寫的，而非專注於介紹單項特徵和軟體功能。本書強調的是完成一項特定任務所應遵循的過程和步驟。透過對每個範例的演練來學習這些過程和步驟，讀者將學會為了完成一項特定的設計任務所應採取的方法，以及所需要的指令、選項和功能表。

本書使用方法

本培訓教材是希望讀者在有 SOLIDWORKS 使用經驗的講師指導下進行學習。希望由講師現場示範書中所提供的實例，和學生跟著練習的交互學習方式，使讀者掌握軟體的功能。

課堂上的練習

讀者可以使用練習題來應用和練習書中講解的，或講師示範的內容。本書設計的練習題代表了基本的設計和建模，讀者完全能夠在課堂上完成。要注意的是，由於每個學生的學習速度不同，因此，書中的練習題會比一般讀者在課堂上完成的要多，而這也確保讓學習最快的讀者也有練習可做。

關於“指令 TIPS”

除了每章的實例和練習外，本書還提供了可供讀者參考的“指令 TIPS”。它提供軟體中指令或選項的簡單介紹和操作方法查閱。

繪圖標準

SOLIDWORKS 軟體支援多個國際上可接受的繪圖標準，包括 ANSI、ISO、DIN 和 JIS。課程中的範例和練習題都是使用 ISO 標準。

關於範例實作檔與動態影音教學檔

本書的「01Training Files」收錄了課程中所需要的所有檔案。這些檔案是以章節編排，例如：Lesson02 資料夾包含 Case Study 和 Exercises。每章的 Case Study 為書中演練的範例；Exercises 則為練習題所需的參考檔案。範例實作檔案可從「博碩文化」官網下載，網址是：http://www.drmaster.com.tw/Publish_Download.asp；而本培訓教材也同時提供課程內容 + 練習的影音教學檔，讀者可至「**博碩數位學院：元學堂**」觀看，網址是：**https://www.metalearning.com.tw/all_courses**。

此外，讀者也可以從 SOLIDWORKS 官方網站下載本教材的 Training Files，網址是 http://www.solidworks.com/trainingfilessolidworks，使用 Search 按鈕，下方即會列出工程圖可練習檔案的下載連結，下載後執行會自動解壓縮。

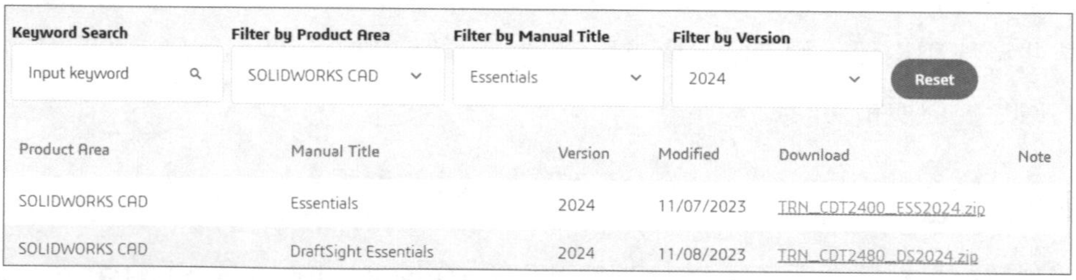

Keyword Search	Filter by Product Area	Filter by Manual Title	Filter by Version	
Input keyword	SOLIDWORKS CAD	Essentials	2024	Reset

Product Area	Manual Title	Version	Modified	Download	Note
SOLIDWORKS CAD	Essentials	2024	11/07/2023	TRN_CDT2400_ESS2024.zip	
SOLIDWORKS CAD	DraftSight Essentials	2024	11/08/2023	TRN_CDT2480_DS2024.zip	

關於範本的使用

範例實作資料夾內包含 Training Templates（範本）子資料夾，收錄了練習將會使用到的範例文件，請您事先將這些文件（包含 Training Templates）複製到硬碟中。

使用前需先將範本檔放置於系統指定的地方：

1. 按**工具→選項→系統選項→檔案位置**。

2. 從**顯示資料夾**下拉選單中選擇**文件範本**。
3. 按**新增**並找到 Training Templates 資料夾。
4. 按**確定**與**是**完成新增。

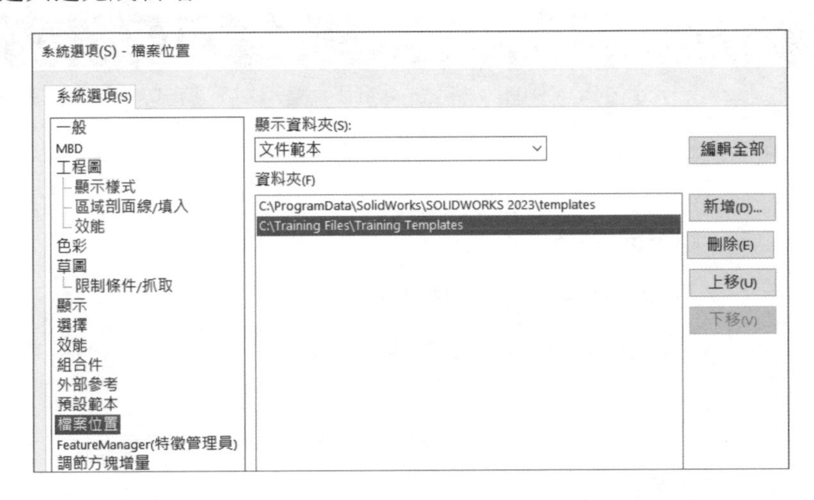

存取 Training Templates

在加入檔案位置後，按**進階使用者**按鈕，會看到 Training Templates 標籤已顯示於新 **SOLIDWORKS** 文件對話方塊中。

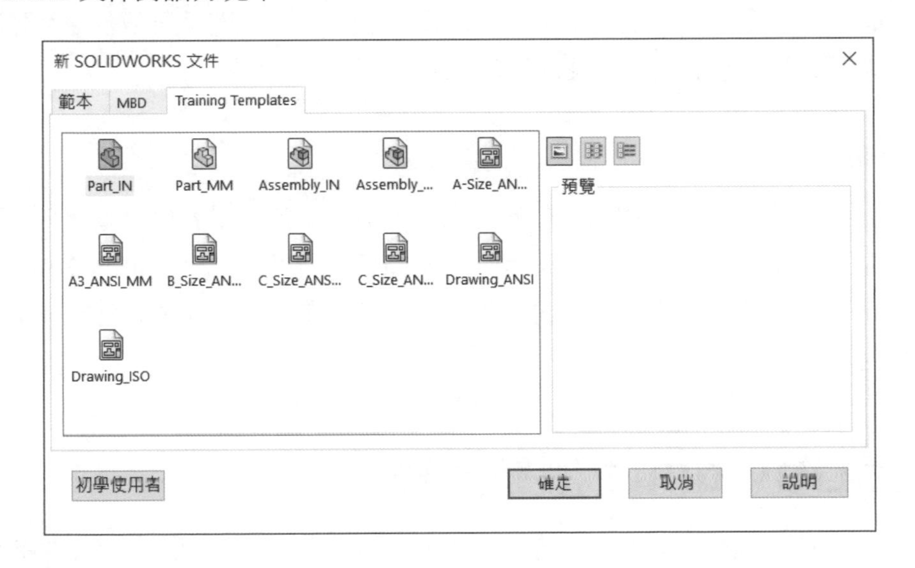

Windows

本書所有的 SOLIDWORKS 軟體圖片都是在 Windows 10 的環境下執行擷取，若您使用不同版本的作業系統時，您可以留意指令與視窗在外觀上可能有些微差異，但這些差異並不會影響您學習 SOLIDWORKS 與執行 SOLIDWORKS 的效能。

本書書寫格式

本書使用以下的格式設定：

設定	說明
功能表：檔案→列印	指令位置。例如：檔案→列印，表示從下拉式功能表的**檔案**中選擇**列印**指令。
提示	要點提示。
技巧	軟體使用技巧。
注意	軟體使用時應注意的問題。
操作步驟	表示課程中實例設計過程的各個步驟。

關於色彩的問題

SOLIDWORKS 使用者介面採用廣泛的色彩來強調所選幾何，並提供視覺上的回饋，這大幅增加了 SOLIDWORKS 軟體使用的直覺性與簡單性。所以，在書中的許多案例中，可能會使用到額外的色彩來說明概念、識別特徵，並可傳達重要訊息，例如以不同顏色顯示零件圓角。此外，若您發現電腦中的圖形色彩和書上的不同，則是為了教學而將繪圖區域改為白色，使其較好呈現在白色頁面的書籍中。

使用者介面

在軟體開發過程中，為了提高軟體的可見性，絕大部分使用者會調整指令介面，只為了常用指令能清楚或明顯顯示在可見區域，調整介面並不會影響 SOLIDWORKS 功能。本書對話方塊的圖像變更並不會取代掉先前版本的功能，在後續可能會看到新版本與舊版本 UI 混合的展示。

更多 SOLIDWORKS 訓練資源

MySolidWorks.com 讓您隨時、隨地在任何電腦上都能連接到 SOLIDWORKS 的內容與服務，使您更具有生產力。

另外，連接到 My.SolidWorks.com/training 中的 MySolidWorks Training也能依您的學習速度，安排加強您的 SOLIDWORKS 技巧。

01 工程圖回顧

02 認識工程圖範本

03 自訂圖頁格式

04 儲存與測試圖頁格式檔案

05 建立其他圖頁格式與範本

06 工程視圖的進階選項

07 了解註記視角

08 進階細項工具

09 使用圖層、樣式與 Design Library

10 零件表（BOM）進階選項

11 其他表格

12 其他工程圖工具

13 效能管理

01

工程圖回顧

順利完成本章課程後，您將學會：

- 了解 SOLIDWORKS 工程圖中的系統選項
- 使用工程圖視圖調色盤
- 建立基礎工程視圖，例如模型視角、剖面視圖、細部放大圖、移轉剖面視圖
- 使用模型項次指令的基本功能
- 在工程視圖中使用快速尺寸選擇器來放置尺寸
- 使用尺寸調色盤的基本功能
- 建立組合件工程圖的零件表（BOM 表）和零件號球
- 建立基本註記，像是中心符號線、中心線和註解等

1.1 基礎回顧

在《SOLIDWORKS 零件與組合件培訓教材》一書中，已經有介紹過工程圖中的一些基礎功能，本章我們將從一個工程圖檔開始，如圖 1-1 所示，先來複習之前學過的工程圖指令。

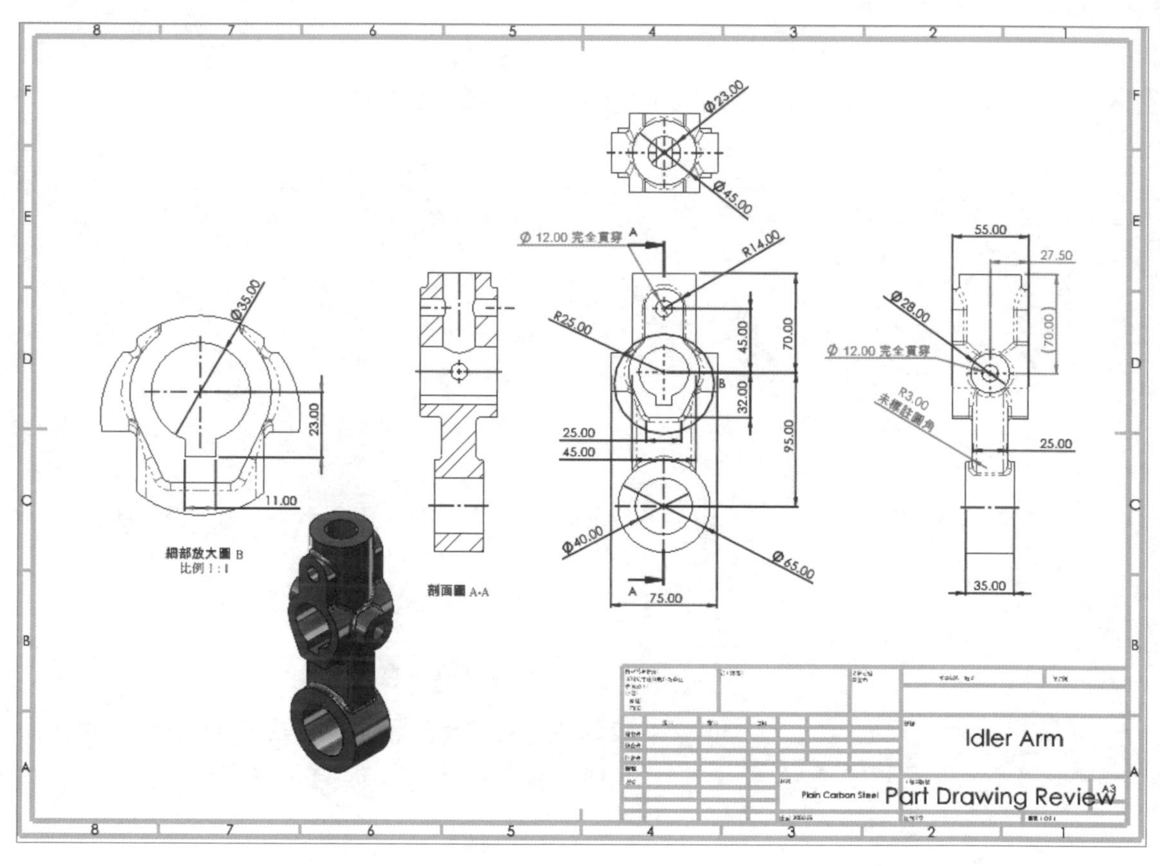

圖 1-1 工程圖

STEP 1 開啟零件

從 Lesson01\Case Study 資料夾中開啟零件：Part Drawing Review.SLDPRT，如圖 1-2 所示。

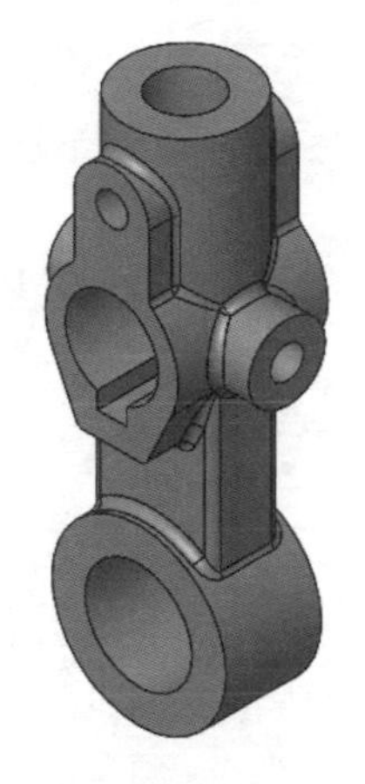

圖 1-2 Part Drawing Review 零件

STEP 2 檢查零件

此模型是由 SOLIDWORKS 所設計，內含草圖及特徵尺寸。

此零件中有兩個模型組態，其中 Simplified 模型組態會抑制圓角。

1.2 工程圖系統選項

在開始詳細專案之前，最好先調整好符合您需求的系統選項。由於系統選項是套用到所有文件的，在不同的電腦系統間也可能會有不一樣的呈現。因此，可從調整系統選項來符合使用者的工作方式，不像文件屬性（由範本控制並儲存在每個文件中）得要依照公司的標準與設定的規格。

與工程圖有關的 SOLIDWORKS 系統選項中，可讓您設定的預設選項有：

- 調整工程視圖比例。
- 新視圖的預設顯示樣式。
- 新視圖的相切邊線如何顯示。

STEP 3 查看工程圖系統選項

按**選項** ⚙，在**系統選項**標籤中，選擇**工程圖**。

在**工程圖**選項頁中，包含著工程圖如何顯示的一般設定。

STEP 4 修改預設相切面交線顯示

點選**顯示樣式**，**相切面交線**點選**使用線條型式**，如圖 1-3 所示。此設定可確保在預設情況下，系統上所有新建的工程視圖將顯示相切面交線為**使用線條型式**。

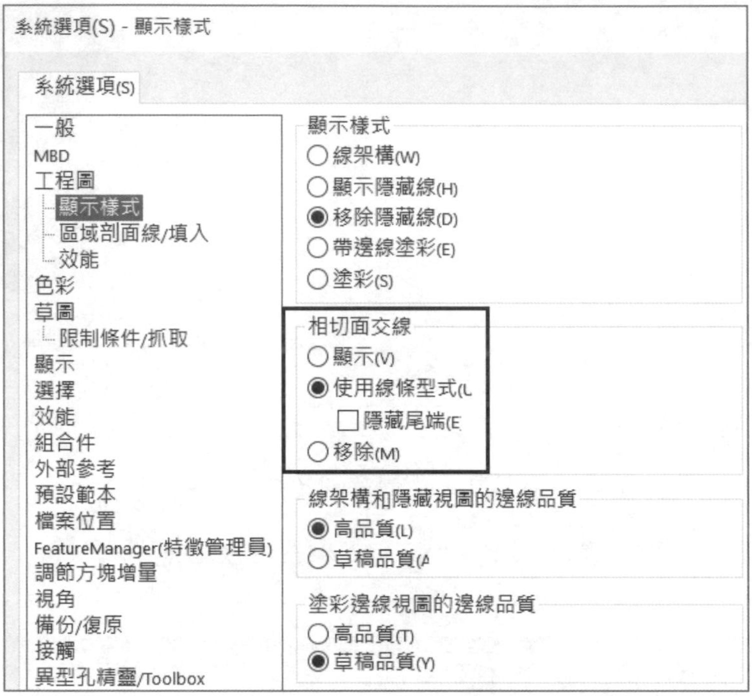

圖 1-3　系統選項

STEP 5 按確定

按**確定**關閉**選項**對話方塊。

1.3 開始一個新工程圖

開啟新的工程圖檔有兩種方法：

開啟新檔

選擇**開啟新檔**指令即可挑選任何可用的文件範本。此指令可以從 SOLIDWORKS **檔案**功能表或從標準工具列中選擇。

從零件 / 組合件產生工程圖

選擇**從零件 / 組合件產生工程圖**指令則只能挑選工程圖範本。此指令只在零件或組合件已開啟時才能使用。使用此指令時，工程圖中的視圖調色盤將自動開啟，以展示零件或組合件的各種視圖。

此指令可以從**檔案**功能表或從標準工具列中選擇，如圖 1-4 所示。

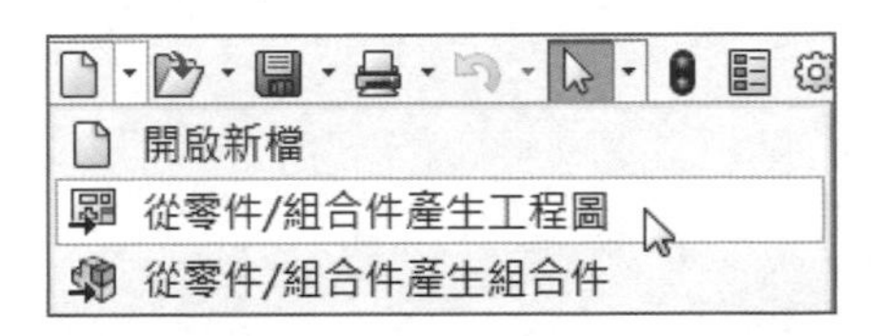

圖 1-4　從零件 / 組合件產生工程圖

STEP 6　從零件建立新工程圖檔

按**從零件 / 組合件產生工程圖**，選擇**工程圖**範本 Drawing_ISO，按**確定**，從**圖頁格式 / 大小**對話方塊中選擇 **A3(ISO)**，如圖 1-5 所示，按**確定**。

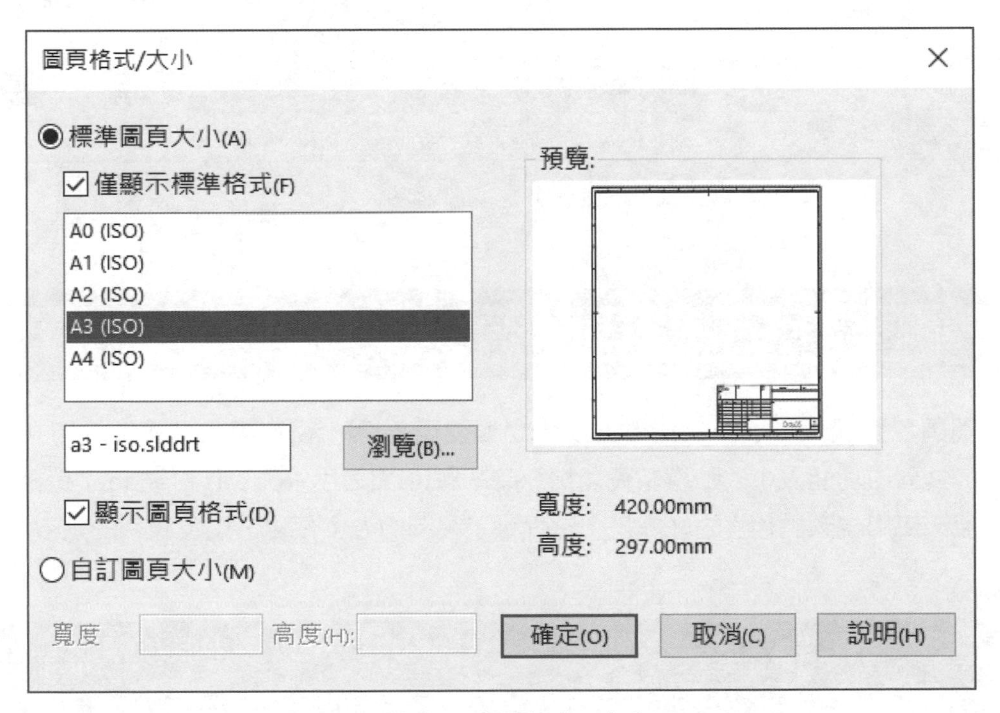

圖 1-5　圖頁格式 / 大小

STEP 7 結果

開啟一個新工程圖，工作窗格中的**視圖調色盤**也會自動開啟，並填入模型的視圖，如圖 1-6 所示。

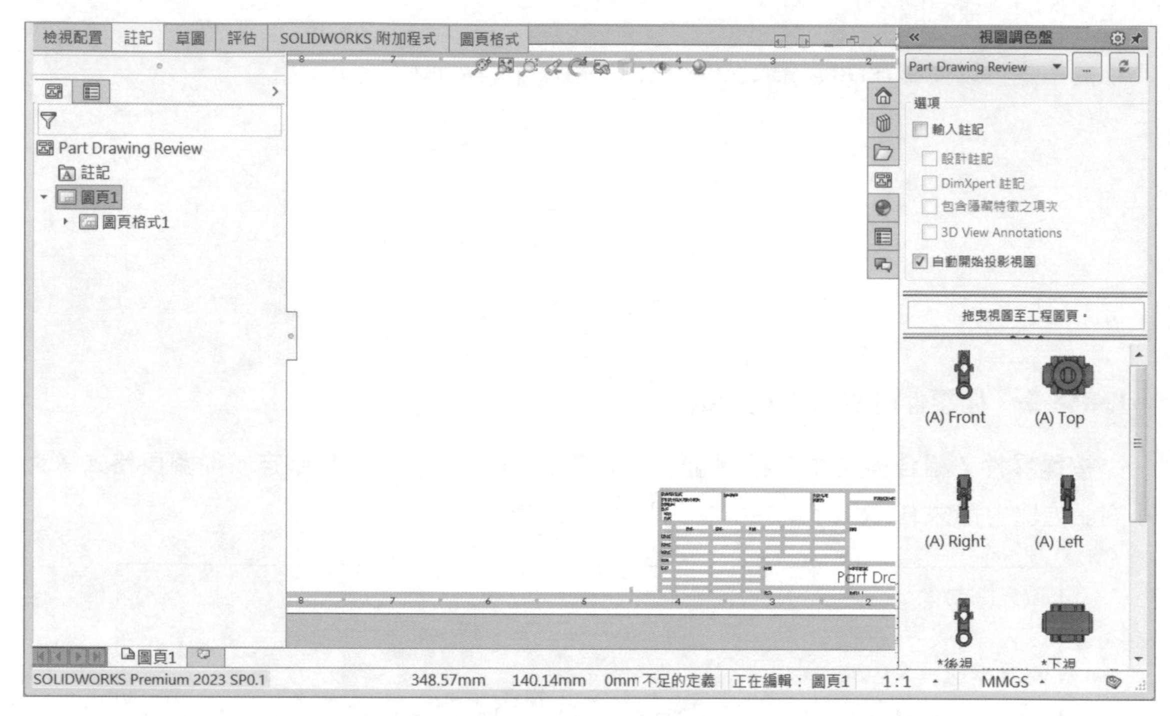

圖 1-6　新工程圖

1.4 視圖調色盤與模型視角

視圖調色盤提供了一個快捷鍵方便建立**模型視角**。模型視角是模型的獨立工程視圖。從工具列或功能表中啟動模型視角指令時，您可以使用 PropertyManager 選擇視角方位和選項。使用視圖調色盤的好處是，它提供了視圖的方位預覽，以及條列的選項。

技巧

視圖調色盤可以填入任何可用的模型，位於上方的下拉式選單可以選擇已開啟的文件，而 ... 按鈕可用來瀏覽模型檔案。

1.5 細部技巧

在建立工程視圖前，最好能考慮到該使用哪種細部技巧來傳達模型的製造資訊。對於在 SOLIDWORKS 中設計的模型，您可以選擇使用現有的草圖和特徵尺寸，或手動加入尺寸。最有效的方式是時常結合這些細部技巧。

使用模型項次

要使用現存於 3D 模型中的尺寸和註記，有下列方式：

- **在建立視圖時輸入註記**：在工程視圖 PropertyManager 中使用選項，或在視圖調色盤建立視圖時，自動加入**設計註記**。
- **使用模型項次指令**：在現有的視圖中，使用**模型項次**指令將模型尺寸和註記加入到視圖中。

技巧

如右圖所示，在工程視圖 PropertyManager 或視圖調色盤中的視角方位名稱前若有一個 (A)，代表它已有內建註記。

(A) Front

手動加入尺寸

當模型尺寸無法展現製造資訊或不存在時，也可以手動加入尺寸。要完整的描述特徵，則模型中的尺寸通常需要補充其他額外的資訊。

在工程視圖中對尺寸與註記的方式和模型的行為表現方式幾乎一樣，但是在工程視圖中還有一些其他的工具可用來改進細部效率。

1.5.1 輸入設計註記

在此例中，我們將從為第一個視圖自動輸入註記開始。接著，回顧在現有的視圖中如何使用**模型項次**指令，以及在工程圖中如何使用特殊的**智慧型尺寸**工具來標示尺寸。

STEP 8 修改視圖調色盤選項

勾選**輸入註記**及**設計註記**。設計註記是在設計模型特徵時所建立的尺寸和註記。注意**自動開始投影視圖**選項在預設情況下是啟用的，如圖 1-7 所示，此選項會在所選視圖放置於圖頁之後，自動啟用**投影視圖**指令。

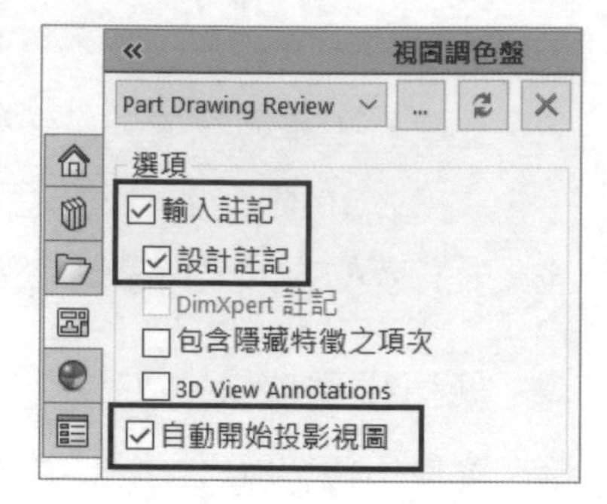

圖 1-7 視圖調色盤選項

STEP 9 建立前視

將視圖調色盤中的 **(A)Front**（前）視圖（圖 1-8）拖曳到工程圖頁中，放開滑鼠後，建立的視圖會包含註記，且**投影視圖**指令也會變成啟用。

(A) Front

圖 1-8 前視圖

STEP 10 建立投影右視圖

移動游標到右邊按一下，將投影右視圖放置到圖頁中，如圖 1-9 所示。

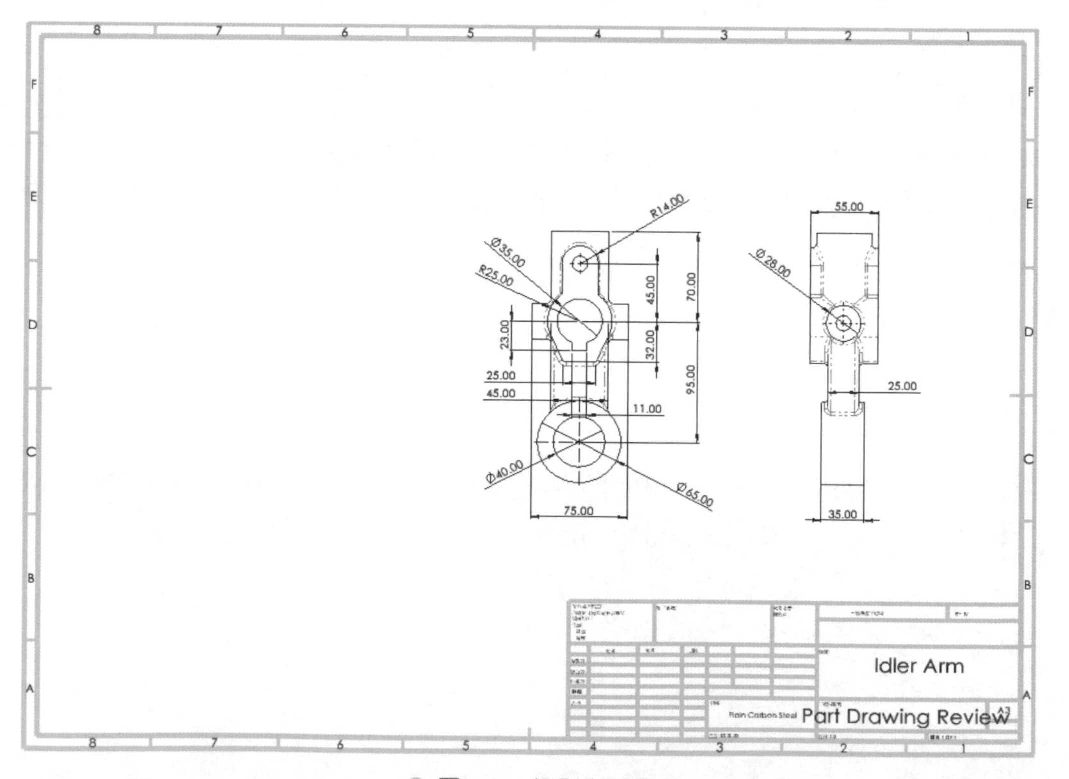

圖 1-9 投影右視圖

1.5.2 使用模型項次

在下一個投影視圖中，我們將不勾選輸入註記選項，以便使用**模型項次**指令進行查看。

STEP 11 取消勾選輸入註記

在投影視圖 PropertyManager 中，取消勾選**輸入註記**選項，如圖 1-10 所示。

提示 游標必須定位在一個正交的視圖上才能使用此設定。

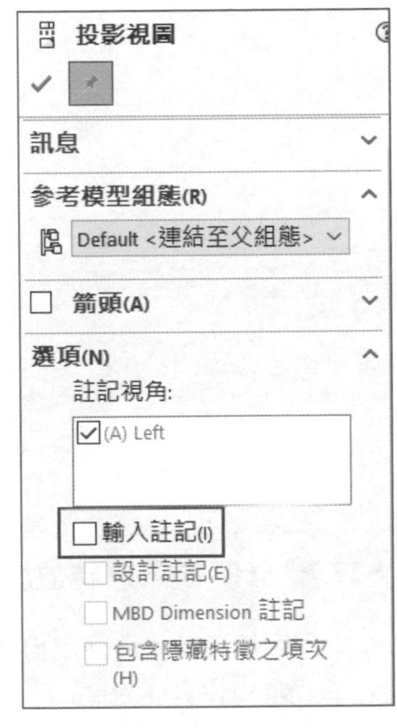

圖 1-10 投影視圖

STEP 12 建立投影上視圖

移動游標在前視圖的上方按一下，放置投影上視圖，如圖 1-11 所示。

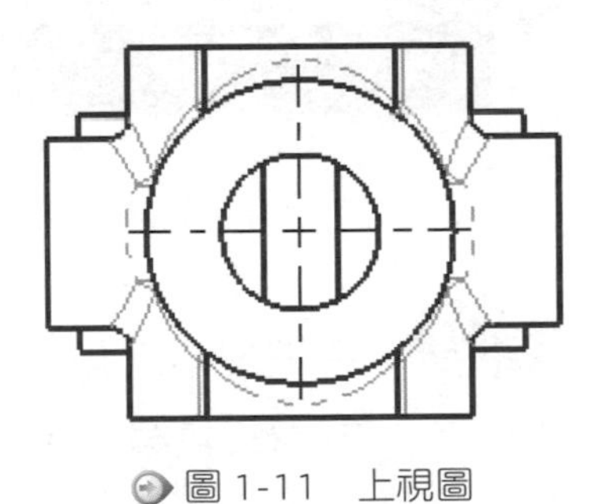

圖 1-11 上視圖

STEP 13 完成投影視圖指令

按**確定**✔完成投影視圖指令。

STEP 14 啟用模型項次指令

從**註記**工具列中點選**模型項次**。

STEP 15 選擇上視圖

選擇上視圖後，指定上視圖為**目的地視圖**，如圖 1-12 所示。

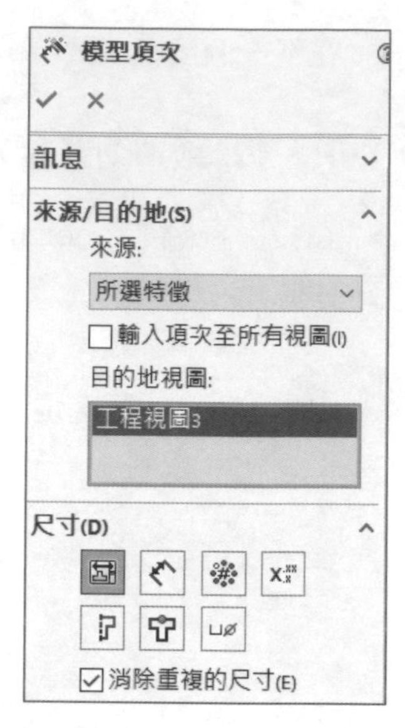

圖 1-12 選擇上視圖

STEP 16 為所選特徵加入相關的尺寸

點選 Cut-Extrude2 和 Boss-Extrude2 特徵的邊線，系統加入相關的尺寸，如圖 1-13 所示。

技巧

滑鼠滑過邊線時，游標提示會顯示指出是哪一個特徵。

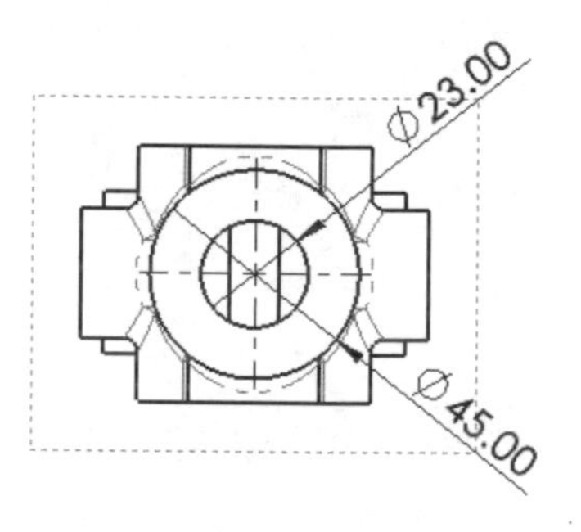

圖 1-13 加入尺寸

提示

在**模型項次**指令中，預設插入的**尺寸**設定是**為工程圖標示**，這個尺寸屬性可以從快顯功能表中修改。而此屬性的預設狀態是由**選項→系統選項→工程圖**中的設定所控制，預設是開啟的，如圖 1-14 所示。

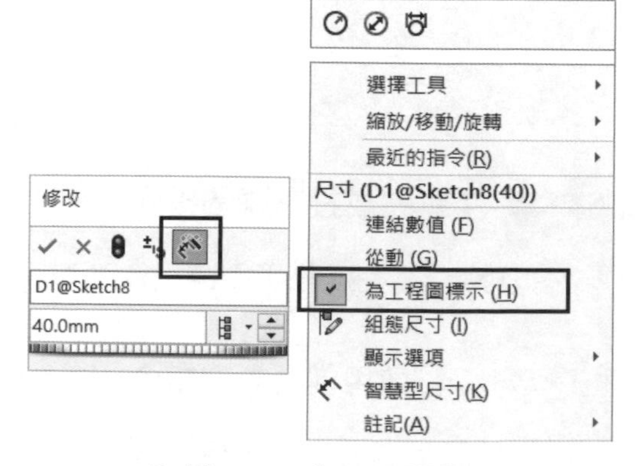

圖 1-14 為工程圖標示

STEP 17 完成模型項次指令

按**確定**✔完成模型項次指令。

1.5.3 工程視圖中的尺寸

在工程圖文件的尺寸中，有一些特定的工具可以用來輔助尺寸的細部處理，部份已經在 SOLIDWORKS 基礎篇中介紹，包括：

快速尺寸選擇器

當您在工程圖中定義一個智慧型尺寸時，快速尺寸選擇器會出現在游標下，它提供將尺寸放置在工程視圖中的有效方法，且能自動間隔視圖中現有的尺寸。

技巧

快速標註尺寸可以從尺寸 PropertyManager 中開啟或關閉。

尺寸調色盤

尺寸調色盤是一個可以展開的對話方塊，當您從工程視圖中選擇尺寸時，它會提供最常使用的尺寸屬性，像是在排列與對正尺寸的額外設定。

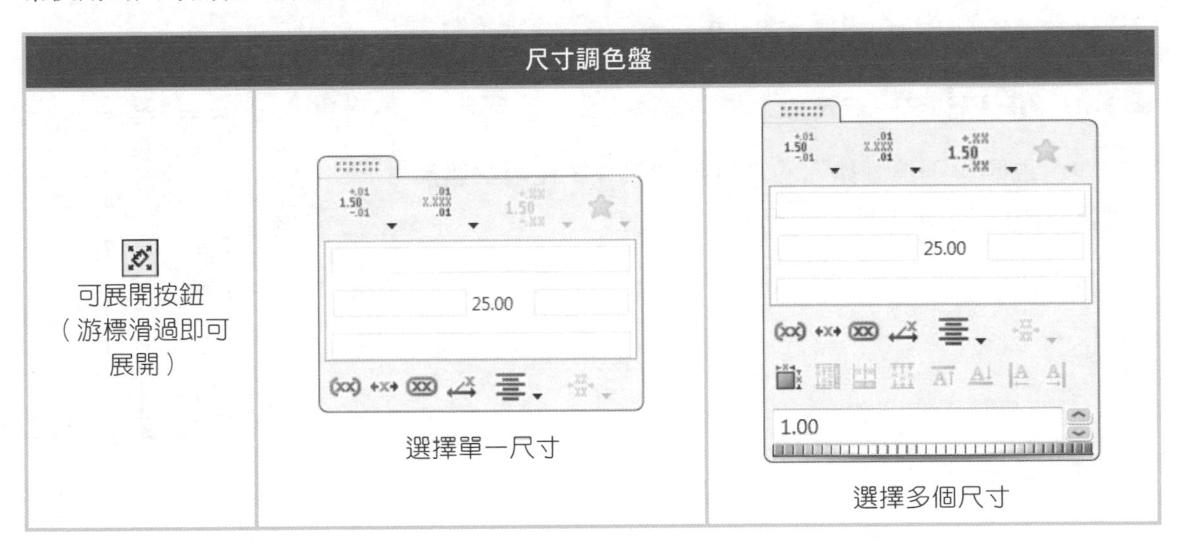

接著將在範例工程圖中加入一些尺寸以查看這些工具。

STEP 18 啟用智慧型尺寸

按**智慧型尺寸**。

STEP 19 標註右視圖尺寸

在右視圖中，標註鑽孔水平位置尺寸，如圖 1-15 所示，並使用**快速尺寸選擇器**放置尺寸。

技巧

您可以選擇鑽孔邊線或中心標記的垂直延伸線以定向尺寸。

提示 需注意現有尺寸如何重新定位，以建立適當間隔。

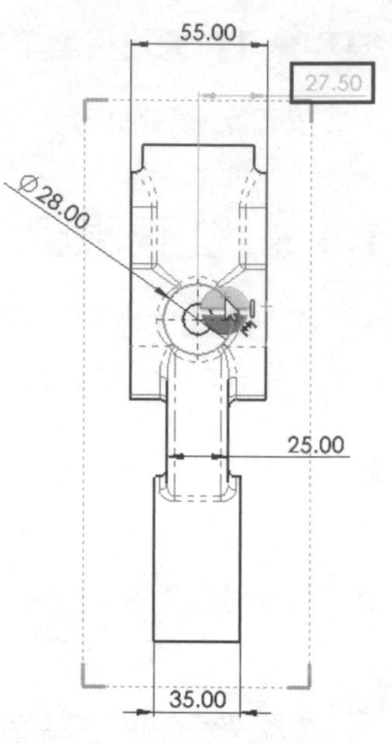

圖 1-15 快速尺寸選擇器

從動與驅動的尺寸

灰色顏色的尺寸代表它是從動尺寸，尺寸值受模型幾何所驅動，因此無法變更。黑色顏色的尺寸是驅動尺寸，尺寸值是由模型特徵參數所驅動，因此可以變更，且零件幾何也會更新。尺寸顏色是由**選項→系統選項→色彩**設定所控制。

STEP 20 標註另一個尺寸

在右視圖中，標註鑽孔的垂直位置尺寸，使用**快速尺寸選擇器**放置尺寸，如圖 1-16 所示。

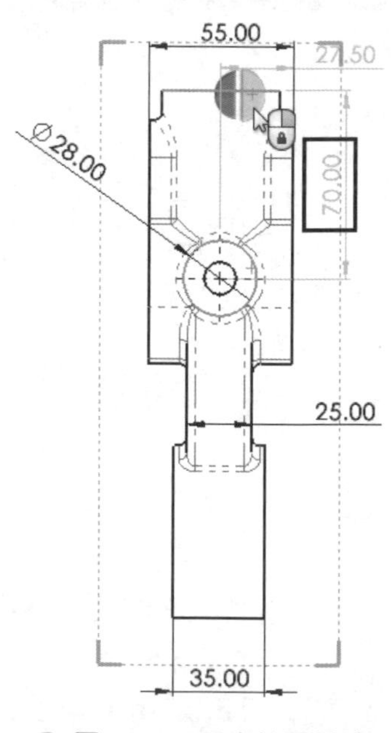

圖 1-16 垂直位置尺寸

STEP 21 加入括弧

如圖 1-17 所示，使用**尺寸調色盤**中的**加入括弧**，將括弧加入到尺寸中。

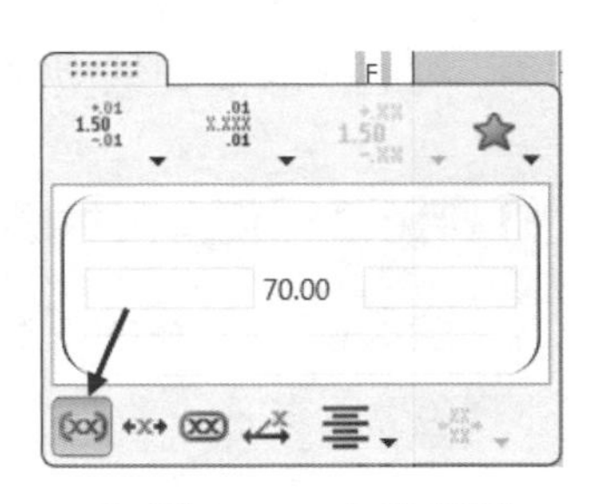

圖 1-17　加入括弧

技巧

在尺寸外按一下滑鼠，**尺寸調色盤**即會消失。

STEP 22 標註半徑尺寸

如圖 1-18 所示，在圓角上標註半徑尺寸。

技巧

您也可以按快速鍵 G（放大鏡），將小邊線放大以便選取，如圖 1-19 所示。

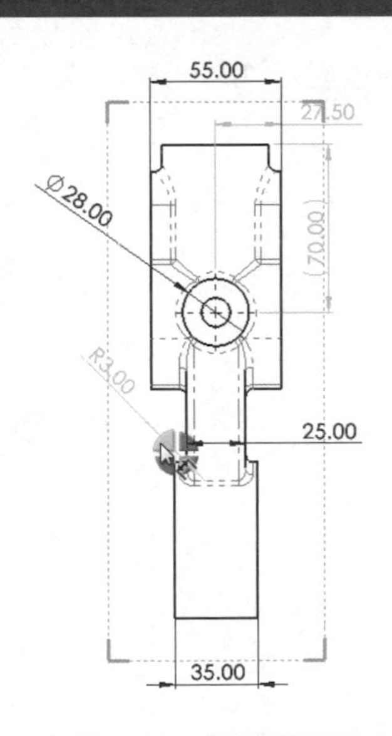

圖 1-18　標註半徑尺寸

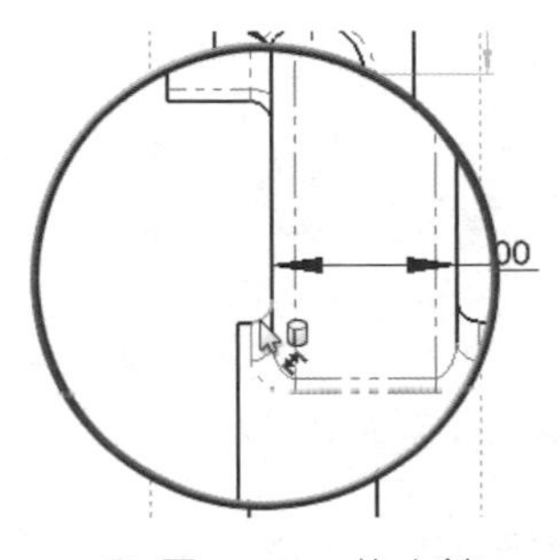

圖 1-19　放大鏡

STEP 23 取消智慧型尺寸指令

按 Esc 取消智慧型尺寸指令。

STEP 24 使用尺寸調色盤

選擇前面標註的 R3.00 尺寸，按一下出現在尺寸旁邊的尺寸調色盤，如圖 1-20 所示。

圖 1-20　尺寸調色盤

技巧

當您點選半徑或直徑尺寸時，出現的文意感應工具列，以及在半徑或直徑尺寸上按滑鼠右鍵時，出現在上面的文意感應工具列，都會伴隨著尺寸調色盤出現顯示成半徑、直徑、線性等選項。

提示 在智慧型尺寸啟用時，如果要使用這些選項，可以在尺寸上按滑鼠右鍵。

STEP 25 填入文字

為表示這尺寸是所有相關尺寸的代表值，使用**尺寸調色盤**填入文字"TYP"，如圖 1-21 所示。

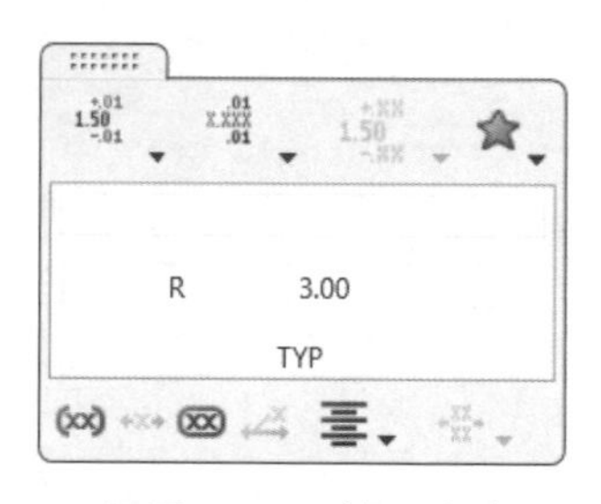

圖 1-21　填入文字

STEP 26 加入孔標註

按**孔標註**，在鑽孔上加入標註，如圖 1-22 所示。

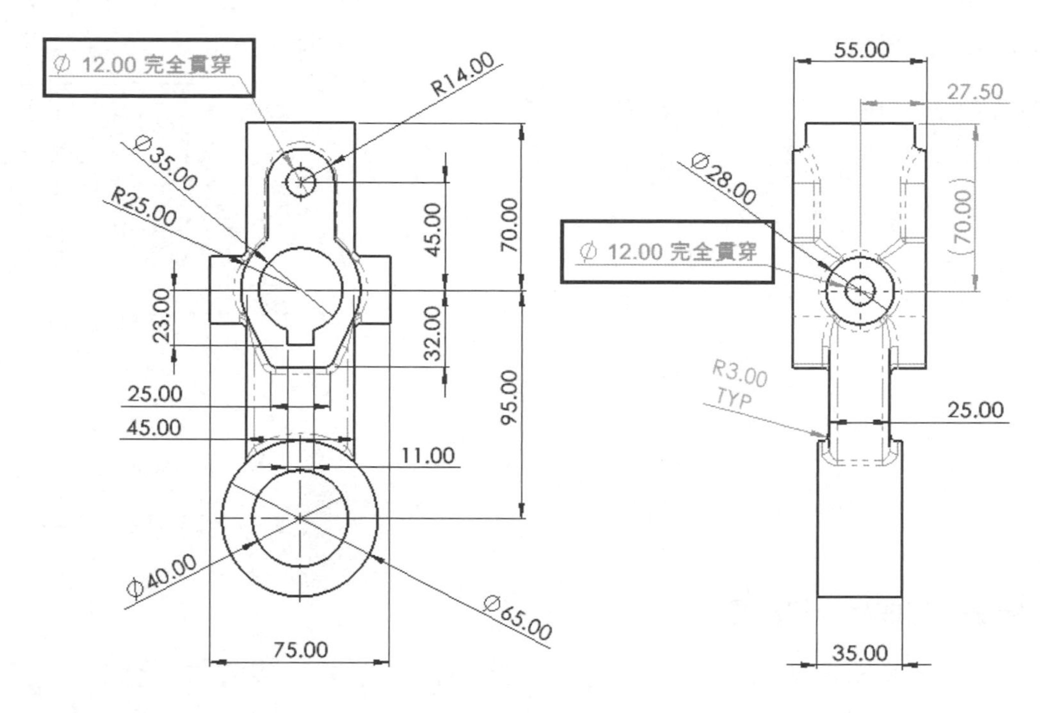

圖 1-22　孔標註

技巧

孔標註也可以使用**模型項次**指令加入。

1.6 剖面視圖

建立剖面視圖可以用來輔助檢視模型的內部結構。SOLIDWORKS **剖面視圖**指令會自動產生一條除料線，跨越現有視圖並產生剖面視圖，以放置在工程圖頁上。在此例中我們將剖切前視圖。

STEP 27 啟用剖面視圖指令

按**剖面視圖**。

STEP 28 放置除料線

對正圓心，在前視圖放置一條**垂直**除料線，如圖 1-23 所示。

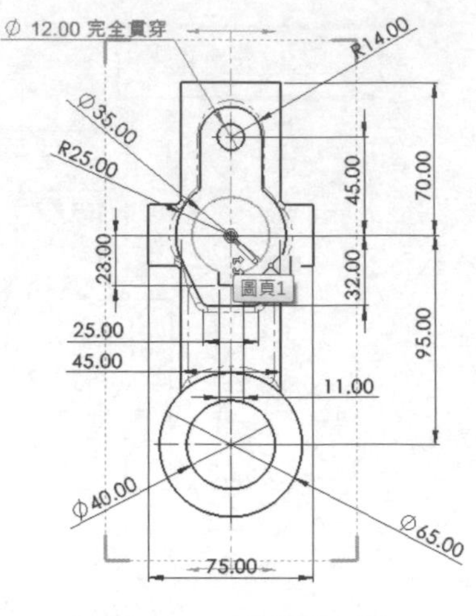

圖 1-23　放置除料線

STEP 29 完成除料線放置

在剖面視圖快顯（圖 1-24）中按**確定**✔，完成除料線放置。

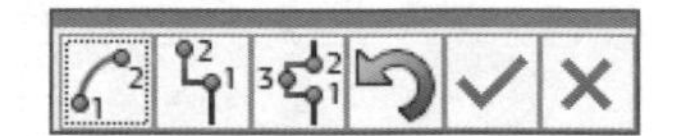

圖 1-24　剖面視圖快顯

> **提示** 剖面視圖快顯可建立本例用不到的偏移除料線。

STEP 30 修改剖面視圖屬性

在剖面視圖 PropertyManager 中取消勾選**輸入註記**，並勾選**自動反轉**，如圖 1-25 所示，確保剖面視圖會隨著擺放位置而更新。

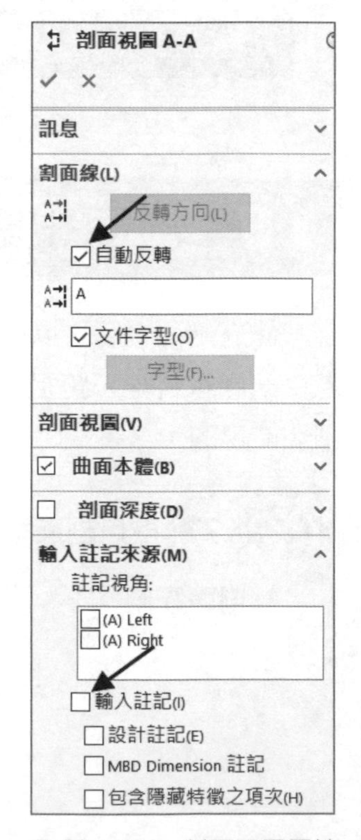

圖 1-25　剖面視圖屬性

STEP 31 放置剖面視圖

在工程圖頁上按一下以放置剖面視圖，如圖 1-26 所示。

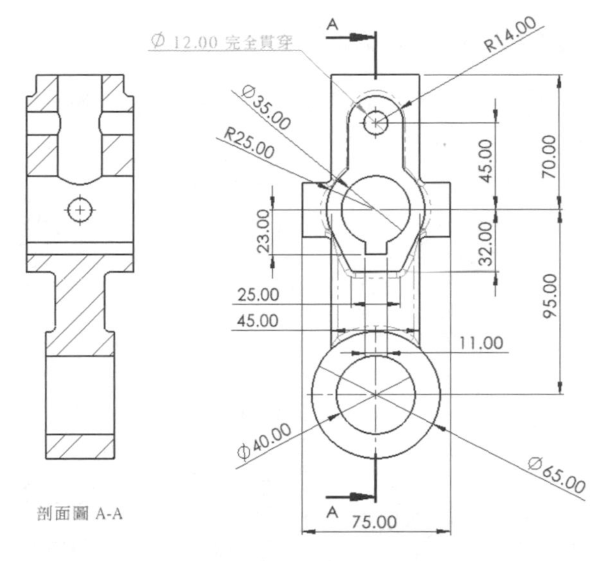

圖 1-26　放置剖面視圖

1.7 細部放大圖

細部放大圖是用在顯示現有視圖的放大區域，指令會自動啟用草圖畫圓指令，圈選想要放大並產生細部放大視圖的區域後，再放置到工程圖頁中。

在以下工程圖範例中，我們將建立前視圖中的鍵槽除料細部放大圖。

技巧

如果您希望以非圓形的形狀來建立細部放大圖，首先要繪製封閉的輪廓草圖，接著選取此自訂的輪廓後，再啟用**細部放大圖**指令。

STEP 32 啟用細部放大圖指令

按**細部放大圖** 。

STEP 33 繪製圓

繪製細部放大圖所需的圓，如圖 1-27 所示。

技巧

畫圓時，按住 **Ctrl** 鍵可以防止自動加入草圖限制條件。

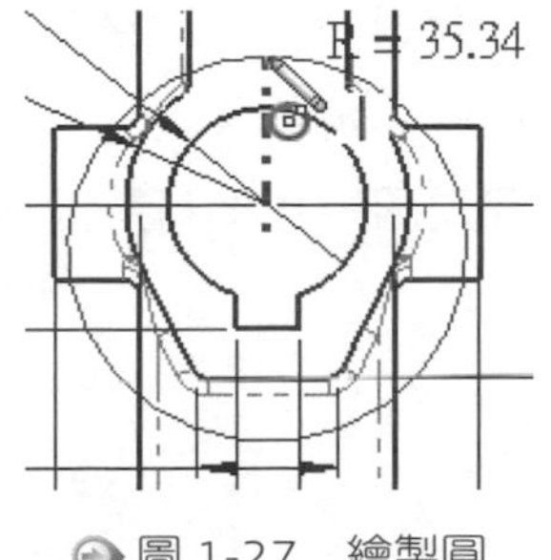

圖 1-27　繪製圓

STEP 34 放置細部放大圖於圖頁中

在剖面圖的左邊按一下，放置細部放大圖於圖頁中，如圖 1-28 所示。

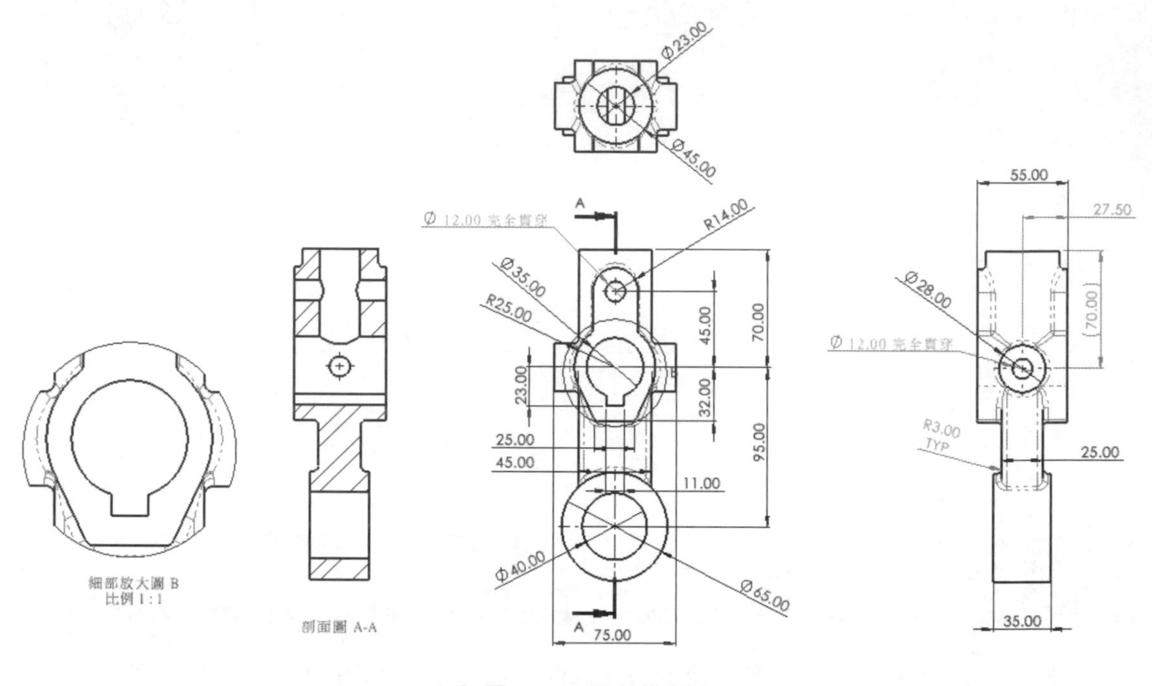

圖 1-28　細部放大圖

1.8 移動工程視圖

如果您需要在工程圖頁中移動視圖，則可以拖曳視圖的邊界框。或是按住 **Alt** 鍵，點選邊界框內任意位置以拖曳視圖，這方式很適合多個重疊的視圖邊界框。

1.8.1 對正視圖

一些子視圖，像是投影視圖和剖面視圖都會自動對正其父視圖。若需要調整**對正**設定時，請在邊界框內按滑鼠右鍵，從快顯功能表中點選**工程視圖對正**即可解除或建立視圖對正，如圖 1-29 所示。

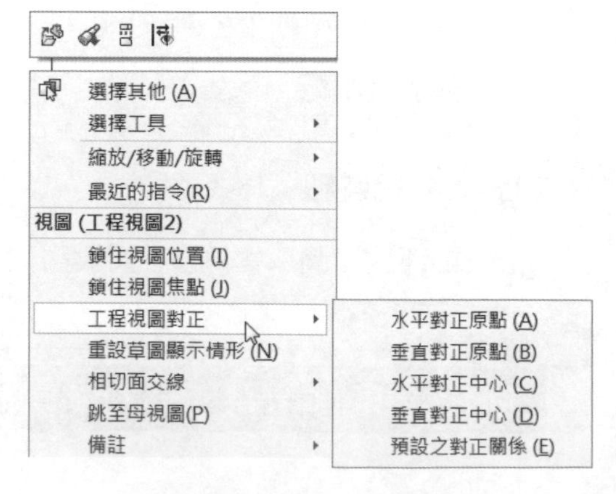

圖 1-29　對正視圖

1.9 移動尺寸

為了完成細部放大圖，我們將在鍵槽除料特徵上加入尺寸。這些尺寸已經存在前視圖中，所以我們只要將尺寸拖曳到不同視圖即可。

尺寸可以在視圖之間移動與複製：

- **Ctrl** + 拖曳 = 複製尺寸。
- **Shift** + 拖曳 = 移動尺寸。

STEP 35 選擇尺寸

如圖 1-30 所示，按 **Ctrl** 鍵來選取三個尺寸。

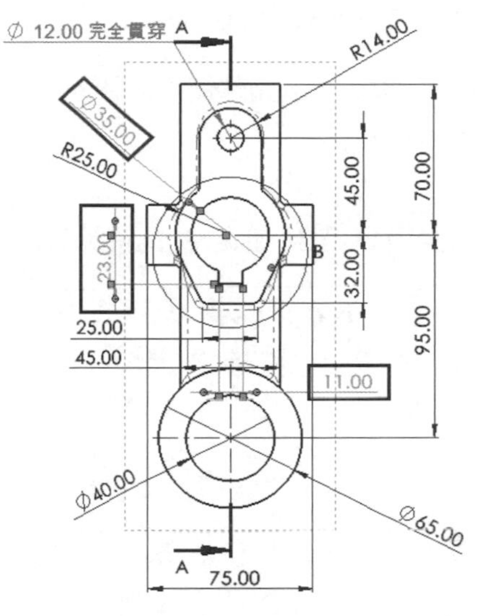

圖 1-30 選擇尺寸

STEP 36 移動尺寸

按住 **Shift** 鍵，並將所選的三個尺寸拖曳到細部放大圖中。

STEP 37 排列尺寸

拖曳尺寸，放到適當的位置，如圖 1-31 所示。

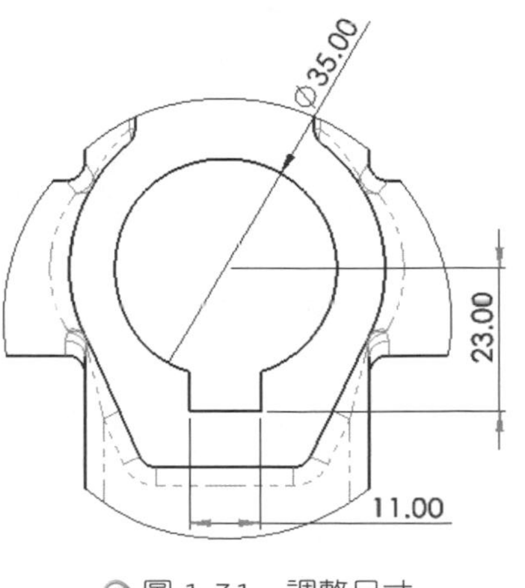

圖 1-31 調整尺寸

1.10 中心符號線與中心線

在我們所建立的工程圖範本例子中，文件屬性已經被設定為自動加入鑽孔的中心符號線，此設定可以從**選項→文件屬性→尺寸細目**中找到，如圖 1-32 所示。

對於系統無法辨識的鑽孔特徵，可以使用**中心符號線** ⊕ 指令，選擇圓邊線即可加入；而使用**中心線** 指令，則只要選擇圓柱面將中心線加入到視圖中，或選擇視圖中的兩條邊線即可在其中間處建立中心線。

以下藉由選擇視圖中的圖元，我們將加入中心符號線以及中心線。

視圖產生時自動插入

- [x] 中心符號-鑽孔-零件(M)
- [ ] 中心符號-圓角 -零件(K)
- [ ] 中心符號-狹槽 -零件(L)
- [x] 定位符號 - 零件
- [ ] 中心符號-鑽孔-組合件(O)
- [ ] 中心符號-圓角 -組合件(B)
- [ ] 中心符號-狹槽 -組合件(T)
- [ ] 定位符號 - 組合件
- [x] 具有中心符號線之鑽孔複製排列的連接線
- [ ] 中心線(E)
- [ ] 零件號球(A)
- [ ] 為工程圖標示的尺寸(W)

圖 1-32 自動插入

STEP 38 加入中心符號線

按**中心符號線** ⊕，將中心符號線加入到前視圖及細部放大圖的鍵槽除料特徵，如圖 1-33 所示。按**確定** ✔。

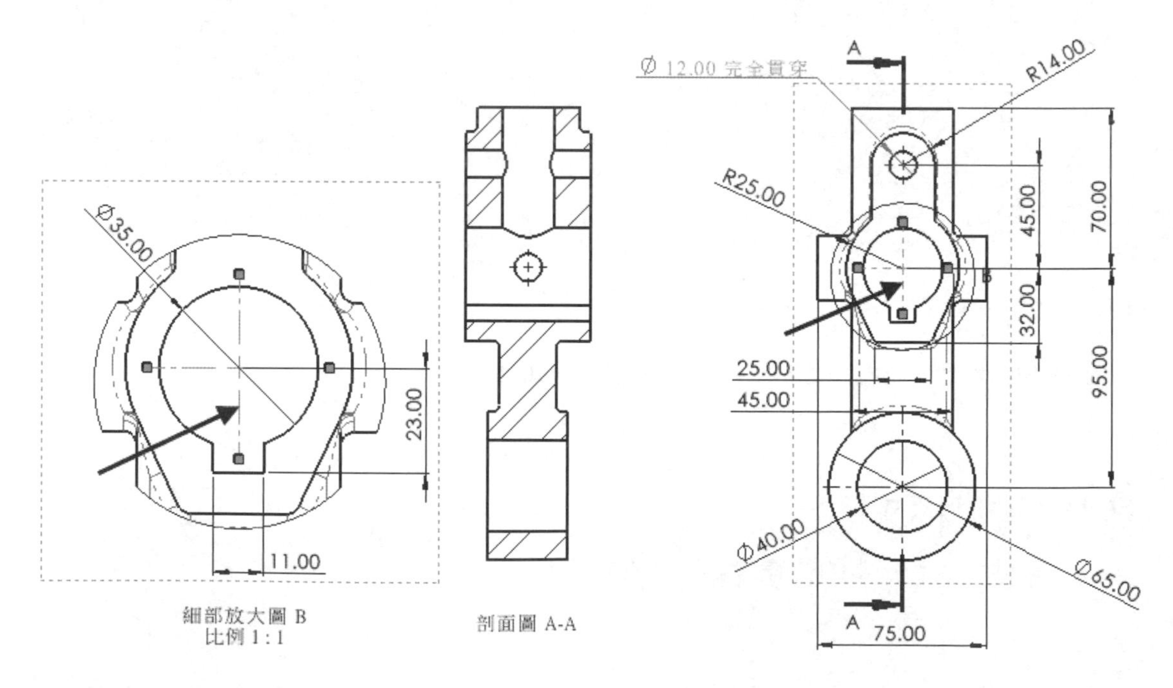

圖 1-33 加入中心符號線

STEP 39 加入中心線

按**中心線**，選擇右視圖、上視圖及剖面圖上的圓柱面加入中心線，如圖 1-34 所示，按**確定**✔。

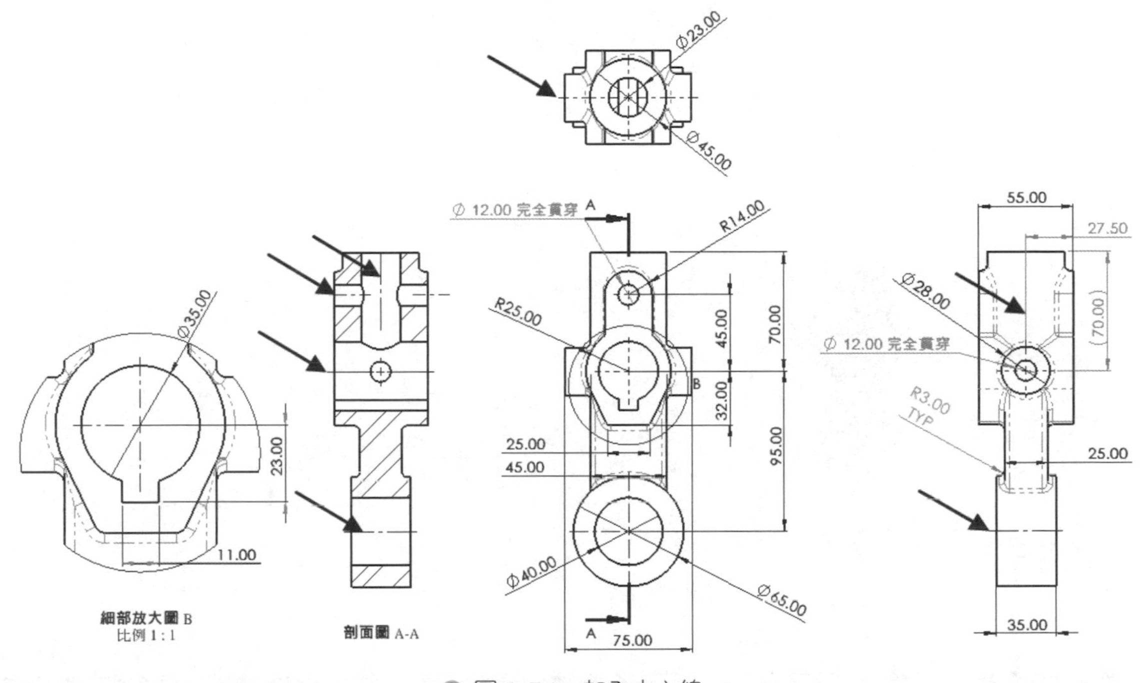

圖 1-34　加入中心線

STEP 40 選擇項：視圖簡化

可適當的移動尺寸和調整延伸線位置。

技巧

您可以拖曳並放置尺寸延伸線至工程圖的元素上面，以重新附加，例如：中心線。

STEP 41 加入等角視

使用**視圖調色盤**或**模型視角**指令，將**等角視**加入至圖頁中，以完成此工程圖。

從工程視圖 PropertyManager 中變更**顯示樣式**為**帶邊線塗彩**，如圖 1-35 所示。

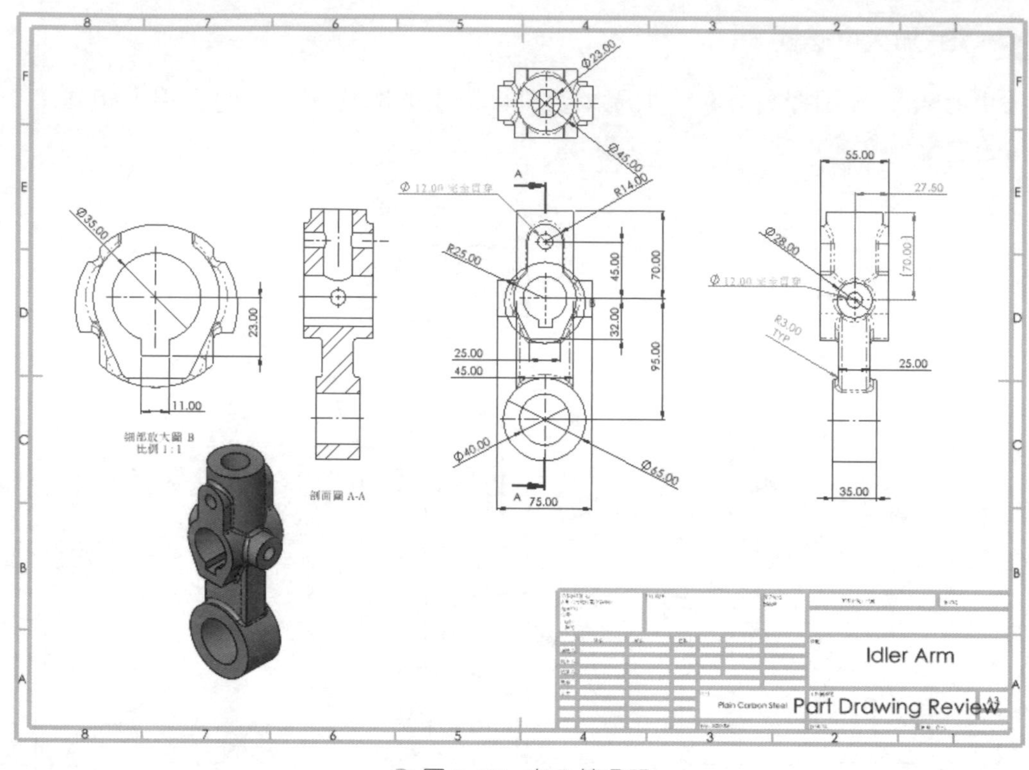

圖 1-35 加入等角視

1.11 共用模型

共用檔案選項可用來與其他使用者分享 CAD 模型，也可以在 3DPlay App 中交換註解訊息。在共用零件、組合件與工程圖時，SOLIDWORKS 支援多種格式設定。

共用模型有兩種方法：首先建立可以被複製的連結，再用 E-mail 傳送給表列的使用者，這邊建議您完成工作後再分享給管理者或其他想檢視您的進度的人。

指令TIPS 共用檔案

CommandManager：**生命週期與協同作業→共用檔案**。

STEP 42 設定

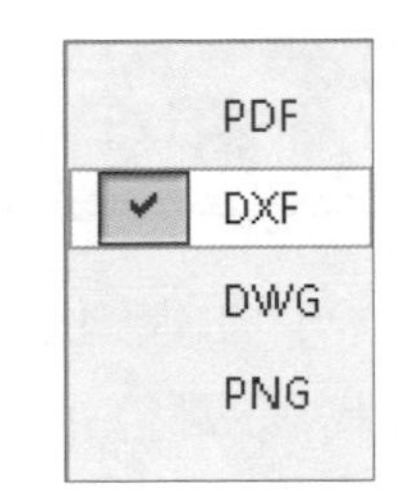

在 CommandManager 標籤中顯示**生命週期與協同作業**，在**共用檔案**下拉選單中選擇 **DXF** 格式，如圖 1-36，此選項因檔案類型而不同。

按**共用檔案**。

PDF
DXF
DWG
PNG

圖 1-36　共用檔案選單

STEP 43 Email

點選**啟用訪客註解**，可讓接收人對模型進行評論；點選**限制特定使用者的存取權**，存取權限僅限您在電子郵件中指定的使用者，如圖 1-37 所示。

共用 Shaft.sldprt
啟用訪客註解
限制特定使用者的存取權

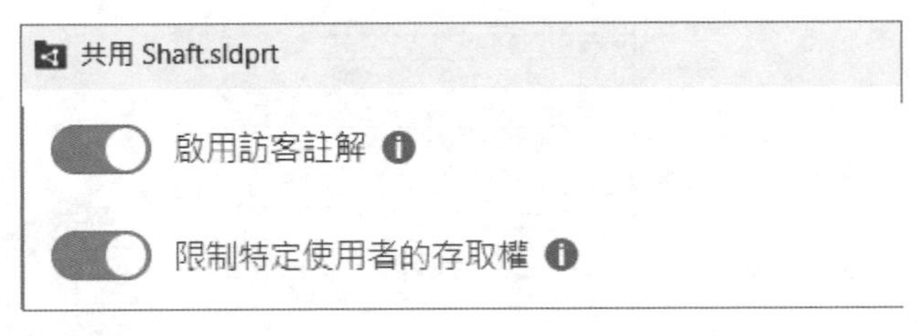

圖 1-37　用訪客註解

STEP 44 訊息

加入 Email 位址，並以分號區隔不同使用者，必要時可在**加入訊息**框中輸入要傳遞給使用者的訊息，如圖 1-38 所示。

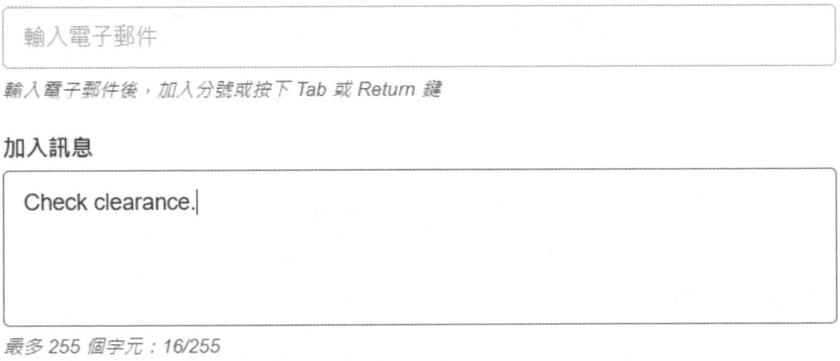

輸入電子郵件
輸入電子郵件後，加入分號或按下 Tab 或 Return 鍵
加入訊息
Check clearance.
最多 255 個字元：16/255

圖 1-38　加入訊息

按**分享**以共用此 DXF 格式的檔案。

STEP 45 儲存並關閉所有檔案

1.12 組合件工程圖回顧

組合件工程圖常常會有一些不同於零件工程圖的獨特概念。在《SOLIDWORKS 零件與組合件培訓教材》中，已經介紹的組合件工程圖功能包括：

- 使用爆炸視圖
- 加入零件表（BOM）
- 加入零件號球註記

以下我們將建立一個齒輪箱組合件的工程圖（圖 1-39）來回顧這些功能。

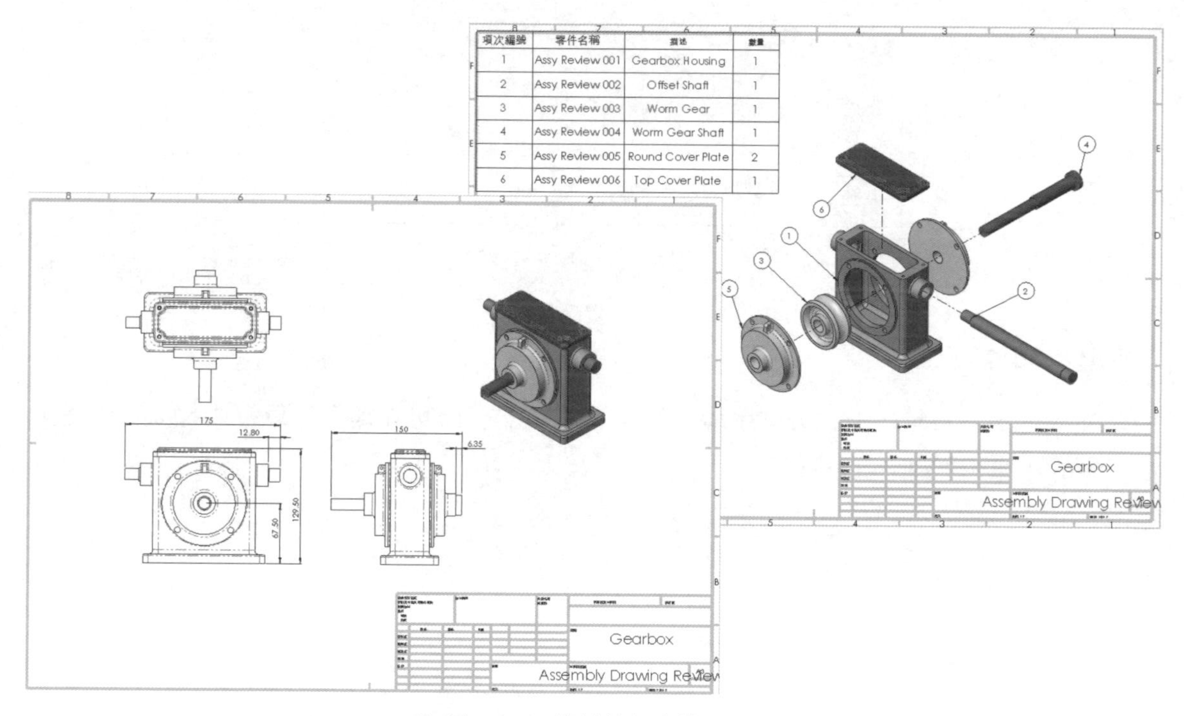

圖 1-39　齒輪箱組合件工程圖

STEP 1　開啟組合件

如圖 1-40 所示，在 Lesson01\Case Study 資料夾中開啟組合件：Assembly Drawing Review.SLDASM。

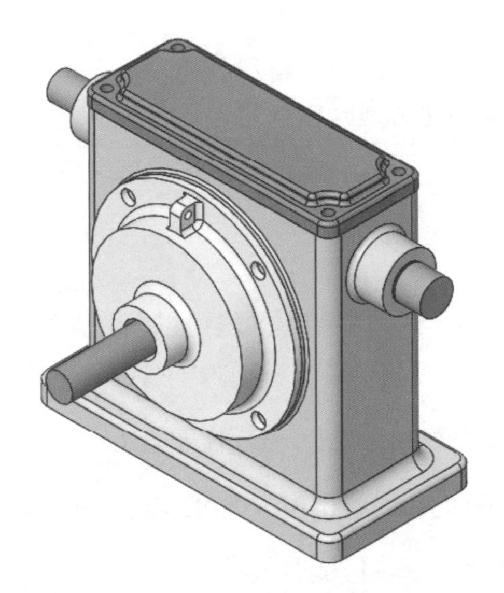

圖 1-40 Assembly Drawing Review

STEP 2 啟用爆炸視圖

從 ConfigurationManager 中，展開 Default（預設）模型組態與 ExplView1。此組合件包含一個爆炸視圖及爆炸直線草圖。在 ExplView1 上快按滑鼠兩下以啟用爆炸視圖，如圖 1-41 所示。

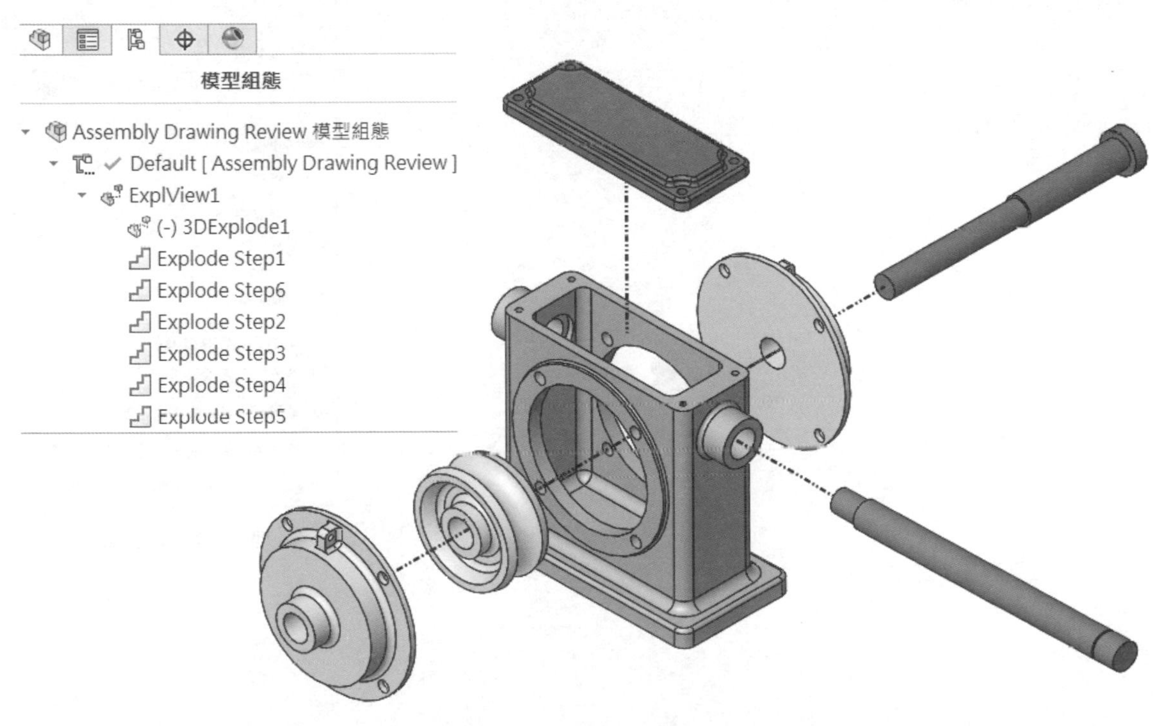

圖 1-41 啟用爆炸視圖

提示 您也可以在 FeatureManager（特徵管理員）的上層組合件名稱上按滑鼠右鍵，選擇**爆炸分解**或**爆炸解除**指令。

1.12.1 零件表

組合件模型和工程圖文件中所建立的零件表可以很有彈性。在本例中，我們將加入一個零件表到 3D 模型中，並複製到組合件工程圖內，以利強化組合件的說明。

在建立零件表後，它可以像 Excel 試算表一樣編修：

- 當零件表啟用時，欄和列的表頭會出現，並可以被拖曳以排列表格。
- 在零件表內拖曳儲存格邊界框可以調整大小。
- 在儲存格邊框上快按滑鼠兩下，儲存格會自動調整大小以填入文字。
- 在表格內按滑鼠右鍵，可用快顯功能表中所提供的選項來編修表格。

STEP 3 加入零件表

從**組合件**工具列上按**零件表**，如圖 1-42 所示，設定選項後按**確定**。

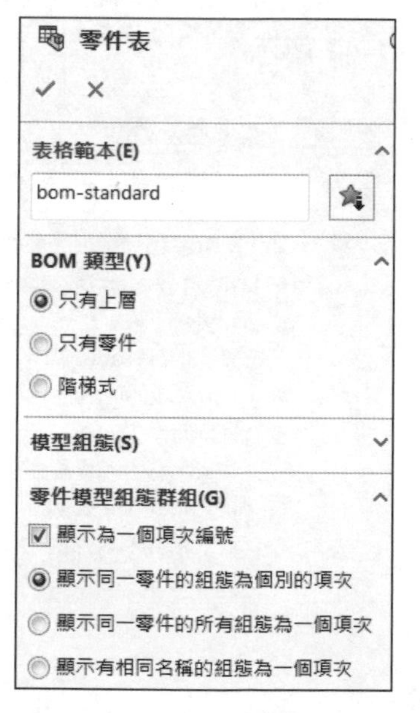

圖 1-42 設定零件表

STEP 4 選擇註記視角

如圖 1-43 所示，在彈出的對話方塊中選擇**現有註記視角→Notes Area**，按**確定**。

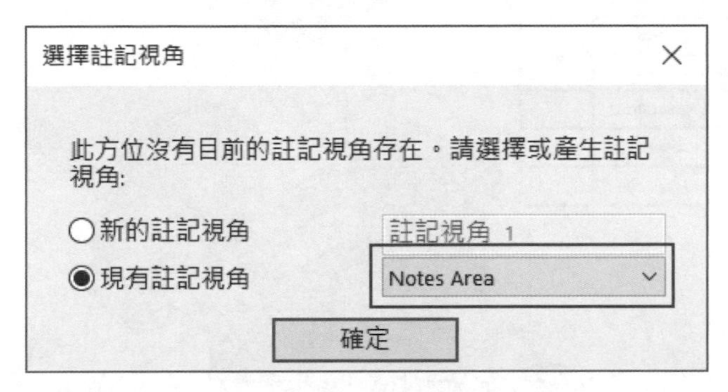

圖 1-43 選擇註記視角

提示

當模型旋轉時，Notes Area 註記視角會維持正垂於螢幕。有關註記視角的內容請參閱第 7 章。

STEP 5 放置零件表

在繪圖區按一下，放置零件表格。

STEP 6 修改零件表

在表格的左上角按一下 圖示，選取整個表格，接著在格式工具列上將字型大小變更為 **18 點**，如圖 1-44 所示。

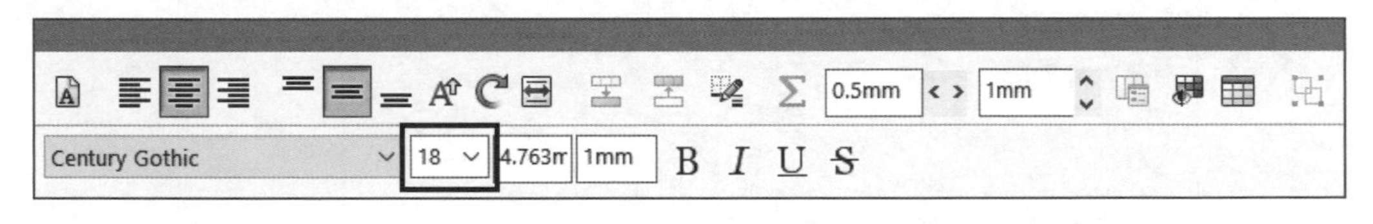

圖 1-44 格式工具列

拖曳表格的垂直邊界線，調整欄寬至適當的大小，如圖 1-45 所示。

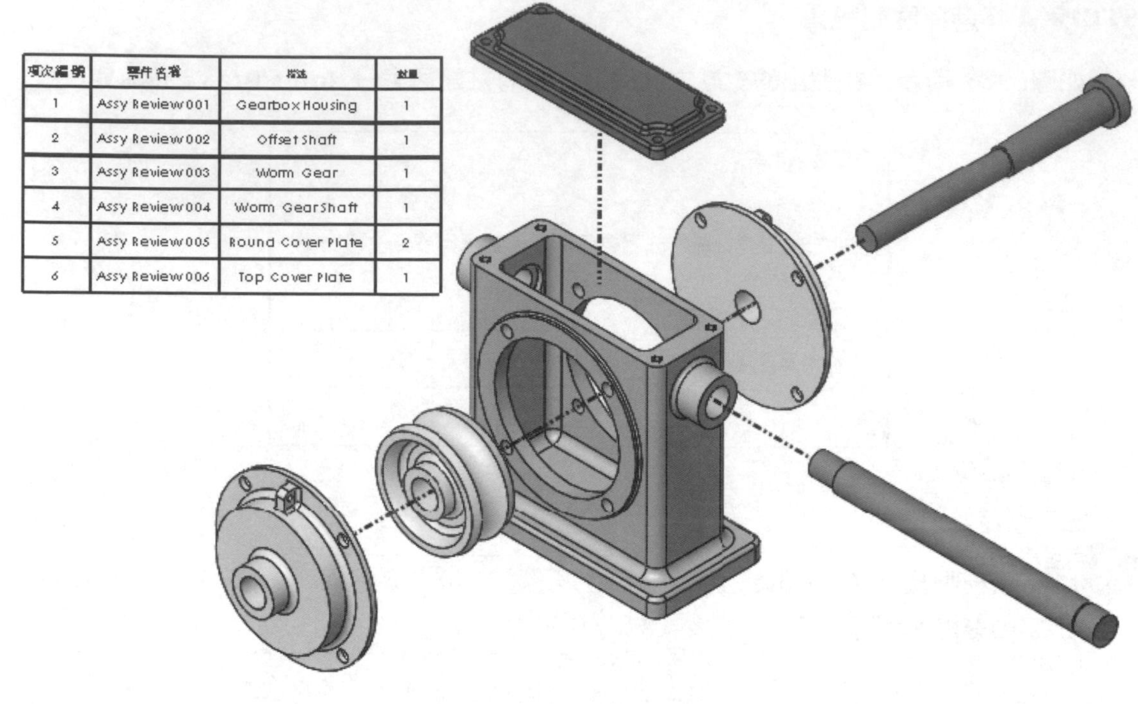

項次編號	零件名稱	描述	數量
1	Assy Review001	Gearbox Housing	1
2	Assy Review002	Offset Shaft	1
3	Assy Review003	Worm Gear	1
4	Assy Review004	Worm GearShaft	1
5	Assy Review005	Round Cover Plate	2
6	Assy Review006	Top Cover Plate	1

圖 1-45　調整欄寬

STEP 7　建立新工程圖文件

按**從零件 / 組合件產生工程圖**，選擇**工程圖**範本，按**確定**。從**圖頁格式 / 大小**對話方塊中選擇 **A3(ISO)**，如圖 1-46 所示，按**確定**。

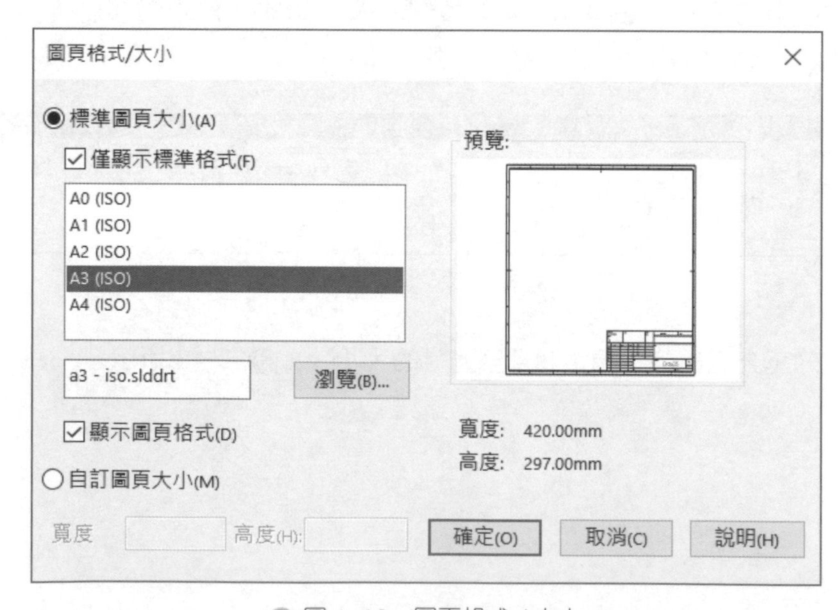

圖 1-46　圖頁格式 / 大小

STEP 8　加入爆炸視圖

從視圖調色盤中，將**等角視爆炸**視圖（如圖 1-47）拖曳到工程圖頁中。

圖 1-47　等角視爆炸

> **提示** 如圖 1-48 所示，也可以在 PropertyManager 中勾選**以爆炸或模型斷裂的狀態顯示**時，將新的或已存在的視圖顯示為爆炸視圖。

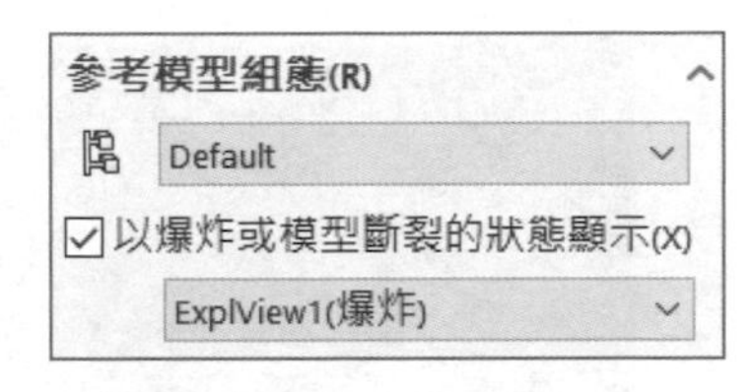

圖 1-48　參考模型組態

STEP 9　修改視圖屬性

使用 PropertyManager 來修改視圖的**顯示樣式**為**帶邊線塗彩**，如圖 1-49 所示。

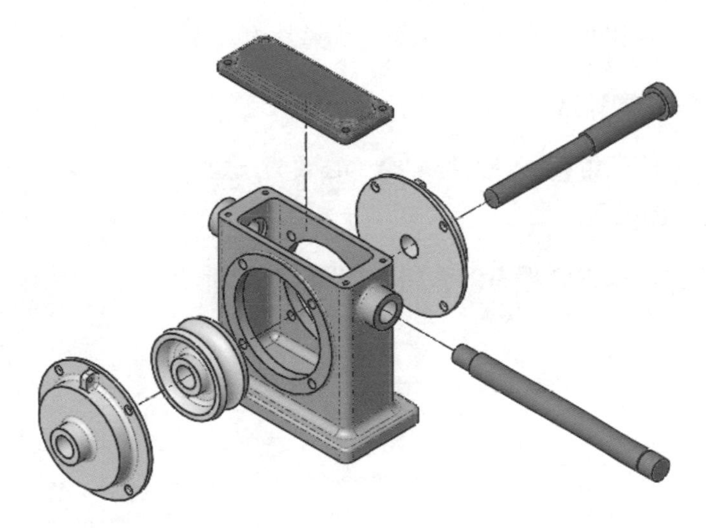

圖 1-49　修改視圖樣式

修改比例

預設情況下，SOLIDWORKS 工程圖頁會依模型的大小，自動設定一個適當的比例，這個**圖頁比例**會儲存在圖頁屬性中，並對圖頁上所有的新模型都設定同樣的比例。您可以在圖頁上按滑鼠右鍵，從快顯功能表中點選**屬性**，開啟**圖頁屬性**對話方塊，再變更圖頁比例。

技巧

若新工程視圖不想被自動設定比例，只要不勾選**選項**⚙→**系統選項→工程圖→自動縮放新工程視圖**即可。在狀態列的比例選單中，亦條列出常用的比例以及**使用者定義**的選項（如圖 1-50），在此選定的比例將直接套用到圖頁比例上。

技巧

表列中的比例可以變更為自訂的常用比例，您可以從 C:\Program Files\SOLIDWORKS Corp\SOLIDWORKS\lang\chinese 資料夾中找到 drawingscales.txt 檔案，直接修改即可。

在此例中，圖頁比例應為 1：2，當建立工程視圖時，可依照模型的爆炸狀況來調整比例。

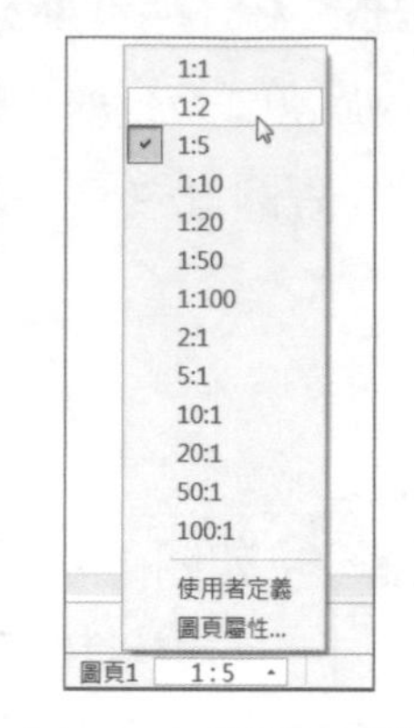

圖 1-50　調整圖頁比例

STEP 10　調整圖頁比例

在視窗右下角，使用狀態列的比例選單，調整比例為 **1：2**，如圖 1-50 所示。

STEP 11　加入零件表表格

在**註記**工具列上按**表格**→**零件表**。必要時，選擇指定模型的工程視圖來加入零件表。

在**零件表選項**中勾選**複製現有的表格**，如圖 1-51 所示，按**確定**✔。

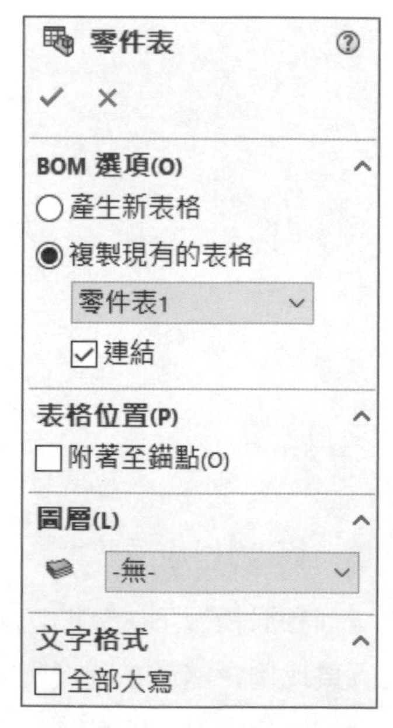

圖 1-51　零件表選項

STEP 12 放置表格於工程圖頁中

在工程視圖邊框的左上角點按一下，放置表格到圖頁中。

STEP 13 修改表格

選擇左上角的圖示 以選取整個表格，使用**格式**工具列（圖 1-52）將字型大小變更為 **18 點**。

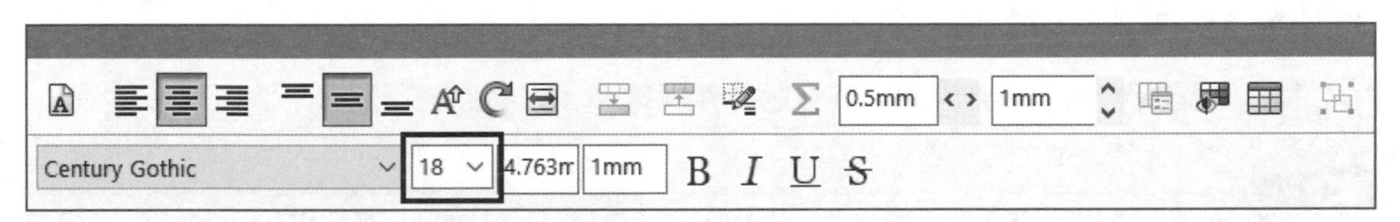

圖 1-52　格式工具列

拖曳右下角的控制點來調整表格大小，如圖 1-53 所示。

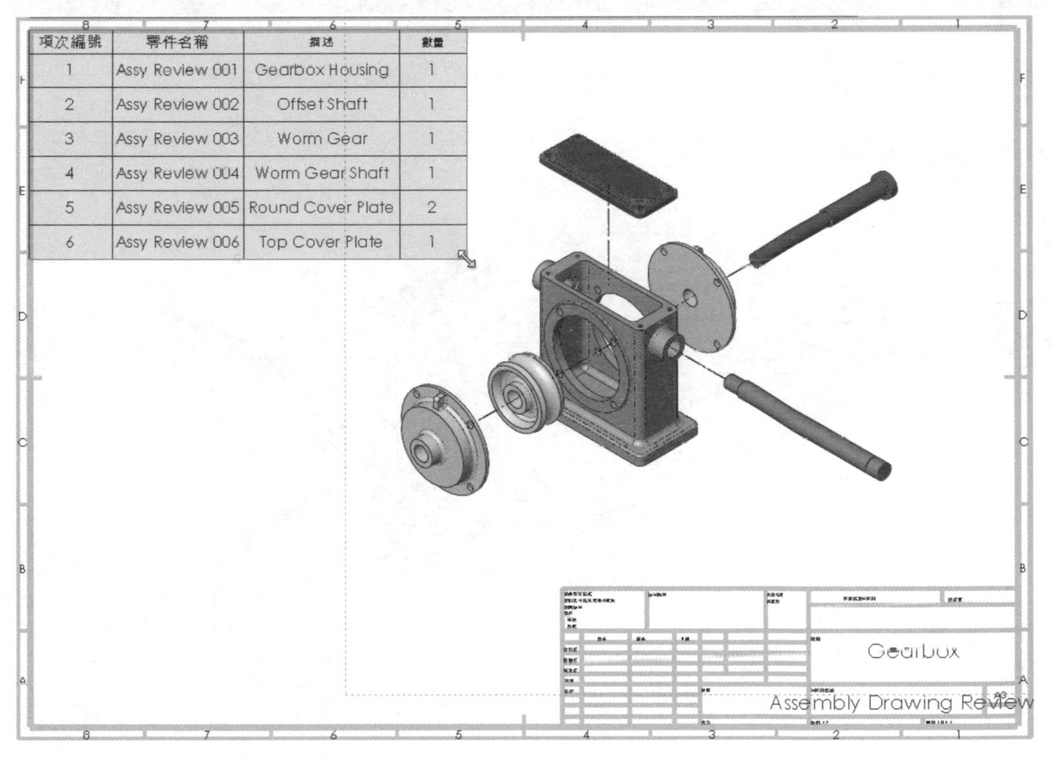

圖 1-53　調整表格大小

1.12.2 加入零件號球

零件號球註記可以用來標示零件表中的項次，在 SOLIDWORKS 中，您可以手動加入零件號球，依視圖中的零組件一個接著一個標示，或者可以使用**自動零件號球**指令來自動建立與配置零件號球。

在此例中，我們將使用**自動零件號球**指令將零件號球加入到爆炸視圖中。

STEP 14 加入自動零件號球

從工程圖頁中選擇爆炸視圖，按**自動零件號球**，在**零件號球配置**下選擇**環形**。

技巧

預設情況下，零件號球會被放置在工程視圖的框線外側。當自動零件號球指令啟用時，拖曳任何零件號球即可重新定位所有零件號球，而在指令完成後，一次只能定位一個零件號球。

將零件號球拖曳至靠近視圖的位置，按**確定**，如圖 1-54 所示。

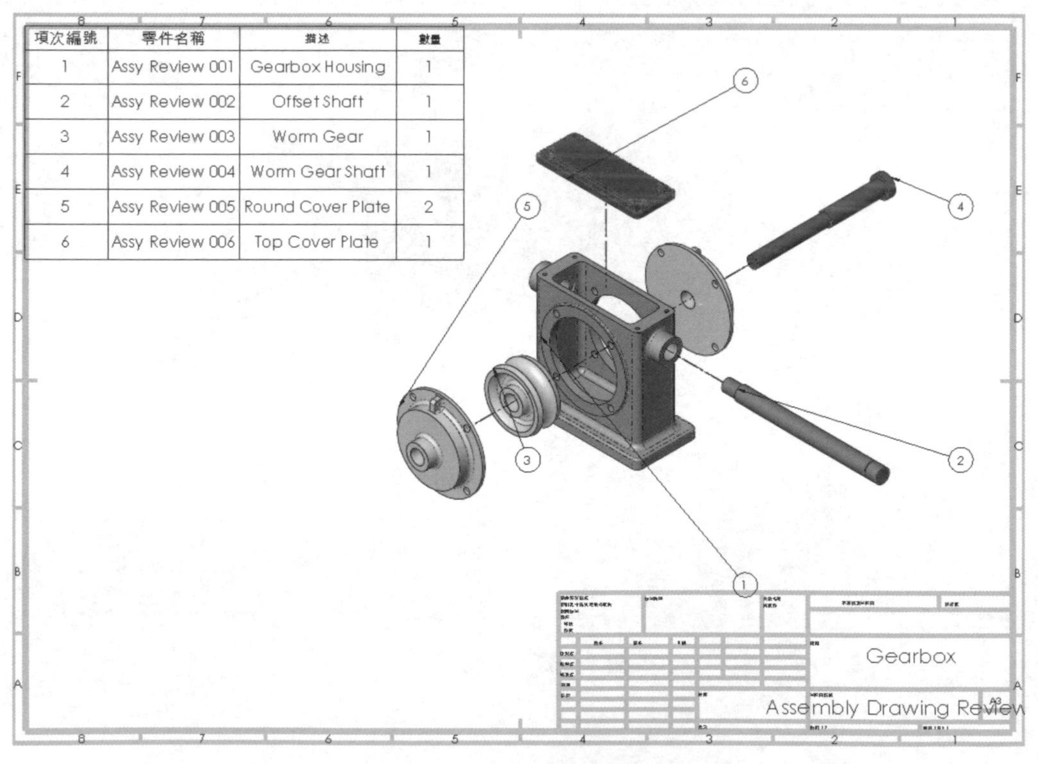

圖 1-54 加入自動零件號球

STEP 15 重新定位零件號球

將零件號球拖曳到適當位置，如圖 1-55 所示。

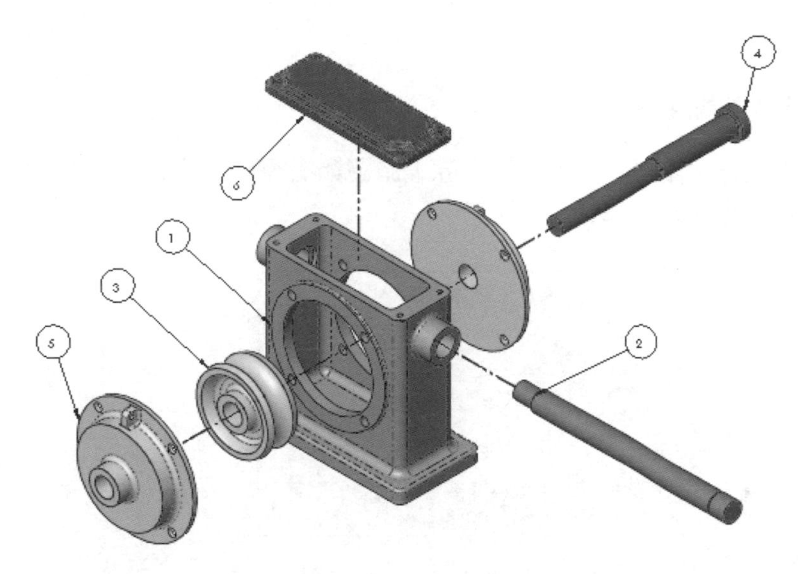

圖 1-55　重新定位零件號球

1.13 新增圖頁

為完成組合件工程圖，我們將新增一張圖頁來顯示解除爆炸狀態的組合件。您可使用在圖頁下方的**新增圖頁**標籤；或在圖頁上按滑鼠右鍵，從快顯功能表中點選**新增圖頁**。

1.14 標準三視圖

在第二張圖頁中，我們想要建立三個標準視圖：前視、上視與側視圖，這些視圖可以使用**標準三視圖**指令自動加入。

STEP 16 新增圖頁

按**新增圖頁**。

STEP 17 加入標準三視圖

從工程圖工具列中按**標準三視圖**，選擇 Assembly Drawing Review 文件，並按**確定**✔。

STEP 18 修改視圖屬性

目前的視圖都是使用 Default 模型組態，請對所有視圖，取消勾選**以爆炸或模型斷裂的狀態顯示**選項，如圖 1-56 所示。

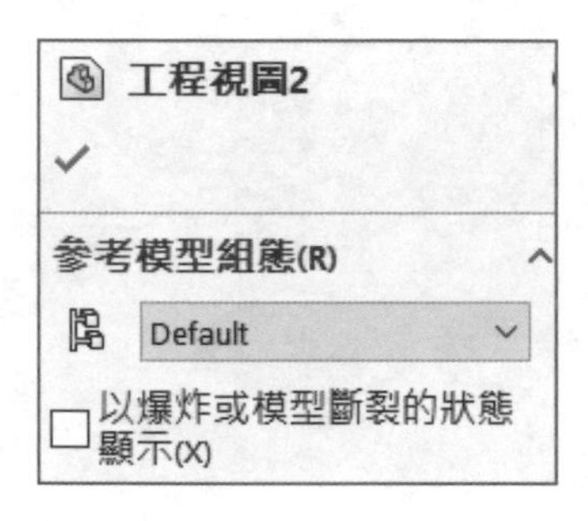

圖 1-56　取消爆炸

將前視圖的**比例**調整為**使用圖頁比例**，結果上視圖和右視圖因設定為**使用父比例**，所以也會被自動更新，如圖 1-57 所示。

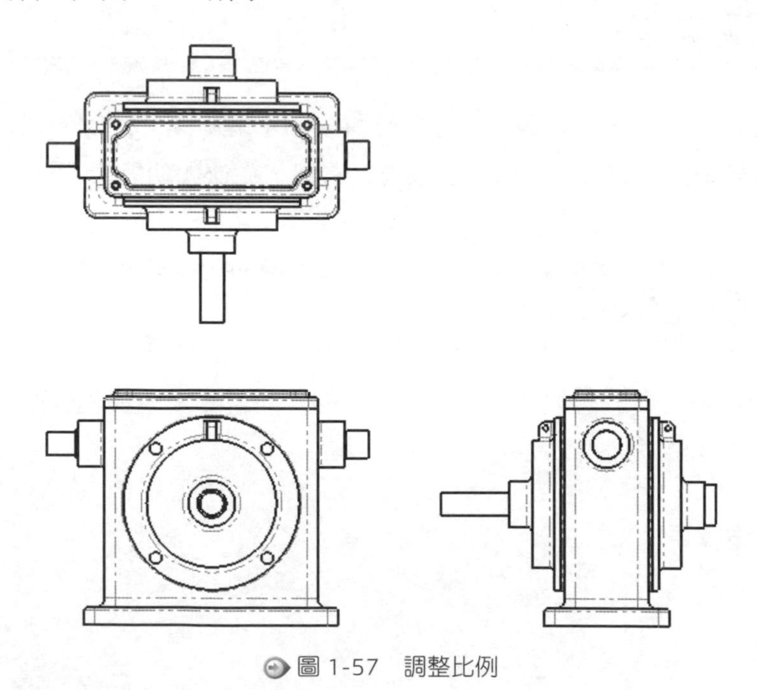

圖 1-57　調整比例

STEP 19 選擇項：完成工程圖

從**視圖調色盤**或使用**模型視角**指令來將**等角視**拖曳至圖頁中，變更視圖的**顯示樣式**為**帶邊線塗彩**。將部份尺寸加入至視圖中，以表示其組合件的整體尺寸與零組件位置。結果如圖 1-58 所示。

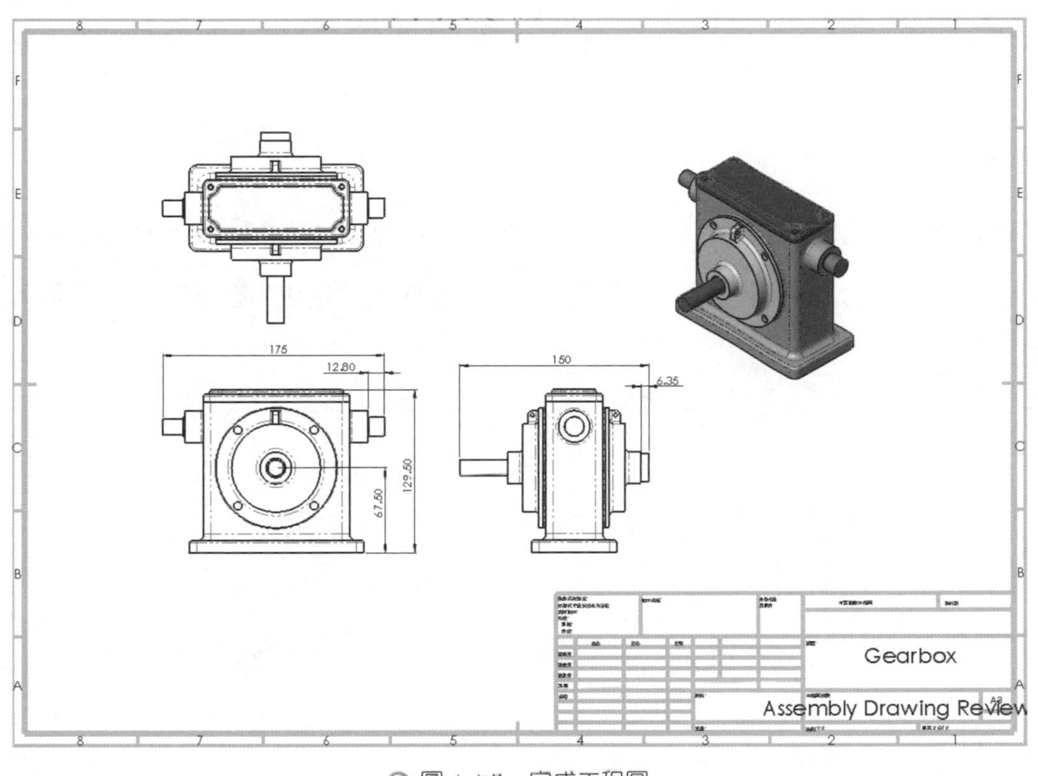

圖 1-58　完成工程圖

STEP 20 共用、儲存並關閉檔案

練習 1-1 簡單零件

請依下列步驟指引，為已提供的零件建立工程圖，如圖 1-59 所示。本練習將使用以下技能：

- 工程圖系統選項
- 開新工程圖檔
- 視圖調色盤與模型視角
- 輸入設計註記
- 移動工程視圖
- 中心符號線與中心線

工程圖使用的模型名稱：Simple Part。使用 A3(ISO) 圖頁格式的工程圖範本。

其中黑色尺寸是從模型中輸入，為驅動尺寸；灰色尺寸是使用**智慧型尺寸**輸入，為從動尺寸。

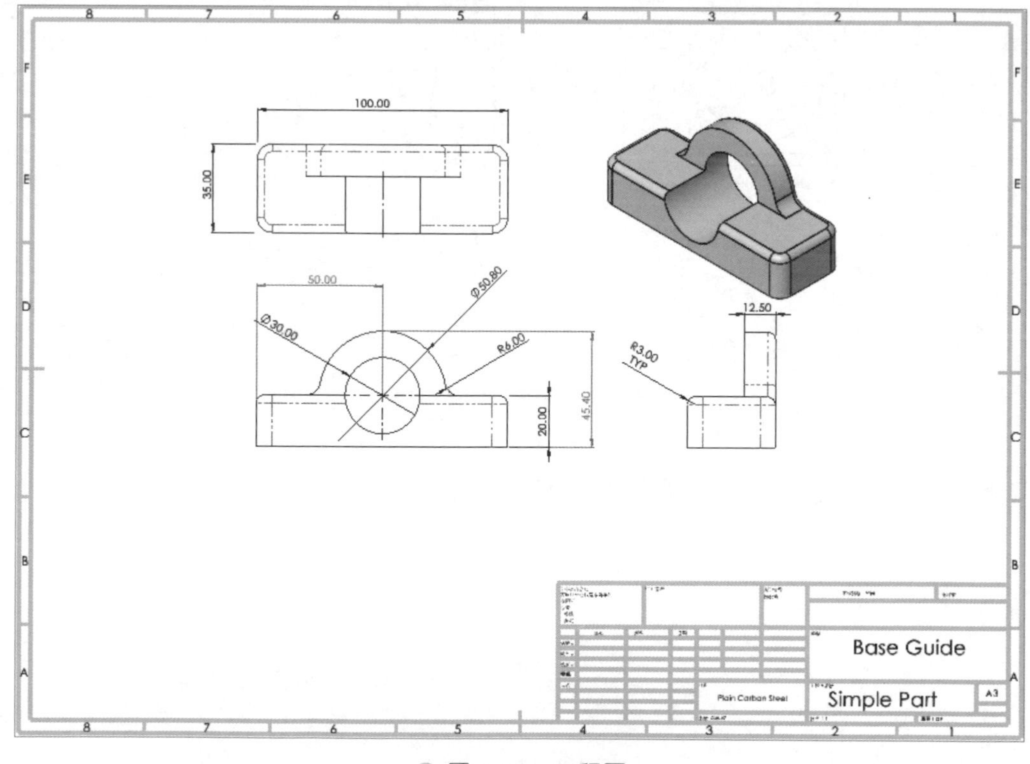

圖 1-59　工程圖

操作步驟

STEP 1 開啟零件

從 Lesson01\Exercises\Exercise01 資料夾中開啟零件：Simple Part.SLDPRT。在開始建立工程圖之前，先來修改幾個**系統選項**設定。

STEP 2 查看工程圖系統選項

按**選項** ⚙ →**系統選項**，在**工程圖**選項頁中，有包含工程圖繪製的一般設定。

STEP 3 修改預設相切面交線顯示

點選**顯示樣式**，**相切面交線**點選**使用線條型式**，如圖 1-60 所示。

圖 1-60　系統選項

此設定可確保在預設情況下，系統上所有新建的工程視圖，將顯示相切面交線為使用線條型式。

STEP 4 按確定

按**確定**關閉**選項**對話方塊。

STEP 5 從零件建立新工程圖文件

按**從零件/組合件產生工程圖**，選擇工程圖範本 Drawing_ISO，按**確定**。從**圖頁格式/大小**對話方塊中選擇 **A3(ISO)**，如圖 1-61 所示，按**確定**。

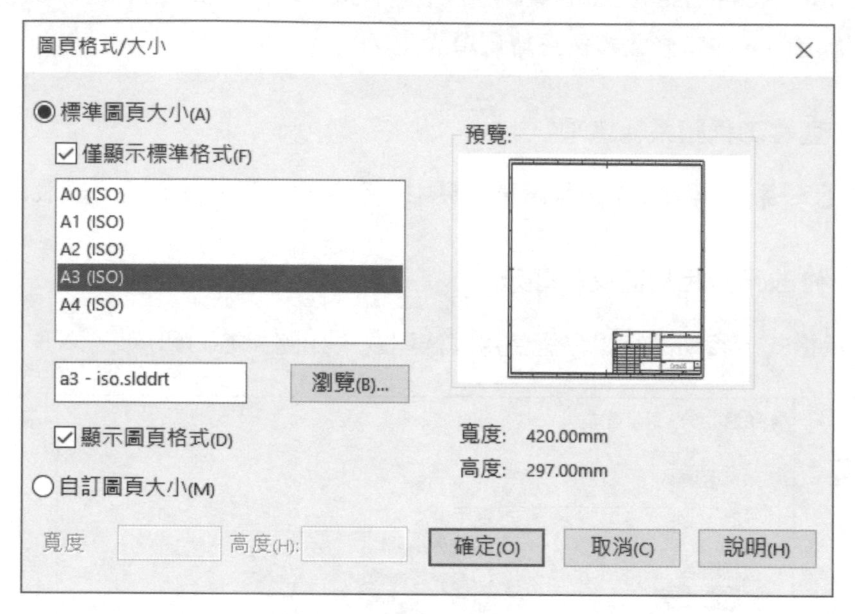

圖 1-61 圖頁格式/大小

STEP 6 結果

開啟一個新工程圖，工作窗格中的**視圖調色盤**會自動顯示開啟，並帶入模型的視圖。

STEP 7 修改視圖調色盤選項

勾選**輸入註記**與**設計註記**，設計註記是在設計模型特徵時所建立的尺寸和註記，注意**自動開始投影視圖**選項在預設情況下是啟用的，此選項會在放置所選視圖後，自動啟動**投影視圖**指令，如圖 1-62 所示。

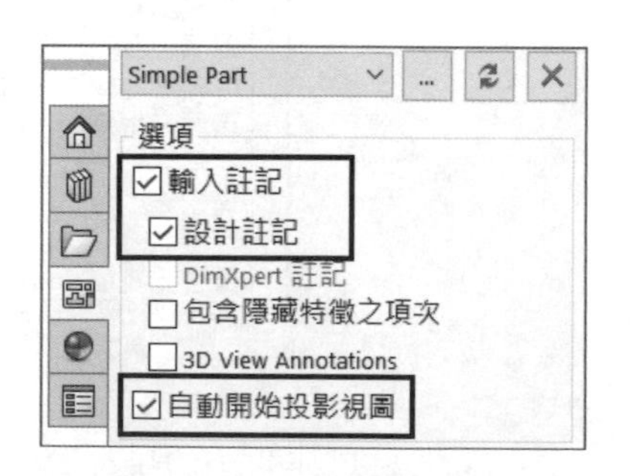

圖 1-62 視圖調色盤選項

STEP 8 建立前視圖

將視圖調色盤中的 **(A)Front**（前）視圖拖曳到工程圖頁中，放開滑鼠後，建立的視圖會包含註記，且投影視圖指令也會變成啟用，如圖 1-63 所示。

(A) Front

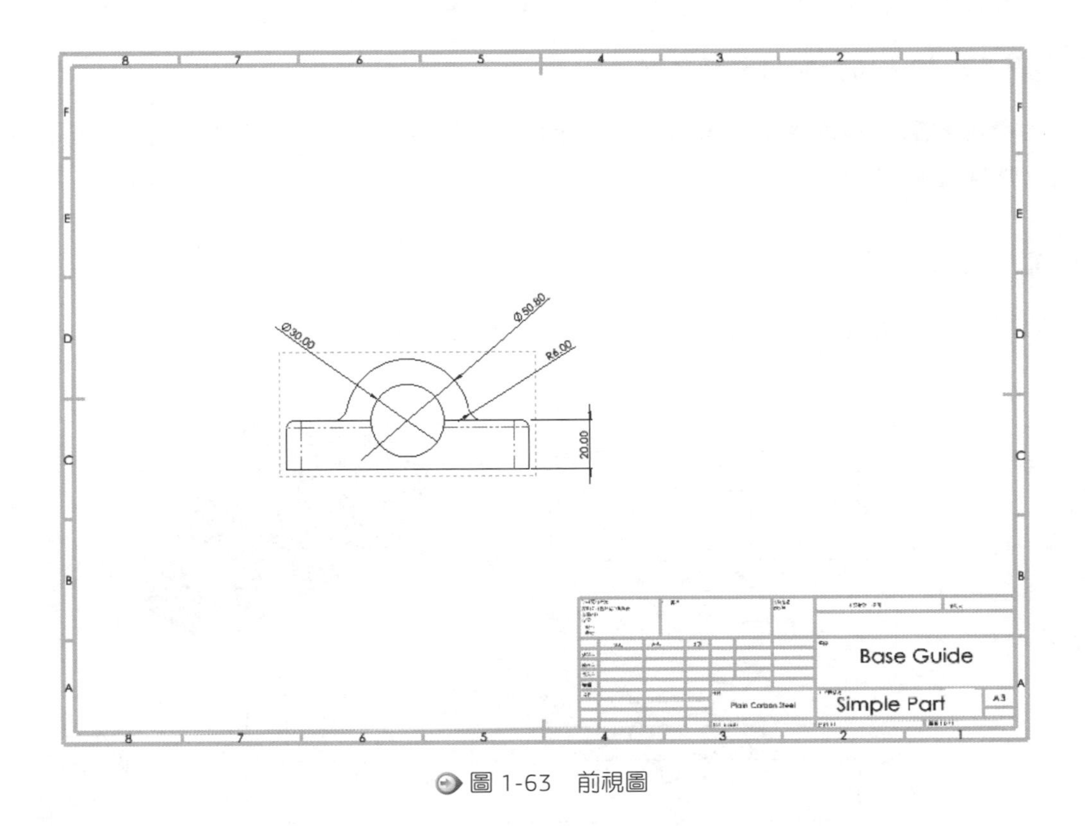

圖 1-63　前視圖

STEP 9　建立投影右視圖

移動游標到右邊按一下，將投影右視圖放置到圖頁中。

STEP 10 建立投影上視圖

移動游標在前視圖的上方按一下，放置投影上視圖，如圖 1-64 所示，按**確定**✔。

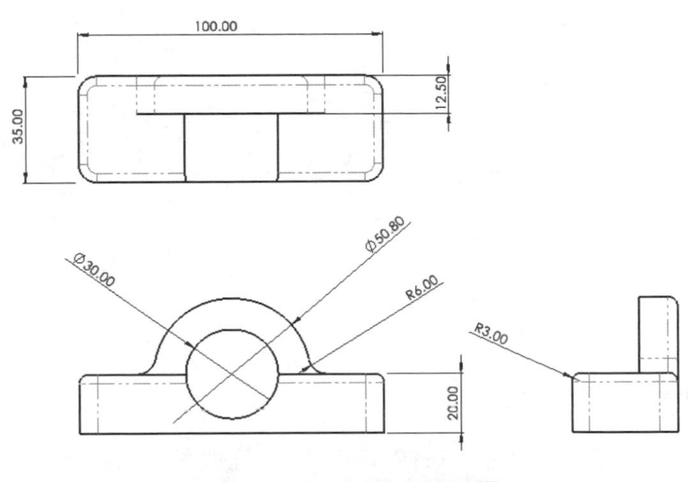

圖 1-64　建立投影上視圖

STEP 11 加入帶邊線塗彩等角視

使用**視圖調色盤**或**模型視角**指令來將**等角視**加入至圖頁中，再從視圖屬性中變更顯示樣式為**帶邊線塗彩**。

STEP 12 加入註記

使用**中心符號線**與**中心線**，將註記加入到視圖中，如圖 1-65 所示。

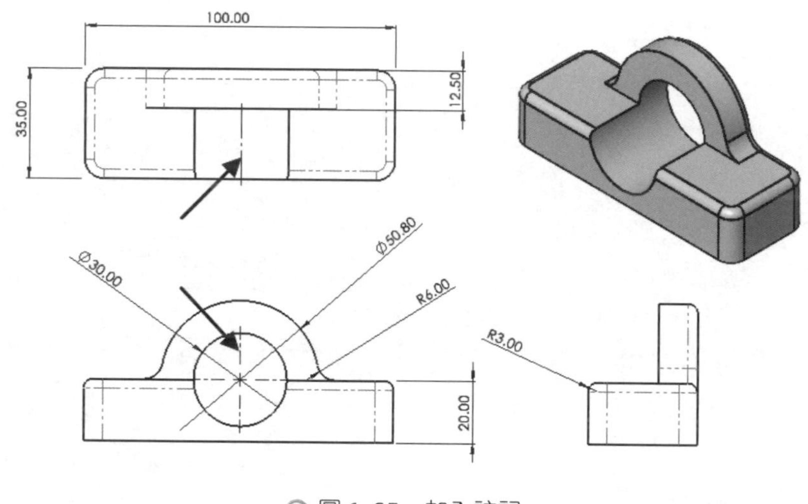

圖 1-65　加入註記

STEP 13 標註尺寸

使用**智慧型尺寸**標註前視圖的尺寸，並調整至適當位置，如圖 1-66 所示。

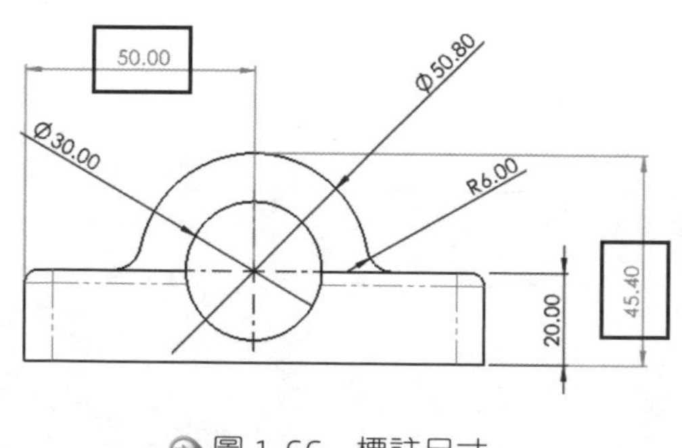

圖 1-66　標註尺寸

STEP 14 移動 12.50mm 尺寸

選擇上視圖的 12.50mm 尺寸，按住 **Shift** 鍵，拖放到右視圖上。

STEP 15 重新定位尺寸

使用拖曳方式來重新定位尺寸和延伸線。

STEP 16 修改 R3 尺寸

使用**視圖調色盤**或尺寸 PropertyManager，在 R3 尺寸上加入文字 "TYP"，如圖 1-67 所示。

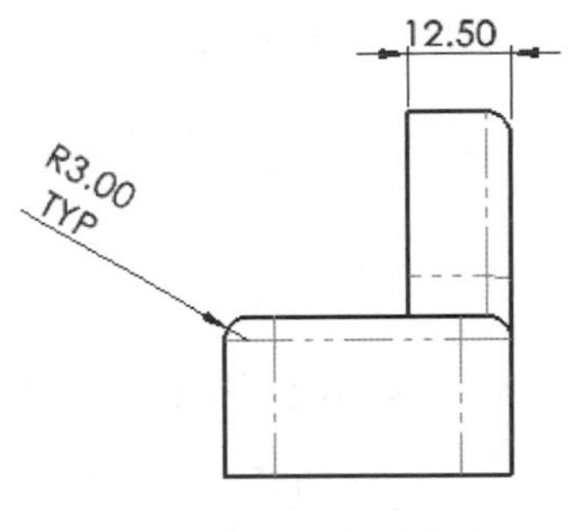

圖 1-67　修改尺寸

STEP 17 共用、儲存並關閉所有檔案

完成後的工程圖，如圖 1-68 所示。

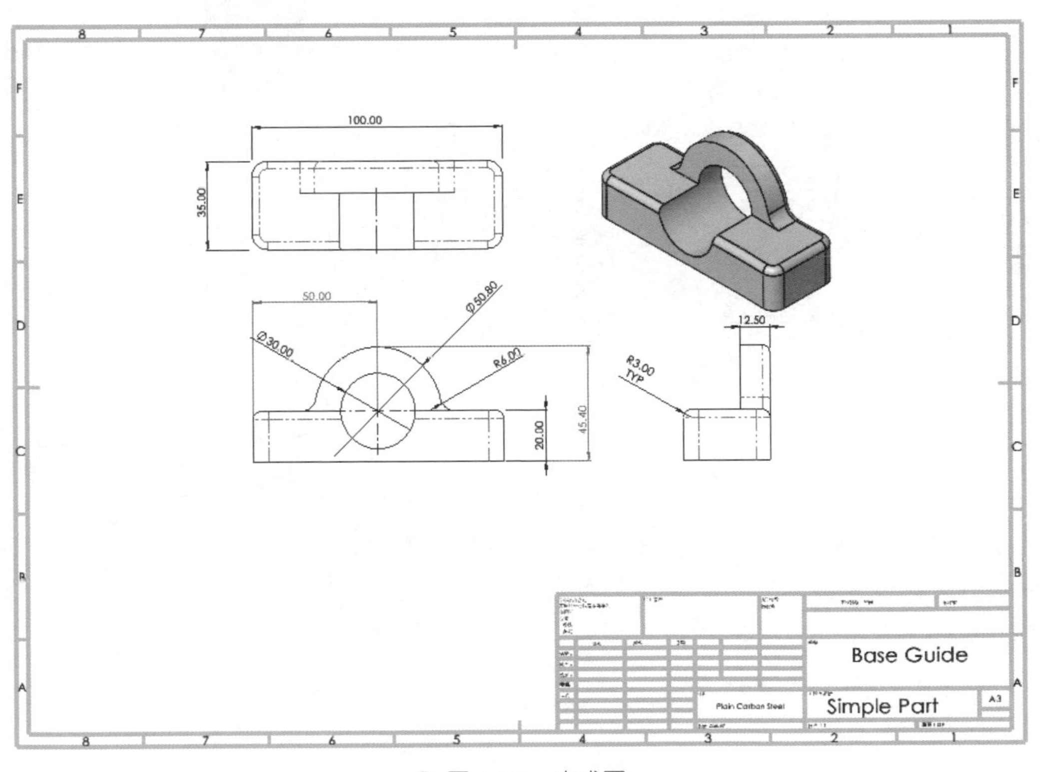

圖 1-68　完成圖

練習 1-2 工程視圖

請依下列步驟指引，為已提供的零件建立模型視角、剖面視圖和細部放大圖，如圖 1-69 所示。本練習將使用以下技能：

- 開新工程圖檔
- 視圖調色盤與模型視角
- 剖面視圖
- 細部放大圖
- 對正視圖

工程圖使用的模型名稱：Drawing Views。使用 A2(ISO) 圖頁格式的工程圖範本。

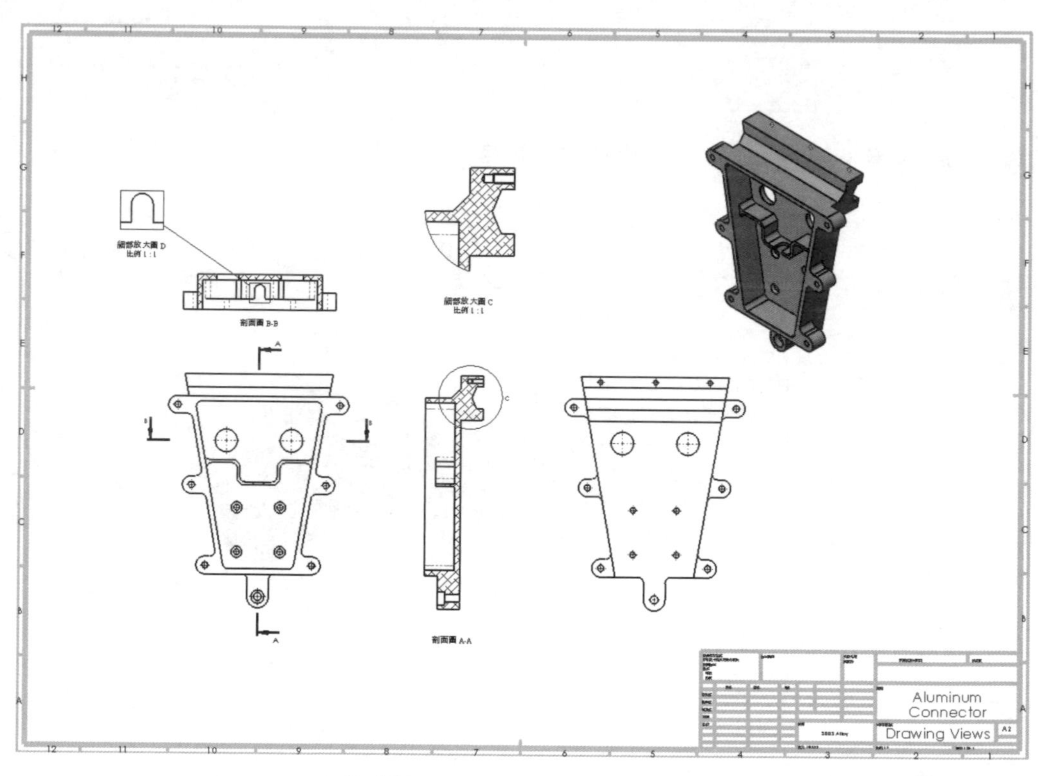

圖 1-69　Drawing Views 視圖

操作步驟

STEP 1 開啟零件

從 Lesson01\Exercises\Exercise02 資料夾中開啟零件：Drawing Views.SLDPRT，如圖 1-70 所示。

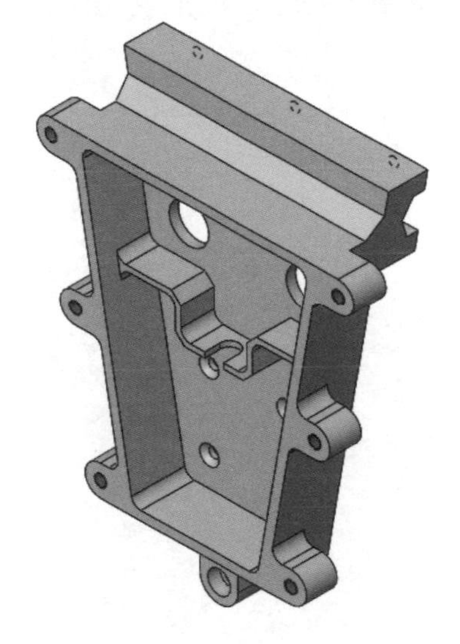

圖 1-70 Drawing Views

STEP 2 從零件建立新工程圖文件

按**從零件 / 組合件產生工程圖**，選擇工程圖範本，按**確定**。從**圖頁格式 / 大小**對話方塊中選擇 A2(ISO)，如圖 1-71 所示，按**確定**。

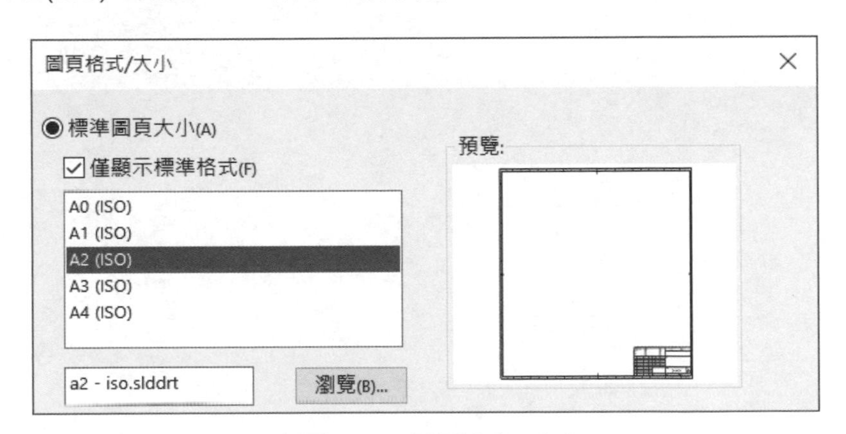

圖 1-71 圖頁格式 / 大小

STEP 3 結果

開啟一個新工程圖，工作窗格中的**視圖調色盤**會自動顯示，並帶入模型的視圖。

STEP 4 修改視圖調色盤選項

此工程圖不需要投影視圖，所以不勾選**自動開始投影視圖**，同時也取消勾選**輸入註記**，如圖 1-72 所示。

圖 1-72 視圖調色盤

STEP 5 建立前視圖

將視圖調色盤中的 **(A)Front**（前）視圖拖曳到工程圖頁中，如圖 1-73 所示。

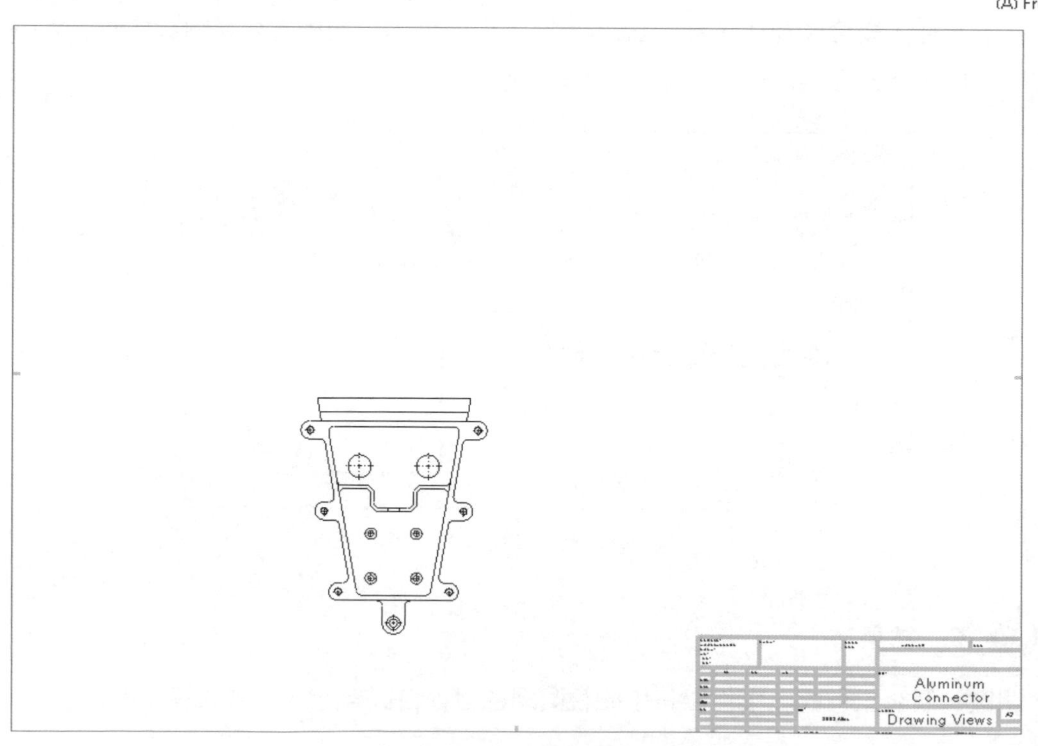

圖 1-73 前視圖

STEP 6 設定圖頁比例

必要時，設定圖頁比例為 1：2。

STEP 7 啟用剖面視圖指令

按**剖面視圖**。

STEP 8 放置除料線

如圖 1-74 所示，在前視圖放置一條**垂直**除料線。

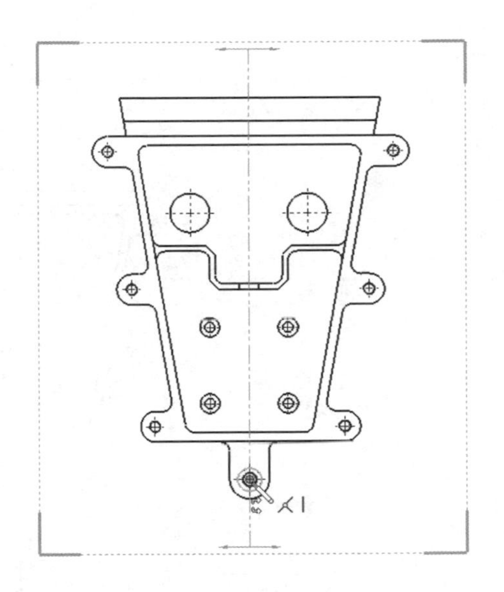

圖 1-74　垂直除料線

STEP 9 完成除料線放置

在剖面視圖快顯（圖 1-75）中按**確定**，完成除料線放置。

圖 1-75　剖面視圖快顯

剖面視圖快顯是用來偏移垂直除料線，此例中並不需要。

STEP 10 放置剖面視圖

在前視圖的右邊按一下，放置剖面視圖。

STEP 11 建立另一個剖面視圖

為了放大在肋材內部的 U Cutout 特徵，使用**水平**除料線建立另一個**剖面視圖**，如圖 1-76 所示。

技巧

必要時，按**反轉方向**或勾選**自動反轉**完成所需的視圖。

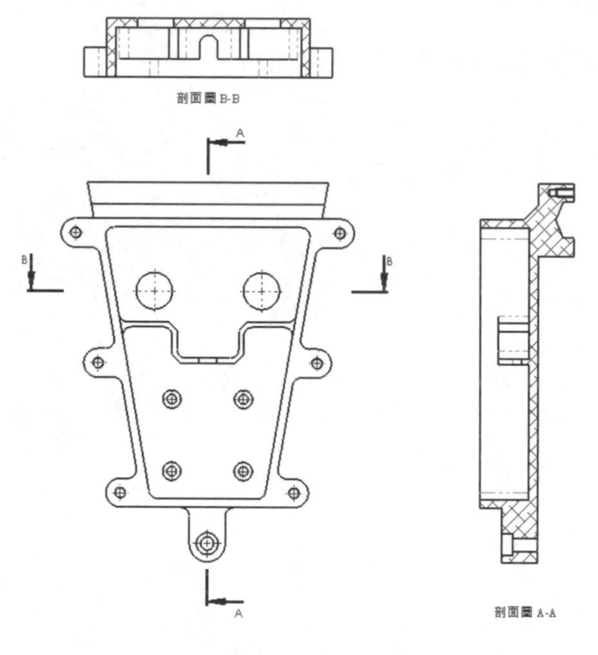

圖 1-76　另一個剖面視圖

對正視圖

接著我們將建立一個後視圖到圖頁中，因為新模型視圖並非現有視圖的子視圖，故視圖不會自動與其他視圖對正，為了對正現有的視圖，有兩個選項：

- **從視圖調色盤中抓取對正**：當您從調色盤中拖曳一個正交視圖時，您可以對正圖頁中的現有視圖，對正視圖包括前視、上視、左視、右視、後視與下視。
- **從視圖快顯功能表中使用對正設定**：視圖建立完成後，在視圖的邊界框內按滑鼠右鍵，點選**對正**選項。先選擇您要對正視圖的方式，再選擇您想要與之對正的視圖。

為了練習如何使用**對正**設定，先使用**模型視角**指令建立後視圖，再使用視圖快顯功能表來對正視圖。

STEP 12 建立投影後視圖

按**模型視角**，在**插入之零件 / 組合件**列表中對零件 Drawing Views 快按滑鼠兩下，或選擇零件後按**下一步**，從**方位**列表中選擇 ***後視**，在工程圖頁上按一下以放置視圖，如圖 1-77 所示。

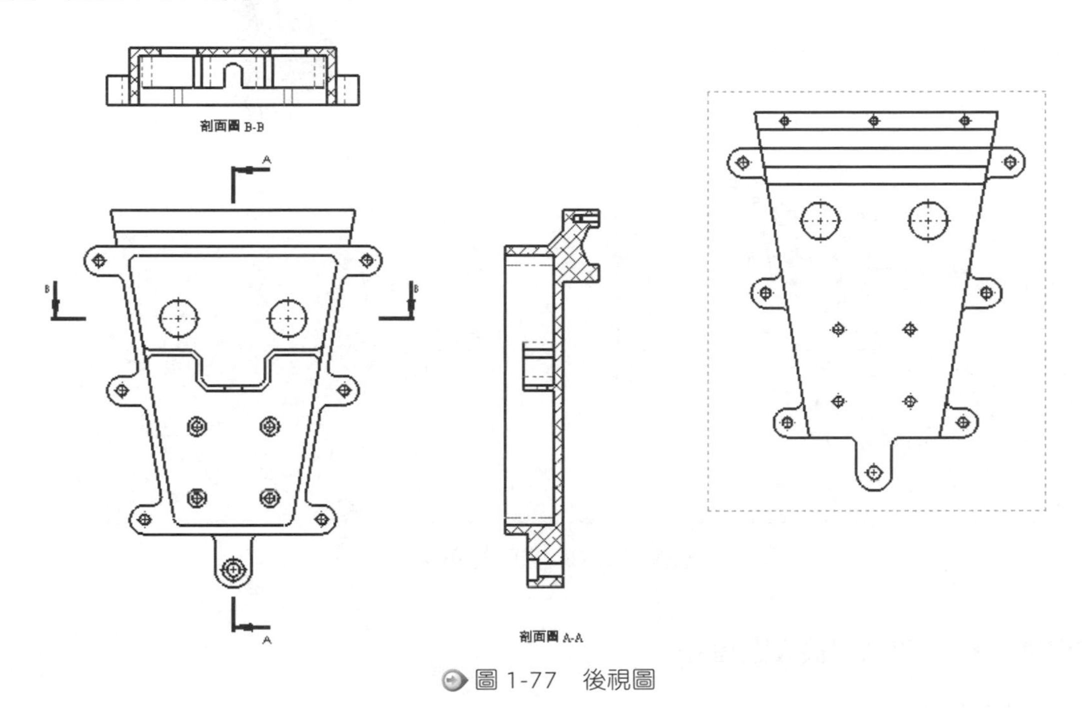

圖 1-77　後視圖

STEP 13 將後視圖對正剖面圖 A-A

在後視圖的邊界框內按滑鼠右鍵，從快顯功能表中選擇**工程視圖對正→水平對正原點**。

再選擇剖面圖 A-A 作為對正的視圖。

STEP 14 加入帶邊線塗彩等角視圖

使用**視圖調色盤**或**模型視角**指令來將**等角視**加入至圖頁中，再從視圖屬性中變更顯示樣式為**帶邊線塗彩**，如圖 1-78 所示。

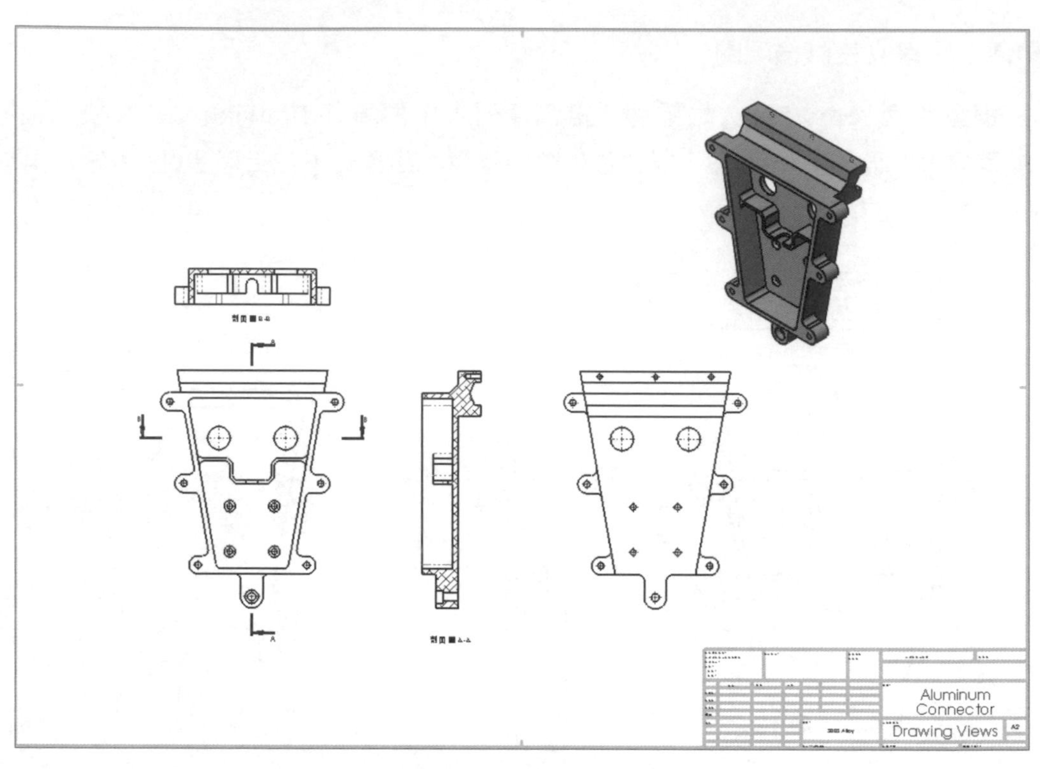

圖 1-78　加入等角視

STEP 15 啟用細部放大圖指令

按細部放大圖 。

STEP 16 繪製圓

繪製**細部放大圖**所需的圓，如圖 1-79 所示。

> **技巧**
>
> 畫圓時，按住 **Ctrl** 鍵可以防止自動加入草圖限制條件。

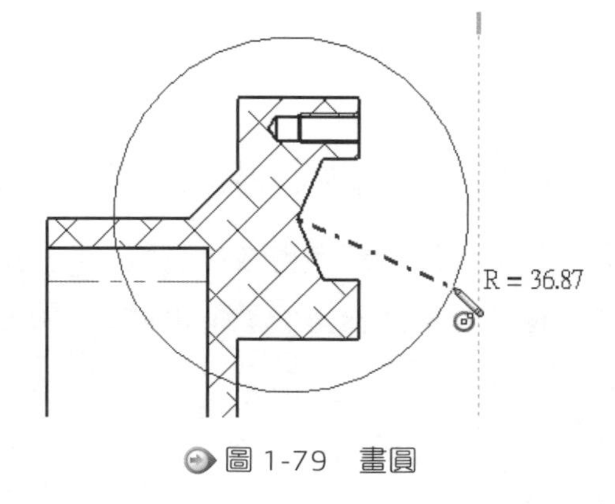

圖 1-79　畫圓

STEP 17 放置細部放大圖於圖頁中

點選剖面圖 A-A 的上方，將細部放大圖放置於圖頁中。

矩形輪廓的細部放大圖

最後一個視圖是繪製含有矩形輪廓的細部放大圖（圖 1-80），要建立此類型的細部放大圖，必須先畫好草圖輪廓線，然後在草圖幾何被選取時，啟用**細部放大圖**指令。

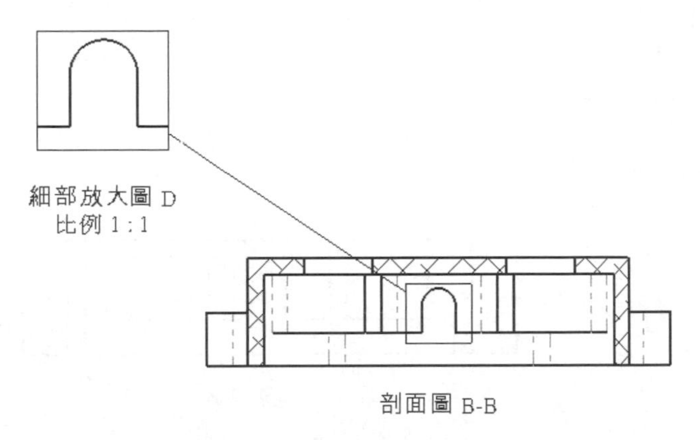

圖 1-80　矩形輪廓的細部放大圖

STEP 18 繪製細部放大圖的輪廓

在剖面圖 B-B 中繪製矩形，如圖 1-81 所示。

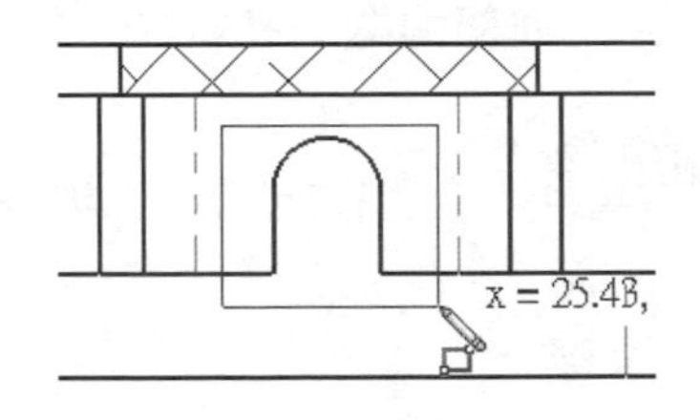

圖 1-81　繪製矩形

STEP 19 啟用細部放大圖指令

選取該矩形（如圖 1-82），按**細部放大圖** 。

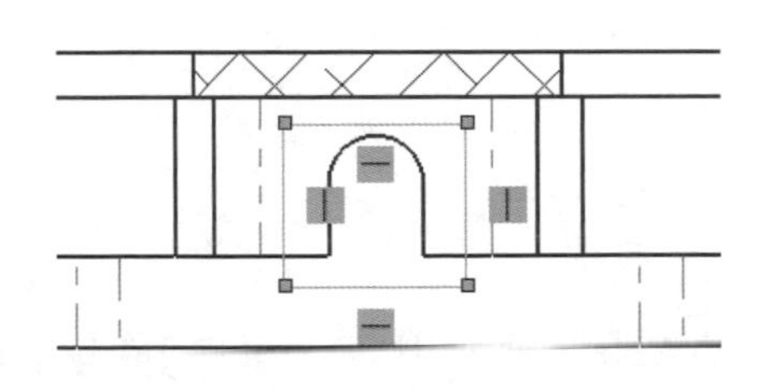

圖 1-82　選取矩形

STEP 20 放置細部放大圖於圖頁中

在圖頁中按一下，放置細部放大圖（如圖 1-83）。

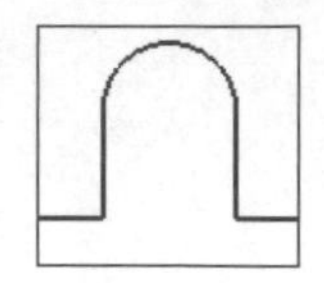

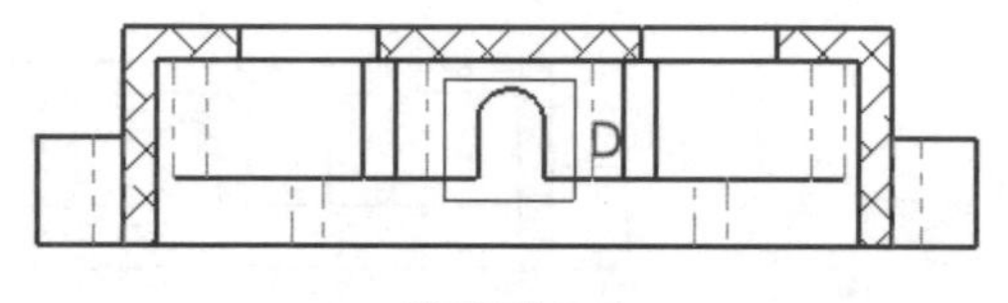

圖 1-83　細部放大圖 D

STEP 21 修改視圖屬性

在**細部圖圓→樣式**中選擇**連接**及**輪廓**，如圖 1-84 所示。

> 提示
> 當選擇**有導線**和**無導線**樣式時，**輪廓**選項也可以用。

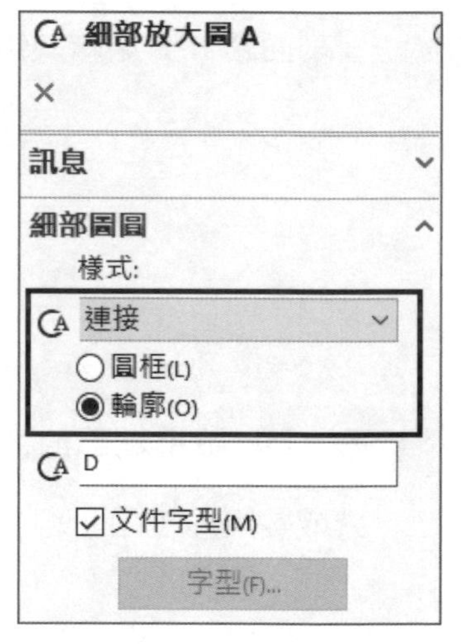

圖 1-84　選擇連接及輪廓

STEP 22 共用、儲存並關閉所有檔案

完成後的工程圖，如圖 1-85 所示。

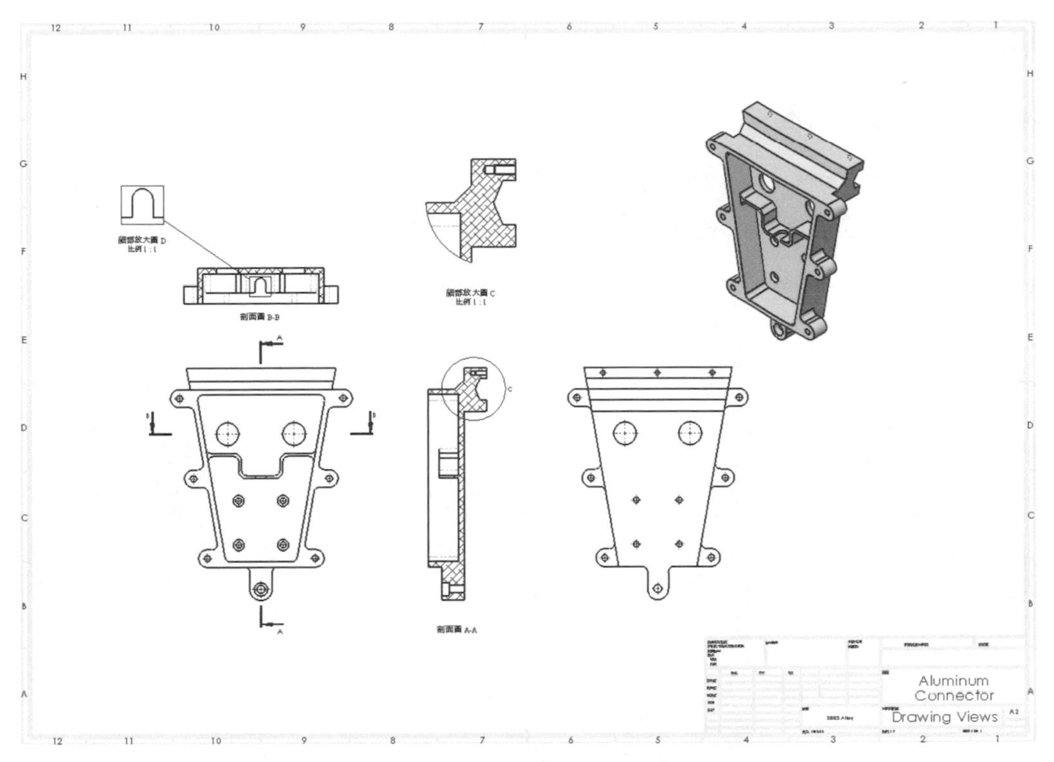

圖 1-85　完成後的工程圖

練習 1-3 剖面除料線選項

剖面視圖工具可以使用不同除料線以產生所需的視圖。請依下列步驟指引，練習使用除料線選項，建立如圖 1-86 所示模型的不同剖面視圖。本練習將使用以下技能：

- 剖面視圖

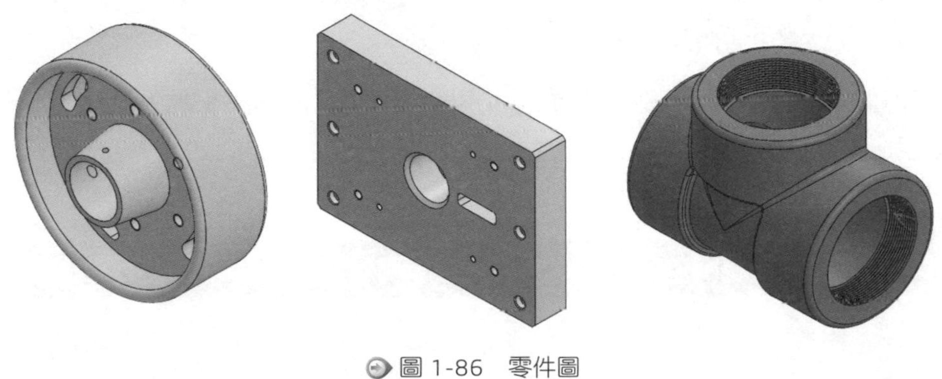

圖 1-86　零件圖

操作步驟

STEP 1 開啟工程圖檔

從 Lesson01\Exercises\Exercise03 資料夾中開啟工程圖檔：Section Practice.SLDDRW，如圖 1-87 所示。這個工程圖檔包含多個圖頁，以供練習不同的剖面除料線。

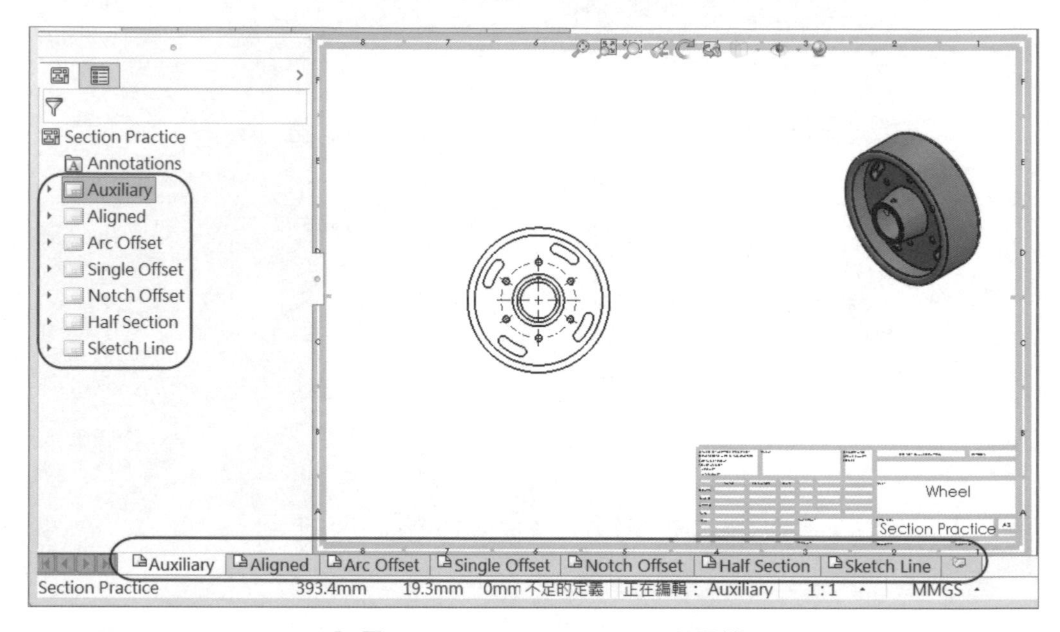

圖 1-87　Section Practice 工程圖檔

STEP 2 啟用剖面視圖指令

按剖面視圖 。

STEP 3 查看除料線選項

請注意**除料線**選項的不同。在除料線選項中，除料線圖示中的數字，代表著建立不同的除料線類型時，滑鼠所需點按次數。

每個除料線建立後，都可進一步從剖面視圖快顯中自訂類型來加入偏移，或者使用**編輯草圖**選項。

技巧

勾選**自動開始剖面視圖**選項可以關閉剖面視圖快顯和**編輯草圖**選項。

STEP 4　建立輔助除料線

在**除料線**中按**輔助**。如圖 1-88 所示，點選兩個鑽孔圓心放置除料線，因為不需要進一步調整除料線，在**剖面視圖快顯**（圖 1-89）中按**確定**✔。

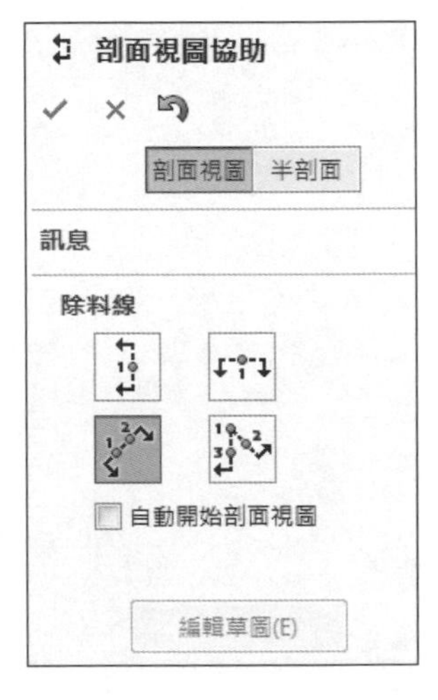

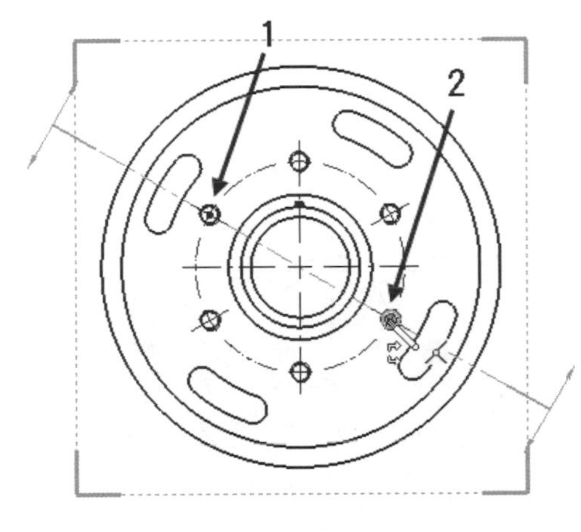

圖 1-88　輔助除料線

圖 1-89　剖面視圖快顯

STEP 5　放置剖面視圖

在前視圖的右上方按一下，放置剖面視圖，如圖 1-90 所示，必要時從 PropertyManager 勾選**自動反轉**。

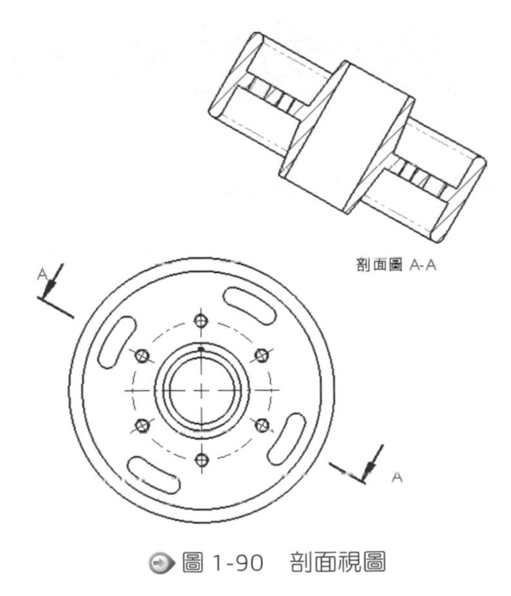

圖 1-90　剖面視圖

STEP 6　啟用圖頁 2，Aligned

STEP 7　啟用剖面視圖指令

按**剖面視圖**。

STEP 8 建立對正除料線

在**除料線**中按**對正**。

如圖 1-91 所示，依序點選三個鑽孔中心放置除料線，在**剖面視圖快顯**（圖 1-92）中按**確定** ✔。

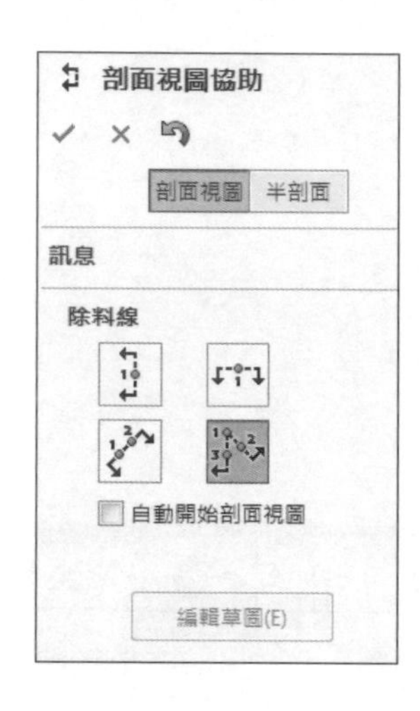

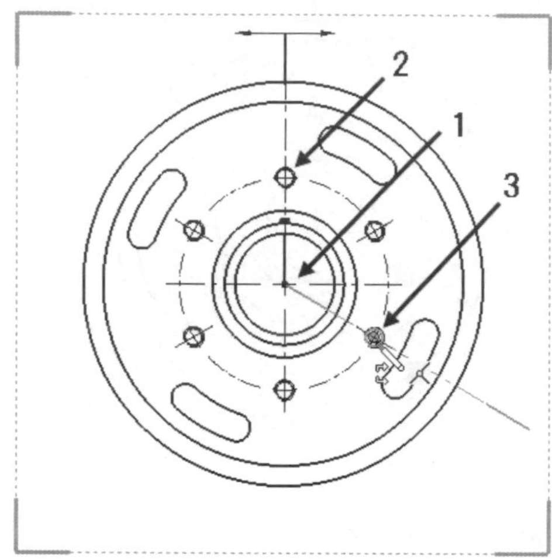

圖 1-91　對正除料線

圖 1-92　剖面視圖快顯

技巧

對正除料線的第一條線決定剖面視圖對正的方向。

STEP 9 放置視圖

在圖頁中按一下以放置視圖，如圖 1-93 所示，必要時從 PropertyManager 勾選**自動反轉**。

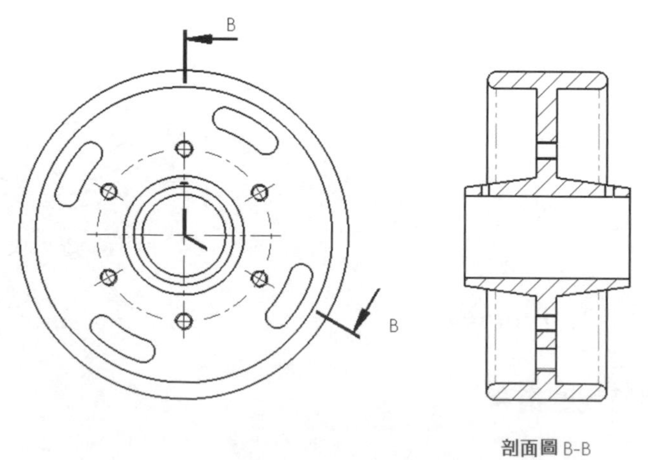

圖 1-93　對正視圖

建立偏移

現在，您將建立一些剖面視圖，並使用剖面視圖快顯工具列定義除料線的偏移。

STEP 10 啟用圖頁 3，Arc Offset

STEP 11 啟用剖面視圖指令

按剖面視圖 。

STEP 12 建立垂直除料線

在**除料線**中按**垂直**，放置除料線在零件的圓心上。

STEP 13 加入弧偏移

在剖面視圖快顯中按**弧偏移**（圖 1-94）。如圖 1-95 所示，放置弧除料線起點，再於狹槽弧線中點繼續除料線，因為不需要其他偏移，故在**剖面視圖快顯**中按**確定** 。

圖 1-94　弧偏移快顯

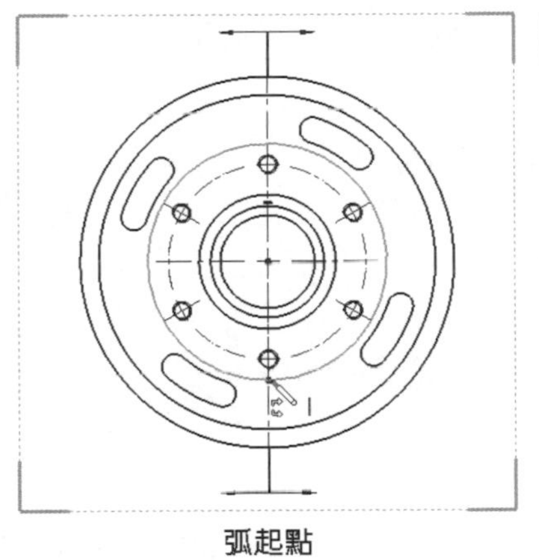

弧起點

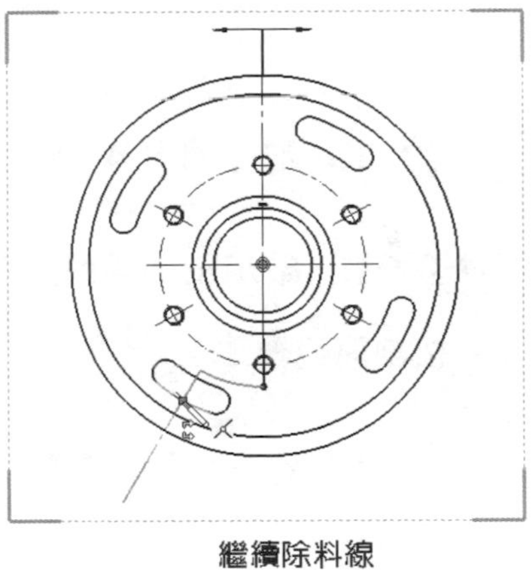

繼續除料線

圖 1-95　弧偏移

STEP 14 放置剖面視圖

在圖頁中按一下以放置視圖，如圖 1-96 所示，必要時從 PropertyManager 勾選**自動反轉**。

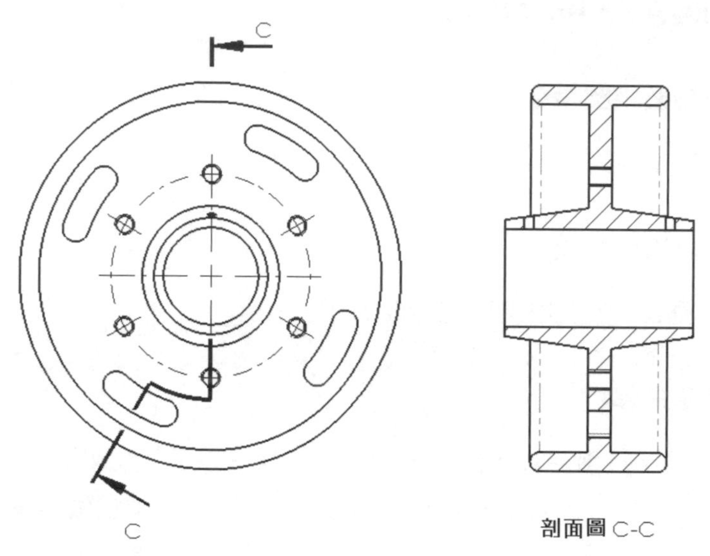

圖 1-96　弧偏移剖面

STEP 15 啟用圖頁 4，Single Offset

STEP 16 啟用剖面視圖指令

按**剖面視圖** 。

STEP 17 建立水平除料線

在**除料線**中按**水平**。如圖 1-97 所示，點選鑽孔中心放置除料線。

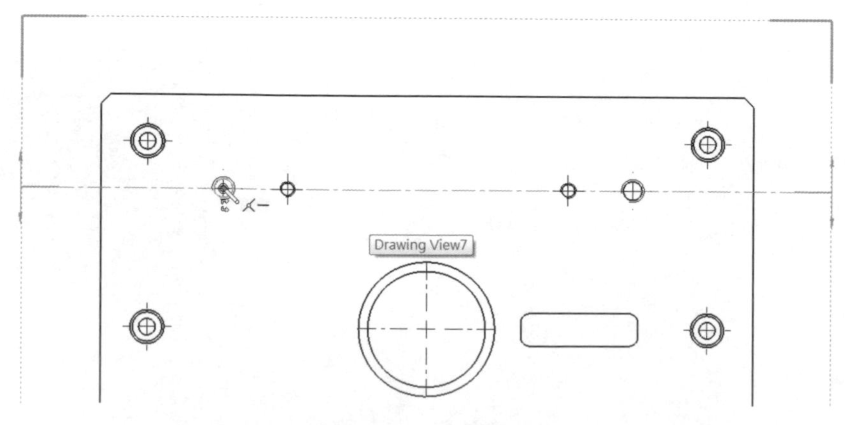

圖 1-97　水平除料線

STEP 18 加入單一偏移

在**剖面視圖快顯**中按**單一偏移**，如圖 1-98 所示。

如圖 1-99 所示，點選偏移的起點及除料線繼續的位置，在**剖面視圖快顯**中按**確定** ✔。

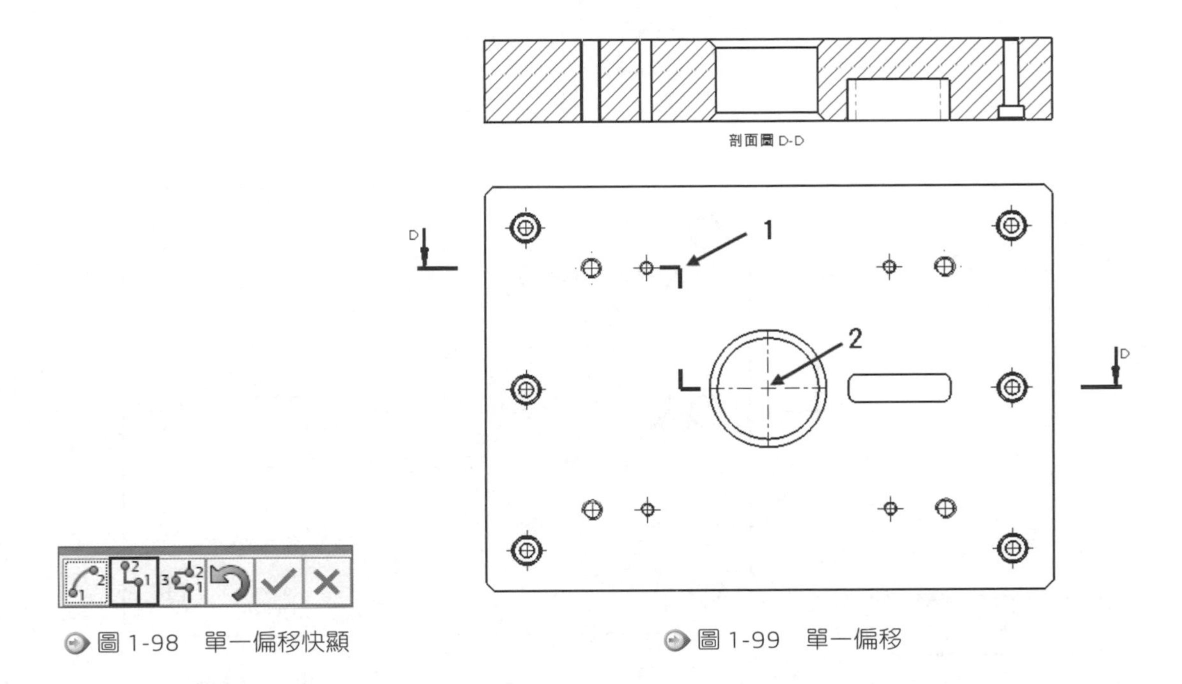

圖 1-98　單一偏移快顯

圖 1-99　單一偏移

STEP 19 放置視圖

在圖頁中按一下以放置視圖，必要時從 PropertyManager 勾選**自動反轉**。

STEP 20 啟用圖頁 5，Notch Offset

STEP 21 啟用剖面視圖指令

按**剖面視圖**。

STEP 22 建立水平除料線

在**除料線**中按**水平**，放置除料線在零件的圓心上。

STEP 23 加入凹口偏移

在剖面視圖快顯中按**凹口偏移**（圖 1-100）。如圖 1-101 所示，放置凹口除料線起迄點，再定義如圖所示的凹口高度，按**確定**✔。

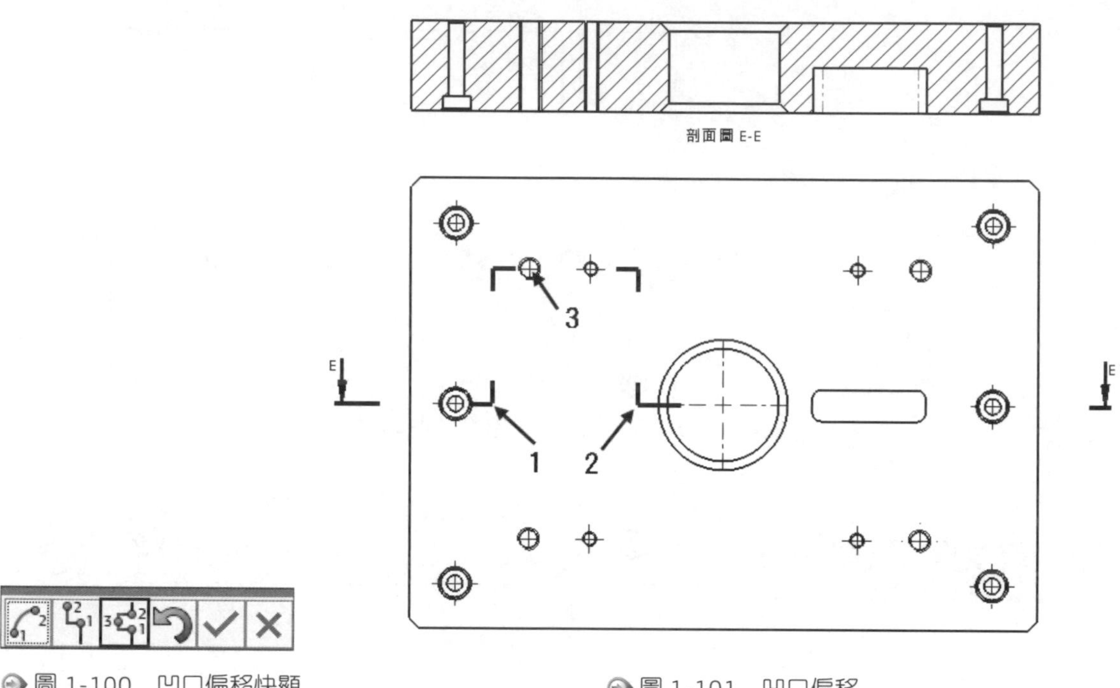

圖 1-100　凹口偏移快顯

圖 1-101　凹口偏移

STEP 24 放置剖面視圖

在圖頁中按一下以放置視圖，必要時從 PropertyManager 勾選**自動反轉**。

半剖面

在剖面視圖 PropertyManager 中也有包含建立半剖面視圖的選項。選擇上方的半剖面標籤即可使用半剖面的選項。

STEP 25 啟用圖頁 6，Half Section

STEP 26 啟用剖面視圖指令

按剖面視圖 。

STEP 27 建立半剖面

如圖 1-102 所示，按**半剖面**，點選**上側右**。點選圓心放置除料線。

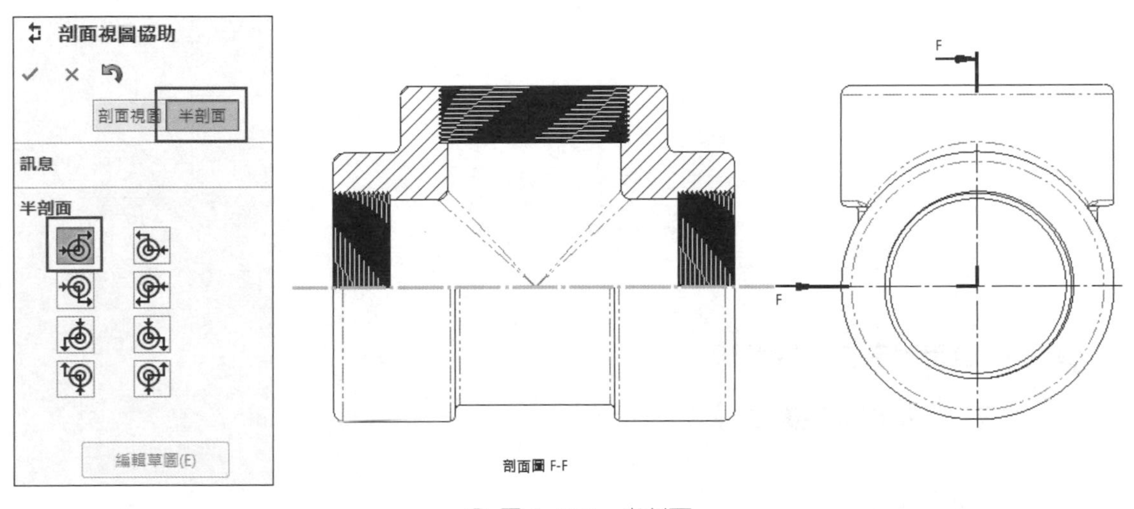

圖 1-102　半剖面

STEP 28 放置剖面視圖

如圖 1-102 所示。

繪製除料線

在剖面視圖指令的除料線選項中都是自動繪製草圖，若您不喜歡的話，也可以在草圖上自己繪製除料線，並用它來建立剖面視圖。此工作類似在細部放大圖中使用自訂輪廓。請先繪製草圖，選擇之後再啟用剖面視圖指令。

STEP 29 啟用圖頁 7，Sketch Line

STEP 30 繪製線

啟用畫線指令，畫一條與圓心重合的垂直線，並通過整個零件，如圖 1-103 所示。

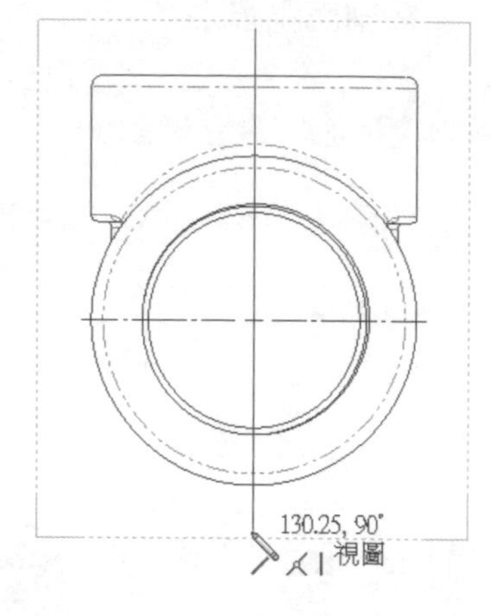

圖 1-103　畫垂直線

STEP 31 啟用線為剖面除料線

選取垂直線，按**剖面視圖**。

STEP 32 放置視圖

在圖頁中按一下以放置視圖，如圖 1-104 所示，必要時從 PropertyManager 勾選**自動反轉**。

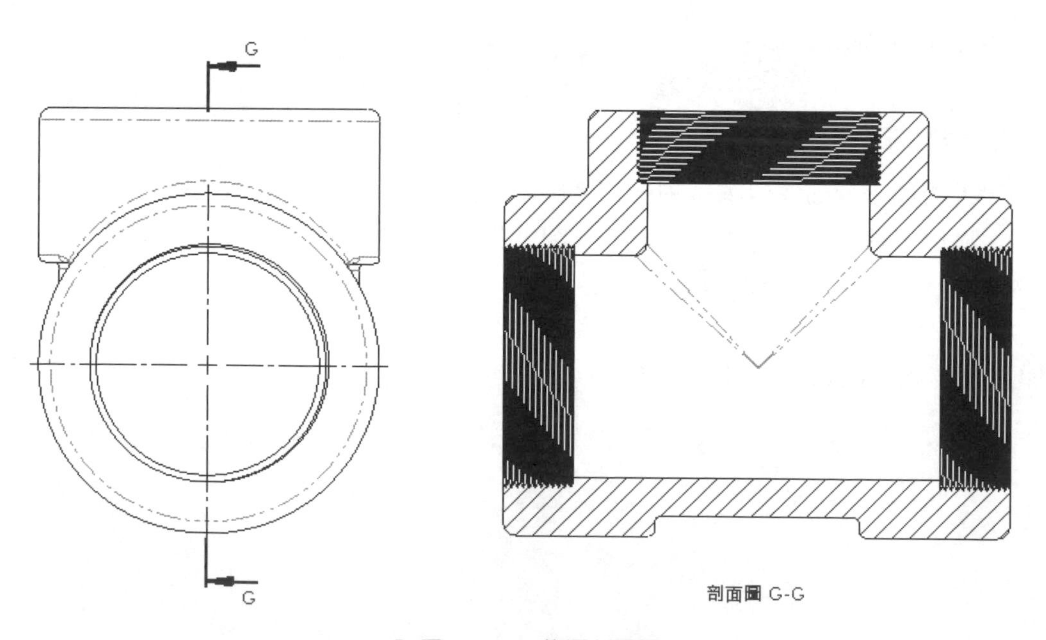

圖 1-104　放置剖面圖

編輯除料線

當剖面視圖建立後，可以在除料線上按滑鼠右鍵選擇修改。按**編輯除料線**後，在剖面視圖 PropertyManager 中，可修正除料線的類型及加入偏移，PropertyManager 的**編輯草圖**選項，將使除料線得以在草圖環境下修改。

STEP 33 啟用圖頁 5，Notch Section

STEP 34 編輯除料線

在**除料線**上按滑鼠右鍵，點選**編輯除料線**。

STEP 35 編輯草圖

在 PropertyManager 中按**編輯草圖**。

STEP 36 取消畫線指令

STEP 37 刪除限制條件

如圖 1-105 所示，選擇凹口處上方的水平線，選取**重合**限制條件，按**刪除**。

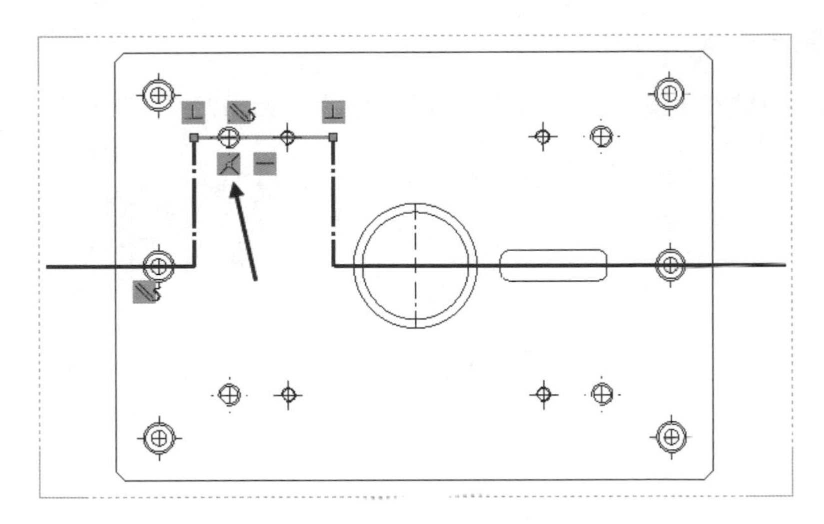

圖 1-105　刪除限制條件

STEP 38 修改凹口

如圖 1-106 所示，將凹口水平線拖曳至下方位置。

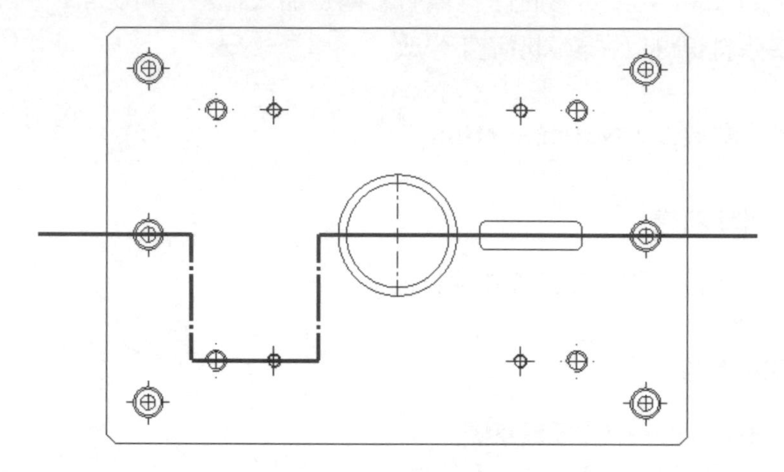

圖 1-106　修改凹口草圖

技巧

將凹口的角落拖曳到鑽孔中心，喚醒中心點，然後沿著推斷提示線畫線對正中心。

STEP 39 完成草圖

在確認角落按**離開草圖**，並重新計算剖面視圖，結果如圖 1-107 所示。

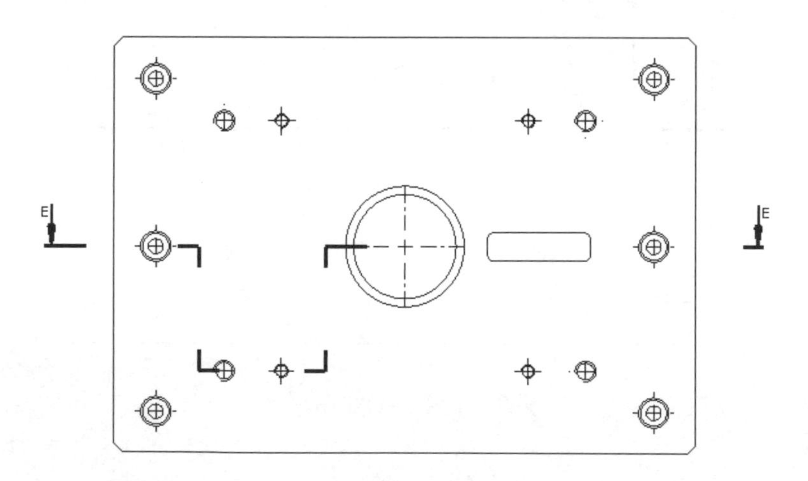

圖 1-107　完成草圖

STEP 40 共用、儲存並關閉所有檔案

練習 1-4 移轉剖面

在《SOLIDWORKS 零件與組合件培訓教材》中介紹的移轉剖面是另一種視圖類型。請依下列步驟指引，藉由建立移轉剖面並加入尺寸來完成如圖 1-108 所示的工程圖。本練習將使用以下技能：

- 標註尺寸

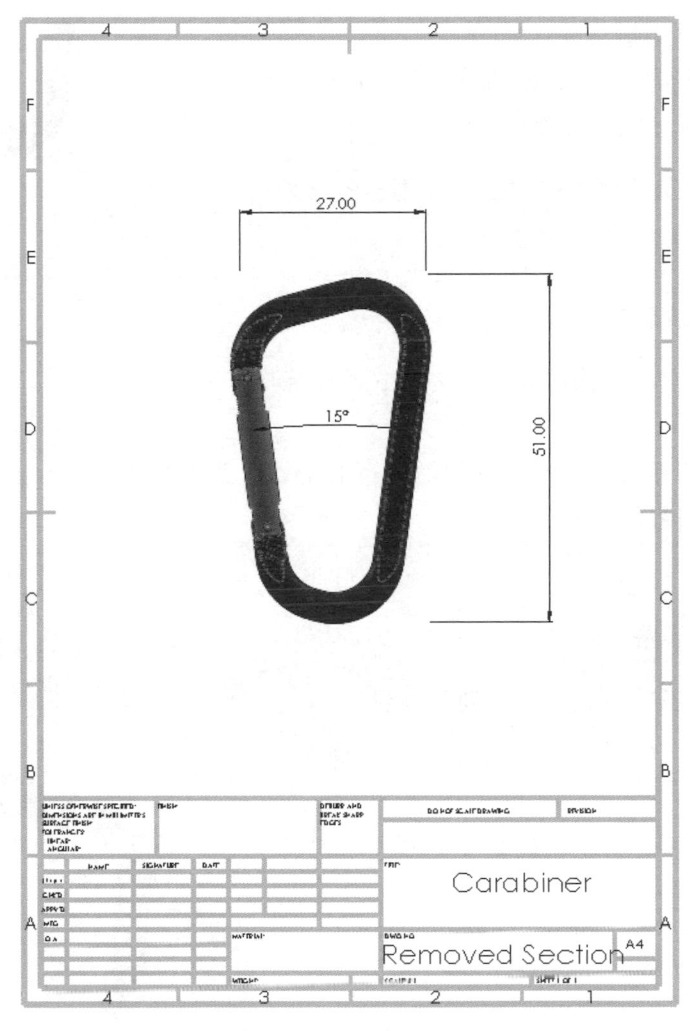

圖 1-108　零件工程視圖

操作步驟

STEP 1　開啟工程圖檔

從 Lesson01\Exercises\Exercise04 資料夾中開啟工程圖檔：Removed Section.SLDDRW。

STEP 2 啟用移轉剖面指令

按**移轉剖面**。

STEP 3 選擇對置的邊線

移轉剖面視圖需要選擇兩條對置的邊線，移轉剖面除料線會在所選的兩條邊線間，放置除料線以建立視圖。

從此例的登山扣模型中，需選擇的邊線為側影輪廓線，SOLIDWORKS 會透過游標旁的顯示回饋符號，來提示目前所選的側影輪廓邊線。

選擇模型最右邊的側影輪廓邊線，**對置的邊線**選擇內部側影輪廓邊線，如圖 1-109 所示。

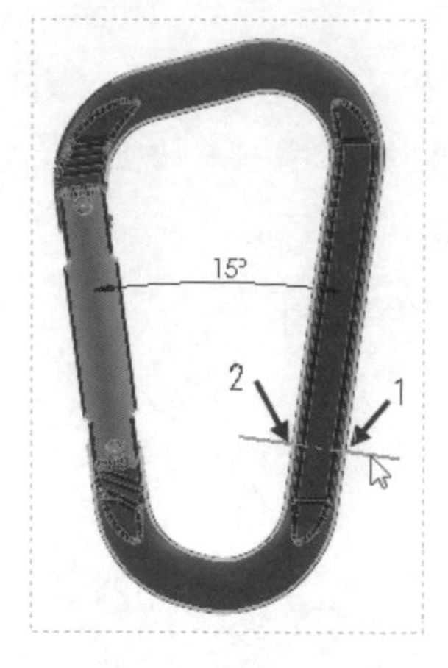

圖 1-109 對置的邊線

STEP 4 放置除料線

在**除料線放置**群組選擇**自動**，再按一下放置除料線。

> **提示** 若是選擇**手動**，則必須在每個對置的邊線上選擇點以定義除料線，這樣就可以控制除料線的角度。

STEP 5 放置視圖

在圖頁上按一下，以放置移轉剖面視圖。

STEP 6 加入尺寸

使用**智慧型尺寸**，標註如圖 1-110 所示的尺寸。

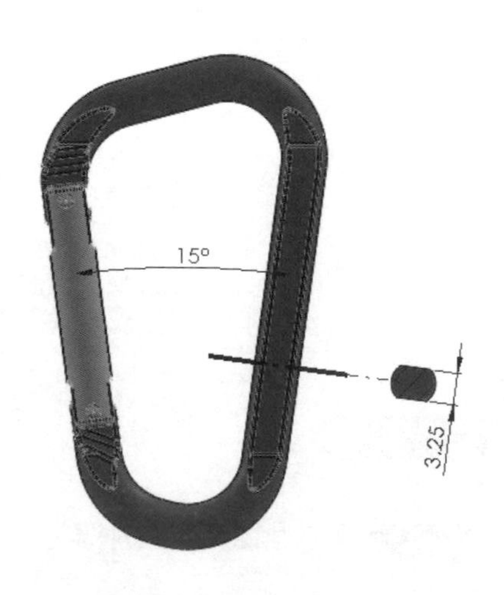

圖 1-110 標註尺寸

STEP 7 建立第二個移轉剖面

重複 STEP 3~STEP 6，建立在視圖上方的移轉剖面，如圖 1-111 所示。

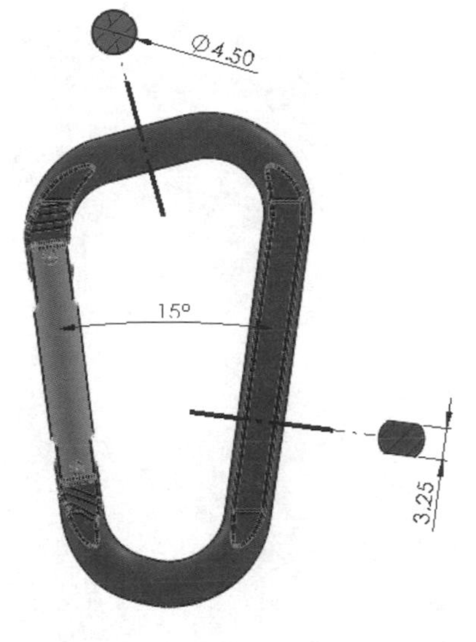

圖 1-111　第二個移轉剖面視圖

STEP 8 共用、儲存並關閉所有檔案

練習 1-5 組合件視圖

請依下列步驟指引，使用提供的組合件模型建立如圖 1-112 所示的工程圖。本練習將使用以下技能：

- 開新工程圖檔
- 新增圖頁
- 零件表（BOM）
- 標準三視圖
- 加入零件號球

工程圖使用的模型名稱：Assembly Practice。使用 A2(ISO) 圖頁格式的工程圖範本。圖頁比例皆為 1：2。

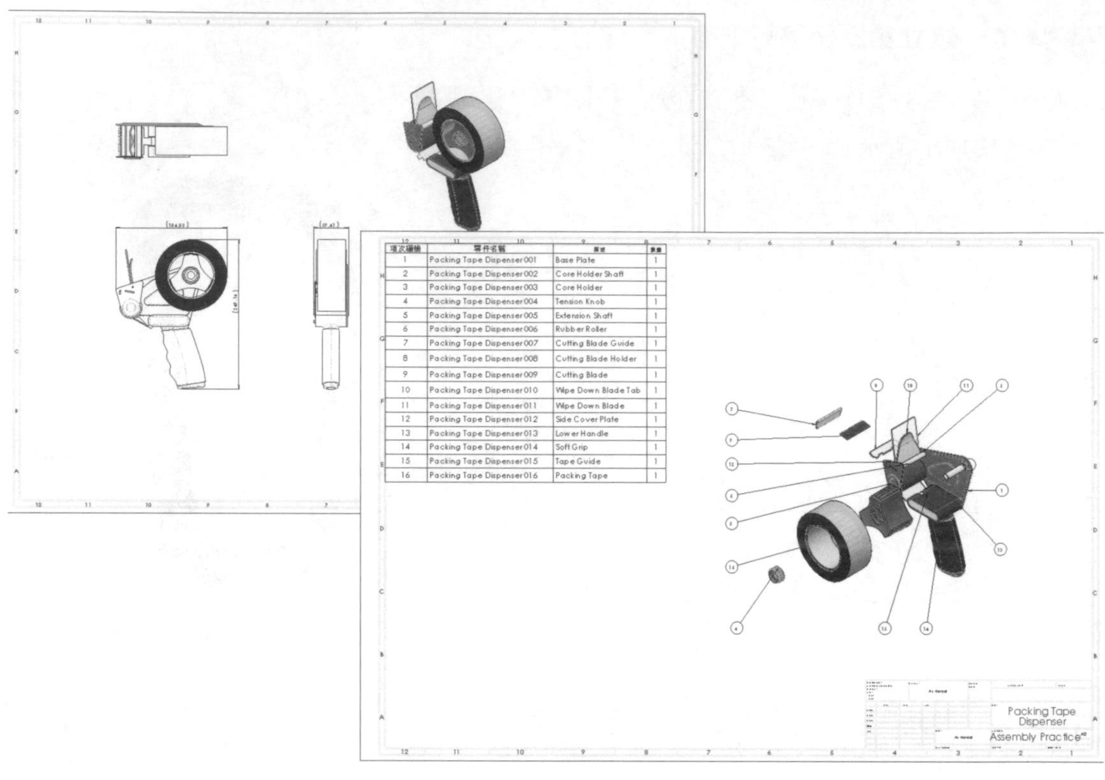

項次編號	零件名稱	[illegible]	[illegible]
1	Packing Tape Dispenser001	Base Plate	1
2	Packing Tape Dispenser002	Core Holder Shaft	1
3	Packing Tape Dispenser003	Core Holder	1
4	Packing Tape Dispenser004	Tension Knob	1
5	Packing Tape Dispenser005	Extension Shaft	1
6	Packing Tape Dispenser006	Rubber Roller	1
7	Packing Tape Dispenser007	Cutting Blade Guide	1
8	Packing Tape Dispenser008	Cutting Blade Holder	1
9	Packing Tape Dispenser009	Cutting Blade	1
10	Packing Tape Dispenser010	Wipe Down Blade Tab	1
11	Packing Tape Dispenser011	Wipe Down Blade	1
12	Packing Tape Dispenser012	Side Cover Plate	1
13	Packing Tape Dispenser013	Lower Handle	1
14	Packing Tape Dispenser014	Soft Grip	1
15	Packing Tape Dispenser015	Tape Guide	1
16	Packing Tape Dispenser016	Packing Tape	1

圖 1-112　組合件工程圖

操作步驟

STEP 1　開啟模型

從 Lesson01\Exercises\Exercise05 資料夾中開啟組合件：Assembly Practice.SLDASM。

STEP 2　檢查爆炸視圖

從 ConfigurationManager 中，展開 Default 模型組態與 ExplView1（此組合件包含一個爆炸視圖）。在 ExplView1 上快按滑鼠兩下啟用爆炸視圖，如圖 1-113 所示。

圖 1-113　啟用爆炸視圖

技巧

您也可以在上方的組合件名稱上按滑鼠右鍵，選擇**爆炸分解**或**爆炸解除**指令。

STEP 3 爆炸解除

在 ExplView1 上快按滑鼠兩下以解除爆炸視圖，如圖 1-114 所示。

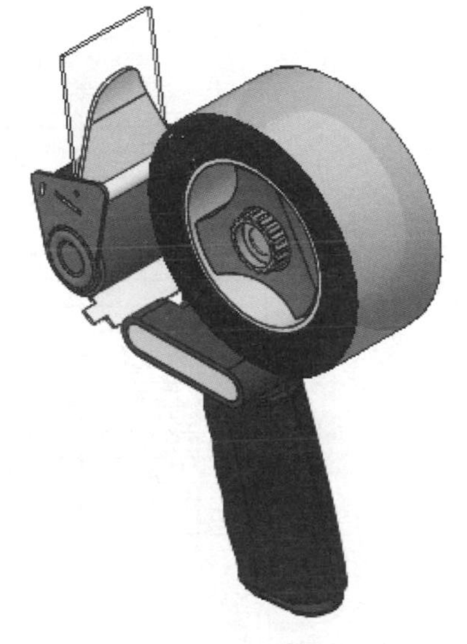

圖 1-114　解除爆炸視圖

STEP 4 加入零件表

從**組合件**工具列按**零件表**，如圖 1-115 所示，**BOM 類型**點選**只有上層**，按**確定**。

圖 1-115　BOM 類型

STEP 5 選擇註記視角

如圖 1-116 所示，在彈出的對話方塊中點選**現有註記視角→Notes Area**，按**確定**。

> **注意** 當模型旋轉時，Notes Area 註記視角會維持正垂於螢幕。

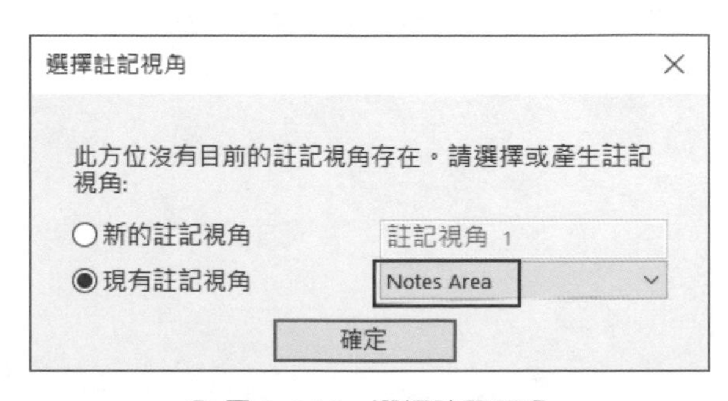

圖 1-116　選擇註記視角

STEP 6 放置表格

在繪圖區按一下，放置零件表表格，如圖 1-117 所示。

項次編號	零件名稱	描述	數量
1	Packing Tape Dispenser 001	Base Plate	1
2	Packing Tape Dispenser 002	Core Holder Shaft	1
3	Packing Tape Dispenser 003	Core Holder	1
4	Packing Tape Dispenser 004	Tension Knob	1
5	Packing Tape Dispenser 005	Extension Shaft	1
6	Packing Tape Dispenser 006	Rubber Roller	1
7	Packing Tape Dispenser 007	Cutting Blade Guide	1
8	Packing Tape Dispenser 008	Cutting Blade Holder	1
9	Packing Tape Dispenser 009	Cutting Blade	1
10	Packing Tape Dispenser 010	Wipe Down Blade Tab	1
11	Packing Tape Dispenser 011	Wipe Down Blade	1
12	Packing Tape Dispenser 012	Side Cover Plate	1
13	Packing Tape Dispenser 013	Lower Handle	1
14	Packing Tape Dispenser 014	Soft Grip	1
15	Packing Tape Dispenser 015	Tape Guide	1
16	Packing Tape Dispenser 016	Packing Tape	1

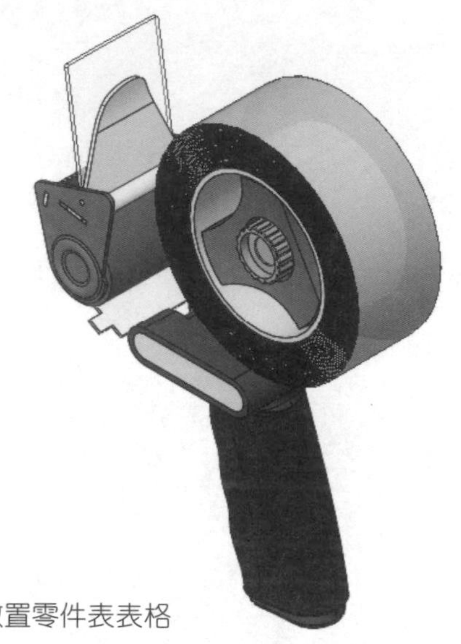

圖 1-117 放置零件表表格

STEP 7 修改零件表格式

用格式工具列（圖 1-118）以及快顯功能表修改零件表。

圖 1-118 格式工具列

技巧

當您選擇零件表時，格式工具列會自動顯示。

選擇表格，在表格上按滑鼠右鍵，快顯功能表將提供一些格式設定選項，如圖 1-119 所示。

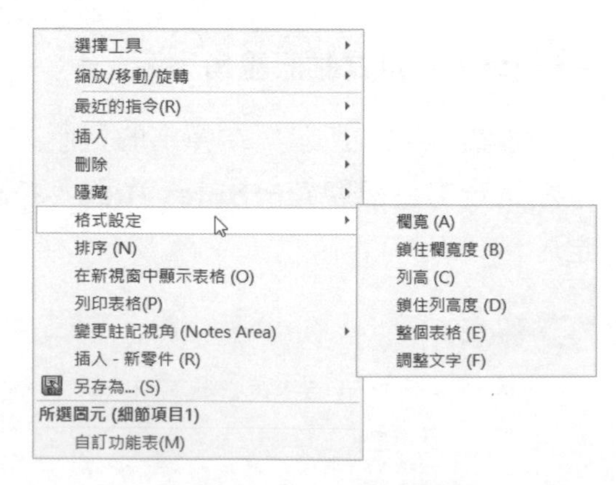

圖 1-119 快顯功能表

調整表格設定以符合圖 1-120 所示的格式設定：

- 變更整個表格字型大小為**18點**。
- 變更整個表格**水平儲存格內距**為 **2mm**。
- 變更**零件名稱欄欄寬**為 100mm。
- 變更**零件名稱**與**描述**欄文字**靠左對正**。
- 變更**欄標題**列文字為**置中對正**。

項次編號	零件名稱	描述	數量
1	Packing Tape Dispenser001	Base Plate	1
2	Packing Tape Dispenser002	Core Holder Shaft	1
3	Packing Tape Dispenser003	Core Holder	1
4	Packing Tape Dispenser004	Tension Knob	1
5	Packing Tape Dispenser005	Extension Shaft	1
6	Packing Tape Dispenser006	Rubber Roller	1
7	Packing Tape Dispenser007	Cutting Blade Guide	1
8	Packing Tape Dispenser008	Cutting Blade Holder	1
9	Packing Tape Dispenser009	Cutting Blade	1
10	Packing Tape Dispenser010	Wipe Down Blade Tab	1
11	Packing Tape Dispenser011	Wipe Down Blade	1
12	Packing Tape Dispenser012	Side Cover Plate	1
13	Packing Tape Dispenser013	Lower Handle	1
14	Packing Tape Dispenser014	Soft Grip	1
15	Packing Tape Dispenser015	Tape Guide	1
16	Packing Tape Dispenser016	Packing Tape	1

圖 1-120 格式化表格

技巧

在表格的左上角按一下 圖示，可以選取整個表格或拖曳移動表格。

STEP 8 開新工程圖文件

按**從零件 / 組合件產生工程圖**，選擇工程圖範本，按**確定**。從**圖頁格式 / 大小**對話方塊中選擇 A2(ISO)，如圖 1-121 所示，按**確定**。

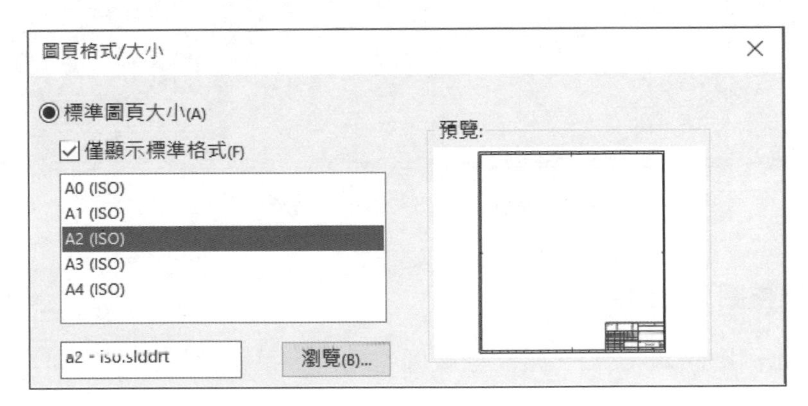

圖 1-121 圖頁格式 / 大小

STEP 9 爆炸視圖

從視圖調色盤中，將**等角視爆炸** 拖曳到工程圖頁中。

提示 在 PropertyManager 中勾選**以爆炸或模型斷裂的狀態顯示**（圖 1-122）時，將顯示新的或已存在的視圖為爆炸視圖。

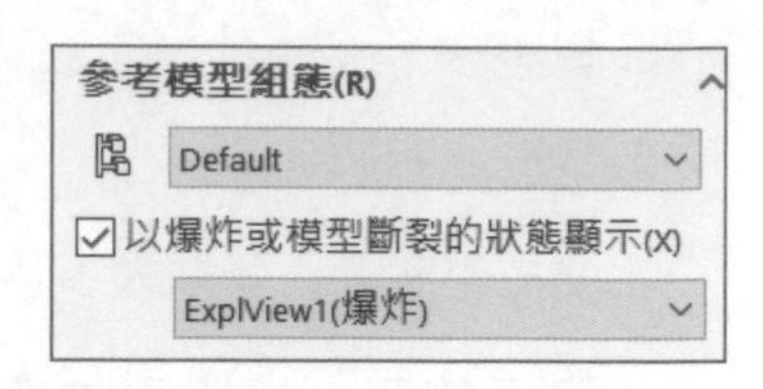

圖 1-122　勾選選項

STEP 10 修改顯示樣式

使用 PropertyManager 來修改視圖的**顯示樣式**為**帶邊線塗彩**，如圖 1-123 所示。

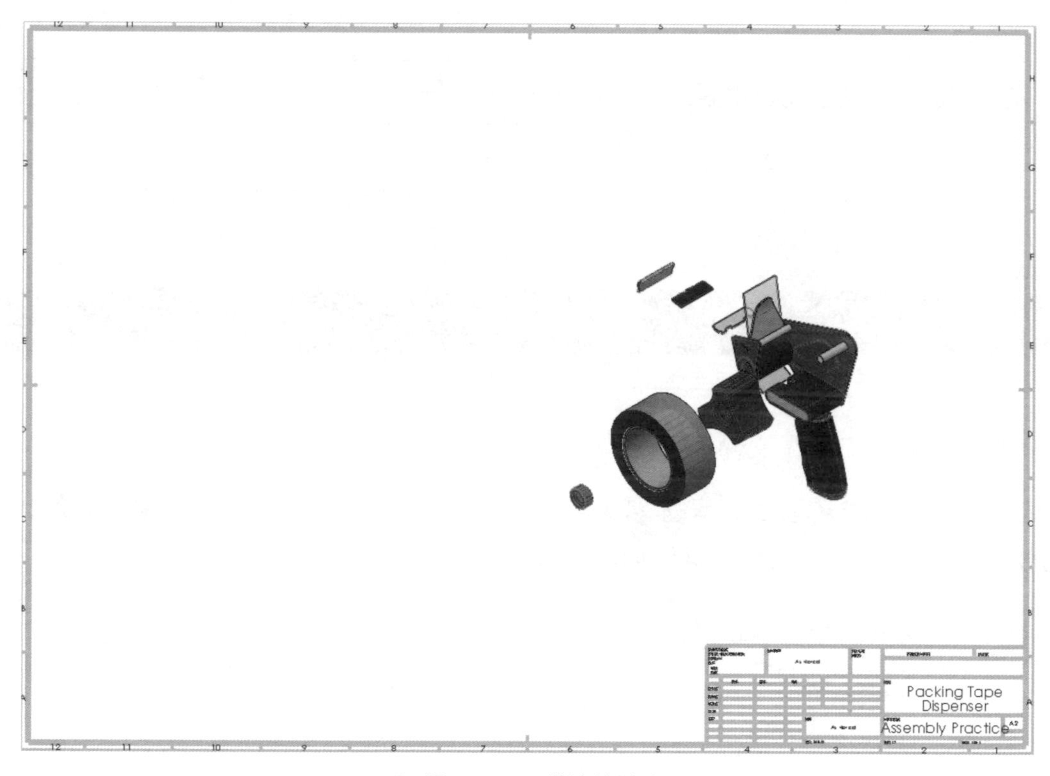

圖 1-123　帶邊線塗彩

STEP 11 調整圖頁比例

此工程圖比例應該為 1：2，當工程視圖建立時，系統會依模型的爆炸狀態自動調整比例。

若有需要，請在視窗右下角，使用狀態列的比例選單中，將比例調整為 1：2。

STEP 12 加入零件表

在**註記**工具列中按**表格**→**零件表**。必要時，選擇指定模型的工程視圖來加入零件表。

在**零件表選項**中選擇**複製現有的表格**，如圖 1-124 所示，按**確定**。

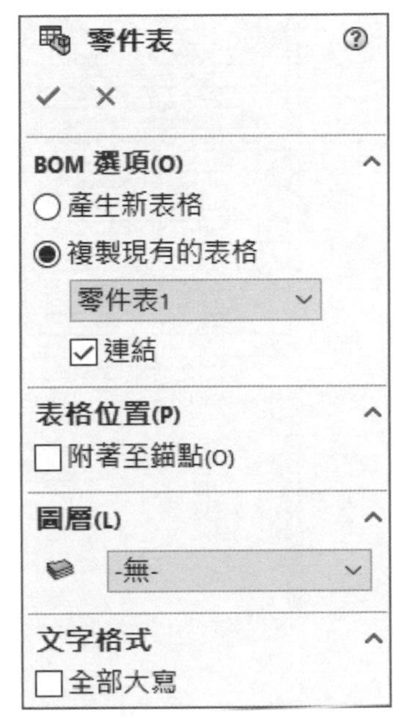

圖 1-124 零件表選項

STEP 13 放置表格於工程圖頁中

在工程視圖的左上角點按一下，放置表格到圖頁中。

STEP 14 修改表格

選擇表格的左上角點，使用格式工具列（圖 1-125）變更字型大小為 **18 點**。

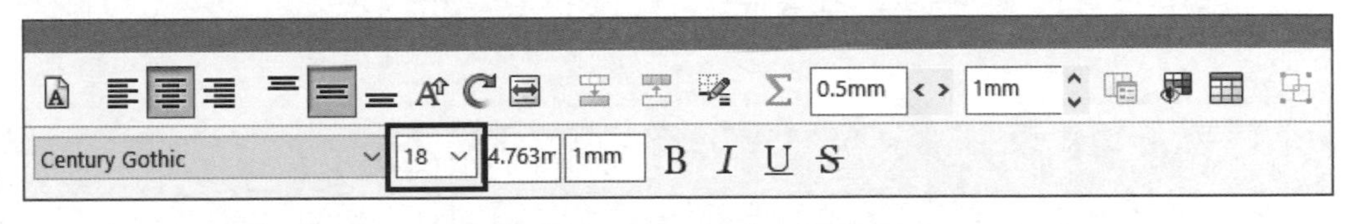

圖 1-125 格式工具列

拖曳右下角的控制點來調整表格大小，如圖 1-126 所示。

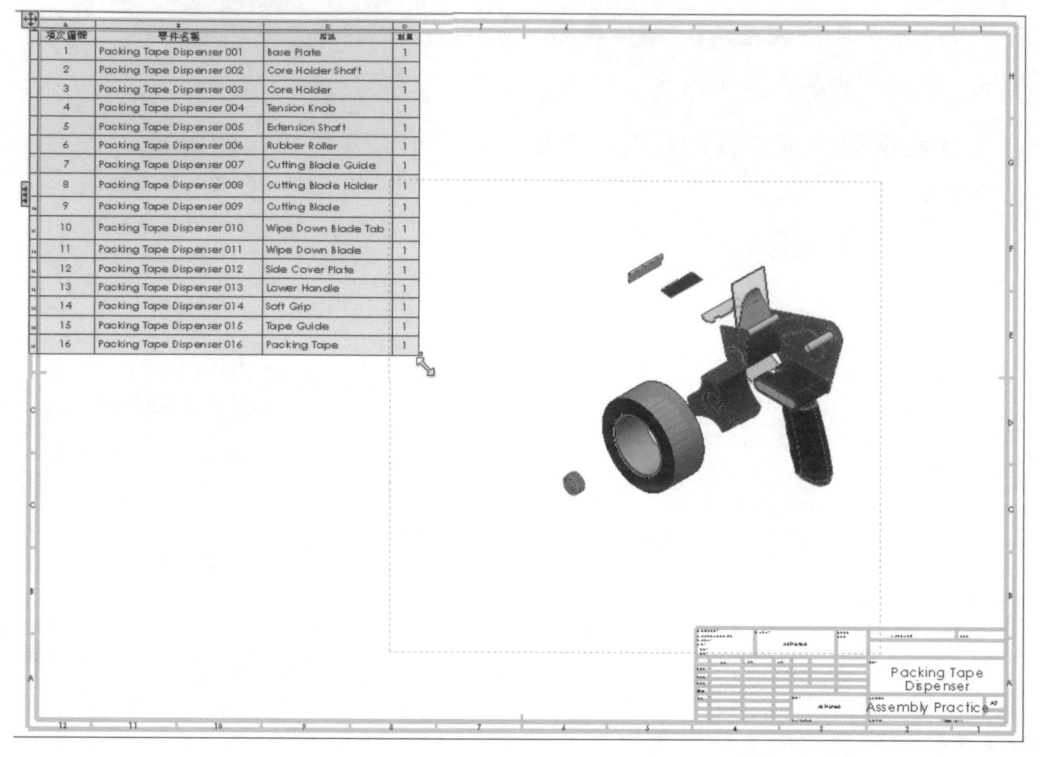

圖 1-126 調整表格

STEP 15 加入自動零件號球

按**自動零件號球**。

從工程圖頁中選擇爆炸視圖。在**零件號球配置**下選擇**環形**。

技巧

預設情況下，零件號球會被放置在工程視圖的框線外側。當自動零件號球指令啟用時，拖曳任何零件號球即可重新定位所有零件號球，而在指令完成後，一次則只能定位一個零件號球。

將零件號球拖曳至靠近視圖的位置，按**確定**，如圖 1-127 所示。

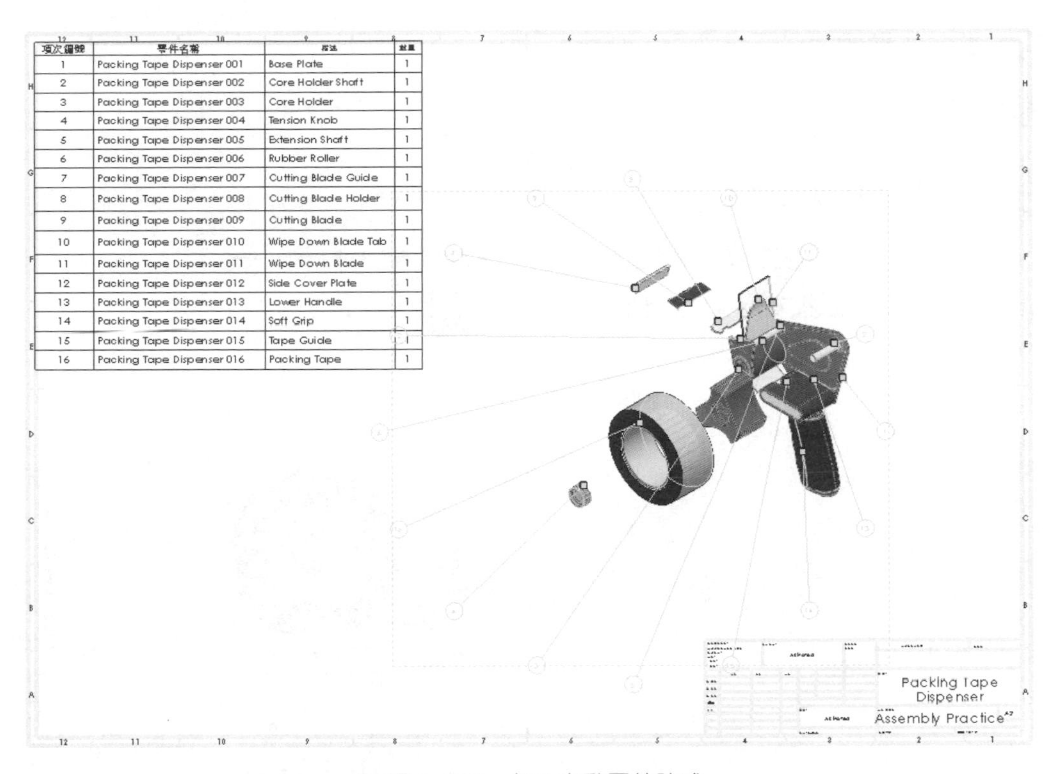

項次編號	零件名稱	描述	數量
1	Packing Tape Dispenser 001	Base Plate	1
2	Packing Tape Dispenser 002	Core Holder Shaft	1
3	Packing Tape Dispenser 003	Core Holder	1
4	Packing Tape Dispenser 004	Tension Knob	1
5	Packing Tape Dispenser 005	Extension Shaft	1
6	Packing Tape Dispenser 006	Rubber Roller	1
7	Packing Tape Dispenser 007	Cutting Blade Guide	1
8	Packing Tape Dispenser 008	Cutting Blade Holder	1
9	Packing Tape Dispenser 009	Cutting Blade	1
10	Packing Tape Dispenser 010	Wipe Down Blade Tab	1
11	Packing Tape Dispenser 011	Wipe Down Blade	1
12	Packing Tape Dispenser 012	Side Cover Plate	1
13	Packing Tape Dispenser 013	Lower Handle	1
14	Packing Tape Dispenser 014	Soft Grip	1
15	Packing Tape Dispenser 015	Tape Guide	1
16	Packing Tape Dispenser 016	Packing Tape	1

圖 1-127　加入自動零件號球

STEP 16 重新定位零件號球

將零件號球拖曳到適當位置，如圖 1-128 所示。

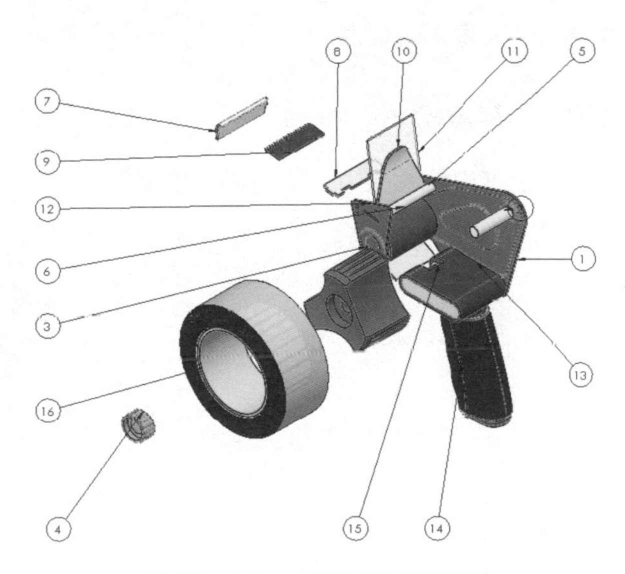

圖 1-128　重新定位零件號球

STEP 17 新增圖頁

按**新增圖頁**。

STEP 18 加入標準三視圖

從工程圖工具列中按**標準三視圖**，選擇 Assembly Practice 檔案，並按**確定**，如圖 1-129 所示。

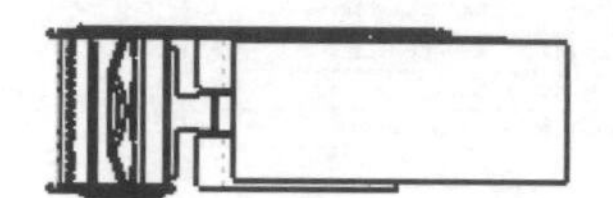

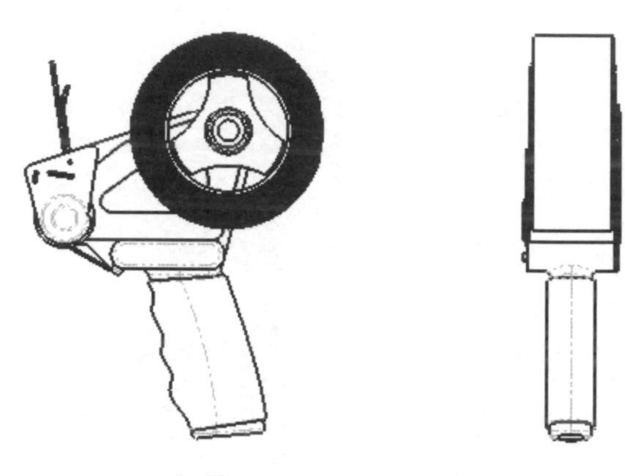

圖 1-129　標準三視圖

STEP 19 必要時調整前視圖的比例

必要時**使用圖頁比例**調整前視圖的**比例**。

STEP 20 加入帶邊線塗彩等角視

從**視圖調色盤**中將**等角視**拖曳至圖頁中，變更**顯示樣式**為**帶邊線塗彩**，如圖 1-130 所示。

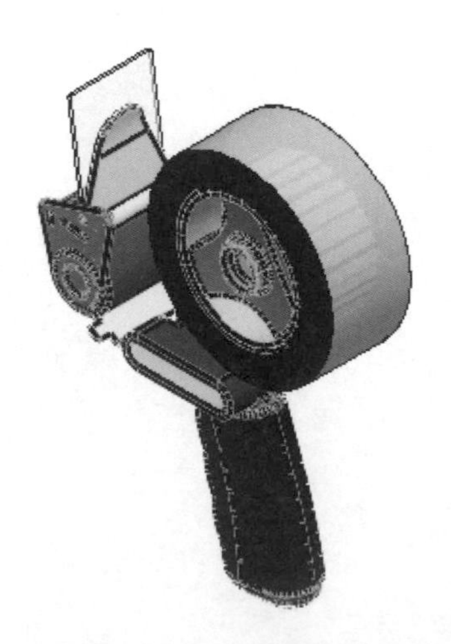

圖 1-130　帶邊線塗彩

STEP 21 選擇項：加入尺寸

將尺寸加入至視圖中，以顯示組合件的整體尺寸與零組件位置，如圖 1-131 所示。

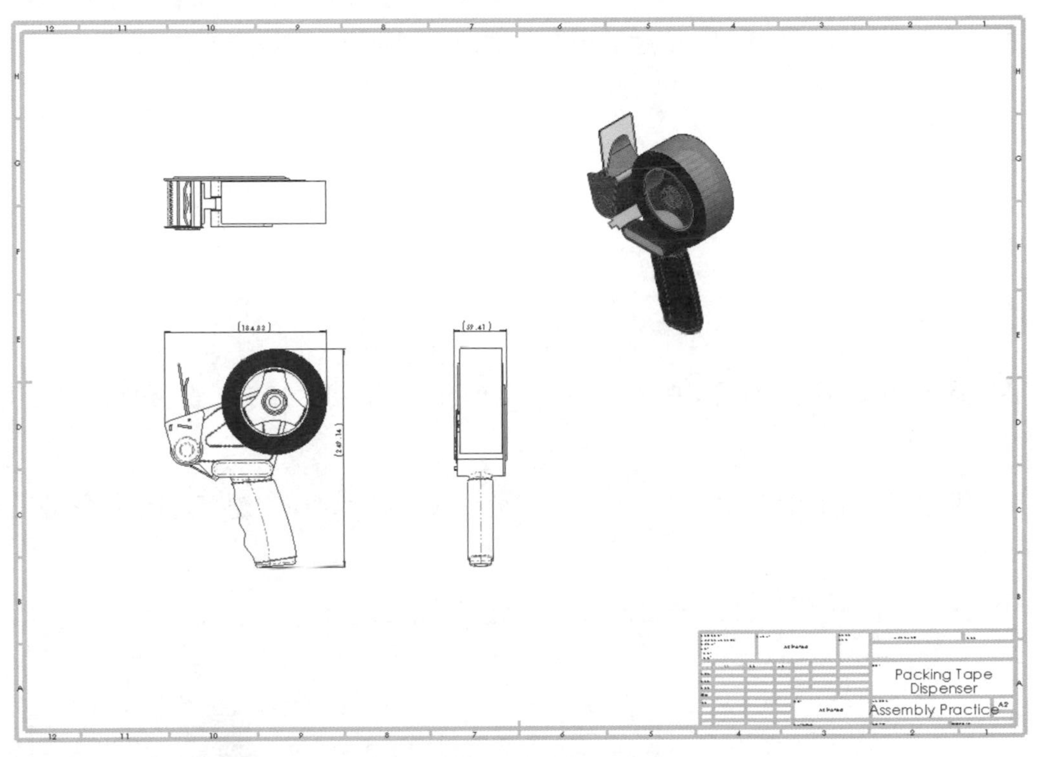

圖 1-131　加入尺寸

技巧

前視圖的尺寸必須使用最大圓弧條件，可在標註圓弧尺寸時按住 **Shift** 鍵完成標註，或在尺寸 PropertyManager 的**導線**標籤中選擇尺寸的**最大圓弧條件**，如圖 1-132 所示。

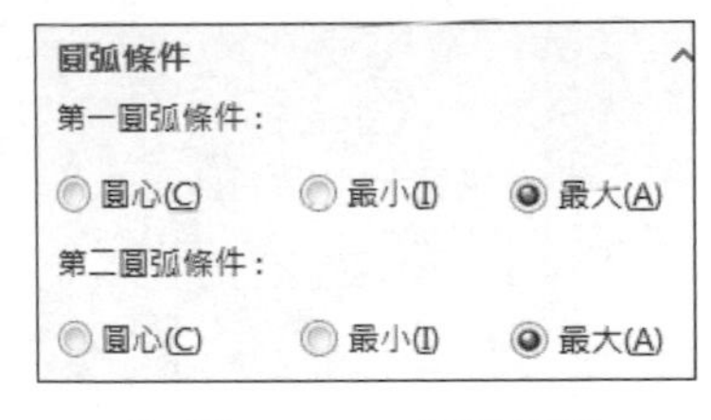

圖 1-132　圓弧條件

STEP 22 共用、儲存並關閉所有檔案

練習 1-6 加入註記

請依下列步驟指引，使用提供的零件建立如圖 1-133 所示的工程視圖，並標記視圖所需的註記。此工程圖也將複習使用**註解**指令。本練習將使用以下技能：

- 開新工程圖檔
- 視圖調色盤與模型視角
- 使用模型項次
- 標註尺寸
- 剖面視圖
- 中心符號線與中心線
- 移動尺寸

工程圖使用的模型名稱：Adding Annotations。使用 A3(ISO) 圖頁格式的工程圖範本。

其中黑色尺寸是從模型中輸入，為驅動尺寸；灰色尺寸是使用**智慧型尺寸**輸入，為從動尺寸。

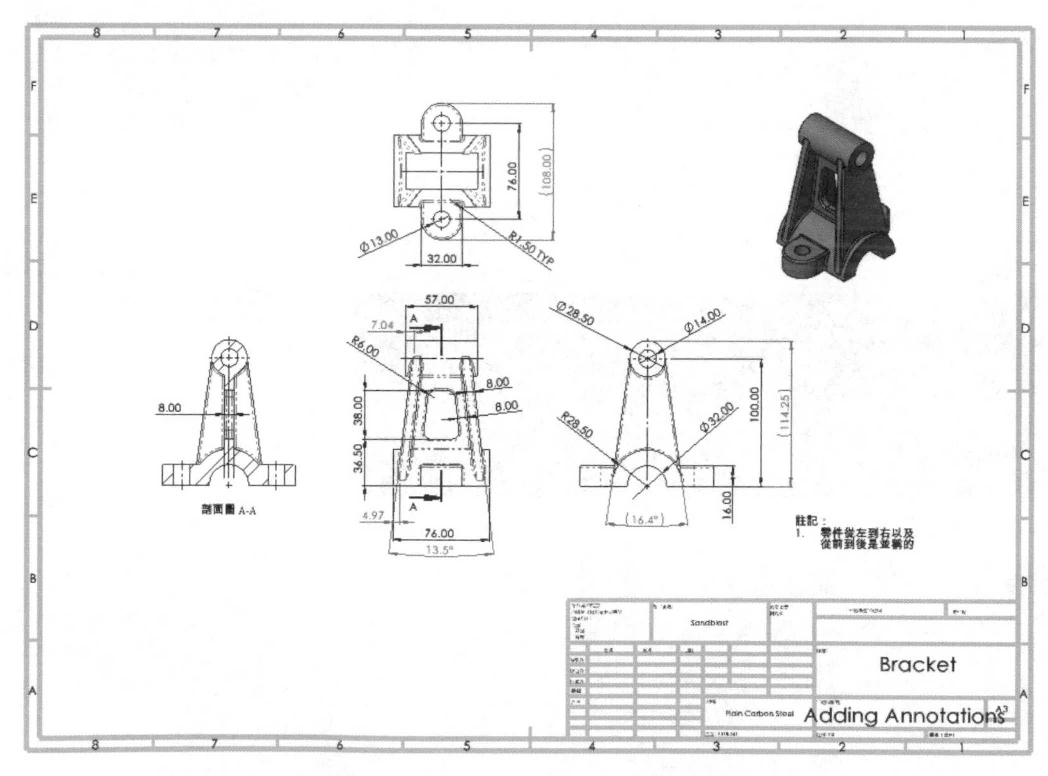

圖 1-133 Adding Annotations 工程圖

操作步驟

STEP 1 開啟零件

從 Lesson01\Exercises\Exercise06 資料夾中開啟零件：Adding Annotations.SLDPRT。

STEP 2 建立新工程圖檔

按**從零件 / 組合件產生工程圖**，選擇工程圖範本，按**確定**。從**圖頁格式 / 大小**對話方塊中選擇 A3(ISO)，按**確定**。加入如圖 1-134 所示的工程視圖。

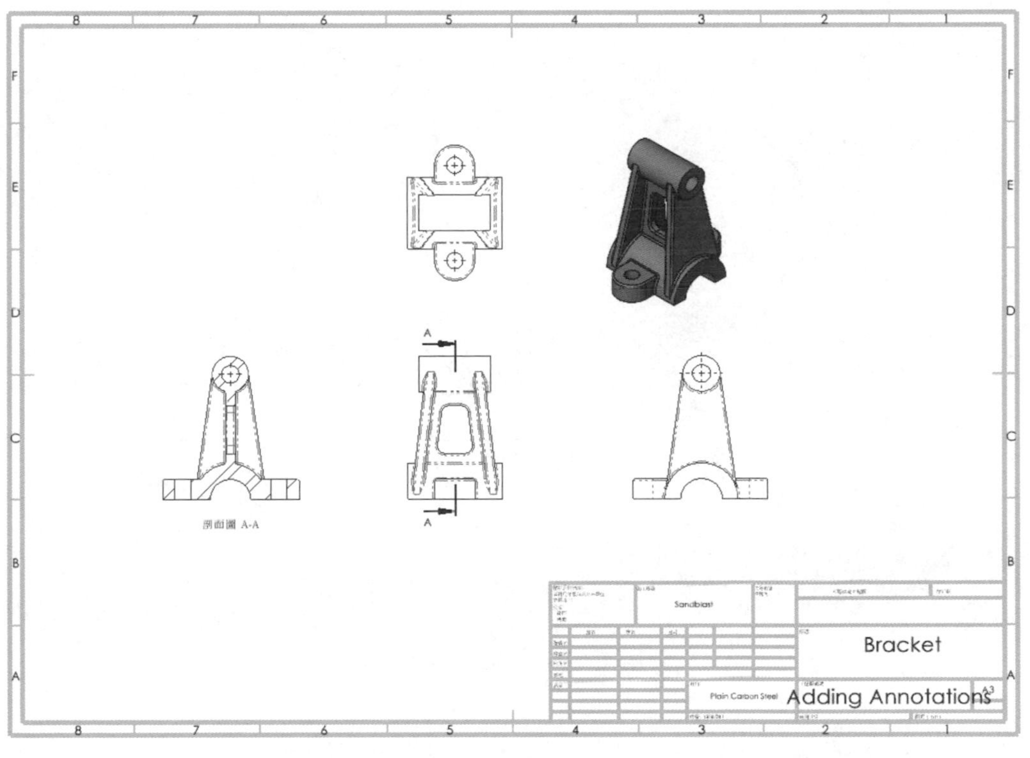

圖 1-134　工程視圖

STEP 3 加入連接中心符號線的中心線至右視圖

按**中心符號線**，將**手動插入選項**變更為**直線中心符號線**；取消勾選**顯示屬性**中的**使用文件的預設**及**延伸線**，選擇兩圓弧線標記中心線至右視圖中，如圖 1-135 所示，按**確定**。

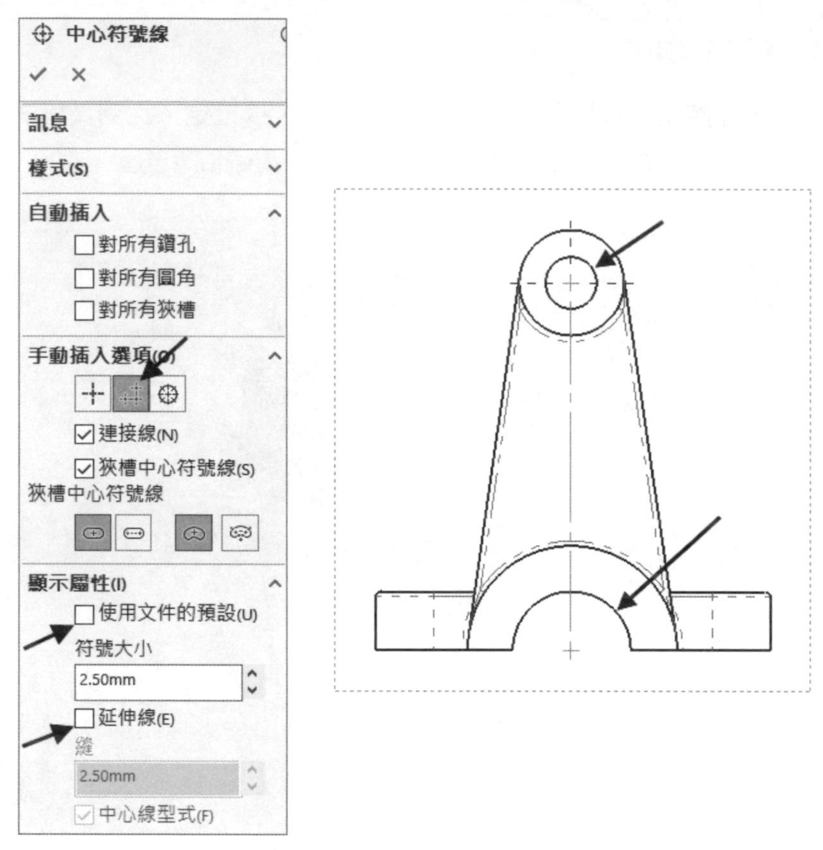

圖 1-135　中心符號線選項

STEP 4 加入連接中心符號線的中心線至上視圖及剖面圖

如圖 1-136 所示，加入中心線至上視圖及剖面圖 A-A。

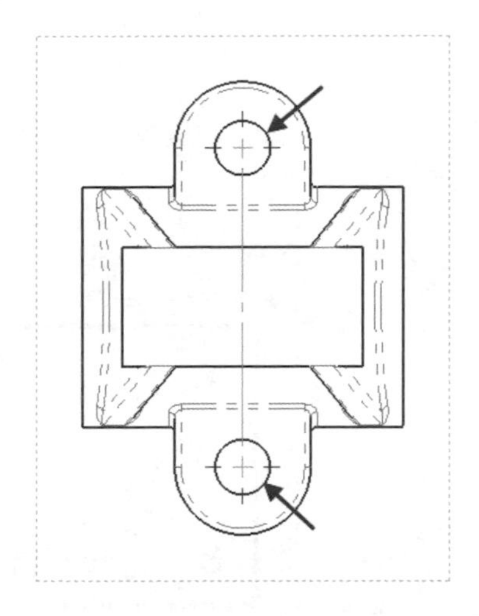
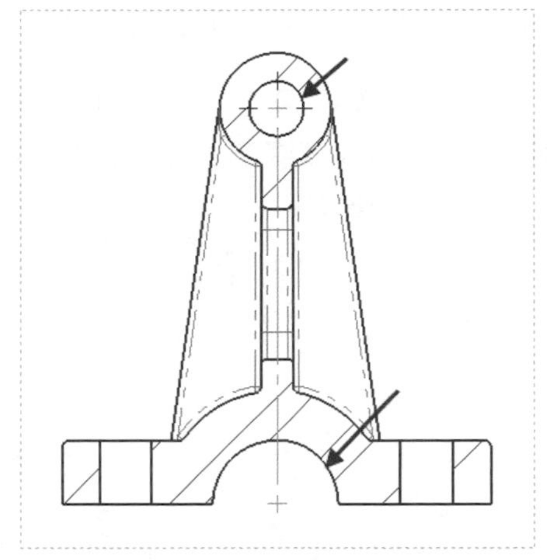

圖 1-136　加入中心符號

技巧

要加入上述的中心線也可以使用**中心線**指令，只要選擇視圖中的兩條邊線即可。

STEP 5　加入中心線

按**中心線**，加入如圖 1-137 所示的中心線。

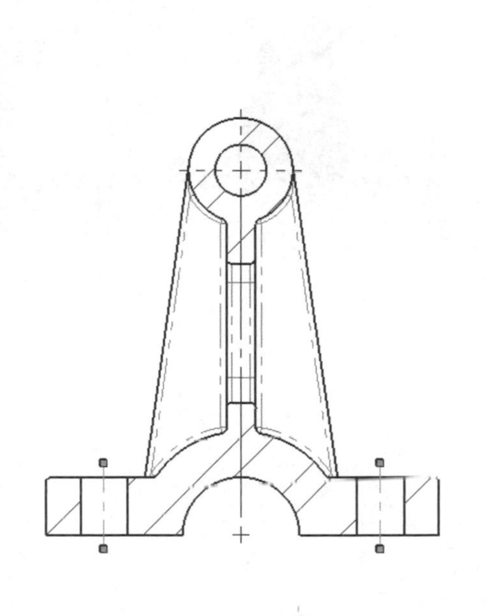
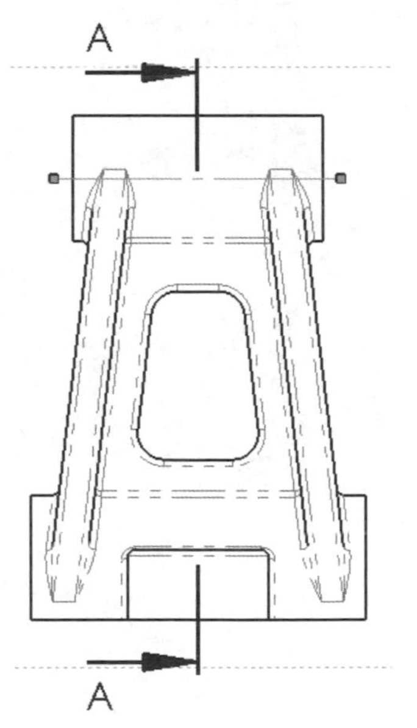

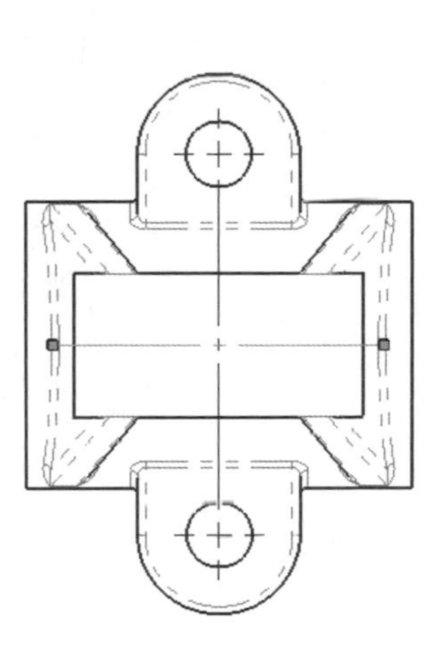

圖 1-137　加入中心線

STEP 6 將模型項次加入至標準三視圖

從註記工具列按**模型項次**，如圖 1-138 所示，**來源**選擇**整個模型**，**目的地視圖**選擇前視、上視與右視，按**確定**，結果如圖 1-139。

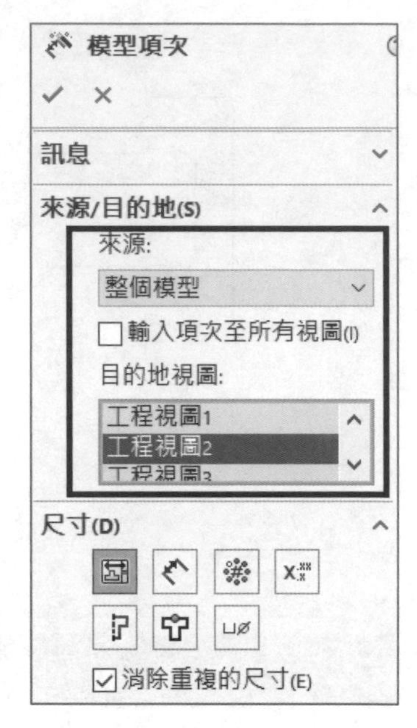

圖 1-138 模型項次

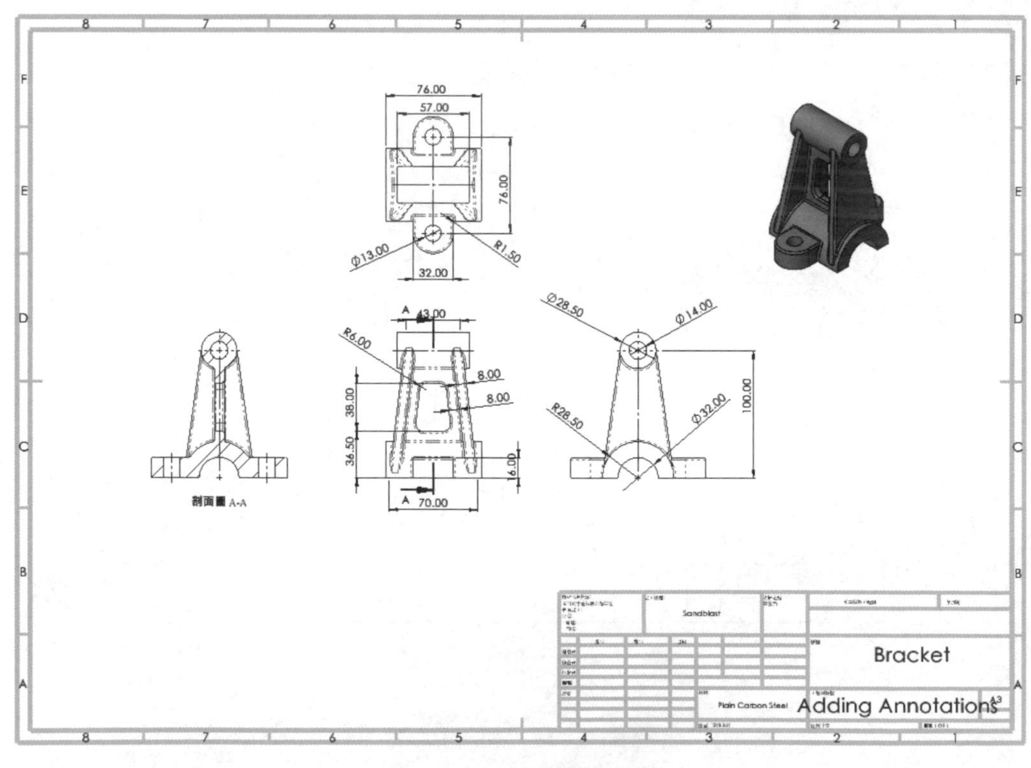

圖 1-139 標準三視圖

STEP 7　將模型項次加入至剖面視圖

按**模型項次**，**來源**選擇**所選特徵**，**目的地視圖**選擇剖面圖 A-A，點選 Boss-Extrude4 特徵的邊線，按**確定**，結果如圖 1-140 所示，調整尺寸至適當位置。

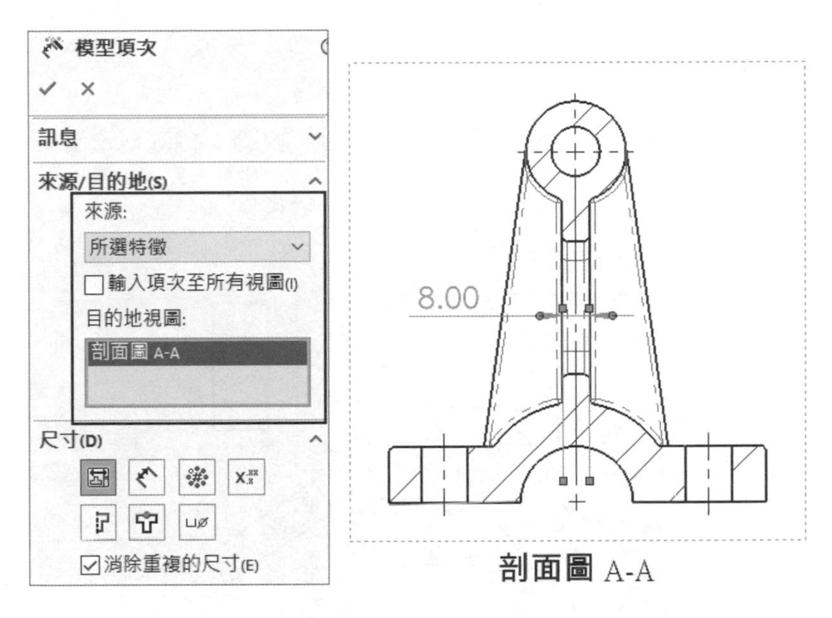

圖 1-140　加入模型項次

技巧

游標滑過邊線時，系統會提示顯示指出是哪一個特徵。

STEP 8　完成右視圖

如圖 1-141 所示，將 **16mm** 尺寸從前視移動至右視，並調整至適當位置。使用**智慧型尺寸**標註其他尺寸至視圖中並修改屬性。

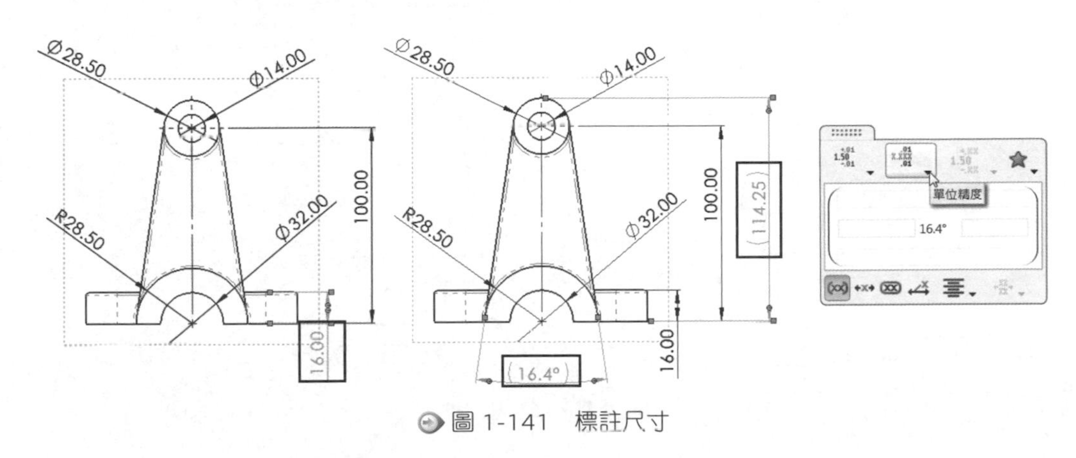

圖 1-141　標註尺寸

技巧

如上圖右，顯示的角度尺寸可以從**單位精度**中修改，尺寸屬性可以從**尺寸調色盤**或尺寸 PropertyManager 中修改。

STEP 9 完成上視圖

將水平尺寸 57mm 與 76mm 從上視圖中移動到前視圖；標註尺寸並修改尺寸屬性，如圖 1-142 所示。

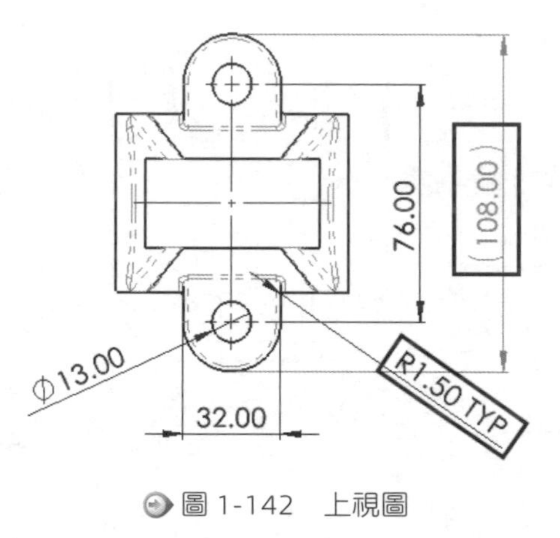

圖 1-142 上視圖

STEP 10 完成前視圖

如圖 1-143 所示，重新定位尺寸 57mm 與 76mm 至適當位置。**隱藏**尺寸 43mm 與 70mm。

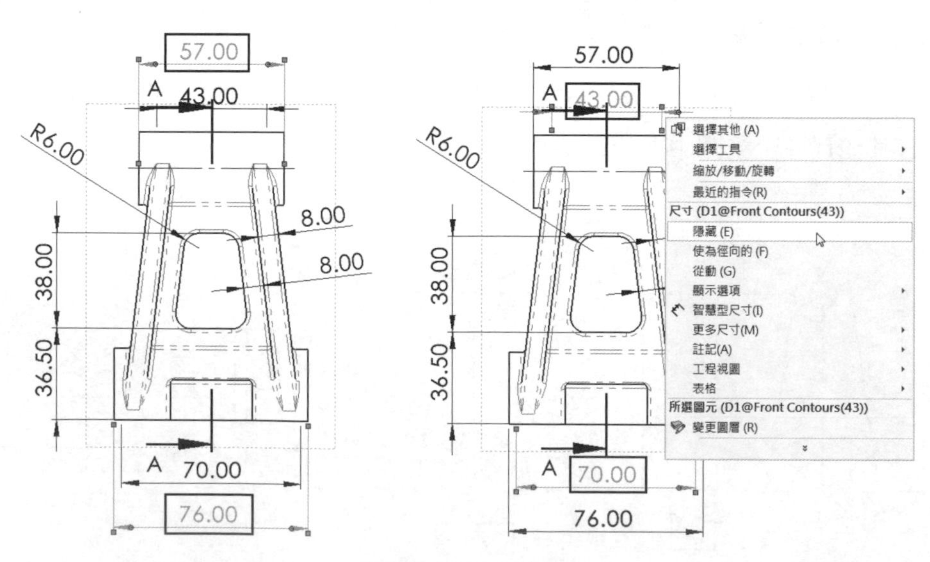

圖 1-143 前視圖

標註尺寸並修改尺寸屬性，如圖 1-144 所示。

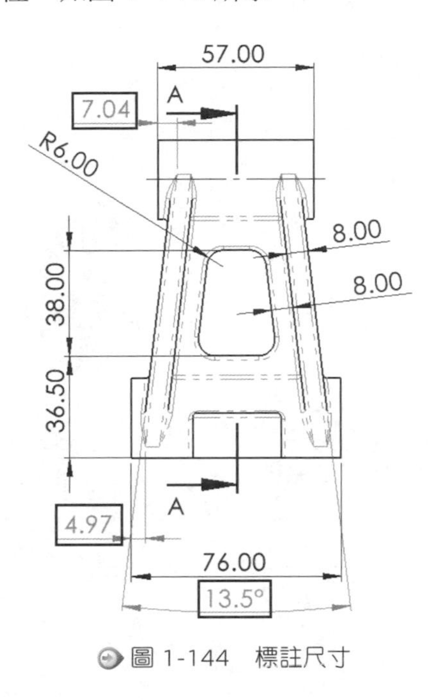

圖 1-144　標註尺寸

STEP 11 加入註解

按**註解**，在圖頁的右下角按一下以放置註解，輸入如圖所示的文字，並藉由拖曳其中一個紅色的控制點來調整註解文字方塊的大小，按**確定**，如圖 1-145 所示。

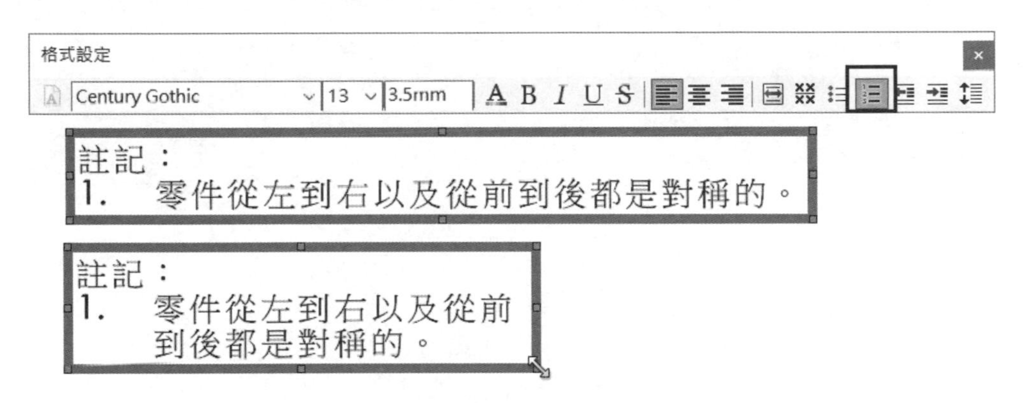

圖 1-145　加入註解

編號可以從格式工具列中選取。

STEP 12 共用、儲存並關閉所有檔案

完成後的工程圖，如圖 1-146 所示。

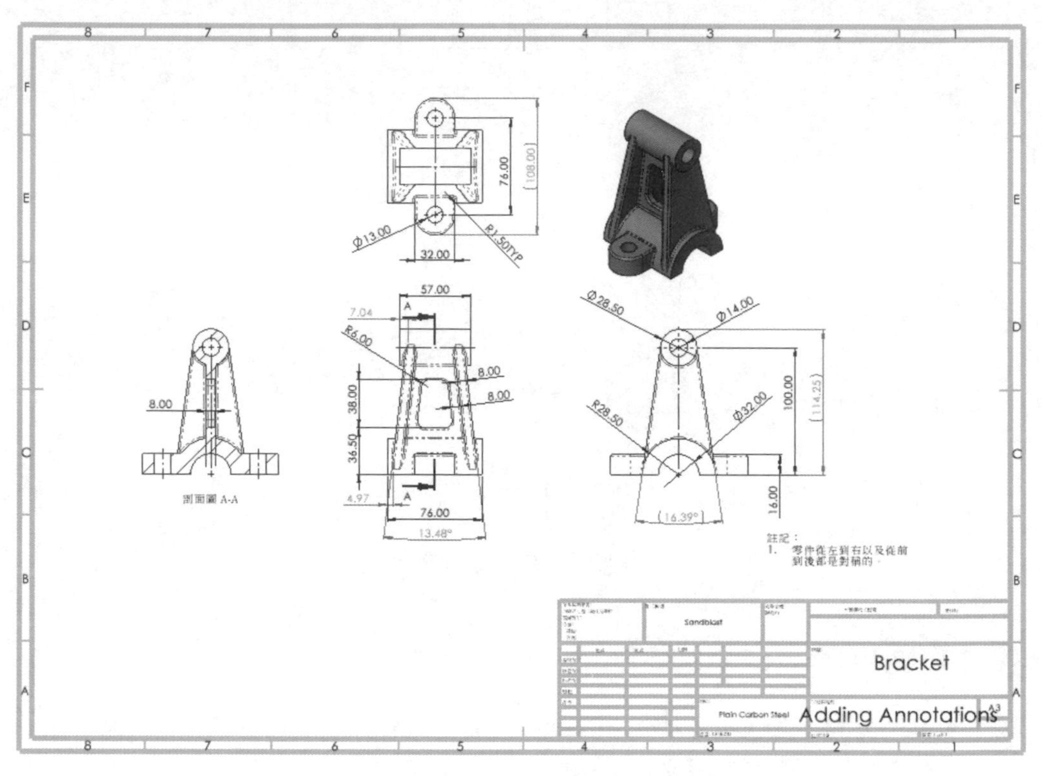

圖 1-146　完成後的工程圖

02

認識工程圖範本

順利完成本章課程後，您將學會：

- 了解工程圖文件結構
- 學習建立工程圖範本與圖頁格式的步驟
- 設計不含圖頁格式檔的工程圖範本
- 定義自訂文件範本的檔案位置

2.1 工程圖文件組成

本章的目的是提供對 SOLIDWORKS 工程圖文件及範本組成的深入了解，我們將從檢視工程圖文件的組成元素開始，並且探討如何成功建立工程圖範本。

首先要了解構成新的工程圖文件的兩個主要元素：工程圖頁和圖頁格式。這兩個元素共同組成工程圖的圖頁、標題圖塊以及邊框。

工程圖文件、工程圖頁和圖頁格式每個都包含不同的屬性以及資訊片段，如圖 2-1 所示。

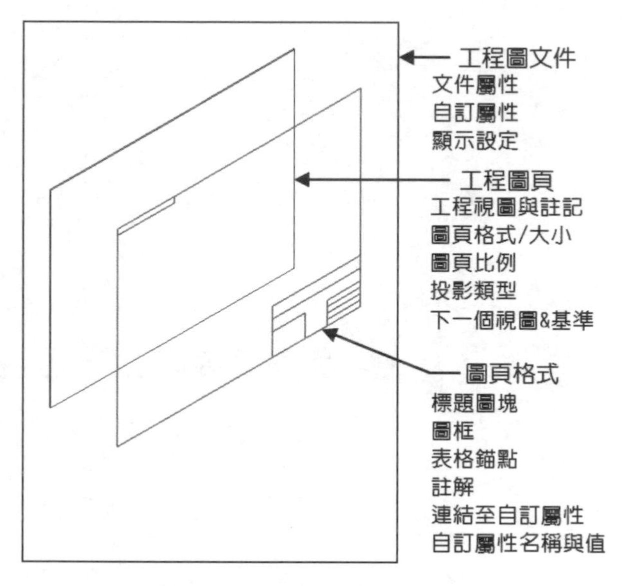

圖 2-1　工程圖組成結構

2.2 工程圖文件

工程圖文件係指整個工程圖檔案，其可包含多個工程圖頁，且每個工程圖頁都可以有不同的圖頁格式。

工程圖中的文件屬性（**選項** ⚙ **→文件屬性**）包含適用於文件中所有圖頁的重要設定，像是單位、製圖標準等。工程圖的預設文件屬性都儲存在可用來建立新工程圖的工程圖範本中。

其他元素像是文件的顯示設定以及自訂屬性等，也是儲存在範本中，我們將在本章探討。

2.3 工程圖頁

工程圖頁代表圖紙的大小，也就是完成細部工作時工程圖的啟用區域，圖頁內有工程視圖、註記，以及在工程圖所建立的表格。每個工程圖頁內包含的屬性都可以從**圖頁屬性**對話方塊中修改。

指令TIPS 圖頁屬性

圖頁屬性（圖 2-2）包括預設圖頁比例、下一個視圖、下一個基準、投影類型，以及使用在圖頁的圖頁格式等。

操作方法

- FeatureManager（特徵管理員）：在圖頁或圖頁格式上按滑鼠右鍵，點選**屬性** 。
- 功能表：**編輯→屬性**。
- 快顯功能表：在圖頁空白區域按滑鼠右鍵，展開功能表，點選**屬性**。

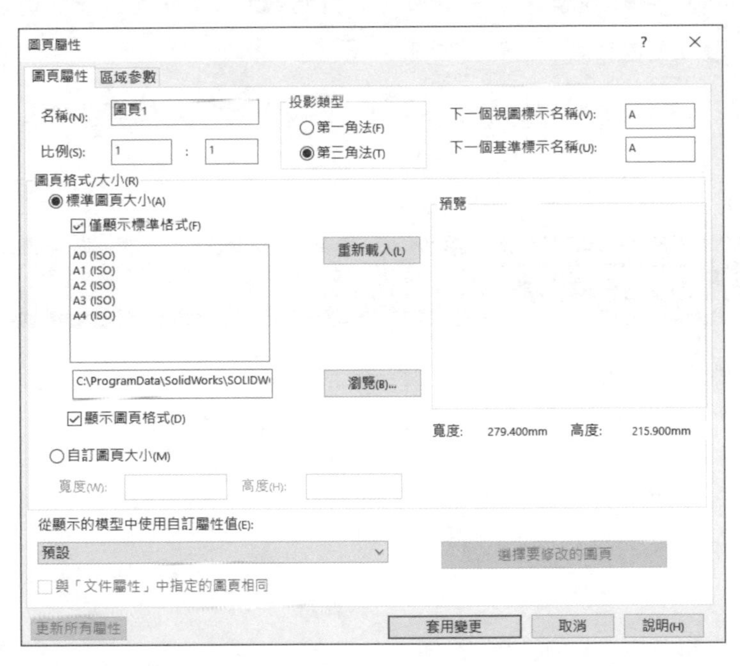

圖 2-2　圖頁屬性

技巧

要在圖頁快顯功能表中存取**屬性**，必須展開功能表。若要**屬性**功能表隨時展開，可以從**自訂屬性**選項中設定。

2.4 圖頁格式

圖頁格式內含有標題圖塊、邊框以控制圖頁大小。在圖頁格式中的頂點可定義為表格的預設錨點位置，圖頁格式的標題圖塊欄位，通常包含註解、許多連結到自訂屬性的資訊。

自訂屬性的資訊也可以儲存在圖頁格式中，以確保在使用格式時，工程圖文件中建立的屬性是正確的。圖頁格式可以儲存為分離的檔案，以應用在其他工程圖頁中，檔案的副檔名為 *.slddrt。

指令TIPS　圖頁格式

在工程圖頁中編輯細部工作時，圖頁格式是無法存取的，要進入圖頁格式必須使用**編輯圖頁格式**指令 編輯圖頁格式 (G)。

操作方法

- CommandManager：**圖頁格式→編輯圖頁格式**。
- FeatureManager（特徵管理員）：在圖頁或圖頁格式上按滑鼠右鍵，點選**編輯圖頁格式**。
- 功能表：**編輯→圖頁格式**。
- 快顯功能表：在圖頁空白區域按滑鼠右鍵，點選**編輯圖頁格式**。

2.5 了解工程圖範本

工程圖範本檔案可以用來產生新的工程圖文件，副檔名為 *.drwdot，工程圖範本檔案通常包括工程圖頁及圖頁格式，但範本也是可以不含圖頁格式的。

工程圖範本放在 Training Templates 資料夾中，如圖 2-3 所示，部分包含圖頁格式，部分沒有。

包含圖頁格式的工程圖範本提供您選擇常用的圖頁大小。而當選擇的工程圖範本不包含圖頁格式時，系統會出現圖頁大小對話方塊提供選擇圖頁格式。

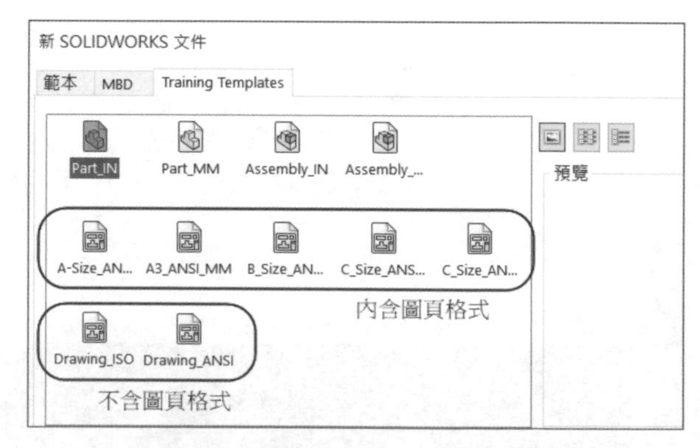

圖 2-3　Training Templates 資料夾

STEP 1 開新文件

點選**開啟新檔** 。

STEP 2 選擇範本

從 **Training Templates** 資料夾中選擇 A_Size_ANSI_MM 工程圖範本，按**確定**。

STEP 3 結果

新工程圖開啟，這裡並未提示選擇圖頁格式 / 大小，如圖 2-4 所示。

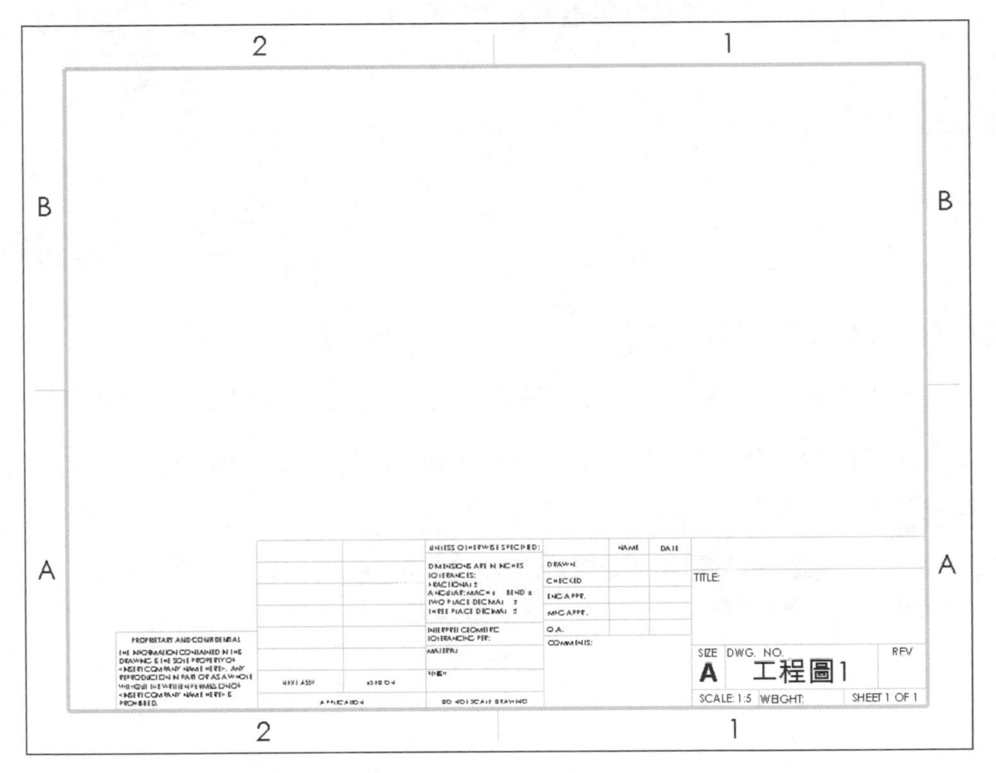

圖 2-4　新工程圖

STEP 4 按 × 取消模型視角指令

STEP 5 展開 FeatureManager（特徵管理員）

工程圖文件、工程圖頁及圖頁格式之間的關係，都可以從 FeatureManager（特徵管理員）中看出，如圖 2-5 所示。

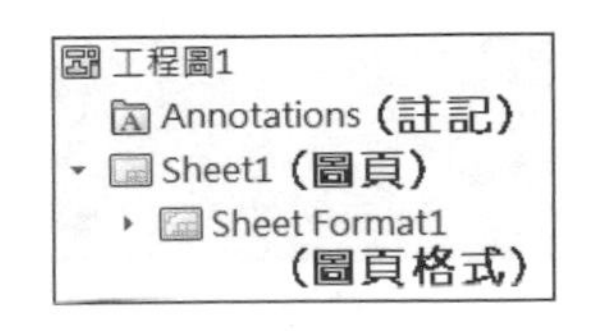

圖 2-5　FeatureManager（特徵管理員）

2.5.1 為什麼工程圖結構像這樣？

圖頁格式就像一個分離的外部檔案，所以圖頁大小、標題圖塊、圖框資訊都可以很容易修改。例如開啟一個 A4 圖頁，但稍後決定要變更成 A3，您可以從圖頁屬性中變更，選擇另一個新的格式。若圖頁格式在工程圖範本中已是一個固定大小，這時則需要複製視圖至新的範本中。

STEP 6 進入圖頁屬性

您可以利用圖頁屬性來變更圖頁格式。在 Sheet1（圖頁 1）中按滑鼠右鍵，並點選**屬性**，如圖 2-6 所示。

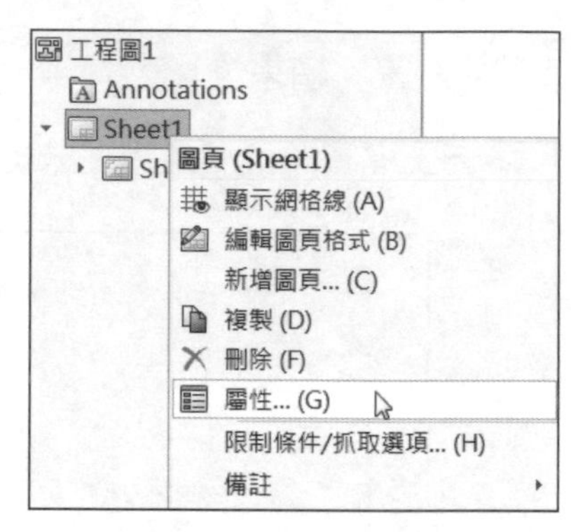

圖 2-6 點選屬性

STEP 7 查看可用的圖頁格式

預設情況下，只有與文件製圖標準相關的格式才會顯示在**圖頁格式 / 大小**列表中。

取消勾選**僅顯示標準格式**，如圖 2-7 所示。向下滾動將顯示可用的圖頁格式，這些都是 SOLIDWORKS 預設的圖紙格式。

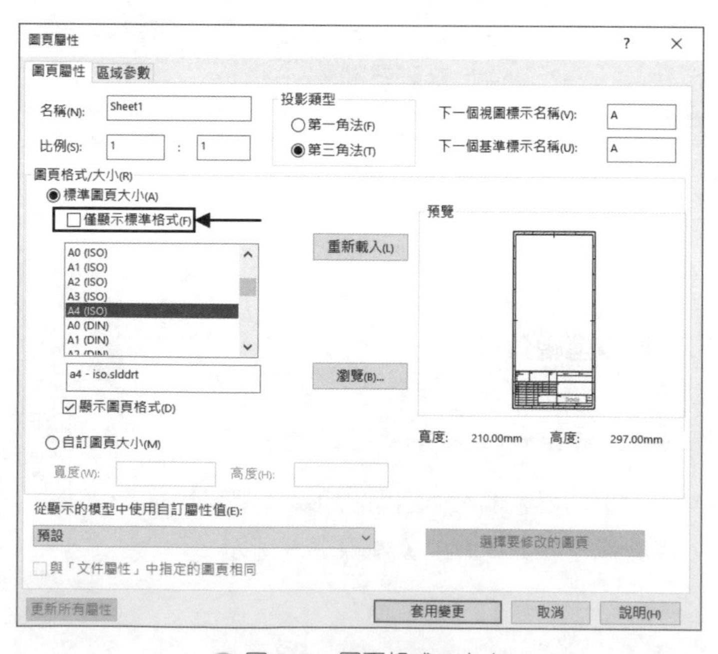

圖 2-7 圖頁格式 / 大小

STEP 8 選擇 A4(ISO)

在列表中選擇 A4(ISO)，按**套用變更**。

STEP 9 結果

圖頁格式 / 大小變更為新的圖頁格式，如圖 2-8 所示。

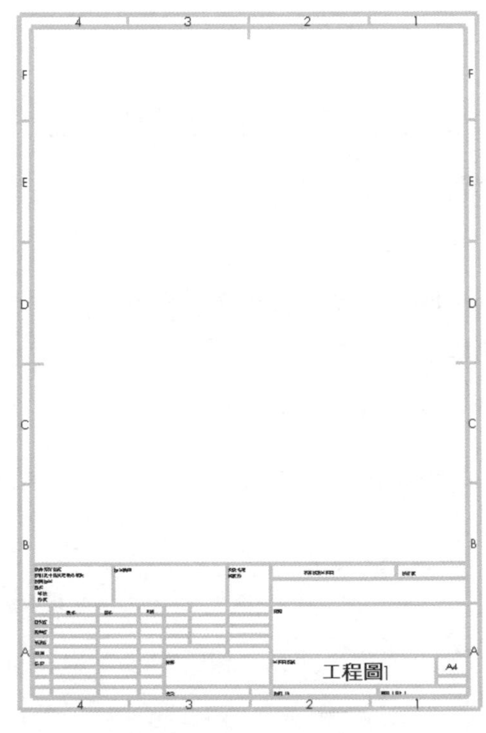

圖 2-8 新圖頁格式

STEP 10 編輯圖頁格式

點選**編輯圖頁格式**，放大查看此圖頁格式文件中包含的內容，如圖 2-9 所示。

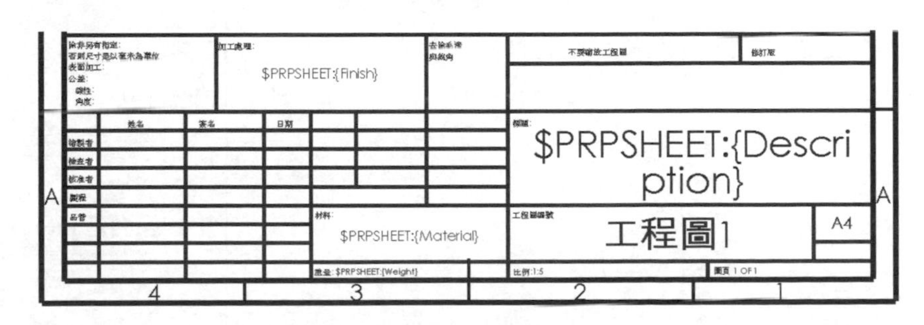

圖 2-9 編輯圖頁格式

2.5.2 圖頁格式特徵

當您編輯圖頁格式時，可以選擇修改圖頁格式特徵，包括：

- **標題圖塊草圖**

標題圖塊區域是由草圖直線組成，您可以像在模型中畫草圖直線一樣，修改及加入限制條件。

- **註解**

圖頁格式常常包含靜態文字註解，以及連結到屬性的註解，連結到屬性的註解會自動填入與目前工程圖相關的資訊。

- **圖框**

圖頁格式圖框包括圍繞在圖頁的邊框以及區域線和標記，SOLIDWORKS 預設的圖頁格式中的圖框是由**自動加上邊框**工具所產生。

- **插入的圖片**

雖然在 SOLIDWORKS 預設的圖頁格式中並未包含圖片，但您可以練習將公司圖案或其他影像加入到圖頁格式中。

- **錨點**

錨點定義了插入表格的預設位置，在圖頁格式中，每個表格類型都可以被固定到一個不同的位置。

2.5.3 連結至屬性的註解

在學習《SOLIDWORKS 零件與組合件培訓教材》時已介紹，註解可以使用註解 PropertyManager（圖 2-10）中的**連結至屬性**指令來連結屬性。

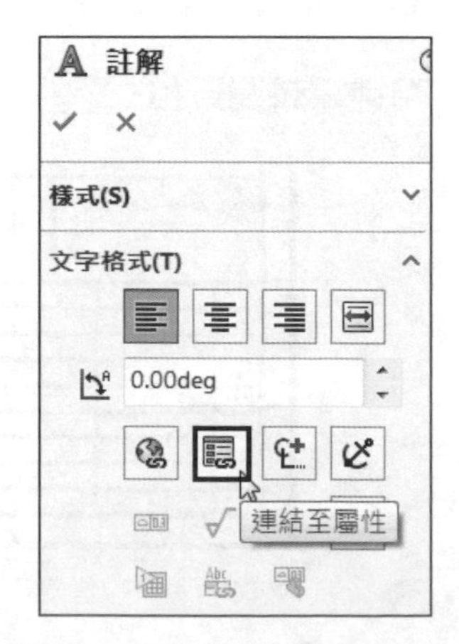

圖 2-10　註解 PropertyManager

連結可以從目前文件的自訂屬性、參考模型的自訂屬性，和現有檔案名稱或資料夾名稱等資訊中建立。在工程圖標題圖塊中，不同的屬性連結顯示格式如下所示：

$PRP："property name"

此屬性格式可連結到目前文件，也就是工程圖文件的自訂屬性中，這些在工程圖中的屬性，都可以從**檔案→屬性** 對話方塊中進入。

$PRPSHEET："property name"

此屬性格式連結到目前工程圖頁所參考模型的屬性，這些工程視圖所使用的屬性，都可以從參考的零件或組合件**檔案→屬性** 對話方塊中進入。

若是視圖參考超過一個模型時，可以在圖頁屬性中選擇適當的模型來填入屬性連結，如圖 2-11 所示。

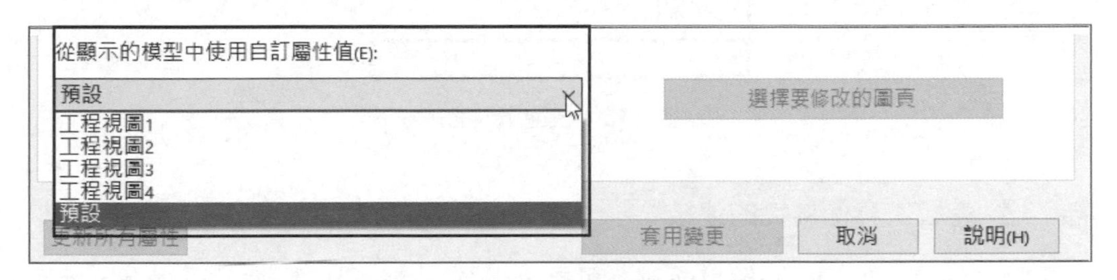

圖 2-11　選擇適當的模型

$PRP："SW-property name" 或 $PRPSHEET："SW-property name"

以 SW 開頭的屬性名稱表示其參考到 SOLIDWORKS 的特殊屬性，預設情況下，SOLIDWORKS 的特殊屬性已存在於檔案中，您不需要建立或輸入資料。例如：圖頁比例（SW-Sheet Scale）或是檔案名稱（SW-File Name）。

檢視屬性連結

當游標移動到註解時，可以查看註解連結屬性的格式，在編輯圖頁格式時，連結到屬性的註解都顯示為**藍色**，靜態註解為**黑色**。

STEP 11 查看 SOLIDWORKS 特殊屬性連結

在標題圖塊中，**藍色**註解顯示的屬性值都是連結到 SOLIDWORKS 特殊屬性，像是欄位中的**工程圖編號**、**比例**和**大小**等註解。要查看屬性連結格式，只要用游標移動到這些欄位即可，如圖 2-12 所示。

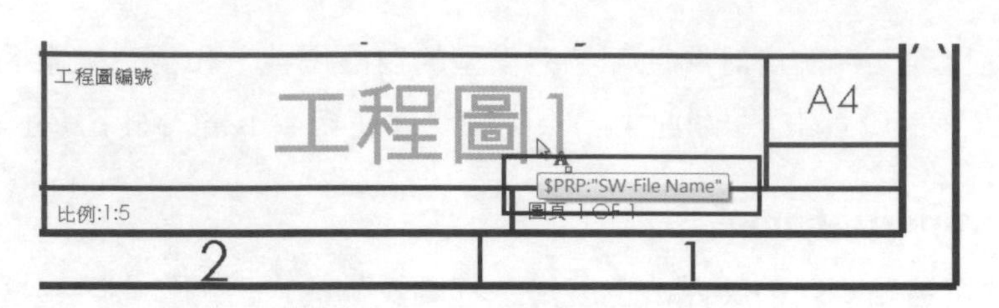

圖 2-12　查看屬性連結格式

STEP 12 查看模型屬性的連結

由於目前在這個圖頁中並沒有參考到模型，故連結到模型屬性的註解會顯示為 **$PRPSHEET：{ 屬性名稱 }**，如圖 2-13 所示。

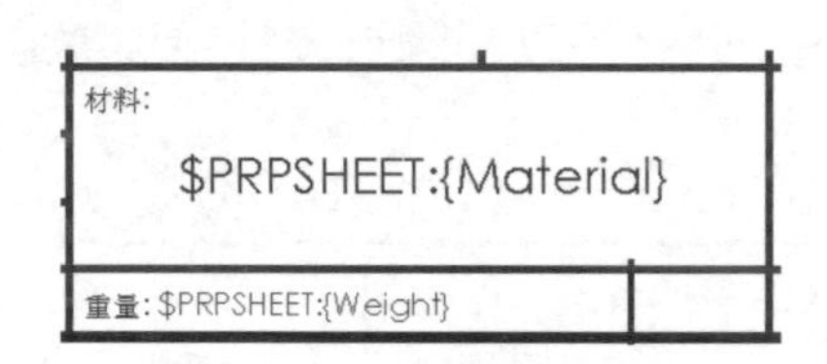

圖 2-13　模型屬性的註解

STEP 13 查看工程圖屬性的連結

工程圖文件屬性的連結註解目前為不可見，因為這些連結的屬性並不存在，因而造成錯誤。將游標移過去即可以查看連結的屬性格式，游標回饋符號會指出註解註記名稱，如圖 2-14 所示。

圖 2-14　工程圖屬性連結

2.5.4 註記連結錯誤

當連結到屬性的註記並不存在時，會被當作是一個錯誤，預設情況下，註記連結錯誤會被隱藏，但可以從**檢視**功能表中設定為顯示。

指令TIPS 註記連結錯誤 

- 功能表：**檢視→隱藏 / 顯示→註記連結錯誤**。

STEP 14 顯示註記連結錯誤

按**檢視→隱藏 / 顯示→註記連結錯誤**，會顯示出連結到工程圖自訂屬性的所有註解，如圖 2-15 所示。

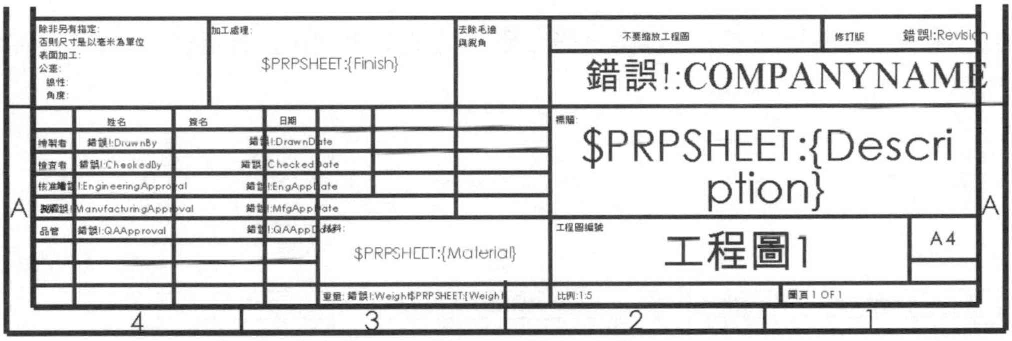

圖 2-15　顯示註記連結錯誤

STEP 15 關閉註記連結錯誤

再按一次**檢視→隱藏 / 顯示→註記連結錯誤**，隱藏所有錯誤。

檢視完整的工程圖

為了查看連結到標題圖塊欄位的所有適當屬性資訊，我們將開啟一個現有的工程圖。

STEP 16 開啟工程圖

從 Lesson02\Case Study 資料夾中開啟工程圖檔：S-05505.SLDDRW，如圖 2-16 所示。

工程圖上的註記已標示顏色，以提示被填入的屬性資訊來源：

- **綠色**：SOLIDWORKS 特殊屬性。
- **藍色**：模型自訂屬性。

- **紅色**：工程圖自訂屬性。

UNLESS OTHERWISE SPECIFIED:
DIMENSIONS ARE IN MILLIMETERS
SURFACE FINISH:
TOLERANCES:
LINEAR:
ANGULAR:
FINISH: NONE
DEBURR AND BREAK SHARP EDGES
DO NOT SCALE DRAWING
REVISION A
SOLIDWORKS

	NAME	SIGNATURE	DATE
DRAWN	ABC		03/14/18
CHK'D	DEF		03/17/18
APPV'D	GHI		03/18/18
MFG	JKL		03/22/18
Q.A	MNO		04/01/18

TITLE: SLEEVE
MATERIAL: 1060 Alloy
DWG NO. S-05505
A4
WEIGHT: 錯誤!:Weight0.25
SCALE:1:1
SHEET 1 OF 1

圖 2-16　開啟工程圖

STEP 17 選擇項：查看工程圖和模型文件的自訂屬性

在工程圖文件中按功能表：**檔案→屬性**，在對話方塊中按**自訂**標籤，查看儲存在工程圖的屬性，如圖 2-17 所示。

摘要資訊
摘要 自訂
刪除(D)
BOM 數量: 無
編輯清單(E)

	屬性名稱	類型	值 / 文字表達方式	估計值	
1	SWFormatSize	文字	279.4mm*215.9mm	279.4mm*215.9mm	
2	CompanyName	文字	SOLIDWORKS	SOLIDWORKS	
3	Revision	文字	A	A	
4	DrawnBy	文字	ABC	ABC	
5	DrawnDate	文字	03/14/18	03/14/18	
6	CheckedBy	文字	DEF	DEF	
7	CheckedDate	文字	03/17/18	03/17/18	
8	EngineeringApproval	文字	GHI	GHI	
9	EngAppDate	文字	03/18/18	03/18/18	
10	ManufacturingApproval	文字	JKL	JKL	
11	MfgAppDate	文字	03/22/18	03/22/18	
12	QAApproval	文字	MNO	MNO	
13	QAAppDate	文字	04/01/18	04/01/18	
14	<輸入一個新屬性>				

確定 取消 說明(H)

圖 2-17　工程圖文件的自訂屬性

在工程圖頁中選擇一個視圖後，按**開啟零件**，再按**檔案→屬性**及**自訂**標籤，來查看儲存在模型中的屬性，如圖 2-18 所示。

圖 2-18　模型文件的自訂屬性

STEP 18　不儲存，關閉所有檔案

2.6 工程圖範本的設計策略

現在我們已經熟悉工程圖文件和範本的結構了，接著讓我們看一下設計自訂工程圖範本的過程。在 SOLIDWORKS 中建立符合公司標準的自訂文件範本是提高設計效率最佳的一個方法。建立零件和組合件範本的過程相對簡單，但建立工程圖範本則是一個包含自訂圖頁格式檔案的多步驟過程。

以下將是建立一個完整組合工程圖範本和圖頁格式的有效策略步驟：

STEP 1　建立不含圖頁格式檔案的工程圖範本，並在選項中定義檔案位置

開始從文件屬性中設定工程圖範本所需的設定，像是顯示樣式、圖頁屬性，以及必須標準化的自訂屬性。

為了在新文件對話方塊中使用範本，檔案位置必須定義在**選項**→**系統選項**→**檔案位置**→**文件範本**中。

STEP 2　使用自訂屬性建立一個樣本模型和工程圖文件

建立一個所有自訂屬性都符合您所需標準的樣本模型和工程圖（圖 2-19），以使其更容易建立連結至自訂屬性。

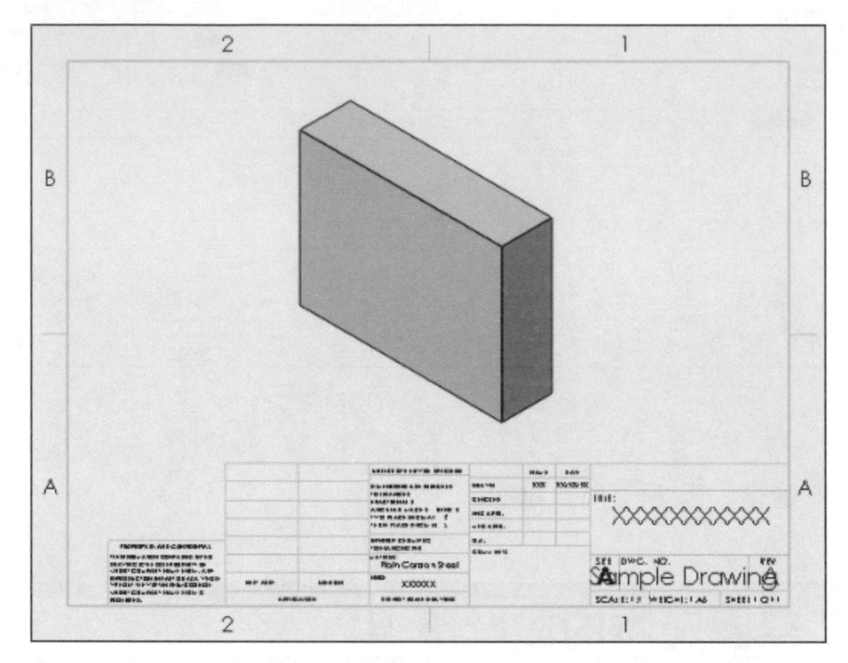

圖 2-19　樣本模型和工程圖文件

STEP 3　建立 / 自訂一個圖頁格式檔案

您可以從頭開始建立圖頁格式檔案，也可以從現有的圖頁格式中自訂，以符合所需。做法通常是選擇一個常用的圖頁大小開始，並依以下步驟引導完成。

- 使用草圖幾何設計標題圖塊欄位。
- 加入所需的註解、屬性連結及圖片。
- 定義邊框。
- 設定表格錨點。
- 定義可編輯的標題圖塊欄位。

技巧

設計自訂格式時，使用 SOLIDWORKS 預設圖頁格式會是較佳方式，另一個方式是從 DXF 或 DWG 標題圖塊中匯入。

STEP 4　儲存圖頁格式，並在選項中定義檔案位置

為使新修改的圖頁格式可以在新工程圖文件及工程圖頁中使用，您必須把圖頁格式儲存起來，按**檔案→儲存圖頁格式**將可建立或更新外部的圖頁格式檔案，如圖 2-20 所示。

若要使自訂圖頁格式可以在系統對話方塊中被選擇，檔案位置必須定義在**選項**⚙**→系統選項→檔案位置→圖頁格式**中。

檔案(F)　編輯(E)　檢視(V)　插入(I)　工具(T)
開新檔案(N)...　Ctrl+N
開啟舊檔(O)...　Ctrl+O
開啟最近使用的項目(O)
關閉檔案(C)　Ctrl+W
儲存檔案(S)　Ctrl+S
另存新檔(A)...
儲存圖頁格式(T)...
儲存所有檔案(L)

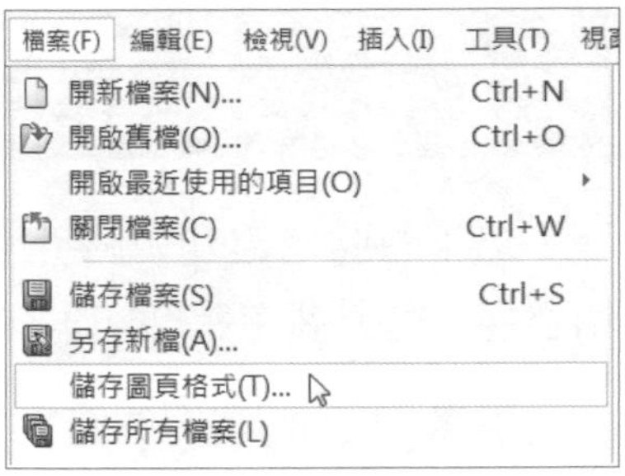

圖 2-20　儲存圖頁格式

STEP 5　測試圖頁格式

使用儲存的圖頁格式建立新工程圖，並測試被帶出的標題圖塊欄位格式是否正確。

STEP 6　建立其他圖頁格式檔案

一旦圖頁格式檔案確定後，就很容易重新調整，以建立其他大小的圖頁格式尺寸，如圖 2-21 所示。

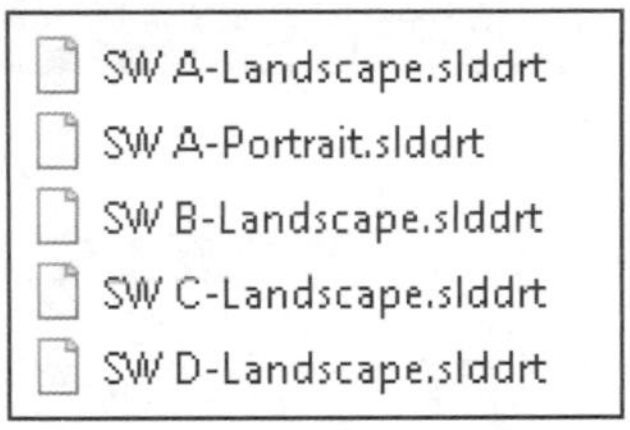

SW A-Landscape.slddrt
SW A-Portrait.slddrt
SW B-Landscape.slddrt
SW C-Landscape.slddrt
SW D-Landscape.slddrt

圖 2-21　其他大小的圖頁格式

STEP 7　選擇項：建立包含圖頁格式的工程圖範本

有些使用者會選擇只儲存不含圖頁格式的一般工程圖範本；有些使用者則會選擇儲存內含圖頁格式大小（如 A2 或 A3）的多種工程圖範本。

預計要完成的內容

接下來的課程，我們將依上述的步驟建立工程圖範本和圖頁格式，即使您並未負責公司的設計工作，但若能熟悉這些步驟，將可讓您更深入了解工程圖文件是如何作用的，以下是預計要完成的內容摘要：

- **第 2 章 了解工程圖範本**：完成上述設計策略中的 STEP 1 和 STEP 2，即：建立工程圖範本，以及建立樣本模型和工程圖。
- 第 3 章 自訂圖頁格式：完成上述設計策略中的 STEP 3，即：自訂一個圖頁格式檔案。
- 第 4 章 儲存並測試圖頁格式檔案：完成上述設計策略中的 STEP 4 和 STEP 5，即：儲存並測試圖頁格式檔案。
- **第 5 章 建立其他的圖頁格式與範本**：要完成範本的所有設定，我們將進行 STEP 6 和 STEP 7，即：建立其他的圖頁格式大小檔案，和包含圖頁格式的工程圖範本。此章還會討論自訂屬性檔案和範本。

2.7 設計工程圖範本

以下將開始建立一個不包含圖頁格式的工程圖範本，範本內包括建立標準所需的設定和屬性。建立新工程圖範本有兩個技巧：

- **開啟**一個現有的範本，修改設定並儲存至一個新的檔案名稱。
- **開啟新檔**，修改設定並儲存為範本檔案類型。

在此例中，我們將開始一個新工程圖文件，修改設定後儲存為範本檔案。

技巧

當您建立新工程圖範本時，最好連零件、組合件範本也一起建立，因為它們都共享相同的資訊，像是單位、製圖標準及自訂屬性等。

STEP 1 建立新工程圖

按**開啟新檔**，從對話方塊中選擇**工程圖**範本。

STEP 2 取消圖頁格式 / 大小對話方塊

由於這裡不需要指定圖頁格式，因此按**取消**關閉對話方塊。

STEP 3 按 × 取消模型視角指令

STEP 4 進入文件屬性

按**選項** →**文件屬性**。

STEP 5 查看不同的設定

從左側工作區中選擇不同類別的設定，以查看可用的選項。

2.7.1 了解文件屬性

所有的文件屬性都和目前的文件儲存在一起，並可被儲存在文件範本中。而最常被考慮修改的是**製圖標準**和**單位**的文件屬性，以下為一些設定：

製圖標準（圖 2-22）

- 製圖標準控制著**註記**和**尺寸**的樣式與顯示。
- 預設的製圖標準可以在編修後儲存至外部檔案，以應用到其他文件或作為文件範本。

圖 2-22　製圖標準

單位（圖 2-23）

- 標準**單位系統**可以從常用的單位設定中選擇，選擇**自訂**的單位系統可以修改單位欄位中的項次。
- 為了變更尺寸精度，可在**小數**欄位中的下拉選單中，選擇所想要的小數位數。
  - 若要使用分數，先在分數欄位中填入最小的分母值，再於**進階**欄位中定義其他分數選項。
  - 個別的尺寸類型精度可以在**尺寸**對話方塊中變更。

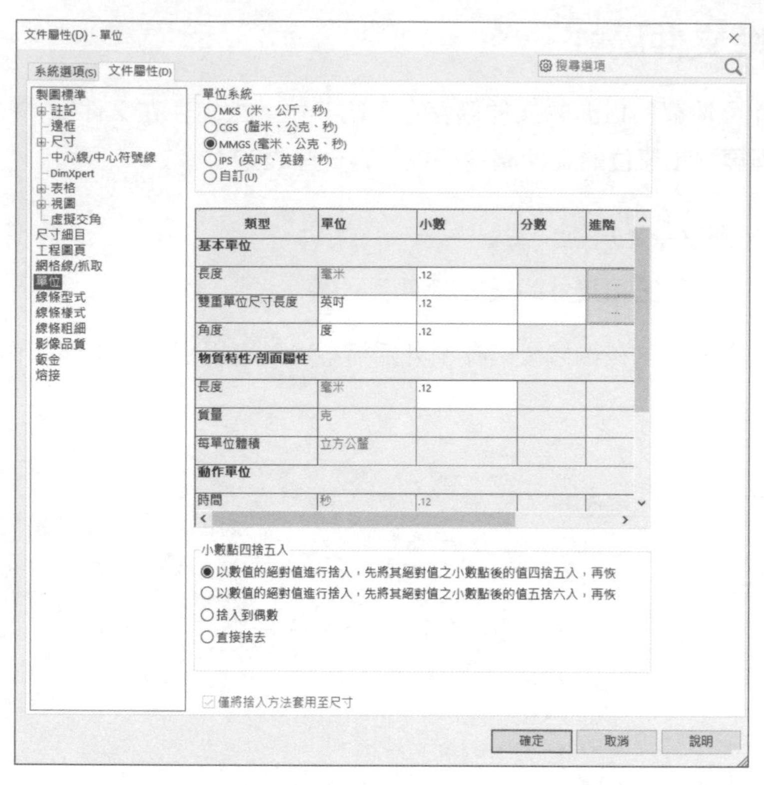

圖 2-23　單位

對於自訂的工程圖範本，我們將對**製圖標準**和**單位**作一些調整，這些設定調整後的範本將變成新工程圖的預設設定。

STEP 6　修改製圖標準設定

按**製圖標準**，勾選**記事全部大寫**、**表格全部大寫**與**尺寸及鑽孔標註全部大寫**，如圖 2-24 所示。

圖 2-24　勾選全部大寫

STEP 7　修改單位

按**單位**，從**單位系統**點選**自訂**，在**質量**的單位中選擇**公斤**，如圖 2-25 所示。

類型	單位	小數	分數	進階
基本單位				
長度	毫米	.12		...
雙重單位尺寸長度	英吋	.12		...
角度	度	.12		
物質特性/剖面屬性				
長度	毫米	.12		
質量	公斤			
每單位體積	立方公釐			
動作單位				
時間	秒	.12		

圖 2-25　質量單位

STEP 8　按確定

2.7.2　範本的顯示設定

有一些與工程圖範本一起儲存的文件顯示設定，可以透過外部的**選項**對話方塊查看，包括圖形區域的**檢視**，以及 FeatureManager（特徵管理員）中的**樹狀結構顯示**。

STEP 9　修改檢視設定

在**立即檢視**工具列中按**隱藏 / 顯示**快顯功能表，開啟**檢視熔珠**，如圖 2-26 所示。

技巧

從功能表中的**檢視→隱藏 / 顯示**中，也可以存取這些設定。

圖 2-26　立即檢視工具列

STEP 10 修改樹狀結構顯示

在 FeatureManager（特徵管理員）最上層的檔案名稱上按滑鼠右鍵，點選**樹狀結構顯示→零組件名稱與說明**，如圖 2-27a 所示。

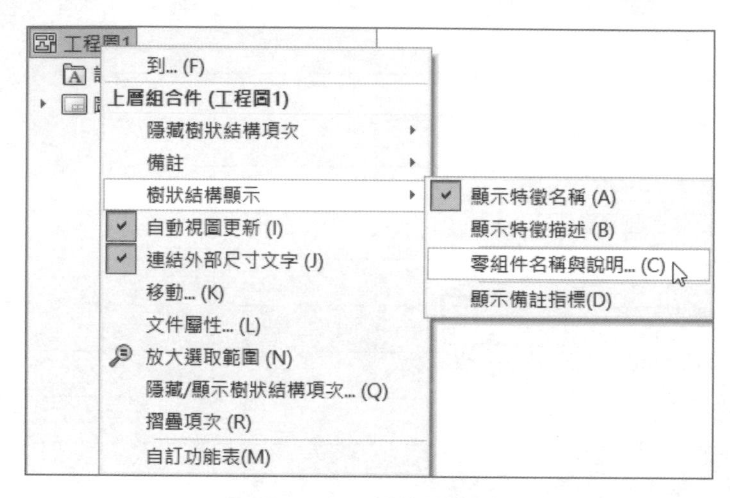

圖 2-27a　樹狀結構顯示

在對話方塊中，勾選**零組件描述**與**若只有一個模型組態或顯示狀態名稱存在，則不要顯示**，如圖 2-27b 所示。

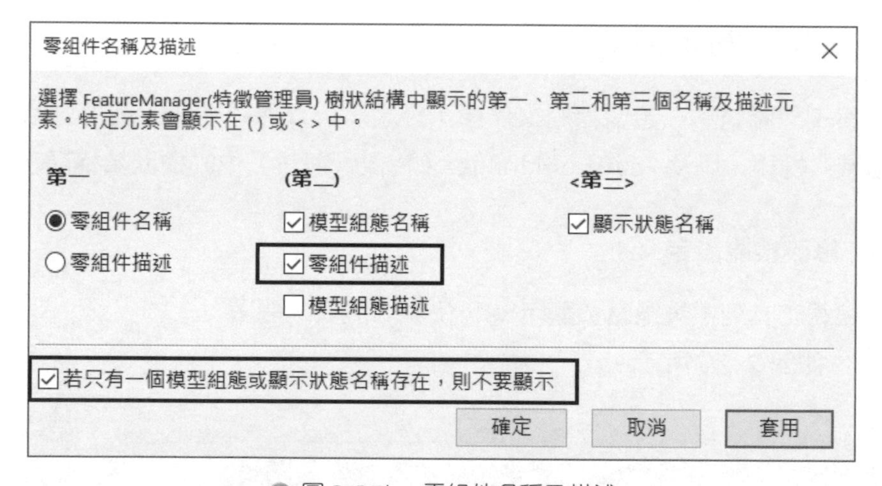

圖 2-27b　零組件名稱及描述

> **提示** 依系統啟動的附加程式之不同，**零組件名稱及描述**對話方塊中可能會有額外可用的選項。

2.7.3 範本中的圖頁屬性

工程圖範本至少包括一張工程圖頁，每張工程圖頁都有儲存在文件範本中的屬性，這些屬性包含圖頁名稱、圖頁比例、投影類型的名稱，以及不一定應用到圖頁中的圖頁格式。

STEP 11 進入圖頁屬性

在**圖頁 1**，按滑鼠右鍵，點選**屬性**。

STEP 12 查看圖頁屬性

此圖頁中並沒有選擇圖頁格式，因它將被設定使用**自訂圖頁大小**，相當於 B 圖頁大小。這裡不做變更，如圖 2-28 所示，按**取消**。

提示 若將其作為工程圖範本時，則在選擇圖頁格式後，圖頁尺寸將會自動調整大小。

圖 2-28 圖頁屬性

2.7.4 自訂屬性範本

加入到文件的自訂屬性是作為溝通該檔案的自訂資料之用，在使用者輸入想要的屬性名稱跟屬性值後，這些資料是相依的。

為了確保想要的自訂屬性資訊含括在所有的新文件中，自訂屬性也可以儲存在文件範本中。

STEP 13 進入檔案屬性

按**檔案→屬性**。

STEP 14 加入自訂屬性名稱

在**自訂**標籤中，使用**屬性名稱**欄的下拉式選單加入以下的屬性名稱：

- **修訂版**
- **繪製者**
- **繪製日期**

STEP 15 加入預設值

必要時也可以將預設值加入至屬性中，例如在**修訂版**屬性中輸入 **A** 作為預設值，如圖 2-29 所示。

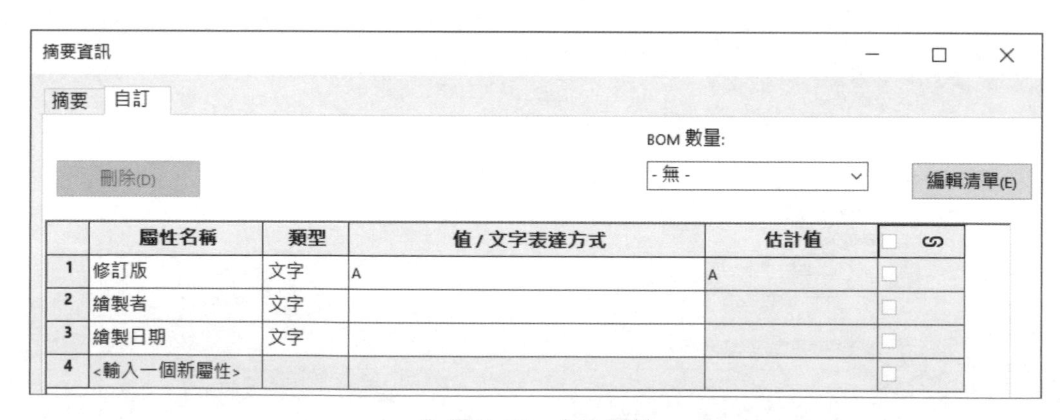

	屬性名稱	類型	值 / 文字表達方式	估計值	
1	修訂版	文字	A	A	
2	繪製者	文字			
3	繪製日期	文字			
4	<輸入一個新屬性>				

圖 2-29 加入屬性

STEP 16 按確定

2.7.5 另存新檔為範本

現在設定和屬性已經調整好，準備儲存此工程圖為範本。自訂範本應儲存在自訂的檔案位置中，以便跟預設範本資料夾分開管理。在有多位使用者的環境中，範本可以儲存到網路位置中與其他使用者共享。在此例中，資料夾已存在 Training Files 裡面，將用來儲存自訂範本和圖頁格式。

STEP 17 另存新檔為範本

按**另存新檔**，變更儲存類型為**工程視圖範本 (*.drwsot)**，對話方塊會直接引導至預設的範本資料夾位置。

STEP 18 瀏覽至自訂範本資料夾

瀏覽至 Training Files\Custom Templates 資料夾中。

STEP 19 另存新檔為 Standard Drawing

如圖 2-30 所示，變更範本名稱為 **Standard Drawing**，按**存檔**。

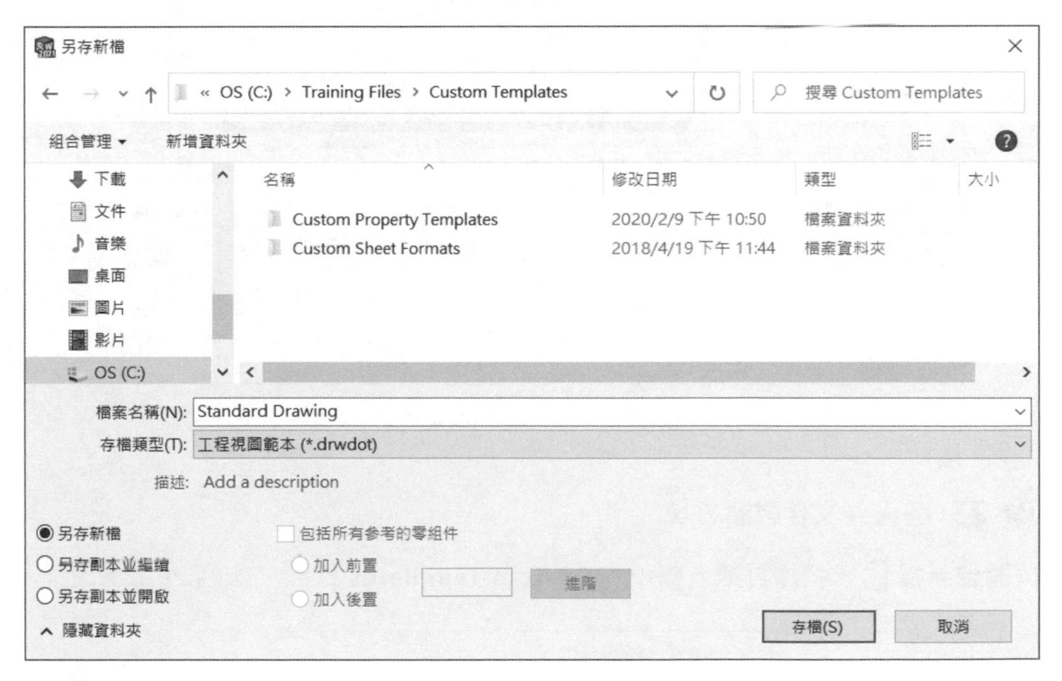

圖 2-30 另存新檔

STEP 20 關閉工程圖範本檔

2.7.6 定義範本位置

為了在**新文件**對話方塊中存取範本檔，新範本的資料夾必須加到**選項**中。我們將新增 Custom Templates 資料夾作為文件範本的檔案位置，並移動至列表上方設為預設位置。

STEP 21 新增一個新的範本資料夾

按**選項**→**系統選項**→**檔案位置**，預設情況下，**顯示資料夾**的**文件範本**會被選取。按**新增**，必要時請瀏覽至 \Training Files\Custom Templates，並按**選擇資料夾**，系統將開啟這個資料夾的位置。

STEP 22 指定新資料夾位置為預設

在**選項**對話方塊中，按**上移**，將新資料夾移至列表最上方，如圖 2-31 所示。在列表中第一個檔案位置會被當作預設範本位置資料夾，亦即我們要選擇開啟或儲存範本時的預設位置，按**確定**。

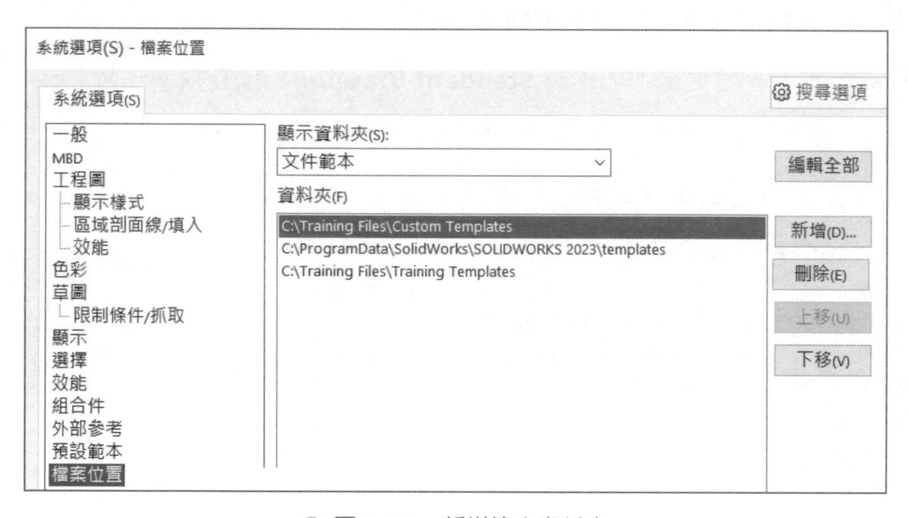

圖 2-31 新增範本資料夾

STEP 23 進入新文件對話方塊

按**開啟新檔**，選擇對話方塊中的 **Custom Templates** 標籤，如圖 2-32 所示。

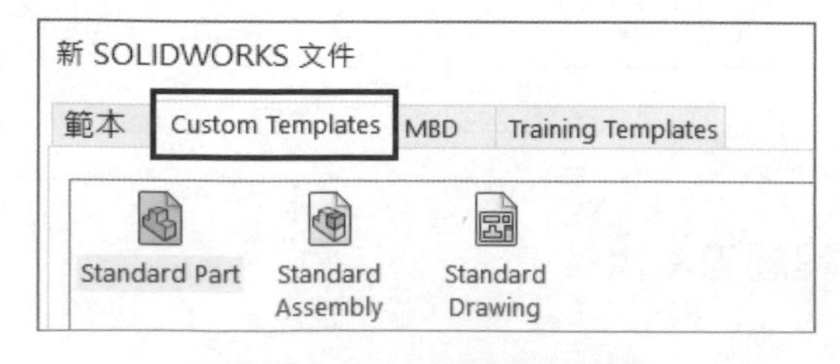

圖 2-32 選擇範本標籤

2.7.7 模型範本

Custom Templates 資料夾已經包含預先設定好的零件和組合件範本，許多在工程圖範本中相同的設定也儲存在模型範本中，像是文件屬性、顯示設定以及自訂屬性等。模型範本中也儲存額外的 3D 環境相關設定。

範本中的資訊

以下為儲存在不同文件範本類型的簡表：

		範本類型		
		零件	組合件	工程圖
設定	**選項**，**文件屬性**	✓	✓	✓
	隱藏 / 顯示設定	✓	✓	✓
	FeatureManager（特徵管理員）**樹狀結構顯示**	✓	✓	✓
	屬性	✓	✓	✓
	顯示樣式	✓	✓	
	視角方位	✓	✓	✓
	顯示管理員設定	✓	✓	
特徵	**草圖**	✓	✓	✓
	特徵	✓		
	材質	✓		
	模型組態	✓	✓	
	預先定義視圖			✓
註記	**表格**	✓	✓	✓
	註解	✓	✓	✓

2.8 建立一個樣本模型與工程圖

在完成工程圖範本和圖頁格式檔案後的下一個步驟是建立一個樣本模型和工程圖。

這裡將使用 Standard Part 範本來建立一個零件，並加入我們想要的自訂屬性資訊，然後開啟使用 Standard Drawing 範本的工程圖及預設的圖頁格式，建立此零件的工程圖。

STEP 24 使用 Standard Part 範本建立新零件

選擇 Standard Part 範本，並按**確定**。

STEP 25 查看 Standard Part 範本的資訊

我們建立的這個新零件將使用儲存於零件範本中的所有設定。檢查範本中的設定，像是**文件屬性**、**隱藏 / 顯示項次**、**樹狀結構顯示**和**檔案屬性**等。

STEP 26 建立一個矩形填料

建立**草圖**與**伸長填料**，如圖 2-33 所示。

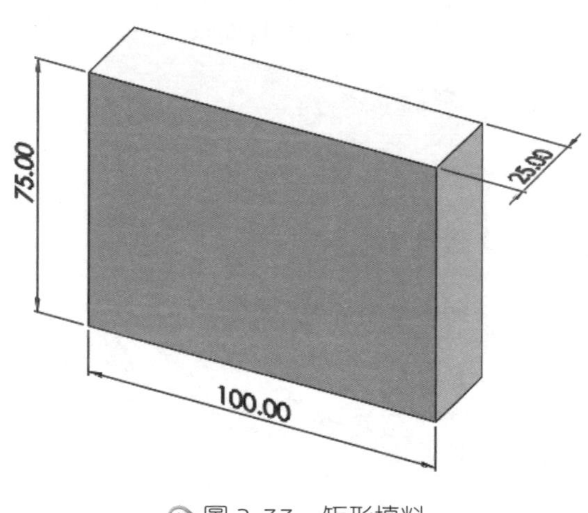

圖 2-33　矩形填料

STEP 27 加入材質

在**材質**上按滑鼠右鍵，從功能表中選擇**純碳鋼**。

STEP 28 修改自訂屬性

按**檔案→屬性**，這零件包含了幾個自訂屬性的屬性名稱，且符合我們期望的準則。有些屬性已經連結到模型資訊，例如**材質**和**質量**。這裡我們將在其他的屬性中加入一些通用值，以查看其在工程圖中是如何顯現的。加入如圖 2-34 所示的其他屬性值。

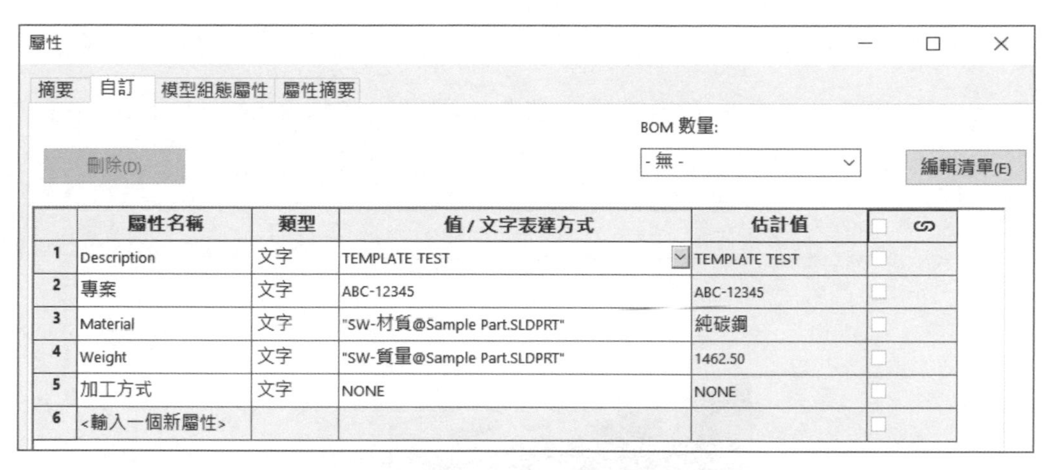
屬性

摘要 自訂 模型組態屬性 屬性摘要

BOM 數量:

- 無 -

刪除(D) 編輯清單(E)

	屬性名稱	類型	值 / 文字表達方式	估計值
1	Description	文字	TEMPLATE TEST	TEMPLATE TEST
2	專案	文字	ABC-12345	ABC-12345
3	Material	文字	"SW-材質@Sample Part.SLDPRT"	純碳鋼
4	Weight	文字	"SW-質量@Sample Part.SLDPRT"	1462.50
5	加工方式	文字	NONE	NONE
6	<輸入一個新屬性>			

圖 2-34 加入屬性值

STEP 29 儲存零件

儲存零件至 Lesson02\Case study 資料夾中，名稱為 Sample Part。

STEP 30 開新工程圖檔

按從零件 / 組合件產生工程圖，選擇 Standard Drawing 範本，再選擇 A(ANSI) 橫向圖頁格式。在此我們希望透過修改此圖頁格式來建立自訂的圖頁格式。

STEP 31 加入等角視

將 Sample Part 等角視加入至工程圖頁中，並變更**顯示樣式**為**帶邊線塗彩**。

STEP 32 加入工程圖自訂屬性

按**檔案→屬性**。如圖 2-35 所示，加入一些通用屬性值，以查看其在工程圖中是如何顯現的。

摘要資訊

摘要 自訂

BOM 數量:

- 無 -

刪除(D) 編輯清單(E)

	屬性名稱	類型	值 / 文字表達方式	估計值
1	修訂版	文字	A	A
2	繪製者	文字	ABC	ABC
3	繪製日期	文字	12/12/12	12/12/12
4	SWFormatSize	文字	215.9mm*279.4mm	215.9mm*279.4mm
5	<輸入一個新屬性>			

圖 2-35 自訂屬性

STEP 33 儲存工程圖

在 Lesson02\Case study 資料夾中，儲存工程圖，名稱為 Sample Drawing，如圖 2-36 所示。

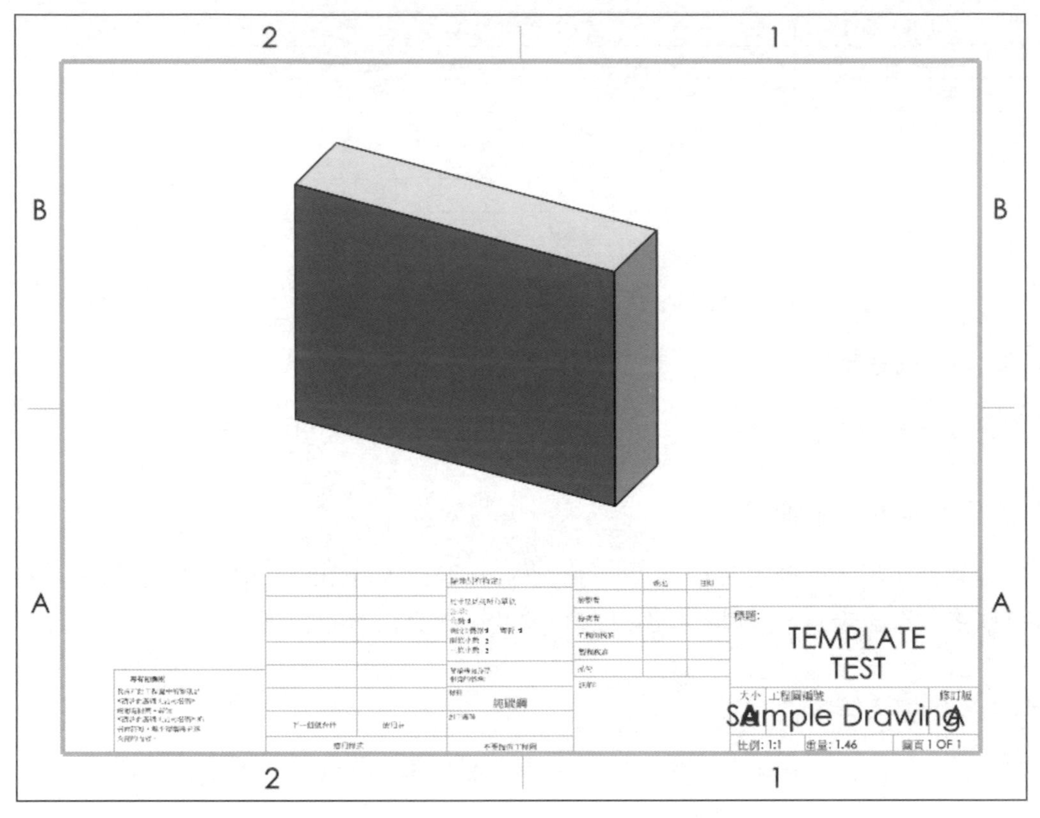

圖 2-36　Sample Drawing 工程圖

練習 2-1 定義單位

請依下列步驟指引，使用下方的工程圖（圖 2-37），練習如何使用另一種單位，像是分數及雙重單位尺寸，以定義不同的單位。您在已提供的工程圖文件中見到的單位設定，和零件與組合件模型中的設定是相同的。本練習將使用以下技能：

- 了解文件屬性

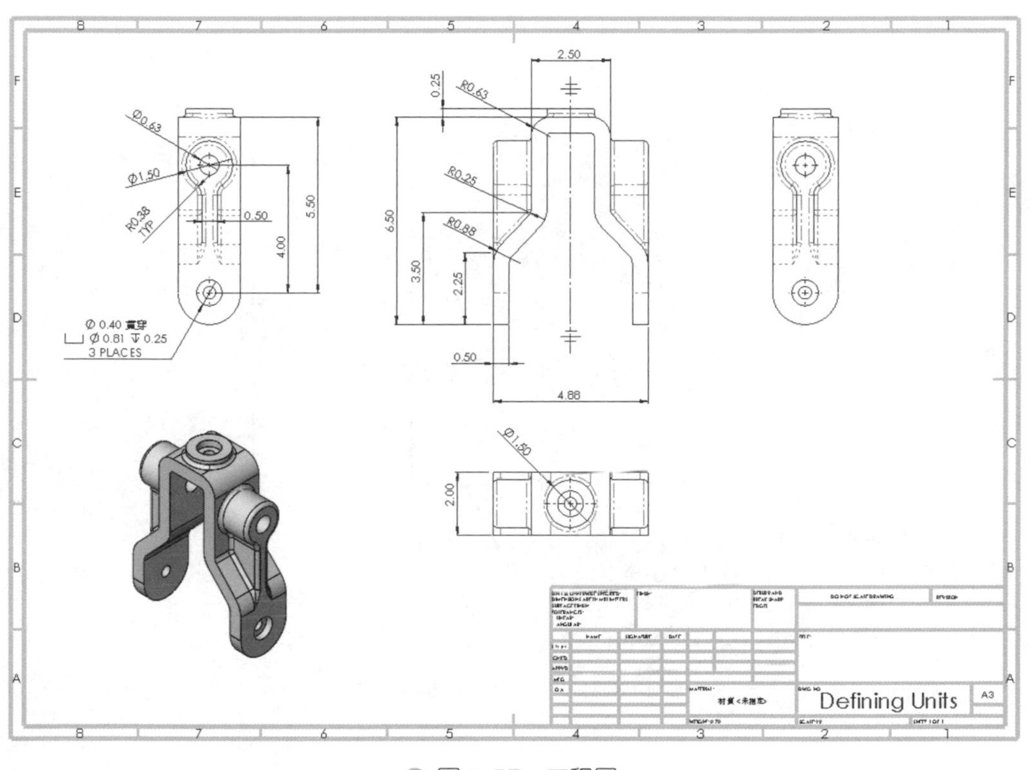

圖 2-37　工程圖

操作步驟

STEP 1　開啟工程圖檔

從 Lesson02\Exercises 資料夾中開啟工程圖檔：Defining Units.SLDDRW。

STEP 2　標準單位系統

圖面單位是由**文件屬性**中的單位所控制，但是在圖面下的狀態列也有提供切換單位的捷徑。

在狀態列，啟用快顯功能表，如圖 2-38 所示，目前圖面所使用的單位為 **IPS**。從列表中選擇 **MMGS（毫米、公克、秒）**。

圖 2-38　目前單位

STEP 3　結果

如圖 2-39 所示，工程圖尺寸和註記都更新顯示為 MM 尺寸。

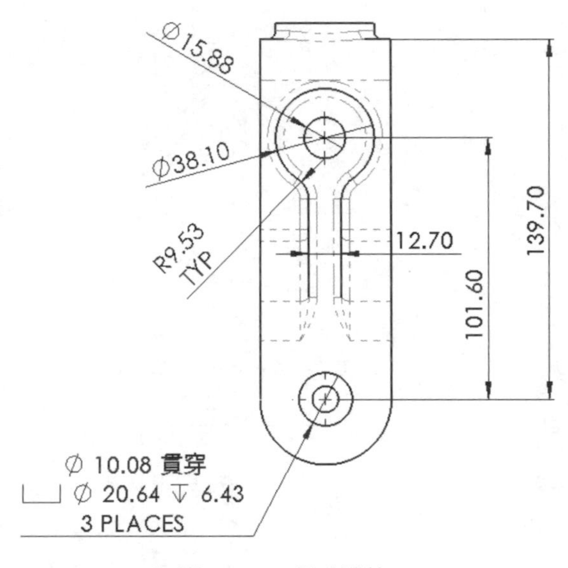

圖 2-39　尺寸單位 MM

STEP 4　編輯文件單位

在圖面下的狀態列單位功能表中，點選**編輯文件單位**，系統開啟**選項**對話方塊中的**文件屬性→單位**。

STEP 5　將單位變更為英吋和分數

為了以分數顯示單位，您只需要在表格的分數欄位中填入最小可接受的分母。在**單位系統**下點選**自訂**，變更**長度**單位為**英吋**，並在**分數**欄位中輸入 64，如圖 2-40 所示。

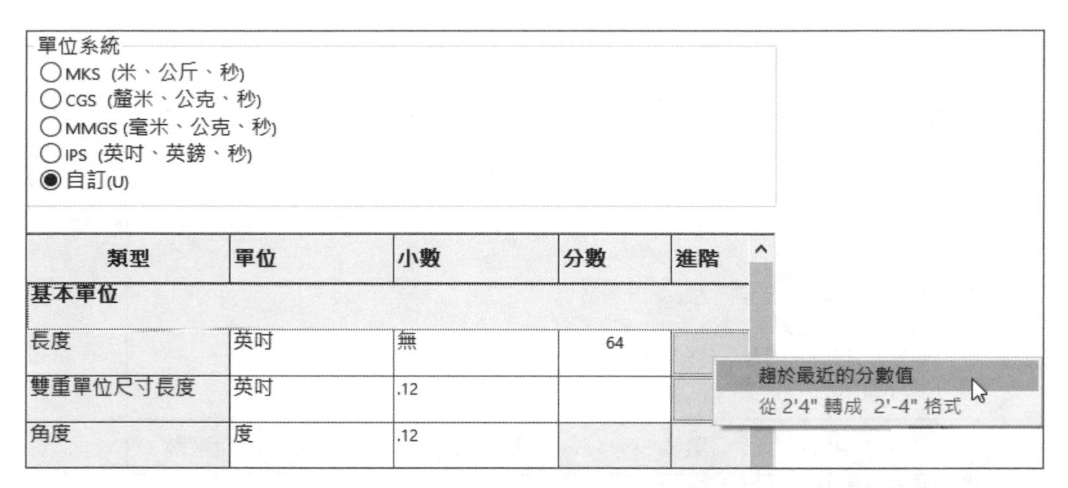

圖 2-40　將單位變更為英吋和分數

預設情況下，不需要轉換的尺寸顯示為十進位，若您想要所有的尺寸都四捨五入到最近的分數，可以從進階欄位中的**更多**調整。在這裡我們不需要做任何變更，按**確定**並關閉**選項**對話方塊。

STEP 6　結果

工程圖中大部分的尺寸已被轉換為分數。一些像是孔標註中的尺寸 Ø0.40 則維持為十進位，如圖 2-41 所示。

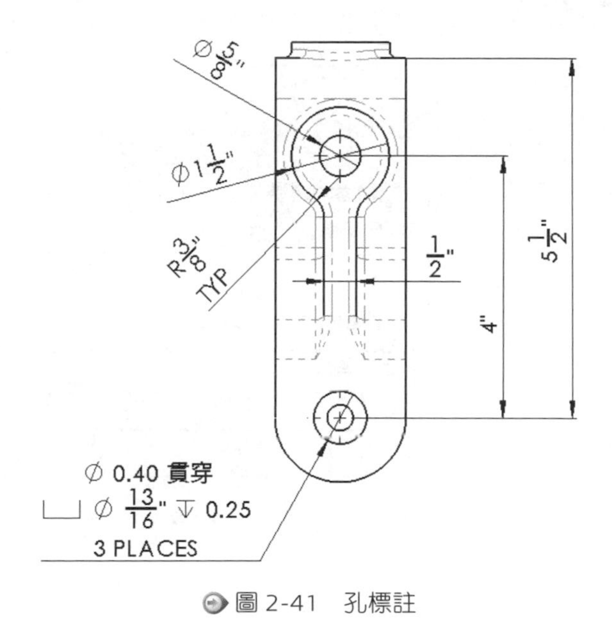

圖 2-41　孔標註

STEP 7　顯示雙重單位尺寸

再一次變更工程圖尺寸設定為雙重單位尺寸，這個選項已被定義在尺寸設定中。從狀態列點選**編輯文件單位**，從**單位系統**選擇 **MMGS**，如圖 2-42 所示。

單位系統

- ○ MKS (米、公斤、秒)
- ○ CGS (釐米、公克、秒)
- ◉ MMGS (毫米、公克、秒)
- ○ IPS (英吋、英鎊、秒)
- ○ 自訂(U)

類型	單位	小數	分數	進階
基本單位				
長度	毫米	.12		...
雙重單位尺寸長度	英吋	.12		...
角度	度	.12		

圖 2-42　MMGS

點選**尺寸**，在**雙重單位尺寸**下勾選：**雙重尺寸顯示**與**顯示雙重尺寸顯示的單位**，如圖 2-43 所示。

按**確定**關閉**選項**對話方塊。

圖 2-43　雙重單位尺寸

STEP 8 結果

雙重單位尺寸顯示如圖 2-44。

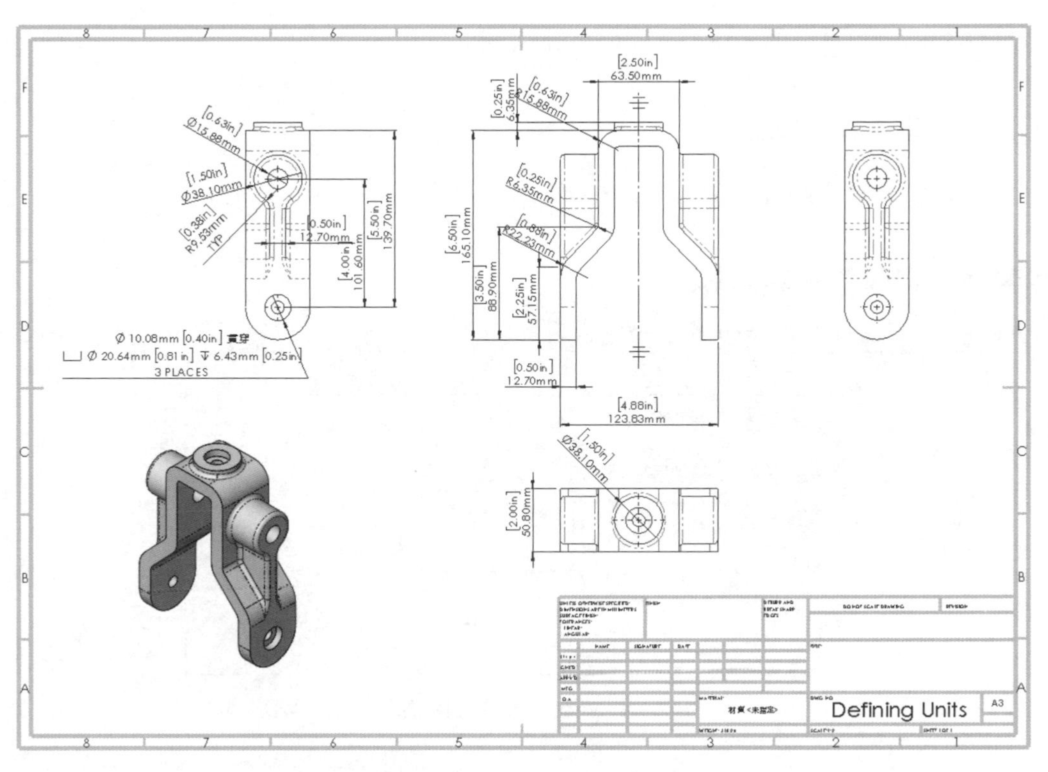

圖 2-44 顯示結果

STEP 9 選擇項：調整尺寸至適當位置

STEP 10 共用、儲存 並關閉 所有檔案

練習 2-2 設計模型範本

請依下列步驟指引，建立和 Training Files 所提供之零件與組合件一樣的範本。考慮到公司使用的標準，您可以在新文件中設定文件屬性、顯示設定和自訂屬性等。本練習將使用以下技能：

- 模型範本

操作步驟

STEP 1 建立新零件文件

點選**開啟新檔**，並選擇 Part_MM 範本檔。

STEP 2 進入文件屬性

按**選項** →**文件屬性**。

STEP 3 修改製圖標準設定

在**整體製圖標準**下拉選單中，選擇 ISO，如圖 2-45 所示。按**確定**關閉對話方塊。

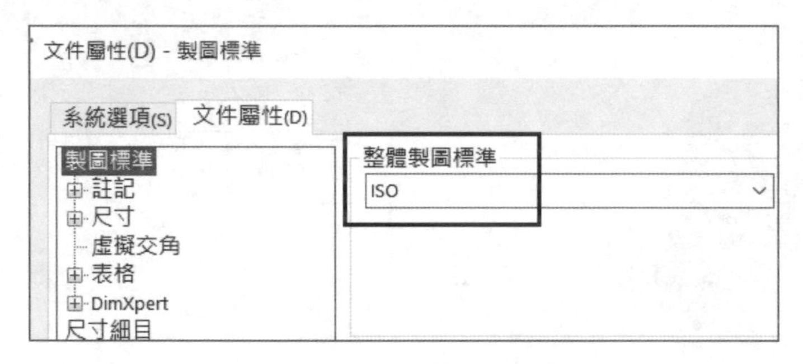

圖 2-45　整體製圖標準

STEP 4 調整檢視設定

在立即檢視工具列中按**隱藏 / 顯示**快顯功能表，調整顯示如圖 2-46 所示。

圖 2-46　立即檢視工具列

STEP 5 調整全景

在立即檢視工具列中，調整**全景**顯示為**純白**。

STEP 6 調整樹狀結構顯示

在 FeatureManager（特徵管理員）最上層的零件名稱上按滑鼠右鍵，點選**樹狀結構顯示→零組件名稱與說明**，如圖 2-47a 所示。

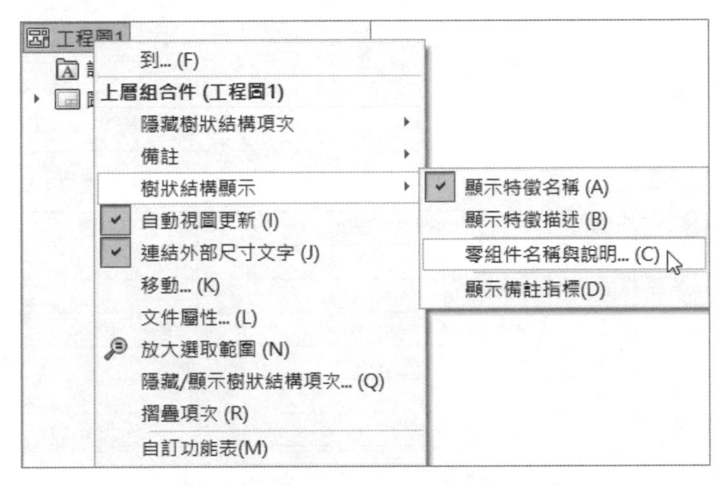

圖 2-47a 樹狀結構顯示

在對話方塊中，勾選**零組件描述**與**若只有一個模型組態或顯示狀態名稱存在，則不要顯示**，如圖 2-47b 所示。

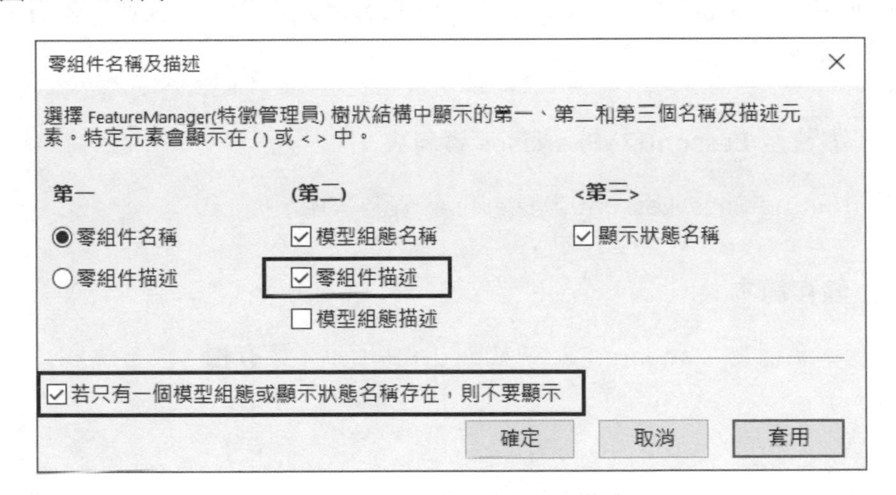

圖 2-47b 零組件名稱及描述

> **提示** 依系統啟動的附加程式之不同，**零組件名稱及描述**對話方塊中可能會有額外可用的選項。

STEP 7 加入自訂屬性

按**檔案→屬性**。如圖 2-48 所示，加入以下的**屬性名稱**與**值**，在**值 / 文字表達方式**欄中用下拉式選單加入 Material（材料）與 Weight（質量）。

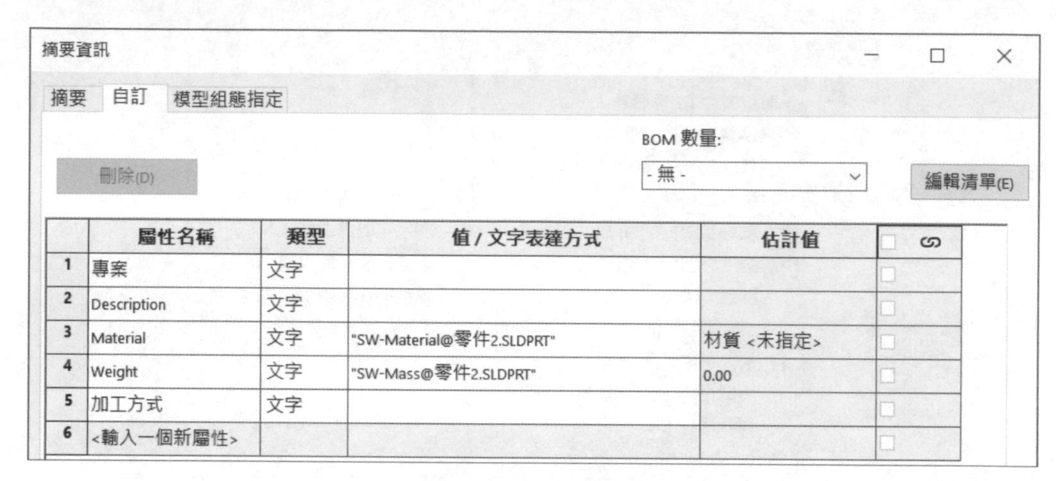

	屬性名稱	類型	值 / 文字表達方式	估計值	
1	專案	文字			
2	Description	文字			
3	Material	文字	"SW-Material@零件2.SLDPRT"	材質 <未指定>	
4	Weight	文字	"SW-Mass@零件2.SLDPRT"	0.00	
5	加工方式	文字			
6	<輸入一個新屬性>				

圖 2-48　自訂屬性

STEP 8 儲存為範本

按**另存新檔**，**存檔類型**選擇 Part Templates(*.prtdot)。對話方塊會直接引導至預設的範本資料夾位置。

STEP 9 瀏覽至 Lesson02\Exercises 資料夾

瀏覽至 Training Files\Lesson02\Exercises 資料夾中。

STEP 10 儲存範本

儲存的範本名稱為 Standard Part，如圖 2-49 所示，按**存檔**。

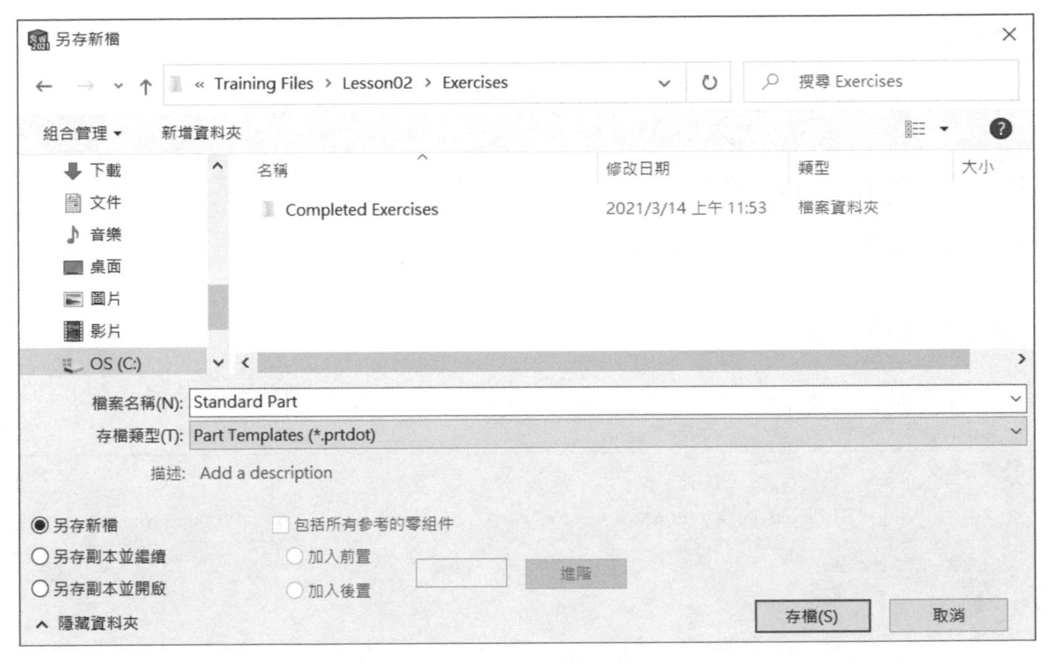

圖 2-49 儲存範本

STEP 11 關閉此零件範本檔

STEP 12 開新組合件

點選**開啟新檔**，並選擇 Assembly_MM 範本檔。

STEP 13 按取消 ✕，關閉開始組合件指令

STEP 14 重複 STEP 2~STEP 7

重複與零件相同的步驟，並建立與圖 2-50 相同的自訂屬性。

摘要資訊

摘要 | 自訂 | 模型組態指定

刪除(D)　　BOM 數量: - 無 -　　編輯清單(E)

	屬性名稱	類型	值 / 文字表達方式	估計值	
1	專案	文字			
2	Description	文字			
3	Material	文字	AS NOTED	AS NOTED	
4	Weight	文字	"SW 質量@組合件1.SLDASM"	0.00	
5	加工方式	文字	AS NOTED	AS NOTED	
6	<輸入一個新屬性>				

圖 2-50 組合件自訂屬性

STEP 15 儲存為範本

按**另存新檔**，存檔類型選擇 **Assembly Templates(*.asmdot)**。

STEP 16 瀏覽至 Lesson02\Exercises 資料夾

瀏覽至 Training Files\Lesson02\Exercises 資料夾中。

STEP 17 儲存範本

儲存的範本名稱為 Standard Assembly，如圖 2-51 所示，按**存檔**。

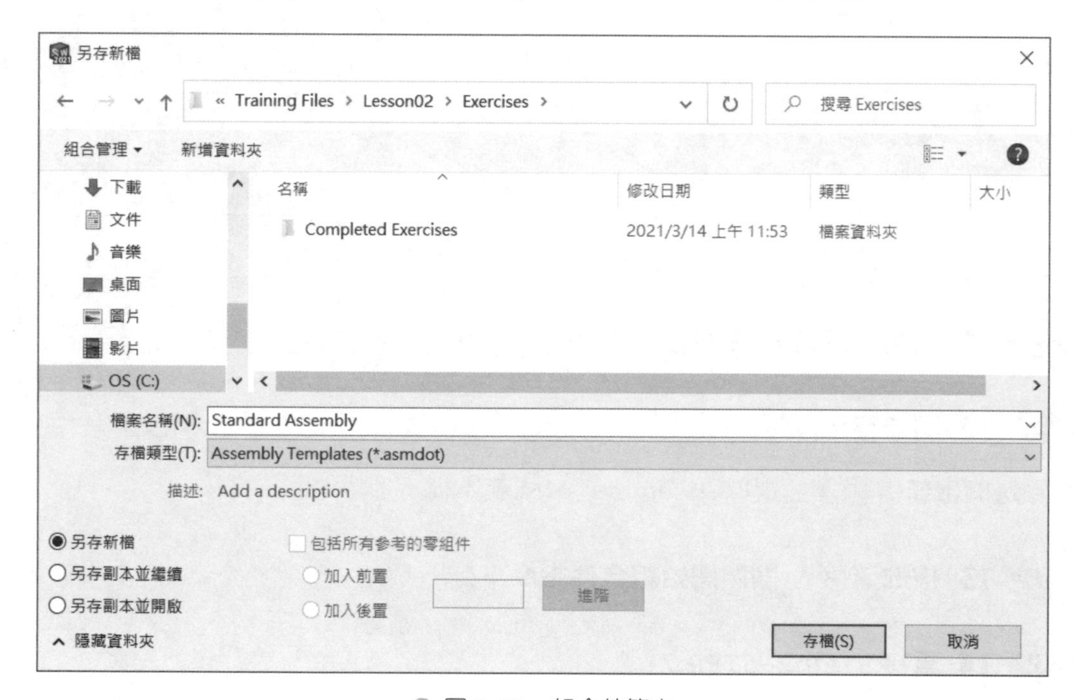

圖 2-51　組合件範本

STEP 18 關閉所有檔案

練習 2-3 設計工程圖範本

請依本章前面課程中的 STEP 1~STEP 33 相同的步驟指引，建立工程圖範本（圖 2-52），以及 Sample Part 零件檔和 Sample Drawing 工程圖檔（圖 2-53）。

另一種選擇是建立適用於您公司所使用的工程圖範本，您可以在新工程圖文件中設定文件屬性、顯示設定，以及自訂屬性等。本練習將使用以下技能：

- 設計一個工程圖範本
- 了解文件屬性
- 範本的圖頁屬性
- 範本的自訂屬性
- 另存為範本
- 定義範本位置
- 建立樣本模型與工程圖

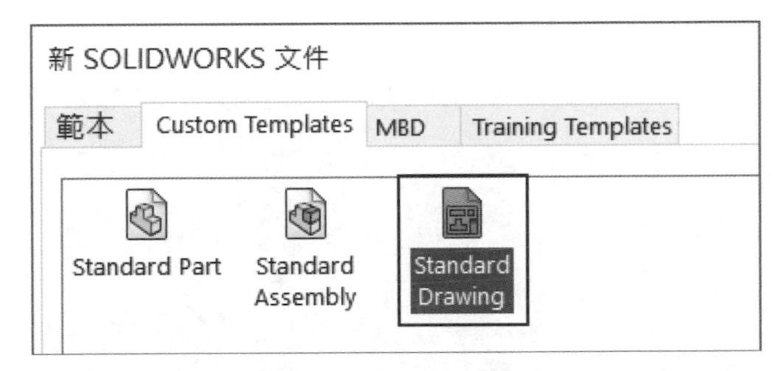

圖 2-52　工程圖範本

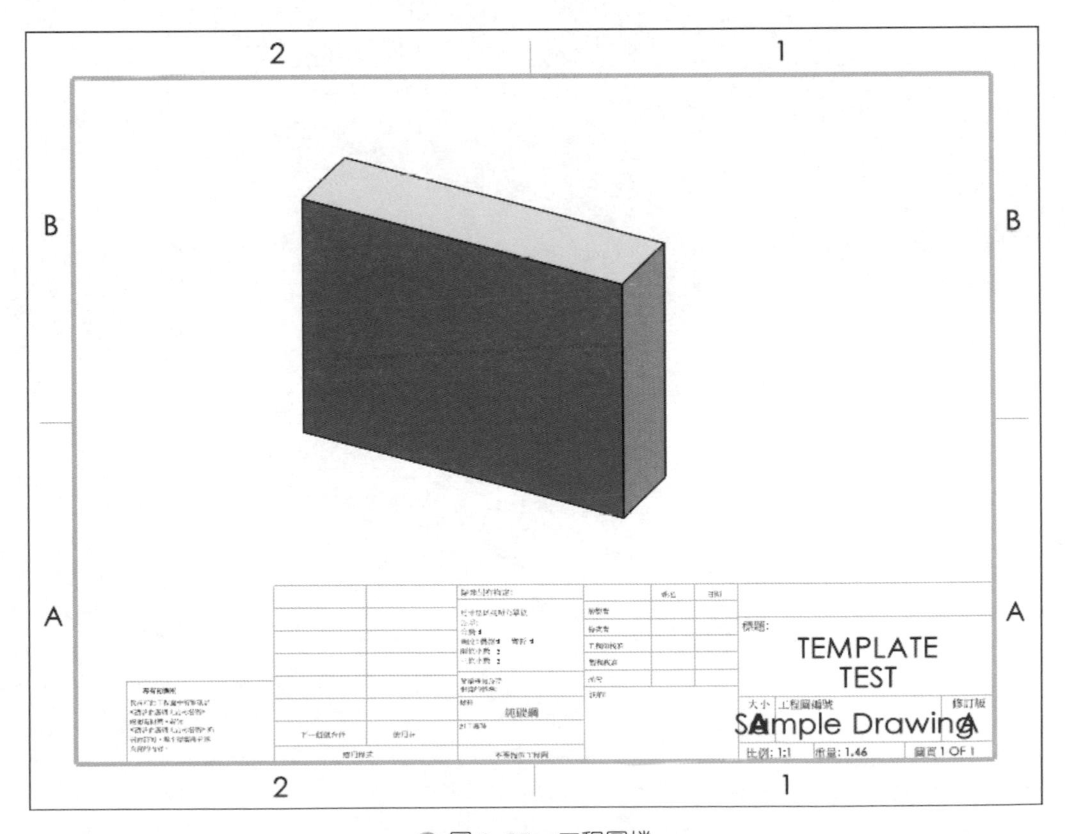

圖 2-53　工程圖檔

NOTE

03

自訂圖頁格式

順利完成本章課程後，您將學會：

- 建立自訂標題圖塊
- 使用自動加上邊框工具
- 設定表格錨點
- 定義可編輯的標題圖塊欄位

3.1 自訂圖頁格式

完成我們所設定的自訂範本後，下一步是在圖頁格式中建立自訂標題圖塊和邊框。為了節省時間，這裡提供一個已完成部分的圖頁格式檔案，我們將套用到 Sample Drawing 工程圖中以完成所需的編修。

STEP 1 開啟 Sample Drawing 工程圖

繼續上一章所建立的 Sample Drawing 工程圖檔，或開啟 Lesson03\Case Study 資料夾所提供的 Sample Drawing (L3) 工程圖檔，如圖 3-1 所示。

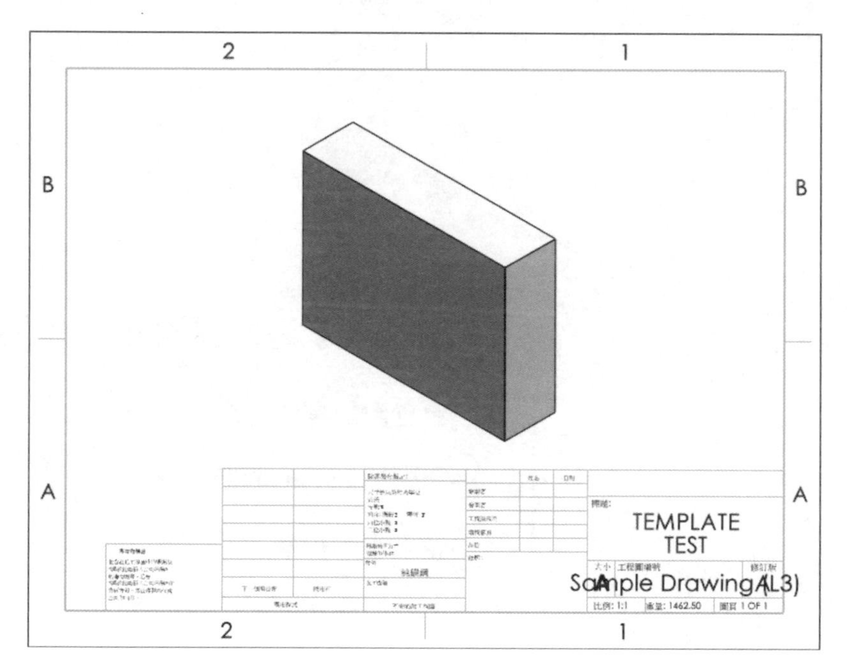

圖 3-1　Sample Drawing (L3) 工程圖檔

STEP 2 進入圖頁屬性

如圖 3-2 所示，在圖頁 1 上按滑鼠右鍵，點選**屬性**。

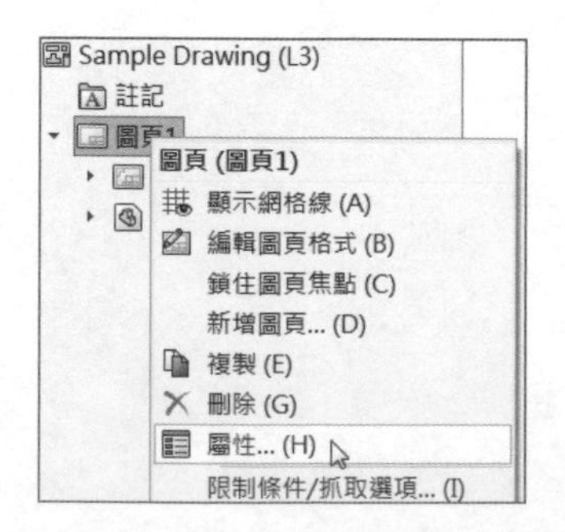

圖 3-2　圖頁屬性

STEP 3　瀏覽至現有的圖頁格式

在**圖頁格式 / 大小**中，按**瀏覽**，選擇 Lesson03\Case Study 資料夾中的“SW A4- 橫向 _incomplete.slddrt”圖頁格式，投影類型選第三角法，如圖 3-3 所示。

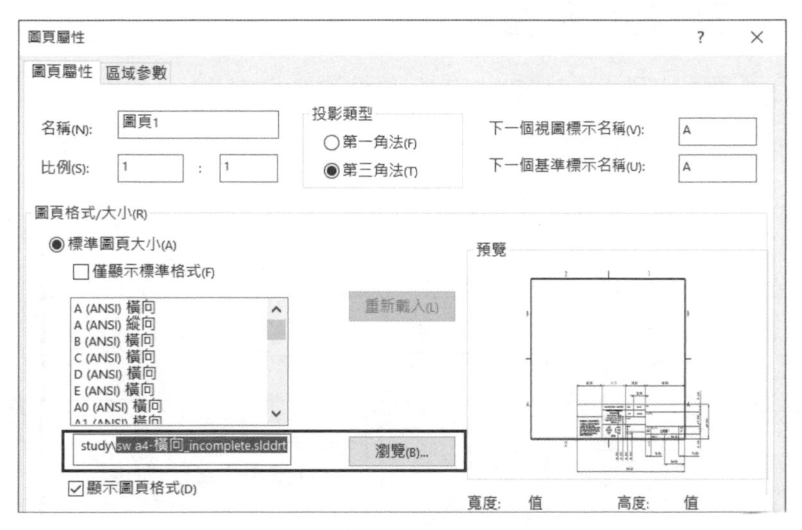

圖 3-3　瀏覽圖頁格式

按**套用變更**，結果如圖 3-4 所示。

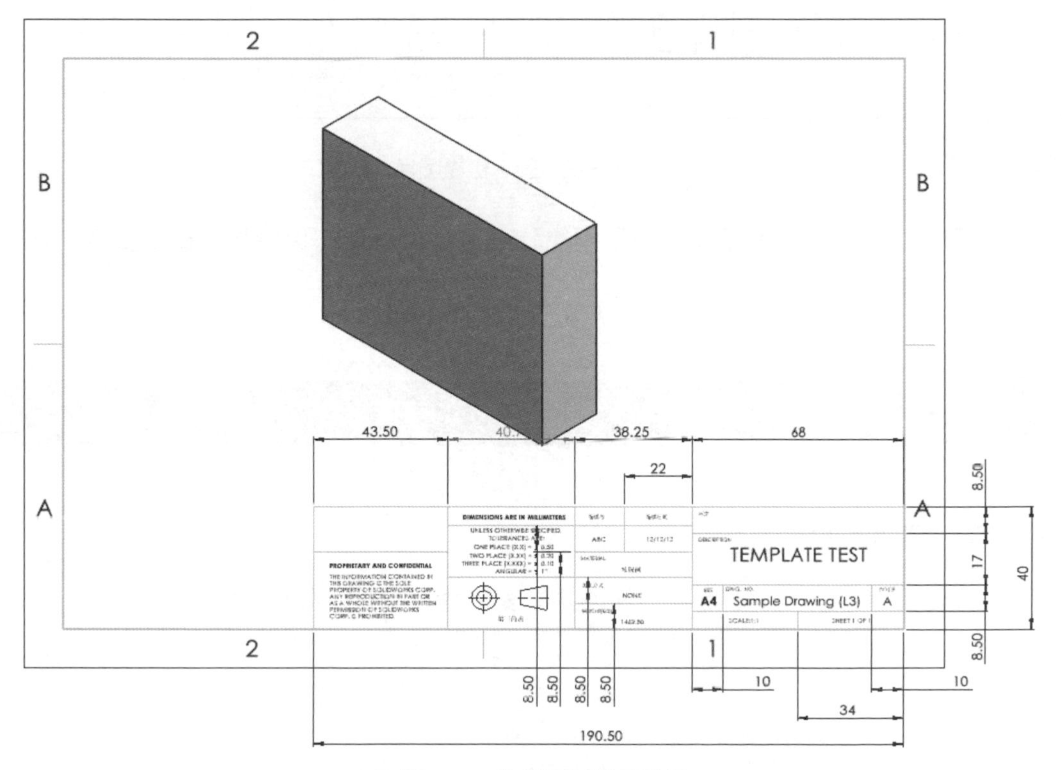

圖 3-4　套用圖頁格式結果

STEP 4 編輯圖頁格式

按**編輯圖頁格式**。

3.1.1 完成標題圖塊草圖

以下的自訂標題圖塊是從 SOLIDWORKS 預設的 A(ANSI) Landscape 編修而來。

草圖線已被編輯為適當的欄位，並使用尺寸與限制條件固定住，標題圖塊右下角的角點已被固定住以完全定義草圖，如圖 3-5 所示。圖頁大小已被設定為 A4。

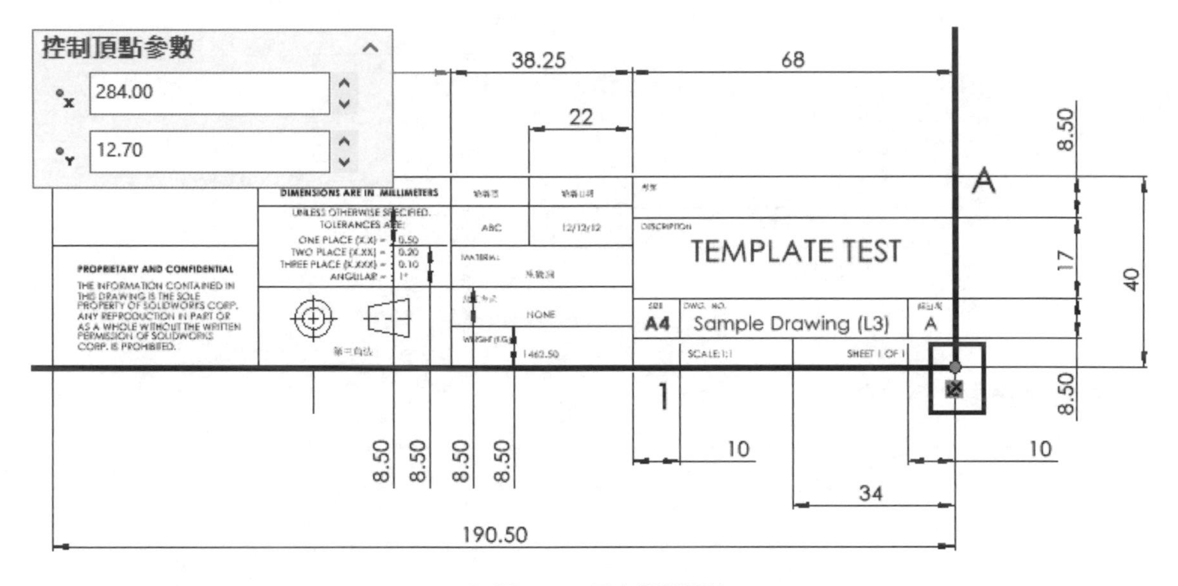

圖 3-5 固定標題圖塊

在草圖中若要固定住標題圖塊則必須標註尺寸，但是為了保持標題圖塊簡潔，因此得把尺寸隱藏起來。

選擇尺寸時可以使用**選擇濾器**工具列（F5）中的**篩選尺寸 / 孔標註**。

STEP 5 隱藏尺寸

選擇所有尺寸，按滑鼠右鍵，從快顯功能表中選擇**隱藏**，如圖 3-6 所示。

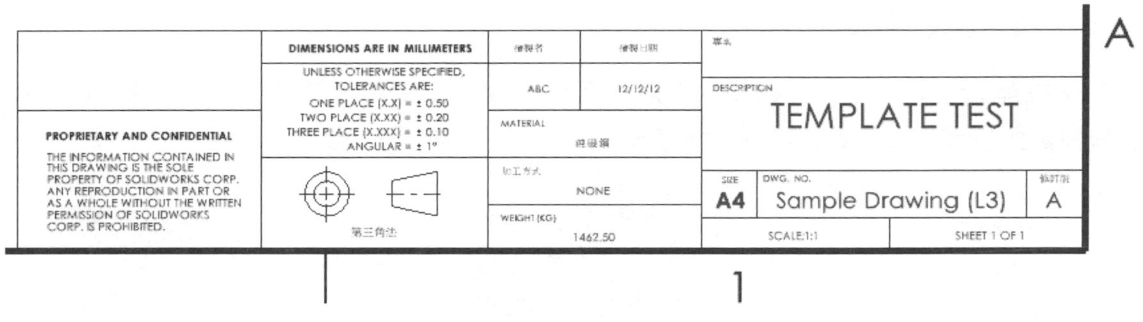

圖 3-6 隱藏尺寸

技巧

若是要變更隱藏的尺寸，可使用**隱藏 / 顯示註記**指令。

3.1.2 完成標題圖塊註解

預設圖頁格式中的許多註解已在自訂標題圖塊中重複使用。為了完成註解，首先將修改連結到模型 **Description** 屬性的註解。然後，再到標題圖塊中的**專案**屬性中加入新註解。

自動換行

若註解文字過長時，則連結到模型 **Description** 屬性的註解必須換到第二行，這時可以調整**註解**屬性中**自動換行**的最大寬度，當文字過長時會自動跳至下一行。

STEP 6 修改 Description 註解

按一下標題圖塊中的 Description 欄位，勾選**註解**屬性中的**自動換行**，變更換行寬度為 65mm，如圖 3-7 所示，按**確定**。

圖 3-7 自動換行寬度

STEP 7 按 ESC 清除選取註解

STEP 8 建立新註解

從**註記**工具列中，按**註解**。

STEP 9 連結到屬性

在**註解** PropertyManager 中，按**連結至屬性**。從**使用自訂屬性，屬性來自**中選擇**這裡找到的模型**，在屬性名稱下選擇**專案**，按**確定**，如圖 3-8 所示。

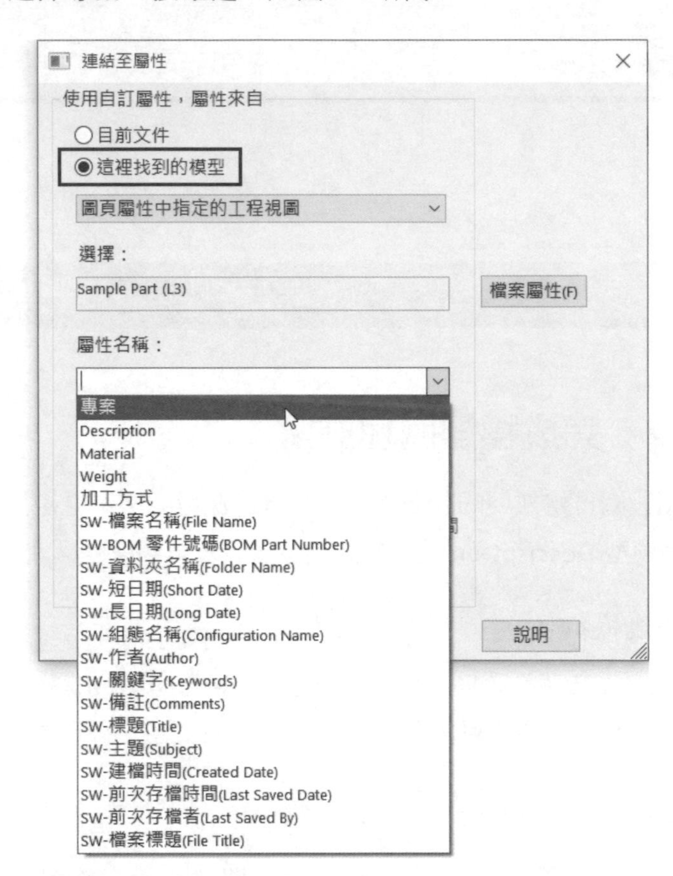

圖 3-8 連結至屬性

技巧

模型中現有的自訂屬性和 SOLIDWORKS 中的特殊屬性，都可以從這個選單中選用。若所需連結的屬性並不存在，可以在對話方塊中按**檔案屬性**按鈕來自行建立。

STEP 10 格式化註解

在**註解** PropertyManager 中，變更文字格式為**置中對正**及**無導線**。

STEP 11 在標題圖塊中放置註解

如圖 3-9 所示，在標題圖塊**專案**欄位中按一下，以放置註解。

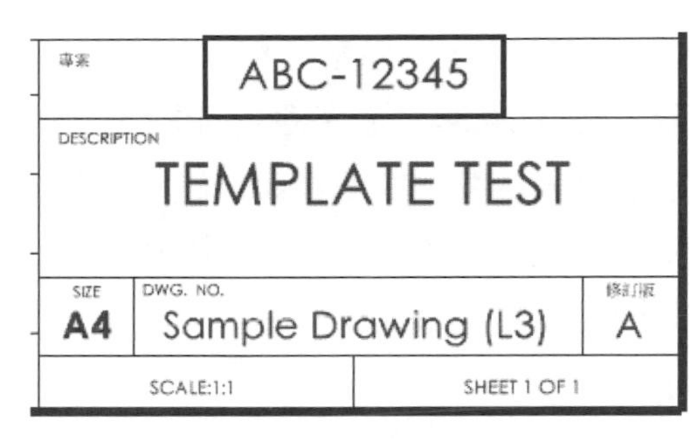

圖 3-9　放置註解

STEP 12 完成註解

按**確定** ✔，完成註解。

3.1.3　放置註解技巧

您可能已經注意到，當您要放置註解到圖頁時，在圖形中會出現推斷提示線來輔助您放置註解。如果不想要抓取對正其他工程圖中的元素，在放置或移動註解時按住 **Alt** 鍵即可。

另一個可以用來對正註解的工具是快顯功能表的**抓取至矩形中心**。這個指令會協助調整註解至標題圖塊欄位的中心，只要在註解上按滑鼠右鍵，選取抓取至矩形中心，然後選擇矩形的四條草圖線段即可。以下將使用這些技巧來重新定位標題圖塊註解。

STEP 13 移動專案註解

拖曳自訂屬性**專案**的註解，注意推斷提示線已抓取到其他相關聯的註解，如圖 3-10 所示。拖曳的時候按住 **Alt** 鍵會關閉推斷提示線，並允許放置到指定的位置上。放開滑鼠來放置註記。

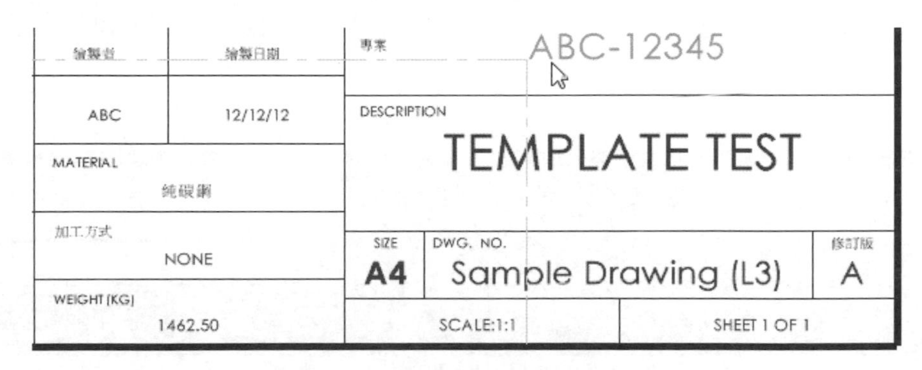

圖 3-10　關聯到註解的推斷提示線

STEP 14 抓取至矩形中心

在自訂屬性**專案**註解上按滑鼠右鍵，選取**抓取至矩形中心**，選擇如圖 3-11 所示的四條邊線。當選擇到第四條時，註解即對正矩形中心，這裡並非加入限制條件，因此註解仍可以拖曳移動。

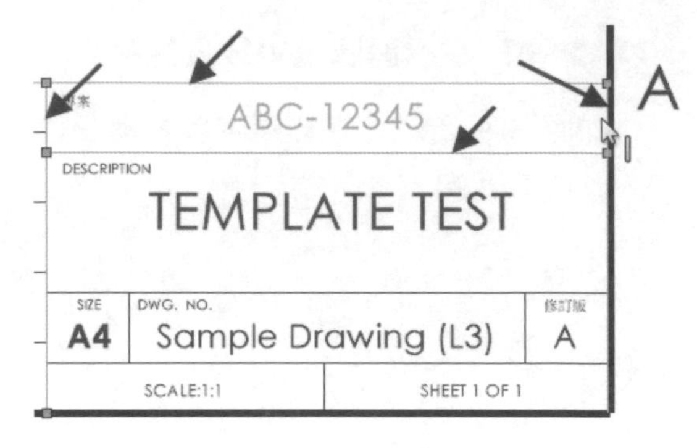

圖 3-11 抓取至矩形中心

3.1.4 加入公司商標

接著將加入一個公司商標來完成標題圖塊，有幾種技巧可以將公司商標圖案加入到圖頁格式中：

- **插入→圖片**：像草圖圖片一樣插入一張影像檔，這個指令 可有較多的選項使用，並且較穩定。
- **插入→物件**：若插入後的圖片並沒有出現想要的結果，則另一個選項是以物件方式插入圖片檔案。
- **複製 / 貼上**：也可以從影像編輯器和其他文件中將圖片複製（Ctrl+C）後直接貼上（Ctrl+V）。

這個例子中我們將使用**插入→圖片**方式來加入商標圖案。

STEP 15 插入圖片

按**插入→圖片**，瀏覽至 Lesson03\Case Study 資料夾中，選擇 SW Logo.jpg（圖 3-12）後按**開啟**。預設情況下，圖片會插入到圖頁的左下角點 (0,0)。

圖 3-12 SW Logo

技巧

若您需要尋找指令時，可以使用視窗上面的搜尋指令，或者按“S”鍵，使用捷徑工具列搜尋，如圖 3-13。

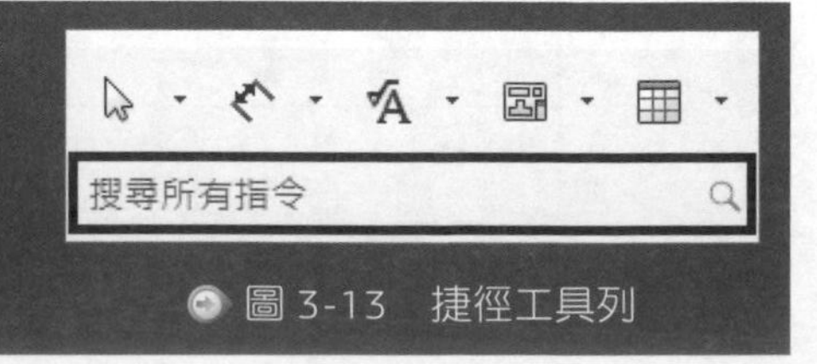

圖 3-13 捷徑工具列

STEP 16 修改草圖圖片設定

如 3-14 所示，在**草圖圖片** PropertyManager 中，不勾選**啟用縮放工具**，並變更**寬度**為 43mm。

圖 3-14　草圖圖片 PropertyManager

STEP 17 移動圖片

將圖片拖曳至標題圖塊左上方的空白欄位中，如圖 3-15 所示，按**確定**。

如果您需要再次開啟**草圖圖片** PropertyManager，請在圖片上快點滑鼠兩下。

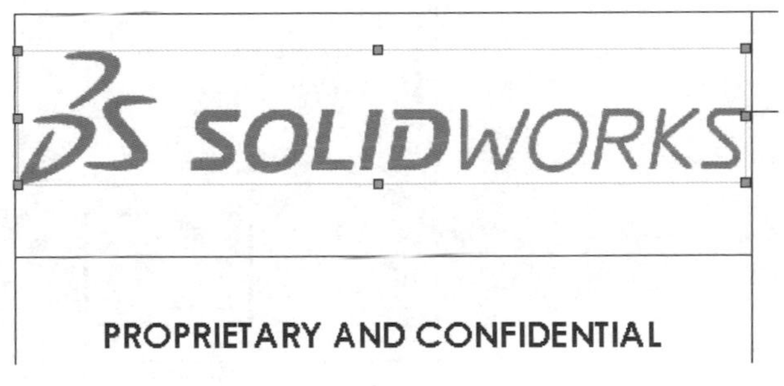

圖 3-15　移動圖片

3.1.5 自動加上邊框

使用**自動加上邊框**指令可以在編輯圖頁格式時定義邊框。自動加上邊框 PropertyManager 內含多個頁面，欲切換頁面可按**下一步**、**上一步**按鈕。

- **刪除列表**：第 1 頁是用來刪除不要的邊框圖元。傳統上，SOLIDWORKS 從 DXF、DWG 匯入的邊框或圖頁格式都是由簡單的草圖圖元及註解組成，當要使用自動加上邊框時，這些元素都必須刪除。
- **區域、邊界與格式設定**：第 2 頁包含區域大小、邊界、分隔線以及字型等。

- **邊界遮板**：第 3 頁除了內含的資訊可以顯示外，**邊界遮板**內的邊框線和標籤都會被隱藏，但不影響與標題圖塊重疊。

指令TIPS　自動加上邊框 

- CommandManager：**圖頁格式→自動加上邊框**。
- 快顯功能表：編輯圖頁格式時，按滑鼠右鍵，從快顯功能表中點選**自動加上邊框**。

STEP 18 自動加上邊框

按**自動加上邊框**，這裡沒有要刪除的圖元，按**下一步**。

STEP 19 調整區域大小

如圖 3-16 所示，在**區域大小**變更欄數為 4；**區域標示**中，勾選**使用文件字型**。按**下一步**。

圖 3-16　調整區域大小與字型

STEP 20 加入邊界遮板

按**加號** [+]，加入**邊界遮板**，調整大小並移動至如圖 3-17 所示的位置，按**確定**。

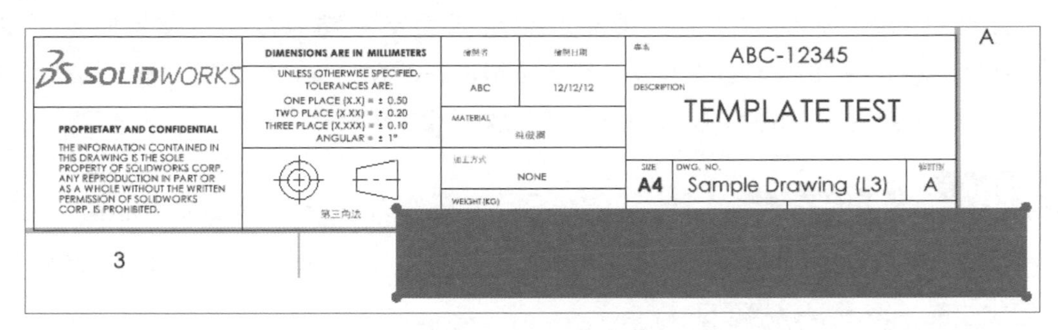

圖 3-17 加入邊界遮板

STEP 21 結果

邊框已自動更新，邊界遮板內含的資訊已被隱藏。

以下我們將使用邊界遮板加入工程圖檔位置的連結。

技巧

當工程圖中有加上自動邊框時，其屬性可以從**圖頁屬性**的**區域參數**標籤內修改。

STEP 22 註解

按**註解** A，在 PropertyManager 中，點選**靠右對正**。取消**使用文件字型**，並變更**字型大小**為 **6** 點。點選**無導線**，將註解放置於圖頁右下角，並輸入 **"檔案位置："**，如圖 3-18 所示。

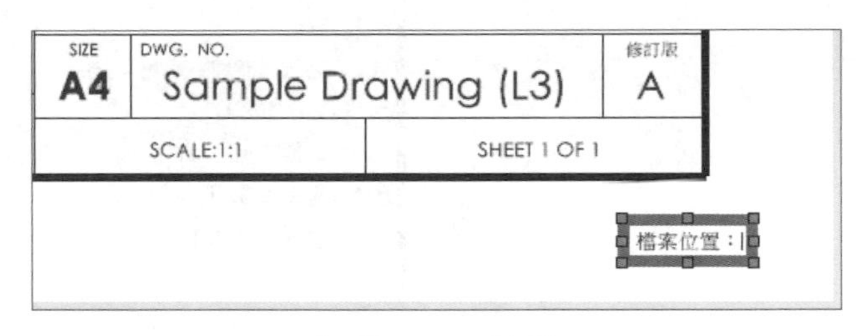

圖 3-18 註解

STEP 23 連結至屬性

在 PropertyManager 中按**連結至屬性**，點選**目前文件**，屬性名稱選擇「**SW- 資料夾名稱（Folder Name）**」，按**確定**，再按**確定**完成註解，結果如圖 3-19 所示。

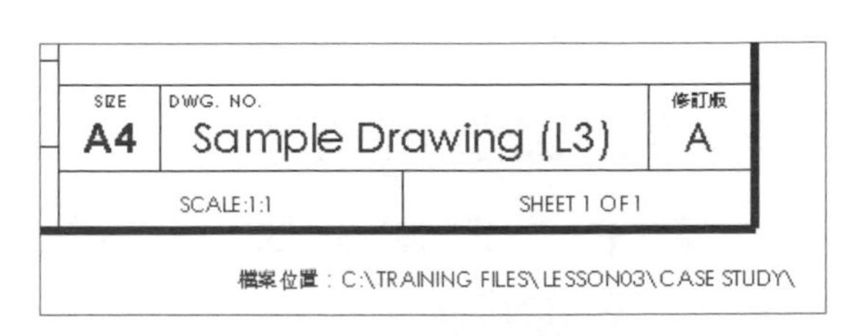

圖 3-19 連結至屬性

3.1.6 設定固定錨點

表格錨點是用來定義不同表格類型的固定位置，當您編輯圖頁格式時，在角點上按滑鼠右鍵，從快顯功能表中點選**設定成固定錨點**。在編輯圖頁時，可以從 FeatureManager（特徵管理員）錨點特徵上按滑鼠右鍵設定為表格錨點。所有錨點都列示在 FeatureManager（特徵管理員）中，以作為圖頁格式的特徵。

指令TIPS 設定固定錨點 

- 快顯功能表：編輯圖頁格式時，在角點上按滑鼠右鍵，從快顯功能表中點選**設定成固定錨點**，再選擇表格類型。
- FeatureManager（特徵管理員）：在錨點上按滑鼠右鍵，點選**設定成固定錨點**。

STEP 24 設定零件表錨點

在圖頁左上角頂點上按滑鼠右鍵，點選**設定成固定錨點→零件表**，如圖 3-20 所示。

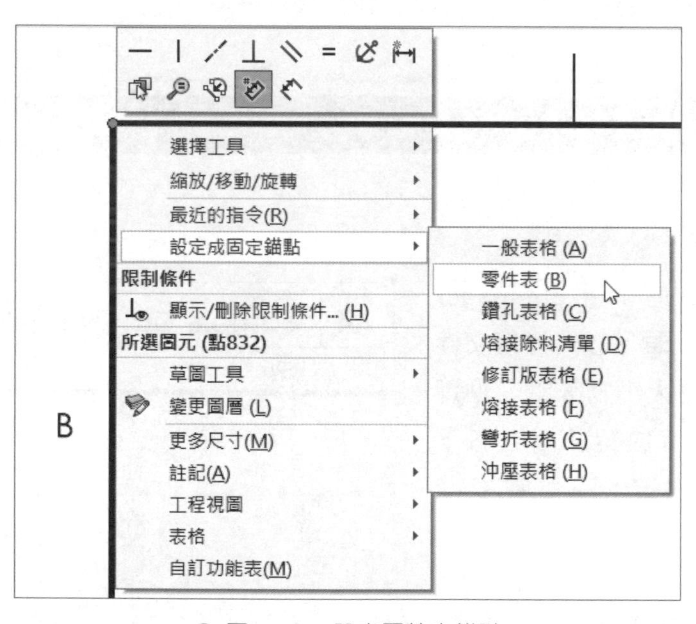

圖 3-20　設定零件表錨點

3.1.7 退出編輯圖頁格式

退出編輯圖頁格式回到圖頁的方法有幾個，像是從確認角落、CommandManager、**編輯**功能表和快顯功能表。

指令TIPS 退出編輯圖頁格式

- 確認角落：按**離開圖頁格式**。
- CommandManager：**圖頁格式→關閉編輯圖頁格式**。
- 功能表：**編輯→圖頁**。
- 快顯功能表：在圖頁上按滑鼠右鍵，點選**編輯圖頁**。

STEP 25 離開圖頁格式

離開圖頁格式模式。

STEP 26 進入表格錨點

展開 FeatureManager（特徵管理員）中的圖頁 1 及圖頁格式 1，如圖 3-21 所示。

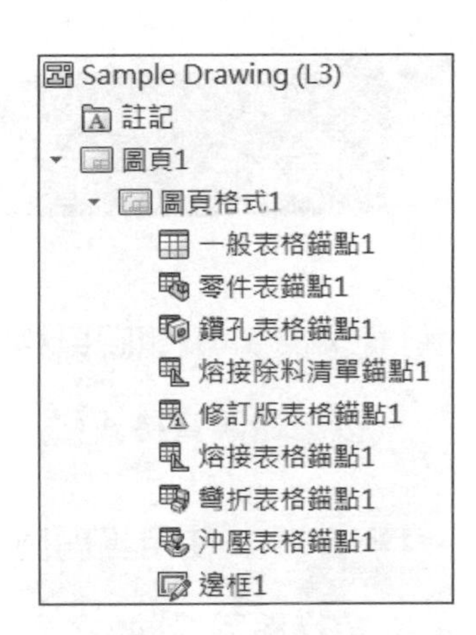

圖 3-21　進入表格錨點

STEP 27 選擇項：查看目前錨點位置

點選每個表格錨點查看其目前設定的位置，大部份表格的錨點都設定在圖頁邊框的左上角。以下將修改修訂版表格的錨點，使其貼附到標題圖塊。

STEP 28 設定修訂版表格錨點

在**修訂版表格錨點**上按滑鼠右鍵，點選**設定成固定錨點**，再選擇標題圖塊右上角點，如圖 3-22 所示。

提示 當您設定固定錨點時，系統會自動啟用**編輯圖頁格式**，錨點選好後即自動退出。

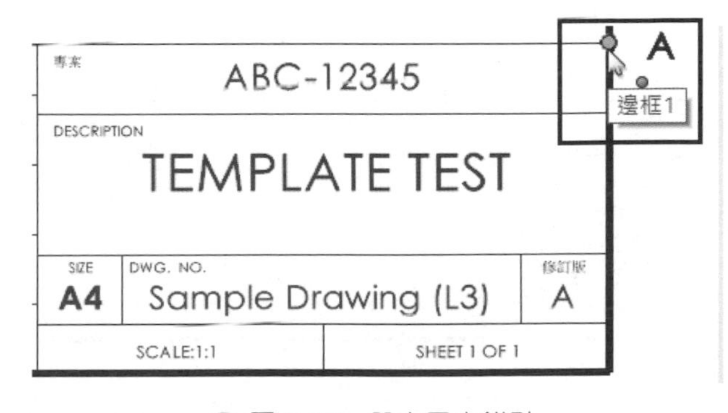

圖 3-22　設定固定錨點

3.1.8 標題圖塊欄位

標題圖塊欄位工具允許您在標題圖塊中定義註解，使用者可以輕鬆對其進行編輯。被選取的註解可以是靜態文字註解或已連結至屬性的註解。可以藉由直接在標題圖塊中輸入文字來修改選定的註解，而不用編輯圖頁格式或進入文件屬性。

只有在編輯圖頁格式模式下才能使用標題圖塊欄位工具。

指令TIPS　標題圖塊欄位

- CommandManager：**圖頁格式→標題圖塊欄位**。
- 快顯功能表：編輯圖頁格式時，在圖頁上按滑鼠右鍵，點選**標題圖塊欄位**。

技巧

選擇標題圖塊欄位註解的順序，決定著您按 Tab 鍵逐一查看欄位資訊的順序，在標題圖塊欄位 PropertyManager 的所選註解列表中，可以使用箭頭調整順序。

STEP 29 編輯圖頁格式

按**編輯圖頁格式**。

STEP 30 使用標題圖塊欄位工具

按**標題圖塊欄位**。

STEP 31 調整熱點邊框

在繪圖區出現的矩形是用來定義熱點的邊界，此區域應包圍著可編輯的標題圖塊欄位，這樣使用者才能在熱點區域內快按滑鼠兩下來編輯欄位。拖曳矩形的控制點以調整大小及位置，如圖 3-23 所示。

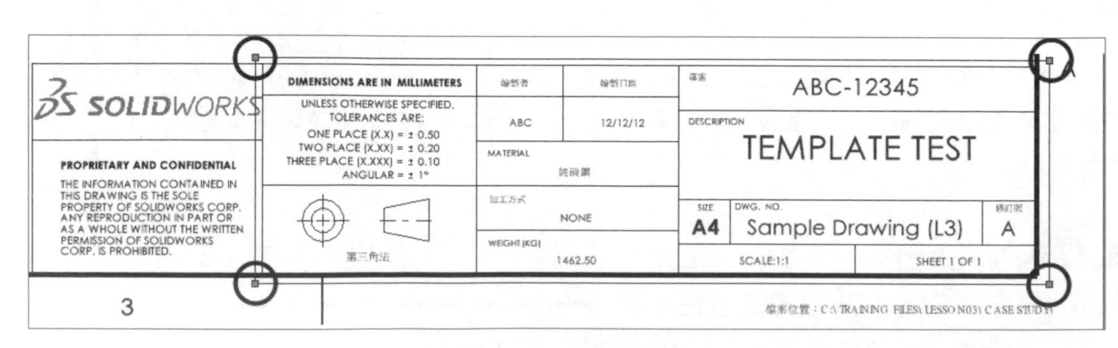

圖 3-23　調整熱點邊框

STEP 32 選擇連結至屬性的文字欄位

選擇連結至屬性的註解，順序如下：

- 專案
- Description
- 修訂版
- 繪製者
- 繪製日期
- 加工方式

STEP 33 選擇靜態的文字欄位

選擇單位和公差的靜態文字註解，順序如下：

- MILLIMETERS
- 0.50
- 0.20
- 0.10
- 1°
- (KG)

結果如圖 3-24 所示。

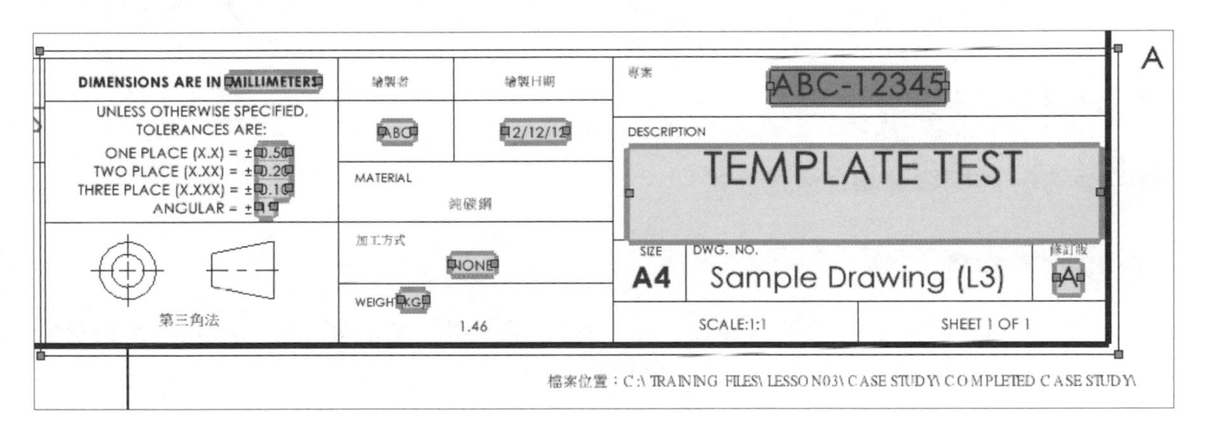

圖 3-24　選擇文字欄位

提示 文字欄位都是個別建立的才能以上述方式選擇，註解內的字元是無法被選取的。

STEP 34 選擇項：加入工具提示

必要時，也可以針對某個註解加入工具提示，連結至屬性的工具提示已內建為屬性名稱。如圖 3-25 所示，選擇 **MILLMETERS** 註解，再於**工具提示**內輸入 **"單位"**。

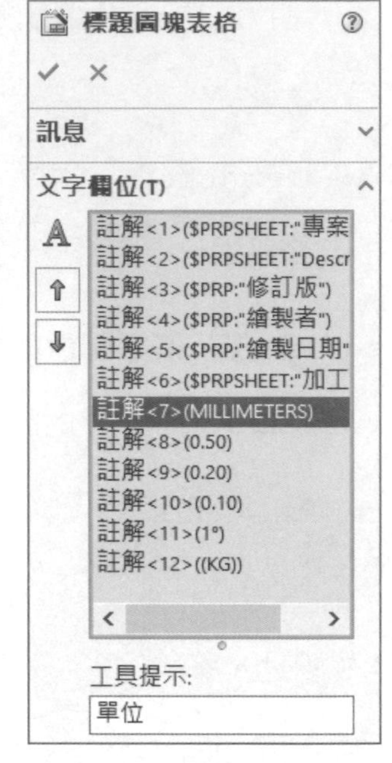

圖 3-25　加入工具提示

技巧

靜態註解並未連結至文件中，因此在單位欄位中變更文字，並不會影響文件的單位設定，此標題圖塊欄位的單位文字，只有變更為**文件屬性→單位**設定時才會變更。

STEP 35 按確定

STEP 36 離開編輯圖頁格式模式

STEP 37 結果

在 FeatureManager（特徵管理員）中，標題圖塊欄位變成圖頁格式中的一個特徵，當游標移動至標題圖塊時，即可以看到熱點邊框，如圖 3-26 所示。

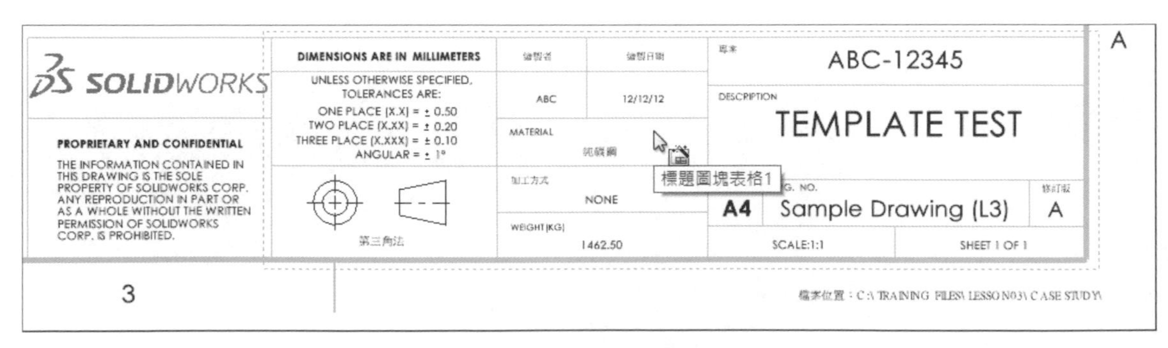

圖 3-26　可見的熱點邊框

練習 3-1 自訂圖頁格式

請依本章前面課程中的 STEP 1~STEP 37 相同的步驟指引，建立自訂的圖頁格式檔案（圖 3-27）。若有需要可以使用 Lesson03\Exercises 資料夾內所提供的 Sample Drawing(SF)，以及 Sample Part(SF) 檔案。

另一種選擇是建立適用於您公司所使用的圖頁格式，包括您每天會用到的標題圖塊欄位、註解、連結至屬性、商標檔案，以及可編輯的標題圖塊欄位。建立的圖頁格式並無數量限制，因此您可以設計具有不同元素的不同圖頁格式來滿足需求。本練習將使用以下技能：

- 完成標題圖塊草圖
- 完成標題圖塊註解
- 加入公司商標
- 定義邊框
- 設定錨點
- 退出編輯圖頁格式
- 標題圖塊欄位

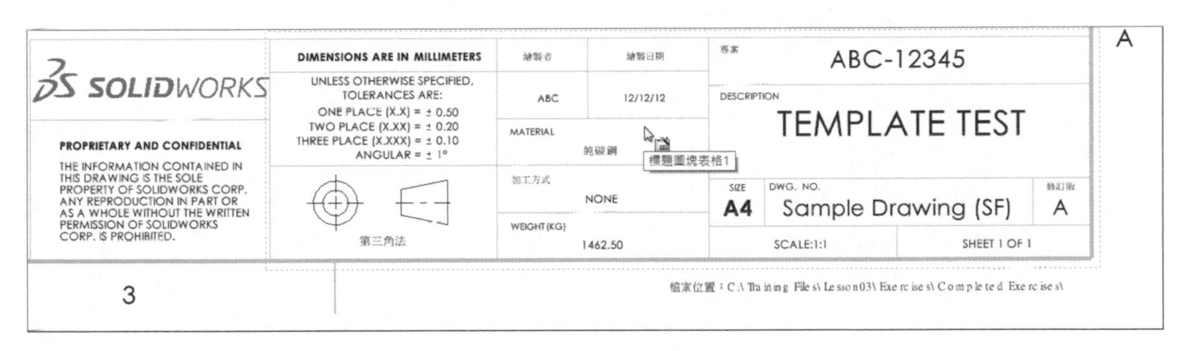

圖 3-27　圖頁格式

NOTE

04

儲存與測試 圖頁格式檔案

順利完成本章課程後，您將學會：

- 了解圖頁格式習性
- 儲存圖頁格式檔案
- 重新載入圖頁格式檔案
- 在選項中定義新圖頁格式檔案位置

4.1 了解圖頁格式屬性

在完成圖頁格式後，接著將儲存並測試圖頁格式。在儲存前記得先查看工程圖的自訂屬性，必要時得修正。

在儲存圖頁格式前，工程圖內的現有自訂屬性應與圖頁格式檔案相關聯，包括現存的屬性值。無論圖頁格式應用到哪一張工程圖頁，儲存在圖頁格式內的自訂屬性皆為工程圖內儲存的屬性。這可以確保即使格式變更了，工程圖檔案內的現有屬性仍是有效值。

在此例中，每次使用 A4- 橫向格式時，都應確認工程圖中具有**修訂版**、**繪製者**、**繪製日期**屬性。但這裡只保留修訂版內的預設值 **"A"**，繪製者與繪製日期內的屬性值將被刪除為空白。

> **提示** 圖頁格式屬性值並不會覆蓋掉工程圖現有的屬性值，只有在工程圖檔案內的現有屬性為空白時，圖頁格式內的屬性值才有作用。

STEP 1 開啟 Sample Drawing 工程圖

繼續上一章所建立的 Sample Drawing 工程圖檔，或從 Lesson04\Case Study 資料夾中開啟工程圖檔：Sample Drawing(L4)，如圖 4-1 所示。

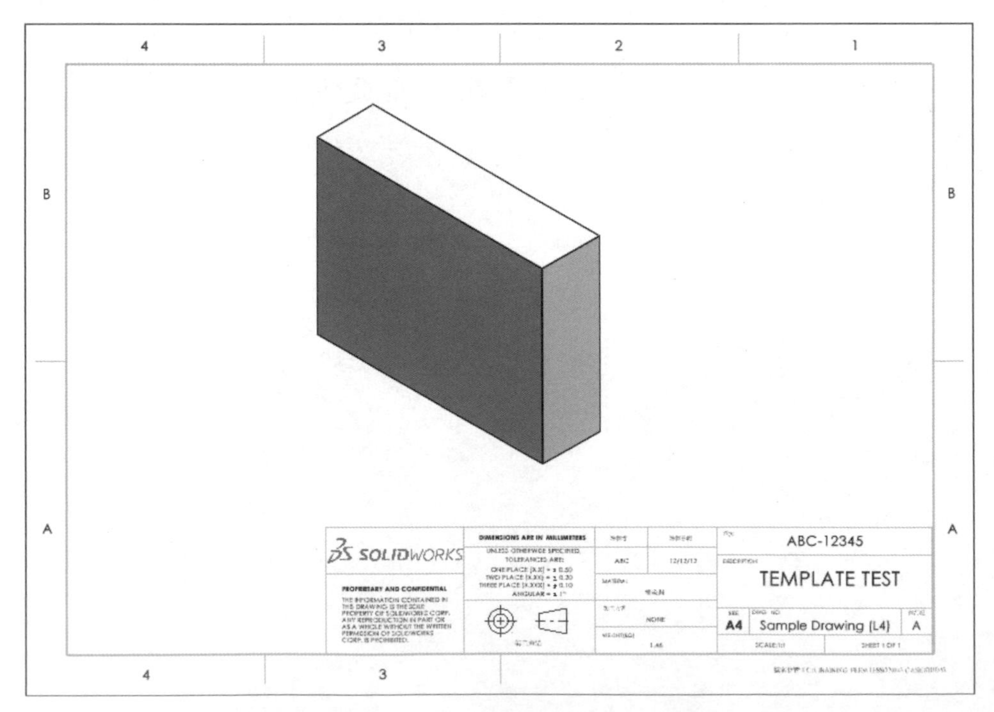

圖 4-1 Sample Drawing (L4) 工程圖

STEP 2　修改工程圖屬性

按**檔案**→**屬性** ，刪除**繪製者**及**繪製日期**的值，如圖 4-2 所示。

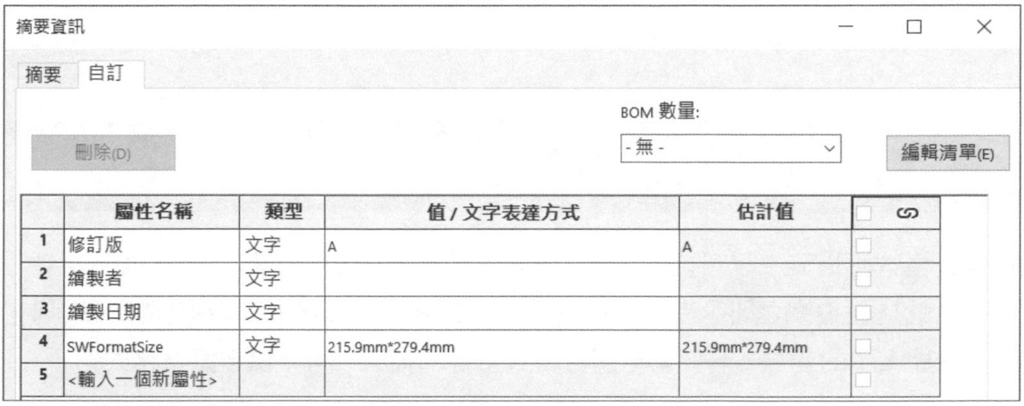

摘要資訊

摘要　自訂

刪除(D)　　BOM 數量: - 無 -　　編輯清單(E)

	屬性名稱	類型	值 / 文字表達方式	估計值	
1	修訂版	文字	A	A	
2	繪製者	文字			
3	繪製日期	文字			
4	SWFormatSize	文字	215.9mm*279.4mm	215.9mm*279.4mm	
5	<輸入一個新屬性>				

圖 4-2　檔案屬性

4.1.1　SWFormatSize

自訂屬性內的 **SWFormatSize** 是與圖頁格式相關聯的預設屬性，系統會根據儲存圖頁格式時的圖頁大小，自動調整 SWFormatSize 屬性的值。它提供了工程圖圖頁大小的驗證，並且在第一次將圖頁格式用於工程圖圖頁時自動產生，此屬性僅供參考，修改的屬性值並不會影響圖頁大小。如果變更了圖頁格式，該屬性值也不會自動更新。

在工程圖中看到的 SWFormatSize 屬性值，是第一次使用 A(ANSI) 橫向格式時出現的值。

STEP 3　刪除 SWFormatSize 屬性

選擇 **SWFormatSize** 屬性列的表頭，按**刪除**，如圖 4-3 所示。

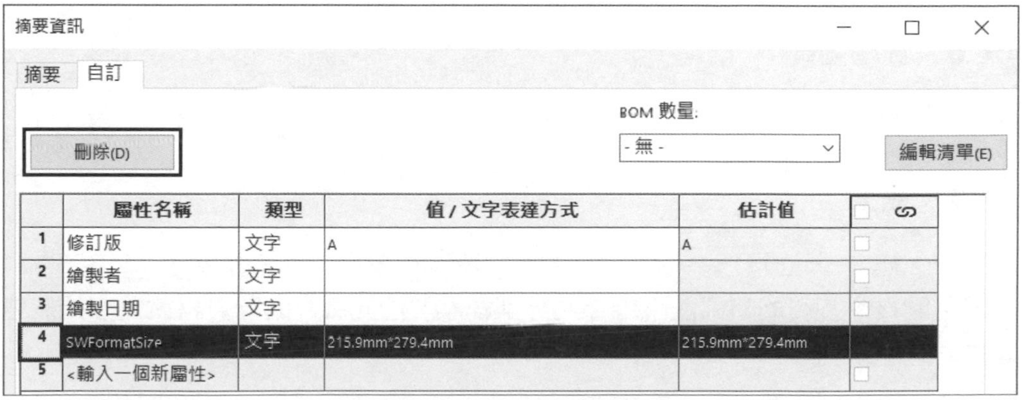

摘要資訊

摘要　自訂

刪除(D)　　BOM 數量: - 無 -　　編輯清單(E)

	屬性名稱	類型	值 / 文字表達方式	估計值	
1	修訂版	文字	A	A	
2	繪製者	文字			
3	繪製日期	文字			
4	SWFormatSize	文字	215.9mm*279.4mm	215.9mm*279.4mm	
5	<輸入一個新屬性>				

圖 4-3　刪除 SWFormatSize 屬性

STEP 4 完成摘要資訊對話方塊

按**確定**。

STEP 5 儲存 Sample Drawing (L4)

4.2 了解圖頁格式的習性

當圖頁格式應用到工程圖頁時，格式內的資訊會被複製到工程圖內，既不是參考也不是嵌入。也就是在檔案之間並沒有直接連結，因此變更圖頁格式並**儲存**檔案，則只會儲存目前工程圖檔案中的變更。若要儲存圖頁格式至外部檔案，可用**儲存圖頁格式**指令。

在本例中並沒有要儲存圖頁格式至外部檔案，所有變更只儲存在 Sample Drawing 文件內。若是在新圖頁上或新工程圖檔中使用"SW A4-橫向_incomplete"格式，則前面所做的變更不會包含在圖頁格式檔案內。

> **提示** 圖頁屬性儲存了工程圖頁中所使用的圖頁格式檔案路徑，因此相同的圖頁格式可以套用到新圖頁或從外部檔案載入。

為什麼圖頁格式檔案習性如此？

圖頁格式資訊是被複製至工程圖文件中，所以查看工程圖時不需要圖頁格式檔案。例如，當您向同事發送 SOLIDWORKS 工程圖時，必須包括模型，而該模型即為工程圖所參考的檔案，但此時就不用包括已複製到工程圖的圖頁格式檔案。

除此之外，因為複製了圖頁格式，因此在工程圖內修改圖頁格式時，並不會影響到其他使用相同圖頁格式的工程圖檔。

STEP 6 新增圖頁

按**新增圖頁**。

STEP 7 結果

必要時，從 Lesson03\Case Study 選擇"SW A4-橫向_incomplete.slddrt"圖頁格式檔案。因為圖頁 1 變更的格式並未儲存為外部檔案，因此載入的圖頁格式為原始狀態，如圖 4-4 所示。

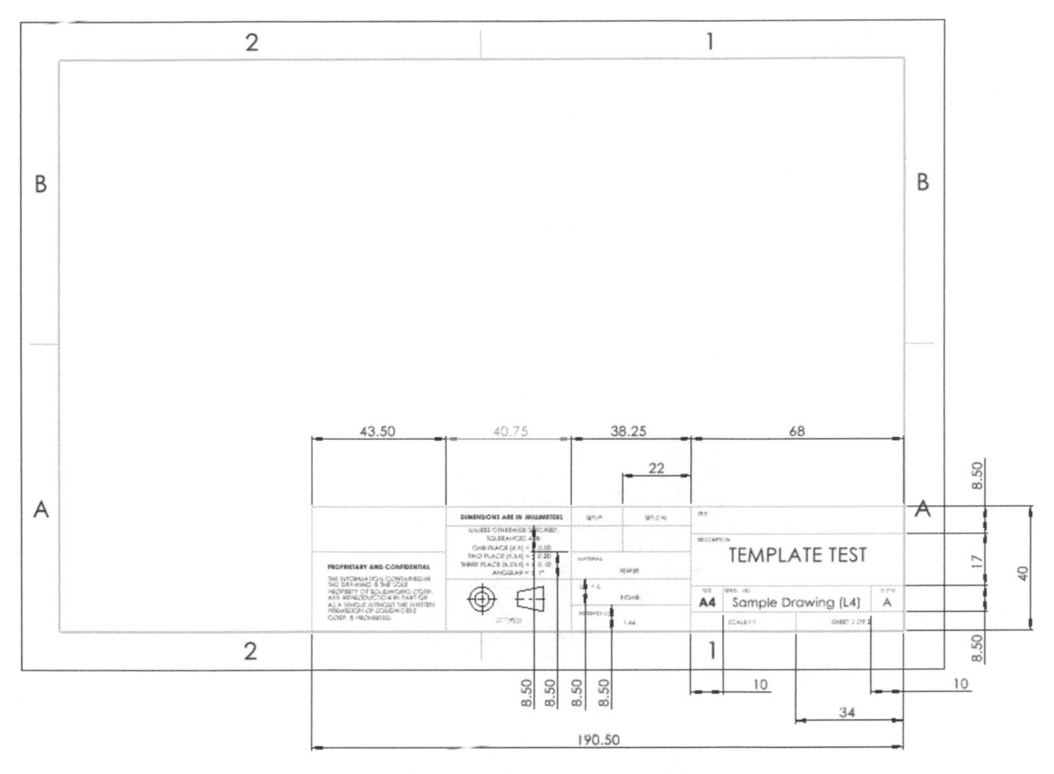

圖 4-4　原始圖頁格式檔案

技巧

SOLIDWORKS 在預設情況下，後續的圖頁都使用和圖頁 1 相同的圖頁格式，這可以從**選項**→**文件屬性**→**工程圖頁**中設定。

4.3 儲存圖頁格式

要儲存圖頁格式可以從**檔案**功能表中執行（圖 4-5），它可以將工程圖頁現有的圖頁格式儲存成一個外部圖頁格式檔案。

指令TIPS　儲存圖頁格式

- 功能表：**檔案→儲存圖頁格式**。

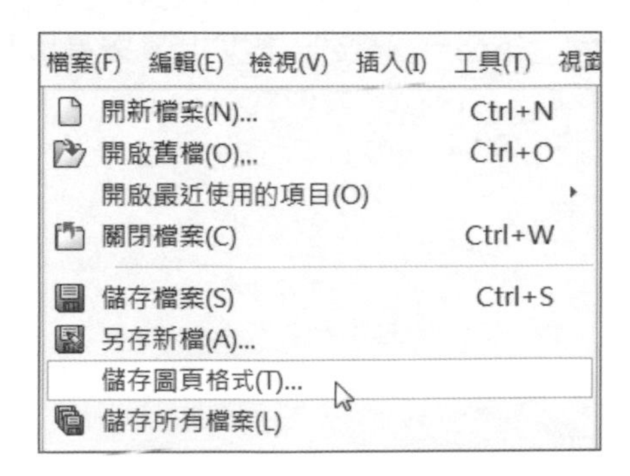

圖 4-5　儲存圖頁格式

在本例中，首先將變更儲存至“SW A4-橫向_incomplete”圖頁格式檔案中，然後，再用已儲存自訂圖頁格式檔案的資料夾中，建立一個新格式檔案。

STEP 8 啟用圖頁 1（圖 4-6）

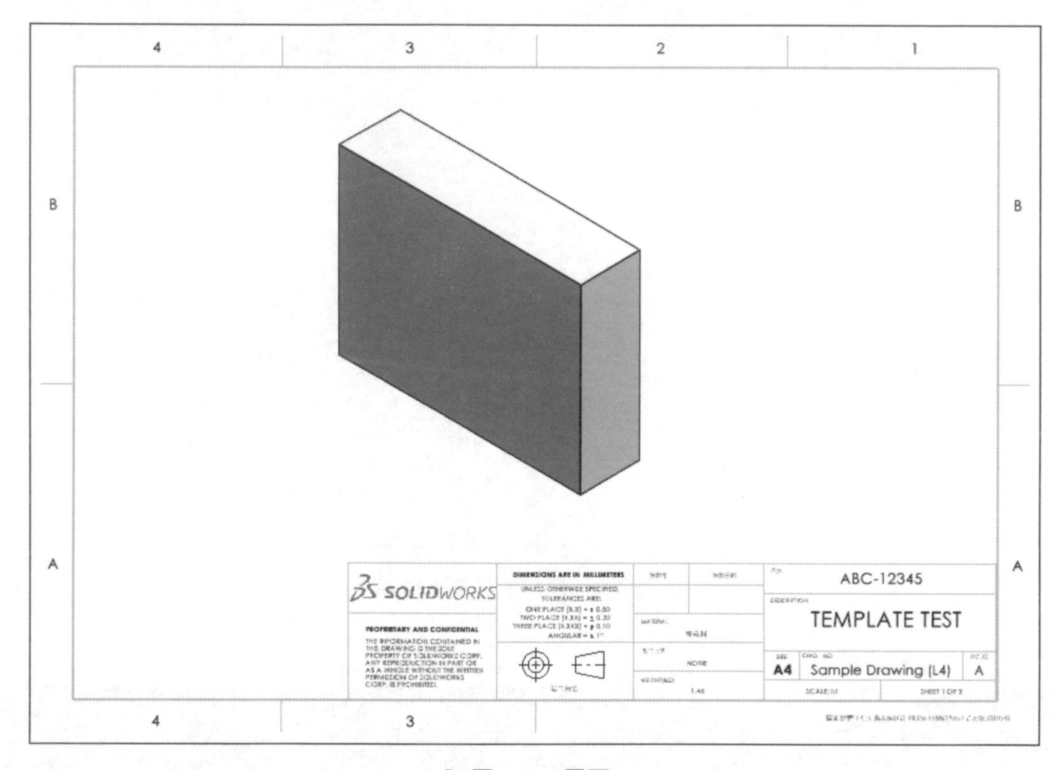

圖 4-6 圖頁 1

STEP 9 儲存圖頁格式

按**檔案→儲存圖頁格式**，如圖 4-7 所示。儲存變更至 Lesson03\Case Study 資料夾中的“SW A4-橫向_incomplete”檔案中，按**是**取代檔案。

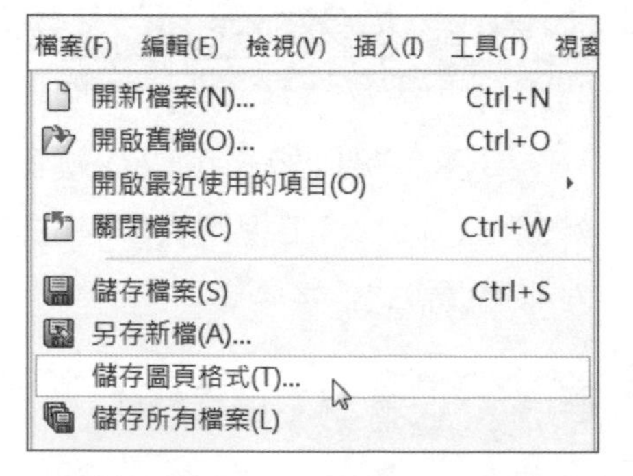

圖 4-7 儲存圖頁格式

STEP 10 啟用圖頁 2（圖 4-8）

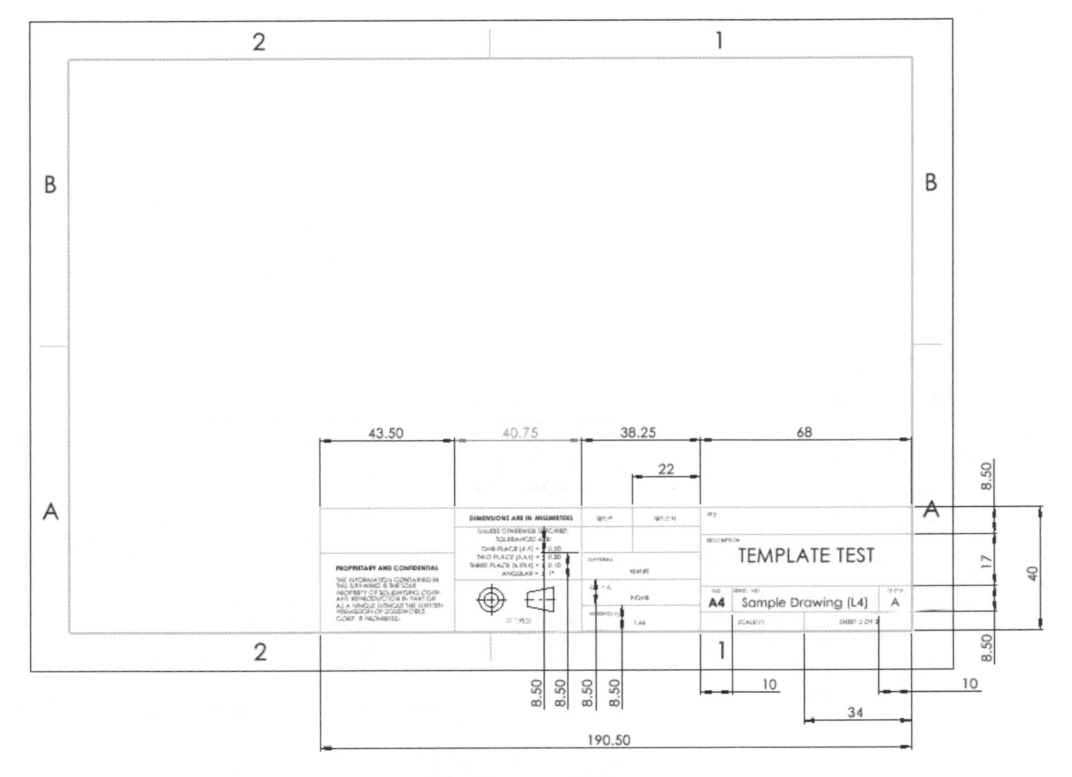

圖 4-8　圖頁 2

4.3.1 重新載入圖頁

圖頁 2 目前仍然是舊的圖頁格式檔案，因為工程圖內的圖頁格式是用複製的，因此需要重新載入圖頁格式檔案，才能看到新的變更。變更圖頁格式檔案可以從**圖頁屬性**對話方塊中重新載入。

STEP 11 進入圖頁屬性

在圖頁 2 上按滑鼠右鍵，點選**屬性**。

STEP 12 重新載入此圖頁格式

按**重新載入**，如圖 4-9 所示，再按**套用變更**。

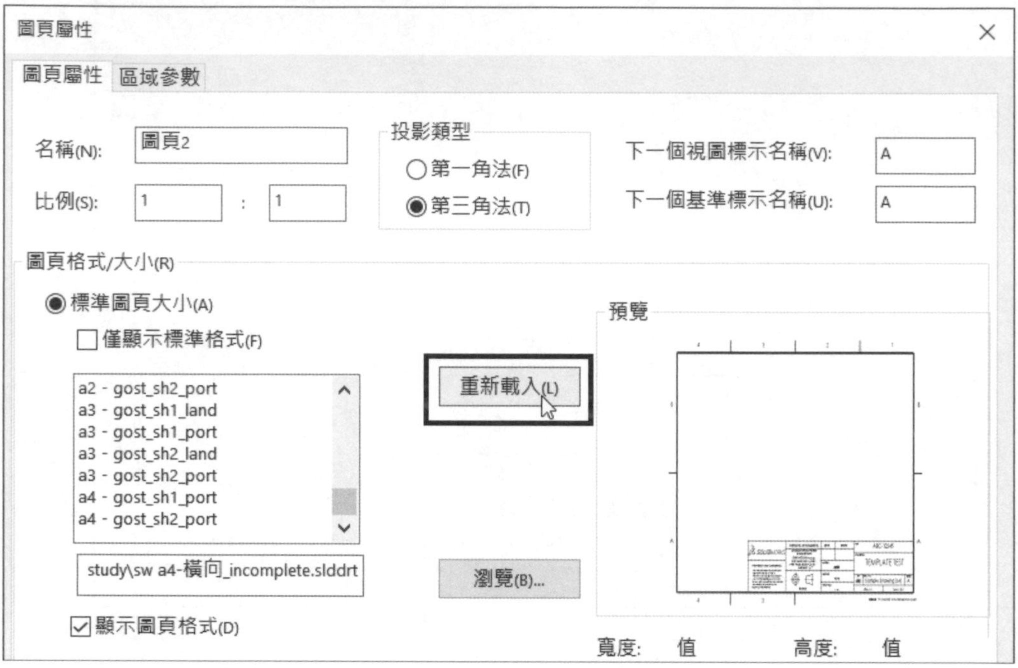

圖 4-9 重新載入圖頁格式

STEP 13 結果

圖頁格式已經更新。

儲存一個新圖頁格式檔案

現在圖頁格式已經完成，我們將以更合適的名稱，將新圖頁格式儲存到用來儲存自訂圖頁格式的資料夾中。

STEP 14 儲存圖頁格式

按**檔案→圖頁格式**，儲存至 Training Files\Custom Templates\Custom Sheet Formats 資料夾中，儲存檔名為"SW A4-橫向.slddrt"。

STEP 15 共用、儲存並關閉 Sample Drawing(L4) 檔案

4.3.2 定義圖頁格式資料夾

如同文件範本一般，為了在系統對話方塊中能夠使用自訂圖頁格式，檔案位置所在的資料夾必須定義在**選項**⚙中。接著我們將 Training Files\Custom Templates\Custom Sheet Formats 資料夾加入至選項下的圖頁格式預設資料夾中。

STEP 16 定義新圖頁格式資料夾

按**選項**⚙→**系統選項**→**檔案位置**，**顯示資料夾**選擇**圖頁格式**，按**新增**。瀏覽至 Training Files\Custom Templates\Custom Sheet Formats，按**選擇資料夾**。

STEP 17 指定新資料夾為預設

如圖 4-10 所示，按**上移**，將新增的資料夾移動至最上面。按**確定**，再按**是**。

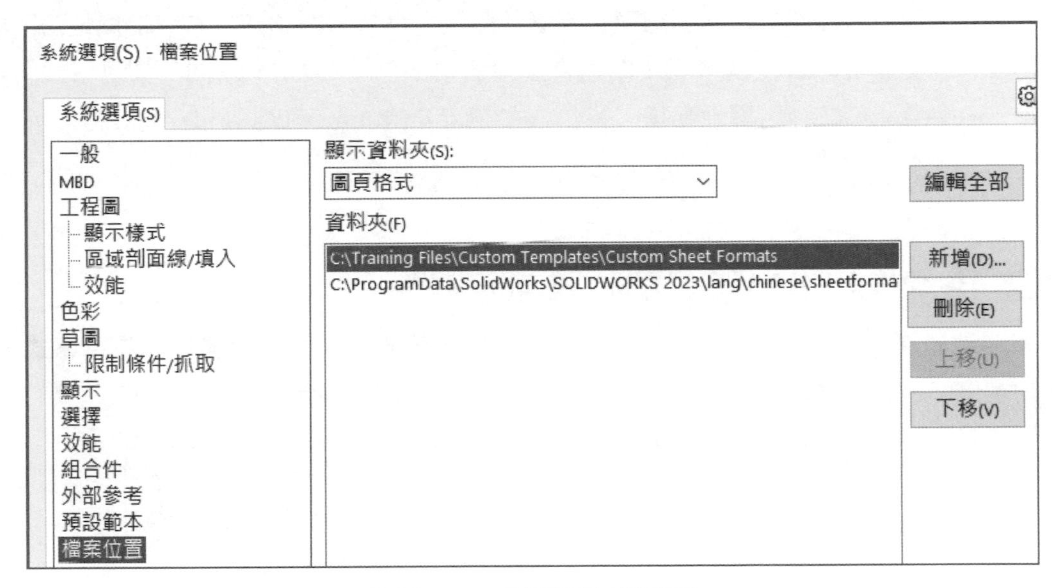

圖 4-10　新圖頁格式資料夾

4.4 測試圖頁格式

為了測試圖頁格式，開啟新工程圖檔並載入測試，查看下列項目是否正確：

- 當圖頁格式套用時，自訂屬性與值是否正確？
- 當模型視角加入至圖頁中，模型屬性連結是否正確？
- 當新增圖頁時，圖頁格式的使用是否正確？
- 填入的註解是否正確？
- 若標題圖塊欄位已被定義，是否可以編輯，以及加入到屬性的值是否正確？

注意 若屬性連結的模型屬性名稱在參考模型中並不存在，輸入到標題圖塊欄位的資料將被建立在**模型組態指定**屬性標籤內。若只希望建立在**自訂屬性**中，則要確定輸入至模型範本的適當屬性名稱中。“SW A4-橫向”圖頁格式所參考連結的自訂屬性名稱，皆包含在 Standard Part 和 Standard Assembly 範本檔內。

STEP 18 使用 SW A4-橫向圖頁格式建立新工程圖

按**開啟新檔**，範本選擇 Standard Drawing，按**確定**。不勾選**僅顯示標準格式**，向下捲動選擇“SW A4-橫向”圖頁格式，如圖 4-11 所示，按**確定**。

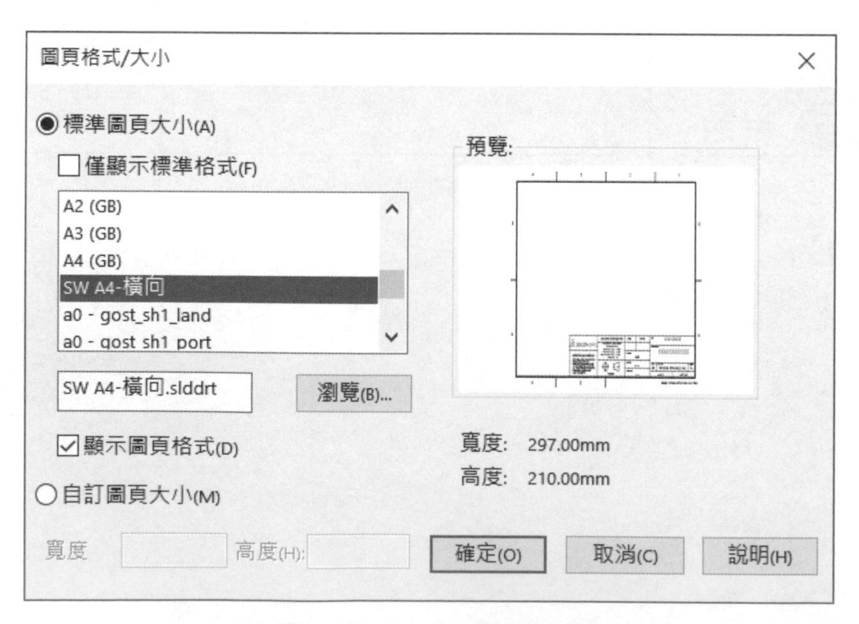

圖 4-11　SW A4-橫向圖頁格式

STEP 19 加入模型視角

將零件 Lesson04\Case Study\Sample Part (L4) 視圖加入至圖頁中，視角不拘，查看出現在標題圖塊的零件屬性。

STEP 20 儲存工程圖

儲存工程圖至 Lesson04\Case Study 資料夾，檔名 Sheet Format Test，按**重新計算** 。查看在圖頁右下角邊界的資料夾名稱。

STEP 21 新增圖頁 2

按**新增圖頁**，確定使用原來的圖頁格式。

STEP 22 輸入標題圖塊欄位資料

在標題圖塊熱點區域快按滑鼠兩下，輸入如圖 4-12 的文字至藍色強調顯示欄位中。值並不重要，但可以使用較長的文字來測試 Description 屬性欄的換行功能。按**確定**。

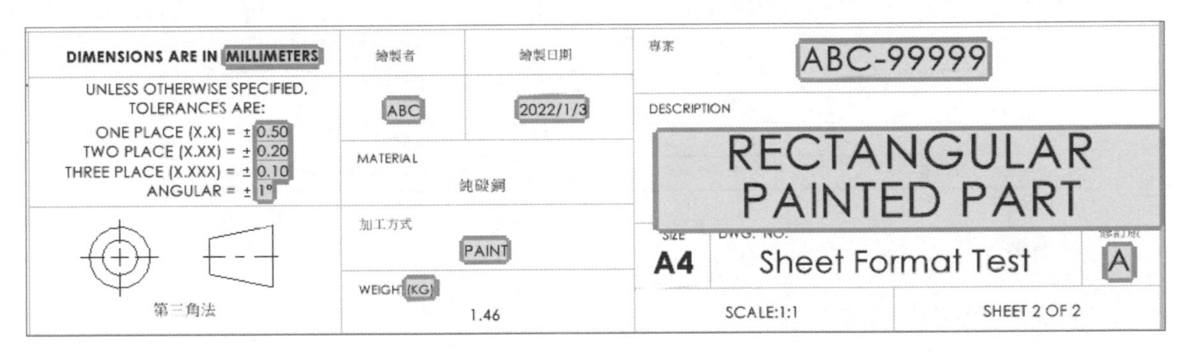

圖 4-12　標題圖塊欄位資料

STEP 23 檢查工程圖和模型的屬性

在工程圖和零件中使用**檔案→屬性**，以驗證是否從標題圖塊欄位中正確地填入了值，如圖 4-13 所示。

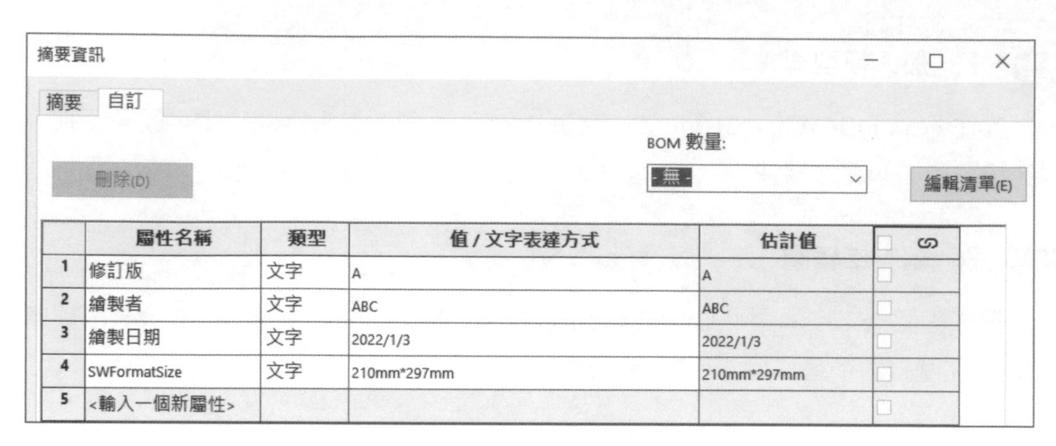

圖 4-13A　工程圖屬性

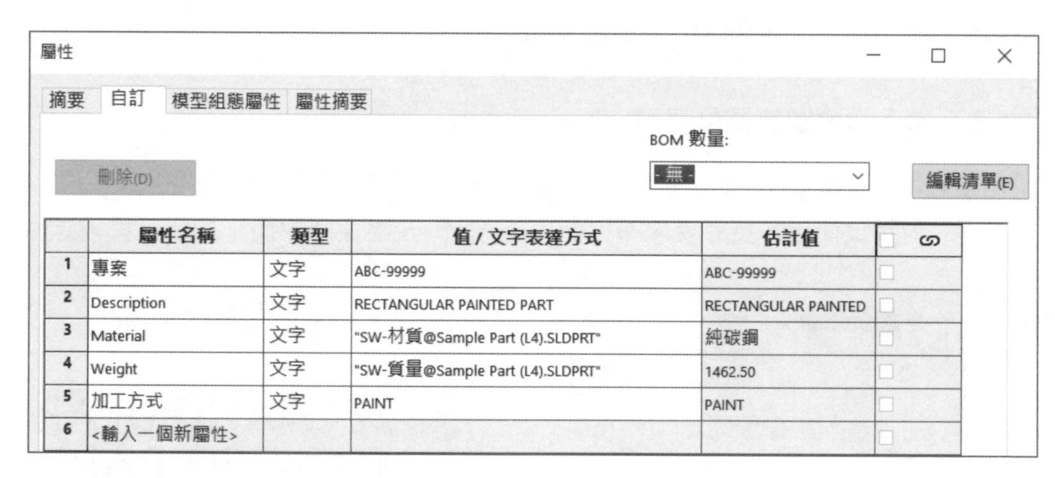

圖 4-13B　零件屬性

STEP 24 關閉所有檔案

4.5 測試圖頁格式屬性

為了更了解關聯到圖頁格式的自訂屬性習性，這裡將建立一個工程圖並做進一步測試。

在 Training Templates 資料夾內的工程圖範本並沒有任何自訂屬性，所以在此將測試當圖頁格式載入時，文件的自訂屬性是如何變更的。

STEP 1 建立新工程圖

按**開啟新檔**，在**新 SOLIDWORKS 文件**對話方塊中選擇**工程圖**範本，如圖 4-14 所示。

按**確定**。

圖 4-14　選擇工程圖範本

STEP 2　取消圖頁格式 / 大小對話方塊

按**取消**。在套用圖頁格式之前，我們將先檢查工程圖檔的自訂屬性。

STEP 3　按 × 取消模型視角指令

STEP 4　檢查屬性

按**檔案→屬性**，如圖 4-15 所示，工程圖內並沒有自訂屬性。以下將套用自訂圖頁格式檔案至此檔案中，按**確定**。

圖 4-15　檢查自訂屬性

STEP 5　進入圖頁屬性

在圖頁 1 按滑鼠右鍵，點選**屬性**。

STEP 6　加入圖頁格式檔案

點選**標準圖頁大小**，並選擇"SW A4-橫向"，如圖 4-16 所示，按**套用變更**。

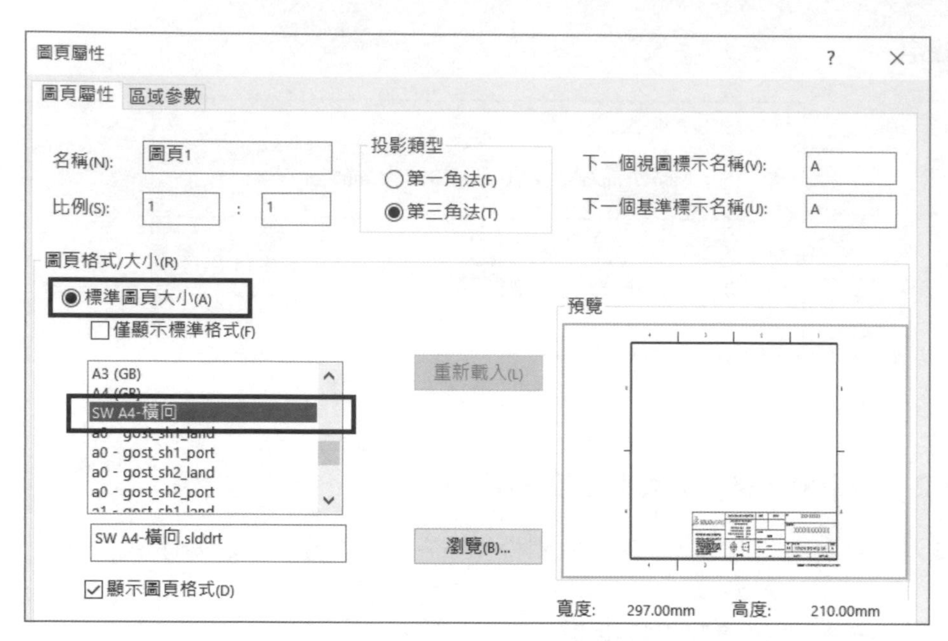

圖 4-16　加入圖頁格式

STEP 7　檢查屬性

按**檔案→屬性**，如圖 4-17 所示，儲存在圖頁格式中的自訂屬性資料已套用至文件中。按**確定**。

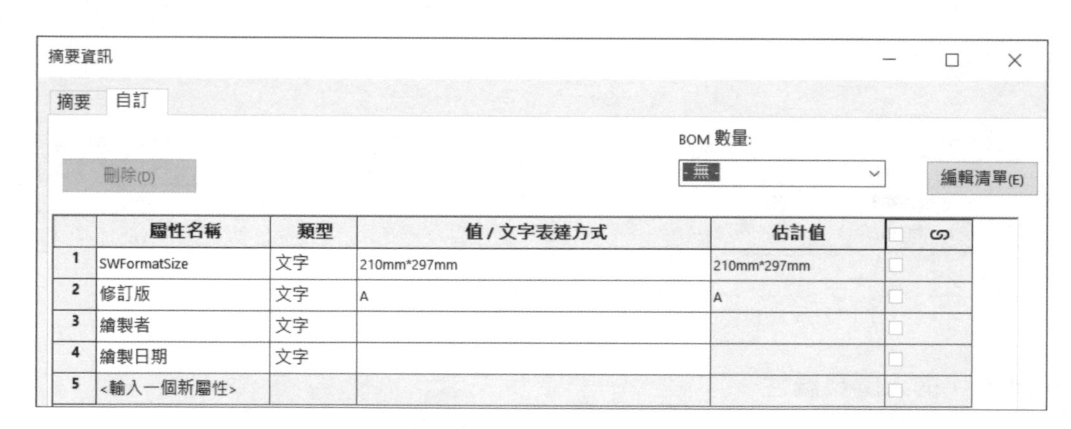

	屬性名稱	類型	值 / 文字表達方式	估計值
1	SWFormatSize	文字	210mm*297mm	210mm*297mm
2	修訂版	文字	A	A
3	繪製者	文字		
4	繪製日期	文字		
5	<輸入一個新屬性>			

圖 4-17　檢查檔案自訂屬性

4.5.1　測試預設值

像修訂版“A”的預設屬性值可以被儲存在圖頁格式檔案中，但不會覆蓋掉已存在的預設值。在這裡我們建立一個新工程圖，並加入修訂版“C”的屬性值，然後測試套用圖頁格式後自訂屬性的變化。

STEP 1　**建立新工程圖**

按**開啟新檔**，選擇工程圖範本。

STEP 2　**取消圖頁格式 / 大小對話方塊**

按**取消**，在套用圖頁格式前，工程圖需先加入**修訂版**的屬性值。

STEP 3　**按 × 取消模型視角指令**

STEP 4　**進入自訂屬性**

按**檔案→屬性**。

STEP 5　**加入修訂版屬性**

在**自訂**標籤中加入**屬性名稱 "修訂版"**，輸入**值 "C"**，如圖 4-18 所示。按**確定**。

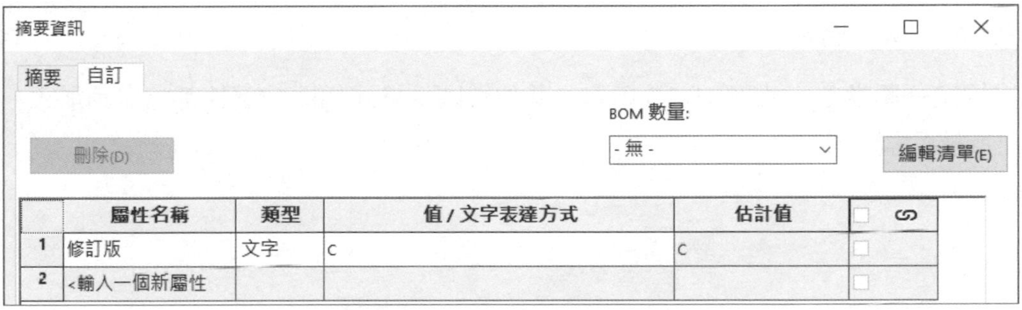

摘要資訊

摘要　自訂

刪除(D)　　BOM 數量: - 無 -　　編輯清單(E)

	屬性名稱	類型	值 / 文字表達方式	估計值	
1	修訂版	文字	C	C	
2	<輸入一個新屬性				

圖 4-18　加入屬性修訂版

STEP 6　**進入圖頁屬性**

在圖頁 1 上按滑鼠右鍵，點選**屬性**。

STEP 7　**加入圖頁格式檔案**

點選**標準圖頁大小**，並選擇 "SW A4-橫向"，如圖 4-19 所示，按**套用變更**。

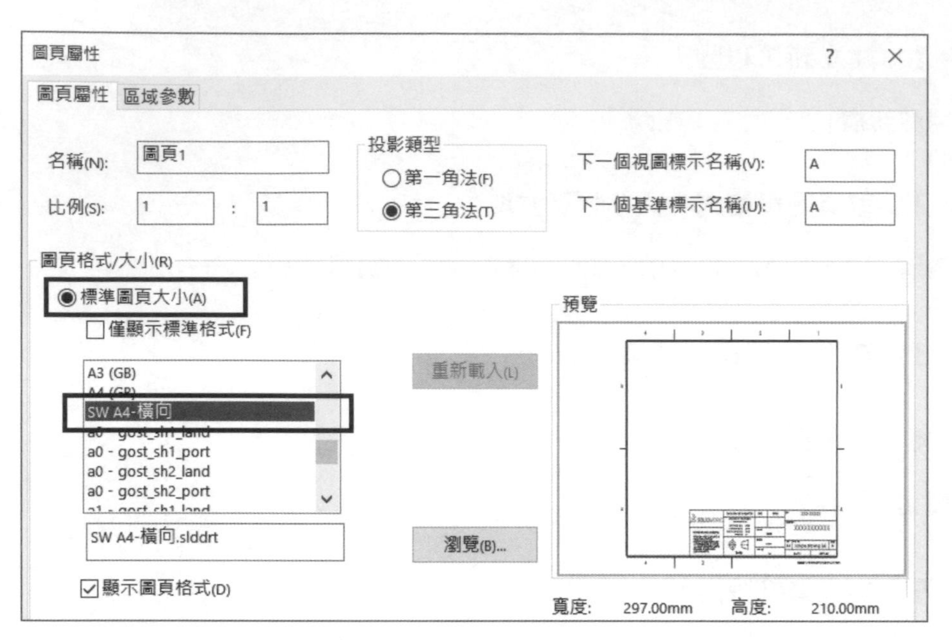

圖 4-19　加入圖頁格式檔案

STEP 8　檢查屬性

按**檔案→屬性**，如圖 4-20 所示。其他與圖頁格式相關的屬性都已自動加入，但原始修訂版屬性值不變。

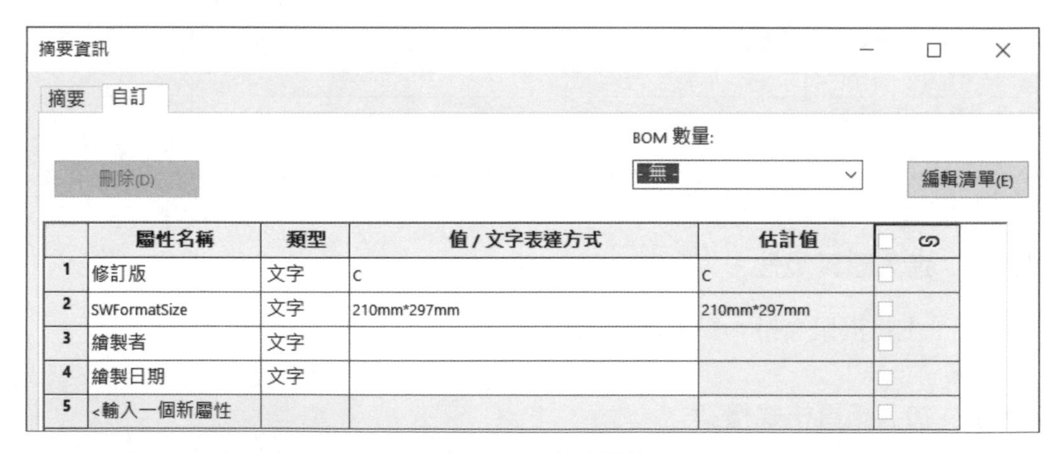

圖 4-20　檢查屬性

STEP 9　關閉所有檔案

練習 4-1 儲存並測試圖頁格式

請依本章前面課程中的 STEP 1~STEP 24 相同的步驟指引，儲存及測試先前練習所建立的圖頁格式檔案（圖 4-21），您可以建立屬於您自己的自訂圖頁格式檔案。

若有需要可以使用 Lesson04\Exercises 資料夾內所提供的 Sample Drawing(SAVE)，以及 Sample Part(SAVE) 檔案。本練習將使用以下技能：

- 了解圖頁格式屬性
- 儲存圖頁格式
- 測試圖頁格式

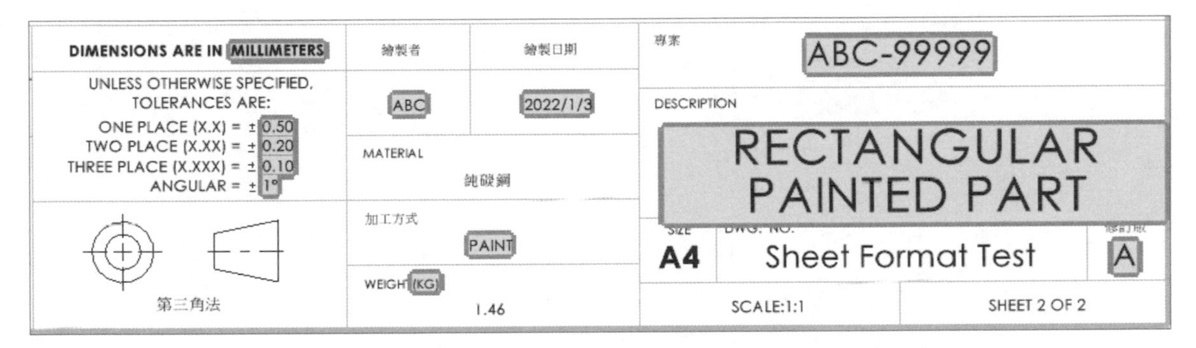

圖 4-21　標題圖塊欄位資料

NOTE

05

建立其他圖頁格式與範本

順利完成本章課程後，您將學會：

- 使用現有的圖頁格式文件建立新的圖頁格式大小
- 建立包括圖頁格式的工程圖範本
- 使用屬性標籤產生器
- 了解自訂屬性檔案

5.1 建立其他圖頁格式

當圖頁格式檔案完成後，要重複使用並改成其他大小是很容易的。以下為操作步驟：

- 開新工程圖檔案並使用現有圖頁格式檔案。
- 修改**圖頁屬性**並定義**自訂圖頁大小**。
- 編輯圖頁格式：
  - 必要時，請編輯自動加上邊框以進行更新。
  - 必要時，使用**移動圖元**指令移動標題圖塊草圖。
  - 必要時，請編輯標題圖塊欄位熱點，移動至正確位置。
- 將表格錨點設定至適當頂點。
- 使用新檔名儲存圖頁格式。

接著我們將使用“SW A4-橫向”圖頁格式檔案，修改成 A3 大小的新圖頁格式。

STEP 1 建立新工程圖

按**開新檔案**，從 **Custom Templates** 標籤中選擇 Standard Drawing 範本，按**確定**。

選擇“SW A4-橫向”圖頁格式，按**確定**。

STEP 2 按 × 取消模型視角指令

STEP 3 進入圖頁屬性

在圖頁 1 按滑鼠右鍵，點選**屬性**。

STEP 4 定義自訂圖頁大小

點選**自訂圖頁大小**，輸入寬度 420mm，高度 297mm，如圖 5-1 所示。按**套用變更**。

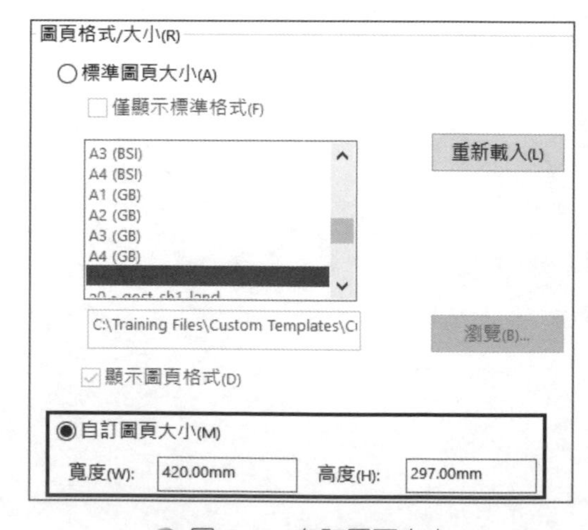

圖 5-1 自訂圖頁大小

STEP 5 強制重新計算工程圖

按 **Ctrl+Q，強制重新計算** 工程圖。

STEP 6 結果

圖頁大小已調整，邊框也更新，如圖 5-2 所示，但是必須編修圖頁格式圖元，以符合新格式檔案。

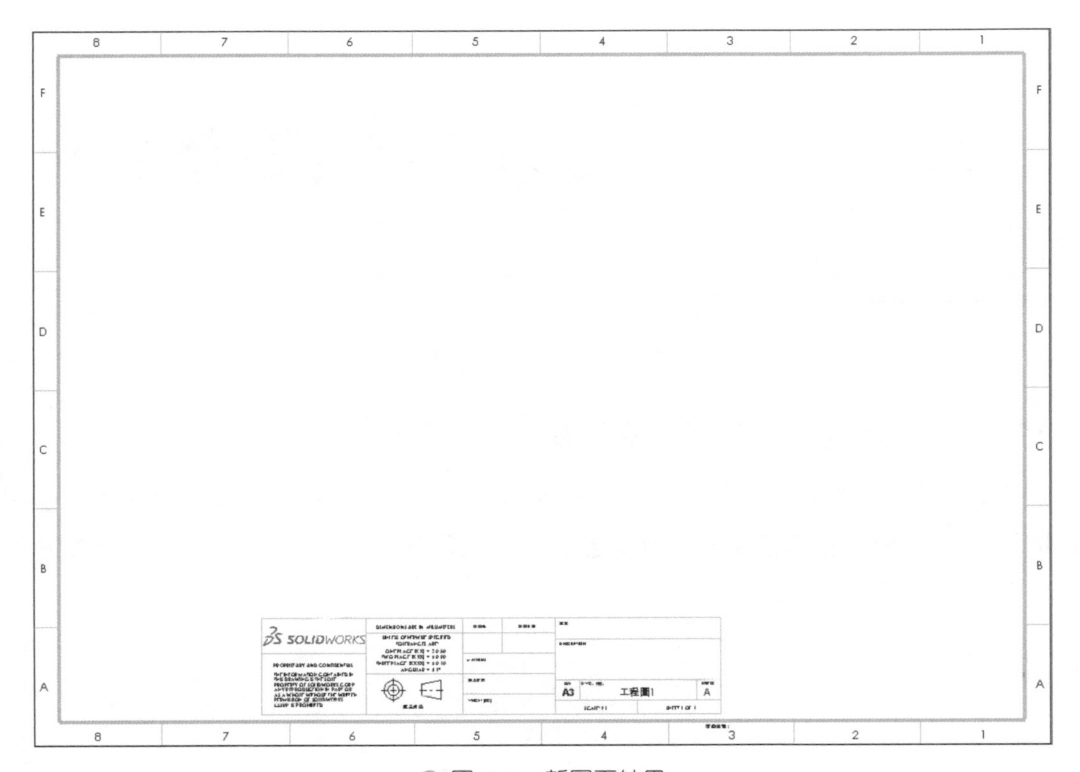

圖 5-2 新圖頁結果

STEP 7 編輯圖頁格式

按**編輯圖頁格式**。

STEP 8 編輯邊框

按**自動加上邊框**，如圖 5-3 所示。修改**區域大小**為 4 列；**邊界**皆為 15mm。並加入**邊界遮板**，按**確定**。

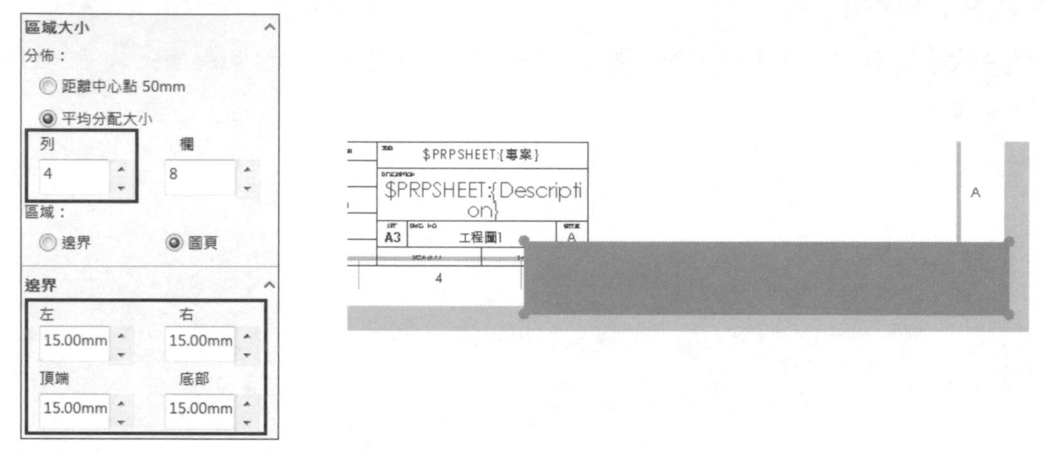

圖 5-3　自動加上邊框

STEP 9 移動標題圖塊草圖圖元與註解

選擇標題圖塊的右下角點，**刪除** **固定**的限制條件。拖曳游標框選所有標題圖塊草圖圖元與註解，按**草圖工具→移動圖元**。選擇標題圖塊的右下角點為**起點**，如圖 5-4A 所示。

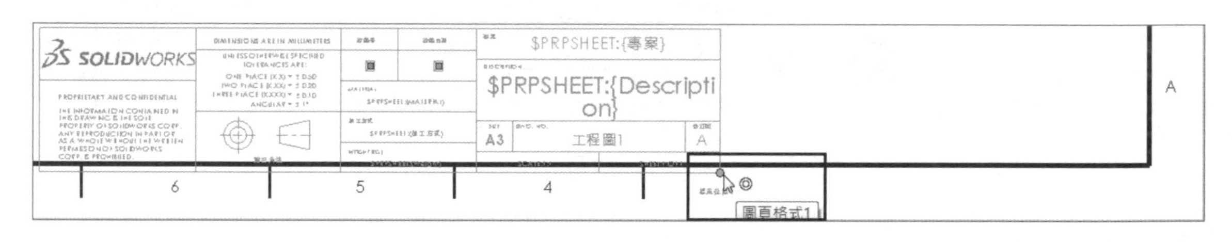

按一下邊框的的右下角點為新的移動位置點，如圖 5-4B 所示。

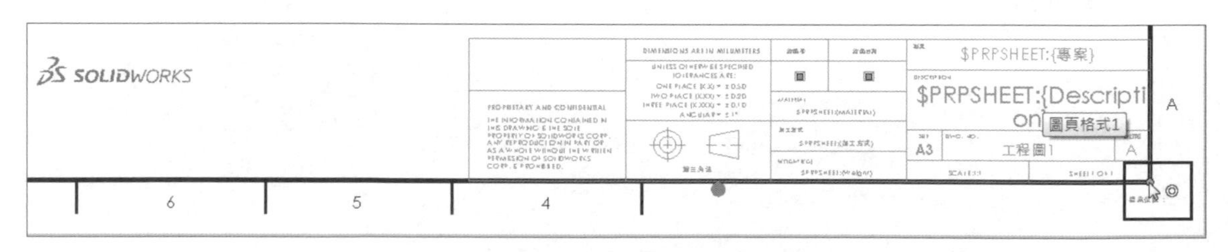

圖 5-4　移動標題圖塊草圖圖元與註解

STEP 10 加入固定限制條件

選擇標題圖塊的右下角點，加入**固定**限制條件以完全定義草圖，如圖 5-5 所示。

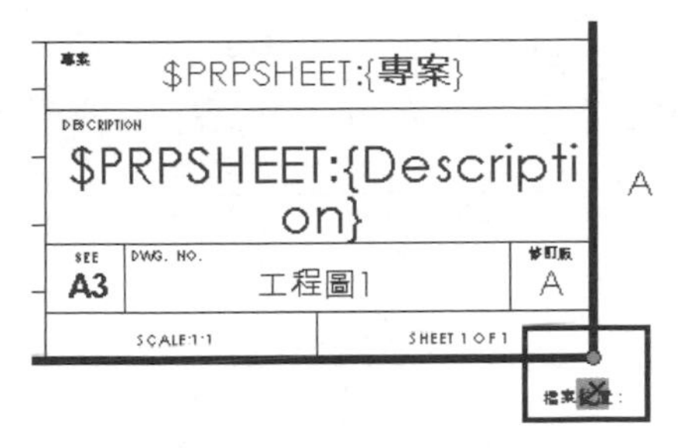

圖 5-5　加入固定限制條件

STEP 11 移動草圖圖片

在圖片上快按滑鼠兩下，將圖片拖曳到標題圖塊位置，如圖 5-6 所示。按**確定**。

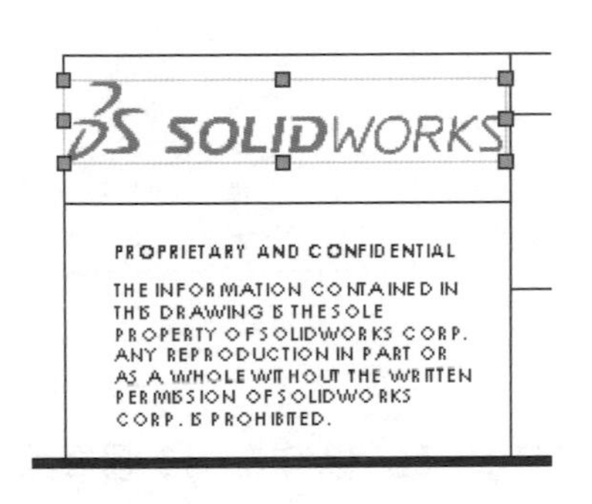

圖 5-6　移動草圖圖片

STEP 12 移動標題圖塊欄位

按**標題圖塊欄位**，移動標題圖塊欄位至如圖 5-7 所示的位置，按**確定**。

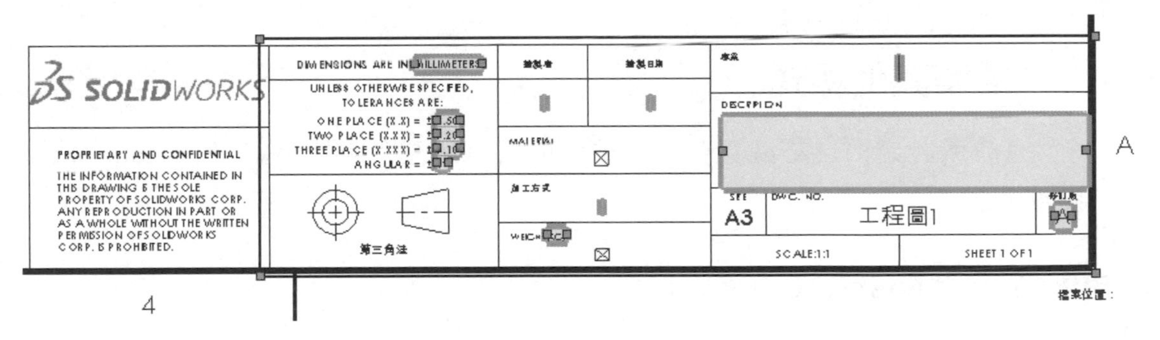

圖 5-7　移動標題圖塊欄位

STEP 13 離開編輯圖頁格式

STEP 14 設定表格錨點

在 FeatureManager（特徵管理員）中選擇表格錨點，如圖 5-8，將每個表格錨點設定至圖頁格式的左上角點。將**修訂版表格錨點**設定至標題欄圖塊的右上角點。

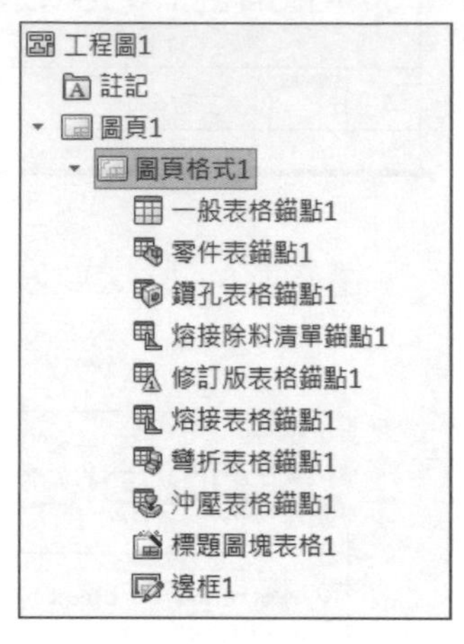

修訂版表格錨點

圖 5-8　設定表格錨點

STEP 15 儲存為 A3 圖頁格式

按**檔案→儲存圖頁格式**，儲存為"SW A3-橫向"圖頁格式至 Custom Templates\Custom Sheet Formats 資料夾中。

STEP 16 關閉所有檔案

5.1.1 複製其他格式

為了完成所設定的自訂圖頁格式，這裡可以複製已完成的檔案至 Custom Sheet Formats 資料夾中。

STEP 17 瀏覽至已有的圖頁格式檔案

使用檔案總管，瀏覽至 Lesson05\Case Study\Completed Sheet Formats 資料夾。

STEP 18 複製 / 貼上格式

選擇圖頁格式檔案按**複製（Ctrl+C）**，如圖 5-9，瀏覽至 Custom Templates\Custom Sheet Formats 資料夾，按**貼上（Ctrl+V）**。

圖 5-9　複製 / 貼上格式

5.2 使用圖頁格式的工程圖範本

若有需要時，可以使用帶有圖頁格式的常用圖頁大小來建立工程圖範本。以下將使用先前建立的“SW A4-橫向”和“SW A3-橫向”圖頁格式，來製作 A4 和 A3 工程圖範本。

STEP 1 開新工程圖檔

按**開新檔案**，選擇 Standard Drawing 範本檔，並載入“SW A4-橫向”圖頁格式。

STEP 2 按 × 取消模型視角指令

STEP 3 選擇項：查看設定與屬性

查看儲存在範本中的資訊，像是文件屬性、顯示設定、圖頁屬性與自訂屬性等。由於 A4 所需的設定與 Standard Drawing 範本相同，所以不需做任何變更。

STEP 4 另存為範本

按**另存新檔**，**存檔類型**選擇**工程視圖範本 (*.drwdot)**，對話方塊自動引導至 Custom Templates 資料夾。

STEP 5 命名為 A4 工程圖

變更範本名稱為 **“A4 工程圖”**，按**存檔**。

STEP 6 建立另一個 A3 範本

編輯新範本檔的**圖頁屬性**，選擇“SW A3-橫向”圖頁格式。按**另存新檔**，變更範本名稱為 **“A3 工程圖”**。按**存檔**。

STEP 7 關閉所有檔案

STEP 8 檢查新文件對話方塊

按**開新檔案**，查看在新文件對話方塊中可用的範本檔，如圖 5-10 所示。

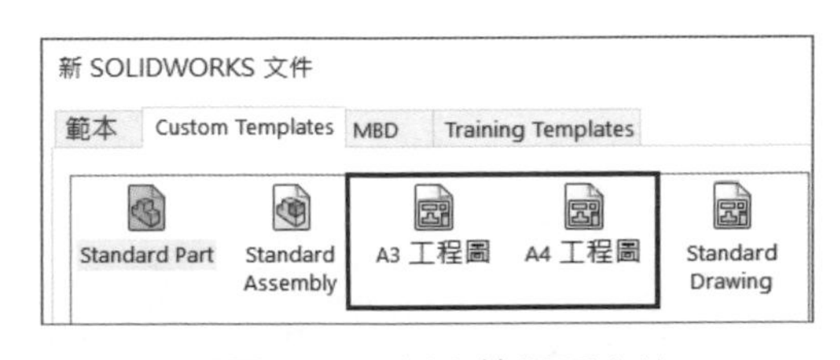

圖 5-10　新文件對話方塊

5.3 其他工程圖範本項次

若有需要，則工程圖範本也可以包括其他項次，像是：

表格與註解

若表格或註解需要建立在使用的工程圖範本中，則可將它們預先加入到工程圖頁中，並與範本一起儲存。

預先定義視圖

預先定義視圖可幫助自動建立模型視圖，所有工程視圖屬性，像是方位、顯示樣式、比例等都可事先定義在視圖中，並與範本一起儲存。當工程圖使用範本時，預先定義視圖會自動帶入。

技巧

帶有預先定義視圖的範本可以使用 **SOLIDWORKS 工作排程器**，幫助自動建立視圖。

5.4 屬性標籤產生器

SOLIDWORKS 還有一個額外的範本類型，有助於標準化您的 SOLIDWORKS 資料並改進效能。**屬性標籤產生器**可在建立自訂屬性資料時，提供友善的使用者介面，產出範本的**屬性標籤產生器**可以從工作窗格中的**自訂屬性**標籤中找到。

指令TIPS　屬性標籤產生器 

- 工作窗格：**SOLIDWORKS 資源**，按**屬性標籤產生器**。
- 工作窗格：**自訂屬性**標籤，按**現在產生**。
- Windows 開始功能表：**SOLIDWORKS 工具 20XX →屬性標籤產生器 20XX**。

STEP 1 建立 A4 新工程圖

按**開啟新檔**，選擇“A4 工程圖”範本。

STEP 2 按 × 取消模型視角指令

STEP 3 進入自訂屬性

在工作窗格點選**自訂屬性**，如圖 5-11 所示。

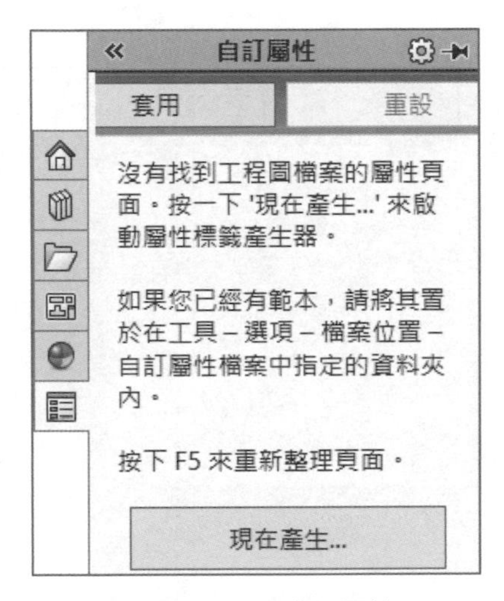

圖 5-11　自訂屬性

> 提示　由於目前並沒有任何屬性標籤範本，故此處的訊息是提供如何建立並定義其位置的指引。

STEP 4 啟用屬性標籤產生器

按**現在產生**啟用**屬性標籤產生器**。

5.4.1　屬性標籤產生器使用者介面

屬性標籤產生器使用者介面包括三個窗格，如圖 5-12 所示。

圖 5-12　使用者介面

- **表單建立圖塊**：左邊窗格的項次可用拖曳的方式，拖進範本預覽窗格中。
- **範本預覽**：中間窗格顯示範本預覽，在此處，啟用的元素會帶有灰邊框顯示。
- **表單控制選項**：啟用中範本元素的屬性和選項在右邊窗格都可使用。

STEP 5　變更範本類型為工程圖

在右邊窗格的類型下拉選單中，選擇**工程圖**，如圖 5-13 所示。

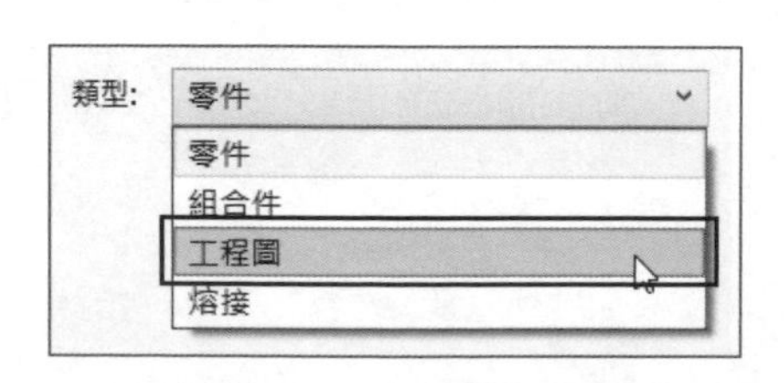

圖 5-13　選擇工程圖

STEP 6 修改群組方塊

在中間窗格點選**群組方塊**，並在右邊的標題中輸入 **"工程圖資料"**，如圖 5-14 所示。

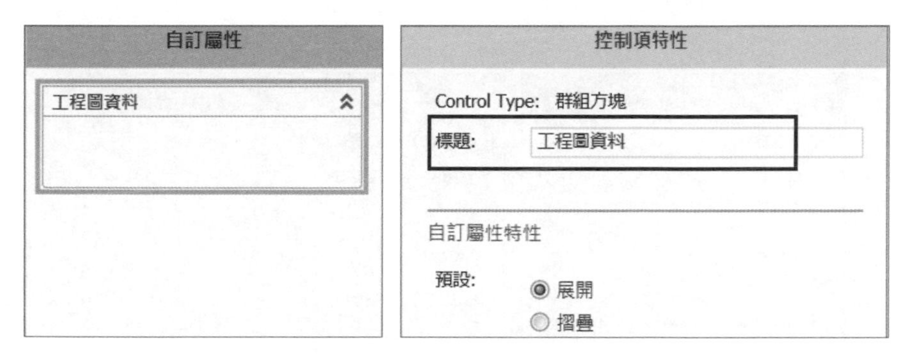

圖 5-14 群組方塊標題

STEP 7 加入文字方塊欄位

從左邊窗格中將**文字方塊**拖曳至中間**工程圖資料**群組方塊中。

STEP 8 修改文字方塊屬性

如圖 5-15 所示，在右邊窗格中的**標題**內輸入 **"修訂版"**，從**自訂屬性特性**中的名稱下拉選單中選擇 **"修訂版"**。

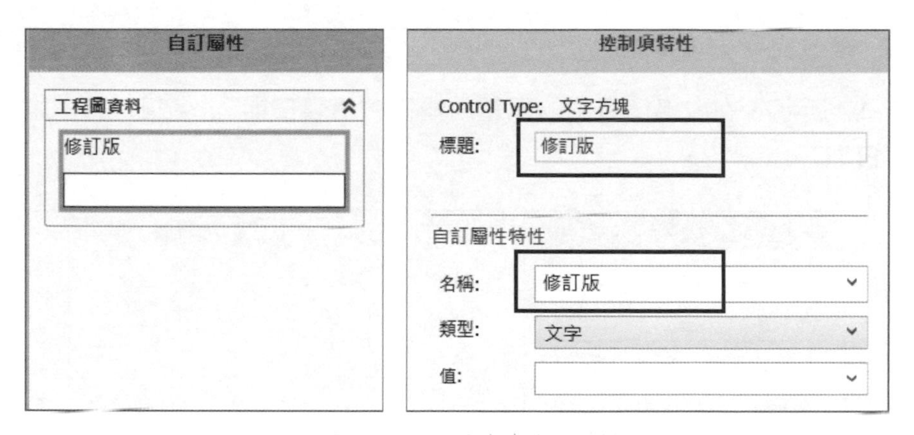

圖 5-15 修改文字方塊屬性

STEP 9 加入清單欄位

從左邊窗格中將**清單**拖曳至中間**工程圖資料**群組方塊中。

STEP 10 修改清單屬性

在右邊窗格中的**標題**內輸入 **"繪製者"**，在**值**欄位中輸入如圖 5-16 中的項次，並勾選**允許自訂值**。

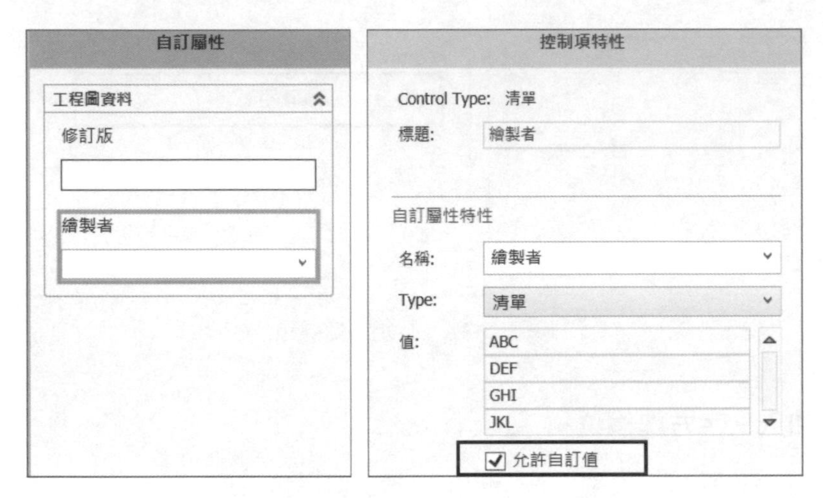

圖 5-16 修改清單屬性

STEP 11 加入文字方塊欄位

從左邊窗格中將**文字方塊**拖曳至中間**工程圖資料**群組方塊中。

STEP 12 修改文字方塊屬性

如圖 5-17 所示，在右邊窗格中的**標題**內輸入 **"繪製日期"**，名稱選擇 **"繪製日期"**，類型選擇 **"日期"**。

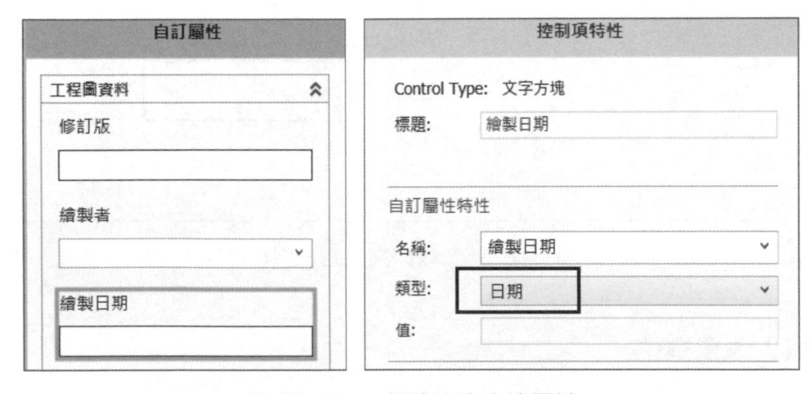

圖 5-17 修改文字方塊屬性

提示 類型選擇 **"日期"** 將產生日曆供使用者選擇。

STEP 13 **儲存屬性標籤範本**

按**儲存**，在 Custom Templates\Custom Property Templates 資料夾中儲存為工程圖屬性範本 *.drwprp，檔名 **"工程圖屬性"**。

5.4.2 定義屬性標籤範本位置

像文件範本一樣，屬性標籤範本位置必須定義在選項中以利 SOLIDWORKS 選用。預設的屬性標籤範本位置已經指定為**自訂屬性檔案**的資料夾。

自訂屬性檔案資料夾只允許一個，因此必須先移除預設位置。

技巧

在 SOLIDWORKS 中，屬性標籤範本並不是自訂屬性檔案所認知的唯一類型，額外的自訂屬性檔案也可以建立在此自訂檔案位置資料夾。

STEP 14 **檢查 Custom Property Templates 資料夾**

使用檔案總管開啟 Custom Property Templates 資料夾，已完成的零件、組合件屬性範本檔，以及剛完成的工程圖屬性範本檔都在資料夾中，如圖 5-18 所示。

組合件屬性.asmprp
工程圖屬性.drwprp
零件屬性.prtprp

圖 5-18　自訂屬性範本

STEP 15 **在選項加入自訂屬性檔案位置**

按**選項** →**系統選項**→**檔案位置**。

在顯示資料夾下選擇**自訂屬性檔案**，選擇現有的資料夾，按**刪除**，再按**新增**。

瀏覽至 \Custom Templates\Custom Property Templates 資料夾，按**選擇資料夾**再按**確定**。

STEP 16 測試工程圖屬性範本

在工作窗格中按**自訂屬性**標籤，如圖 5-19 所示，必要時，按 **F5** 重新整理。

表單自動辨識現有的屬性，像是**修訂版**的“A”。

加入另兩個屬性後，按**套用**。

圖 5-19　測試工程圖屬性範本

STEP 17 結果

結果屬性值自動被加到工程圖文件，並顯示在標題圖塊中。

5.4.3 其他屬性標籤選項

雖然已建立的工程圖屬性標籤範本看似簡單，但範本也可以十分複雜。為了查看屬性標籤範本的其他選項，以下我們將探討現有零件的屬性範本。

STEP 18 建立新零件

按**開啟新檔**，並選擇 Standard Part 範本。

STEP 19 查看檔案自訂屬性

按**檔案→屬性**。此零件包括幾個自訂屬性，以及連結模型資訊的屬性，如圖 5-20 所示。按**確定**。

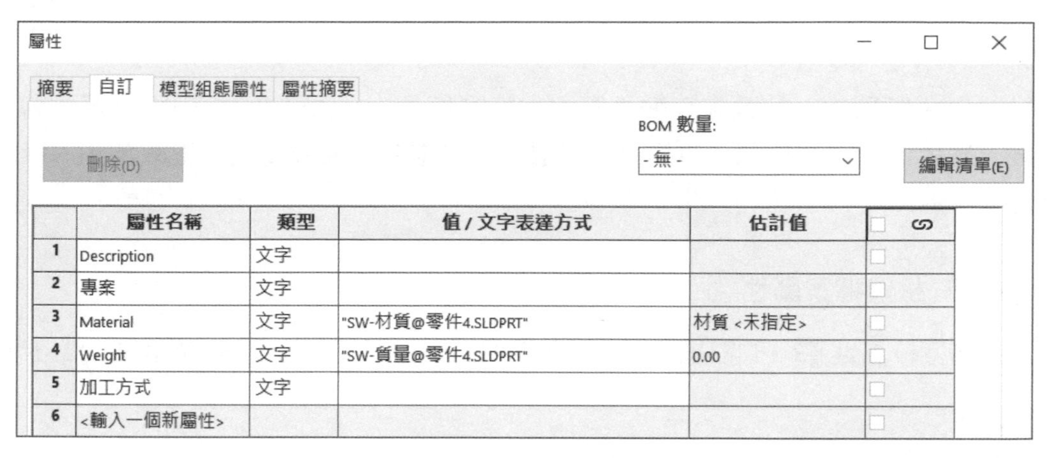

圖 5-20　零件屬性

STEP 20 使用零件屬性範本

在工作窗格按**自訂屬性**標籤，現在的零件屬性範本已從檔案位置中自動填入到標籤中。

STEP 21 加入模型及專案屬性

在**模型細項**及**專案資訊**群組方塊屬性中，填入所要的屬性，如圖 5-21 所示。

圖 5-21　加入模型及專案屬性

STEP 22 加入製造屬性

材料選擇**純碳鋼**，按**是**儲存變更應用材料到模型上。加工方式選擇**“漆”**，當漆被選擇後**“室內油漆”**及漆顏色也變得可以選擇，勾選**室內油漆**及加入**漆顏色 BLU-123**。按**套用**。

STEP 23 檢查檔案屬性

點選**檔案→屬性**，自訂屬性中已填入新的屬性名稱及新的資訊，如圖 5-22 所示。

	屬性名稱	類型	值 / 文字表達方式	估計值
1	Description	文字	零件屬性測試	零件屬性測試
2	專案	文字	XYZ-12345	-12345
3	Material	文字	"SW-材質@零件5.SLDPRT"	純碳鋼
4	Weight	文字	"SW-質量@零件5.SLDPRT"	0.00
5	加工方式	文字	漆	漆
6	繪製者	文字	ABC	ABC
7	繪製日期	日期	2022/1/14	2022/1/14
8	客戶	文字	ACME	ACME
9	室內油漆	文字	是	是
10	漆顏色	文字	BLU-123	BLU-123
11	<輸入一個新屬性>			

圖 5-22　檢查檔案屬性

STEP 24 選擇項：在屬性標籤產生器中開啟零件屬性範本

為了查看零件屬性範本選項，可以在屬性標籤產生器中開啟，以探討不同欄位的屬性。

5.5 屬性文字檔

另一種 SOLIDWORKS 使用的自訂屬性檔案類型是 properties.txt 文字檔。

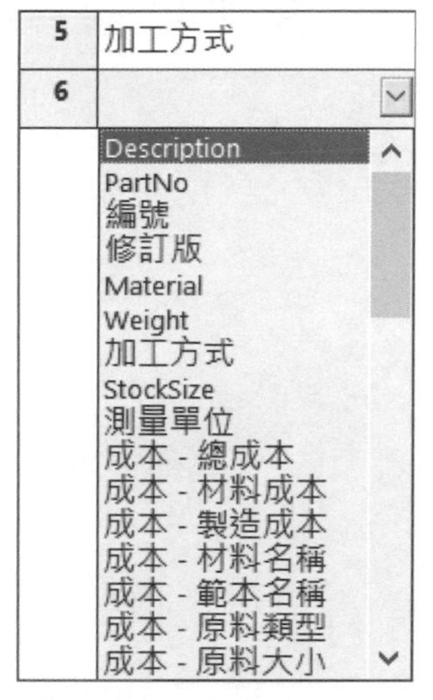

圖 5-23　屬性名稱

文字檔內存與下拉選單中定義的屬性名稱相同（圖 5-23），列表中的屬性名稱可以修改，但是必須與自訂屬性檔案中的名稱相同。

這裡我們要複製預設的 properties.txt 文字檔到自訂屬性資料夾中，並進行編修，或者您也可以使用記事本自行建立。

properties.txt 文字檔預設位置是在 C:\ProgramData\SOLIDWORKS\SOLIDWORKS 20XX\lang\chinese 資料夾中。

技巧

預設情況下，Windows 中的 ProgramData 資料夾是被隱藏的，您需要變更檢視設定。

STEP 25 加入新屬性名稱

試著從下拉選單中加入屬性，但是下拉選單卻沒有屬性可用，如圖 5-24 所示。這是因為目前指定的自訂屬性檔案資料夾中沒有 properties.txt 檔案，按**確定**關閉。

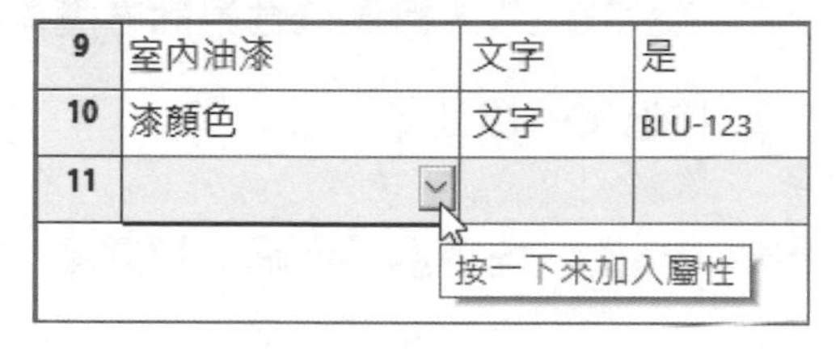

圖 5-24　加入屬性

STEP 26 存取預設的 properties.txt 檔案

使用檔案總管，瀏覽至 C:\ProgramData\SOLIDWORKS\SOLIDWORKS 20XX\lang\chinese 資料夾。

STEP 27 複製 / 貼上至自訂屬性檔案資料夾

複製（Ctrl+C） properties.txt 檔案，瀏覽至 Custom Property Templates 資料夾，按**貼上（Ctrl +V）**，如圖 5-25 所示。

圖 5-25　複製 / 貼上 properties.txt 檔案

STEP 28 編輯 properties.txt

使用記事本開啟 properties.txt 檔案，移除部分屬性以符合目前零件使用，結果如圖 5-26 所示。若有需要，也可加入自訂屬性名稱。

圖 5-26　編輯 properties.txt 檔案

STEP 29 儲存並關閉 properties.txt 檔案

按**檔案→儲存**，**關閉** properties.txt 檔案。

STEP 30 進入檔案屬性對話方塊

按**檔案→屬性**。

STEP 31 檢查屬性名稱下拉選單

在屬性名稱欄位中啟用下拉選單，現在修正後的 properties.txt 檔案已填入選單中，如圖 5-27 所示。

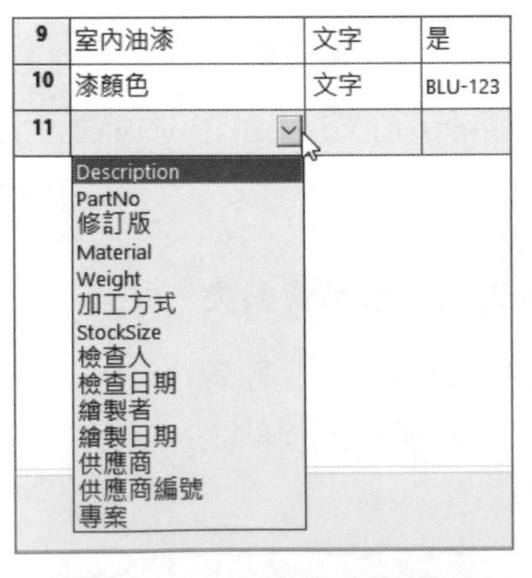

圖 5-27　修正後的下拉選單

5.5.1 使用編輯清單

您也可以使用**屬性**對話方塊中的**編輯清單**按鈕，編輯 properties.txt。

STEP 32 按編輯清單（圖 5-28）

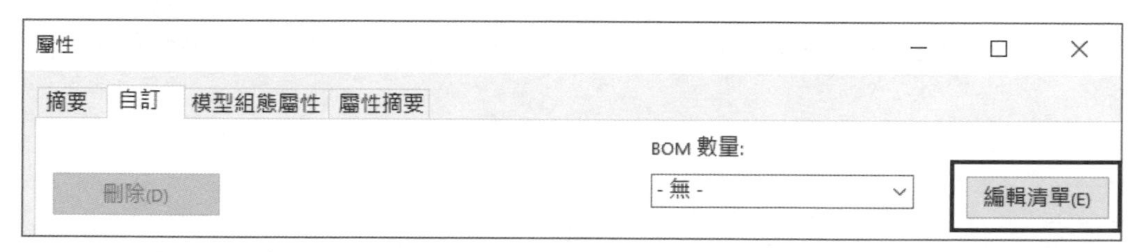

圖 5-28 編輯清單

STEP 33 新增客戶屬性

在對話方塊上方的｀儲存格中輸入“**客戶**”後，按**新增**，如圖 5-29。

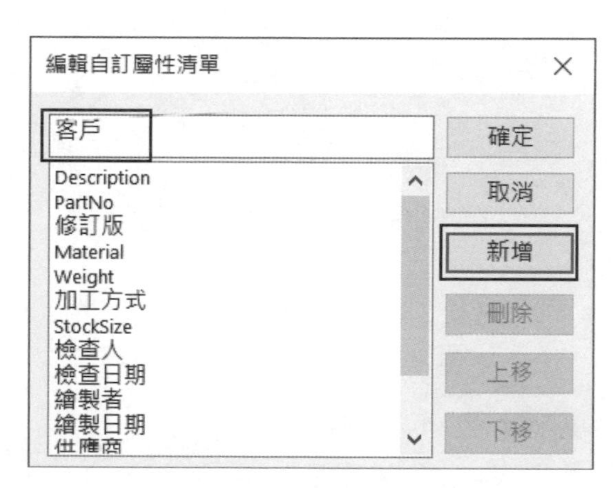

圖 5-29 新增客戶屬性

STEP 34 向下移動客戶屬性

從列表中選擇**客戶**屬性，按**下移**，將**客戶**屬性移至**加工方式**之下，如圖 5-30 所示。

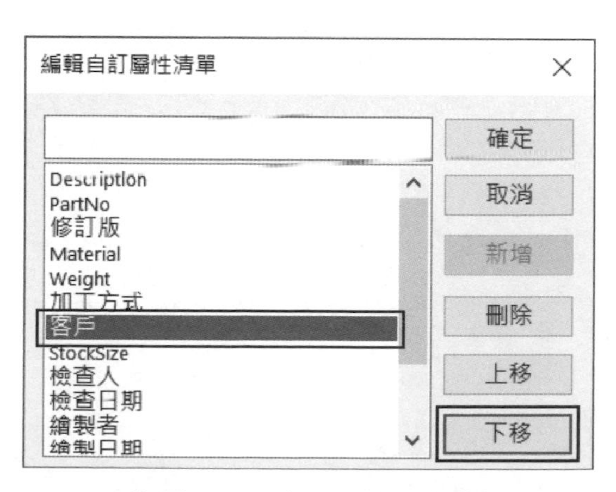

圖 5-30 向下移動客戶屬性

STEP 35 按確定

STEP 36 查看屬性名稱下拉選單

按一下屬性名稱儲存格，從下拉選單中查看，**客戶**屬性已包含在列表中。

STEP 37 關閉 所有檔案

練習 5-1 建立一個新的圖頁格式大小

請依本章前面課程中的 STEP 1~STEP 17 相同的步驟指引，建立新的的圖頁格式大小（圖 5-31），您可以建立屬於您自己的自訂圖頁格式大小。本練習將使用以下技能：

- 建立其他圖頁格式

SW A1-橫向.slddrt
SW A2-橫向.slddrt
SW A3-橫向.slddrt
SW A4-橫向.slddrt
SW A4-縱向.slddrt

圖 5-31　圖頁格式大小

圖 5-32 為變更圖頁大小時，移動標題圖塊、草圖圖元與註解的方式。

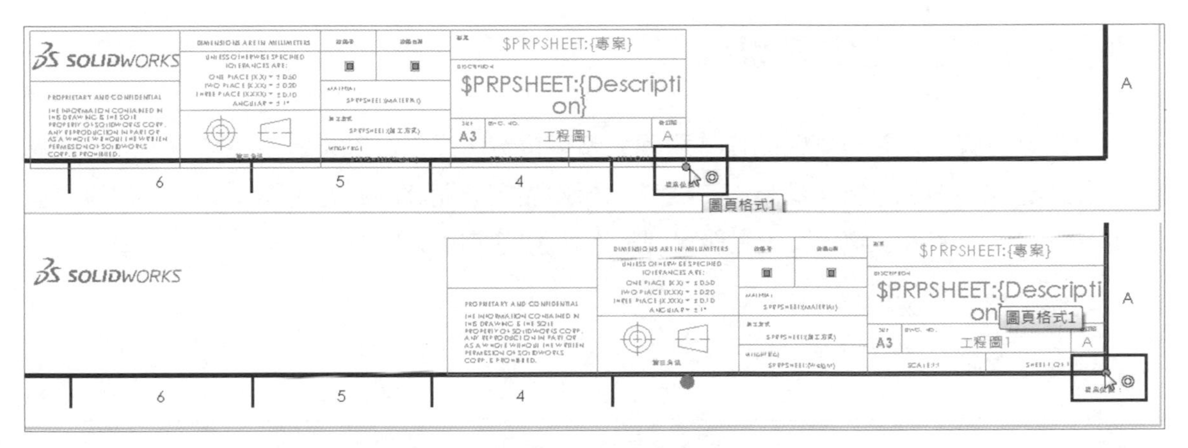

圖 5-32　移動標題圖塊草圖圖元與註解

練習 5-2 使用圖頁格式的工程圖範本

若有需要時，可以使用帶有圖頁格式的常用圖頁大小來建立工程圖範本。在本練習中，使用先前建立的“SW A4- 橫向”和“SW A3- 橫向”圖頁格式，來製作 A4 和 A3 工程圖範本。或者，您可以用相同步驟完成其他大小的自訂圖頁格式檔案。請依本章前面課程中建立範本的 STEP 1~STEP 8 相同的步驟指引，建立新的範本（圖 5-33），本練習將使用以下技能：

- 使用圖頁格式的工程圖範本

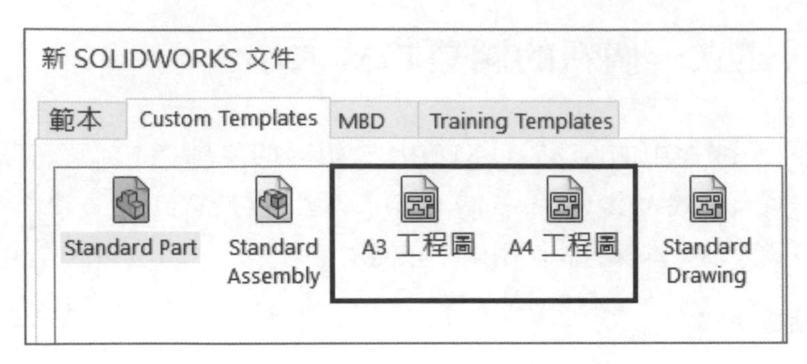

圖 5-33　新 SOLIDWORKS 文件對話方塊

練習 5-3 預先定義視圖

預先定義視圖是給要插入的模型視圖先預留位置，這都可以先儲存在範本中以方便視圖的自動建立。請依下列步驟指引，建立包括預先定義視圖的範本（圖 5-34），然後再使用範本建立工程圖，並填入預先定義視圖。本練習將使用以下技能：

- 其他工程圖範本項次
- 預先定義視圖

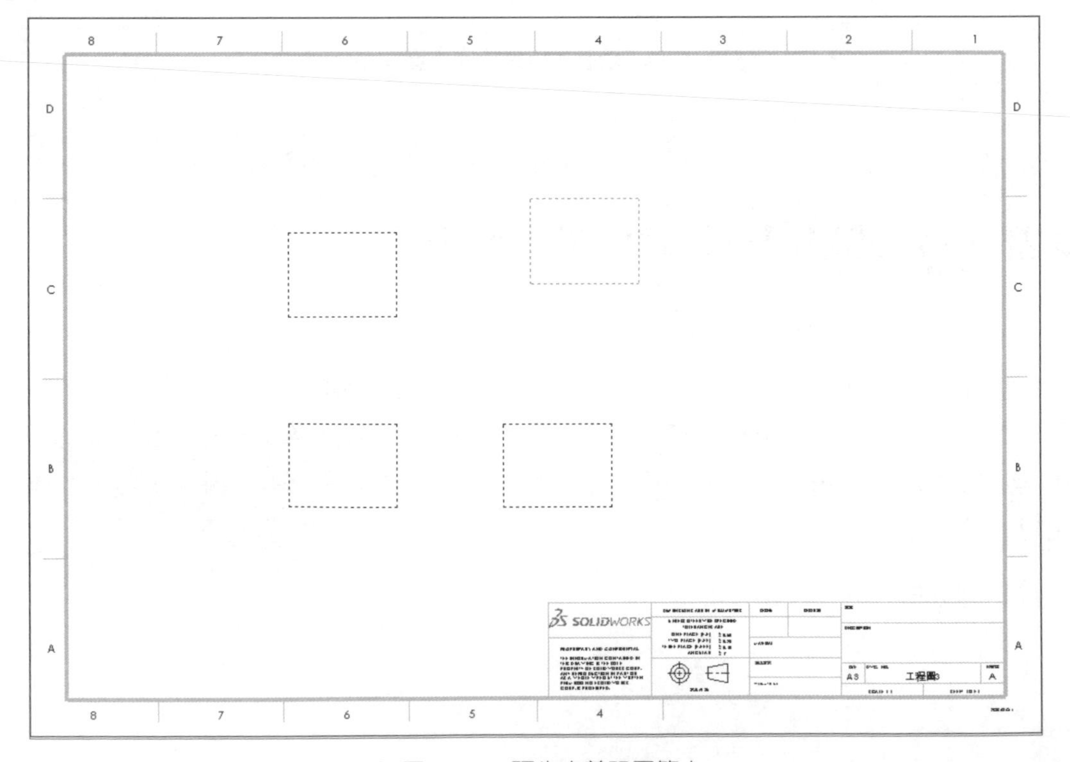

圖 5-34　預先定義視圖範本

操作步驟

STEP 1 開新工程圖檔

按**開新檔案**，選擇“A3 工程圖”範本。

STEP 2 按 ✕ 取消模型視角指令

指令TIPS 預先定義視圖

預先定義視圖可以用來定義空白視圖的屬性，當執行**從零件 / 組合件產生工程圖**時，在範本中的預先定義視圖會自動填入，在插入模型指令執行時的視圖 PropertyManager 中也會自動帶入。

預先定義視圖提供標準化視圖加入到圖頁的捷徑，帶有預先定義視圖的範本也可以使用 SOLIDWORKS 工作排程器來自動填入。

- CommandManager：**工程圖→預先定義視圖**。
- 功能表：**插入→工程視圖→預先定義視圖**。
- 快顯功能表：在工程圖頁上按滑鼠右鍵，點選**工程視圖→預先定義視圖**。

STEP 3 加入預先定義視圖

按**預先定義視圖**，在工程圖頁的左下角放置視圖，調整視圖屬性如圖 5-35：

- **方位：*前視**。
- **顯示樣式：移除隱藏線**。
- **比例：使用圖頁比例**。

按**確定**✔。

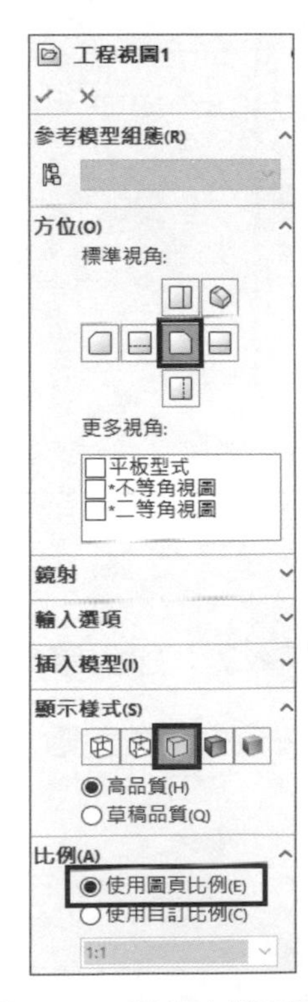

圖 5-35 預先定義視圖屬性

STEP 4 選擇項：重新命名視圖

若有需要 請從 FeatureManager（特徵管理員）中重新命名“工程視圖 1”為“前視”。

STEP 5 加入投影視圖

按**投影視圖**，投影預先定義的前視圖，建立 *上視及 *右視。

STEP 6 選擇項：重新命名視圖

如圖 5-36 所示，若有需要，從 FeatureManager（特徵管理員）中重新命名視圖名稱為“上視”及“右視”。

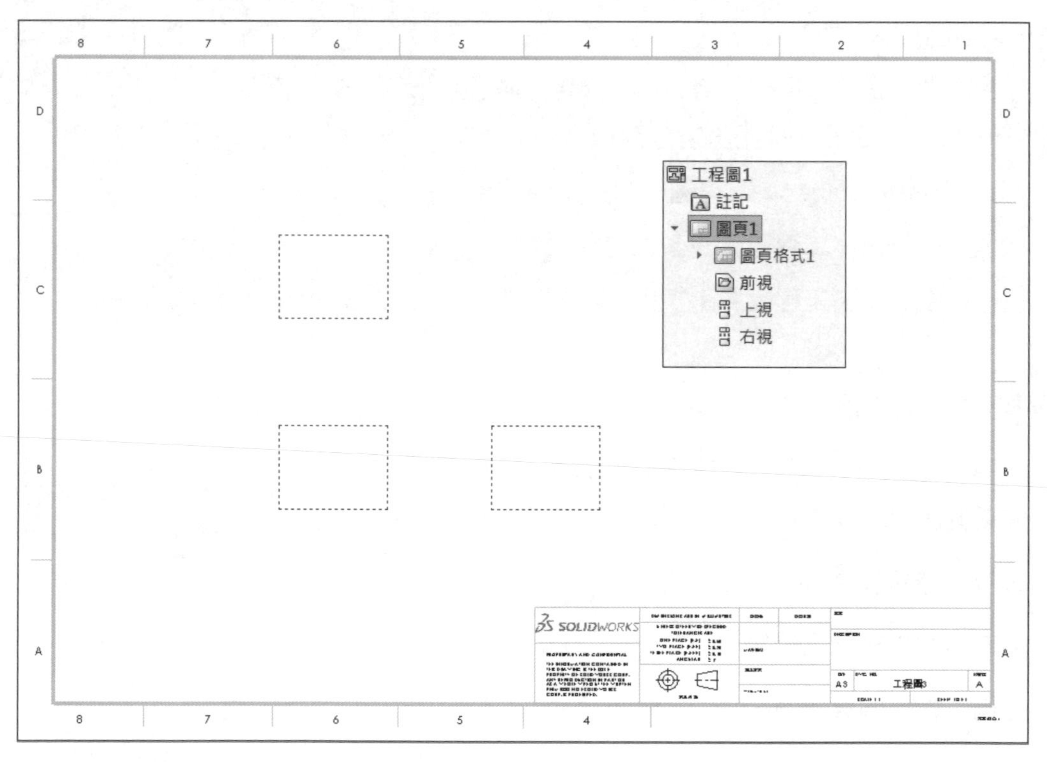

圖 5-36 加入投影視圖

STEP 7 加入等角視

按**預先定義視圖**，放置視圖位置如圖 5-37 所示。

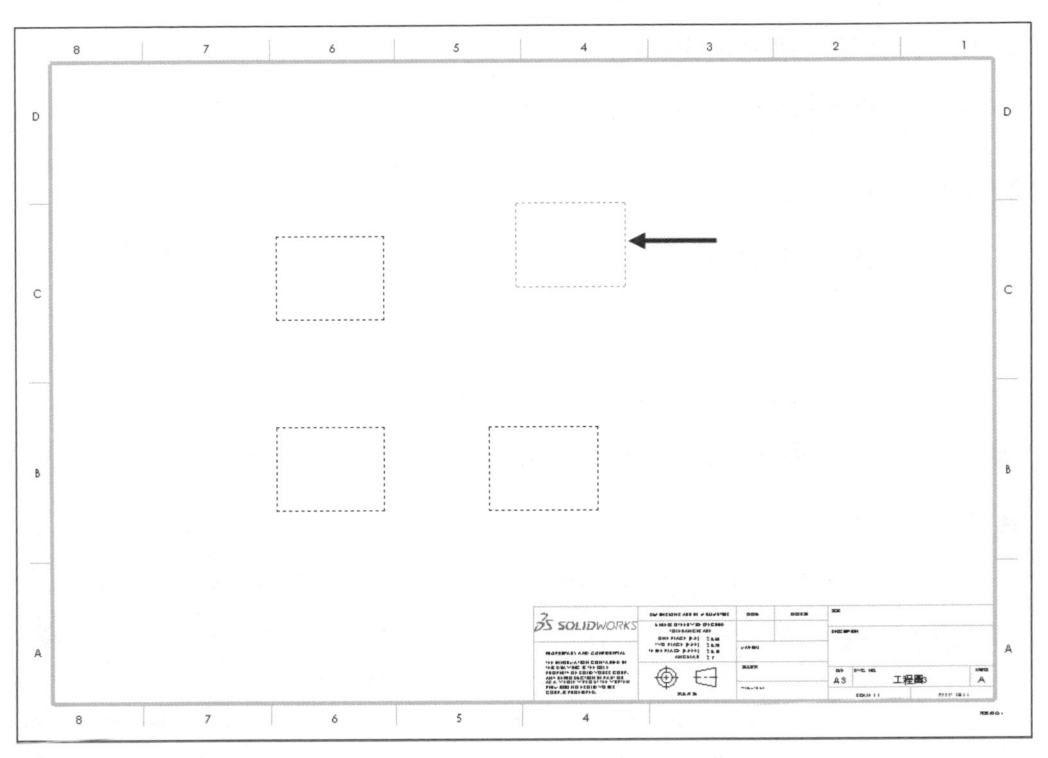

圖 5-37　加入等角視

STEP 8　調整視圖屬性

調整視圖屬性，如圖 5-38 所示：

- **方位：*等角視** 。
- **顯示樣式：帶邊線塗彩** 。
- **比例：使用圖頁比例**。

按**確定** 。

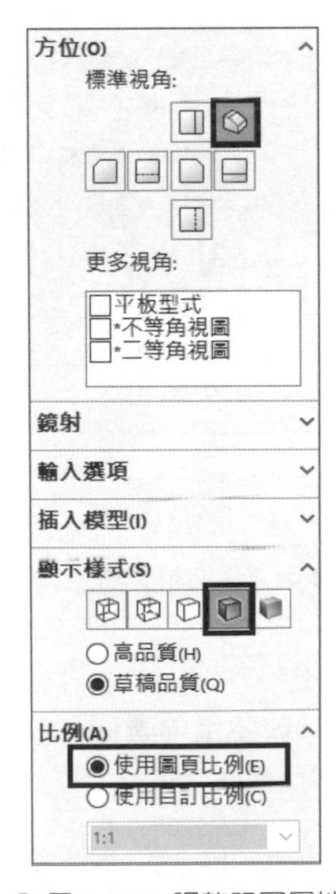

圖 5-38　調整視圖屬性

STEP 9 選擇項：重新命名視圖

若有需要，請從 FeatureManager（特徵管理員）中重新命名視圖名稱為“等角視”。

STEP 10 另存為範本

按**另存新檔**，存檔類型選擇**工程圖範本 (*.drwdot)**，資料夾選擇 \Training Files\Custom Templates。

STEP 11 另存為“預先定義 A3”

如圖 5-39 所示，輸入檔名為**“預先定義 A3”**，按**存檔**。

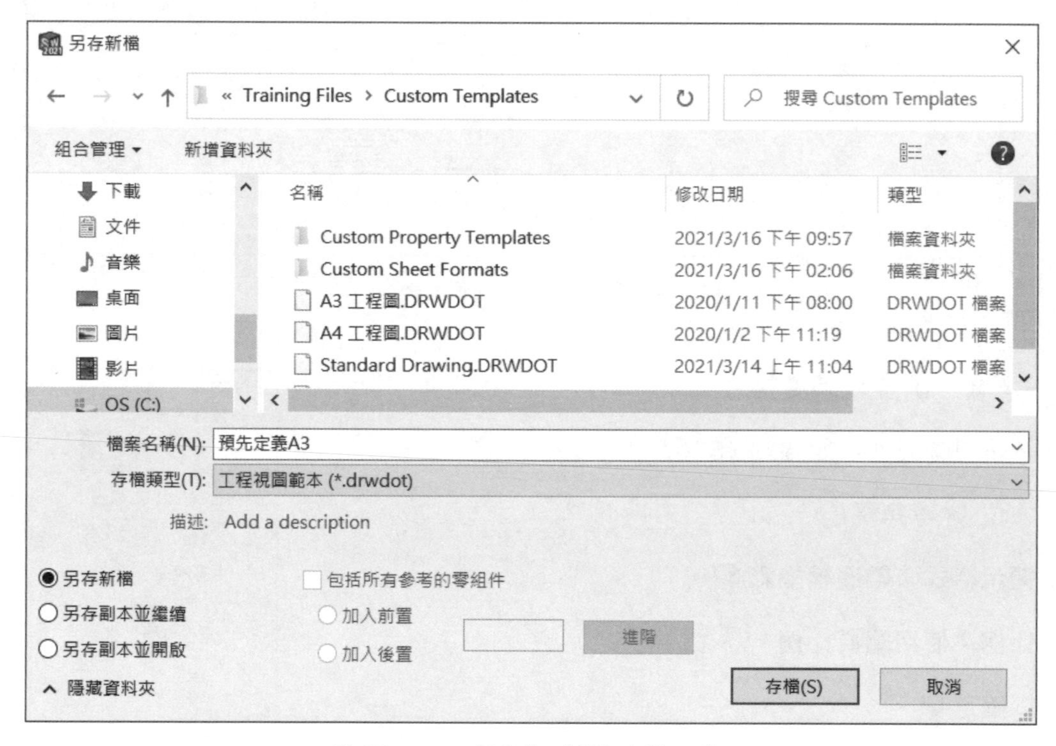

圖 5-39 另存為“預先定義 A3”

STEP 12 關閉範本檔案

測試範本

接著使用**從零件 / 組合件產生工程圖**指令來測試範本，然後再探討如何使用**插入模型**選項。

STEP 13 開啟檔案

從 Lesson05/Exercises 資料夾中開啟零件：Predefined Test.SLDPRT，如圖 5-40 所示。

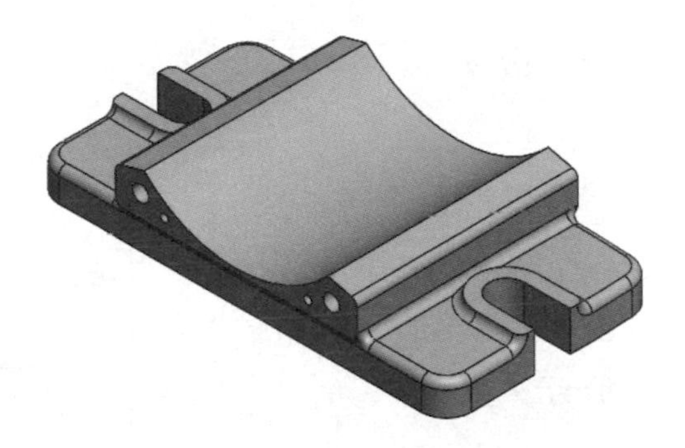

圖 5-40　Predefined Test 零件

STEP 14 從零件產生工程圖

按**從零件 / 組合件產生工程圖**，選擇範本 **"預先定義 A3"**，按**確定**。

STEP 15 結果

帶有預先定義視圖的工程圖已自動填入模型，如圖 5-41 所示。

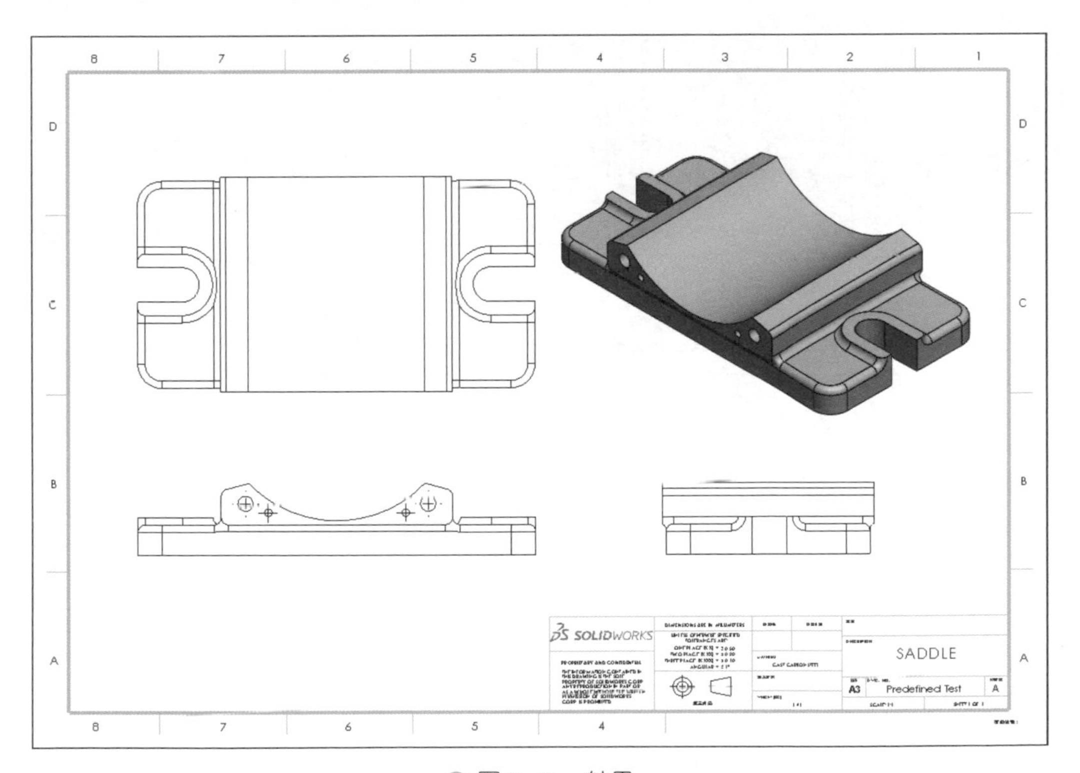

圖 5-41　結果

STEP 16 建立新工程視圖

按**開啟新檔**並選擇範本“預先定義 A3”。

STEP 17 按 × 取消模型視角指令

STEP 18 從 PropertyManager 插入模型

選擇“前視”，在 PropertyManager 中使用**插入模型**群組方塊將零件 Predefined Test 載入至預先定義視圖中，如圖 5-42 所示，按**確定**。

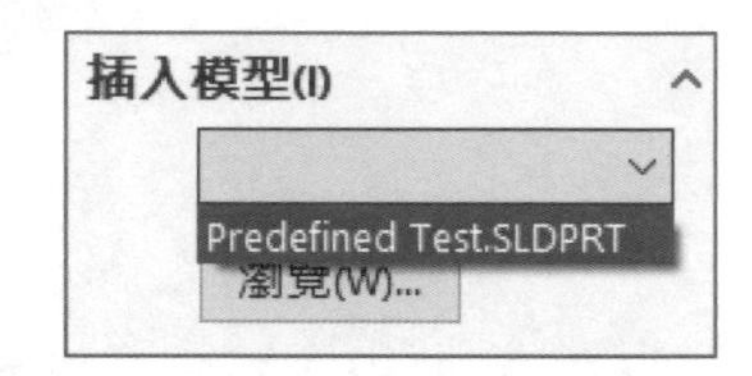

圖 5-42　插入模型

STEP 19 結果

如圖 5-43 所示，前視及投影的上、右視圖都已填入模型。

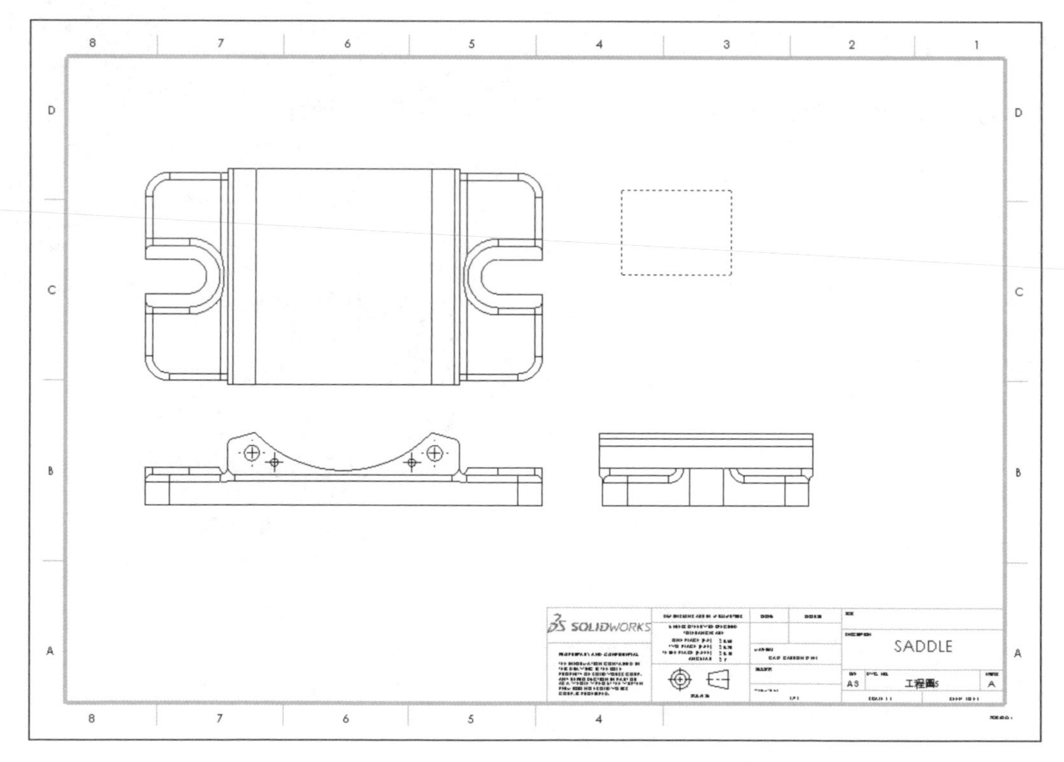

圖 5-43　結果

STEP 20 從視圖快顯功能表中插入模型

您也可以在視圖上按滑鼠右鍵，從快顯功能表中插入模型。

在"等角視"上按滑鼠右鍵，從快顯功能表中點選**插入模型**，如圖 5-44 所示，選擇零件 Predefined Test，並按**確定**。

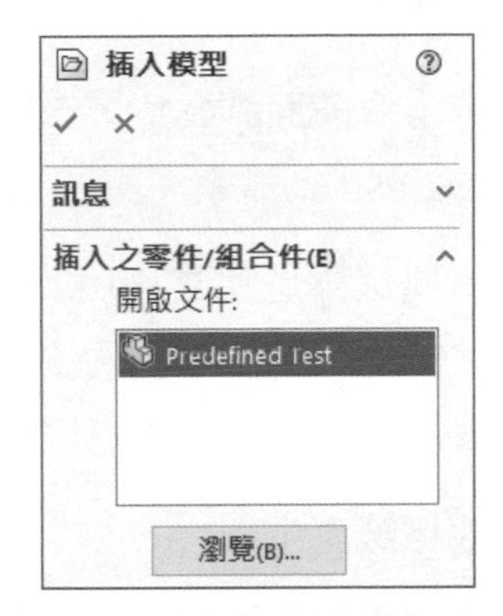

圖 5-44　從視圖快顯功能表中插入模型

STEP 21 結果

模型已填入視圖中，如圖 5-45 所示。

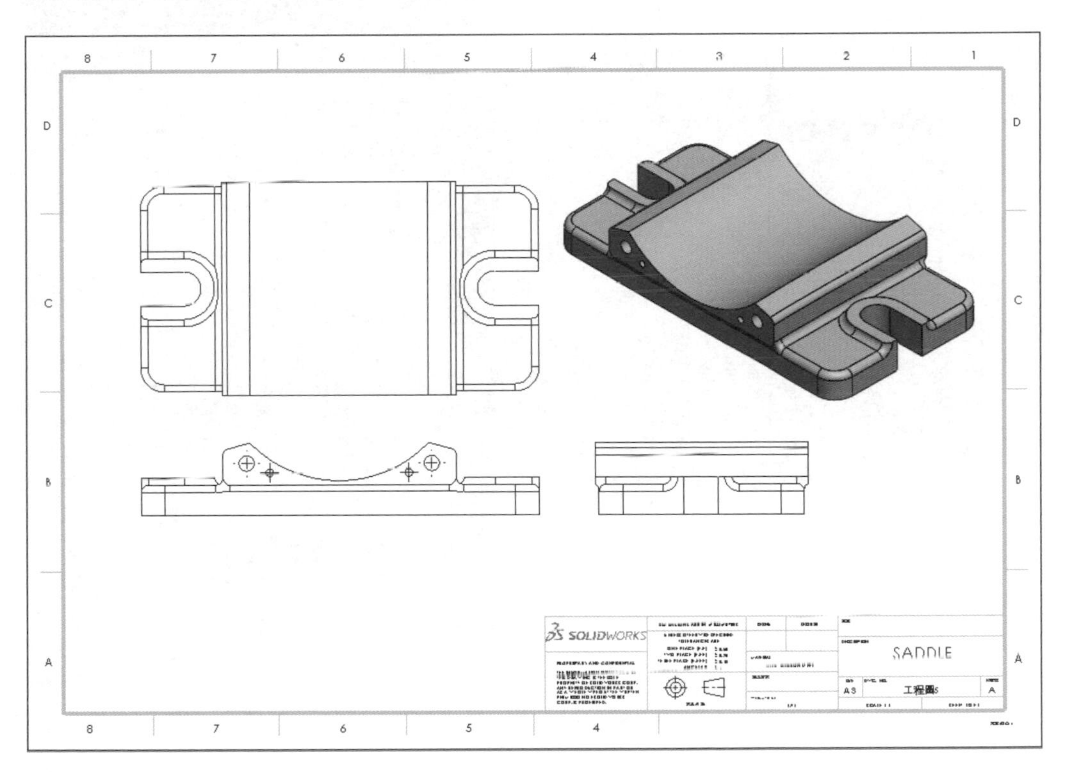

圖 5-45　結果

STEP 22 共用、儲存並關閉所有檔案

練習 5-4 屬性標籤範本與 Properties.txt

請依本章前面課程中的 STEP 1~STEP 37 相同的步驟指引，建立工程圖屬性範本並儲存 properties.txt 檔案（圖 5-46、5-47）。

另一種選擇是建立適用於您公司所使用的屬性範本檔案，例如：文件中的哪些屬性資訊是最常使用到的。不同的屬性範本檔案可適用於不同的客戶或專案，對於 properties.txt 檔案的屬性名稱，您可以選擇保留需使用到的部份。本練習將使用以下技能：

- 屬性標籤產生器
- 屬性標籤產生器使用者介面
- 定義屬性標籤範本位置
- Properties.txt 檔案

圖 5-46　工程圖屬性範本與屬性檔

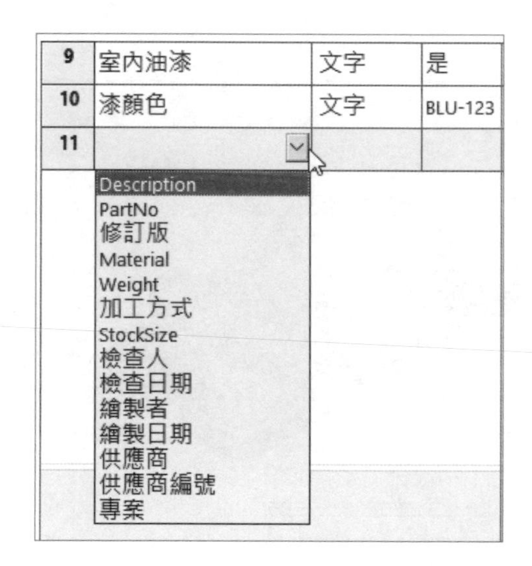

圖 5-47　自訂屬性

06

工程視圖的進階選項

順利完成本章課程後，您將學會：

- 控制視圖中隱藏邊線的可見性
- 建立進階視圖類型：區域深度剖視圖、輔助視圖、裁剪視圖與位置替換視圖
- 了解如何旋轉視圖並使其水平對正工程圖頁
- 了解如何控制視圖焦點
- 在組合件剖面視圖上使用剖切範圍選項
- 針對工程視圖建立自訂視角方位

6.1 進階工程視圖

現在您應該對工程圖有基本的了解與能力，在本章我們將探討一些進階的工程視圖指令。首先，建立如圖 6-1 所示的工程圖，再使用這個工程圖來探討下列新視圖的類型與選項：

- 個別邊線顯示選項
- 區域深度剖視圖
- 輔助視圖
- 定位工程圖視圖的選項
- 裁剪視圖

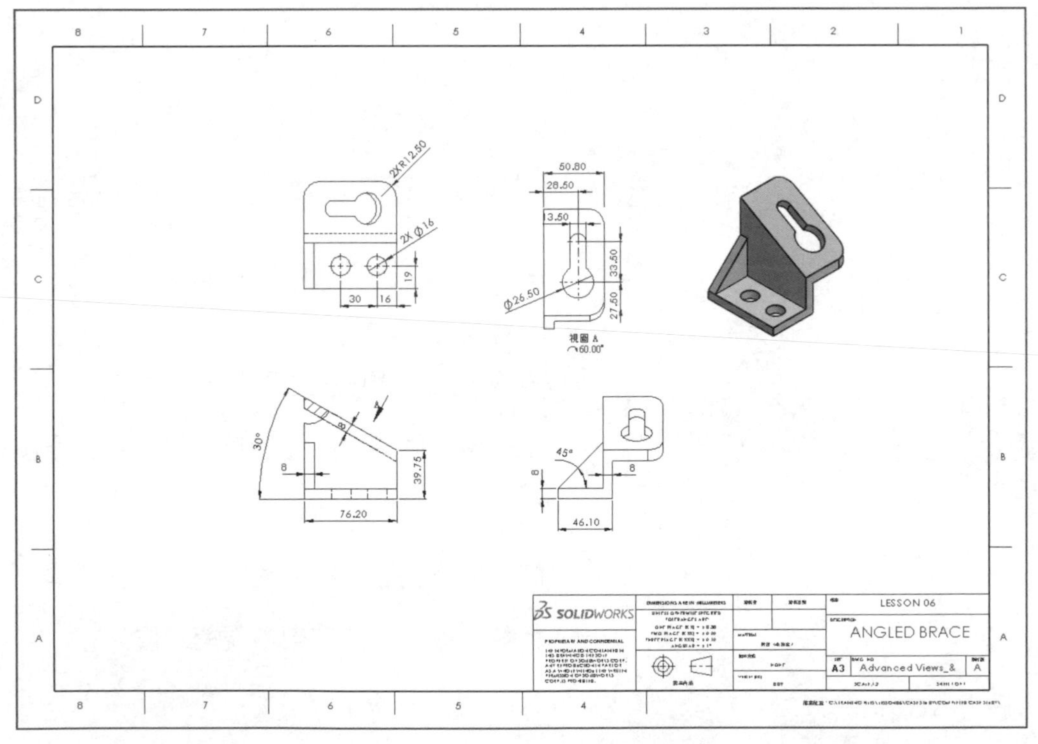

圖 6-1　Advanced Views 工程圖

STEP 1 開啟零件

開啟 Lesson06\Case Study\Advanced Views 零件，如圖 6-2 所示。

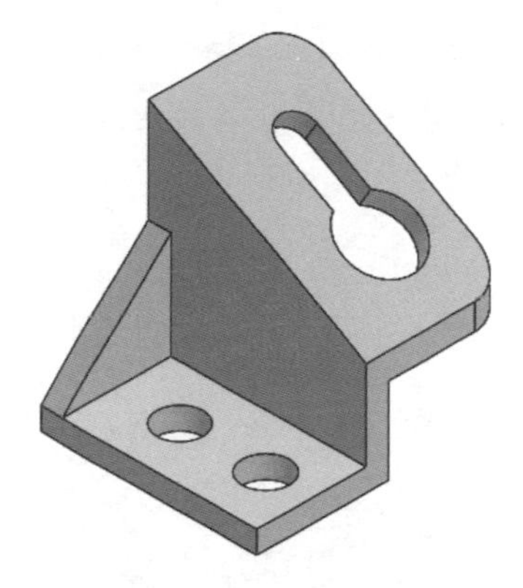

圖 6-2 Advanced Views 零件

STEP 2 從零件建立工程圖文件

按**從零件/組合件產生工程圖**，選擇“A3 工程圖”範本，按**確定**。

STEP 3 建立標準視角

必要時，取消**輸入註記**選項，建立前視圖，並投影上視圖與右視圖。建立等角視，變更**顯示樣式**為**帶邊線塗彩**，如圖 6-3 所示。

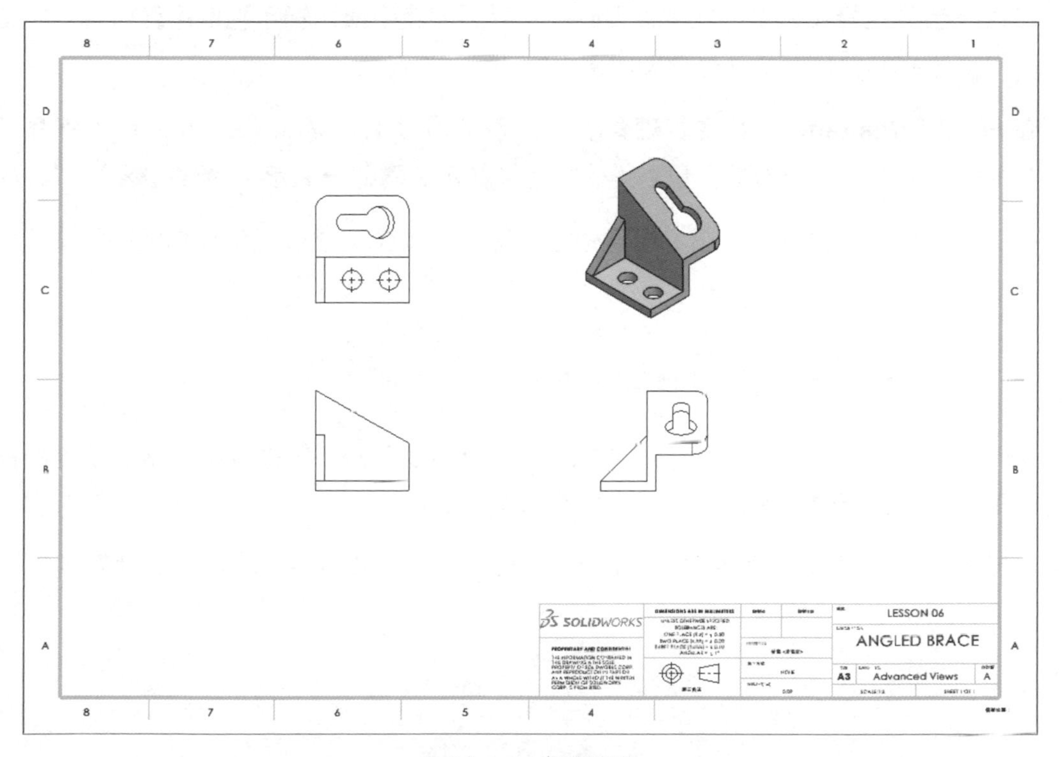

圖 6-3 標準視角

STEP 4　重新命名視圖

在 FeatureManager（特徵管理員）中重新命名視圖，以便於識別，如圖 6-4 所示。

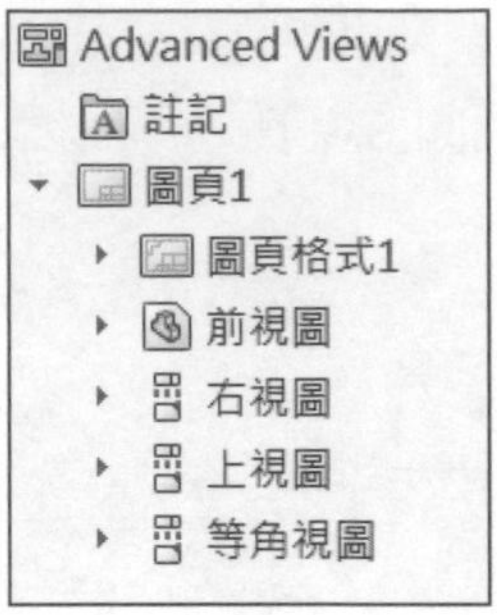

Advanced Views
註記
圖頁1
圖頁格式1
前視圖
右視圖
上視圖
等角視圖

圖 6-4　重新命名視圖

6.2 顯示隱藏的邊線

在本例工程圖的前視與上視圖中，為了表達某些特徵必須顯示部份被隱藏的邊線，但不是使用顯示隱藏線的方式處理。在此以選擇特徵的方式來顯示邊線，讓視圖顯示較為簡潔。

SOLIDWORKS在控制工程視圖的邊線顯示上，有幾個選項可以使用：

- **工程視圖屬性對話方塊**：在工程視圖屬性對話方塊中使用**顯示隱藏邊線**標籤，在選擇框內被選到的個別特徵都是要顯示邊線用的。
- **在 FeatureManager（特徵管理員）中顯示 / 隱藏**：在 FeatureManager（特徵管理員）中對視圖上的特徵按滑鼠右鍵，並選擇**顯示 / 隱藏→顯示 / 隱藏邊線**。
- **在文意感應工具列隱藏 / 顯示邊線**：選擇邊線，並在文意感應工具列選擇**隱藏 / 顯示邊線**。

6.2.1　工程視圖屬性對話方塊

在此例中，我們將結合上述的技巧以在 Advanced Views 工程圖中顯示想要的邊線，一開始先使用**工程視圖屬性**對話方塊，如圖 6-5 所示。

工程視圖內含的屬性比視圖 PropertyManager 內的還多，**工程視圖屬性**對話方塊內包括顯示隱藏邊線和本體等的其他顯示設定。

圖 6-5　工程視圖屬性對話方塊

指令TIPS　工程視圖屬性對話方塊

- **視圖** PropertyManager：捲頁至最下方，按**屬性詳細資料**。
- 快顯功能表：在視圖上按滑鼠右鍵，點選**屬性**  。

STEP 5　進入工程視圖屬性對話方塊

選擇前視圖，在視圖 PropertyManager 中按**屬性詳細資料**。

STEP 6　顯示隱藏邊線

按**顯示隱藏邊線**標籤，如圖 6-6 所示，從 FeatureManager（特徵管理員）中的前視圖選擇**角度填料**與**基底鑽孔**特徵。按**確定**。

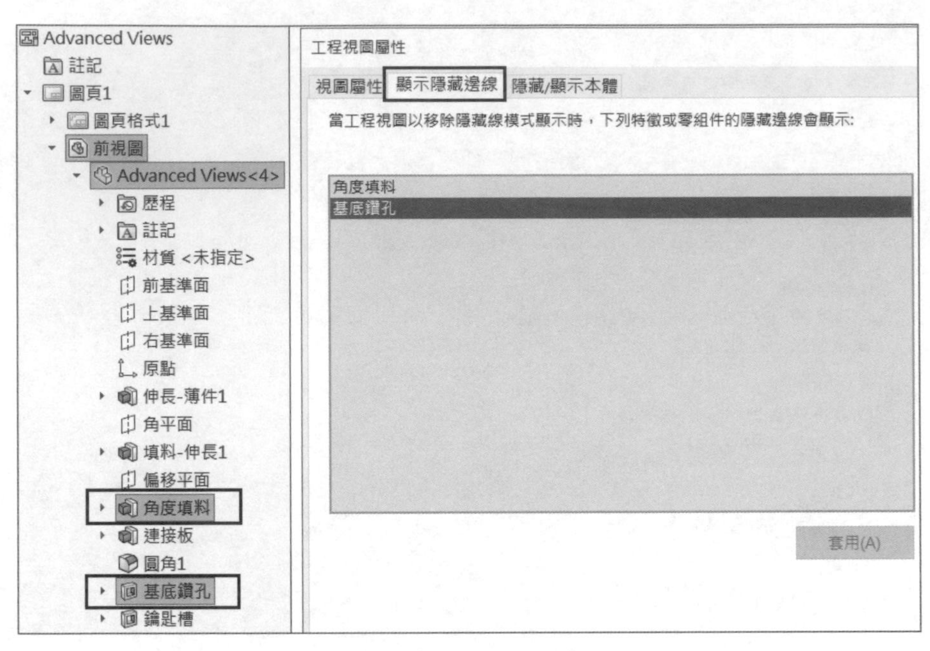

圖 6-6　顯示隱藏邊線

STEP 7　結果

所選特徵的隱藏線已顯示在視圖中，但是**角度填料**特徵的部份邊線不需顯示，因此像是圓角以及重疊的邊線得另外隱藏，如圖 6-7 所示。

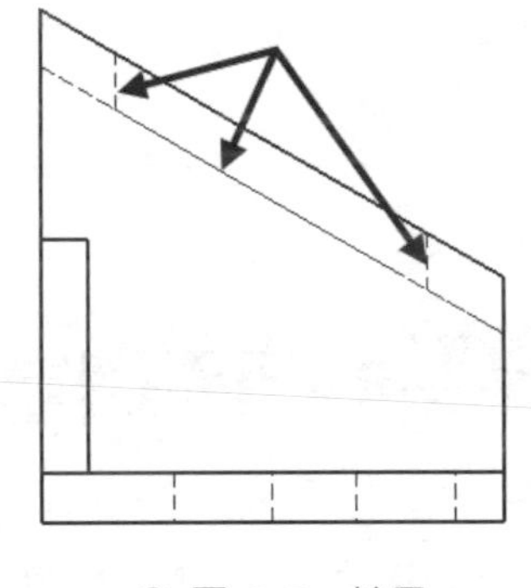

圖 6-7　結果

STEP 8　從文意感應工具列中隱藏邊線

選擇垂直的圓角相切邊線，從**文意感應**工具列選擇**隱藏 / 顯示邊線**，如圖 6-8 所示。

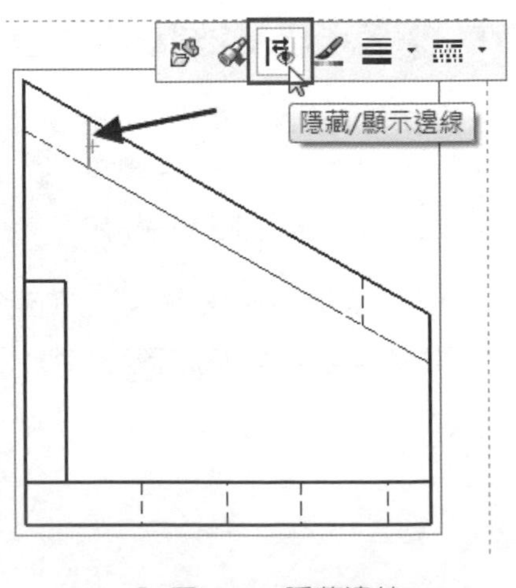

圖 6-8　隱藏邊線

STEP 9 進入隱藏 / 顯示邊線 PropertyManager

在前視圖邊界框內按一下，從**文意感應**工具列選擇**隱藏 / 顯示邊線**，喚出 PropertyManager，如圖 6-9。

這時您可以使用 PropertyManager 顯示先前隱藏的邊線、使用過濾器選擇邊線及選取多條邊線。

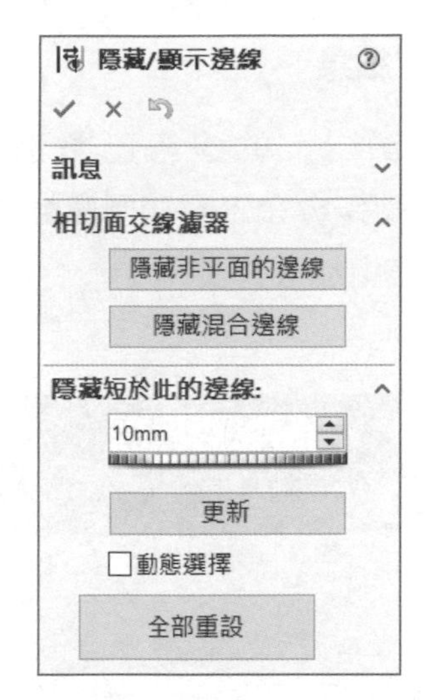

圖 6-9　隱藏 / 顯示邊線 PropertyManager

STEP 10 選擇要隱藏的邊線

選擇圓角切線以及特徵底端重疊的邊線，如圖 6-10 所示。

按**確定**。

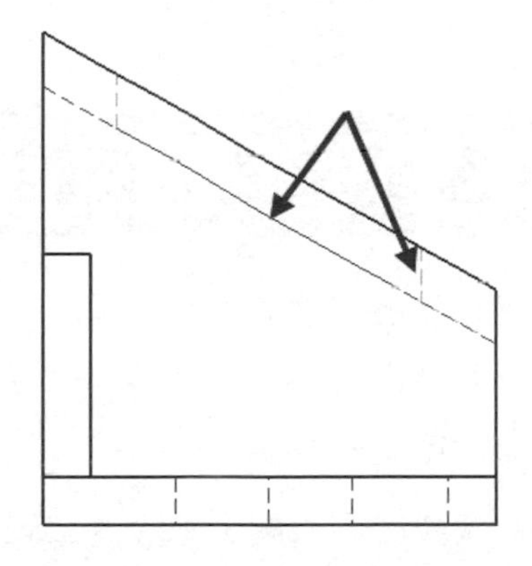

圖 6-10　選擇要隱藏的邊線

STEP 11 從 FeatureManager（特徵管理員）顯示邊線

展開 FeatureManager（特徵管理員）的“上視圖”零件特徵，在伸長 - 薄件 1 特徵上按滑鼠右鍵，從快顯功能表中按**顯示 / 隱藏→顯示隱藏的邊線**，如圖 6-11 所示。

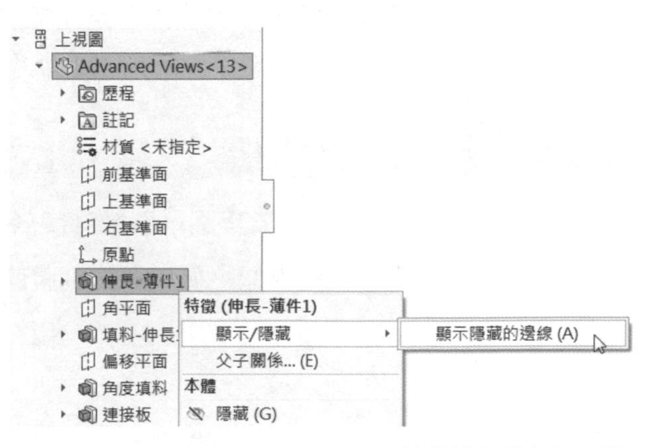

圖 6-11　從 FeatureManager（特徵管理員）顯示邊線

STEP 12 結果

所選特徵隱藏的邊線已顯示在視圖中，如圖6-12，這個動作會在**工程視圖屬性**對話方塊的**顯示隱藏的邊線**標籤中加入特徵。

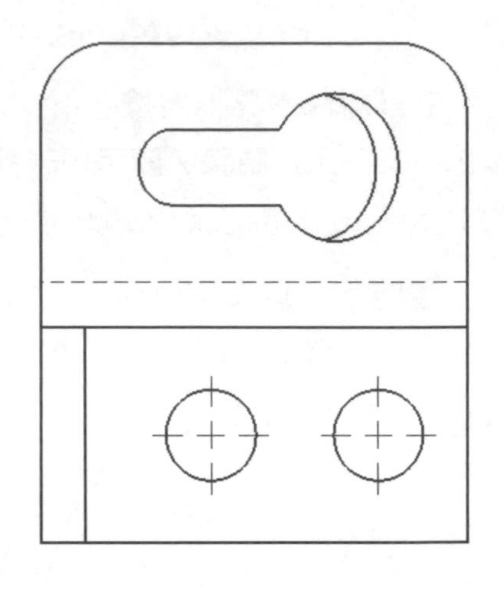

圖 6-12　結果

技巧

相同的技巧也可以使用在組合件工程視圖的**隱藏/顯示零組件**。

6.3 區域深度剖視圖

以下將於前視圖中使用**區域深度剖視圖**，它可以直接在剖面視圖中加入尺寸，而不使用隱藏線。區域深度剖視圖動作類似於細部放大圖：它會自動啟用畫圖工具，並需要在父視圖上畫一個草圖輪廓。

對於區域深度剖視圖，預設的草圖工具是不規則曲線，當封閉的不規則曲線完成後，接著定義剖面的深度。深度可以輸入距離或者選擇一條邊線，若是選擇邊線來定義深度時，您可以選擇任意視圖上的邊線；若是選擇圓邊線，則會以圓心定義剖面深度。像細部放大圖，區域深度剖視圖也可以在啟用指令前先用其他草圖指令繪製草圖輪廓。

指令TIPS　區域深度剖視圖

- CommandManager：**工程圖→區域深度剖視圖** 。
- 功能表：**插入→工程視圖→區域深度剖視圖**。
- 快顯功能表：在工程視圖或圖頁上按滑鼠右鍵，點選**工程視圖→區域深度剖視圖**。

STEP 13 啟用區域深度剖視圖指令

按**區域深度剖視圖**。

STEP 14 在前視圖繪製不規則曲線

如圖 6-13 所示，在前視圖用不規則曲線繪製一條封閉的不規則曲線。

技巧

不規則曲線是由點所控制，此處的不規則曲線是由 5 個點所控制。

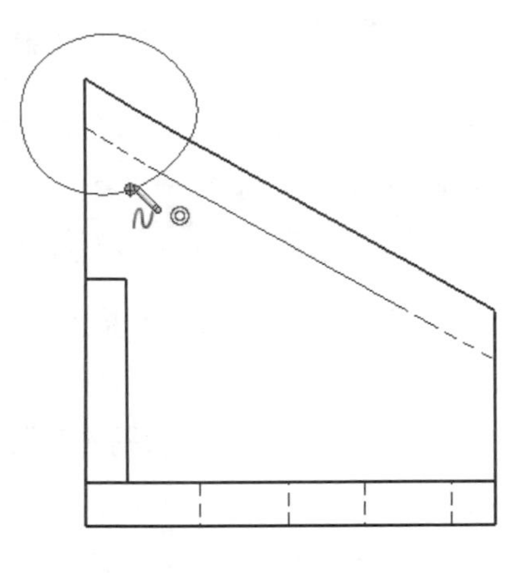

圖 6-13　不規則曲線

STEP 15 定義深度

選擇右視圖的邊線來定義剖面的**深度**，如圖 6-14 所示。使用邊線作為深度的好處是，模型變更時，剖面深度也能自動更新而不受影響。

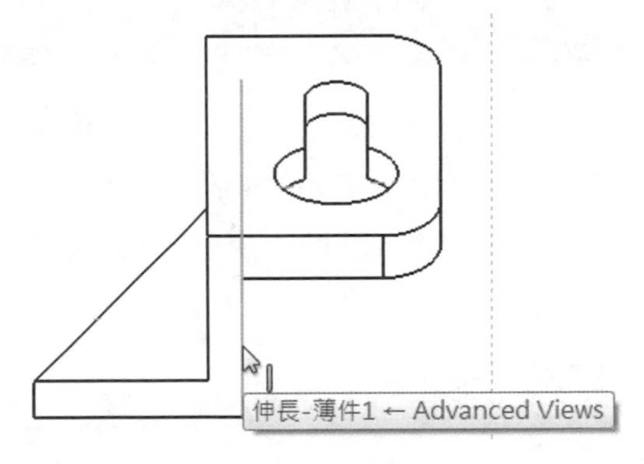

圖 6-14　定義深度

STEP 16 顯示剖面預覽

勾選**預覽**查看視圖的剖面狀況，如圖 6-15 所示。

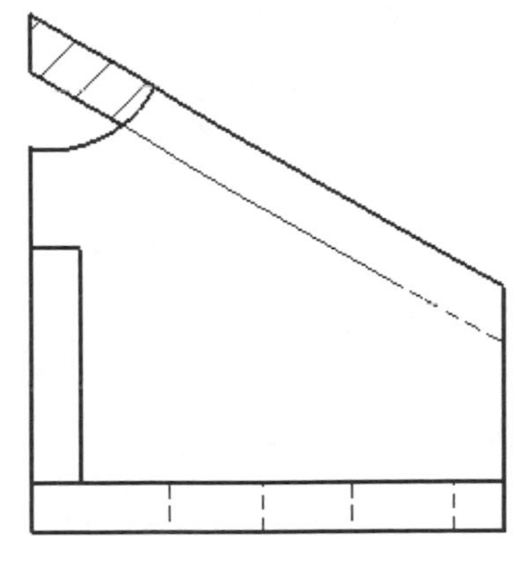

圖 6-15　顯示剖面預覽

STEP 17 按確定

6.3.1 編輯區域深度剖視圖

區域深度剖視圖可以被視為視圖特徵，因此必須先在FeatureManager（特徵管理員）之中展開父視圖，才能編輯區域深度剖視圖，如圖 6-16 所示。

要編輯區域深度剖視圖的輪廓或深度，可在FeatureManager（特徵管理員）的視圖上，或從視圖的剖面線上按滑鼠右鍵，再點選**編輯草圖**或**編輯定義**。

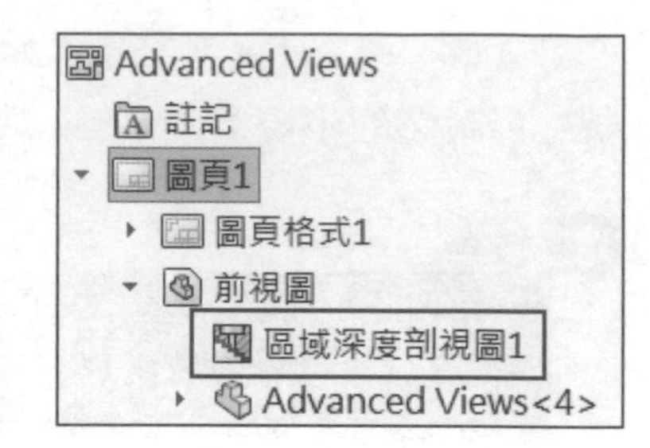

圖 6-16 展開父視圖

6.4 輔助視圖

為了適當表現斜面上的鑰匙槽，這裡將使用**輔助視圖**。一開始啟用輔助視圖時，要從現有的視圖斜面上選擇一條邊線，然後**輔助視圖**會從正垂於所選的邊線上建立一個投影視圖，如圖 6-17 所示。

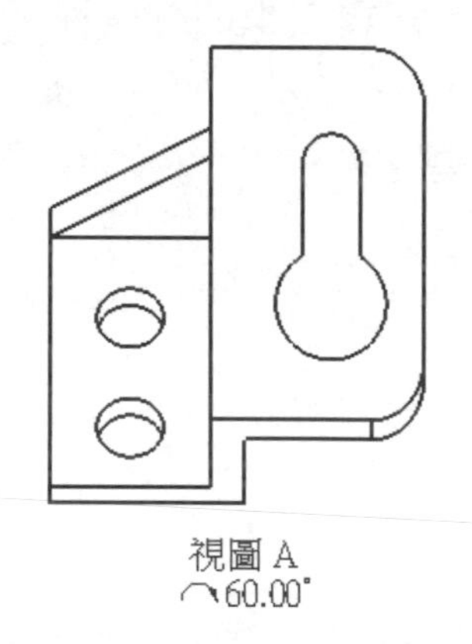

圖 6-17 輔助視圖

指令TIPS 輔助視圖

- CommandManager：**工程圖→輔助視圖** 。
- 功能表：**插入→工程視圖→輔助視圖**。
- 快顯功能表：在工程視圖或圖頁上按滑鼠右鍵，點選**工程視圖→輔助視圖**。

STEP 18 啟用輔助視圖指令

按**輔助視圖**。

STEP 19 選擇參考邊線

在前視圖的右上方選擇角度邊線作為參考邊線。

STEP 20 放置視圖時使用 Ctrl 鍵

為了防止輔助視圖與父視圖對正，在放置視圖前按住 Ctrl 鍵，如圖 6-18 所示。

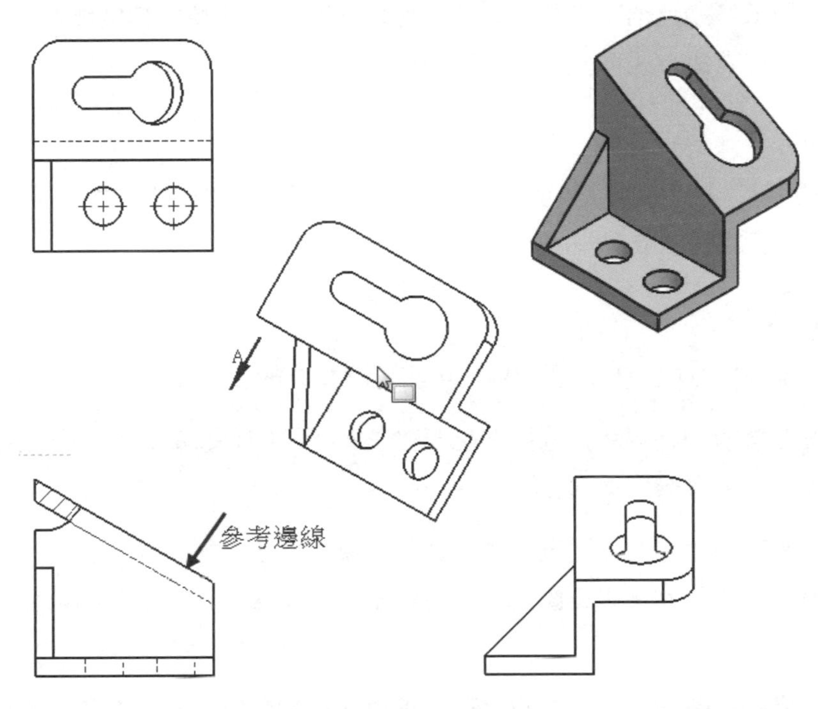

圖 6-18 放置視圖

STEP 21 選擇項：重新命名視圖

在 FeatureManager（特徵管理員）中重新命名輔助視圖為 **“視圖 A”**。

STEP 22 在父視圖編修標示

拖曳標示靠近前視圖的參考邊線，如圖 6-19 所示。

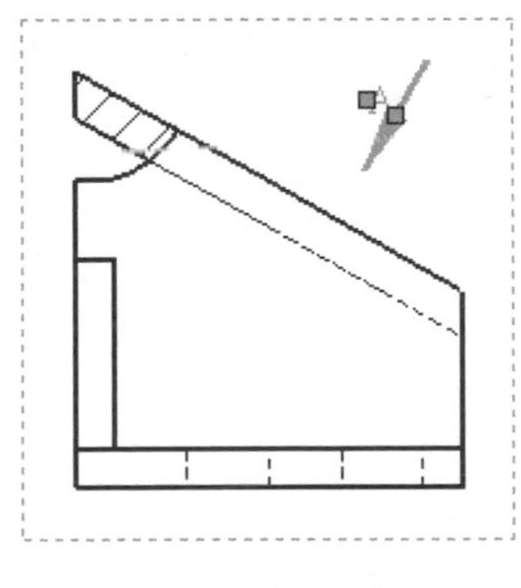

圖 6-19 拖曳標示

6.5 旋轉視圖

為了清楚顯示“鑰匙槽”特徵，這裡將旋轉“視圖 A”，使“角度填料”的面能夠直立放置在圖頁中，有幾個方式可以對正工程視圖：

旋轉視圖

旋轉視圖 指令可以指定角度旋轉，只要在視圖上按滑鼠右鍵，從快顯功能表中點選**縮放 / 移動 / 旋轉→旋轉**即可。

對正工程視圖

對正工程視圖指令內含有幾個選項，可使視圖直立的放置在圖頁上，方式有：

- **水平 / 垂直邊線**：在視圖上選擇您想要對正為水平或垂直的邊線，然後按**工具→對正工程視圖→水平邊線**或**垂直邊線**。
- **順時針 / 逆時針水平對正圖頁**：要自動旋轉視圖使水平對正圖頁，可使用**工具→對正工程視圖→順時針水平對正圖頁**或**逆時針水平對正圖頁**。這些選項都可以從視圖的快顯功能表中進入。

以下我們將使用快顯功能表中的**對正工程視圖→按順時針水平對正至圖頁**來旋轉“視圖 A”。

STEP 23 旋轉工程視圖

在“視圖 A”的邊界框上按滑鼠右鍵，從快顯功能表中點選**對正工程視圖→按順時針水平對正至圖頁**，如圖 6-20 所示。

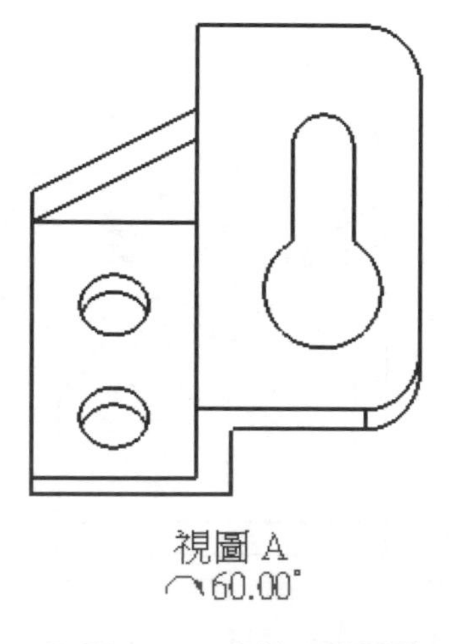

圖 6-20　旋轉工程視圖

6.6 裁剪視圖

為了讓“視圖 A”聚焦在“鑰匙槽”上，這裡要用裁剪視圖，如圖 6-21 所示。

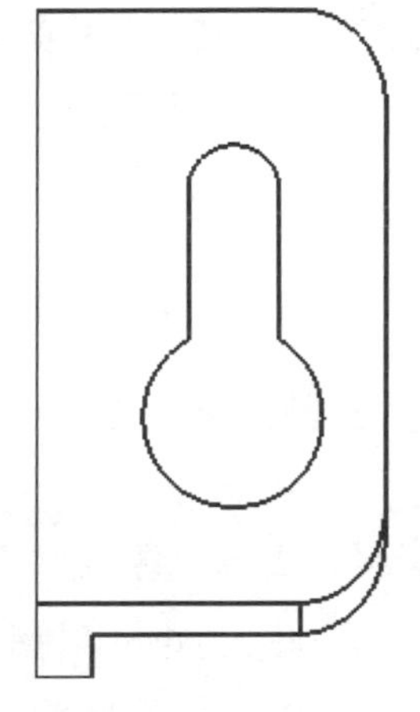

圖 6-21　裁剪視圖

使用**裁剪視圖**指令時需要一個封閉的草圖輪廓，但並未要求特定的草圖工具。建立裁剪視圖前要先繪製草圖輪廓，並先預選該輪廓再啟用指令。封閉輪廓應圍繞著視圖的一部分，該部分在裁剪後仍應保持可見。

> 提示　裁剪視圖和細部放大圖、區域深度剖視圖一樣，都需要有封閉的草圖輪廓。

指令TIPS　裁剪視圖

- CommandManager：**工程圖→裁剪視圖**。
- 功能表：**插入→工程視圖→裁剪視圖**。
- 快顯功能表：在工程視圖或圖頁上按滑鼠右鍵，點選**工程視圖→裁剪視圖**。

6.7 了解視圖焦點

要在視圖上繪製草圖輪廓必須使草圖與父視圖關聯，為了讓草圖或註記與視圖相關聯，畫草圖時系統必須“聚焦”在視圖上。通常會自動聚焦於游標位置，如圖 6-22 所示，視圖邊線的實線角落表示目前視圖是“聚焦”的。

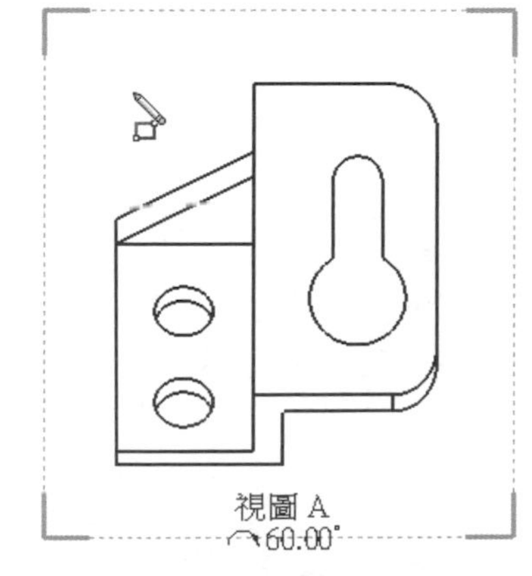

圖 6-22　聚焦的視圖

預設情況下，焦點會在繪製草圖或註記時隨著游標的位置而定，但有時當草圖需要繪製在視圖邊框的外側或視圖重疊時、甚至草圖或註記需要獨立於視圖，且只是置於圖頁上時，這時您可以手動鎖住焦點予某一個視圖上。

要鎖住 / 解開焦點，請在想要的視圖或圖頁上快按滑鼠兩下、或從快顯功能表中使用**鎖住 / 解開視圖焦點**指令，若是“聚焦”的視圖，其邊框會以實線角落顯示。

> 提示　在繪製草圖或產生註記時，要確認系統是聚焦在所想要的視圖上，以確保是與視圖相關聯的。

STEP 24 三點角落矩形

按**三點角落矩形**，如圖 6-23 繪製類似的矩形。

> 提示　要確定視圖焦點是在“視圖 A”上，以確保草圖是與視圖關聯的。若在視圖邊框內繪製草圖，則系統會自動聚焦在視圖上。

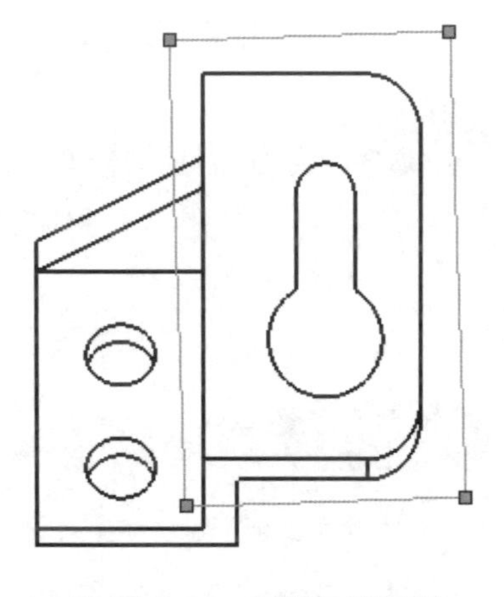

圖 6-23　三點角落矩形

STEP 25 加入草圖限制條件

選擇如圖 6-24 所示的線與邊線，加入**共線**限制條件。

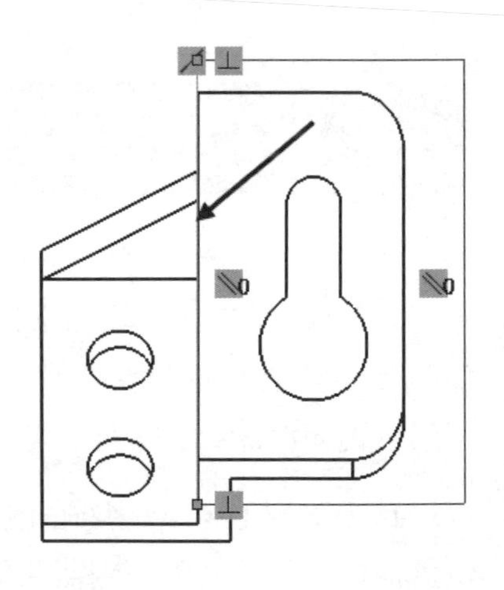

圖 6-24　加入共線限制條件

STEP 26 選擇封閉輪廓

選擇任一條草圖線。

STEP 27 建立裁剪視圖

按**裁剪視圖**。

STEP 28 結果

結果矩形草圖外側的視圖皆被裁剪，視圖 A 在 FeatureManager（特徵管理員）中已顯示為**裁剪視圖**，如圖 6-25 所示。

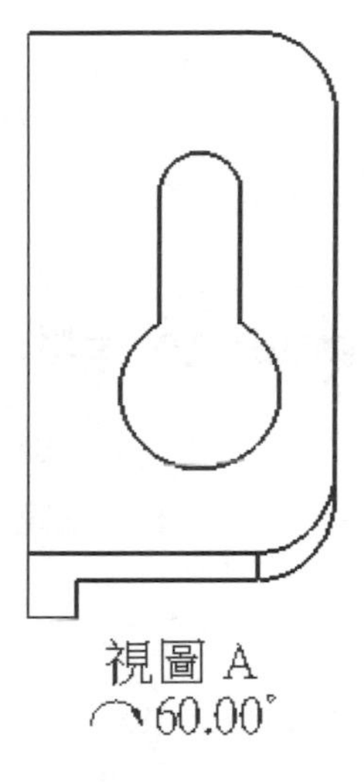

圖 6-25　結果

6.7.1 編輯裁剪視圖

要編輯或移除現有的裁剪視圖，只要在裁剪視圖或 FeatureManager（特徵管理員）的裁剪視圖上按滑鼠右鍵，從快顯功能表點選**裁剪視圖→編輯裁剪視圖**或**移除裁剪視圖**即可，如圖 6-26 所示。

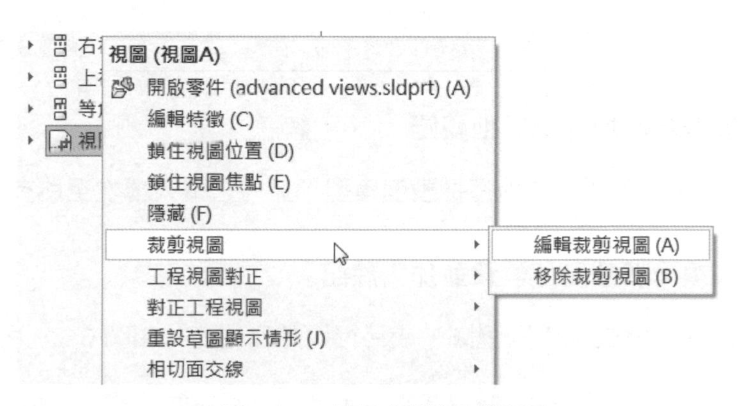

圖 6-26　編輯或移除裁剪視圖

STEP 29 將模型項次加入至“視圖 A”

按**模型項次**，來源選擇**所選特徵**，目的地選擇“**視圖 A**”，如圖 6-27 所示。

必要時，勾選**包含隱藏特徵之項次**。

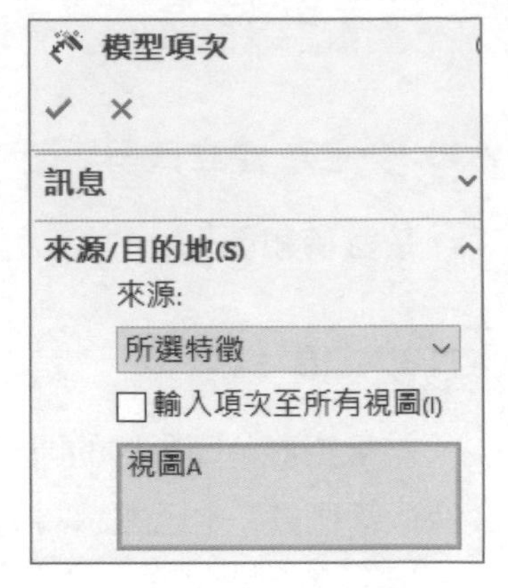

圖 6-27　加入模型項次

STEP 30 選擇特徵

在視圖 A 中選擇特徵**鑰匙槽**與**角度填料**的邊線，如圖 6-28 所示，按**確定**。必要時，調整尺寸的位置。

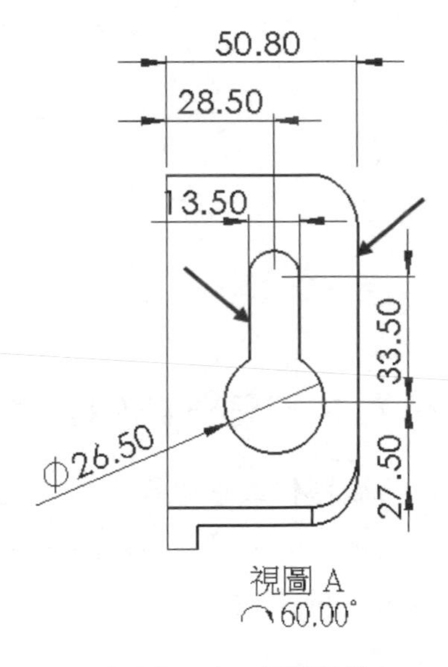

圖 6-28　選擇特徵

STEP 31 將模型項次加入至其他視圖

按**模型項次**，**來源 / 目的地**選擇**整個模型**，並勾選**輸入項次至所有視圖**，按**確定**。

STEP 32 選擇項：調整尺寸位置並加入註記

重排尺寸位置、或移動至不同視圖、或另行標註尺寸等，如圖 6-29 所示。

將**直線中心符號線**加入至“視圖 A”。

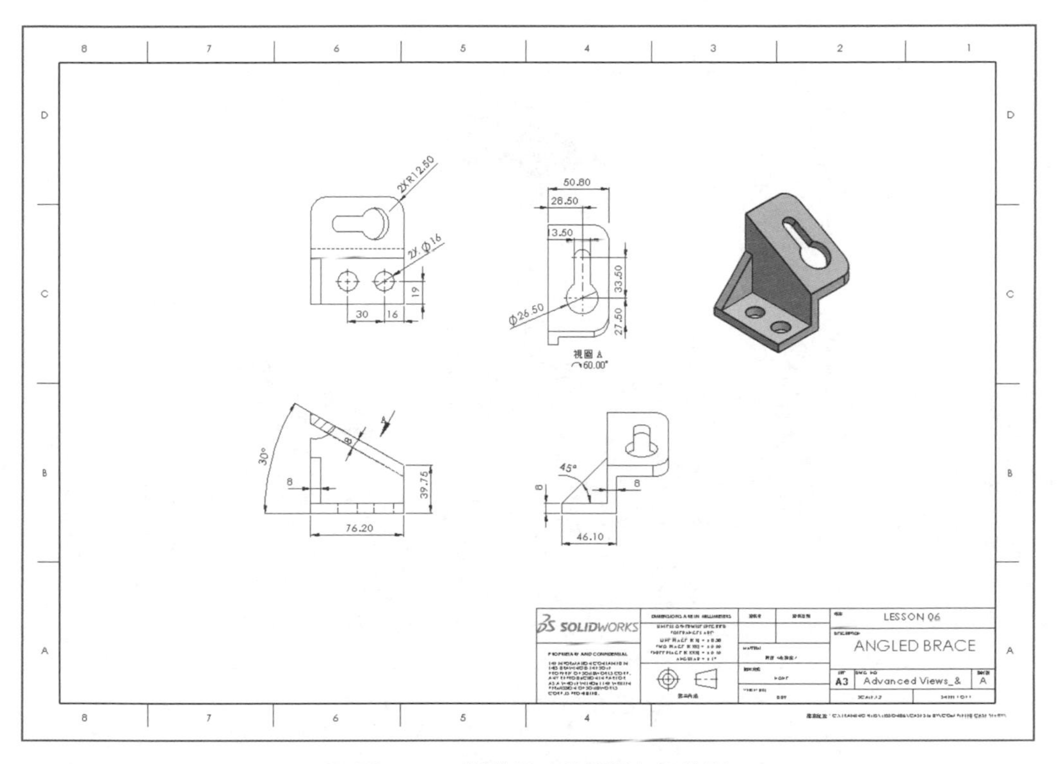

◎ 圖 6-29　調整尺寸位置並加入註記

STEP 33 共用、儲存並關閉所有檔案

6.8 組合件進階視圖

前面章節所討論的功能在零件和組合件中都是一樣的，但組合件還有一些獨特的視圖和選項，以下我們將完成如圖 6-30 所示的組合件工程圖，以探討組合件的特定功能選項：

- **剖切範圍**
- **位置替換視圖**
- **模型組態的使用**

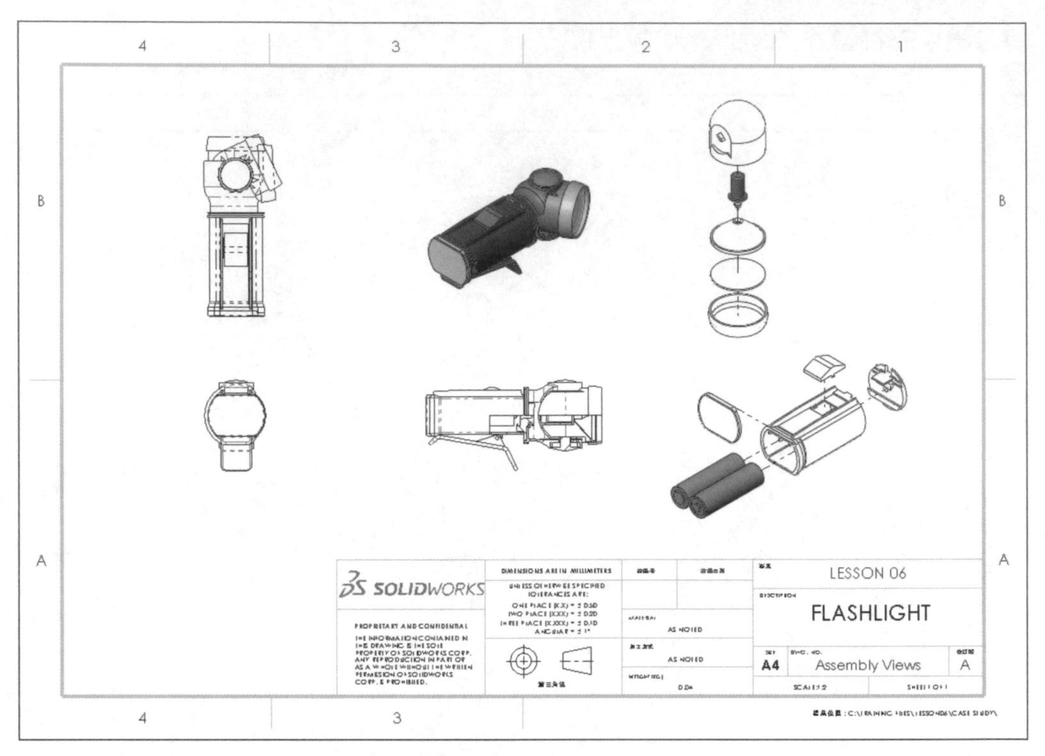

圖 6-30　組合件工程圖

6.9 剖切範圍

在組合件模型中，剖面和區域深度剖視圖還有一個對話方塊，是用來定義**剖切範圍**的，如圖 6-31 所示。

圖 6-31　剖切範圍對話方塊

使用剖切範圍選項，您可以指定在剖切時要排除的零組件。如果是已建立的剖面視圖，您可以在**工程視圖屬性**對話方塊中編修。

STEP 1 開啟工程圖

從 Lesson06\Case Study 資料夾中開啟工程圖檔：Assembly Views.SLDDRW，如圖 6-32 所示。

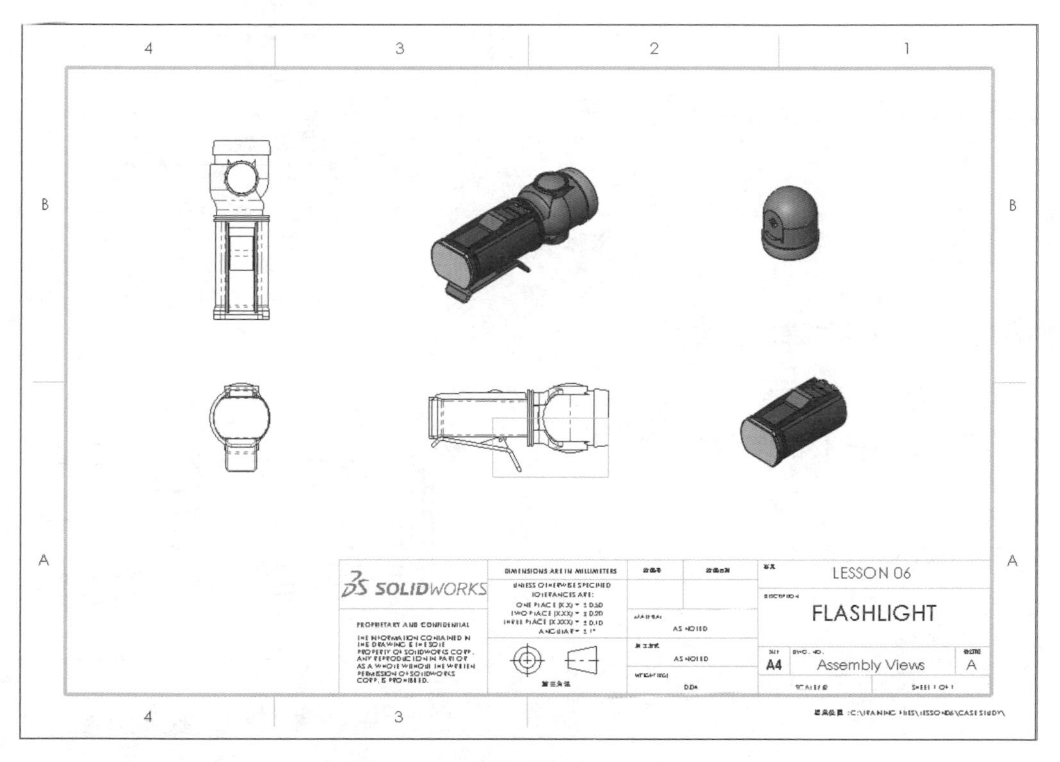

圖 6-32　工程圖檔 Assembly Views

STEP 2 選擇現有區域深度剖視圖輪廓

如圖 6-33 所示，從右視圖現有的草圖矩形中選擇一條線。

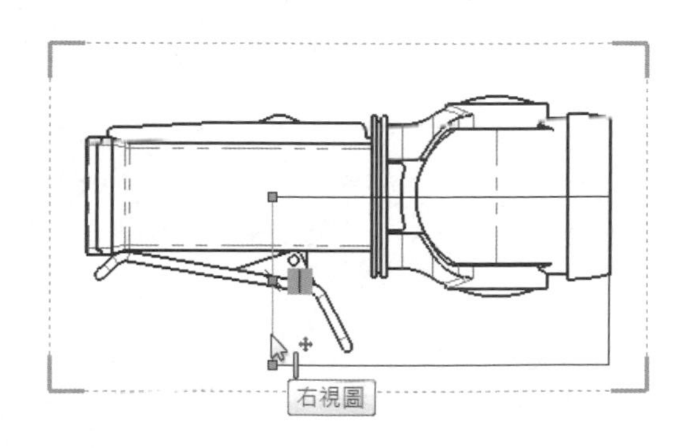

圖 6-33　選擇草圖輪廓

STEP 3 定義剖切範圍

按**區域深度剖視圖**，在**剖切範圍**對話方塊中選擇 Belt Clip(Assembly Views 006) 零組件，如圖 6-34 所示，按**確定**。

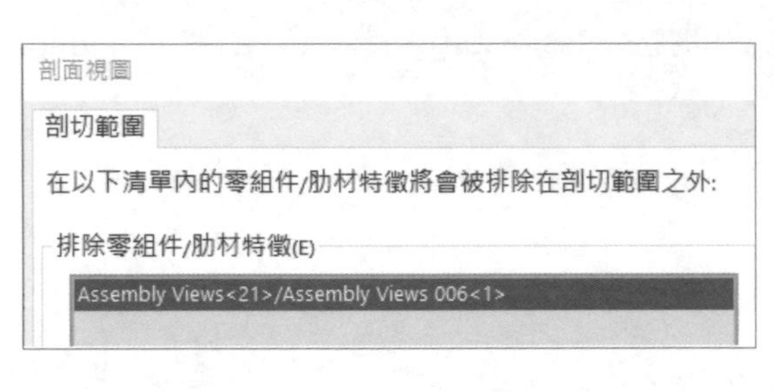

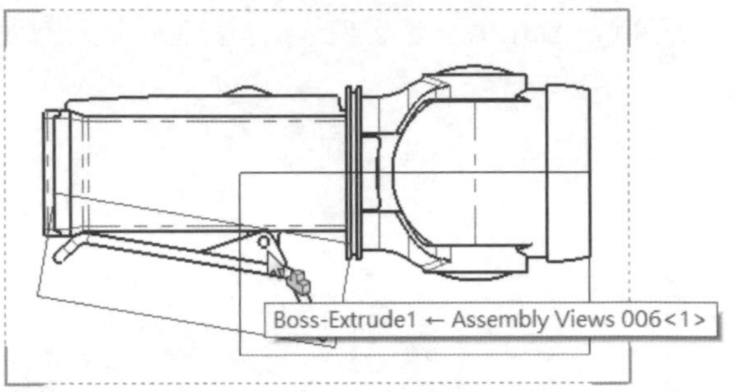

圖 6-34　剖切範圍

STEP 4 完成區域深度剖視圖

深度選擇如圖 6-35 所示的圓邊線，剖切深度會剖切到圓的圓心位置，按**確定**。

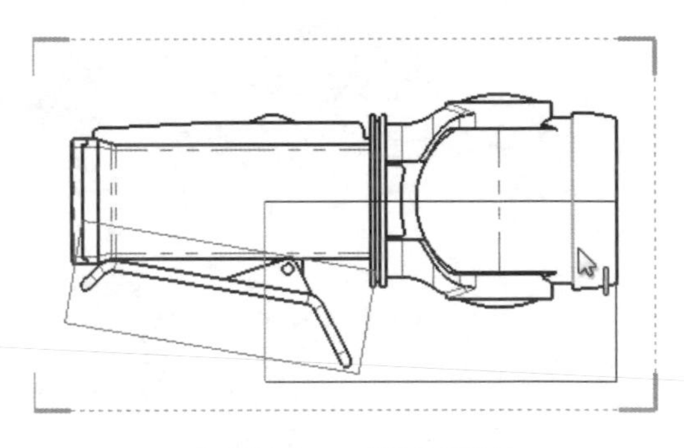

圖 6-35　選擇圓邊線

STEP 5 結果

剖切結果如圖 6-36 所示，所選的零組件 Belt Clip(Assembly Views 006) 已被排除。

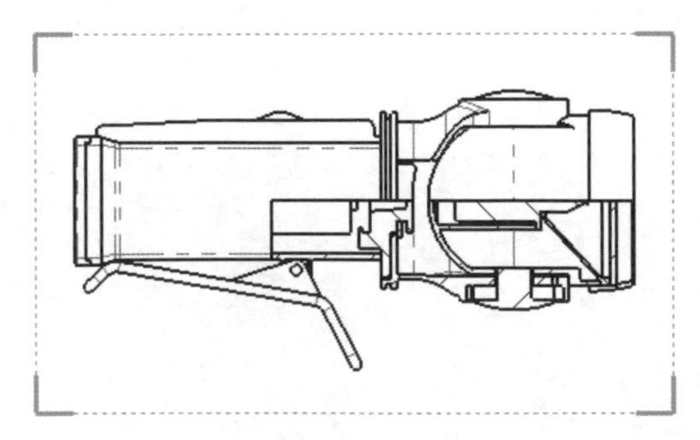

圖 6-36　結果

STEP 6 進入區域深度剖視圖屬性

為了加入零組件 bulb 至排除範圍，這裡可以使用**區域深度剖視圖屬性**處理。在 FeatureManager（特徵管理員）中展開**右視圖**，在**區域深度剖視圖 1** 按滑鼠右鍵，點選**屬性**。

STEP 7 編輯剖切範圍

在**工程視圖屬性**對話方塊中點選**剖切範圍**標籤，從視圖中選擇 bulb(Assembly Views 002b) 零組件，如圖 6-37 所示，按**確定**。

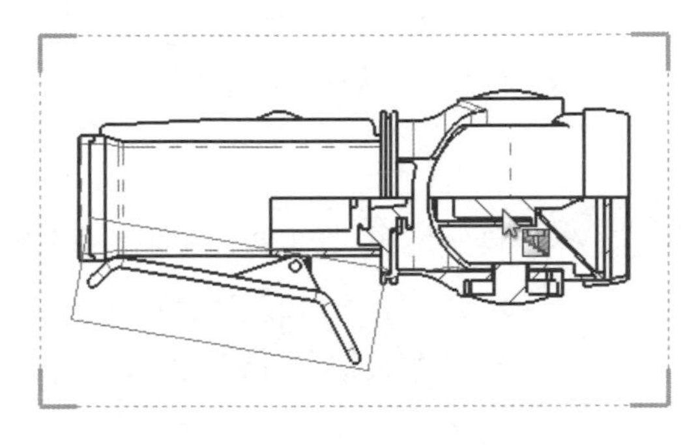

圖 6-37 編輯剖切範圍

STEP 8 結果

零組件 bulb 已被排除，如圖 6-38 所示。

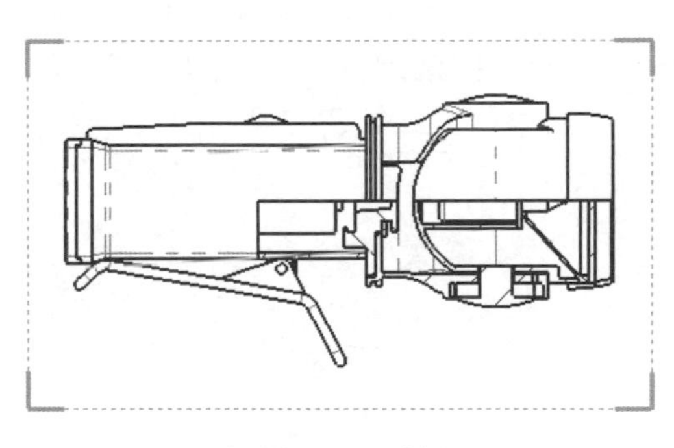

圖 6-38 結果

6.10 位置替換視圖

為了顯示組合件中頭部（head）零組件轉動的不同位置，這裡可以在上視圖中加入**位置替換視圖**。

位置替換視圖會在組合件不同位置上建立組合件的重疊影像（圖 6-39）。在建立視圖時，位置替換視圖可以在現有的組態外，另行建立一個新的組態。要建立新的組態必須在組合件中用到**移動零組件**指令，以定義新組態的不同位置。

當啟用新組態選項時，新組態將會從目前視圖的組態複製副本，因此新組態的父視圖必須保有移動的自由度。

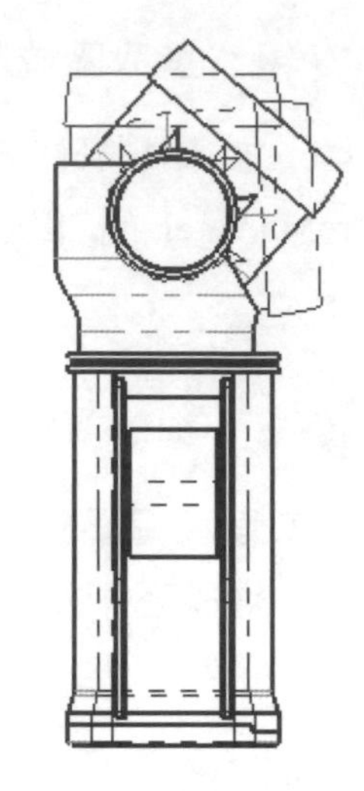

圖 6-39 位置替換視圖

指令TIPS 位置替換視圖

- CommandManager：**工程圖→位置替換視圖** 。
- 功能表：**插入→工程視圖→位置替換視圖**。
- 快顯功能表：在工程視圖或圖頁上按滑鼠右鍵，點選**工程視圖→位置替換視圖**。

雖然位置替換視圖一般都用在組合件中，但也可以用在零件上。如果要建立零件的位置替換視圖，則零件必須要先建立模型組態才能做到影像重疊。

STEP 9 為位置替換視圖使用現有模型組態

選擇**上視圖**，按**位置替換視圖** ，如圖 6-40 所示，點選**現有的模型組態**，並選擇 “Head Straight”，按**確定**。

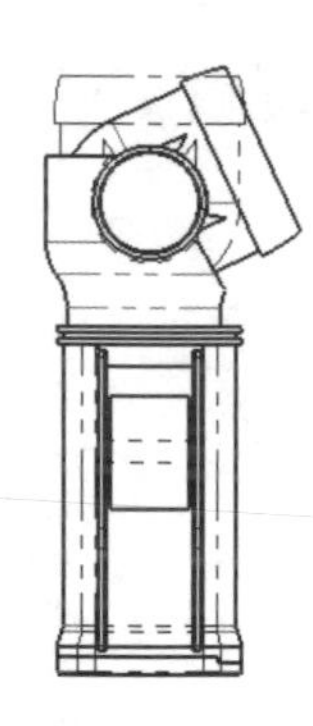

圖 6-40 位置替換視圖選項

STEP 10 為位置替換視圖建立新模型組態

選擇**上視圖**，按**位置替換視圖** ，如圖 6-41 所示，點選**新模型組態**，並命名為 “Head Down”，按**確定**。

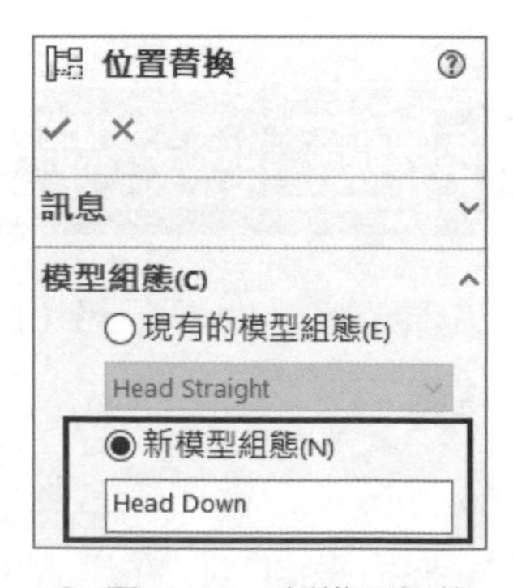

圖 6-41 新模型組態

STEP 11 移動零組件

畫面切換至組合件視窗，並自動啟用**移動零組件**指令。展開選項並選擇**碰撞偵測→碰撞時停止**。拖曳組合件頭部向右旋轉，直至碰到 Swivel Base 零組件時停止，如圖 6-42 所示，按**確定**✔。

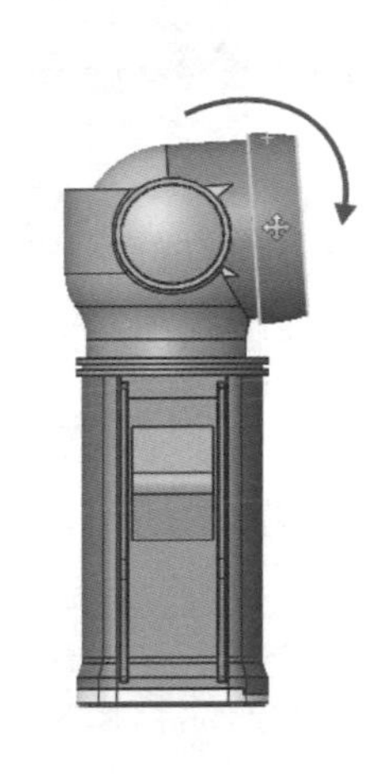

圖 6-42　移動零組件

STEP 12 結果

新的模型組態 Head Down 已建立在新的位置上，並套用至工程圖中的**位置替換視圖**，如圖 6-43 所示。

圖 6-43　模型組態 Head Down

6.10.1 編輯位置替換視圖

在建立位置替換視圖後，可將它視為視圖特徵，因此您可以在 FeatureManager（特徵管理員）中展開父視圖後存取，如圖 6-44 所示。

要編輯**位置替換視圖**設定時，只要在 FeatureManager（特徵管理員）的視圖或視圖的邊線上按滑鼠右鍵，點選**編輯特徵**。

圖頁1
圖頁格式1
前視圖
右視圖
上視圖
Assembly Views<22> "FLASHLIGHT"
位置替換1
位置替換2

圖 6-44　位置替換視圖特徵

6.11 使用模型組態

若是在工程視圖中所使用的組合件模型是不足定義的，那必須注意的是工程視圖已連結至組合件，若組合件中零組件的位置變更，工程圖也會跟著變更，這樣會產生不想要的視圖或造成尺寸懸置。

為了避免這種狀況，可以考慮在建立模型組態時使用固定的位置。在工程圖中使用完全定義的組合件，可以避開這種因零組件移動所產生的變更。

在本例中，模型內含一個完全定義與一個不足定義的組態，為防止不想要的變更發生，這裡將編修一些所參考的組態後，完全定義組態以供視圖使用。

STEP 13 查看 Assembly Views 模型中的組態

選擇組合件任一視圖後，按**開啟組合件**，並啟用**模型組態管理員**。

選擇項：左邊窗格可以上下分割為 FeatureManager（特徵管理員）與模型組態管理員。

在模型中啟用所有模型組態，其中 **Default** 與 **Head Straight** 組態是完全定義的；**Movable** 與 **Head Down** 組態是不足定義的。

STEP 14 修改 Movable 組態

啟用 Movable 組態，移動 Flashlight Head 零組件至新位置，如圖 6-45 所示。

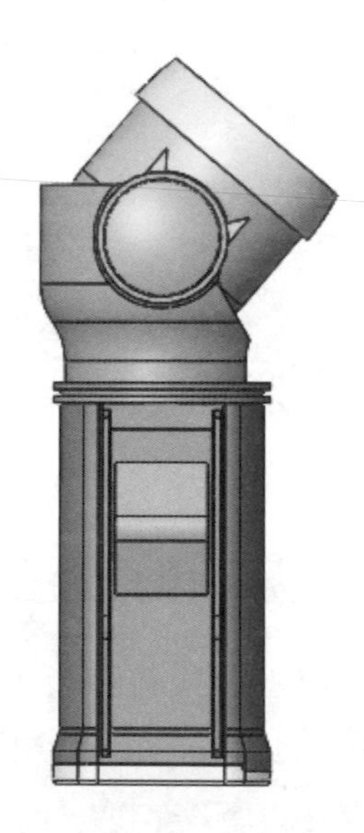

圖 6-45　移動 Flashlight Head 零組件

STEP 15 重新計算工程圖

切換至 Assembly Views 工程圖視窗，參考至 Movable 組態的工程視圖已更新至新位置。

STEP 16 編輯所參考的組態

選擇上視圖，變更**參考模型組態**為 **Default**；選擇等角視，變更**參考模型組態**為 **Default**，如圖 6-46 所示。

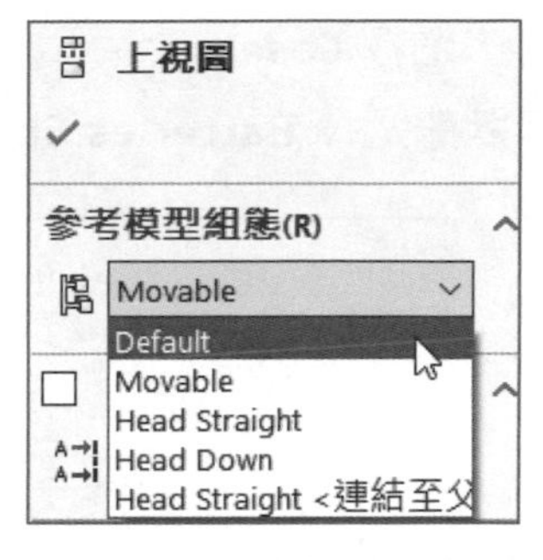

圖 6-46　變更參考組態

STEP 17 完全定義 Head Down 模型組態

回到組合件視窗並啟用 Head Down 組態，在 Flashlight Head(Assembly Views 002) 零組件上按滑鼠右鍵，點選**固定→此模型組態**。

6.11.1 使用顯示狀態

顯示狀態是用來控制模型的視覺屬性，它可以由個別模型組態所控制。顯示狀態可在組合件或零件中針對某特定區域做強調顯示，並且可以套用至工程視圖中。

Flashlight Head 和 Flashlight Case 組合件都已內含顯示狀態用以凸顯特定零組件，以下將修改這些模型的工程視圖，以使用這些自訂顯示狀態與爆炸視圖。

STEP 18 回到 Assembly Views 工程圖視窗

STEP 19 修改 Head 工程視圖

選擇 Head 工程視圖，在 PropertyManager 中勾選**以爆炸或模型斷裂的狀態顯示**；**顯示狀態**選擇 **Bulb Shaded**，如圖 6-47 所示。必要時移動視圖至適當位置。

圖 6-47　修改 Head 視圖

STEP 20 修改 Case 工程視圖

選擇 **Case** 工程視圖，在 PropertyManager 中勾選**以爆炸或模型斷裂的狀態顯示**；**顯示狀態**選擇 **Batteries Shaded**，如圖 6-48 所示。必要時移動視圖至適當位置。

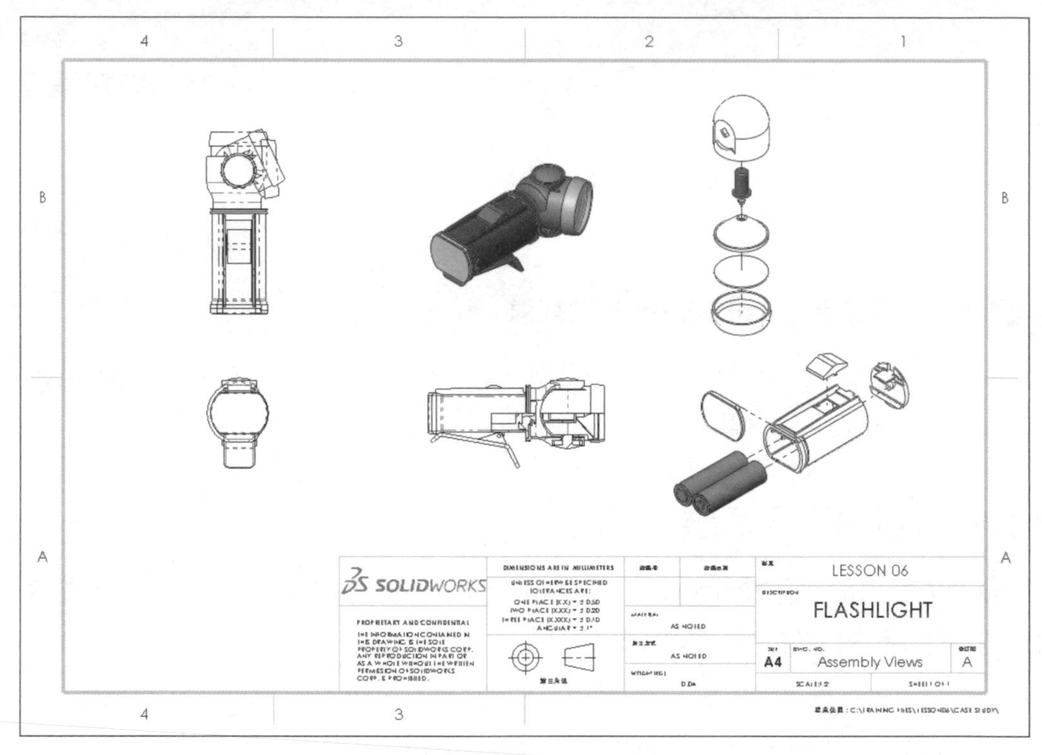

圖 6-48　修改 Case 視圖

STEP 21 共用、儲存並關閉所有檔案

6.12 自訂視角方位

當某些視圖無法從標準視圖、投影視圖或輔助視圖中展示時，這時就得使用視角方位中的自訂視角。以下有幾種技巧可以用來建立視角方位：

- **新增視角**
- **調整模型視角**
- **3D 工程視圖**

為了了解如何使用這些技巧，在此將建立如圖 6-49 所示的工程圖。

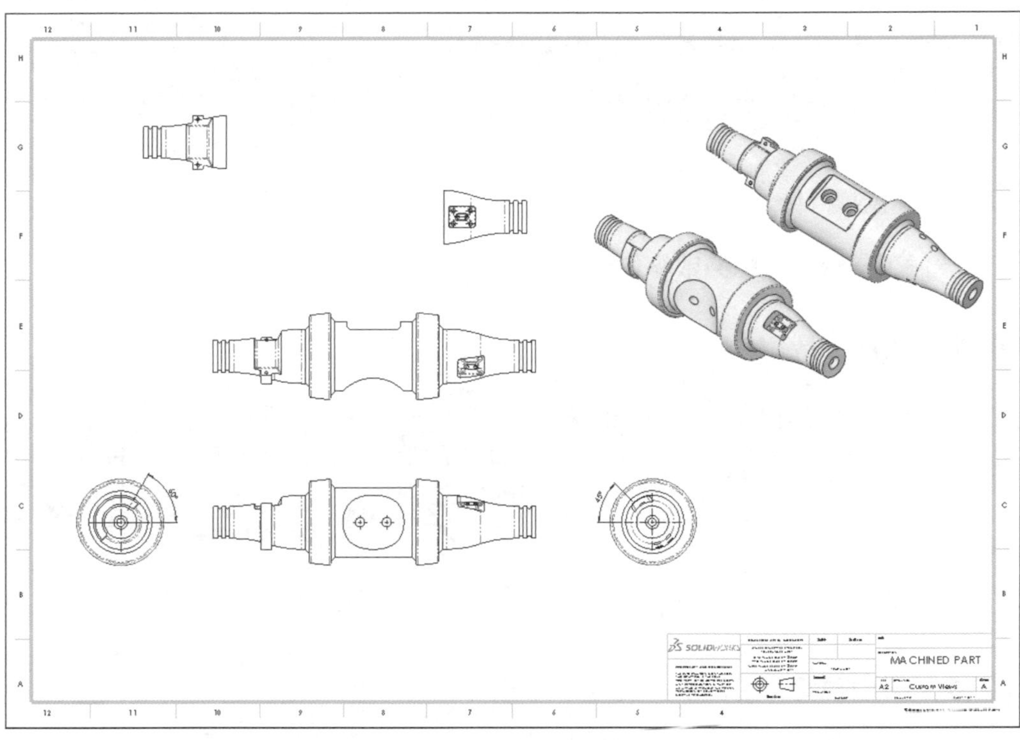

圖 6-49　自訂視圖方位

STEP 1　開啟工程圖

從 Lesson06\Case Study 資料夾中開啟工程圖檔：Custom Views.SLDDRW。

6.12.1　新增視角

新增視角是用來建立自訂視角方位的選項之一，是在模型中定義一個**新視角**，此指令位於**方位**對話方塊中，如圖 6-50，可以用來將目前模型的視角儲存為一個新視角，並可隨時使用。新視角也可以直接用在工程視圖中，它會顯示在視圖調色盤和模型視角 PropertyManager 中。

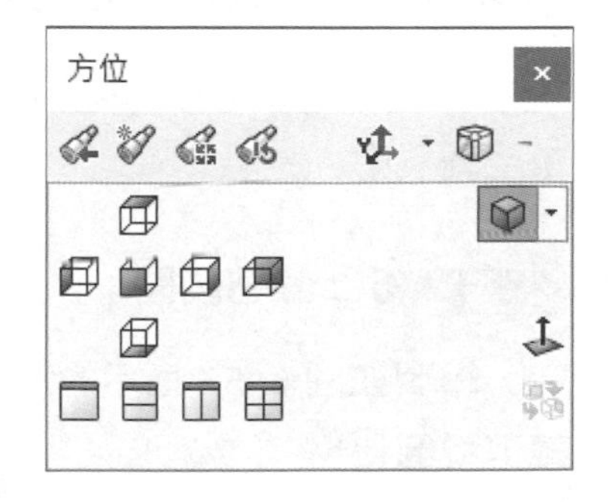

圖 6-50　視角方位

技巧

在**方位**對話方塊中的其他指令也可以用來修正標準視角方位。

指令TIPS 新增視角

- 立即檢視工具列：按**視角方位**→**新增視角**。
- 快速鍵：按**空白鍵**，再按**新增視角**。

STEP 2 開啟零件

任選一個工程視圖，按**開啟零件**。

STEP 3 模型定位

選擇如圖 6-51 所示的平面，按**正視於**。

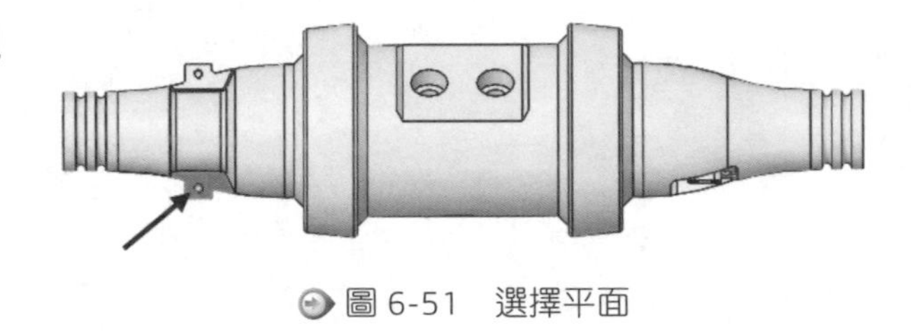

圖 6-51 選擇平面

STEP 4 新增視角

按**空白鍵**，從對話方塊中點選**新增視角**，命名為 Cover Mtg Holes，如圖 6-52 所示。按**確定**。

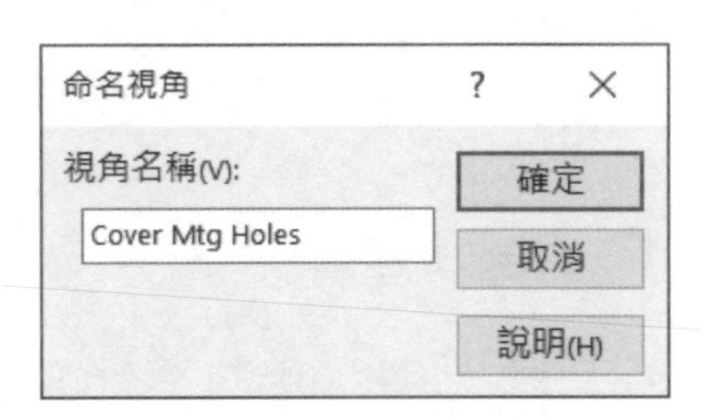

圖 6-52 新增視角

STEP 5 加入新工程圖頁

回到工程圖視窗，點選**視圖調色盤**並按**重新整理**。將視圖 Cover Mtg Holes 拖曳至圖頁中。

STEP 6 裁剪視圖

繪製如圖 6-53 所示的矩形輪廓，按**裁剪視圖**。

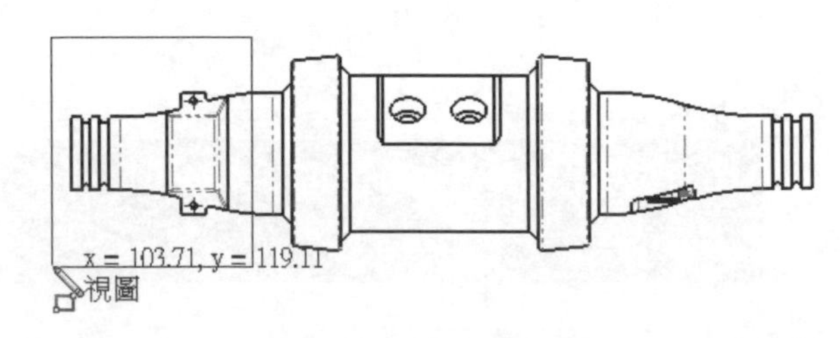

圖 6-53 裁剪視圖

6.13 調整模型視角

另一個建立自訂視角方位的選項是使用**調整模型視角**，此指令需從工程圖中啟用，然後跳至模型中引導您選擇面或平面作為所選方位，如圖 6-54 所示。

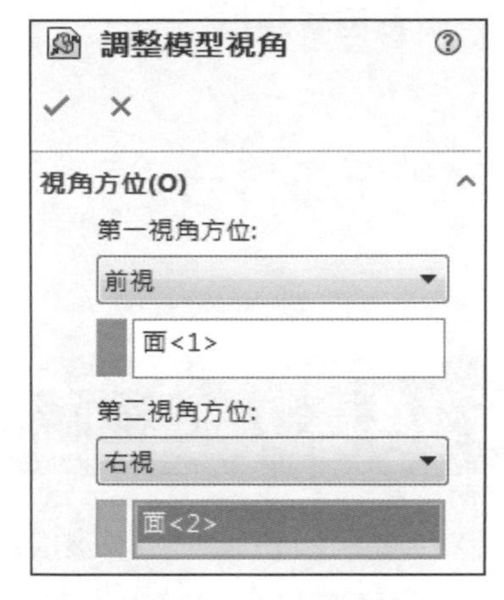

圖 6-54　調整模型視角

指令TIPS　調整模型視角

- CommandManager：**工程圖→調整模型視角** 。
- 功能表：**插入→工程視圖→調整模型視角**。
- 快顯功能表：在工程視圖或圖頁上按滑鼠右鍵，點選**工程視圖→調整模型視角**。

STEP 7　啟用調整模型視角指令

按**調整模型視角**，從工程圖頁中任選一個視圖。

STEP 8　為視角方位選擇面

選擇圖 6-55 所示的兩個面為視角方位的**前視**與**右視**。按**確定**。

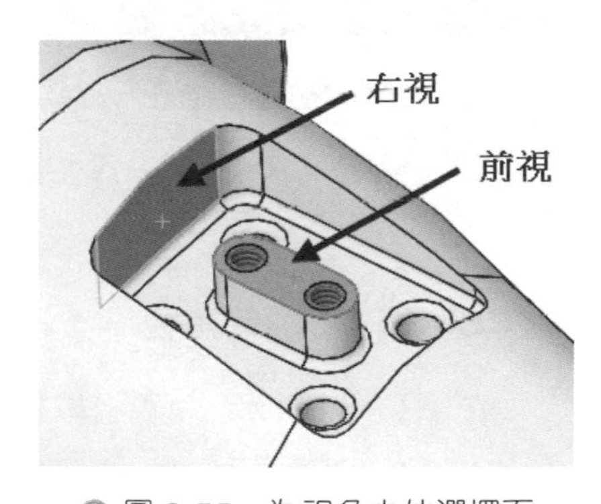

圖 6-55　為視角方位選擇面

STEP 9　在圖頁上放置視圖

當調整模型視角定義完成後，工程圖再次啟用並附著於游標旁，在圖頁上按一下以放置視圖。

STEP 10 裁剪視圖

繪製如圖 6-56 所示的矩形草圖，按**裁剪視圖**。

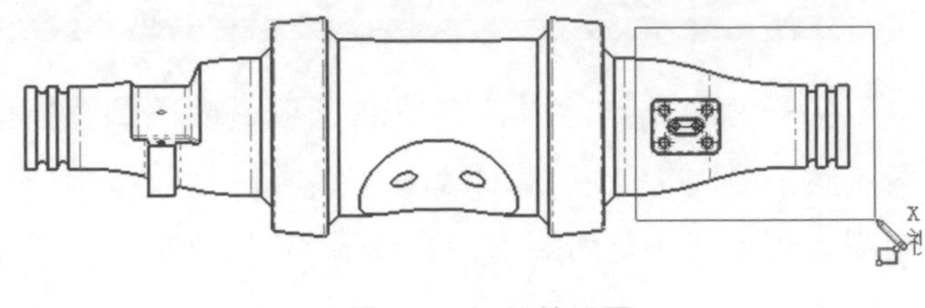

圖 6-56　裁剪視圖

6.14 3D 工程視圖

新視角方位還可以使用動態方式，在工程圖中使用 **3D 工程視圖**指令旋轉現有視角，以定義新的視角方位。

圖 6-57　3D 工程視圖工具列

如圖 6-57 所示，在 **3D 工程視圖**工具列中，可以用在新視角方位的還有**確定**✔、**取消** ✕ 或在模型中**儲存**新視角的指令。

指令TIPS　3D 工程視圖

- 功能表：**檢視→修正→ 3D 工程視圖**。
- 立即檢視工具列：**3D 工程視圖**。

STEP 11 複製等角視

在圖頁上選擇等角視，按**複製**（**Ctrl+C**），再於圖頁的右上角落點一下，按**貼上**（**Ctrl+V**），如圖 6-58 所示。

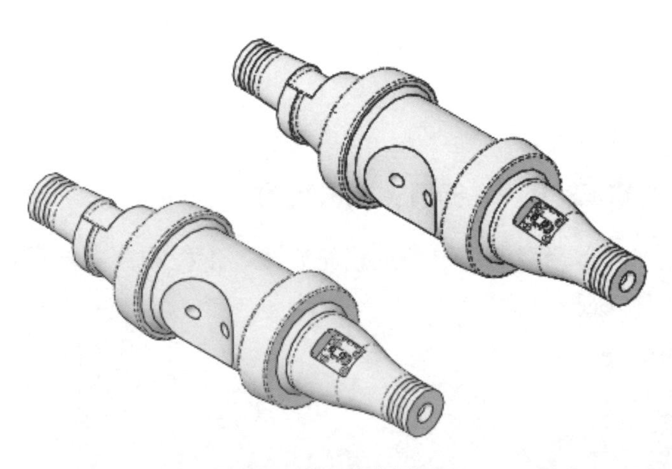

圖 6-58　複製等角視

STEP 12 啟用 3D 工程視圖

選擇複製的等角視圖，按 **3D 工程視圖** 。

STEP 13 旋轉視圖

預設情況下，**旋轉** 指令是啟用的，旋轉視圖近似於如圖 6-59 所示的方位。

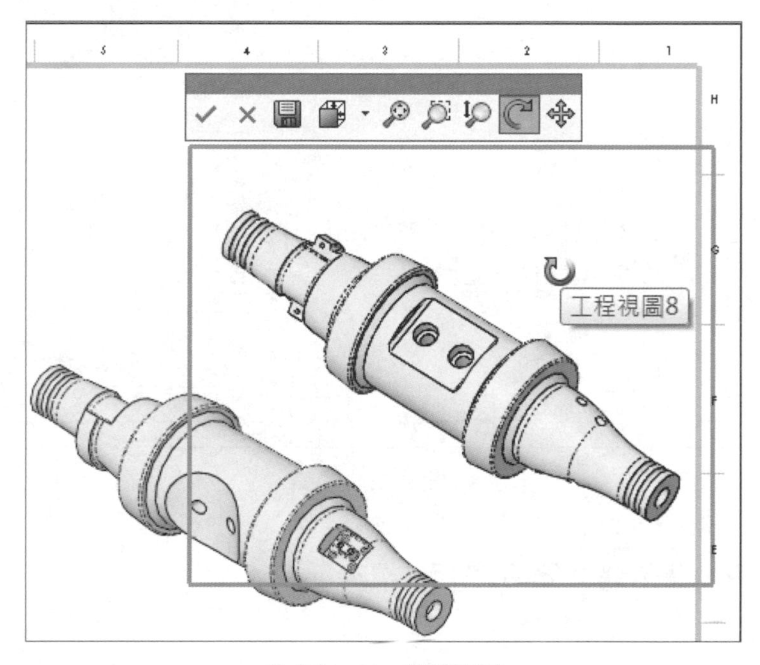

圖 6-59　旋轉視圖

STEP 14 套用新視角方位

按**確定** 。

STEP 15 結果

修改後的視角方位已儲存在視圖中，如圖 6-60 所示。

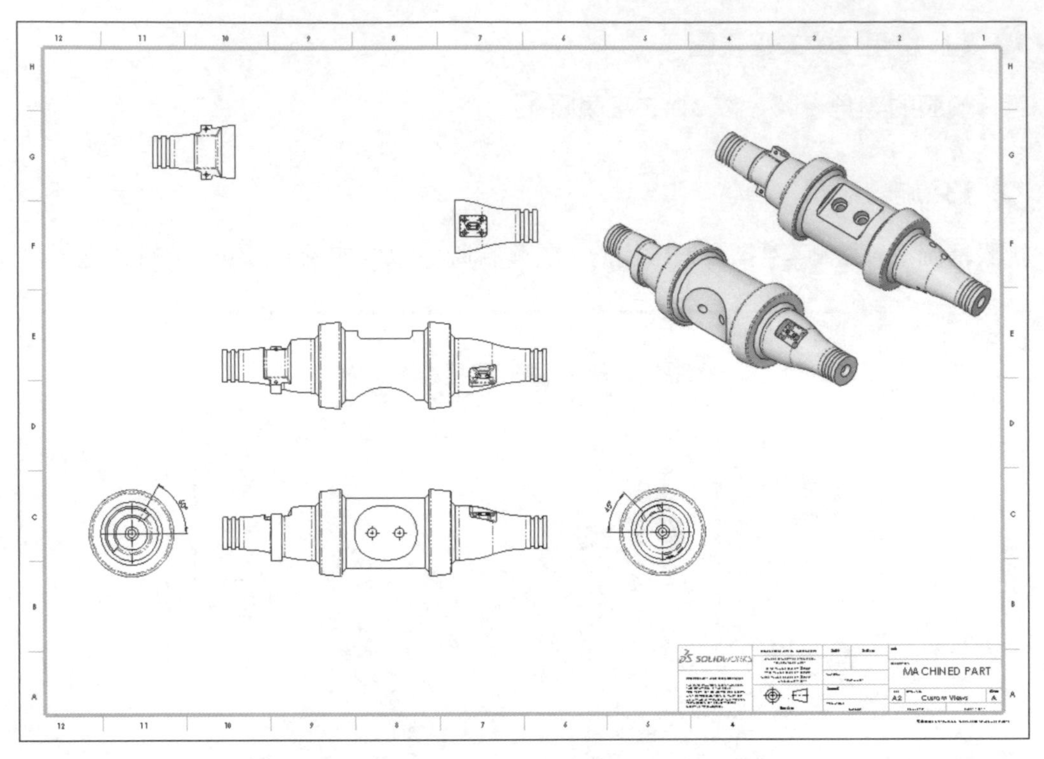

圖 6-60　結果

STEP 16 共用、儲存並關閉所有檔案

練習 6-1 視角練習

為了練習本章所介紹的視角類型與選項，請依下列步驟指引，建立如圖 6-61 所示的工程圖。本練習將使用以下技能：

- 顯示隱藏邊線
- 區域深度剖視圖
- 新增視角

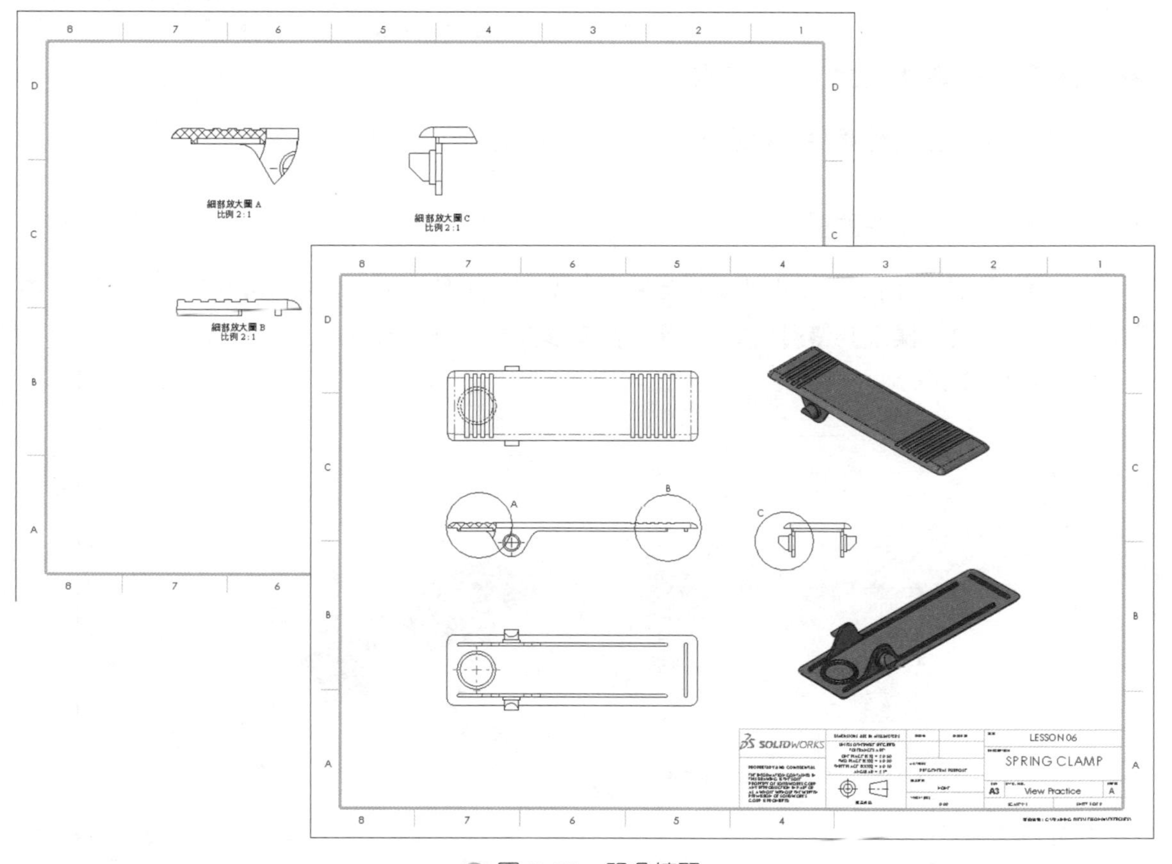

圖 6-61　視角練習

操作步驟

STEP 1 開啟零件

從 Lesson06\Exercises 資料夾中開啟零件：View Practice.SLDPRT，如圖 6-62 所示。

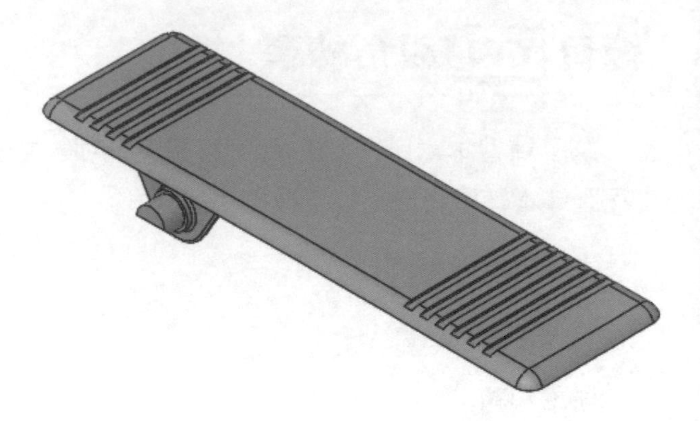

圖 6-62 View Parctice 零件

STEP 2 從零件建立工程圖文件

按**從零件/組合件產生工程圖**，並選擇"A3 工程圖"範本，按**確定**。

STEP 3 建立標準視圖

建立前視圖，並投影上視圖、下視圖與右視圖，這些視圖都使用 **Simplified** 組態。再建立等角視，顯示樣式為**帶邊線塗彩**，**參考模型組態**為 **Default**。圖頁與視圖**比例**為 1：1，如圖 6-63 所示。

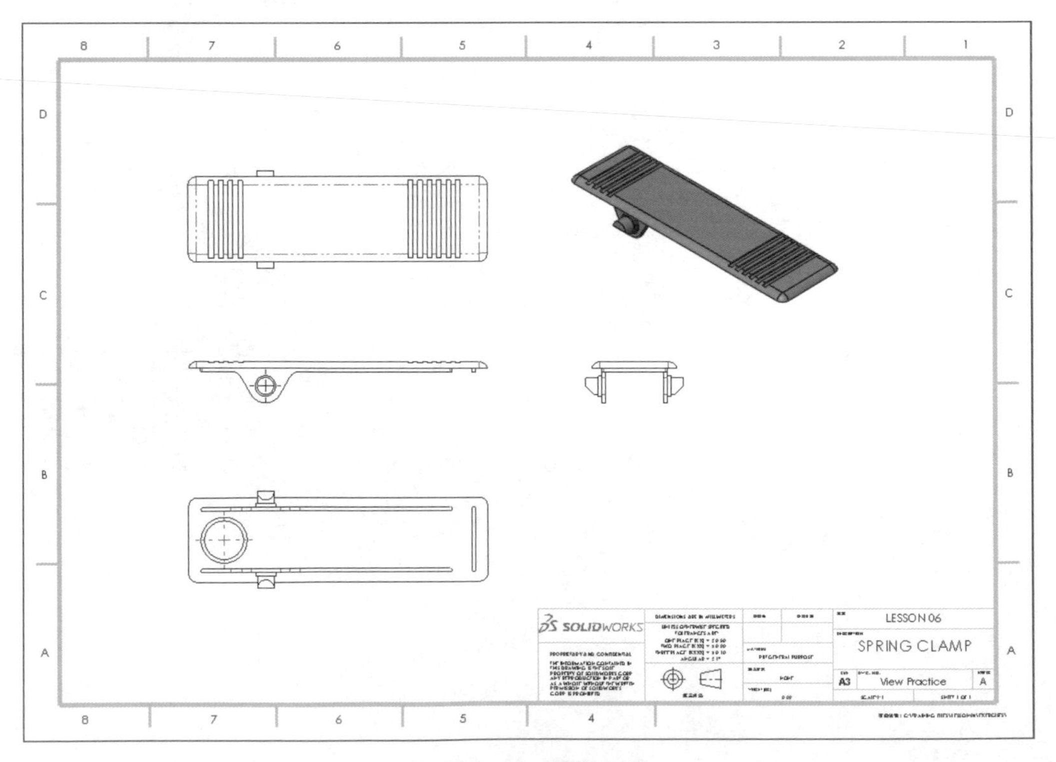

圖 6-63 標準視圖

STEP 4 選擇項：重新命名視圖

在 FeatureManager（特徵管理員）中重新命名視圖，以便於識別，如圖 6-64 所示。

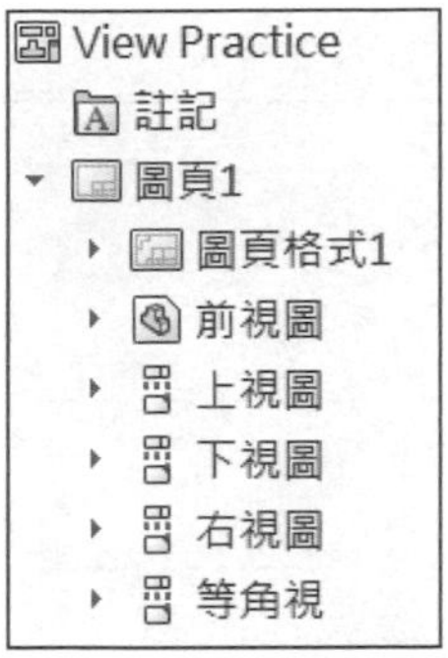

View Practice
註記
圖頁1
圖頁格式1
前視圖
上視圖
下視圖
右視圖
等角視

圖 6-64　重新命名視圖

STEP 5 調整模型方位

回到模型視窗，變更模型方位為**等角視**，按 **Shift+ 向上**方向鍵兩次，將零件翻轉 180˚，如圖 6-65 所示。

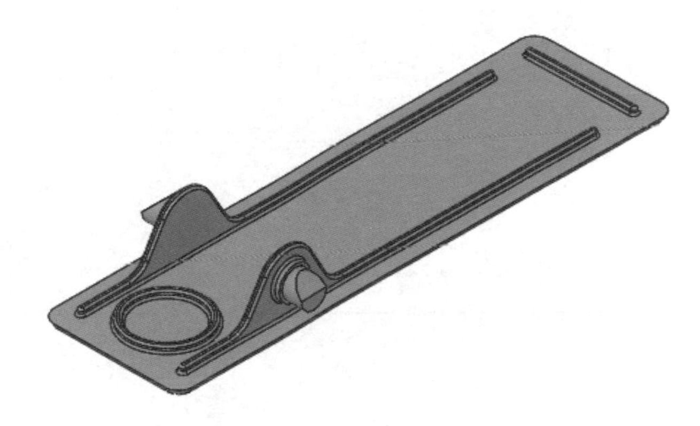

圖 6-65　調整模型方位

STEP 6 新增視角

按**空白鍵**，再點選**新增視角**，命名為 **Reverse Iso**，按**確定**，如圖 6-66 所示。

命名視角
?
視角名稱(V):
Reverse Iso
確定
取消
說明(H)

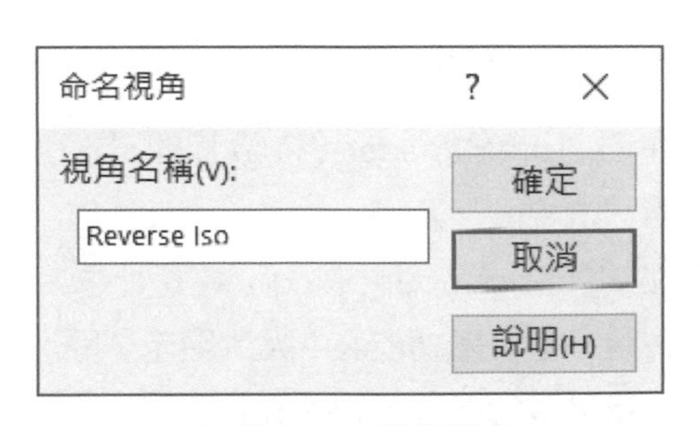

圖 6-66　新增視角

STEP 7 加入新工程視圖

回到工程圖視窗，點選**視圖調色盤**並按**重新整理**。

將視圖 Reverse Iso 拖曳至圖頁中，**參考模型組態選擇 Default**，**顯示樣式為帶邊線塗彩**，如圖 6-67 所示。

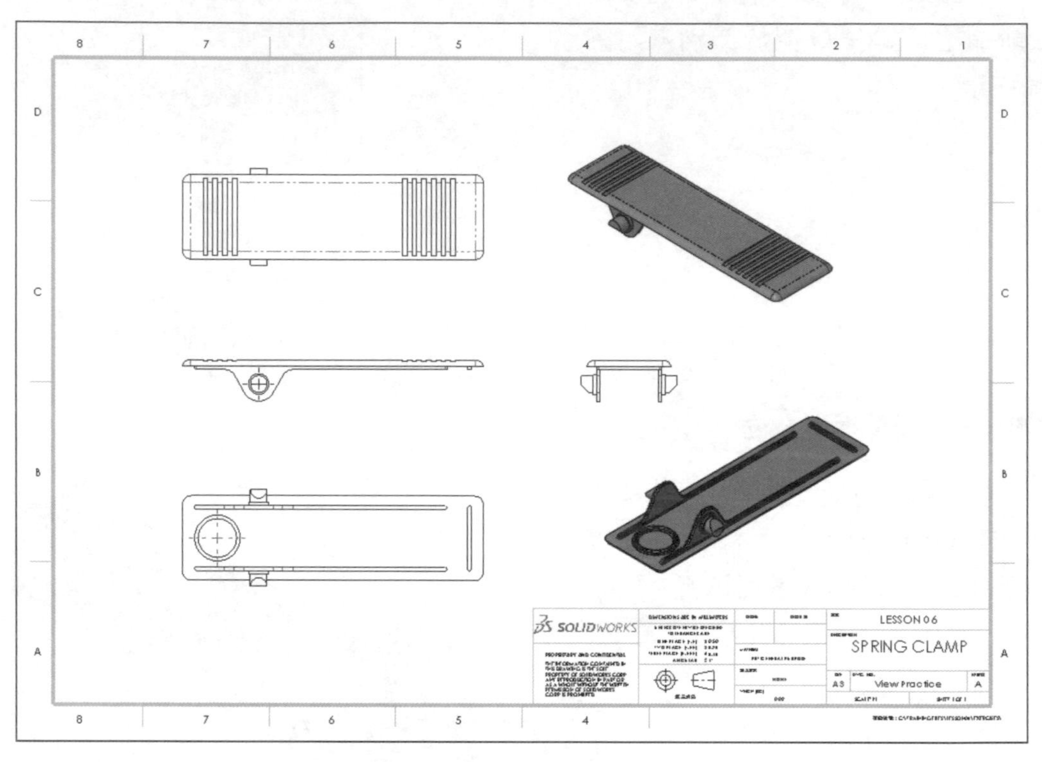

圖 6-67　加入新工程視圖

STEP 8　選擇項：重新命名視圖

在 FeatureManager（特徵管理員）中重新命名視圖為 RVS ISO。

STEP 9　顯示隱藏邊線

在 FeatureManager（特徵管理員）中展開"上視圖"及"View Practice"零件，在"Spring Mount Ring"特徵上按滑鼠右鍵，從快顯功能表中點選**顯示／隱藏→顯示隱藏的邊線**，如圖 6-68 所示。

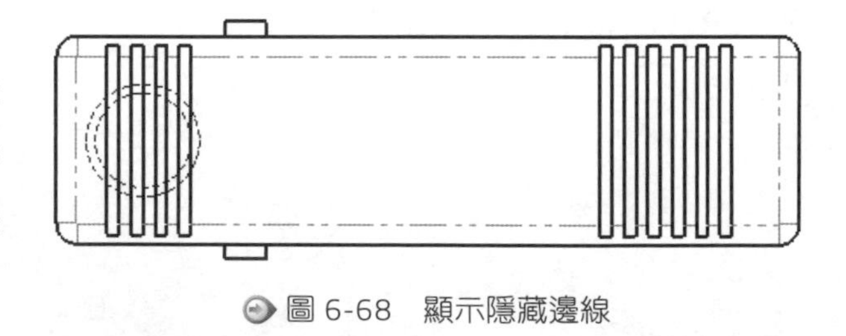

圖 6-68　顯示隱藏邊線

技巧

在 FeatureManager（特徵管理員）任一展開的項次上按滑鼠右鍵，點選**摺疊項次**可以自動收摺樹狀項次。

STEP 10 建立區域深度剖視圖

按**區域深度剖視圖**，在前視圖繪製如圖 6-69 所示的封閉不規則曲線。

按 **Ctrl** 鍵可以防止自動加入限制條件。

深度可以選擇上視或下視圖中的 Spring Mount Ring 特徵圓邊線，勾選**預覽**，按**確定**。

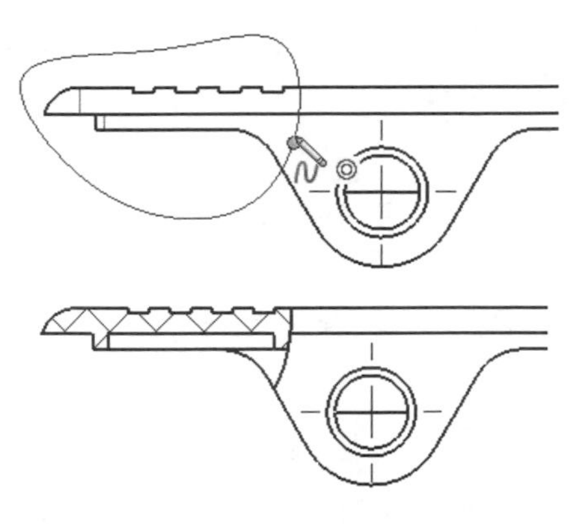

圖 6-69 區域深度剖視圖

STEP 11 建立細部放大圖

建立三個細部放大圖 A,B,C，如圖 6-70 所示。

先放置視圖至圖頁旁邊，稍後視圖將被移至新圖頁中。

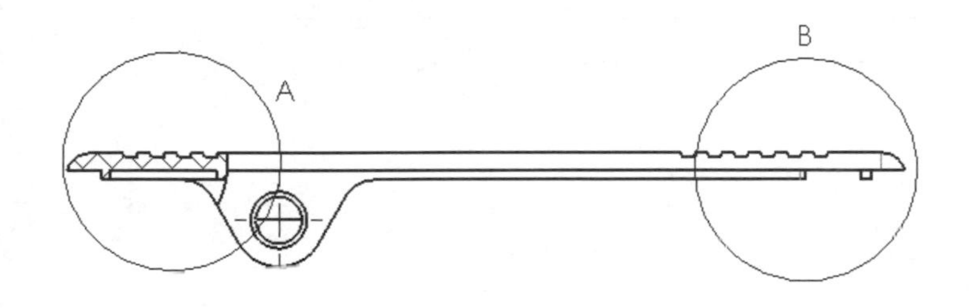

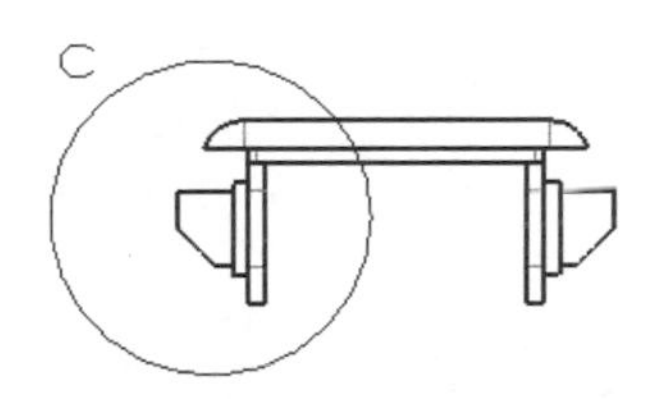

圖 6-70 細部放大圖

STEP 12 新增圖頁

按**新增圖頁**。

STEP 13 啟用圖頁 1

要移動視圖前需先啟用該視圖的圖頁。

STEP 14 移動細部放大圖至圖頁 2

如圖 6-71 所示，按 **Ctrl+ 選擇**三個細部放大圖拖曳至圖頁 2 放置。

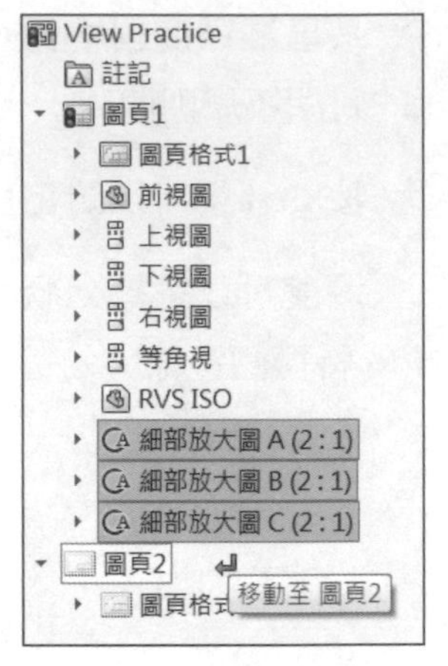

圖 6-71　移動細部放大圖

STEP 15 重新計算 工程圖

STEP 16 啟用圖頁 2

STEP 17 調整視圖位置

移動細部放大圖至圖頁適當位置，如圖 6-72 所示。

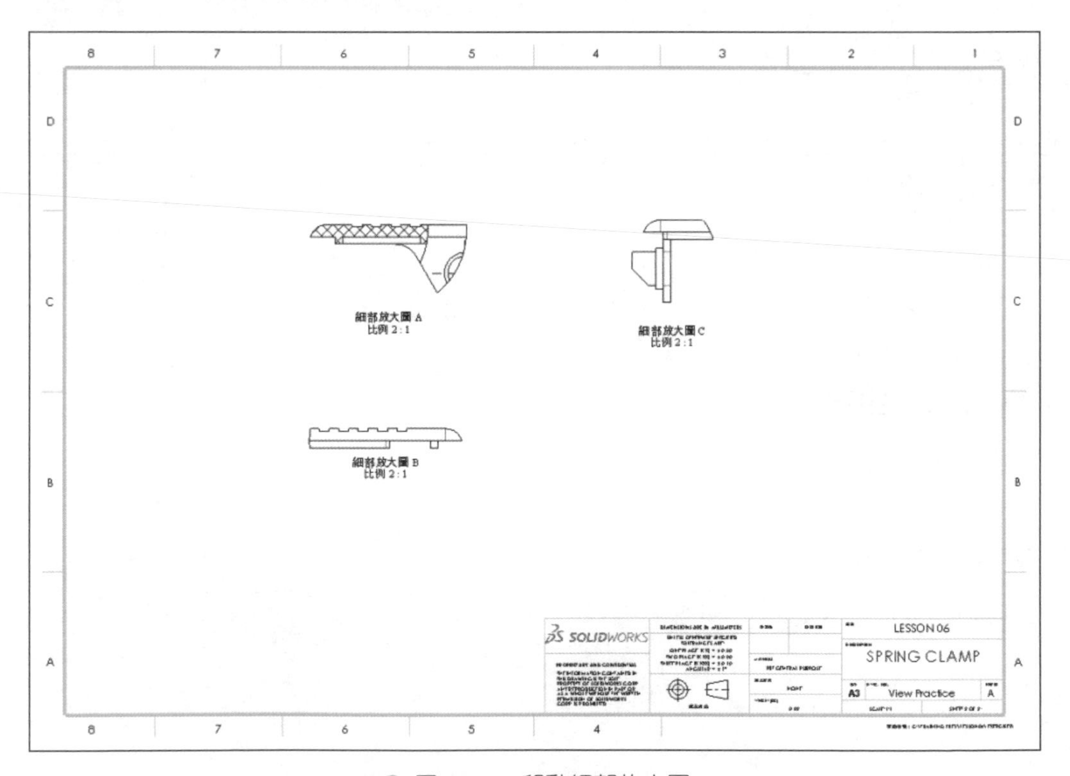

圖 6-72　移動細部放大圖

STEP 18 共用、儲存 並關閉 所有檔案

練習 6-2 輔助視圖

為了練習本章所介紹的視圖類型與選項，請依下列步驟指引，使用下方零件，建立如圖 6-73 所示的工程圖。本練習將使用以下技能：

- 輔助視圖
- 旋轉視圖
- 區域深度剖視圖
- 調整模型視角

工程圖範本：A3 工程圖；圖頁比例 1：2。

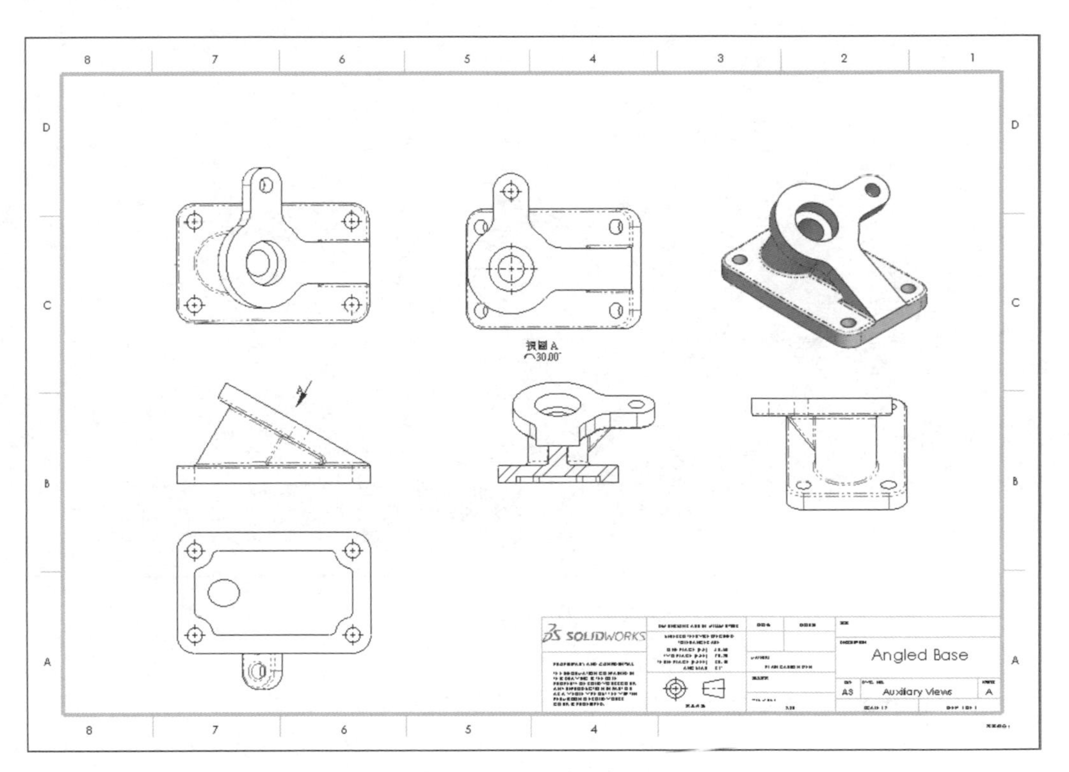

圖 6-73　輔助視圖

操作步驟

STEP 1　開啟零件

從 Lesson06\Exercises 資料夾中開啟零件：Auxiliary Views.SLDPRT。

STEP 2　建立工程視圖

使用"A3 工程圖"範本，並建立如圖 6-74 所示的視圖。

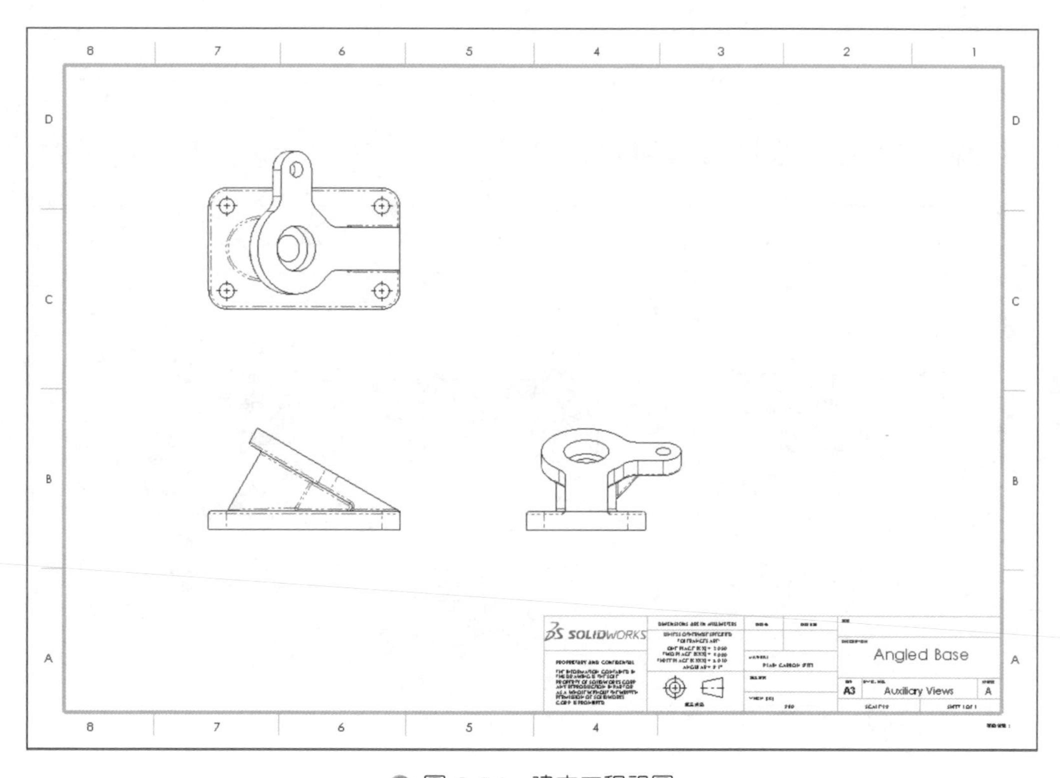

圖 6-74　建立工程視圖

STEP 3　啟用輔助視圖指令

按輔助視圖 。

STEP 4　選擇參考邊線

在前視圖的上方選擇角度邊線作為參考邊線。

STEP 5　放置視圖時使用 Ctrl 鍵

為了防止輔助視圖與父視圖對正，在放置視圖前先按住 **Ctrl** 鍵，如圖 6-75 所示。

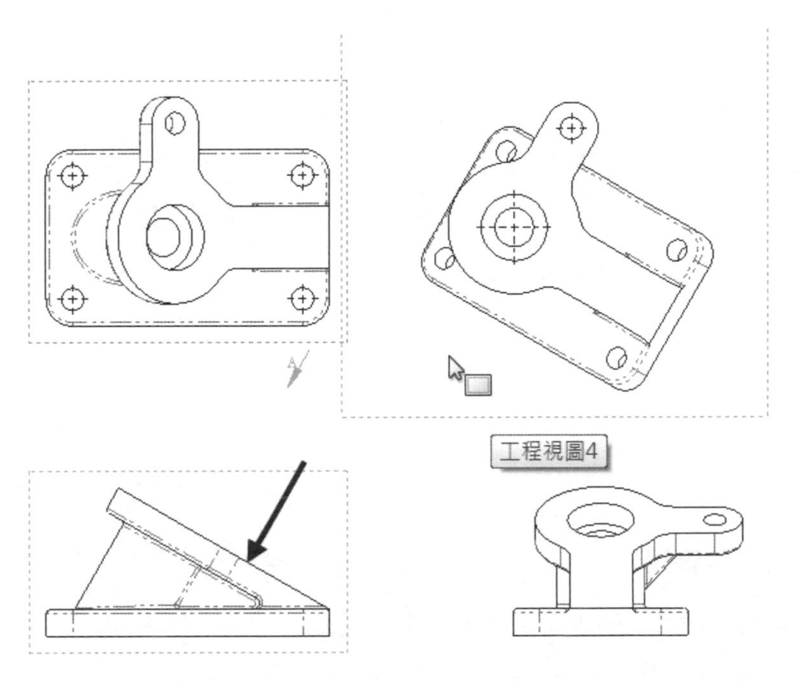

圖 6-75　放置視圖

STEP 6　修改父視圖標示

拖曳標示靠近前視圖的參考邊線，如圖 6-76 所示。

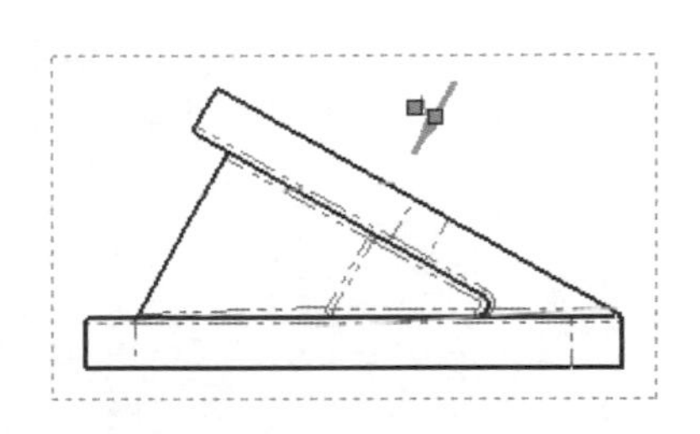

圖 6-76　拖曳標示

STEP 7　旋轉工程視圖

在"視圖 A"的邊界框內按滑鼠右鍵，從快顯功能表中點選**對正工程視圖→按逆時針水平對正至圖頁**，如圖 6-77 所示。

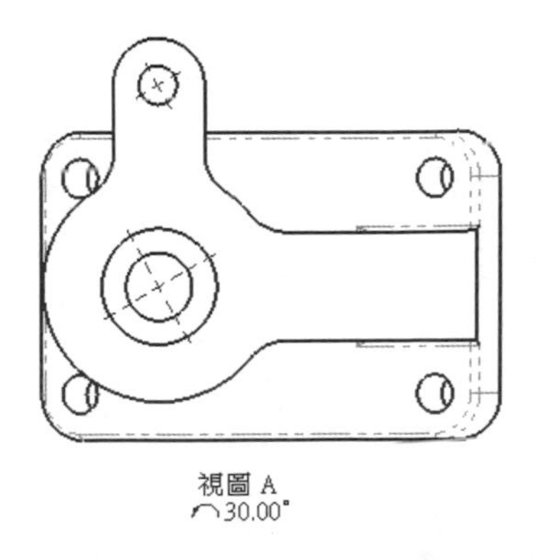

圖 6-77　旋轉工程視圖

STEP 8 修改中心符號線

點選“視圖 A”中心符號線，在 PropertyManager 中可看出其角度是 -60°，變更為 0° 使其與圖頁水平放置，如圖 6-78 所示。

重複修改視圖中的另一個中心符號線。

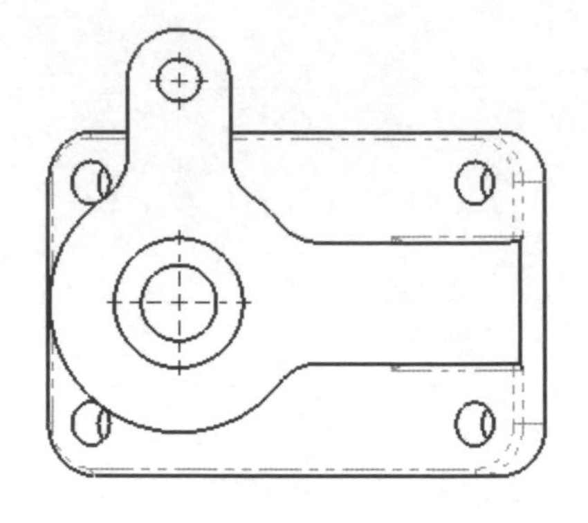

圖 6-78 修改中心符號線

STEP 9 加入其他視圖

如圖 6-79 所示，加入塗彩等角視圖與投影下視圖。

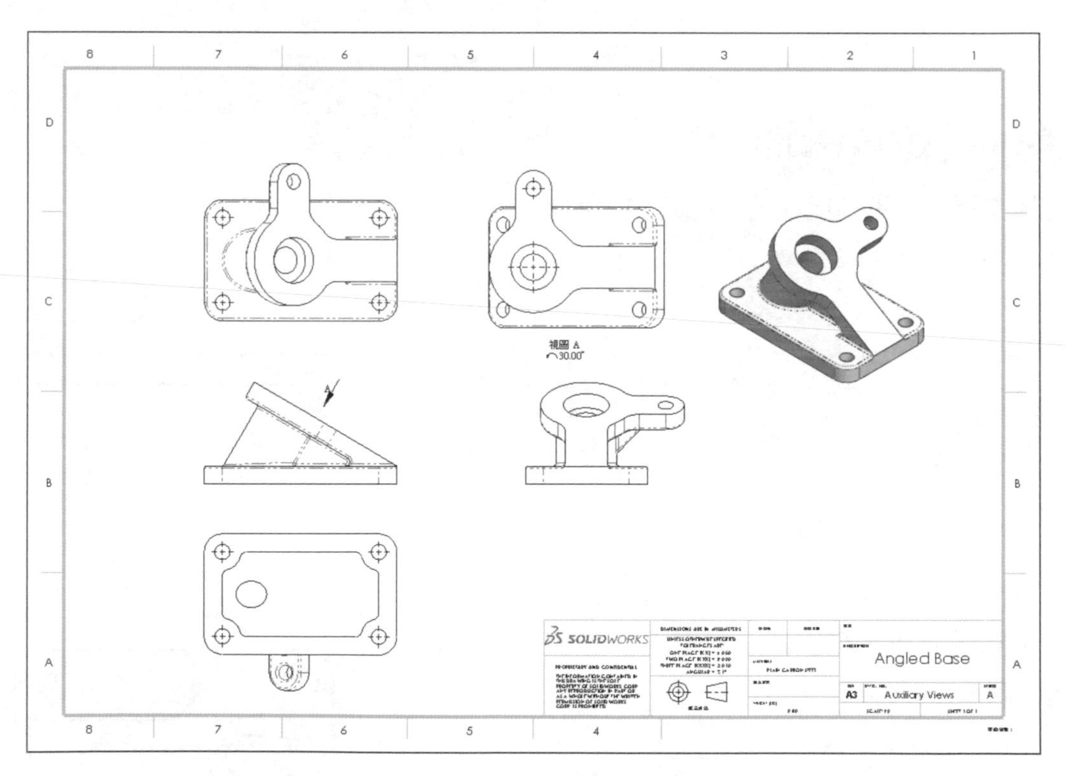

圖 6-79 加入其他視圖

STEP 10 建立區域深度剖視圖的草圖輪廓

繪製如圖 6-80 的矩形，確定是與右視圖關聯。

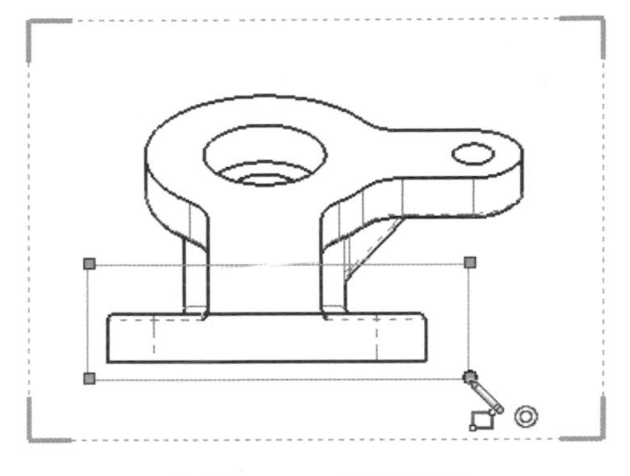

圖 6-80　繪製矩形

STEP 11 使用草圖建立區域深度剖視圖

在矩形被選取時，按**區域深度剖視圖**，設定**深度 60mm**，按**確定**，如圖 6-81 所示。

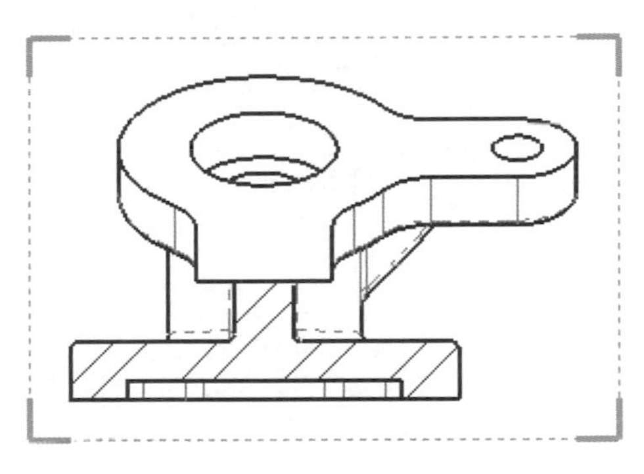

圖 6-81　繪製矩形

STEP 12 建立調整模型視角

以下要建立一個視角正垂於 Rib for Tab 特徵。

任選一個視圖後，按**調整模型視角**。

STEP 13 為視角方位選擇面

如圖 6-82 所示，選擇兩面為第一視角方位**前視**與第二視角方位**左視**。按**確定**。

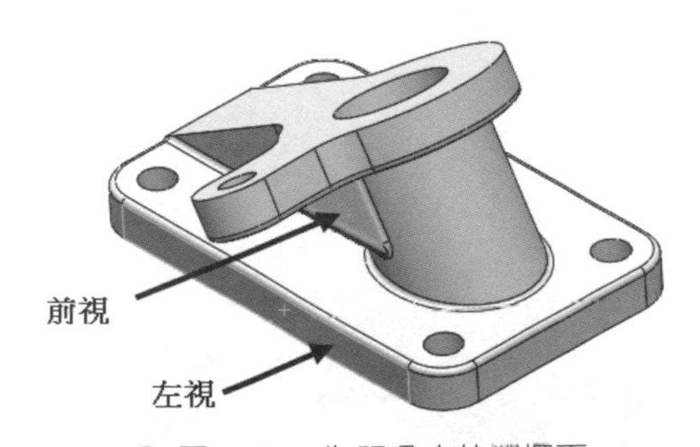

圖 6-82　為視角方位選擇面

STEP 14 在圖頁上放置視圖

當調整模型視角定義完成後，工程圖將再次啟用並附著於游標旁，在圖頁上按一下以放置視圖。完成後工程圖，如圖 6-83 所示。

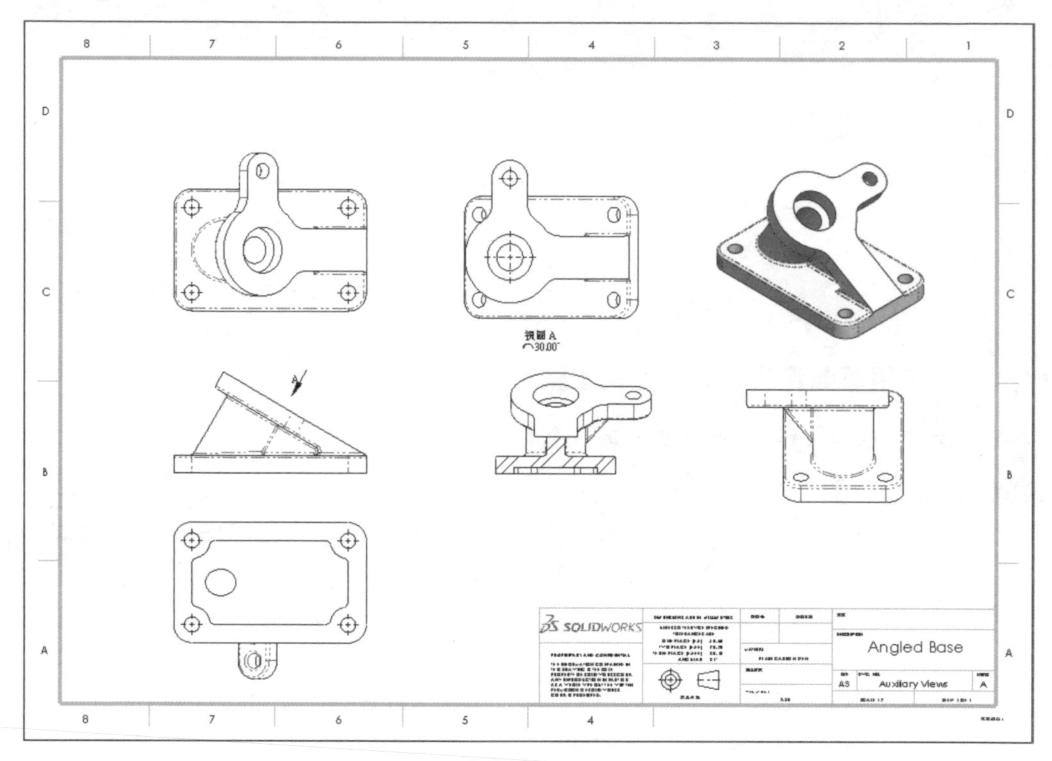

圖 6-83　完成後工程圖

STEP 15 共用、儲存 並關閉 所有檔案

練習 6-3 斷裂視圖

斷裂視圖有時稱為中斷視圖，當一個長形零件要在較小比例的圖頁中顯示時，您可以建立一個間隙或使用一對斷裂線來建立中斷視圖。請依下列步驟指引，使用斷裂視圖結合其他工具，建立如圖 6-84 所示的工程圖。本練習將使用以下技能：

- 斷裂視圖
- 旋轉剖面視圖

工程圖範本：A3 工程圖；圖頁比例 1：2、等角視使用自訂比例 1：4。

旋轉剖面視圖是在斷裂處先使用剖面線建立剖面視圖，再移動剖面視圖至間隙中。

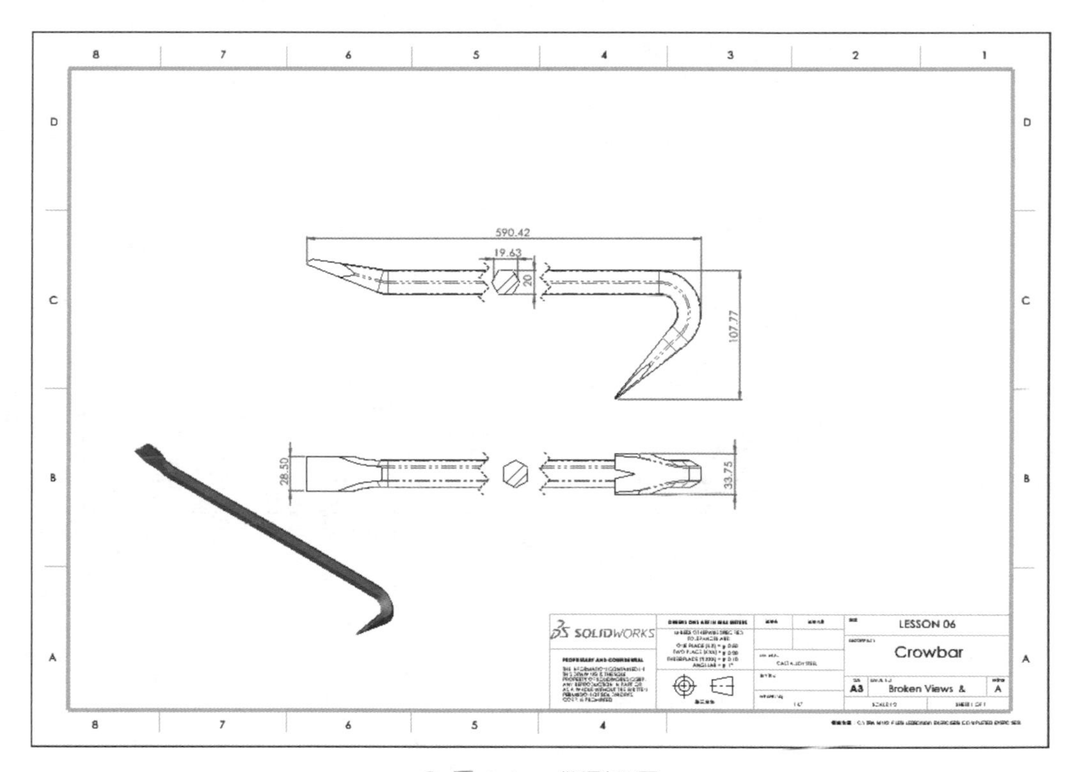

圖 6-84 斷裂視圖

操作步驟

STEP 1　開啟零件

在 Lesson06\Exercises 資料夾開啟零件：Broken Views.SLDPRT。

STEP 2　建立工程視圖

使用“A3 工程圖”範本，並建立如圖 6-85 所示的前視圖與等角視。

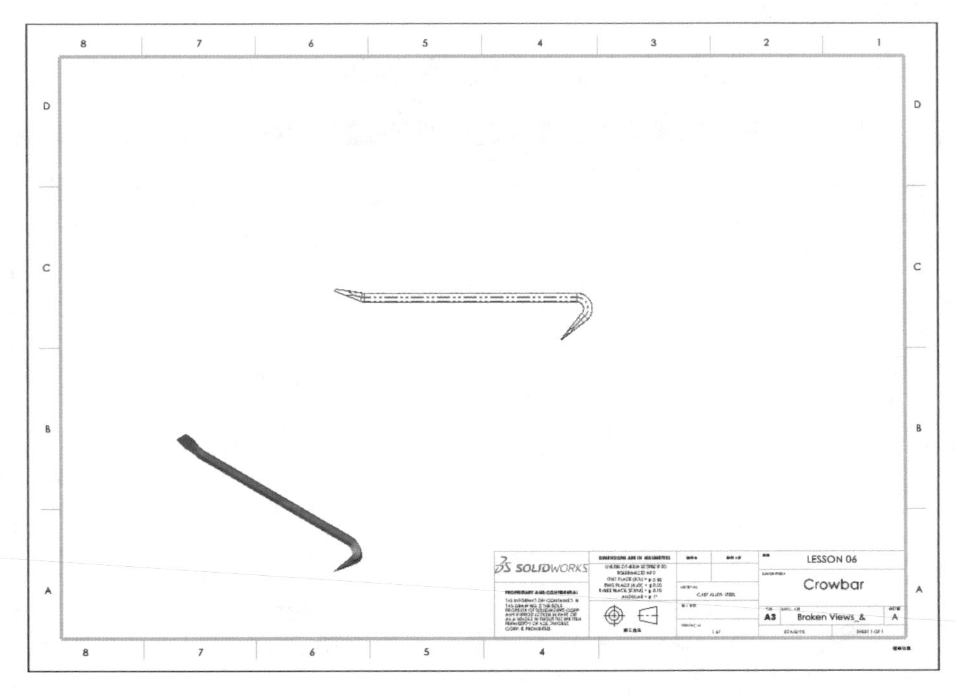

圖 6-85　建立工程視圖

STEP 3　修改圖頁比例

在狀態列上使用比例選單修改圖頁比例為 1：2，如圖 6-86 所示。

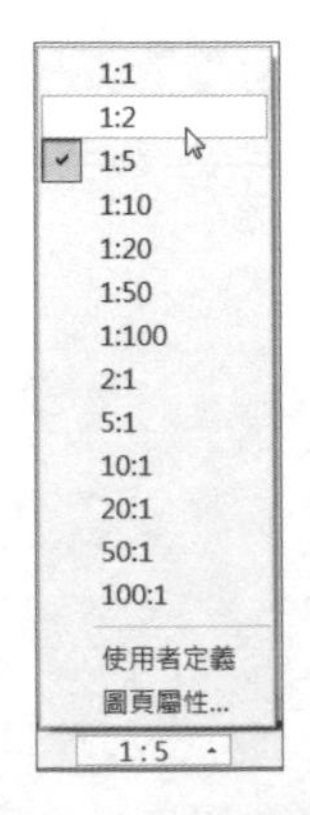

圖 6-86　修改圖頁比例

STEP 4　修改等角視比例

選擇**等角視**，在 PropertyManager 的**比例**設定內，點選**使用自訂比例**，設定自訂比例為 **1：4**，如圖 6-87 所示。

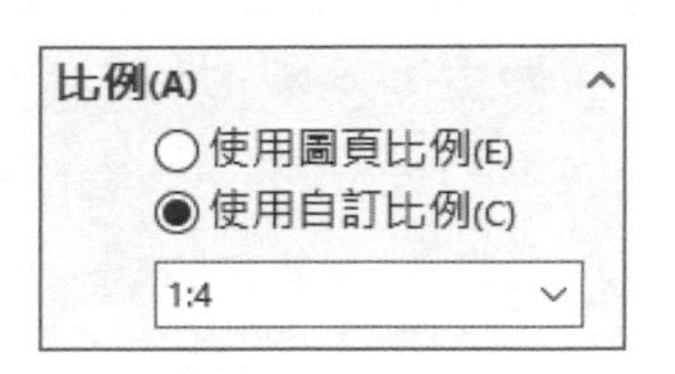

圖 6-87　修改等角視比例

STEP 5　加入整體尺寸至前視圖

使用**智慧型尺寸**，加入如圖 6-88 所示的整體尺寸。

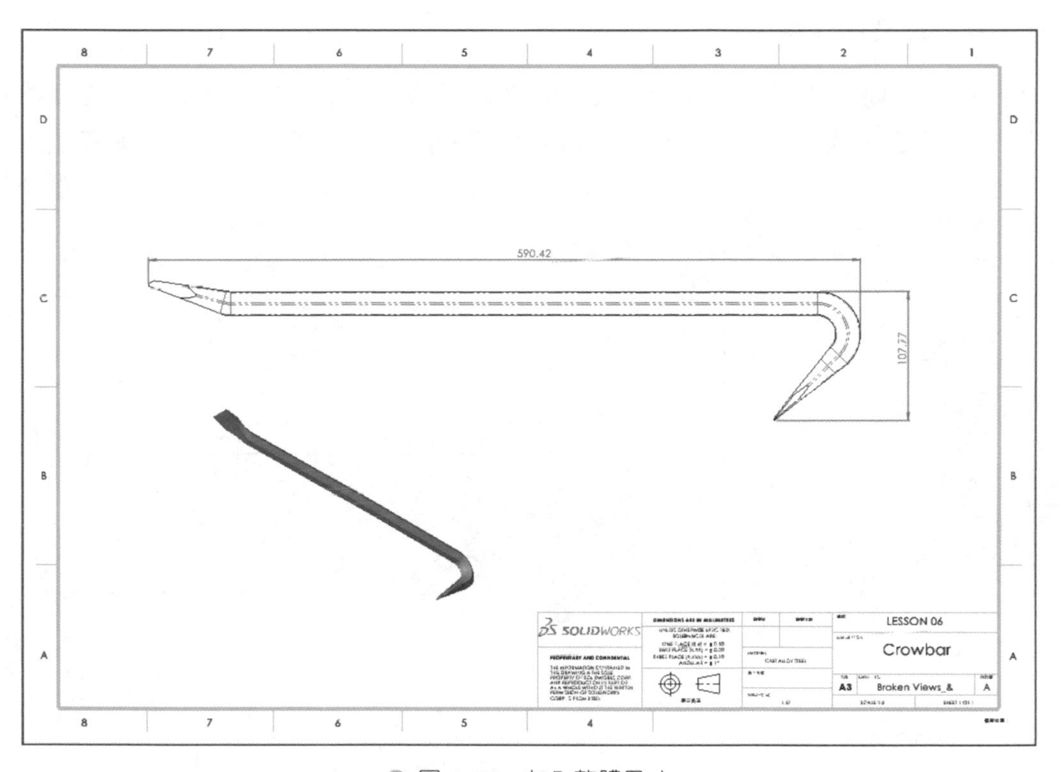

圖 6-88　加入整體尺寸

技巧

在尺寸的**導線**標籤中，圓弧條件可以設定尺寸為**最大圓弧**，如圖 6-89 所示；或在點選圓弧時按住 **Shift** 鍵以選擇最大圓弧條件。

圖 6-89　圓弧條件

指令TIPS 斷裂視圖

斷裂視圖是在現有的工程視圖中放置一對斷裂線，並且可以在屬性中調整間隙大小以及斷裂線類型。要編修斷裂視圖時，選擇斷裂線再拖曳即可調整斷裂位置。您也可以在視圖上按滑鼠右鍵，於快顯功能表中選擇非斷裂視圖，暫時恢復視圖。

- CommandManager：**工程圖→斷裂視圖**。
- 功能表：**插入→工程視圖→斷裂視圖**。
- 快顯功能表：在工程視圖或圖頁上按滑鼠右鍵，點選**工程視圖→斷裂視圖**。

STEP 6 斷裂前視圖

按**斷裂視圖**，必要時選擇前視圖。如圖 6-90 所示，**剖切方向**選擇**加入垂直斷裂線**，樣式選擇**鋸齒線切斷**，縫隙大小 **25mm**。放置斷裂線至如圖示的位置，按**確定**。

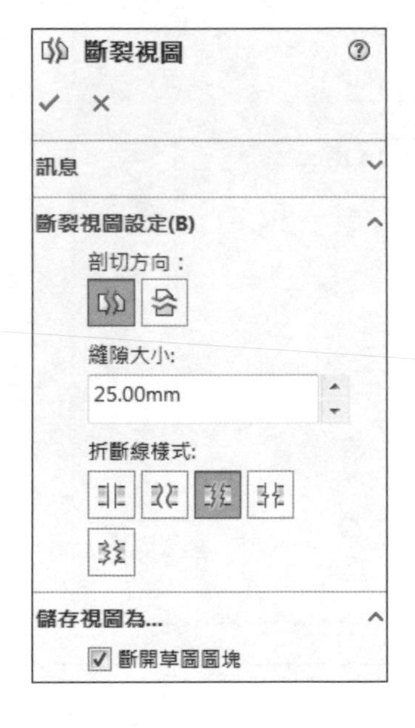

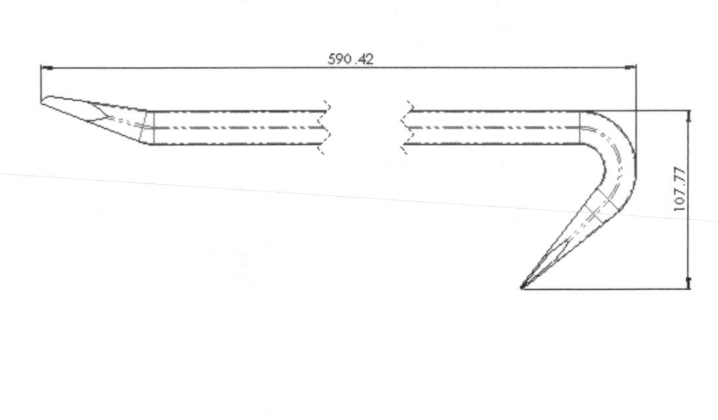

圖 6-90 斷裂前視圖

提示 斷裂視圖的水平尺寸仍保持正確的尺寸值。

STEP 7 加入投影視圖

按**投影視圖**，選擇前視圖為父視圖，移動游標至下方產生下視圖。

STEP 8 結果

當放置視圖後，父視圖的斷裂屬性也會直接套用至子視圖中，如圖 6-91 所示。

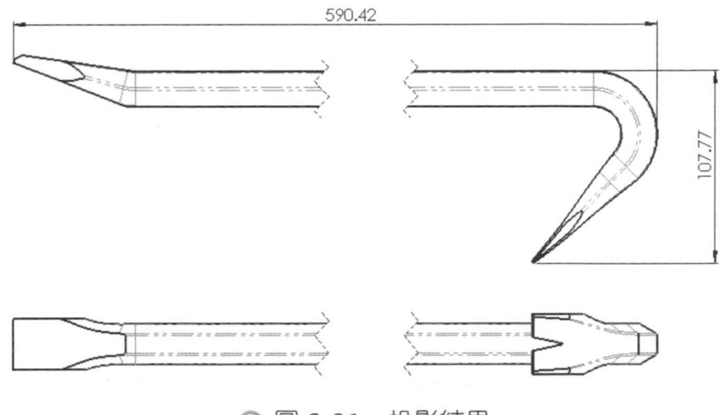

圖 6-91　投影結果

對齊折斷線

在斷裂視圖加入投影視圖時，折斷線會自動複製並與父視圖對齊。若斷裂視圖被加入到現有的父視圖及子視圖中，則兩視圖的折斷線可以從工程視圖屬性對話方塊中設定對齊，如圖 6-92 所示。

開啟**工程視圖屬性**對話方塊的方式，可以在視圖上按滑鼠右鍵，點選**屬性**；或從視圖 PropertyManager 中按**屬性詳細資料**。

圖 6-92　工程視圖屬性對話方塊

STEP 9 標註尺寸

標註如圖 6-93 所示撬棍兩端的寬度。

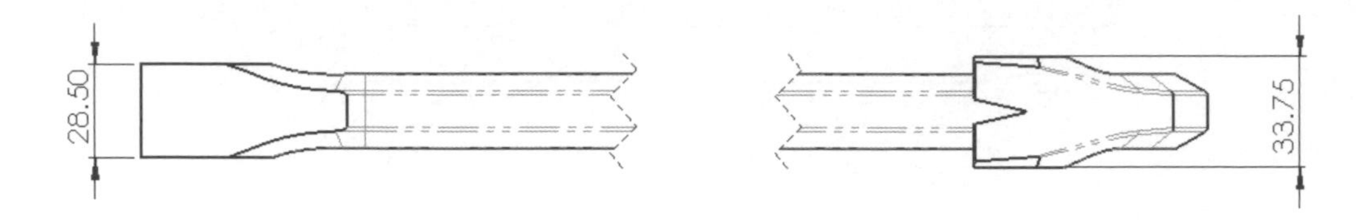

圖 6-93 標註尺寸

旋轉剖面視圖

斷裂視圖可以結合剖面視圖，將旋轉剖面視圖放置於斷裂視圖中的間隙，以建立旋轉剖面視圖。這裡可先暫時使用**非斷裂視圖**指令，將除料線加入至斷裂區域，完成後再回復斷裂視圖，剖面視圖除料線則自動隱藏，視圖也可移至斷裂間隙中。

STEP 10 非斷裂前視圖

在前視圖邊界框內按滑鼠右鍵，如圖 6-94 所示，點選**非斷裂視圖**。

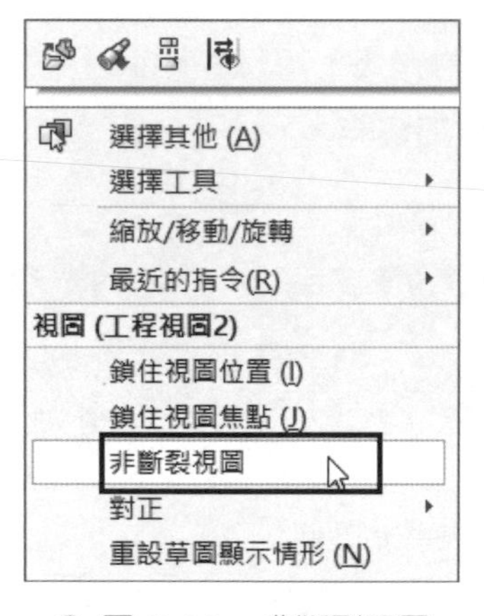

圖 6-94 非斷裂視圖

STEP 11 建立剖面視圖

按**剖面視圖**，在斷裂線之間使用垂直除料線建立剖面，在右側按一下放置剖面視圖。

STEP 12 修正剖面視圖

在**剖面視圖** PropertyManager 的選項中，勾選**切片剖面**；在剖面視圖的除料線上按滑鼠右鍵，點選**隱藏除料線**，並標註剖面尺寸，如圖 6-95 所示。

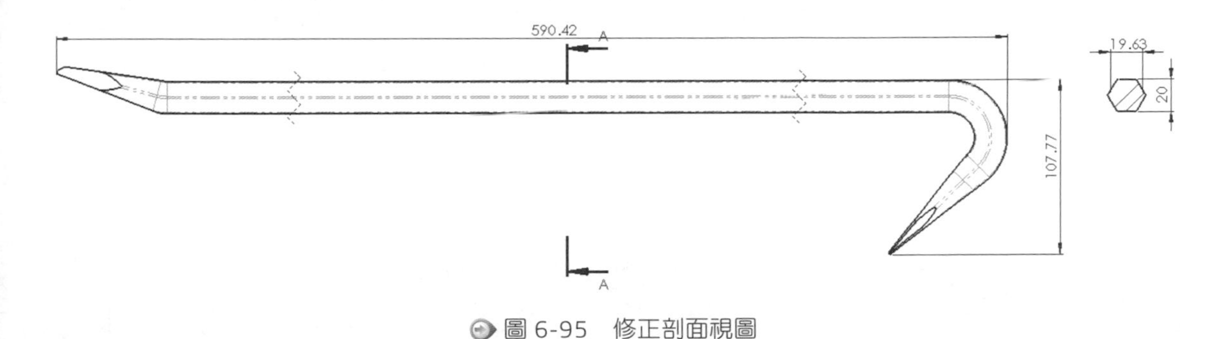

圖 6-95　修正剖面視圖

STEP 13 重新斷裂前視圖

在前視圖邊界框內按滑鼠右鍵，點選**斷裂視圖**。

STEP 14 移動剖面視圖

拖曳剖面視圖的邊框或按 **Alt** 鍵 + 拖曳視圖，將其放置於前視圖的斷裂間隙中，如圖 6-96 所示。

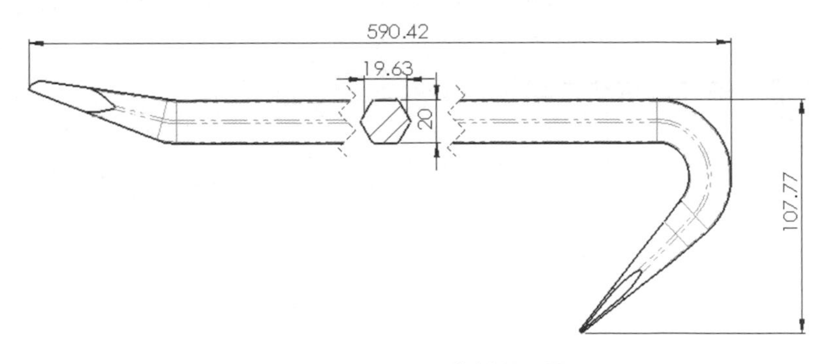

圖 6-96　移動剖面視圖

STEP 15 將旋轉剖面加入至下視圖

重複上述步驟，建立另一個旋轉剖面至下視圖中，完成之工程圖如圖 6-97 所示。

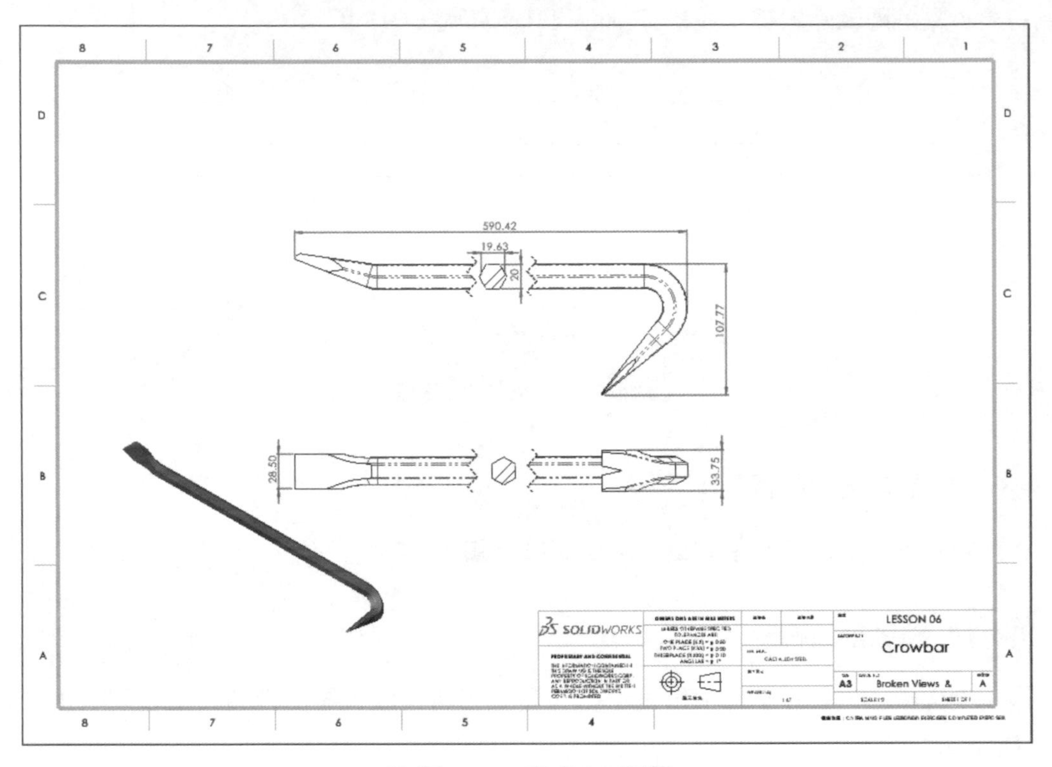

圖 6-97　完成之工程圖

STEP 16 共用、儲存並關閉檔案

練習 6-4 加熱器組合件

請依下列步驟指引，建立如圖 6-98 所示的 Heater Assembly 工程圖。本練習將使用以下技能：

- 剖切範圍
- 3D 工程視圖

工程圖範本：A3 工程圖；所有視圖使用圖頁比例 1：2。

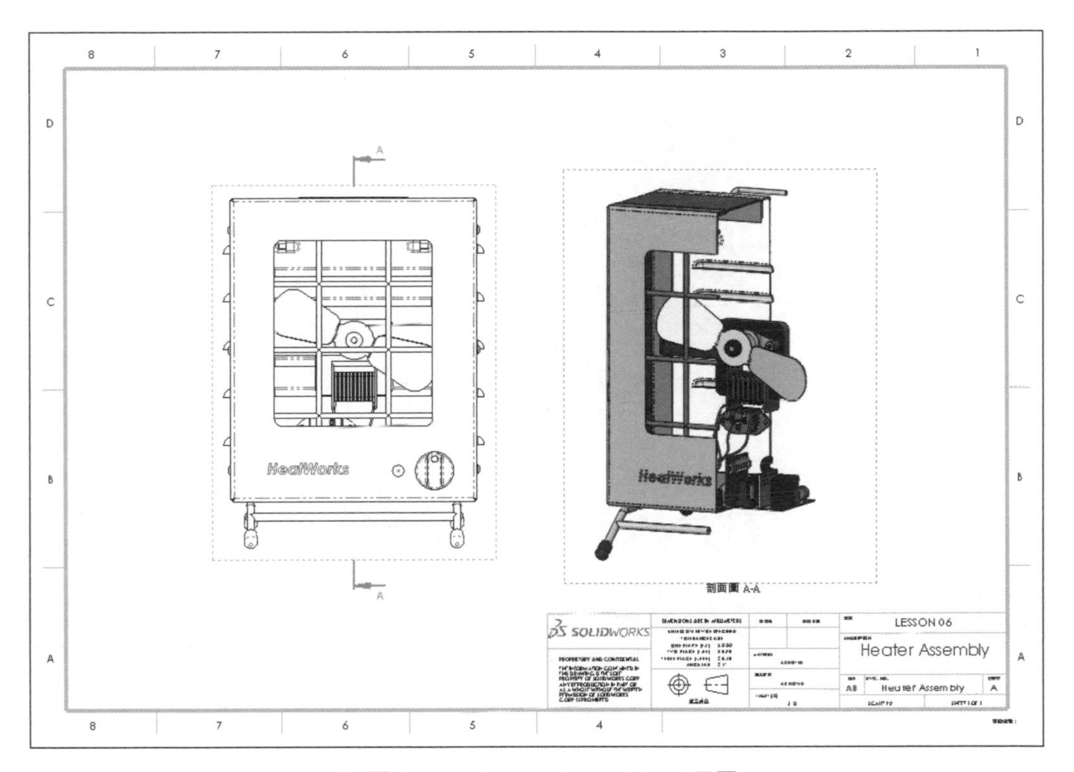

圖 6-98　Heater Assembly 工程圖

操作步驟

STEP 1　開啟組合件

從 Lesson06\Exercises 資料夾中開啟組合件：Heater Assembly.SLDASM。

STEP 2 建立工程視圖

使用“A3 工程圖”範本，在圖頁中建立前視圖。

STEP 3 設定圖頁比例

設定圖頁比例為 1：2，確定工程視圖屬性是設定為使用圖頁比例，如圖 6-99 所示。

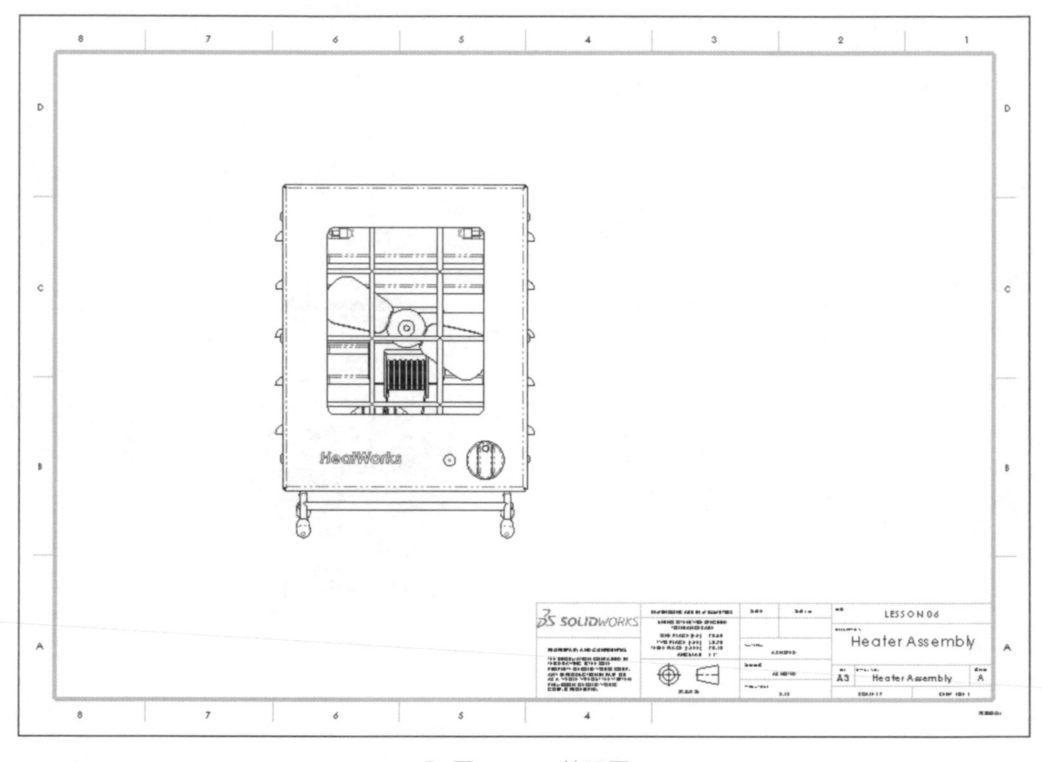

圖 6-99 前視圖

STEP 4 建立剖面視圖

按**剖面視圖**，加入**垂直除料線**通過模型中心。

STEP 5 定義剖切範圍

對於組合件模型，可以使用額外的對話方塊來定義**剖切範圍**，如圖 6-100 所示，在視圖中點選 Heater Fan 的任一面，使其排除於剖切範圍。按**確定**。

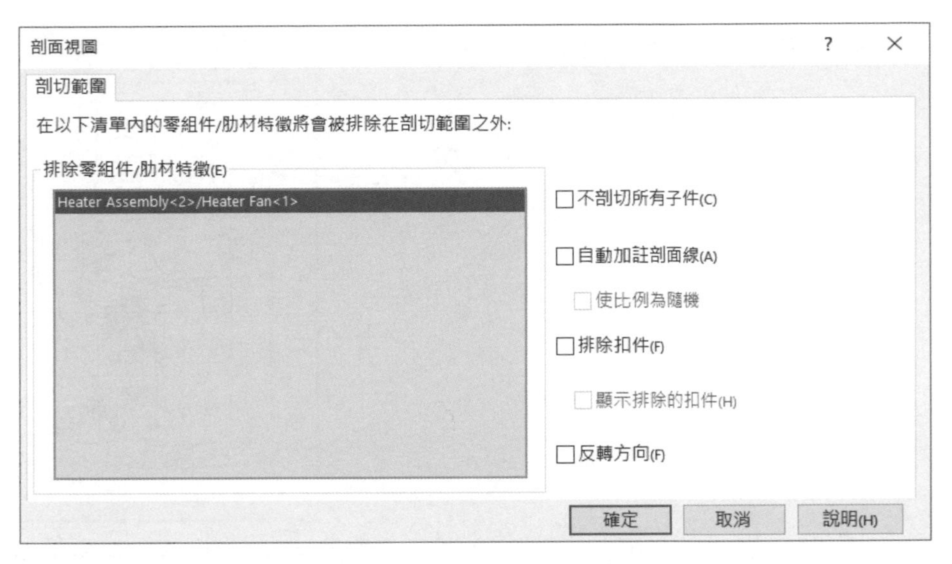

圖 6-100　定義剖切範圍

STEP 6　在圖頁放置視圖

如圖 6-101 所示，在圖頁的右側放置剖面視圖。

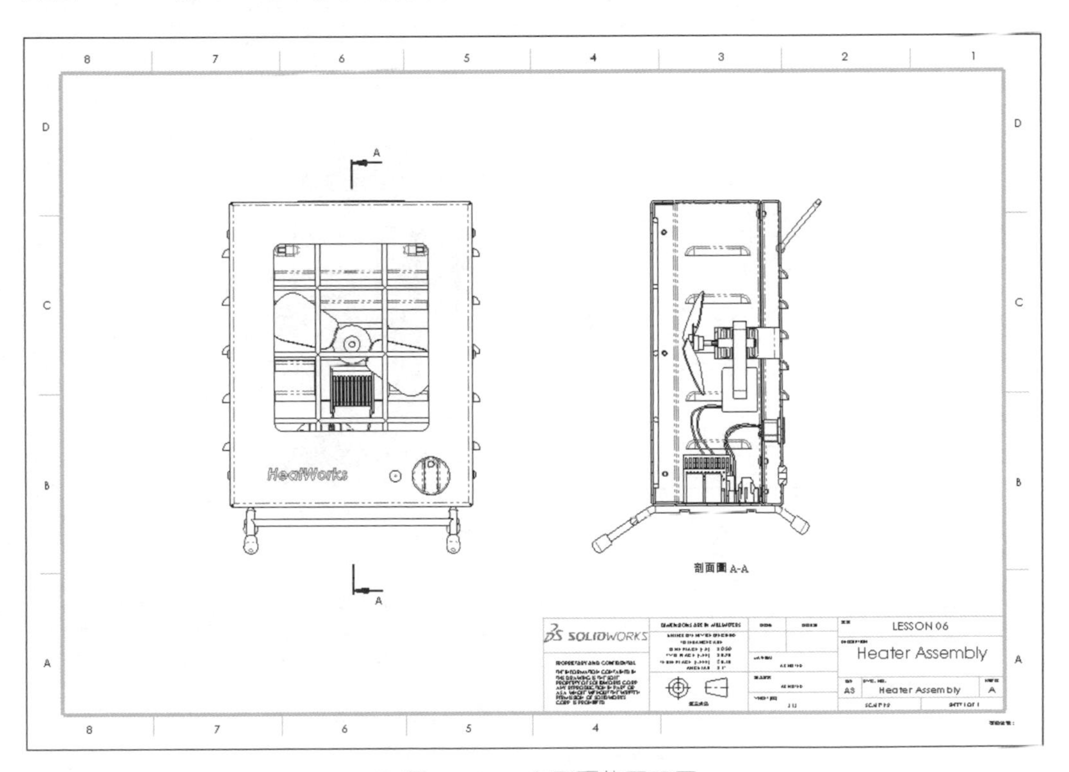

圖 6-101　在圖頁放置視圖

STEP 7　使用 3D 工程視圖修改視角方位

從立即檢視工具列按 **3D 工程視圖**，使用滑鼠左鍵旋轉視圖，如圖 6-102 所示，按**確定**。

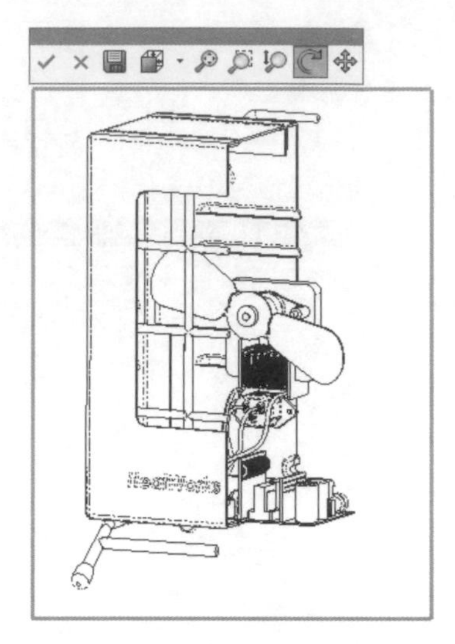

圖 6-102　使用 3D 工程視圖修改視角方位

STEP 8　變更顯示樣式

選擇剖面視圖，變更**顯示樣式**為**帶邊線塗彩**，如圖 6-103 所示。

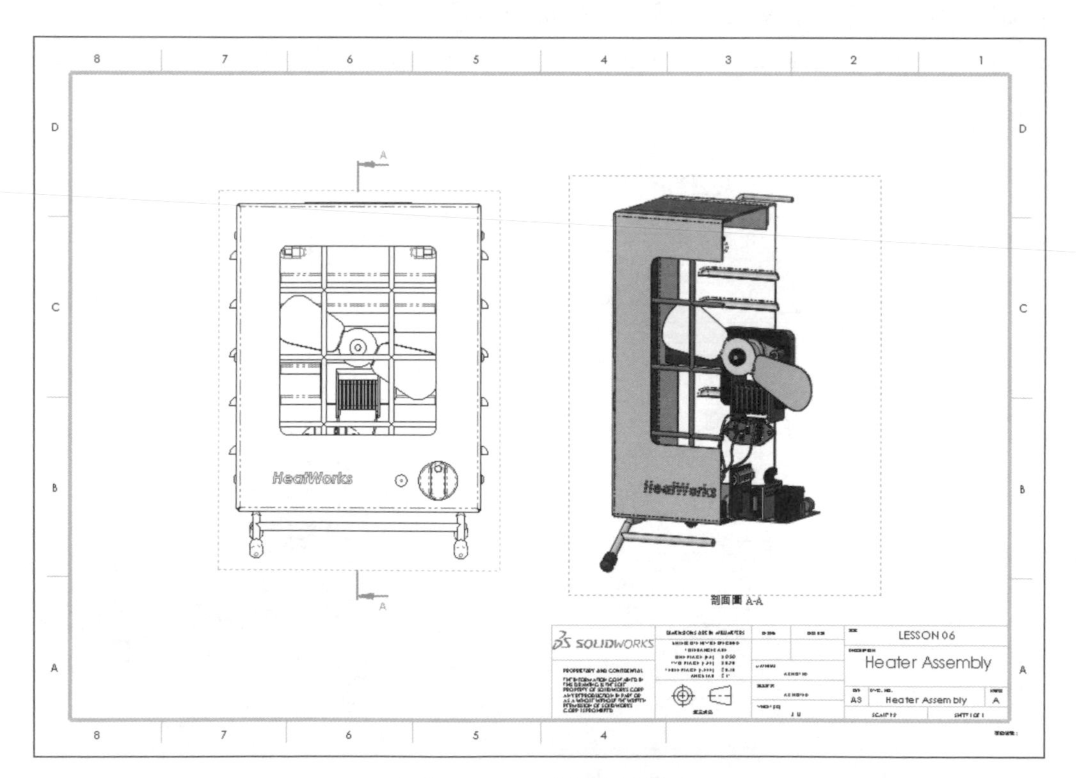

圖 6-103　變更顯示樣式

STEP 9　共用、儲存並關閉所有檔案

練習 6-5 Pivot Conveyor

請依下列步驟指引，建立如圖 6-104 所示的工程圖。本練習將使用以下技能：

- 位置替換視圖
- 使用模型組態

工程圖範本：Standard Drawing、圖頁格式：SW A2-橫向；圖頁比例 1：8。

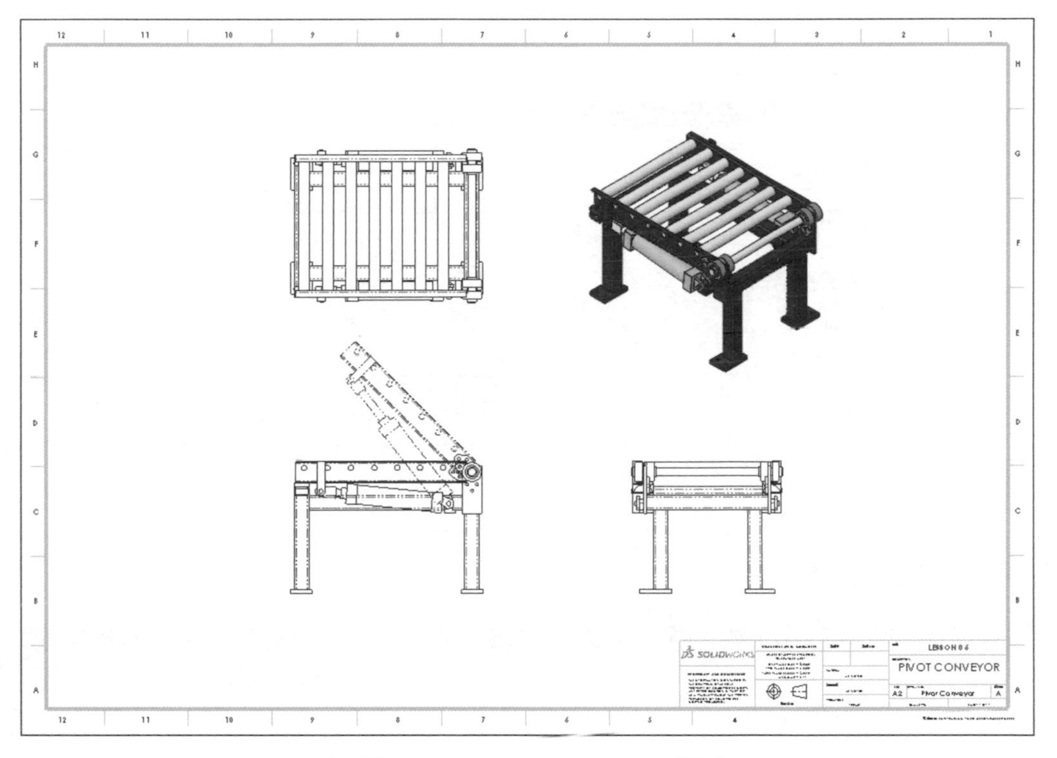

圖 6-104　Pivot Conveyor 工程圖

確定所有的組態都是完全定義，以避免不必要的變更。

操作步驟

STEP 1　開啟組合件

從 Lesson06\Exercises 資料夾中開啟組合件：Pivot Conveyor.SLDASM。

STEP 2 建立 A2 工程圖

按**從零件 / 組合件產生工程圖**，使用 Standard Drawing 工程圖範本，在**圖頁格式 / 大小**對話方塊中選擇“SW A2-橫向”，如圖 6-105 所示，按**確定**。

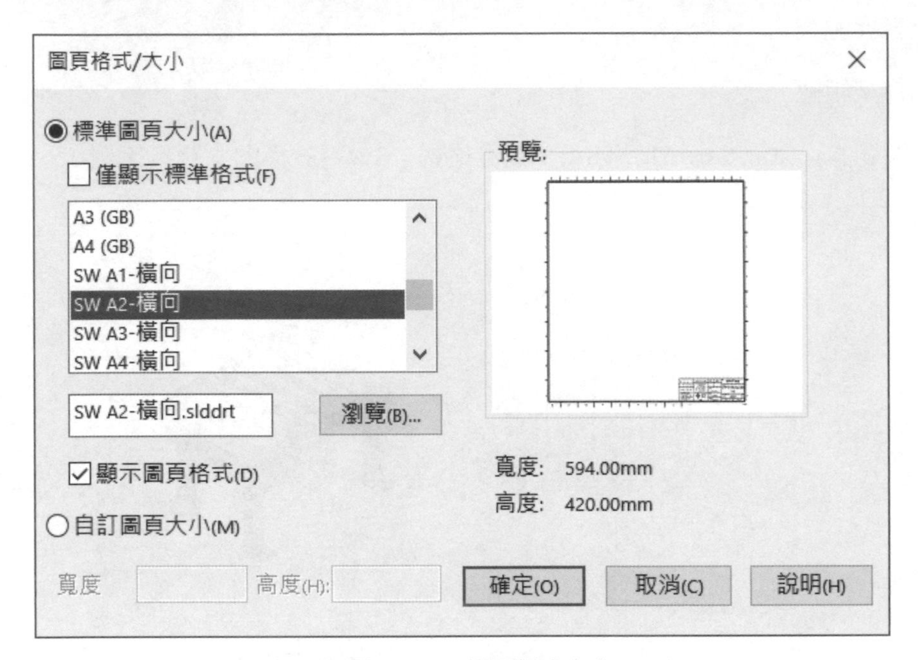

圖 6-105 圖頁格式大小

STEP 3 加入標準視圖

加入前視圖，並投影上視圖與右視圖，再建立等角視，**顯示樣式**為**帶邊線塗彩**。

STEP 4 設定圖頁比例

點選狀態列中的比例選單，按**使用者定義**，輸入比例為 1:8 再按**確定**。此時所有視圖應使用此比例，如圖 6-106 所示。

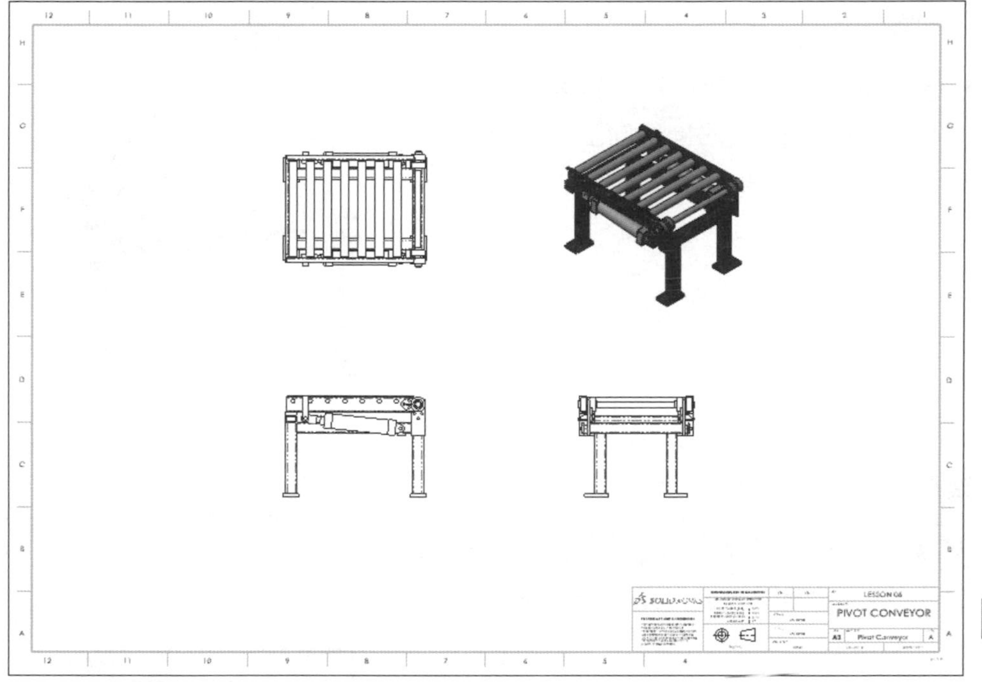

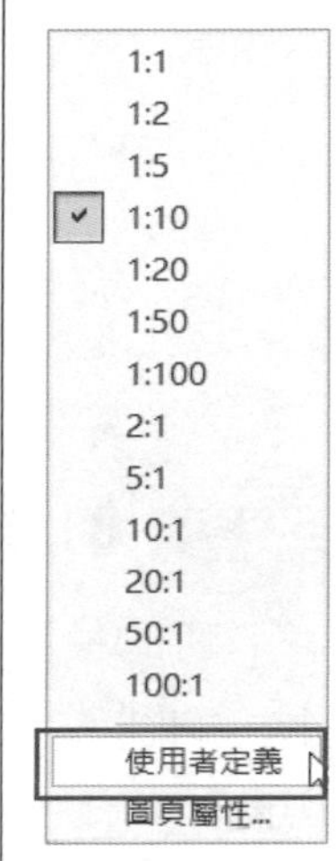

圖 6-106　設定圖頁比例

STEP 5　建立位置替換視圖

選擇前視圖，按**位置替換視圖**。

STEP 6　建立新模型組態

我們想要的位置並沒有任何現有的模型組態。如圖 6-107 所示，點選**新模型組態**並命名為“Upper Position”，按**確定**。

圖 6-107　新模型組態

STEP 7 移動零組件

畫面切換至組合件視窗，並自動啟用**移動零組件**指令。拖曳組合件 Conveyor 的上部向上，直到最頂端位置，如圖 6-108 所示。按**確定**。

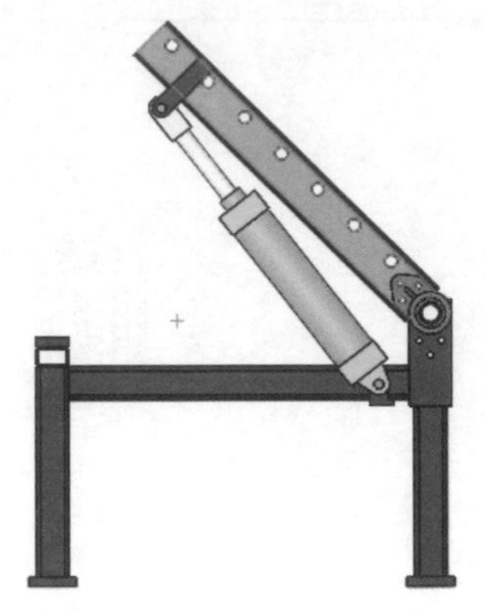

圖 6-108 移動零組件

STEP 8 結果

新的模型組態 Upper Position 已建立在新的位置上，如圖 6-109 所示，並套用至工程圖中的位置替換視圖。

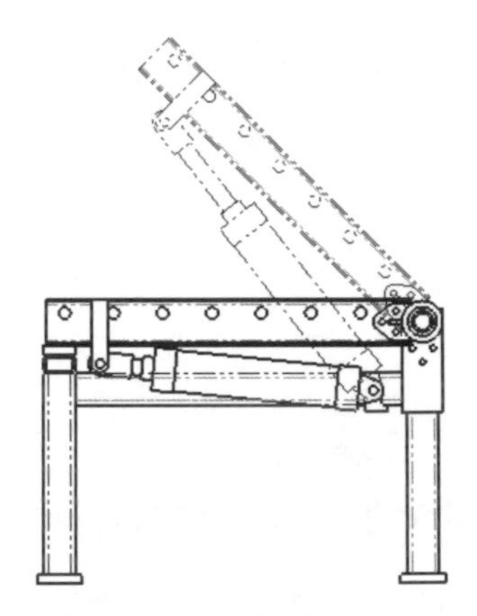

圖 6-109 模型組態 Upper Position

STEP 9 檢查組合件模型組態

選擇視圖，按**開啟組合件**，啟用 ConfigurationManager ，並檢查所有模型組態，其中 Lower Position 組態是完全定義的，而 Free 與 Upper Position 組態是不足定義的。

STEP 10 修正 Free 模型組態

啟用 Free 模型組態，移動 Conveyor 的上部到新位置，如圖 6-110 所示。

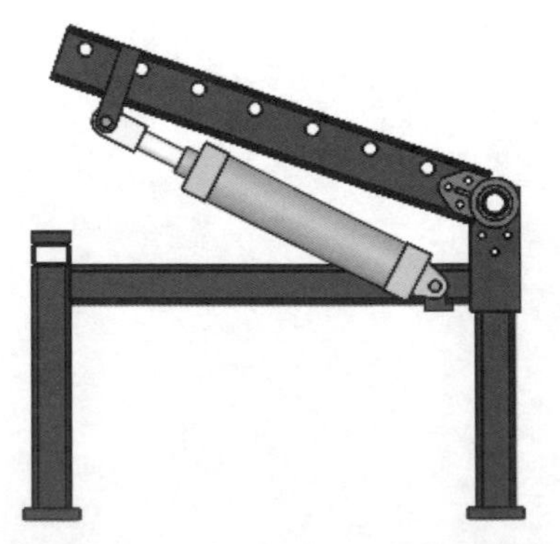

圖 6-110 修正 Free 模型組態

STEP 11 重新計算工程圖

切換至工程圖視窗，參考到 Free 組態的視圖已更新至新位置上，如圖 6-111 所示。為了避免工程視圖不必要的變更，工程視圖所參考的模型組態應完全定義。

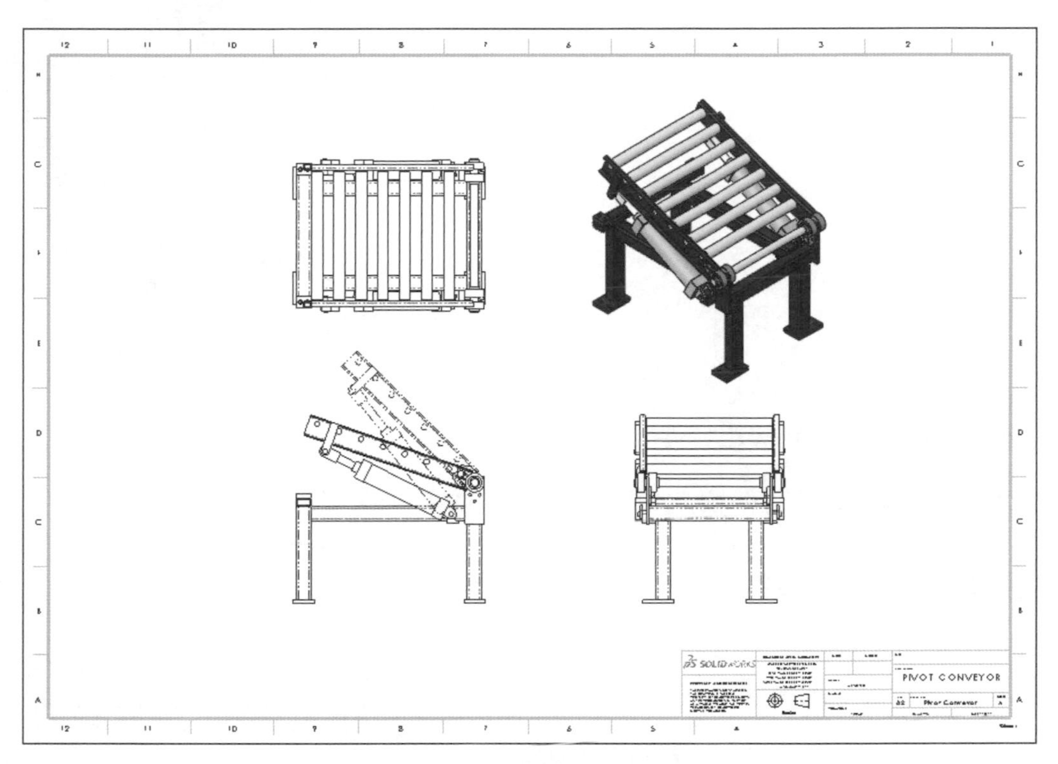

圖 6-111　重新計算工程圖

STEP 12 變更參考的模型組態

將前視圖與等角視的**參考模型組態**變更為 **Lower Position**，如圖 6-112 所示。

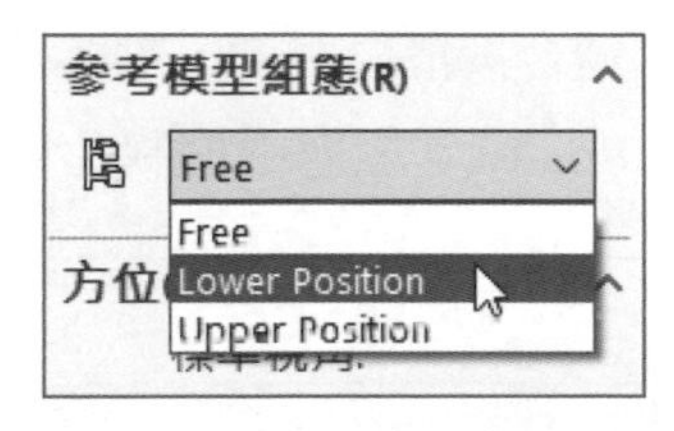

圖 6-112　變更參考模型組態

提示 預設下，因為上視圖與右視圖的**參考模型組態**為 **"連結至父組態"**，因此視圖會隨著前視圖更新而自動更新。

STEP 13 完全定義 Upper Position 組態

回到組合件並啟用 Upper Position 組態，按**結合** ，加入兩個面之間 **45°** 夾角 的結合，如圖 6-113 所示。

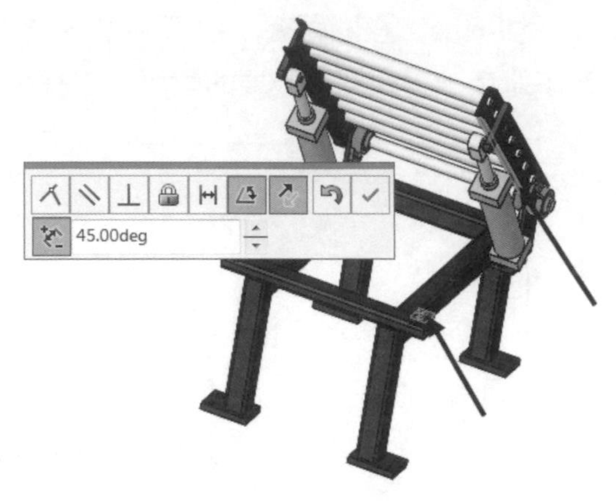

圖 6-113　加入角度結合

STEP 14 強制重新計算組合件

按 **Ctrl+Q 強制重新計算** 組合件，此組態目前已完全定義。

STEP 15 重新命名結合

在此將前面的結合重新命名，並限制只能在 Upper Position 組態啟用。

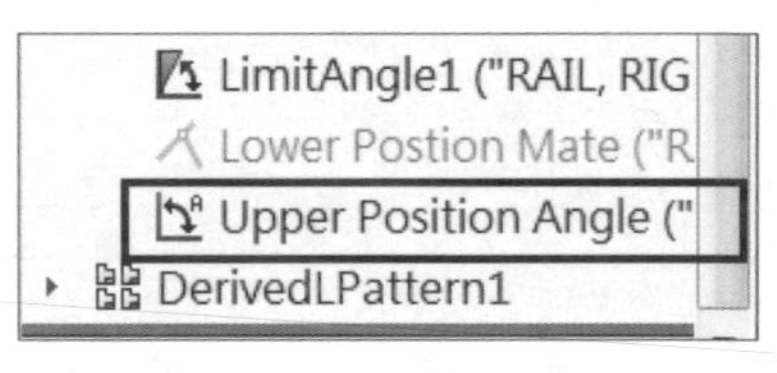

圖 6-114　重新命名結合

在 FeatureManager（特徵管理員）中展開**結合** 資料夾，將“角度 1”重新命名為“Upper Position Angle”，如圖 6-114 所示。

STEP 16 設定結合的組態

在“Upper Position Angle”結合按滑鼠右鍵，點選**組態特徵** ，使用如圖 6-115 所示的對話方塊，在 Free 與 Lower Position 組態中抑制此結合。按**確定**。

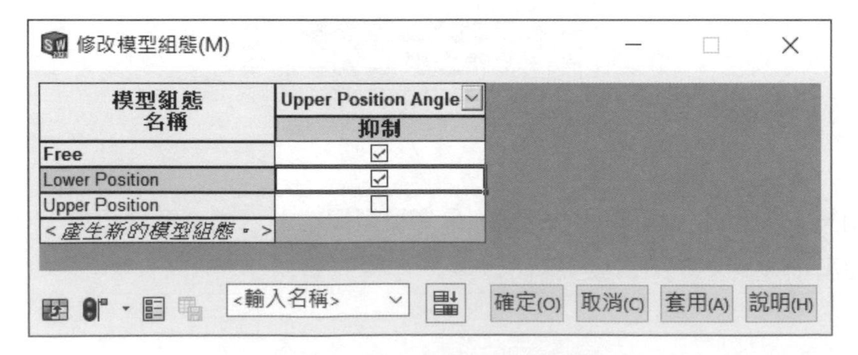

圖 6-115　設定結合的組態

STEP 17 檢查組態

啟用所有模型組態，並確認其型態是想要的。

現在 Lower Position 與 Upper Position 模型組態應該是完全定義的，而 Free 模型組態是能夠在 conveyor 的運動範圍內移動的。

STEP 18 檢查工程圖

回到工程圖，確定所有工程視圖的樣式是所期待的，如圖 6-116 所示。

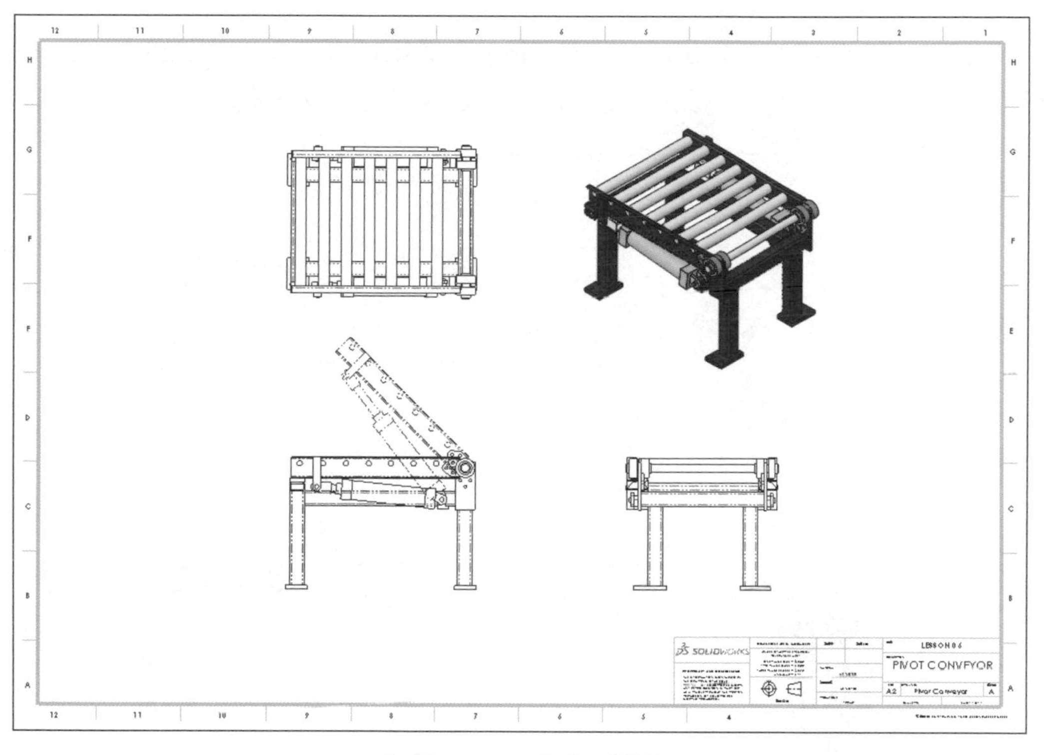

圖 6-116　完成工程圖

STEP 19 共用、儲存並關閉所有檔案

練習 6-6 Housing

請依下列步驟指引，建立如圖 6-117 所示的工程圖。本練習將使用以下技能：

- 更新標準視圖
- 調整模型視角
- 裁剪視圖
- 了解視圖焦點

工程圖範本：Standard Drawing、圖頁格式：SW A2-橫向；圖頁比例 1：2，細部放大圖與裁剪視圖比例為 1：1，裁剪視圖的註記與視圖關聯，會隨視圖移動。

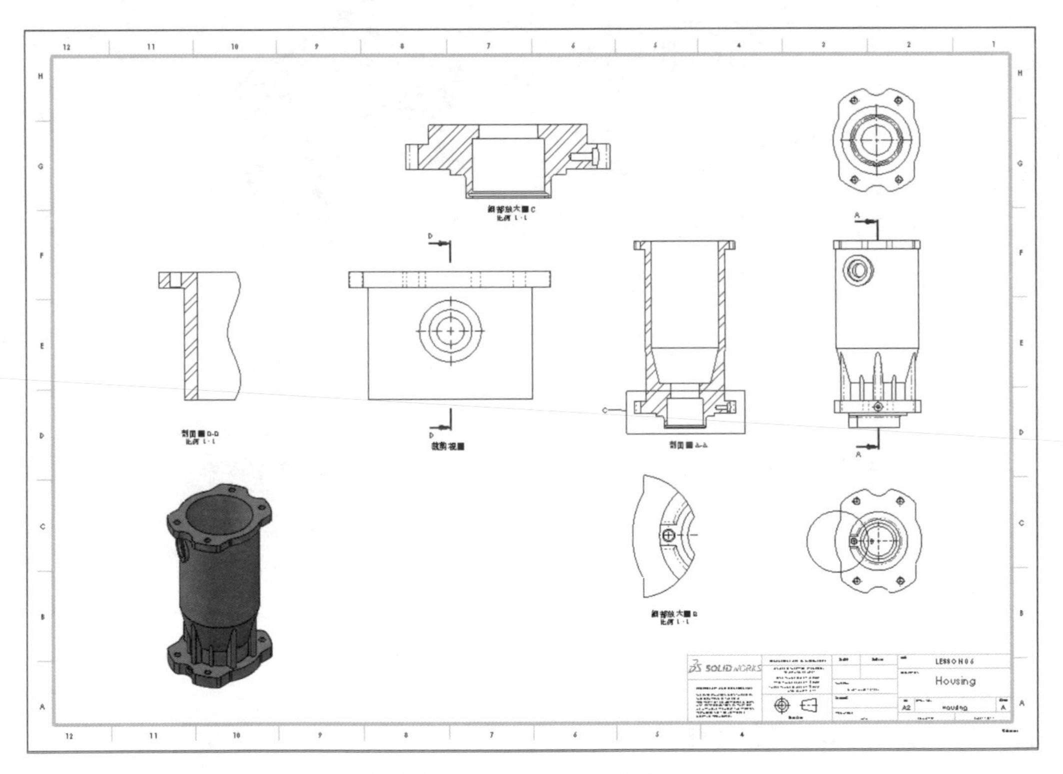

圖 6-117　Housing 工程圖

操作步驟

STEP 1 開啟零件

從 Lesson06\Exercises 資料夾中開啟零件：Housing.SLDPRT。

以下我們將用視角方位，使用**更新標準視角**指令，重新定義此零件視角方位成如圖 6-118 所示的等角視。

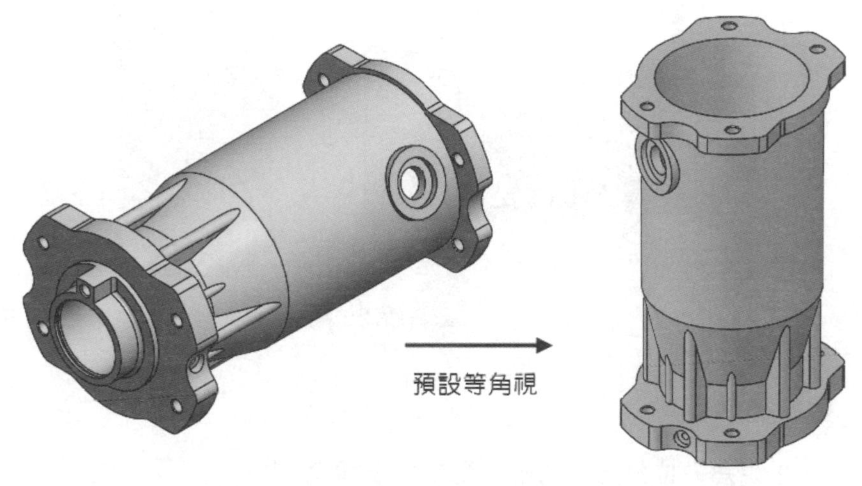

圖 6-118 變更視角方位

更新標準視角

更新標準視角指令內建於**方位**對話方塊中，如圖 6-119 所示。使用時，先將模型調整至想要的視角，像是前視或上視，然後再按**更新標準視角**，並選擇對話方塊中想要的視角，以定義目前的模型視角。

若標準視角仍需要重新設置，您可以用**重設標準視角**指令。

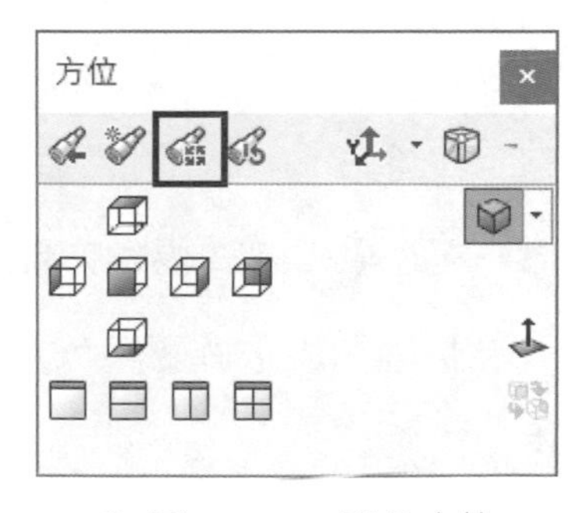

圖 6-119 視角方位

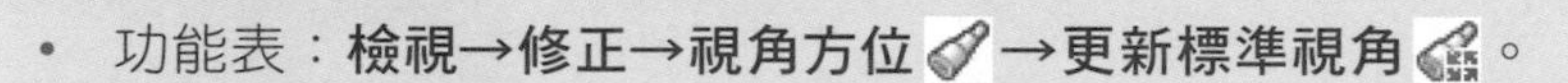

指令TIPS 更新標準視角

- 功能表：**檢視→修正→視角方位→更新標準視角**。
- 快速鍵：按**空白鍵**，按**更新標準視角**。

STEP 2 重新定位模型

選擇圖 6-120 左圖所示的平面，按**正視於**，再按 **Alt+ 向右方向鍵** 6 次，旋轉零件至圖 6-120 右圖的方位，這個視角即為想要的模型前視。

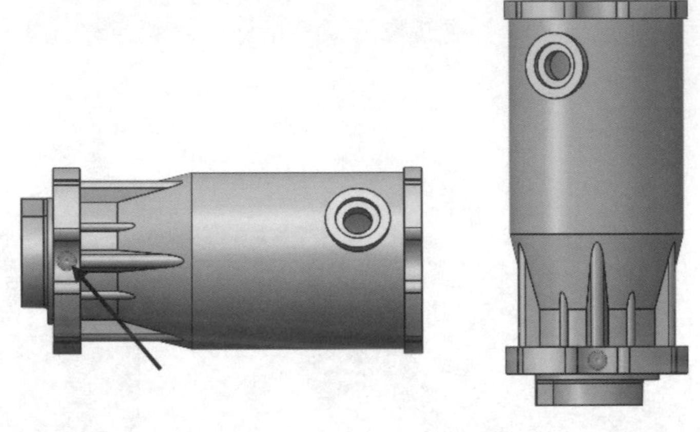

圖 6-120 重新定位模型

STEP 3 更新標準視角

按空白鍵，在**視角方位**對話方塊中按**更新標準視角**，如圖 6-121 所示，此時系統出現訊息“選擇您要將目前視圖指派到的標準視圖”，按**前視**，並在訊息框中按**是**確認變更。

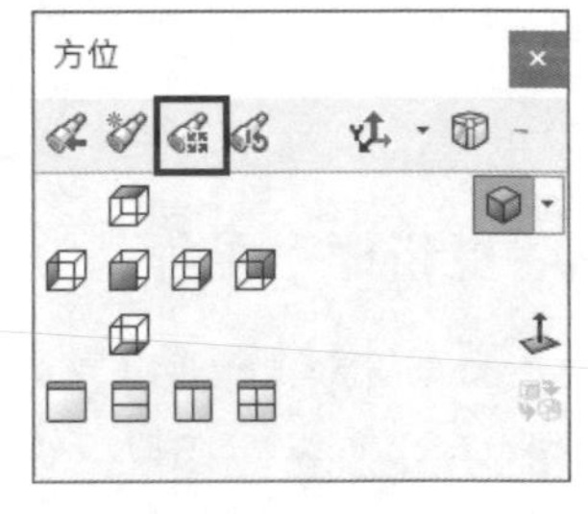

圖 6-121 更新標準視角

STEP 4 測試視角方位

按等角視，確認視角方位是如圖 6-122 所示的等角視。

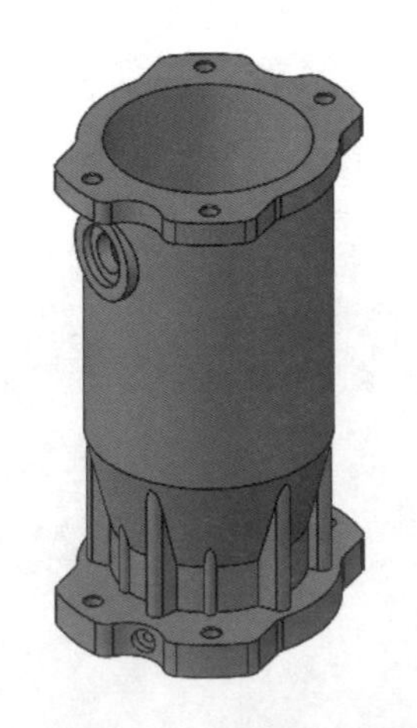

圖 6-122 測試視角方位

STEP 5 儲存零件

STEP 6 建立工程圖

使用 Standard Drawing 工程圖範本，在圖頁格式 / 大小對話方塊中選擇“SW A2-橫向”建立工程圖。

STEP 7 加入工程視圖

如圖 6-123 所示，加入模型與投影視圖，所有視圖皆使用圖頁比例 **1：2**。

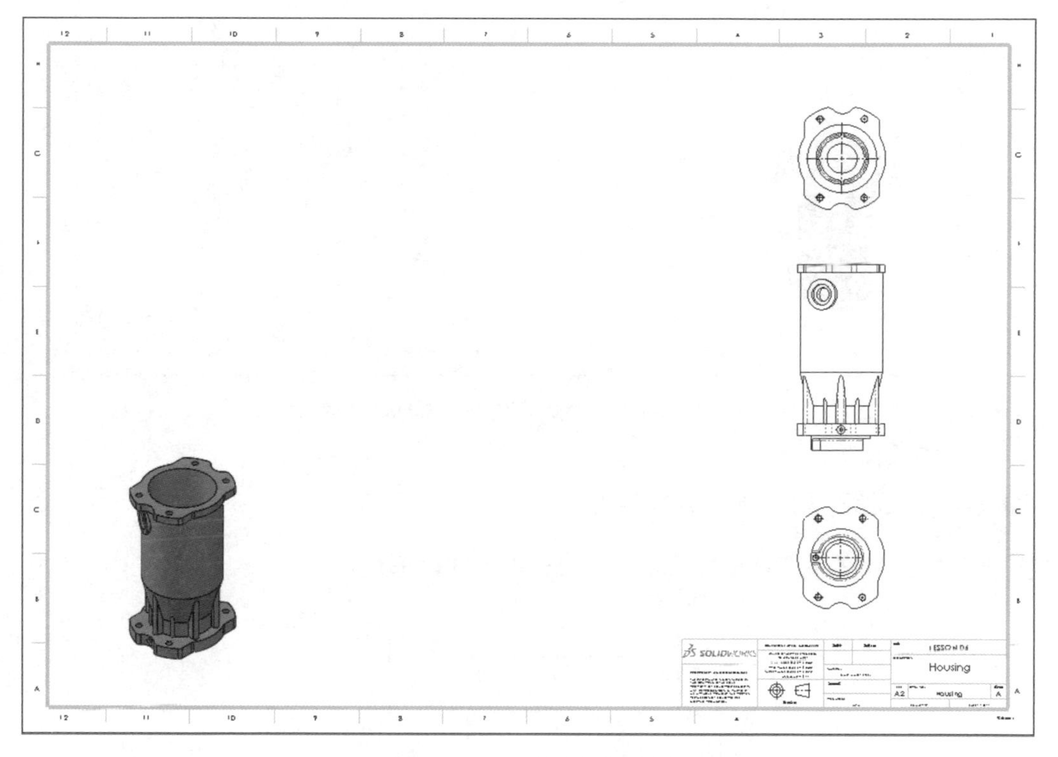

圖 6-123　加入工程視圖

STEP 8 加入剖面圖與細部放大圖

加入剖面圖 A-A 與細部放大圖 B，如圖 6-124 所示。

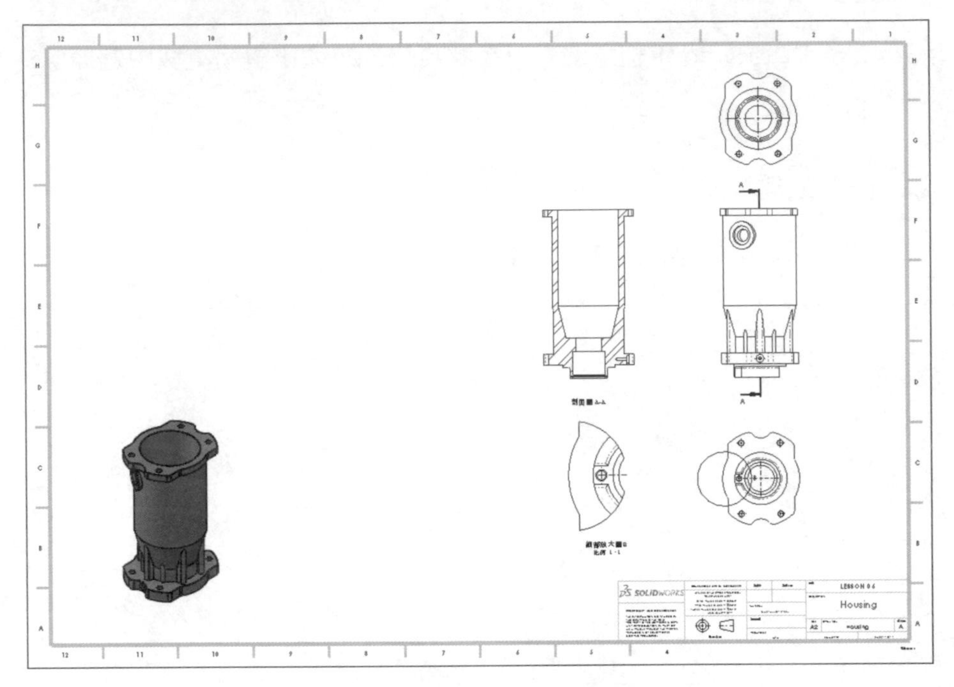

圖 6-124 加入剖面圖與細部放大圖

STEP 9 繪製細部放大圖的自訂輪廓

在剖面圖 A-A 的底部，繪製如圖 6-125 所示的**矩形**。

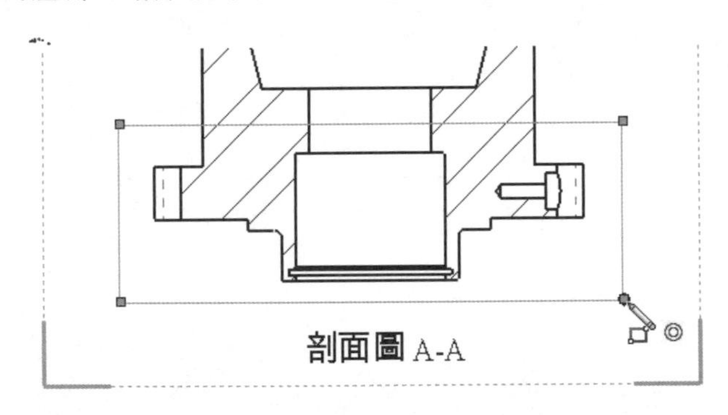

圖 6-125 繪製細部放大圖的自訂輪廓

提示 繪製矩形前，要確認草圖是聚焦在剖面圖 A-A 中。

STEP 10 建立細部放大圖

在矩形被選取下，按**細部放大圖**，放置視圖於圖頁中，並調整如圖 6-126 所示的屬性。

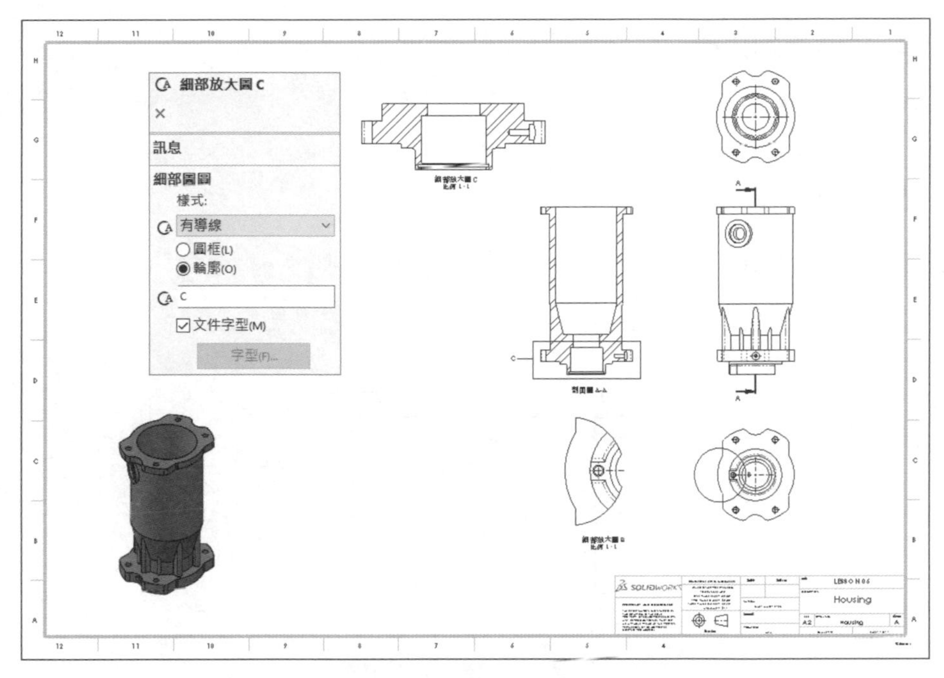

圖 6-126　建立細部放大圖

STEP 11 建立調整模型視角

以下將使用調整模型視角指令，建立在模型側邊較大通口的正垂視圖。

在圖頁上選擇一個工程視圖，按**調整模型視角**。

STEP 12 選擇面以定義視角

如圖 6-127 所示，指定面為**前視**與**上視**，按**確定**。

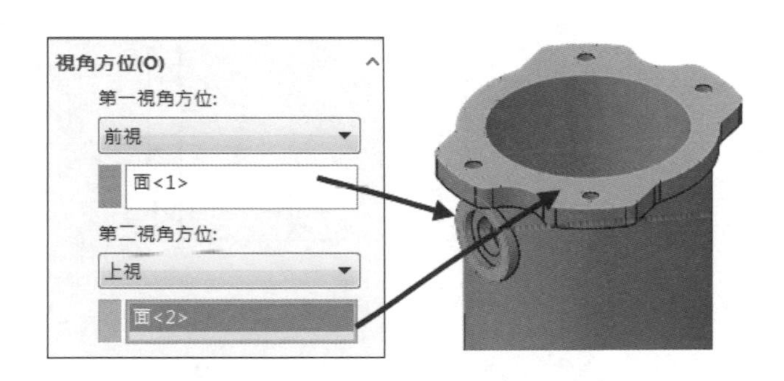

圖 6-127　建立調整模型視角

STEP 13 在圖頁放置視圖

在圖頁按一下放置視圖。

STEP 14 修改視圖比例

修改此視圖比例為 1：1。

STEP 15 裁剪視圖

繪製如圖 6-128 所示的矩形，按**裁剪視圖**。

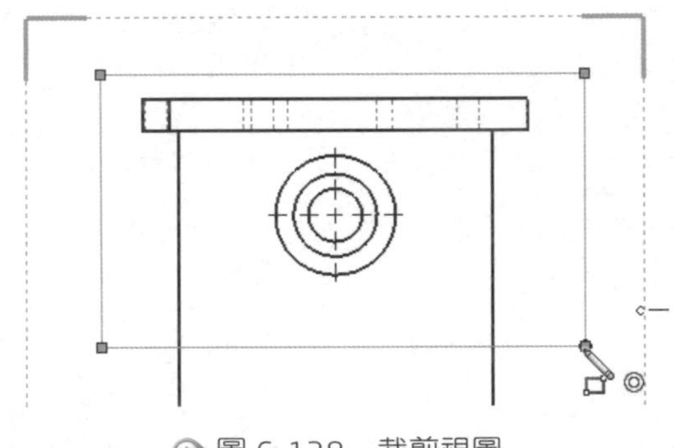

圖 6-128　裁剪視圖

STEP 16 加入剖面圖

在裁剪視圖中加入如圖 6-129 所示的剖面圖。

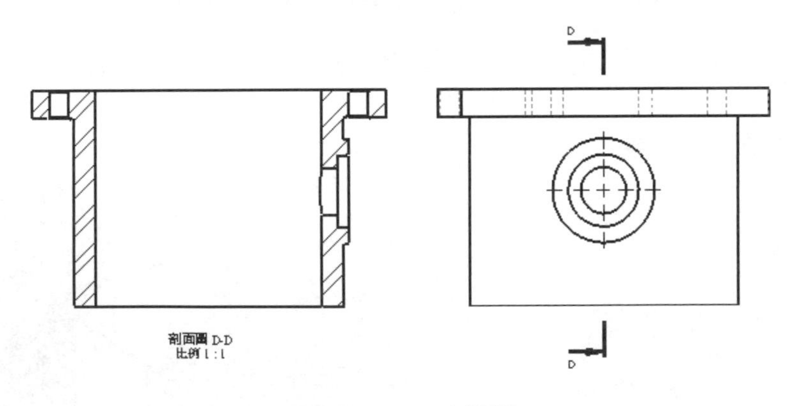

圖 6-129　剖面圖

STEP 17 裁剪剖面圖 D-D

使用不規則曲線繪製封閉曲線，建立裁剪視圖 D-D，如圖 6-130 所示。

STEP 18 調整視圖與標示至適當位置

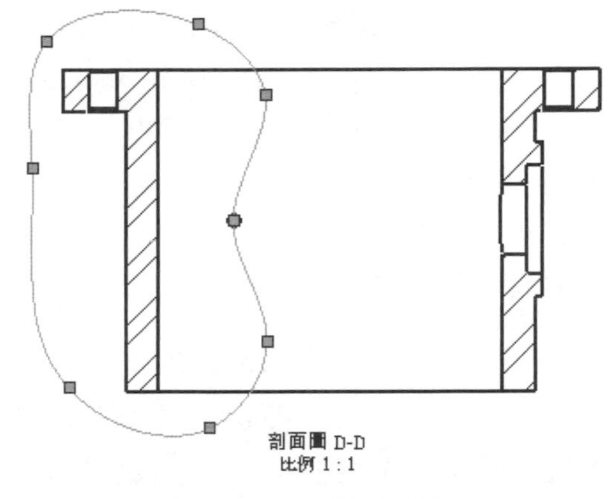

圖 6-130 裁剪剖面圖 D-D

視圖焦點與圖頁焦點

繪製草圖時得注意視圖焦點，同樣的註解也是需要關聯到視圖中，或關聯至圖頁上。以下將在視圖外側加入註解，並關聯至此視圖。

STEP 19 按註解

STEP 20 在裁剪視圖下方加入註解

如圖 6-131 所示，在裁剪視圖下方加入註解，輸入 **"裁剪視圖"**，按**確定**。

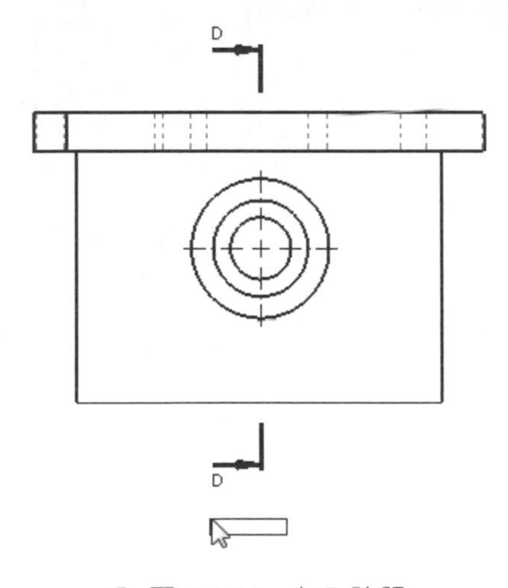

圖 6-131 加入註解

STEP 21 移動視圖

拖曳裁剪視圖邊框，因為註解是放置於視圖的邊框外側，註解只關聯至圖頁，並沒有關聯至視圖上。為了使註解關聯至視圖中，加入註解時，視圖應該是鎖住焦點的。

STEP 22 刪除註解

STEP 23 鎖住視圖焦點

在裁剪視圖上快按滑鼠兩下，或在裁剪視圖按滑鼠右鍵，從快顯功能表中點選**鎖住視圖焦點**。如圖 6-132 所示，視圖邊框角落顯示為實線代表已鎖住。

技巧

同樣的方法也可以使用在**鎖住圖頁焦點**，當不想註解與任何視圖關聯時，可使用鎖住圖頁焦點。

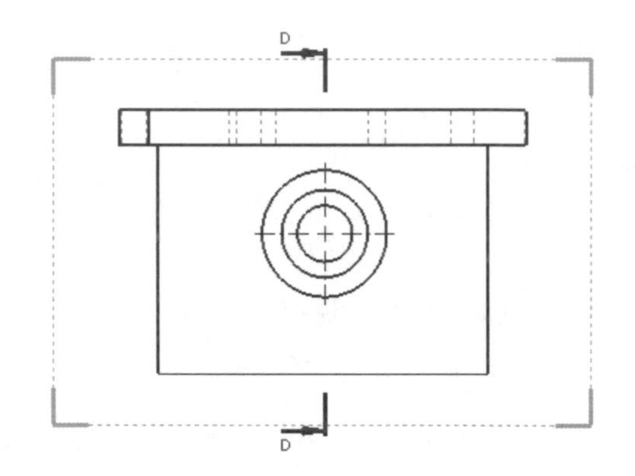

圖 6-132　鎖住視圖焦點

STEP 24 加入註解

按**註解** A，如圖 6-133 所示，在裁剪視圖下方加入註解，輸入 **"裁剪視圖"**，按**確定**。

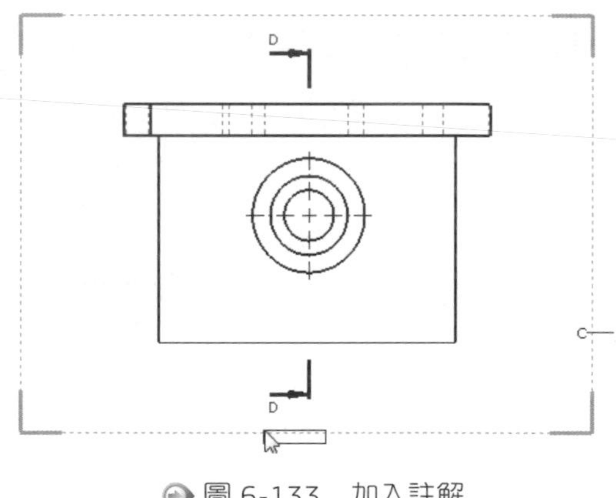

圖 6-133　加入註解

STEP 25 解開視圖焦點

在視圖上快按滑鼠兩下或按滑鼠右鍵，點選**解開視圖焦點**。

STEP 26 移動視圖

如圖 6-134 所示，拖曳裁剪視圖時，註解已關聯至視圖，並可隨視圖移動。

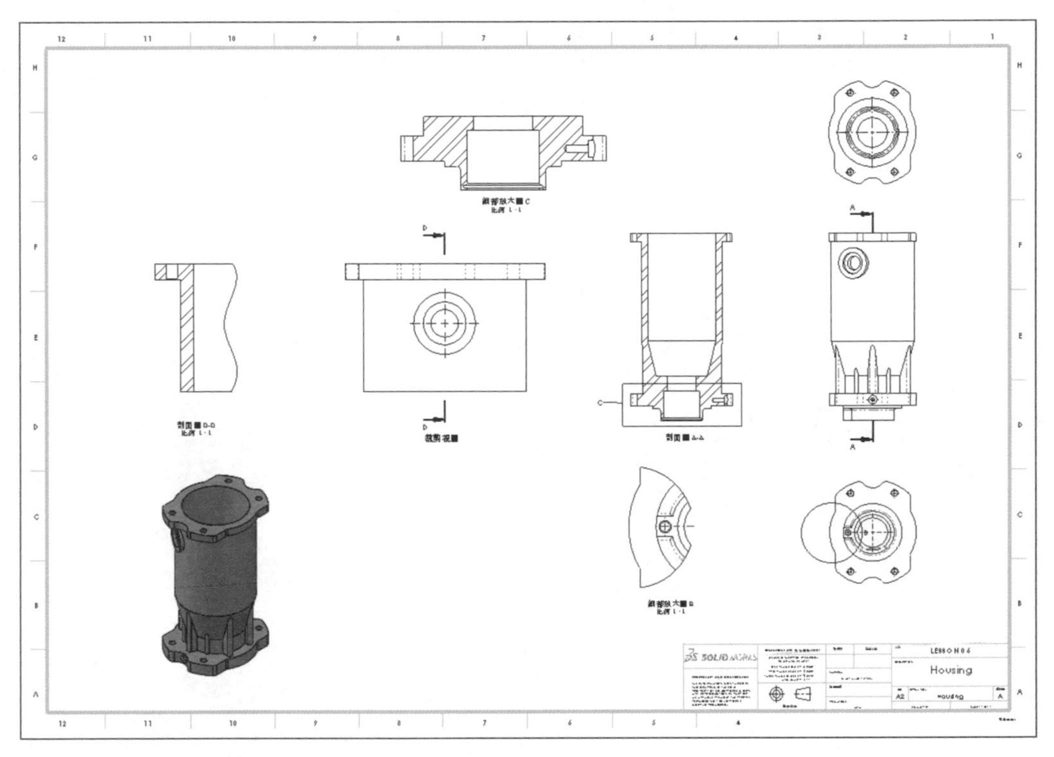

圖 6-134　移動視圖

STEP 27 共用、儲存並關閉所有檔案

NOTE

07

了解註記視角

順利完成本章課程後，您將學會：

- 在模型中顯示與啟用註記視角
- 插入新註記視角
- 編輯現有的註記視角
- 在現有的註記視角中分配尺寸
- 了解註記視角如何加入到工程視圖中
- 在工程圖中更新註記視角

7.1 了解註記視角

如圖 7-1 所示的 Shaft Yoke 模型是在 SOLIDWORKS 中設計的，並輸入草圖與特徵尺寸至零件視圖中，以下將用此例來解釋**註記視角**，以及如何使用註記視角來控制將哪些尺寸輸入到哪些工程視圖中。

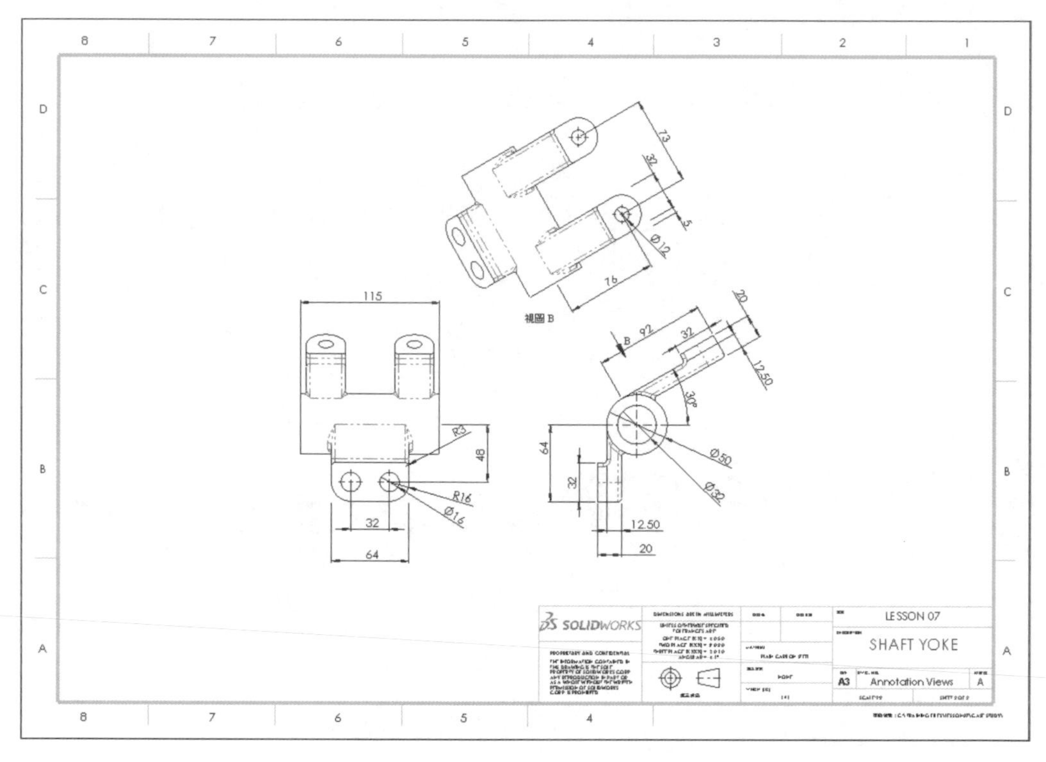

圖 7-1　Shaft Yoke 工程圖

STEP 1　開啟零件

從 Lesson07\Case Study 資料夾中開啟零件：Annotation Views.SLDPRT，如圖 7-2 所示。

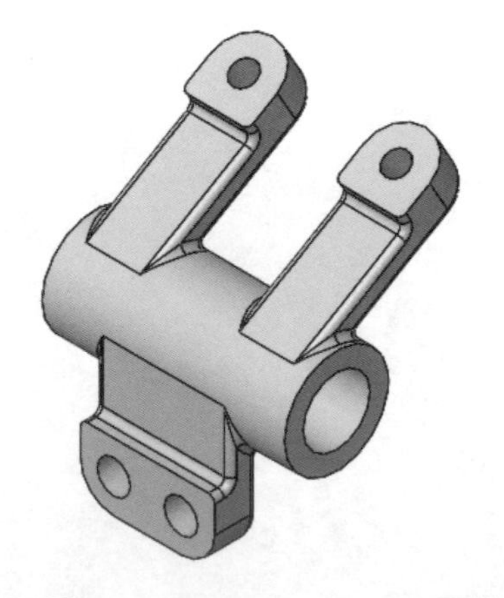

圖 7-2　Annotation Views 零件

STEP 2 從零件建立工程圖

按**從零件 / 組合件產生工程圖**，選擇**"A3 工程圖"**範本，按**確定**。

STEP 3 檢查視圖調色盤

如圖 7-3 所示，視圖調色盤中的 FRONT、TOP、RIGHT 三個視圖名稱前都有一個"(A)"，這代表三個視圖中都有註記。

圖 7-3 視圖調色盤

STEP 4 調整選項

在視圖調色盤的**選項**中勾選**輸入註記**與**設計註記**。

STEP 5 建立標準視圖

將前視圖（(A)Front）拖曳至工程圖頁中，並投影上視圖（(A)Top）與右視圖（(A) Right）。

STEP 6 建立輔助視圖

按**輔助視圖**，從右視圖中選擇特徵 Angled Boss 的邊線，以建立視圖，如圖 7-4 所示。

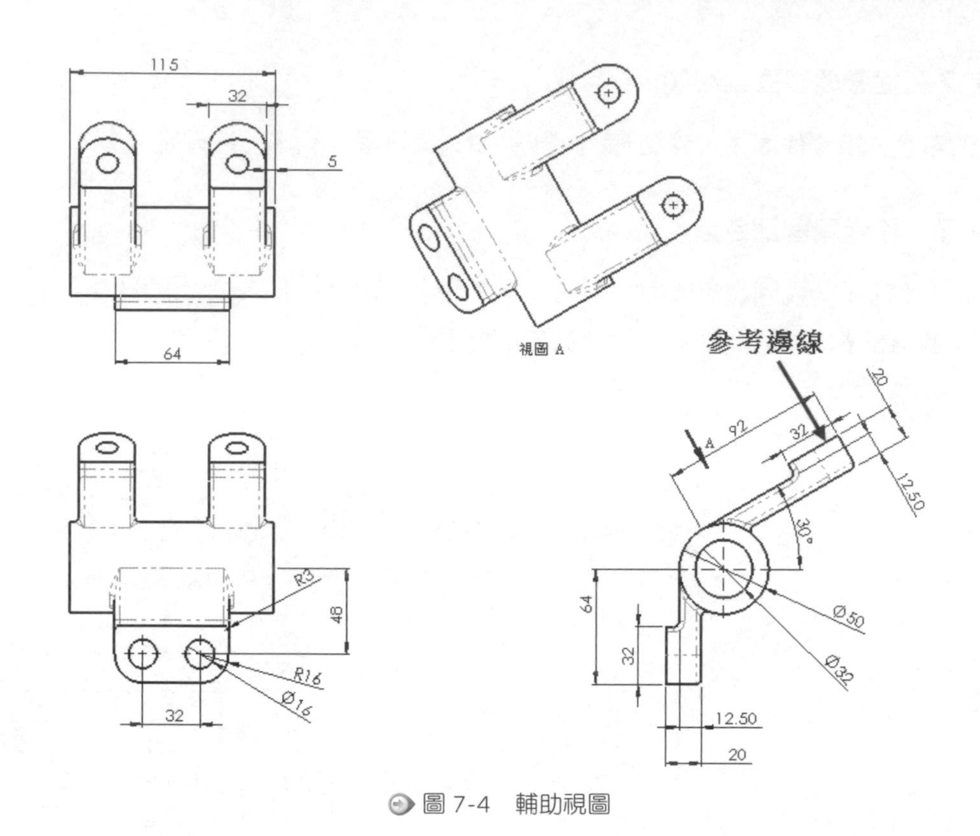

圖 7-4　輔助視圖

7.1.1 了解註記習性

如前所述，當標準視圖名稱有標示 (A) 時會自動輸入設計註記，但是輔助視圖卻沒有。依前面章節所學，我們可以移動尺寸或加入其他的模型項次等，以完成此工程圖。

但是如果我們想要更進一步了解工程視圖中的註記是如何建立的？控制輸入註記的是哪些習性？SOLIDWORKS 是如何決定哪些註記要加入到視圖中的？關鍵就是**註記視角**。

7.1.2 什麼是註記視角

當草圖和特徵加入到模型時，SOLIDWORKS 即會自動建立**註記視角**，草圖與特徵會將尺寸和註記加入到指定的方位中。

當我們使用視圖調色盤或視圖 PropertyManager 中的**輸入註記**選項時（圖 7-5），模型中的註記視角即決定要輸入哪些尺寸和註記。

圖 7-5　輸入註記

註記視角通常存在於零件或組合件 FeatureManager（特徵管理員）的註記資料夾中。

7.1.3 註記資料夾

註記 資料夾是用來收集模型中的註記，在註記資料夾上按滑鼠右鍵，彈出的快顯功能表中提供了不少選項，得以在繪圖區顯示不同類型的註記，如圖 7-6 所示，功能表中的指令也可以用來建立新的註記視角。

接著來了解 Shaft Yoke 零件模型中的註記視角。

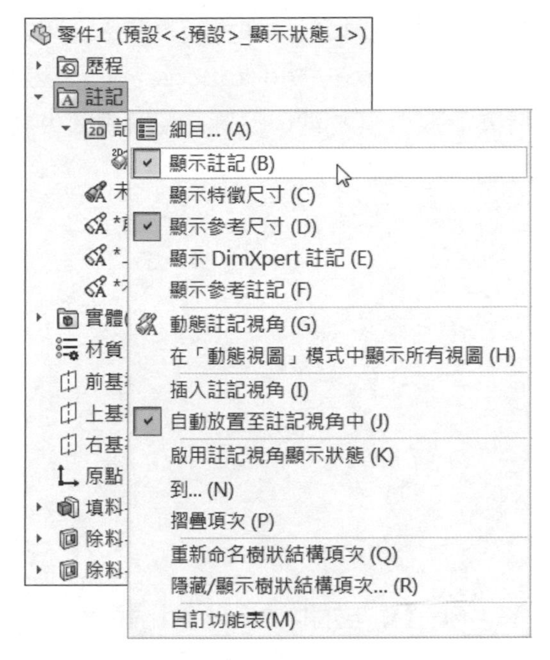

圖 7-6　註記資料夾

STEP 7 開啟零件

在任一工程視圖上按一下，點選**開啟零件**，回到 Annotation Views 零件視窗。

STEP 8 檢查註記資料夾

展開 **Annotations** （註記）與 **Notes** （記事）子資料夾，如圖 7-7 所示，模型中存在 *Front、*Top、*Right 註記視角，這也是我們看到在工程圖中關聯註記的視角方位。

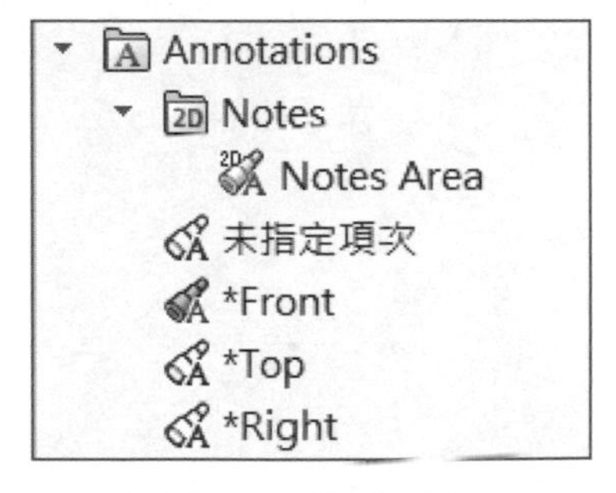

圖 7-7　註記資料夾

STEP 9 在樹狀視圖中列出註記

個別的註記可以顯示被指派至註記視圖中的子註記，在 Annotations（註記）資料夾上按滑鼠右鍵，點選**在樹狀視圖中列出註記**，如圖 7-8 所示。

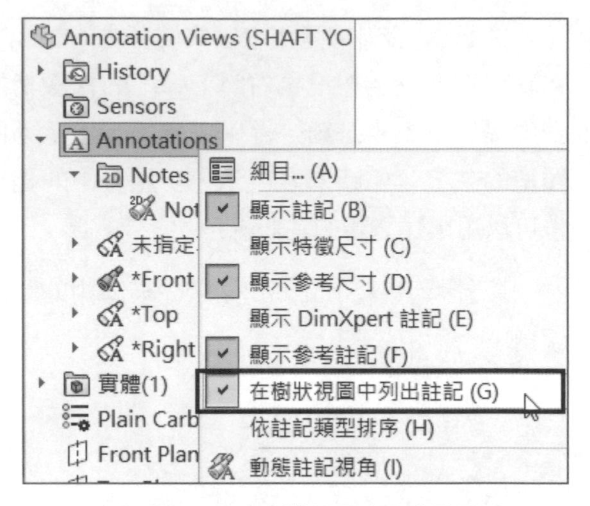

圖 7-8　在樹狀視圖中列出註記

STEP 10 展開 *Front 註記視角

展開 *Front 註記視角，查看分派到此視角的個別註記，如圖 7-9 所示。

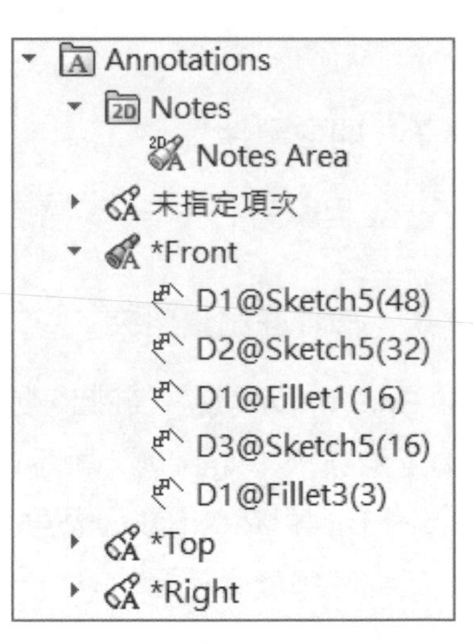

圖 7-9　展開 *Front 註記視角

STEP 11 顯示特徵尺寸

要在繪圖區查看註記視角，必須先顯示特徵尺寸。在 **Annotations**（註記）資料夾上按滑鼠右鍵，點選**顯示特徵尺寸**。如圖 7-10 所示，*Front 註記視角已顯示在繪圖區。

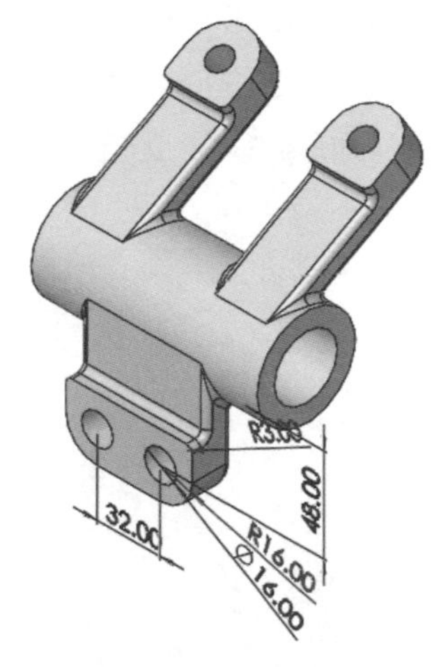

圖 7-10　顯示特徵尺寸

7.1.4　預設註記視角

SOLIDWORKS 會自動指派註記到視角中，並與預設的零件方位關聯。例如，若草圖建立在前基準面或與前基準面平行，則草圖中的所有尺寸會被指派到註記視角 "*Front" 之中，預設情況下，註記視角名稱前面會有 "*" 號。而資料夾中的 "未指定項次" 是用來放置那些沒有分派到標準註記視角中的尺寸。

預設情況下，**Notes** 資料夾內含一個命名為 "Notes Area" 的註記視角，這個視圖不管模型是如何旋轉，它仍以平面的方式顯示在螢幕中，像是表格。

提示　預設情況下，模型範本所控制的註記視角都是可以使用的。

7.1.5　顯示註記視角

註記視角的可見性是由選項中的**隱藏 / 顯示**或**啟用**視圖所控制，欲啟用註記視角，請直接在視圖名稱上快按滑鼠兩下，或按滑鼠右鍵並使用快顯功能表中的選項即可，啟用中的視圖名稱前面會呈現藍色圖示，如圖 7-11 所示，並自動顯示於繪圖區中。

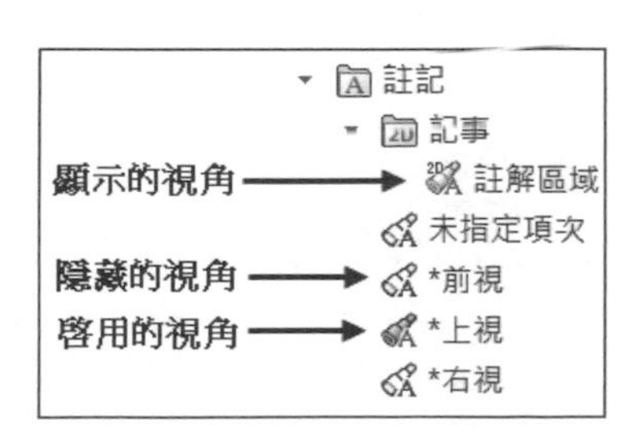

圖 7-11　顯示註記視角

若有需要，亦可同時顯示多個註記視角，顯示的註記視角前的小圖示帶有顏色，而隱藏註記視角前的小圖示則是顯示透明狀。

註記視角快顯功能表

註記視角除了**隱藏 / 顯示**或**啟用**選項外，註記視角的快顯功能表也提供了**編輯註記視角**及**刪除**等選項，如圖 7-12 所示。

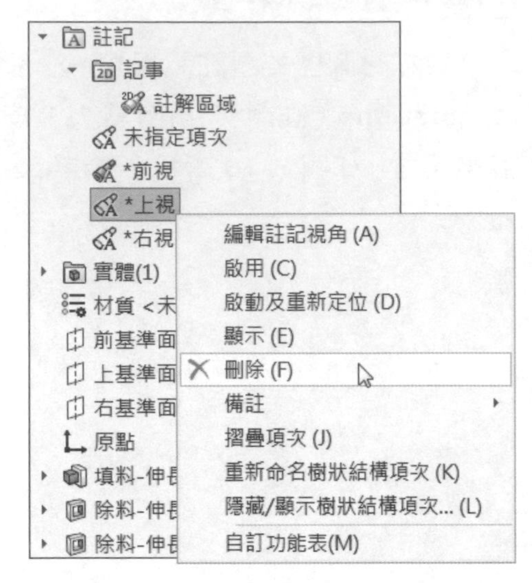

圖 7-12　註記視角快顯功能表

STEP 12 查看標準註記視角

在 *Top、*Right 註記視角上快按滑鼠兩下啟用註記視角，在註記視角中的註記，與輸入至工程視圖中的註記是相同的。

STEP 13 隱藏 *Front 註記視角

非啟用的註記視角可根據需求顯示或隱藏，在註記視角 *Front 上按滑鼠右鍵，從快顯功能表中按**隱藏**，使之只有啟用時才能顯示。

STEP 14 啟用“未指定項次”視圖

在**“未指定項次”**註記視角上快按滑鼠兩下，如圖 7-13 所示。因為尺寸並未與任何預設的標準視角方位對齊，因此視角內的尺寸並不會輸入到任何工程視圖中。

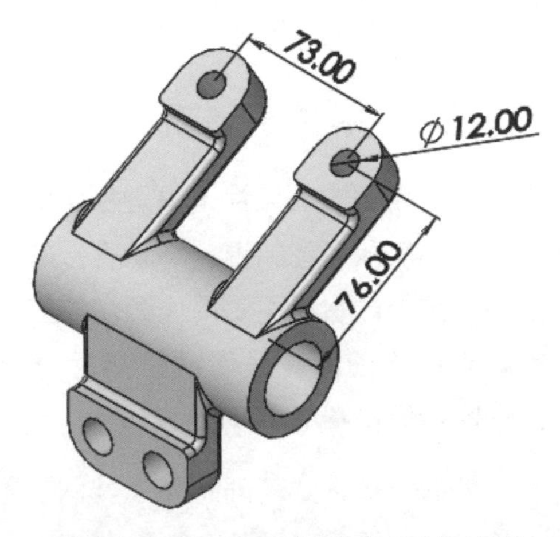

圖 7-13　啟用“未指定項次”視圖

7.1.6 插入註記視角

為了確保 Upper Holes 特徵的尺寸有被輸入到工程視圖中，以下將插入新註記視角，並分派特徵尺寸。

在註記資料夾上按滑鼠右鍵，點選**插入註記視角**即可插入新註記視角，新視角可以選擇預設方位或選擇模型中的平面、基準面來定義。PropertyManager 中的第 2 頁則是用以選擇要移至新視角的註記。

指令TIPS　插入註記視角 

- 快顯功能表：在**註記**資料夾上按滑鼠右鍵，點選**插入註記視角**。

STEP 15 插入註記視角

在 Annotations 資料夾上按滑鼠右鍵，並點選**插入註記視角**，在**註記檢視方向**選項中點選**選擇**，並選擇如圖 7-14 所示的平面。

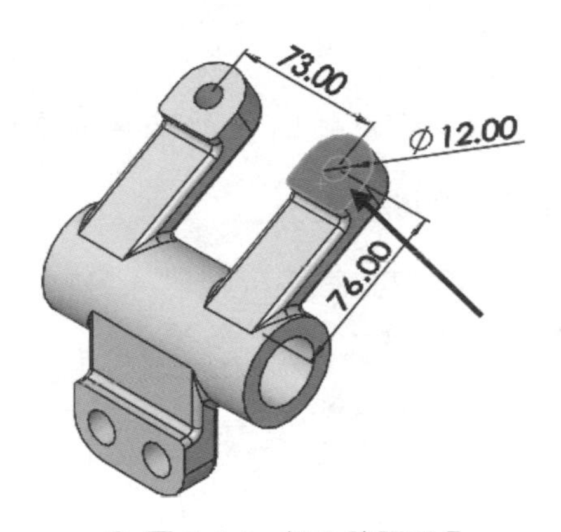

圖 7-14　插入註記視角

STEP 16 選擇 PropertyManager 的第 2 頁

在 PropertyManager 的上方按**下一步**。

STEP 17 選擇移動的註記

勾選**隱藏未平行於檢視方向的所有註記**，在繪圖區選擇剩餘的尺寸或按**選擇平行於檢視方向的所有註記**。

按**確定**✔，若有顯示如圖 7-15 所示的訊息，按**否**。

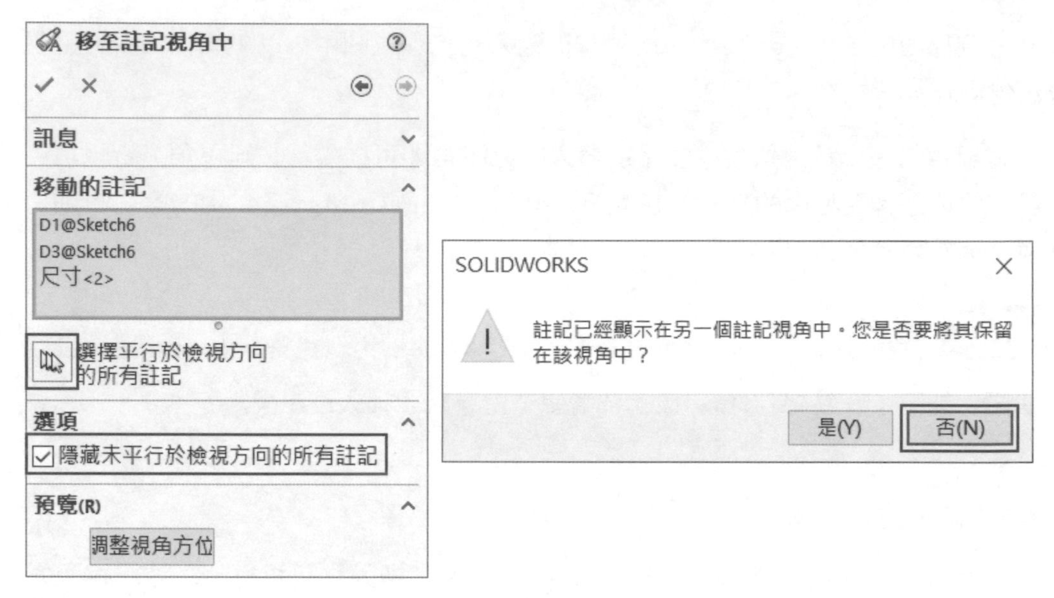

圖 7-15 選擇移動的註記

STEP 18 結果

註記視角 1 已建立，如圖 7-16 所示，且 Upper Holes 特徵的尺寸也已加入至新視角中。此時新視角已啟用，並顯示在繪圖區中。

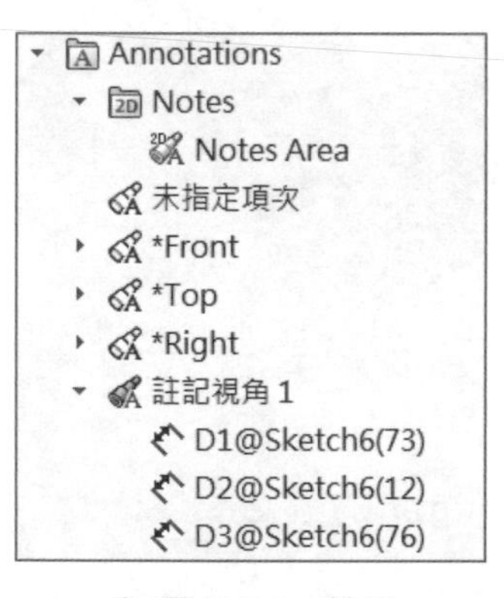

圖 7-16 結果

技巧

必要時，按**重新計算** 檢視尺寸。

STEP 19 重新命名註記視角

將"註記視角 1"重新命名為 **Aux View**。

STEP 20 啟用及重新定位

在 *Top 視角上按滑鼠右鍵，點選**啟用及重新定位**，結果如圖 7-17 所示。

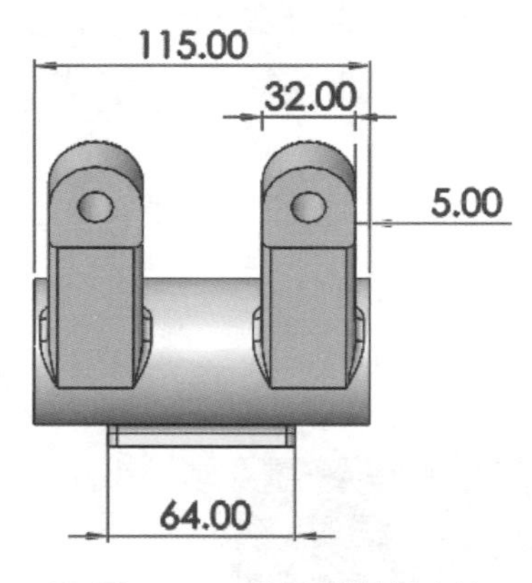

圖 7-17　啟用及重新定位

7.1.7　編輯註記視角

在查看零件後得知，目前指派在 *Top 註記視角的尺寸若在其他視角上會比較好，但是為了讓模型細部表現更好，以下將指派幾個尺寸給 *Front 與 Aux View。

只要利用**編輯註記視角** PropertyManager，或在尺寸上按滑鼠右鍵選擇新註記視角，即可將註記視角的尺寸移動到另一個視角中。

STEP 21 編輯註記視角

在 Aux View 上按滑鼠右鍵，點選**編輯註記視角**。這時 PropertyManager 和建立新註記視角一樣，如圖 7-18 所示，從繪圖區選擇尺寸 32mm 和 5mm，按**確定**✔。

若有顯示警告訊息，按**否**。

圖 7-18　編輯註記視角

 22 重新指派尺寸

在 *Top 視角上快按滑鼠兩下啟用，在剩下的其中一個尺寸上按滑鼠右鍵，點選**選擇註記視角**，再從列表中選擇 *Front，如圖 7-19 所示。重複上面步驟移動另一尺寸。

圖 7-19 選擇註記視角

提示 只有有效的選項才會出現在列表中。

技巧 您也可以先選擇一個尺寸後，按 "~" 鍵，即可叫出**選擇註記視圖**對話方塊。

STEP 23 預覽 *Front 註記視角

在 *Front 註記視角上按滑鼠右鍵，點選**啟用及重新定位**，如圖 7-20 所示。必要時，可調整尺寸位置。

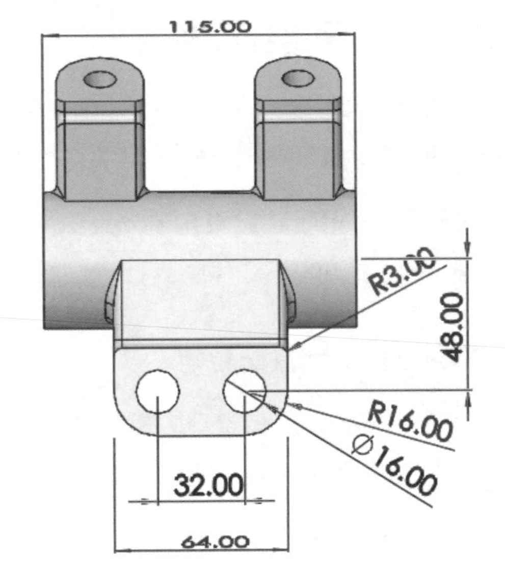

圖 7-20 *Front 註記視角

 24 刪除 *Top 視角

由於 *Top 視角已不再需要用來表達註記，故可以被刪除。請在 *Top 視角上按滑鼠右鍵，再按**刪除** ✕。

技巧 啟用中的註記視角無法被刪除，若是包含註記的視角被刪除，則其內含的註記會被移至**未指定項次**視角中。

STEP 25 選擇項：關閉顯示特徵尺寸

在 **Annotations** 資料夾上按滑鼠右鍵，關閉**顯示特徵尺寸**。

STEP 26 儲存零件

測試結果

現在我們將比較在工程圖中已修改過零件的註記習性。

STEP 27 啟用工程圖文件

回到工程圖視窗。

STEP 28 新增圖頁

按**新增圖頁**，新增圖頁 2。

STEP 29 重新整理視圖調色盤

在**視圖調色盤**中按**重新整理**，如圖 7-21 所示。

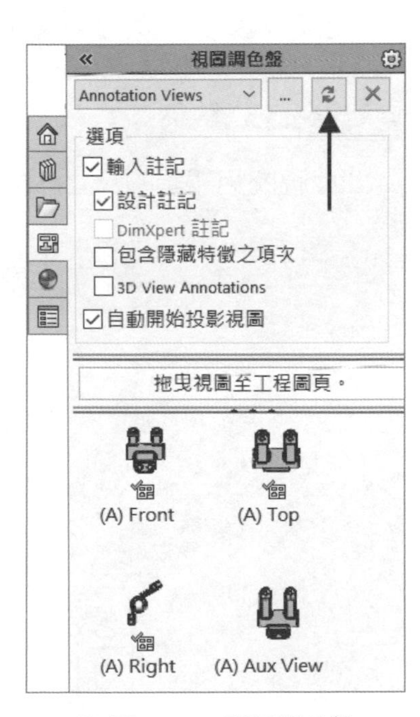

圖 7-21 視圖調色盤

> **提示**
> 因為 Top 視圖已被刪除，因此並未顯示與任何註記關聯，而 Aux View 為新建，已顯示在列表中。若是已在工程圖頁中的視圖，都會帶有一個工程圖符號。

STEP 30 加入前視圖

將 (A)Front 視圖拖曳至圖頁中。

STEP 31 加入投影右視圖

在前視圖右側放置投影右視圖，如圖 7-22 所示，按**確定**✔。

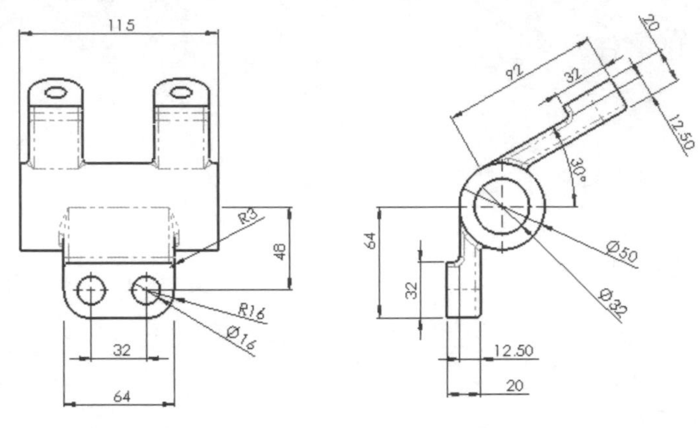

圖 7-22　加入投影右視圖

STEP 32 加入輔助視圖

使用如圖頁 1 的參考邊線，加入**輔助視圖**。

STEP 33 結果

與視圖相關聯的尺寸已自動填入視角方位中，如圖 7-23 所示。

選擇項：可以排列尺寸至適當位置。

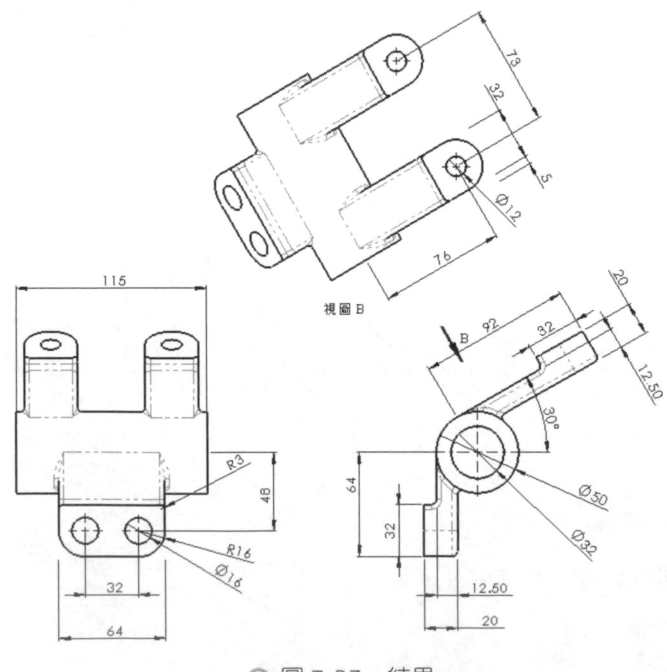

圖 7-23　結果

7.1.8 註記更新

當模型的註記視角被編修後，現有的工程視圖也會更新。在編修註記視角後，工程圖的**重新計算** 或視圖調色盤的**重新整理** 都會啟動**註記更新**指令。當指令啟用時，先前隱藏的註記和編修過的註記，都會以灰階顏色顯示在視圖中，若要顯示註記，請在註記上按滑鼠右鍵一下即可。

技巧

被隱藏的尺寸可以使用**隱藏 / 顯示註記** 指令重新顯示。

STEP 34 啟用圖頁 1

點選圖頁 1 標籤。

STEP 35 註記更新

註記更新已自動啟用，在 Upper Holes 特徵的三個尺寸上按滑鼠右鍵以顯示尺寸，如圖 7-24 所示，按**確定** 。

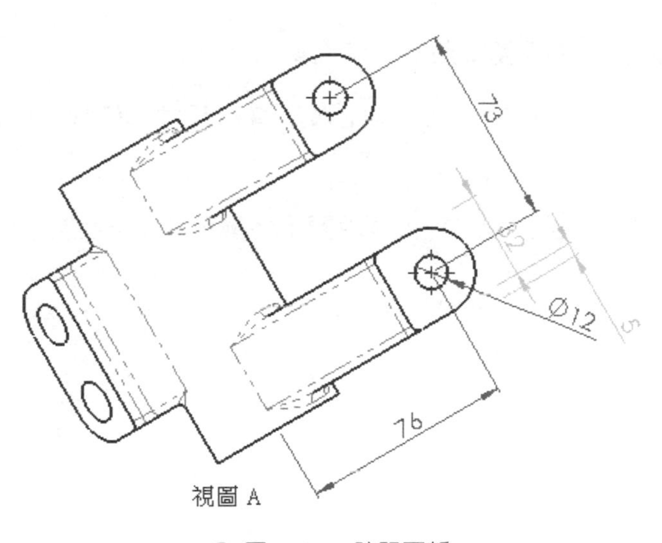

圖 7-24　註記更新

技巧

注意滑鼠游標的回饋符號，左鍵代表**移動**，右鍵代表**隱藏 / 顯示**。

7.1.9 工程圖中的註記資料夾

工程圖檔案在 FeatureManager（特徵管理員）中也包含註記資料夾。在工程圖中，此資料夾可用快顯功能表項次（圖 7-25）來控制註記的可見性。**細目**則控制著更多的顯示濾器。

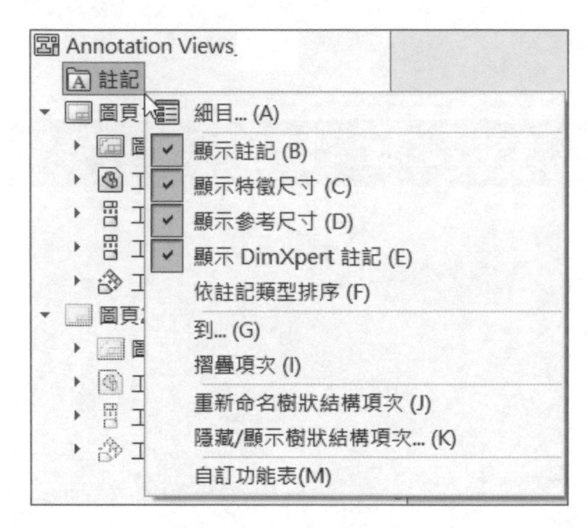

圖 7-25　快顯功能表項次

STEP 36 選擇項：在工程圖隱藏 / 顯示特徵尺寸

在**註記**資料夾上按滑鼠右鍵，關閉**顯示特徵尺寸**，模型中的特徵尺寸變成隱藏狀態。

在**註記**資料夾上再按滑鼠右鍵，開啟**顯示特徵尺寸**，再次顯示模型中的特徵尺寸。

STEP 37 共用、儲存並關閉所有檔案

練習 7-1 編輯註記視角

請依下列步驟指引，在提供的模型中建立與編修如圖 7-26 所示的註記視角。本練習將使用以下技能：

- 註記資料夾
- 註記視角的可見性
- 插入註記視角
- 編輯註記視角

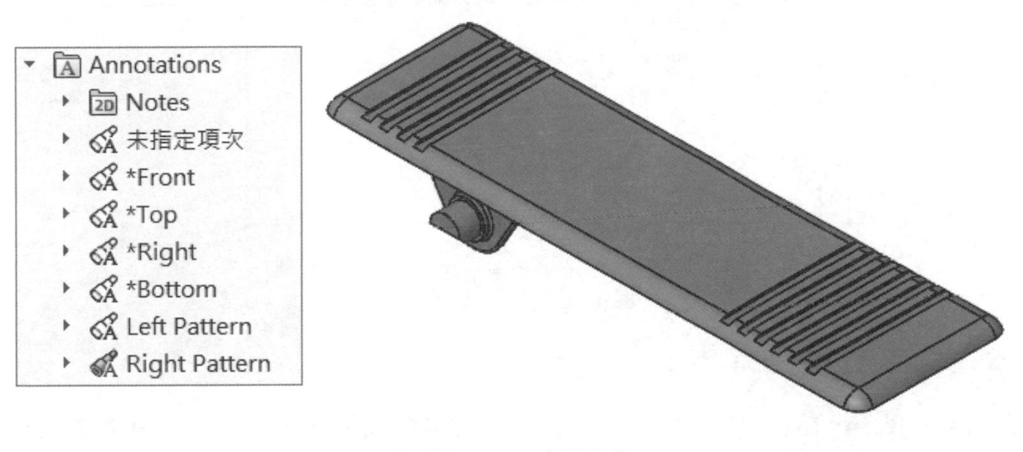

圖 7-26 註記視角

操作步驟

STEP 1 開啟零件

從 Lesson07\Exercises 資料夾中開啟零件：Editing Annotation Views.SLDPRT。

STEP 2 查看 Annotations 資料夾

展開 **Annotations** 資料夾與 **Notes** 子資料夾，如圖 7-27 所示，在模型中已有 *Front, *Top, *Right 註記視角。

圖 7-27 註記資料夾

STEP 3 顯示特徵尺寸

在 **Annotations** 資料夾上按滑鼠右鍵，點選**顯示特徵尺寸**。

STEP 4 啟用及重新定位

在 *Front 註記視角上按滑鼠右鍵，點選**方位**，結果如圖 7-28 所示。

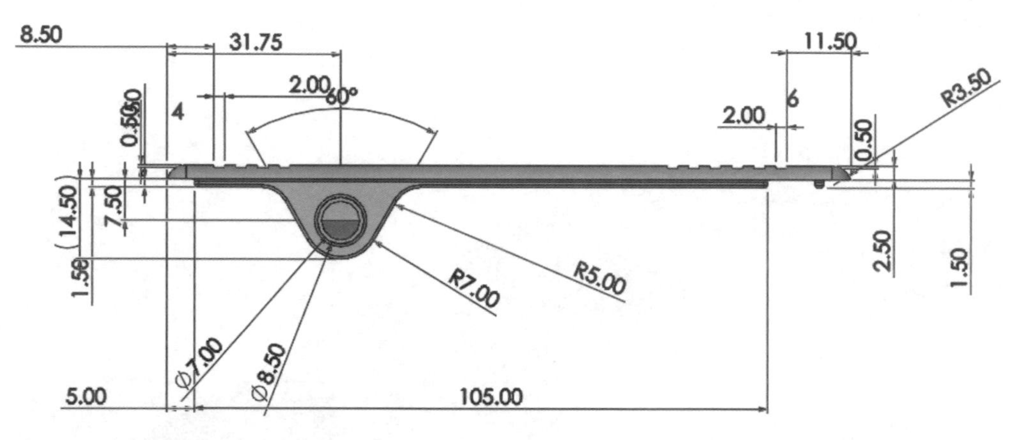

圖 7-28 啟用及重新定位 Front 視角

STEP 5 插入註記視角

在 **Annoations** 資料夾上按滑鼠右鍵，並點選**插入註記視角**，在**視角方位**中點選 "* 前視"。按**下一步**。

STEP 6 選擇移動的註記

在**移動的註記**中選擇如圖 7-29 加框的尺寸，按**確定**。

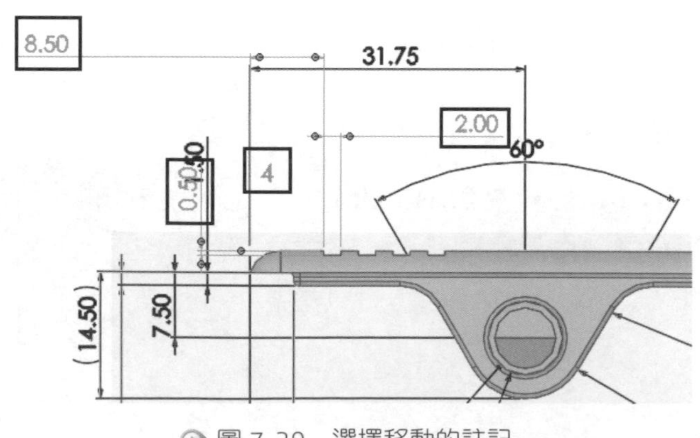

圖 7-29 選擇移動的註記

STEP 7 重新命名註記視角

將新註記視角“*前視”重新命名為“Left Pattern”，調整尺寸至適當位置。

STEP 8 插入另一個註記視角

為圖 7-30 所示的指定尺寸，插入另一個註記視角，將註記視角“*前視”重新命名為“Right Pattern”，調整尺寸至適當位置。

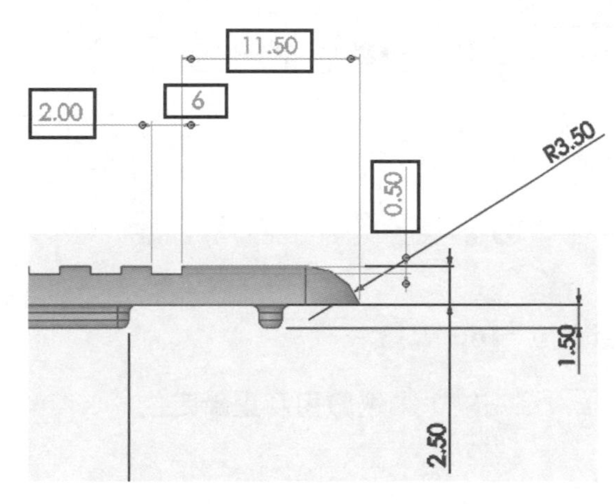

圖 7-30 Right Pattern 視角

STEP 9 啟用及重新定位 *Top 視角

在 *Top 註記視角上按滑鼠右鍵，點選**啟用及重新定位**。

STEP 10 建立“*Bottom”註記視角

為圖 7-31 所示的指定尺寸，插入另一個註記視角，在**視角方位**中點選“*下視”，按**確定**。重新命名註記視角“*下視”為“***Bottom**”。

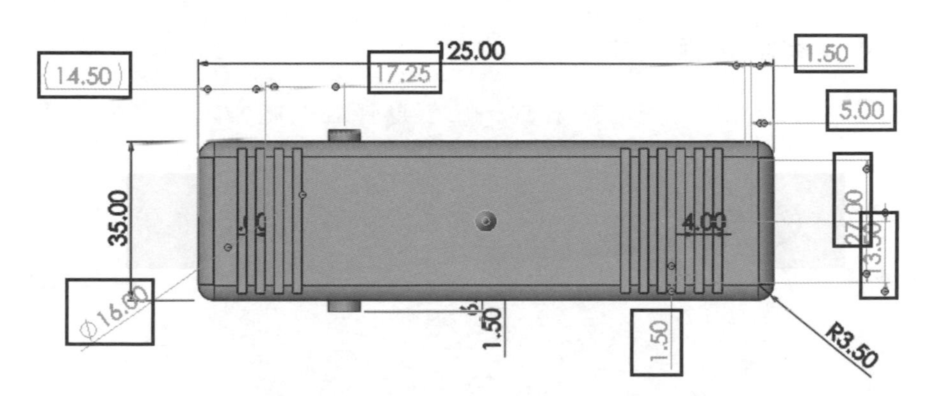

圖 7-31 建立 *Bottom 註記視角

STEP 11 定位新視角並調整尺寸位置

在新“*Bottom”註記視角上按滑鼠右鍵，點選**方位**並調整尺寸位置，如圖 7-32 所示。

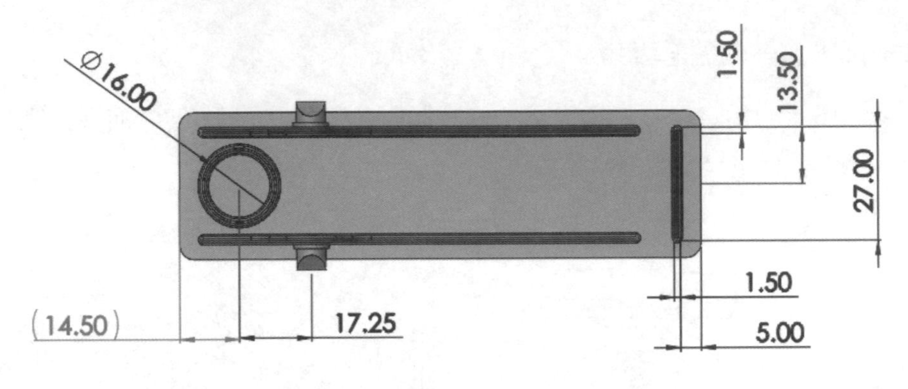

圖 7-32 “*Bottom”註記視角

STEP 12 啟用及重新定位 *Top 視角

在 *Top 註記視角上按滑鼠右鍵，點選**啟用及重新定位**。

STEP 13 重新指派尺寸

在右邊尺寸 4.00mm 上按滑鼠右鍵，點選**選擇註記視角**，再從列表中選擇 Right Pattern，如圖 7-33 所示。

圖 7-33 重新指派尺寸

STEP 14 重新指派另一個尺寸

在左邊尺寸 4.00mm 上按滑鼠右鍵，點選**選擇註記視角**，再從列表中選擇 Left Pattern。

將 6.500 與 1.500 尺寸（D1@Pivot Lub 與 D1@Pivot Spacer）重新指派至“*Right”註記視角中。

STEP 15 重排尺寸

如圖 7-34 所示，調整 *Top 視角的尺寸至適當位置。

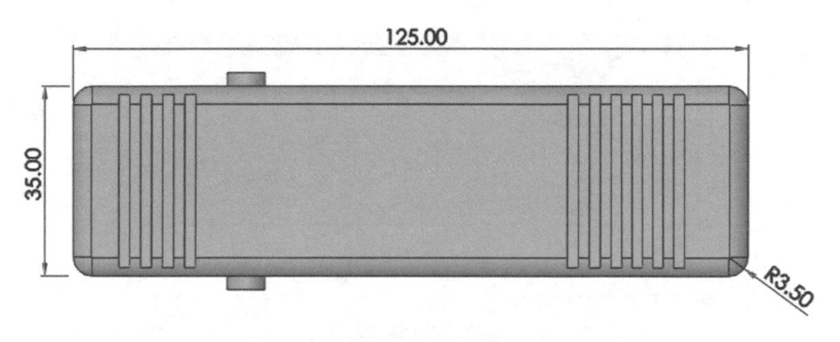

圖 7-34　重排尺寸

STEP 16 修改 *Right 註記視角

在 *Right 視角上按滑鼠右鍵，點選**啟用及重新定位**。如圖 7-35 所示，重排尺寸並指派尺寸至其他視角。

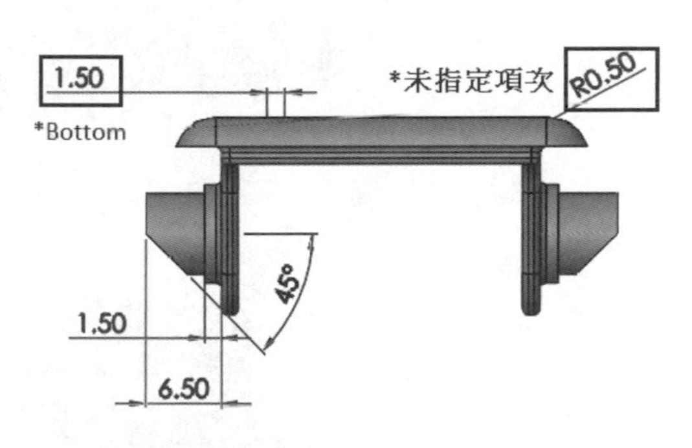

圖 7-35　修改 *Right 註記視角

STEP 17 選擇項：重排視角順序

如圖 7-36 所示，將“*Bottom”拖曳至“*Right”下方。

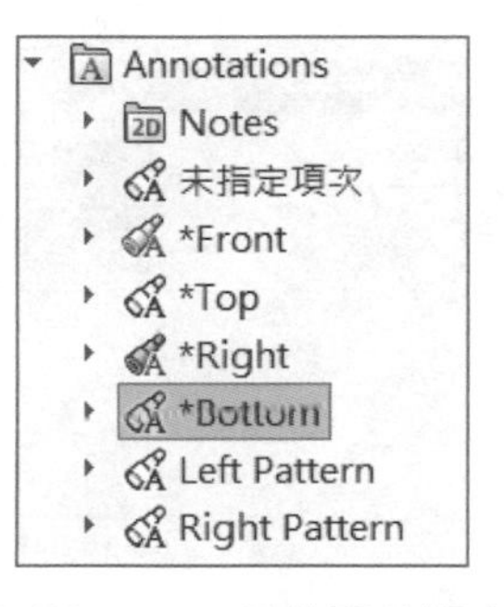

圖 7-36　重排視角順序

STEP 18 最後的視角

啟用及重新定位所有視角，並重排尺寸至適當位置。

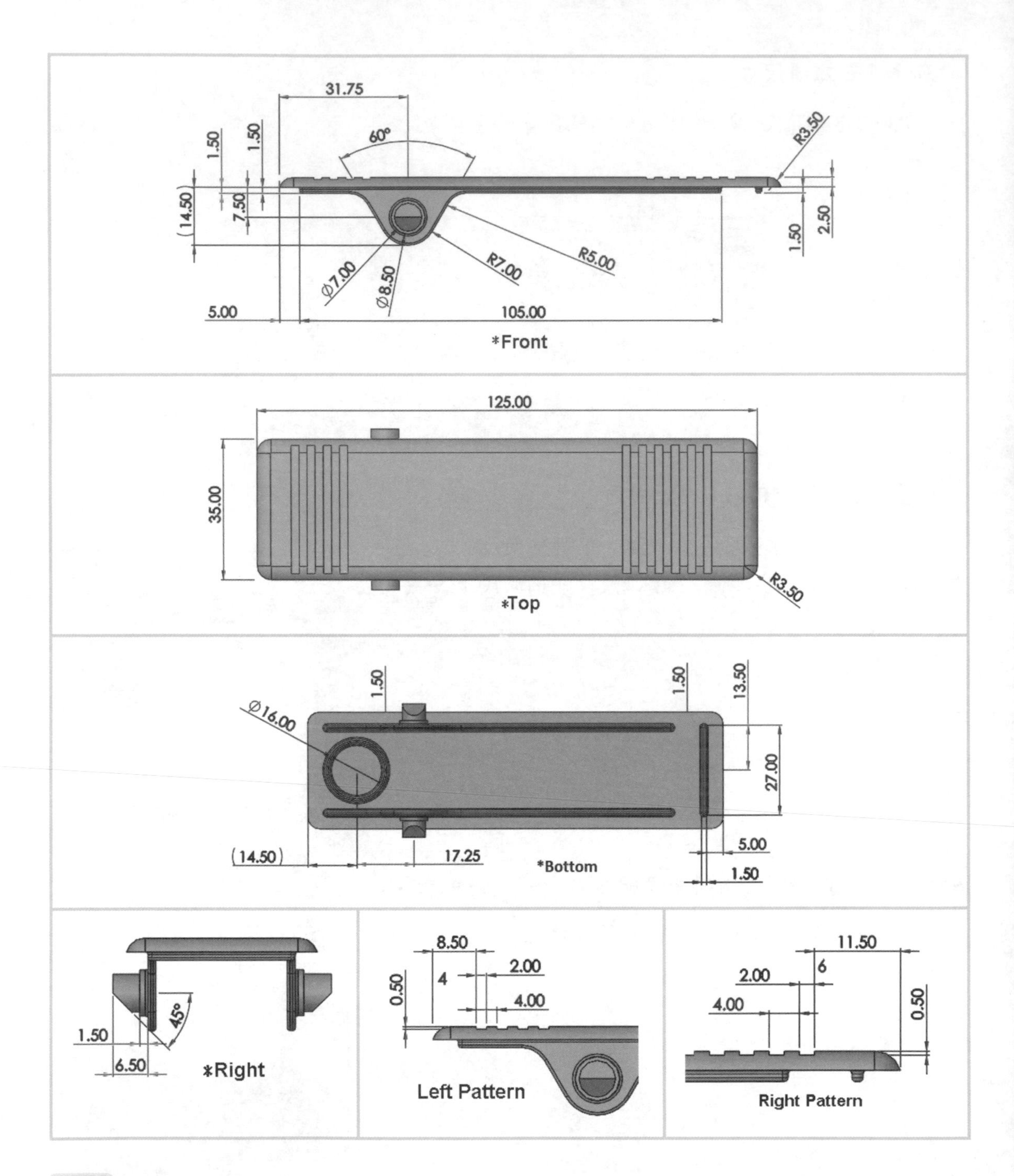

STEP 19 隱藏特徵尺寸

在 Annotations 資料夾上按滑鼠右鍵，關閉**顯示特徵尺寸**。

STEP 20 共用、儲存並關閉檔案

08

進階細項工具

順利完成本章課程後，您將學會：

- 了解輸入註記視角與使用模型項次指令的不同
- 建立參數註解
- 建立不同的尺寸類型，像是導角尺寸、座標尺寸與基準尺寸
- 使用尺寸對正工具
- 建立父視圖與子視圖的位置標示

8.1 細項工具

SOLIDWORKS 提供許多進階工具以輔助細部工作，在接下來的內容中，將利用 Spring Clamp 零件的工程圖（圖 8-1）示範以下工具：

- 註記視角與模型項次
- 參數註解
- 尺寸類型
- 重排尺寸
- 位置標示

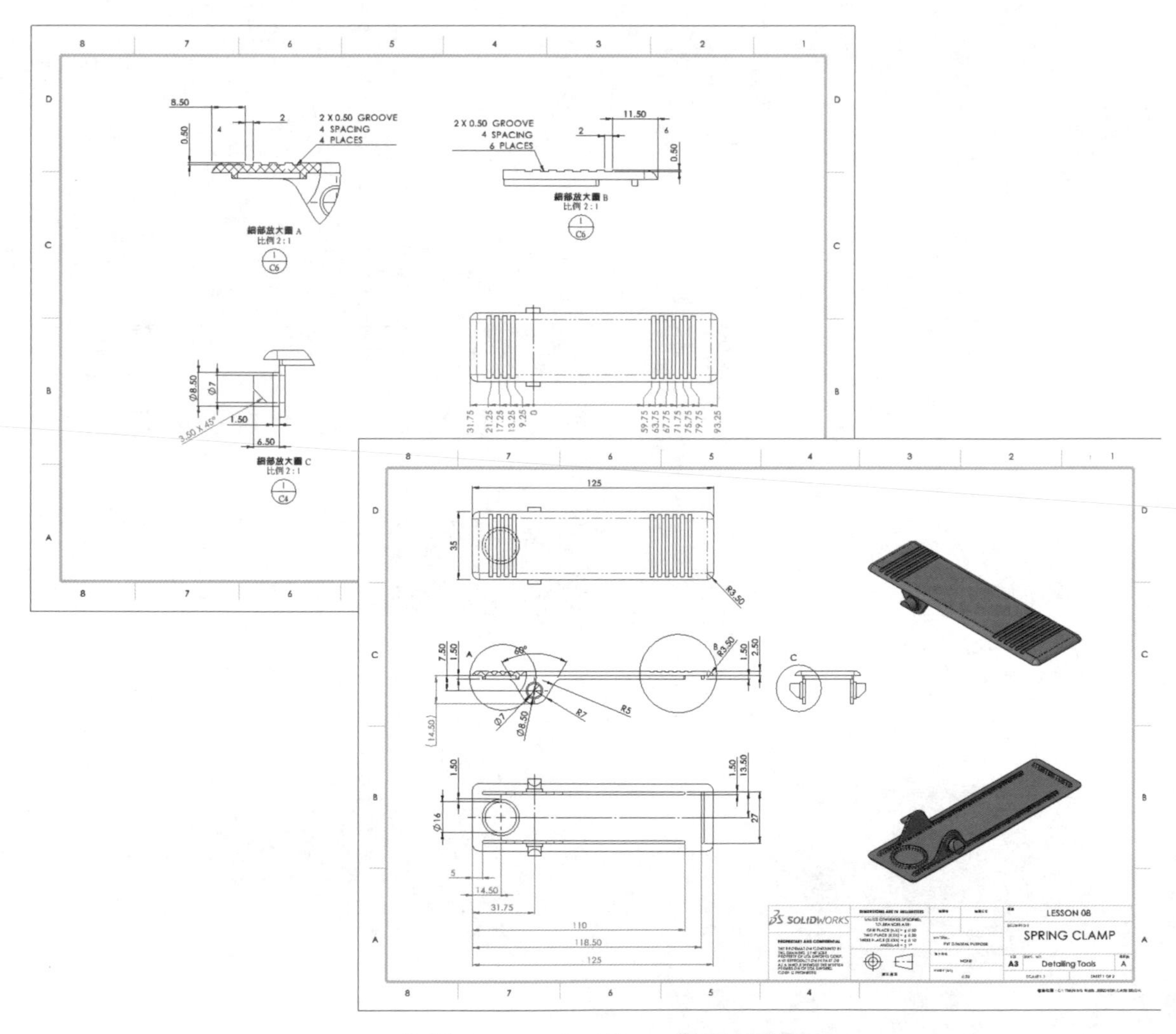

圖 8-1　Spring Clamp 零件工程圖

8.2 註記視角與模型項次

現在我們已了解註記視角與如何輸入註記，但您可能還想要知道註記視角與模型項次之間是如何關聯的。這兩個都是用來將模型中的註記加入到工程視圖中，但操作方式不太相同。

以下為兩者的比較表：

	註記視角	模型項次
如何使用	在**註記**資料夾修改註記視角，然後在視圖調色盤或視圖 PropertyManager 中使用**輸入註記**選項。	啟用**模型項次**指令並調整選項。
功能	將存在模型中的尺寸與註記輸入至指定的視角方位中。	在選項中可以指定何類型的尺寸和註記會被輸入，以及輸入至哪個視圖中。這個結果是依選擇選項而定，而不是現有的註記視角。
優點	• 在將註記加入工程視圖上有較大控制權。 • 保留了連結到註記視角的註記，所以會自動更新工程視圖中的註記。 • 供 Model Based Definition（MBD）使用。	• 可對所選特徵加入尺寸。 • 可加入註記視角所不認識的註記，像是副本 / 計次、履帶與尾端處理等。 • 能自動加入鑽孔標註。 • 能輸入參考幾何。
缺點	自訂註記過程會比較耗時，且必須在模型中完成。	當輸入註記至整個模型時，所提供的控制選項較少。

一般而言，加入模型資訊並沒有誰好誰不好，選用何種技巧方式取決於使用者經驗，以及容易使用為原則，通常結合兩種技巧是最有效率的。

在以下的例子中，首先比較兩種技巧在使用上的差異，然後再探討如何結合兩種技巧。

STEP 1 開啟零件

從 Lesson08\Case Study 資料夾中開啟零件：Detailing Tools.SLDPRT，如圖 8-2 所示。

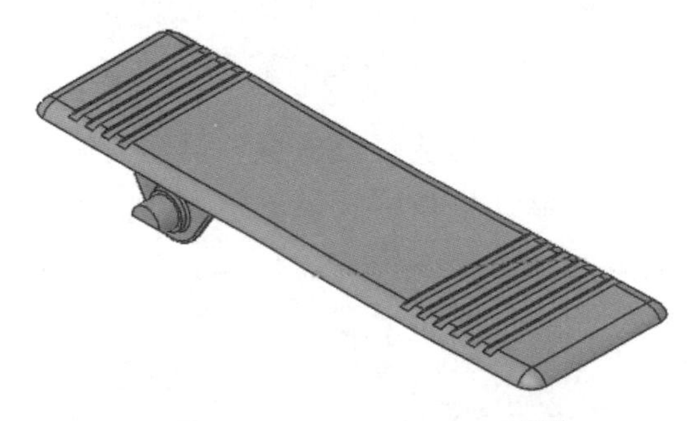

圖 8-2 Detailing Tools 零件

STEP 2 檢查註記資料夾

展開註記資料夾，如圖 8-3 所示，零件中已內含多個註記視角。

選擇項：**顯示特徵尺寸**並啟用不同的視角以預覽。

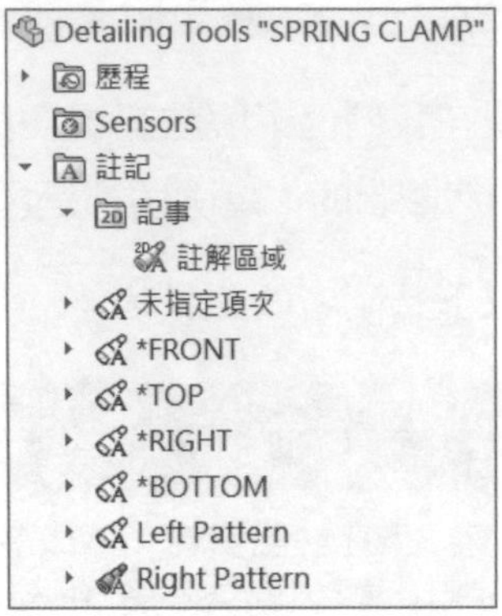

Detailing Tools "SPRING CLAMP"
歷程
Sensors
註記
記事
註解區域
未指定項次
*FRONT
*TOP
*RIGHT
*BOTTOM
Left Pattern
Right Pattern

圖 8-3 檢查註記資料夾

STEP 3 開啟工程圖

當零件工程圖已經存在，只要在零件名稱上按滑鼠右鍵，點選**開啟工程圖**即可，如圖 8-4 所示。

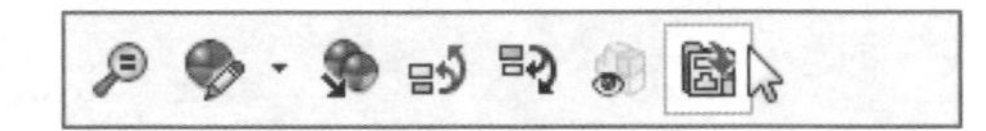

圖 8-4 開啟工程圖

技巧

開啟工程圖指令會在模型資料夾中尋找相同名稱的工程圖檔，此指令也置於**檔案**功能表中。

8.2.1 在工程視圖中使用註記視角

以下我們將使用自訂註記視角來輸入尺寸至工程圖中，然後再使用一個複製的工程圖來比較加入模型項次的不同。

要輸入註記視角至現有的工程視圖中，可以使用視圖 PropertyManager 中的選項。

模型視角包括**輸入選項**群組方塊，方塊內有檢核框供輸入註記用。其他視角類型的**選項**則列示現有視圖中的有效註記視角，如圖 8-5 所示。

模型視角
輸入選項
輸入註記(I)
設計註記(E)
DimXpert 註記
包含隱藏特徵之項次(H)
3D 視圖註記
其他視角類型
選項(N)
註記視角:
(A) FRONT
(A) Left Pattern
(A) Right Pattern
輸入註記(I)
設計註記(E)
MBD Dimension 註記
包含隱藏特徵之項次(H)

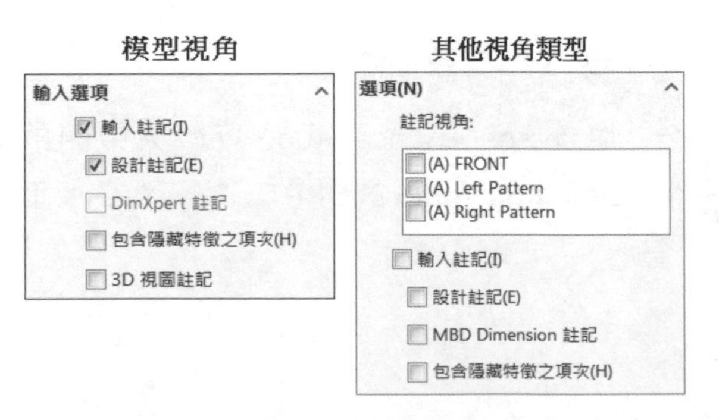

圖 8-5 使用註記視角

提示

3D 視圖註記與 **DimXpert 註記**屬於另一種細部技術，大多在 Model Based Definition（MBD）使用。

STEP 4 將註記輸入至前視圖

在圖頁中選擇**前視圖**，在視圖 PropertyManager 中，勾選**輸入註記**與**設計註記**，如圖 8-6。按**確定** ✔。

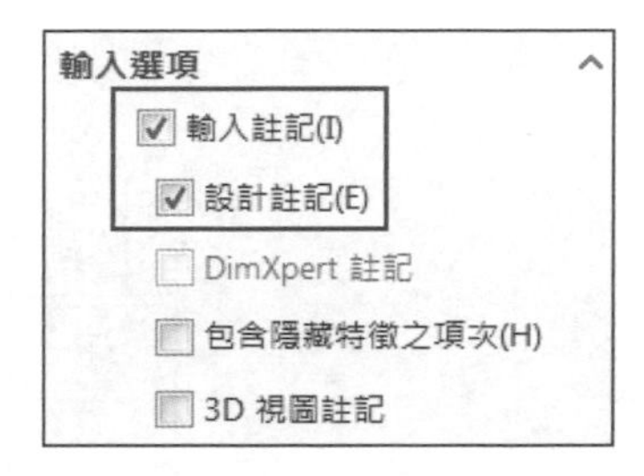

圖 8-6　輸入註記

STEP 5 結果

如圖 8-7 所示，(A)FRONT 的註記，***FRONT** 註記視角已被輸入。

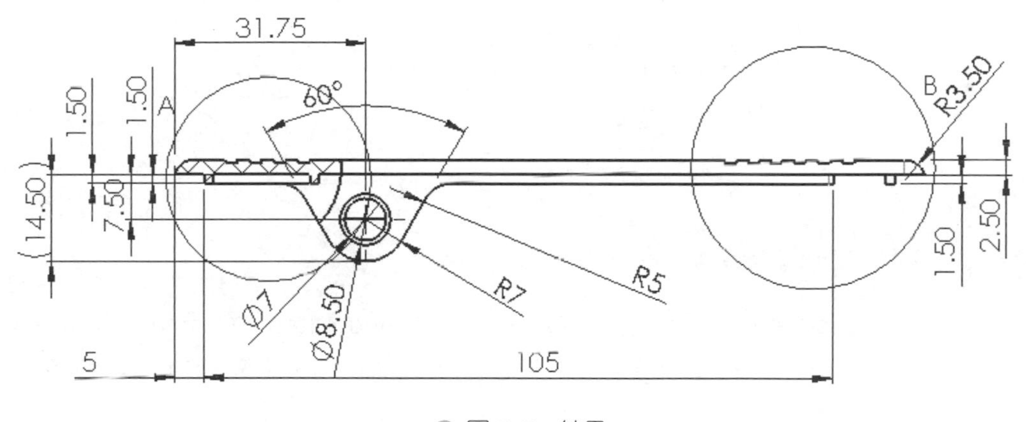

圖 8-7　結果

STEP 6 將註記輸入至上視圖與下視圖

在圖頁選擇**上視圖**，勾選**輸入註記**與**設計註記**，按**確定** ✔；重複一樣動作輸入註記至下視圖，如圖 8-8 所示。

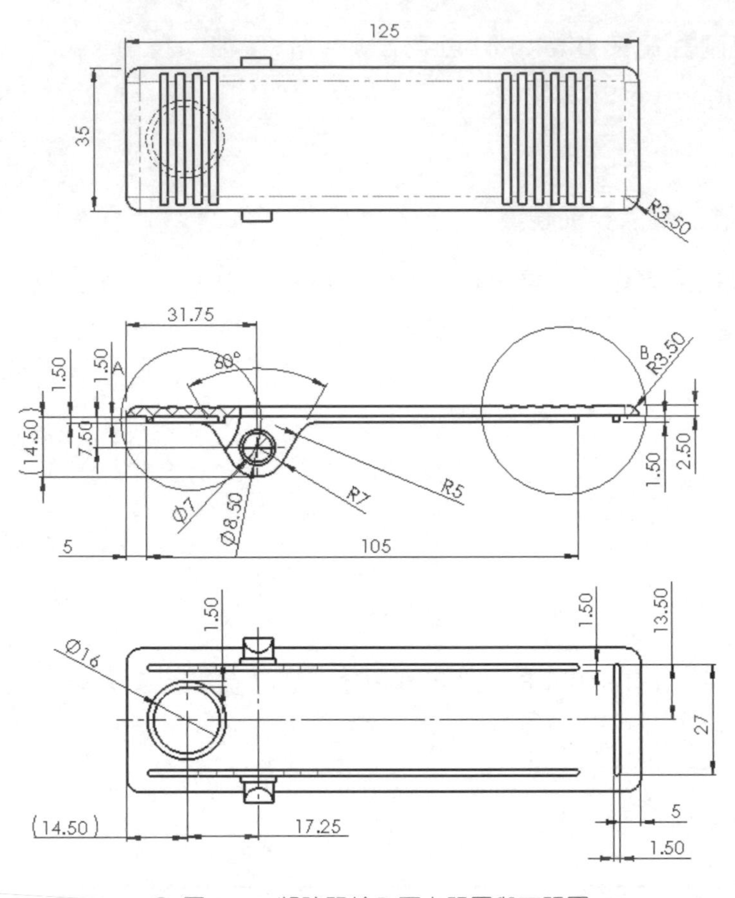

圖 8-8　將註記輸入至上視圖與下視圖

STEP 7　開啟工程圖檔

從 Lesson08\Case Study 資料夾中開啟工程圖檔：Model Items Compare.SLDDRW。我們將使用此工程圖副本，以**模型項次**指令將註記加入到前視圖、上視圖和下視圖中。

> **提示**　此工程圖檔與 Detailing Tools 工程圖檔參考相同的模型。

STEP 8　插入模型項次

按**模型項次**，**來源**選擇**整個模型**，而**目的地視圖**選擇前視圖、上視圖和下視圖，如圖 8-9 所示。按**確定**。

> **提示**　選擇視圖的順序會影響到尺寸插入方式。

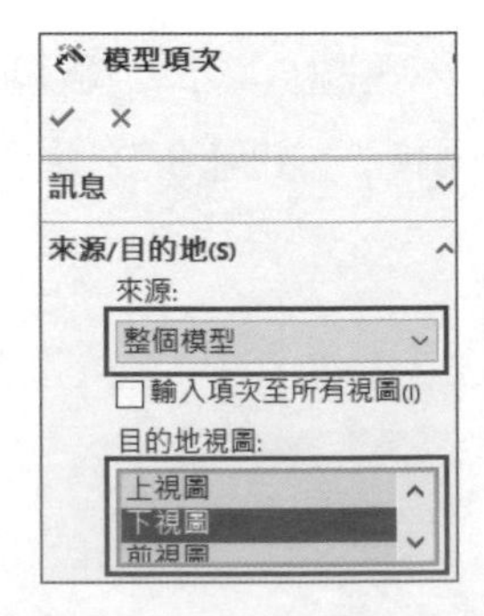

圖 8-9　加入模型項次

STEP 9　結果

如圖 8-10 所示，模型尺寸已加入到視圖中，但是放置的位置是無法預期的。尺寸放置的位置與現有的註記視角並不相同。

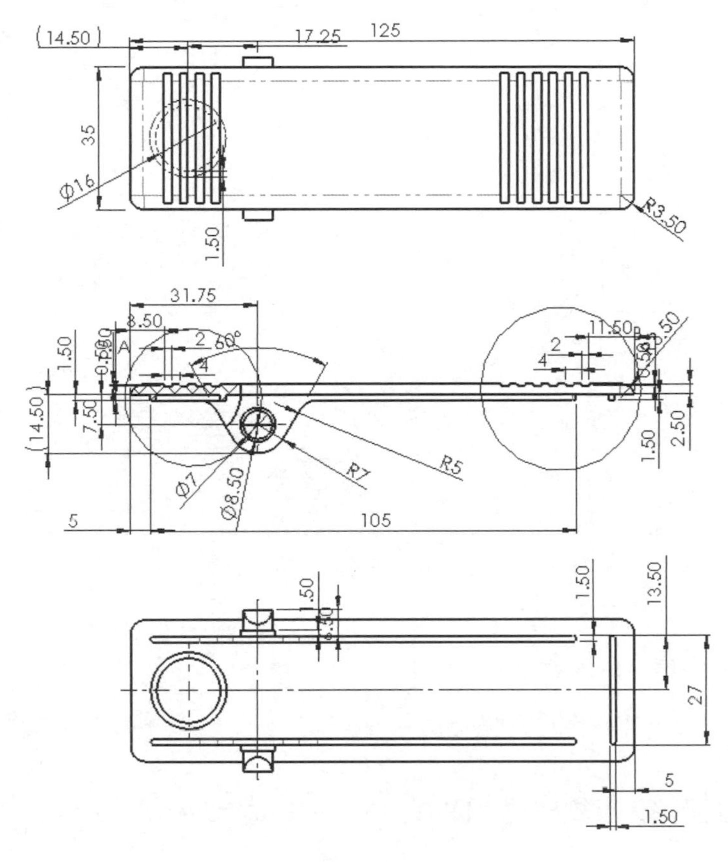

圖 8-10　結果

STEP 10　關閉工程圖檔

不儲存，關閉 Model Items Compare 工程圖檔。

8.2.2　結合使用註記視角與模型項次

以下將利用圖頁 2 的 Left Pattern 與 Right Pattern 特徵，結合使用**註記視角**與**模型項次**，建立如圖 8-11 所示的註記。

但是要加入所有所需的資訊，還需要使用模型項次來加入註記，例如副本 / 計次和已經指派給其他註記視角的尺寸。

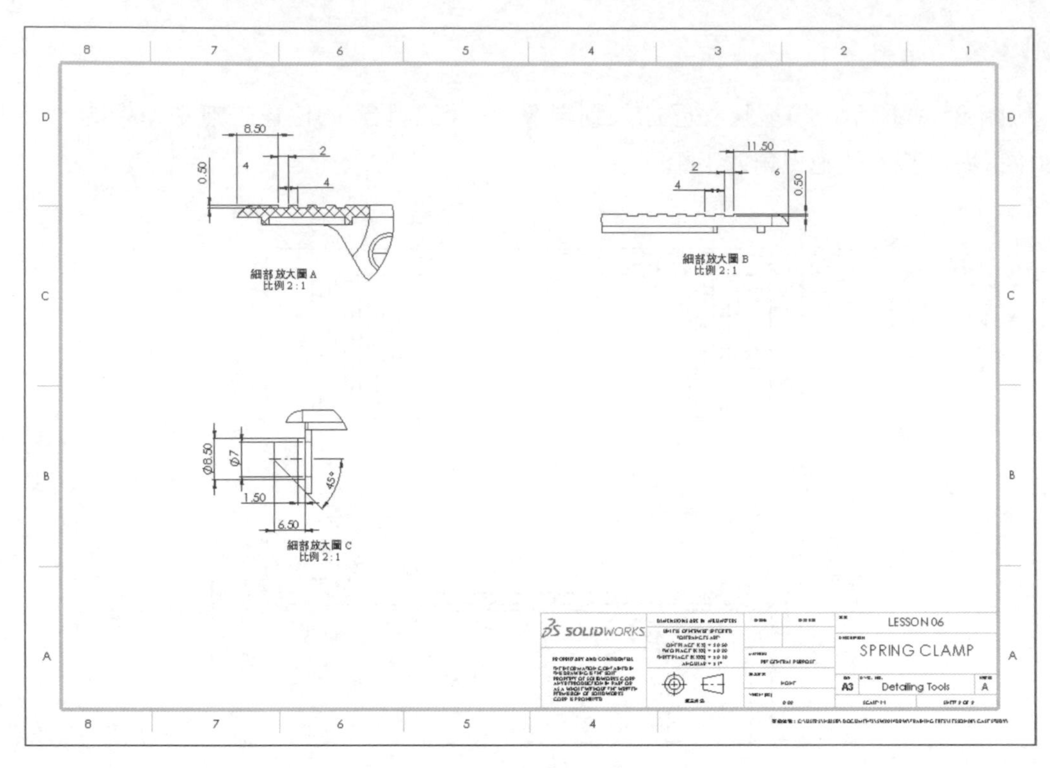

圖 8-11　圖頁 2 的註記

STEP 11 啟用圖頁 2

在 Detailing Tools 工程圖中，啟用圖頁 2。

STEP 12 將註記輸入至細部放大圖 A

在圖頁中選擇**細部放大圖 A**，在**選項**的**註記視角**中勾選“(A)Left Pattern”並勾選**輸入註記**與**設計註記**，如圖 8-12 所示。按**確定**✔。

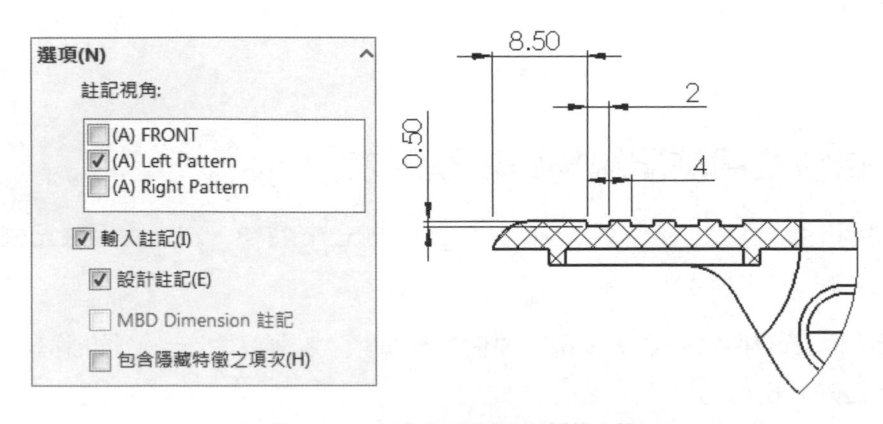

圖 8-12　將註記輸入至細部放大圖 A

STEP 13 將註記輸入至細部放大圖 B&C

在**細部放大圖 B**，輸入"(A)Right Pattern"註記，在**細部放大圖 C**，輸入"(A)RIGHT"註記，如圖 8-13 所示。

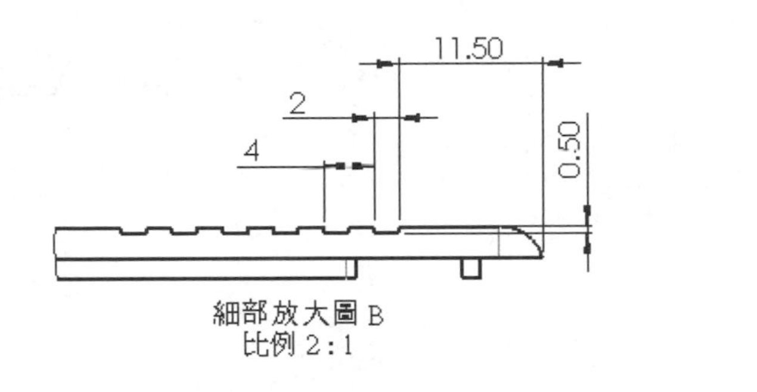

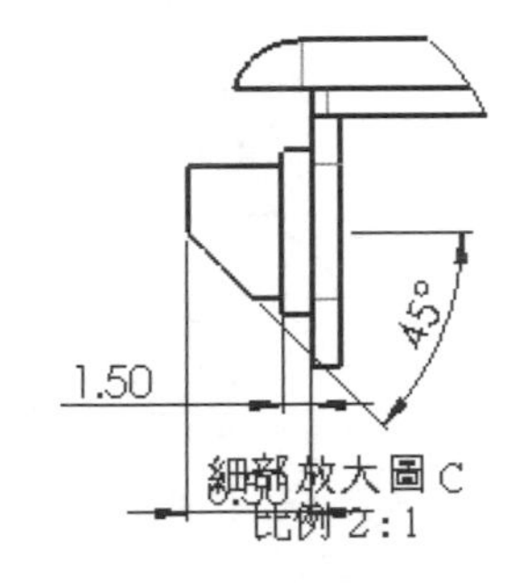

圖 8-13　將註記輸入至細部放大圖 B&C

STEP 14 加入模型項次

為了將註記加入到細部放大圖，像是副本 / 計次和已經指派給其他註記視角的尺寸，可以使用模型項次。

按**模型項次**，如圖 8-14 所示，**來源：所選特徵**與勾選**輸入項次至所有視圖**。

尺寸：選擇**副本計次**；**選項**：勾選**包含隱藏特徵之項次**。

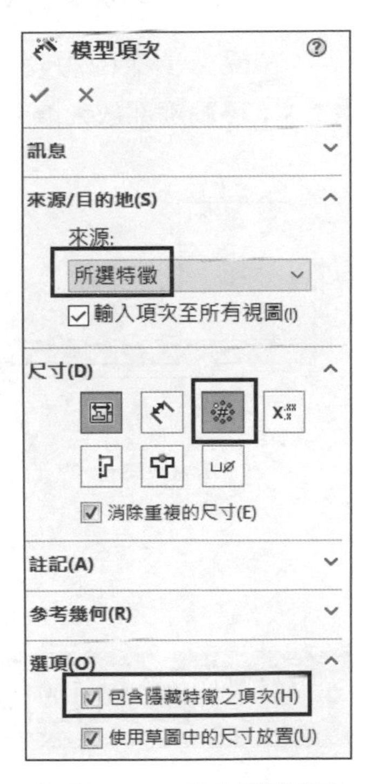

圖 8-14　加入模型項次

STEP 15 加入特徵尺寸

選擇如圖 8-15 所示的特徵。

細部放大圖 A：選擇 Groove Left Pattern 特徵的邊線。

細部放大圖 B：選擇 Groove Right Pattern 特徵的邊線。

細部放大圖 C：選擇 Pivot Lug 特徵的面。

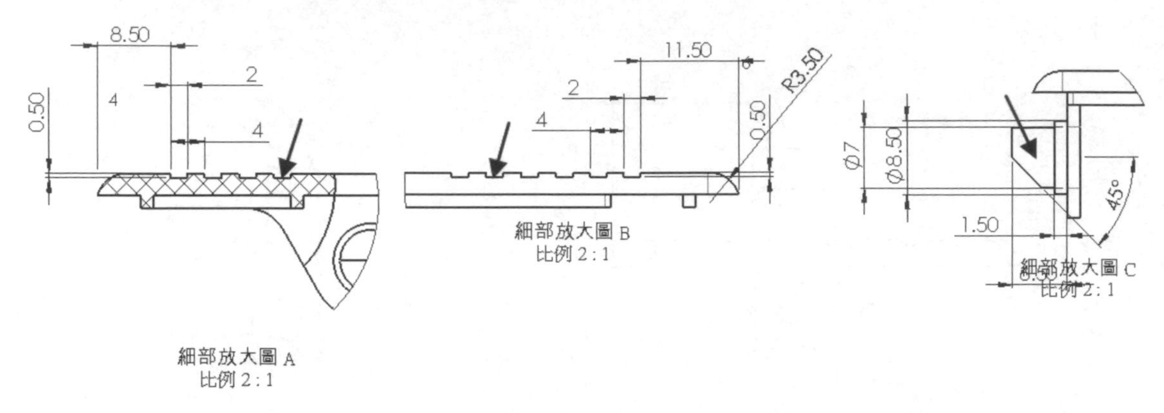

圖 8-15　加入特徵尺寸

STEP 16 移動與隱藏尺寸

在模型項次啟用時，按滑鼠左右鍵可以移動或隱藏註記。**隱藏**細部放大圖 B 的 **R3.5**；**移動**細部放大圖 C 的重疊直徑尺寸與標示，如圖 8-16 所示。按**確定**。

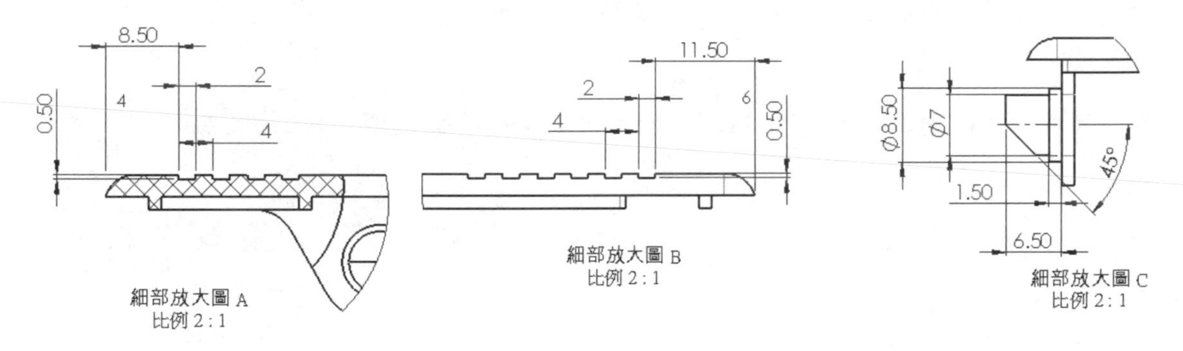

圖 8-16　移動與隱藏尺寸

8.3 參數註解

輸入副本 / 計次到工程視圖的一個優點是可以用在參數註解，註解可以連結它們至模型的參數，像是副本 / 計次、尺寸或其他如零件號球或修訂符號的註記。藉著建立參數註解，當模型資訊變更時，註解也會隨之更新。

要連結註記到一個註解時，只要在編輯註解文字時點選註記即可，如圖 8-17 所示。

以下將註解加入至細部放大圖 A&B，用以描述 Groove Pattern 特徵。

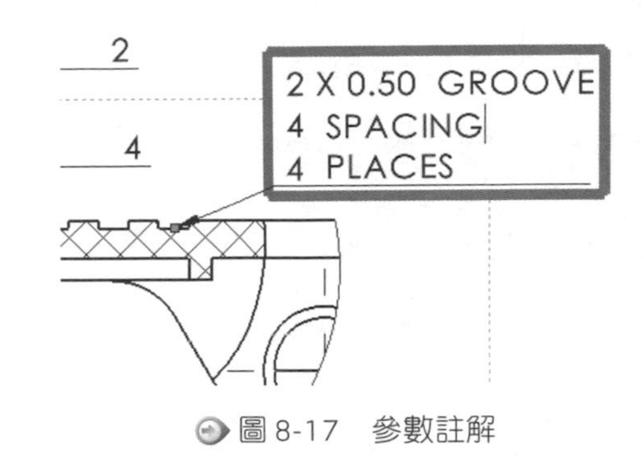

圖 8-17　參數註解

STEP 17 加入註解

按**註解** ，在細部放大圖 A 選擇 Groove Left Pattern 特徵的邊線作為註解導線的錨點，再按一次放置註解。

STEP 18 加入參數與文字

按一下**尺寸 2** 加入註解，輸入 **"X"**，再按一下尺寸 **0.5** 加入註解，如圖 8-18 所示，選擇尺寸並輸入其餘的文字完成註解。按**確定** 。

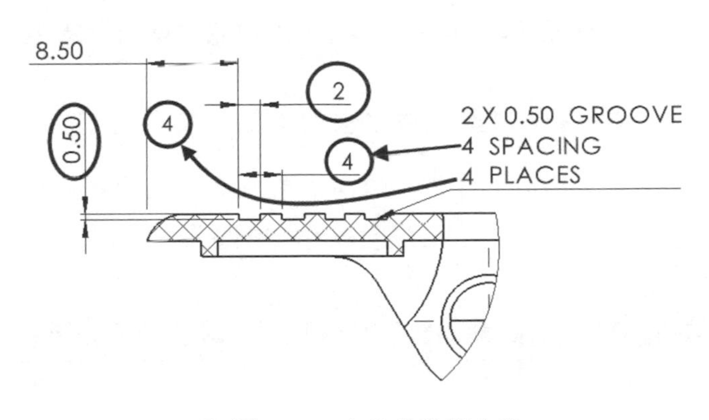

圖 8-18　加入參數與文字

STEP 19 加入參數與文字

在細部放大圖 B 建立類似的註記，如圖 8-19 所示，格式選擇**靠右對正** ，按**確定**。

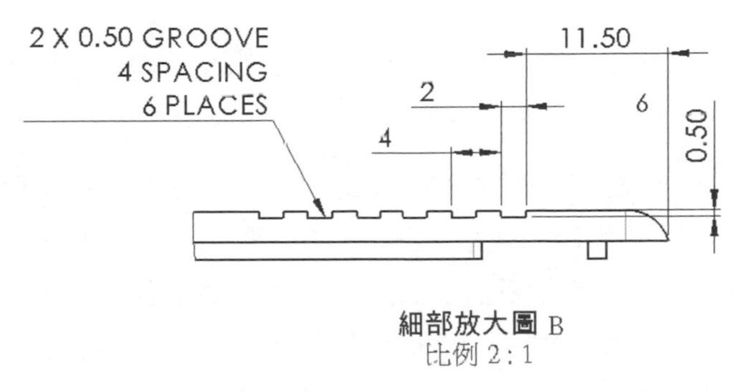

細部放大圖 B
比例 2 : 1

圖 8-19　加入另一個參數與文字

STEP 20 變更尺寸測試註記

在細部放大圖 B 尺寸 **0.5mm** 上快按滑鼠兩下，變更數值為 **1mm**，按**重新計算**。

STEP 21 結果

此時註解自動更新為新數值 1，如圖 8-20 所示。

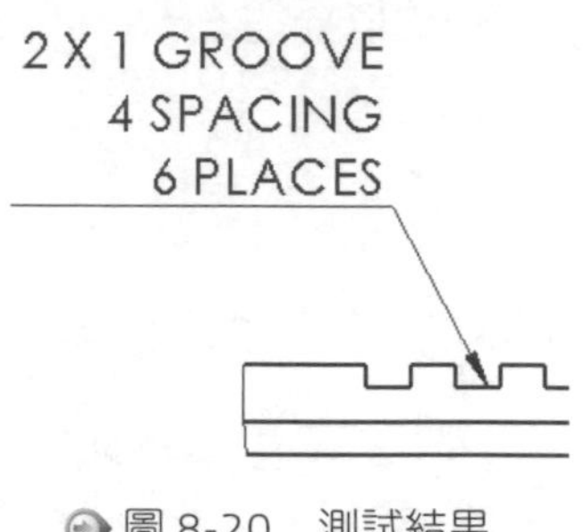

圖 8-20 測試結果

STEP 22 復原變更

按**復原**，回復數值為 0.5，並按**重新計算**。

STEP 23 隱藏副本 / 計次數值

在參數註解中的尺寸可以被隱藏，但仍會保留連結在註解中。在細部放大圖 A&B 的副本 / 計次數值上按滑鼠右鍵，點選**隱藏**。

> 提示　被隱藏的數值可以使用**隱藏 / 顯示註記**指令重新顯示。

8.4 尺寸類型

在工程圖中尺寸是最常見的註記，SOLIDWORKS 提供了許多的尺寸類型與選項用來輔助細部工作。

在**智慧型尺寸**快顯功能表中（圖 8-21），您可以在工程圖中選用不同類型的尺寸。需要對正尺寸的使用**水平**或**垂直尺寸**；其他需要自動對正的尺寸則使用**基準**、**導角**、**連續**和**路徑長度尺寸**等。**座標**、**角運行尺寸**和**對稱線性直徑尺寸**則是用來建立另一種無法用**智慧型尺寸**指令建立的尺寸樣式。

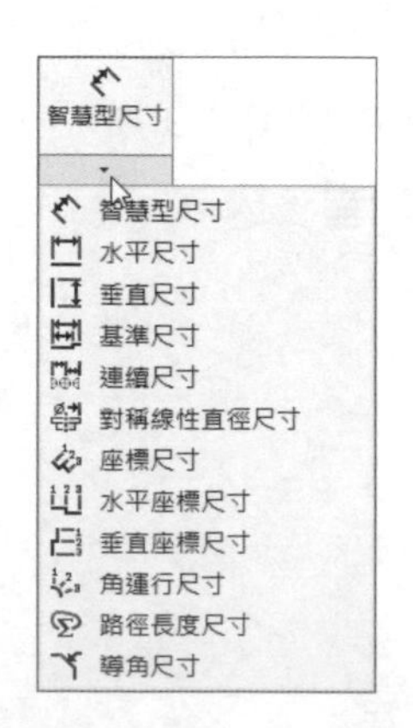

圖 8-21 尺寸類型

> 提示　部分尺寸類型也可以在草圖中使用。

8.4.1 導角尺寸

在模型中所建立的導角邊線，也可以使用註解在工程圖中加入註記，要加入註記，可以使用**導角尺寸**指令，建立時先選擇導角邊線，然後選擇旁邊的垂直邊線以量測距離和角度。

技巧

用**導角尺寸**標註的角度線可用除料特徵建立，不一定得是導角特徵。

導角尺寸的預設格式會顯示為“距離 X 角度”，也可以在**選項** ⚙ **→文件屬性→尺寸→導角**中修改導角尺寸格式等，預設為 ISO 格式，如圖 8-22 所示。

提示 您可以將導角設定儲存於範本中，方便重複使用文件屬性。

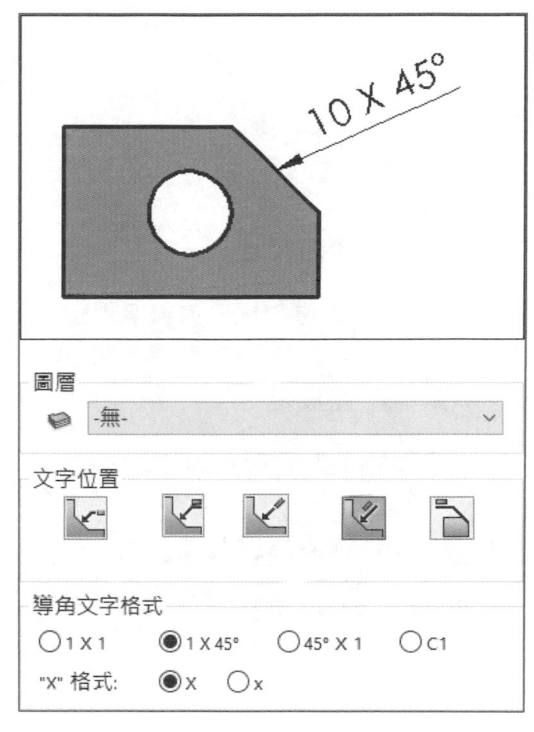

圖 8-22 導角選項

指令TIPS 導角尺寸

- CommandManager：**註記→智慧型尺寸** **→導角尺寸** 。
- 功能表：**工具→標註尺寸→導角尺寸**。
- 快顯功能表：在圖頁上按滑鼠右鍵，點選**更多尺寸→導角**。

為了示範如何使用導角指令，以下將在細部放大圖 C 的角度邊線上標註導角尺寸，雖然特徵是以除料建立，但仍可以標註。

STEP 24 啟用導角尺寸指令

按**導角尺寸**。

STEP 25 選擇邊線

按一下細部放大圖 C 的角度邊線，再按一下旁邊 Pivot Lug 特徵的垂直邊線，如圖 8-23 所示。

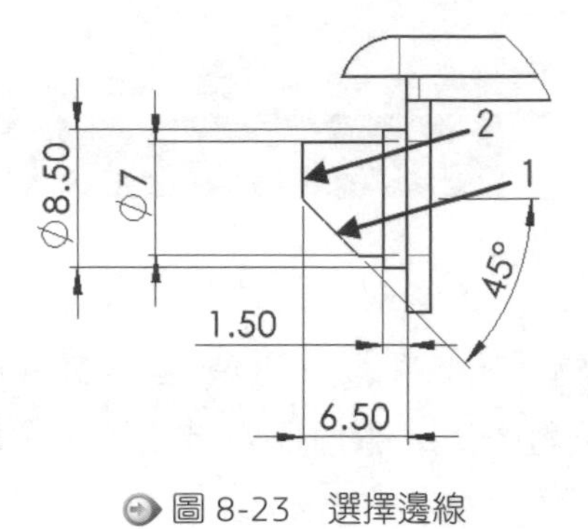

圖 8-23　選擇邊線

STEP 26 放置尺寸

按一下，將導角尺寸放置至視圖中。

STEP 27 完成指令

按**確定** 或按 **Esc** 完成指令。

STEP 28 隱藏角度尺寸

在尺寸 **45 度**上按滑鼠右鍵，點選**隱藏**，如圖 8-24 所示。

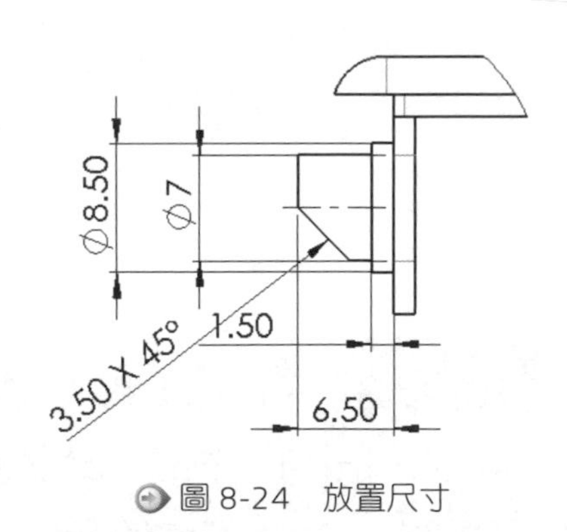

圖 8-24　放置尺寸

8.4.2 座標尺寸

建立座標尺寸時，首先要選擇零軸尺寸的位置，然後再選擇視圖中的其他項次，以加入額外的座標尺寸到樣式中，如圖 8-25 所示。

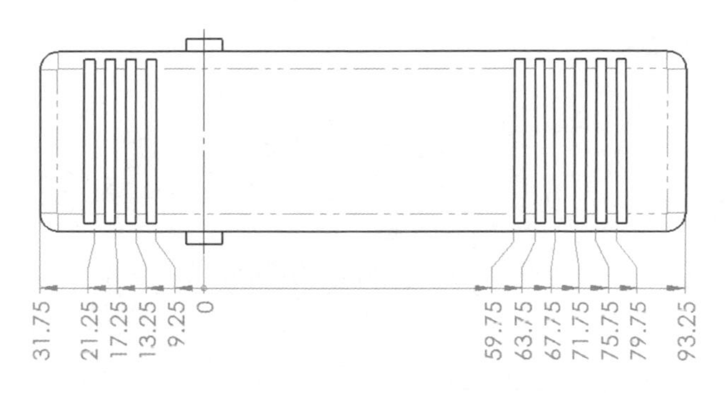

圖 8-25 座標尺寸樣式

技巧

若想建立水平或垂直座標尺寸樣式，可以選擇**水平座標尺寸**或**垂直座標尺寸**指令。必要時，可以繪製草圖以輔助對正座標尺寸樣式。

指令TIPS 座標尺寸

- CommandManager：**註記→智慧型尺寸→座標尺寸**。
- 功能表：**工具→標註尺寸→座標尺寸**。
- 快顯功能表：在圖頁上按滑鼠右鍵，點選**更多尺寸→座標**。

STEP 29 加入上視圖 (A)Top

在視圖調色盤中不勾選**輸入註記**與**自動開始投影視圖**。將上視圖 (A)Top 拖曳至圖頁 2。

STEP 30 加入中心線

按**中心線**，在上視圖中按一下 Pivot Lug 特徵的面，接著加入中心線，再拖曳中心線的端點使延伸穿越零件，如圖 8-26 所示。

按**確定**，這裡的中心線將作為座標尺寸的基準。

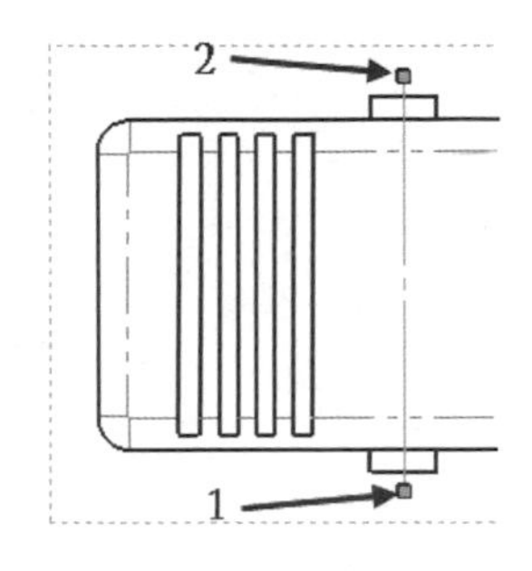

圖 8-26 加入中心線

STEP 31 啟用水平座標尺寸指令

按**水平座標尺寸**。

STEP 32 加入零軸座標

點選中心線，將 0 座標放置於視圖下方。

STEP 33 加入座標尺寸

點選 Groove 特徵的邊線，建立座標尺寸樣式，如圖 8-27 所示。

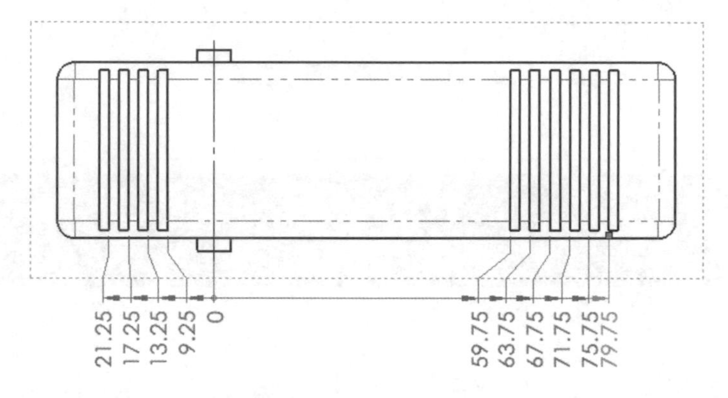

圖 8-27　加入座標尺寸

STEP 34 完成指令

按**確定**✔或 **Esc** 完成指令。

8.4.3　座標尺寸選項

在任一座標尺寸上按滑鼠右鍵時，快顯功能表中會顯現幾個獨特的選項，如圖 8-28，這些選項可以讓您將尺寸加入至現有的樣式中、對齊座標軸與轉折延伸線等。

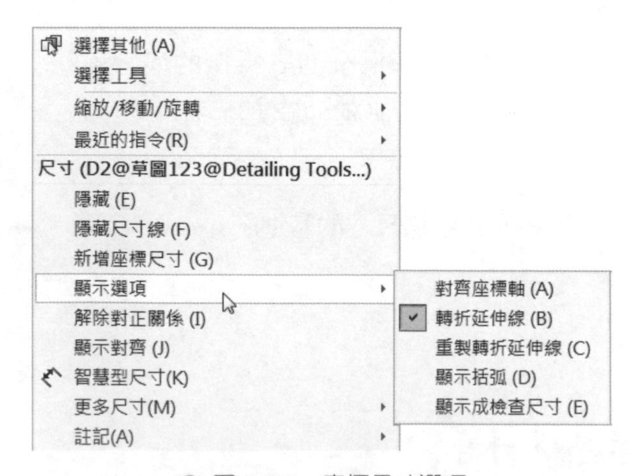

圖 8-28　座標尺寸選項

STEP 35 新增座標尺寸

在任一座標尺寸上按滑鼠右鍵，點選**新增座標尺寸**。

STEP 36 加入尺寸

在視圖的兩端垂直邊線上按一下，將尺寸加入至座標尺寸樣式中，如圖 8-29 所示。

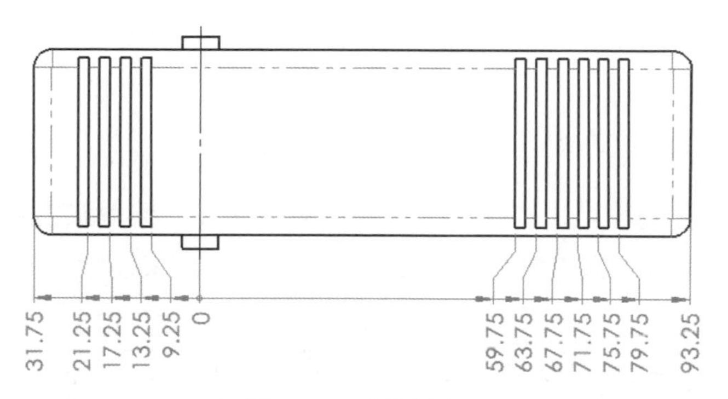

圖 8-29　新增座標尺寸

STEP 37 完成指令

按**確定**✔或 **Esc** 完成指令。

8.4.4 基準尺寸

基準尺寸樣式的建立方式與座標尺寸方法相同，當使用基準尺寸時，首先選擇所有尺寸的基準，接著再選擇要加入樣式的尺寸位置，如圖 8-30 所示。

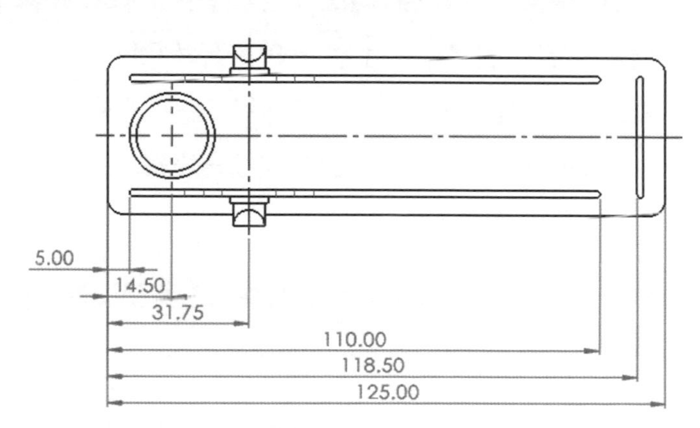

圖 8-30　基準尺寸

和座標尺寸一樣，假如在指令完成後，還想要將更多尺寸加入到樣式中，您可以使用快顯功能表中的**新增至基準線**指令。

指令TIPS 基準尺寸

- CommandManager：**註記→智慧型尺寸→基準尺寸**。
- 功能表：**工具→標註尺寸→基準尺寸**。
- 快顯功能表：在圖頁上按滑鼠右鍵，點選**更多尺寸→基準**。

8.4.5 連續尺寸

連續尺寸類似基準尺寸，差別在於尺寸起點不是相同位置，每一個選擇都完成一個尺寸，並作為下一個尺寸的起點（如圖 8-31）。在連續尺寸上按滑鼠右鍵，可以從快顯功能表中使用**加入至鏈線**以及**加入整體**選項，**加入整體**會自動加入連續尺寸的總長尺寸。

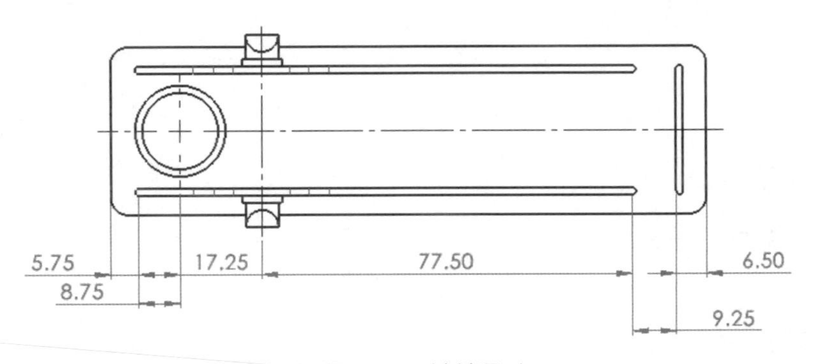

圖 8-31 連續尺寸

指令TIPS 連續尺寸

- CommandManager：**註記→智慧型尺寸→連續尺寸**。
- 功能表：**工具→標註尺寸→連續尺寸**。
- 快顯功能表：在圖頁上按滑鼠右鍵，點選**更多尺寸→連續**。

注意 您可以在基準（連續）尺寸上按滑鼠右鍵，選擇**轉換為鏈線（基準）**，即可將尺寸轉換為連續或基準。

以下我們將回到圖頁 1，並在下視圖中使用基準尺寸取代某些尺寸。

STEP 38 啟用圖頁 1

STEP 39 隱藏尺寸

在下視圖中選擇如圖 8-32 所示的尺寸，按滑鼠右鍵，**隱藏**所選的尺寸。

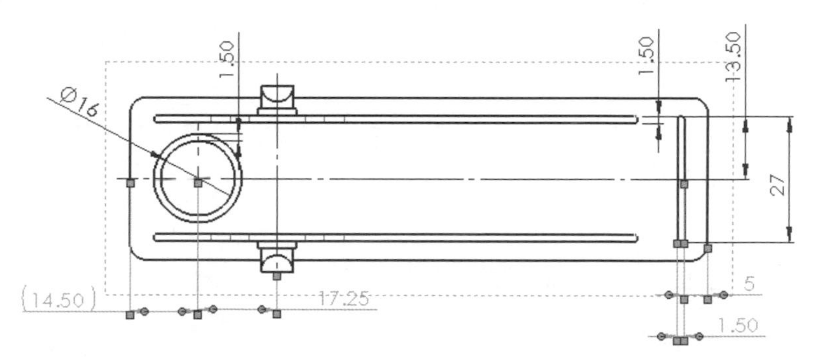

圖 8-32　隱藏尺寸

STEP 40 執行基準尺寸指令

按基準尺寸 。

STEP 41 選擇基準線

如圖 8-33 所示，選擇視圖最左邊邊線作為基準尺寸的起始點。

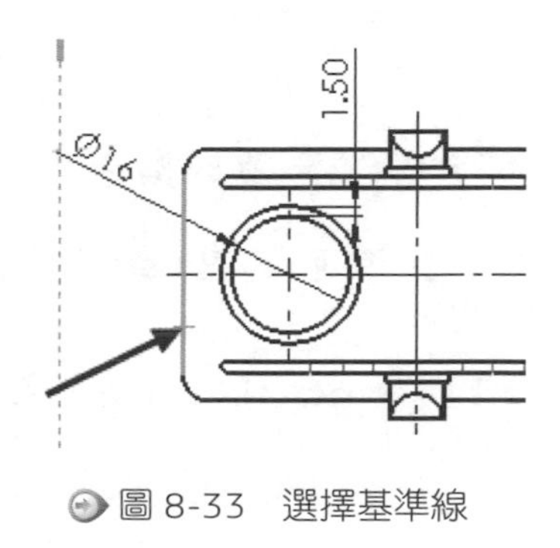

圖 8-33　選擇基準線

STEP 42 加入基準尺寸

點選如圖 8-34 所示的邊線，建立基準尺寸。

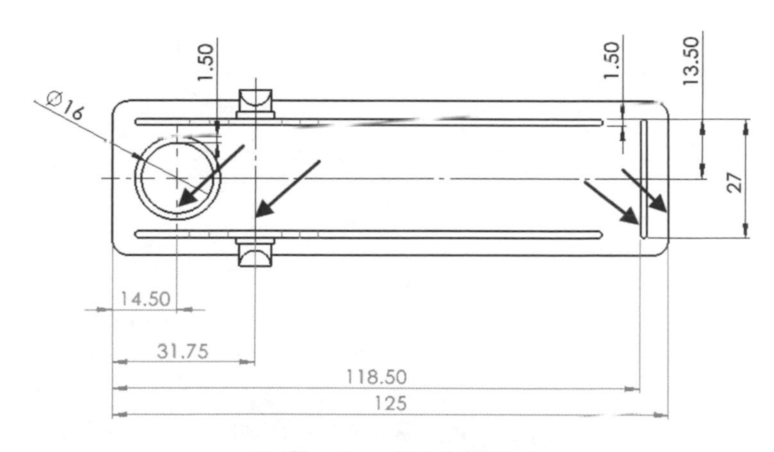

圖 8-34　加入基準尺寸

STEP 43 完成指令

按**確定**✔或 **Esc** 完成指令。必要時可以拖曳尺寸，以調整間距。

STEP 44 新增至基準線

在任一基準尺寸上按滑鼠右鍵，點選**新增至基準線**，如圖 8-35 所示，選擇 Mirror1 特徵兩端的圓弧線來加入基準尺寸。

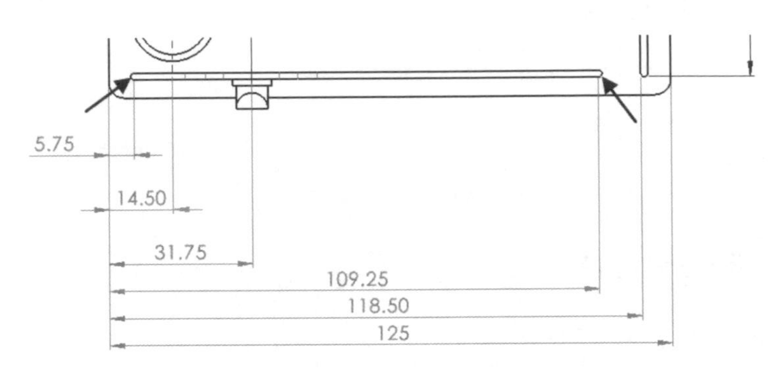

圖 8-35　新增至基準線

STEP 45 完成指令

按**確定**✔或 **Esc** 完成指令。必要時可以拖曳尺寸，以調整間距。

STEP 46 修改尺寸圓弧條件

在建立基準尺寸時，其圓弧條件也已自動選擇，要調整圓弧的最大或最小條件必須從 PropertyManager 中修改。

如圖 8-36 所示，選擇尺寸 **5.75**，在 PropertyManager 中按**導線**標籤，圓弧條件點選**最小**；再選擇尺寸 **109.25**，圓弧條件點選**最大**。

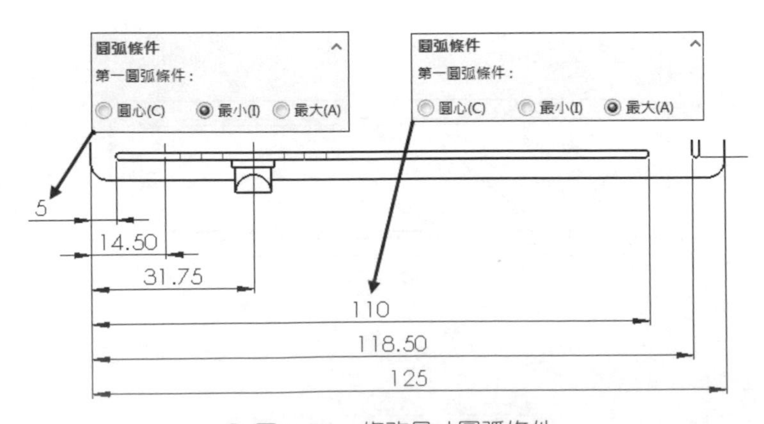

圖 8-36　修改尺寸圓弧條件

STEP 47 隱藏尺寸

在前視圖中，選擇並**隱藏**如圖 8-37 所示的 **5, 105, 31.75** 尺寸。

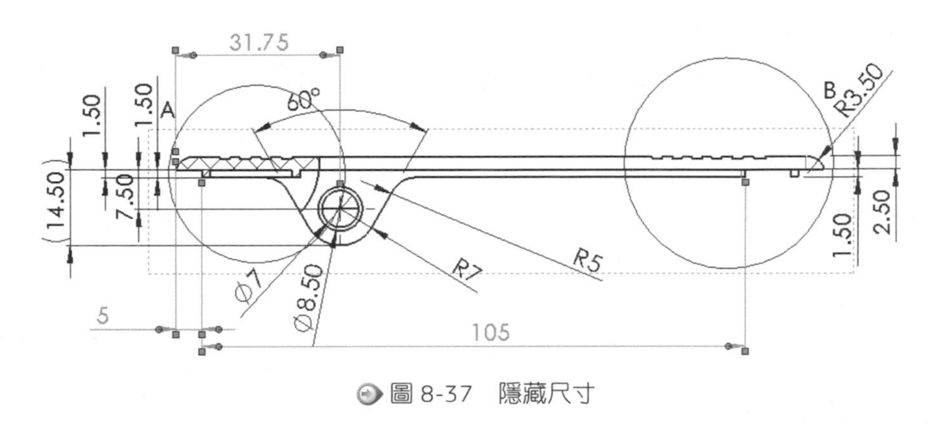

圖 8-37　隱藏尺寸

8.4.6　基準尺寸對正

建立後的基準尺寸都是等距分隔的，在樣式中的尺寸都會維持相同間距，除非按滑鼠右鍵，從快顯功能表中點選解除對正關係。

若要調整尺寸間距的話，可以從尺寸調色盤中修改。

STEP 48 移動基準尺寸

拖曳任一基準尺寸向上或向下，所有樣式內的尺寸都保持著相同間距。

STEP 49 調整尺寸間距

選擇任一基準尺寸，展開**尺寸調色盤**，如圖 8-38 所示，您可以輸入數值，或使用旋轉滾輪來調整尺寸間距。

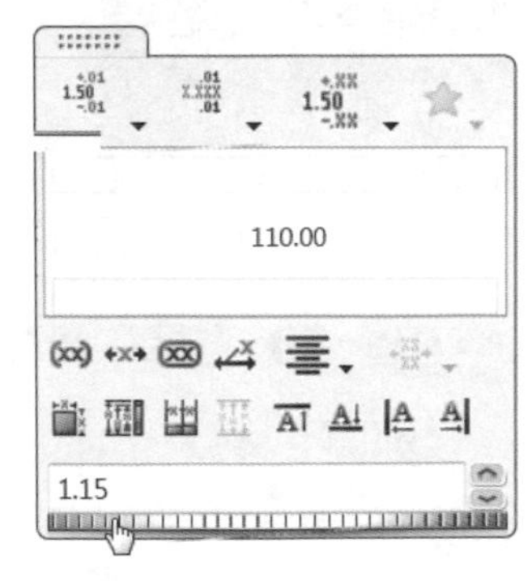

圖 8-38　調整尺寸間距

8.4.7　自動標註尺寸

智慧型尺寸內含有一些特殊功能，能在工程圖中自動標註基準、連續與座標尺寸。在工程圖中使用智慧型尺寸時，PropertyManager 的**自動標註尺寸**標籤裡面的功能，就像模型中的完全定義草圖一樣。

8.5 排列尺寸

在工程圖中，尺寸的位置常需要調整，使其能適當顯示。單獨的尺寸能使用拖曳調整位置，但是多個相同尺寸，如基準尺寸樣式就需要對齊工具。在選擇多個尺寸後，可以使用尺寸調色盤中的對齊與間距選項來重排與間隔尺寸，如圖 8-39 所示，選項作用如下表：

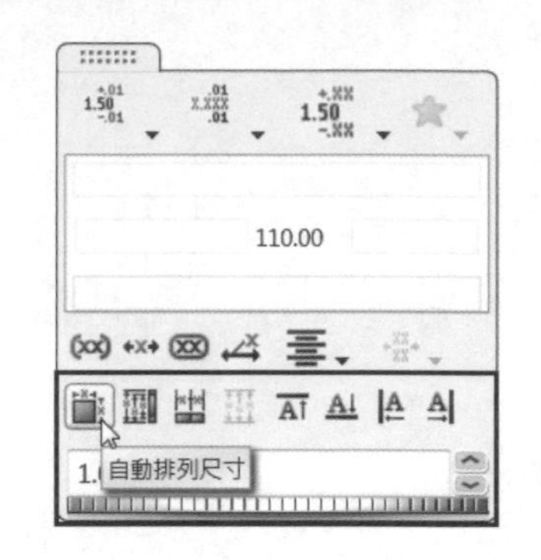

圖 8-39　排列尺寸

自動排列尺寸		SOLIDWORKS 排列所選的尺寸從最小至最大以避免重疊，並使用在**文件屬性→尺寸**中所定義的偏移距離間隔尺寸。
線性均分 / 徑向		等距所選的尺寸，從最近到最遠的間距都相同。
共線對齊		水平、垂直或徑向地對齊所選的尺寸，第一個所選的尺寸保持固定。
交錯對齊		為所選的線性尺寸交錯對齊文字。
調整尺寸文字		向上、向下、向右、向左對齊文字。
尺寸間距值比例	1	使用比例常數調整間距，1 為正常間距，2 為兩倍間距。

STEP 50 選擇下視圖的尺寸

如圖 8-40，選擇下視圖的尺寸。

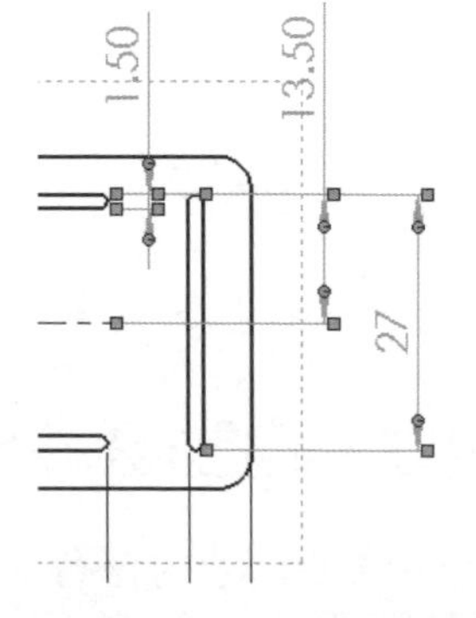

圖 8-40　選擇下視圖的尺寸

STEP 51 自動排列尺寸

展開**尺寸調色盤**，如圖 8-41 所示，按**自動排列尺寸**。

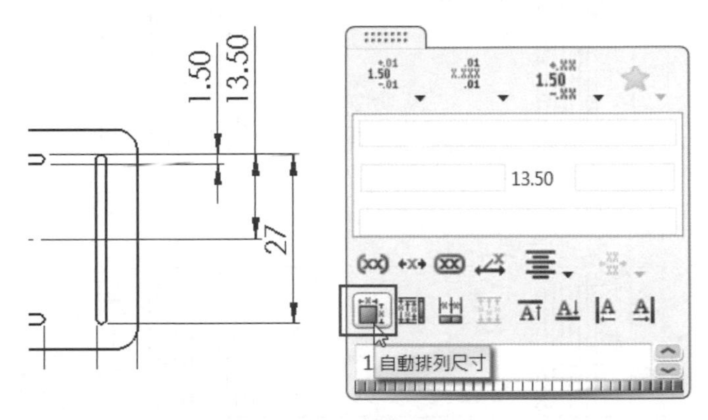

圖 8-41　自動排列尺寸

STEP 52 在前 & 上視圖中自動排列尺寸

如圖 8-42 所示，選擇前視圖的尺寸，展開**尺寸調色盤**，按**自動排列尺寸**。

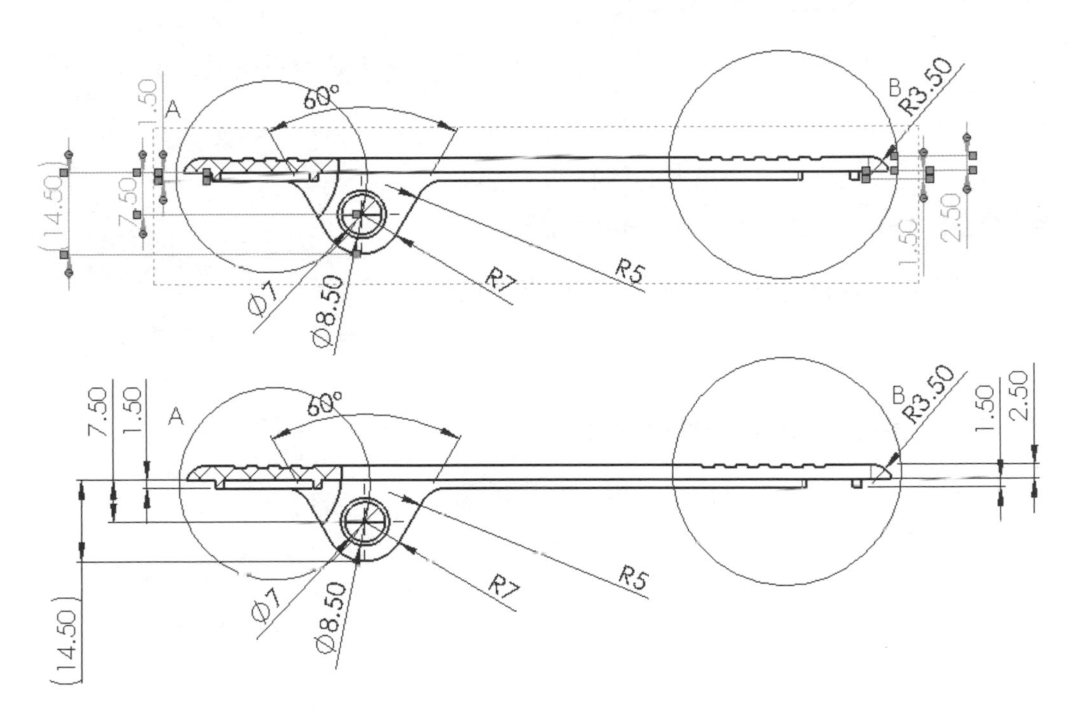

圖 8-42　在前視圖中自動排列尺寸

如圖 8-43 所示，選擇上視圖的尺寸，展開**尺寸調色盤**，按**自動排列尺寸**。

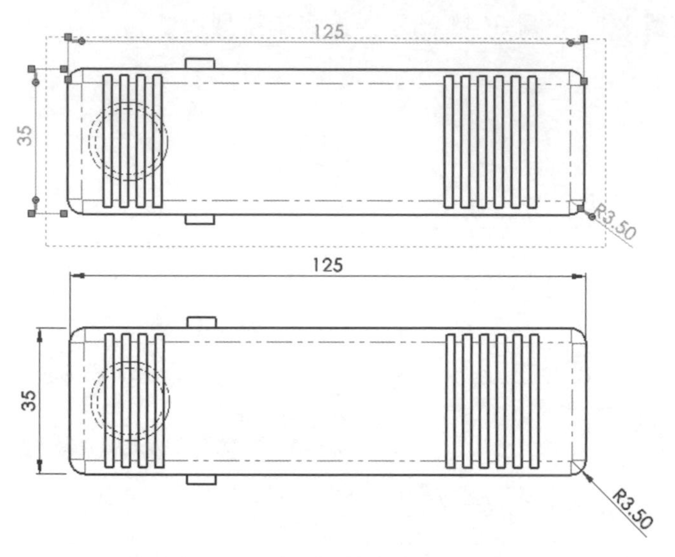

圖 8-43　在上視圖中自動排列尺寸

8.5.1　對正線性直徑尺寸

若有需要，可以變更直徑尺寸顯示為線性直徑尺寸，但是變更後還是要調整位置，以適當對正其他尺寸。

線性直徑尺寸上方有一個獨有的控制點，可以用來旋轉尺寸以對正其他尺寸，如圖 8-44 所示。

接著請將下視圖的直徑尺寸修正為線性直徑尺寸，並對正其他尺寸。

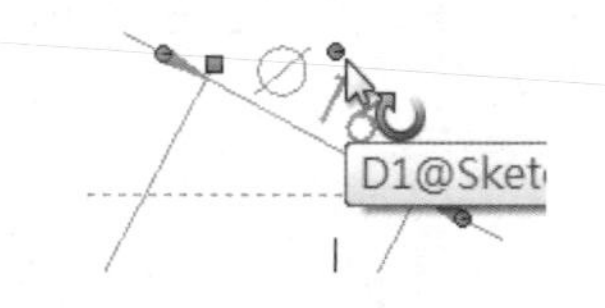

圖 8-44　對正線性直徑尺寸

STEP 53 將直徑顯示修改為線性尺寸

在下視圖的 Ø16 尺寸上按滑鼠右鍵，點選**顯示選項→顯示成線性**，這個設定也可以從尺寸 PropertyManager 中的**導線**標籤中（圖 8-45）或文意感應工具列中找到。

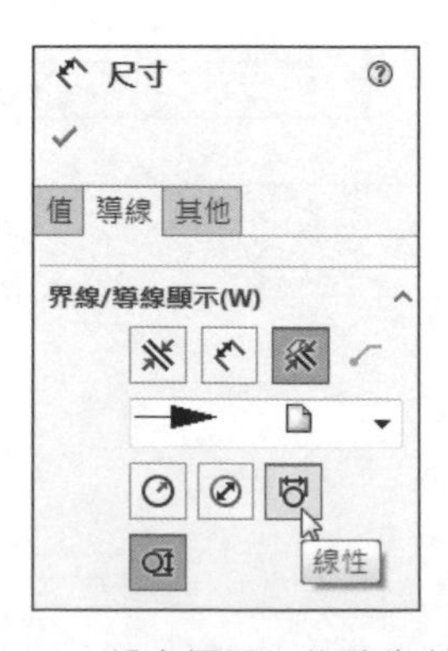

圖 8-45　將直徑顯示修改為線性尺寸

STEP 54 移動尺寸

移動尺寸文字至兩尺寸界線中間。

STEP 55 旋轉尺寸

如圖 8-46 所示，拖曳並旋轉尺寸 Ø16 上方的控制點，旋轉至與尺寸 **1.50** 並列。

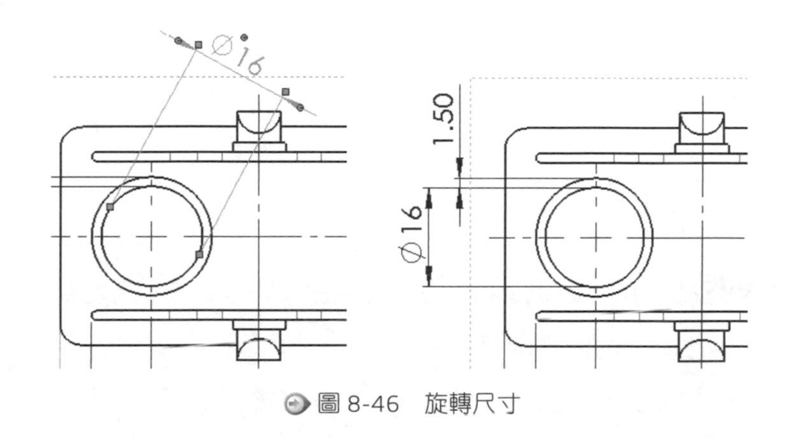

圖 8-46　旋轉尺寸

STEP 56 儲存工程圖檔（圖 8-47）

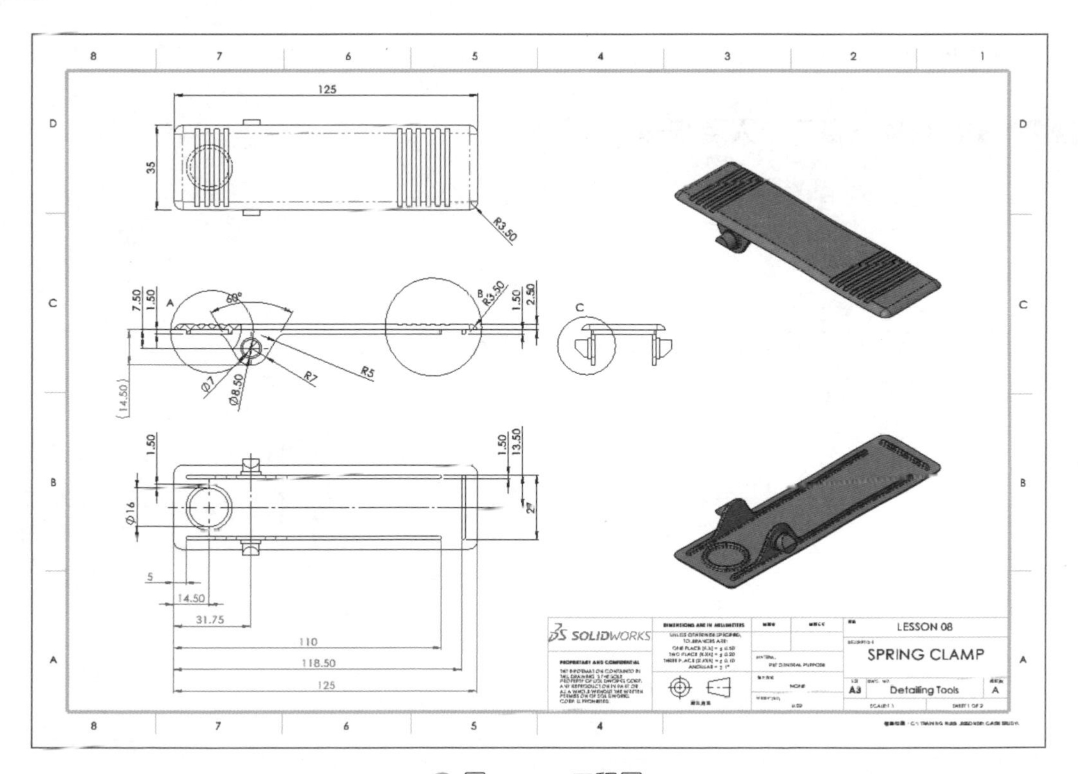

圖 8-47　工程圖

8.6 位置標示

為了完成工程圖，以下將把**位置標示**加入至圖頁 1&2，位置標示是用在標示子視圖的位置，像是細部放大圖。位置標示也能放在子視圖旁以指出父視圖的位置。

位置標示都是已格式化的球狀註記符號，圓球中間一條分隔線，上半部顯示圖頁編號，下半部顯示圖頁區域，如圖 8-48 所示。

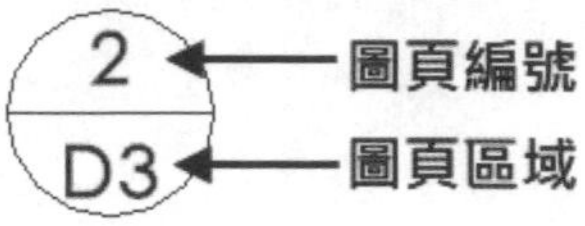

2
D3
圖頁編號
圖頁區域

圖 8-48　位置標示

位置標示要加入到父視圖時，可選擇除料線、細部放大圖的圓或視圖箭頭等方式；而要加入到子視圖時，則可選擇剖面視圖、細部放大圖或輔助視圖。

指令TIPS　位置標示

- 功能表：**插入→註記→位置標示**。
- 快顯功能表：在圖頁上按滑鼠右鍵，點選**註記→位置標示**。

STEP 57 啟用位置標示指令

按位置標示。

STEP 58 將位置標示加入至細部放大圖 A

點選細部放大圖 A 的圓。

STEP 59 結果

如圖 8-49 所示，位置標示已加到視圖中，指出是位於圖頁 2 及 C6 區。

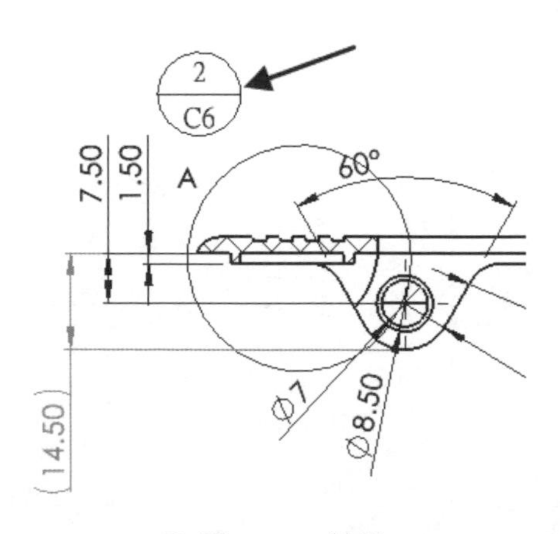

圖 8-49　結果

STEP 60 將位置標示加入至細部放大圖 B&C

點選細部放大圖 B&C 的圓，加入位置標示，如圖 8-50 所示。按**確定**✔。

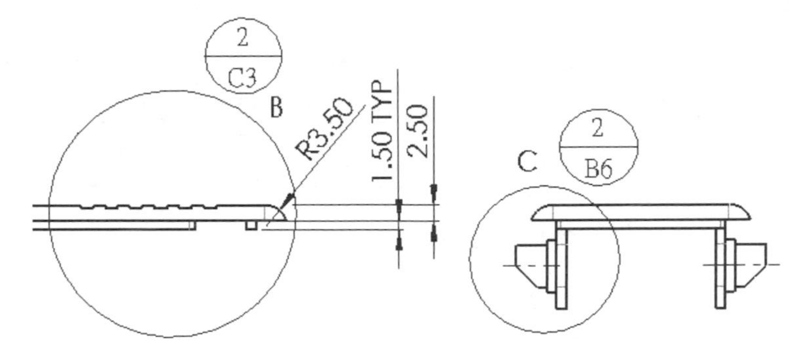

圖 8-50　將位置標示加入至細部放大圖 B&C

STEP 61 啟用圖頁 2

STEP 62 將位置標示加入至父視圖

按**位置標示**，如圖 8-51 所示，點選細部放大圖 A,B,C，加入父視圖的位置標示。按**確定**✔。

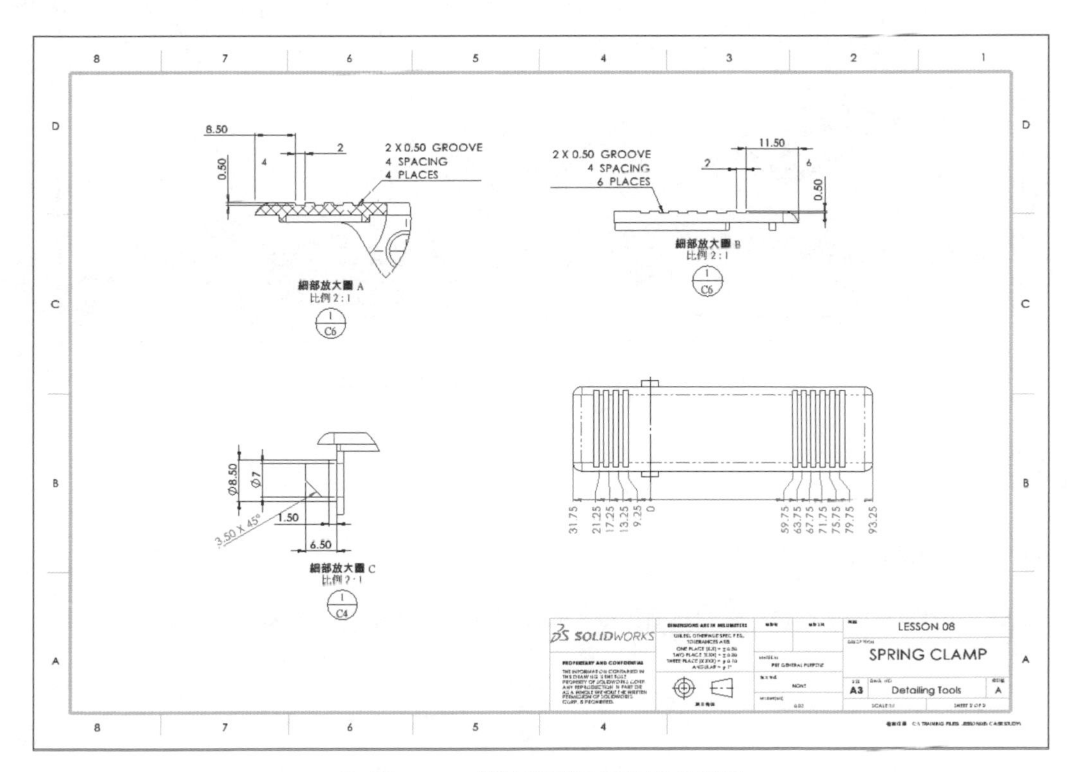

圖 8-51　將位置標示加入至父視圖

STEP 63 共用、儲存並關閉所有檔案

練習 8-1 細項練習

請依下列步驟指引，完成如圖 8-52 所示的工程圖，您可以結合使用輸入註記、插入模型項次和智慧型尺寸完成註記。本練習將使用以下技能：

- 在現有的工程圖中使用註記視角
- 結合註記視角與模型項次

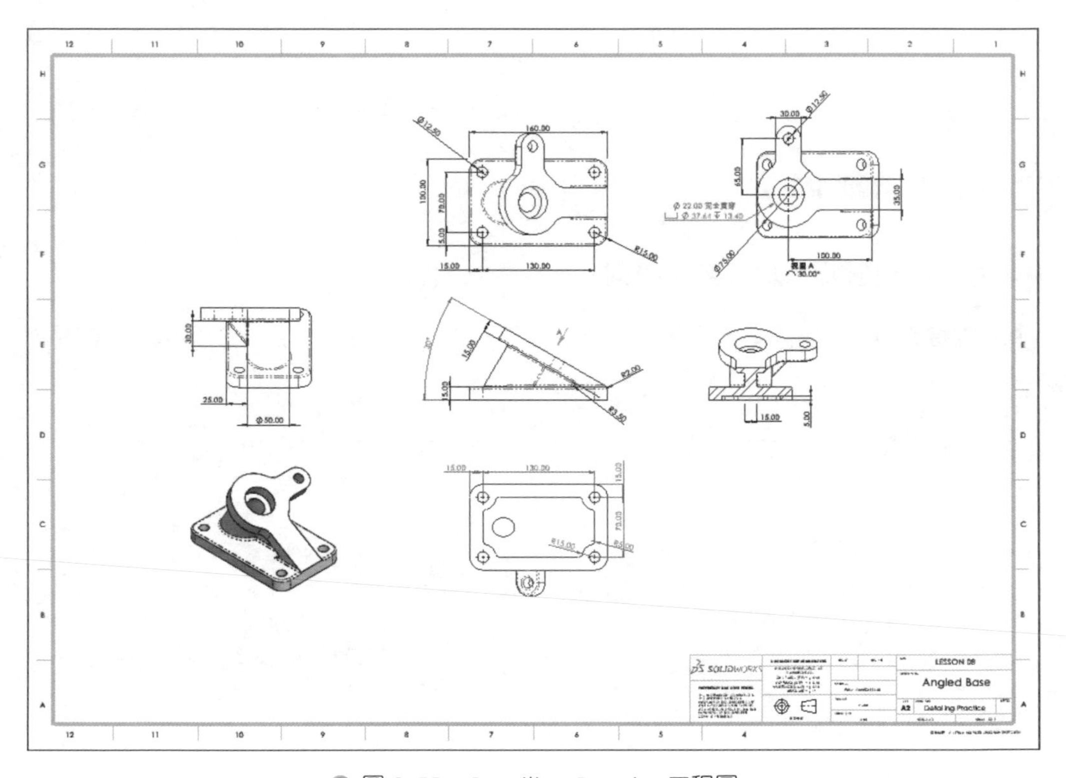

圖 8-52　Detailing Practice 工程圖

操作步驟

STEP 1　開啟工程圖檔

從 Lesson08\Exercises 資料夾中開啟工程圖檔：Detailing Practice.SLDDRW。

STEP 2 查看視圖調色盤

在工作窗格按**視圖調色盤**，如圖 8-53 所示。已經加入至工程圖中的視圖旁邊會標記一個視圖符號，而視圖名稱前面加有"(A)"的，代表視圖中已有註記視角的關聯。

以下將輸入註記視角至這些視圖中，再使用**模型項次**與**智慧型尺寸**完成其他視圖的註記。

圖 8-53 查看視圖調色盤

STEP 3 將註記輸入至 Front 視圖

在圖頁中選擇 Front 視圖，從圖頁 PropertyManager 中，勾選**輸入註記**與**設計註記**，如圖 8-54 所示，並排列尺寸至適當位置。

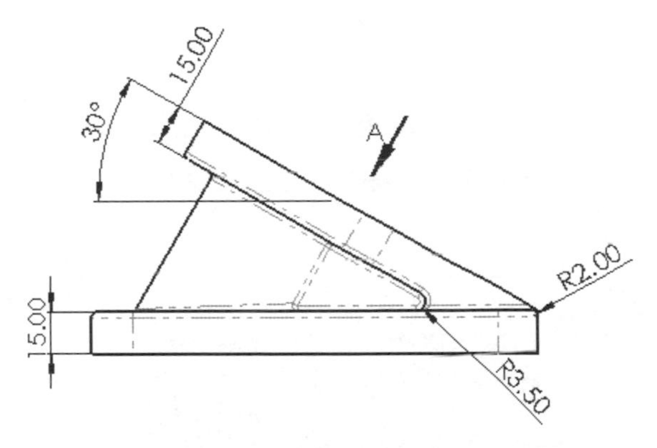

圖 8-54 將註記輸入至 Front 視圖

STEP 4 將註記輸入至 Top 視圖

重複 STEP 3，輸入註記至 Top 視圖，如圖 8-55 所示。

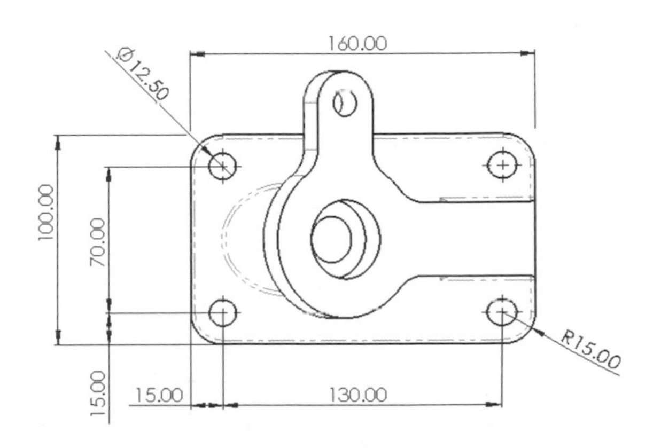

圖 8-55 將註記輸入至 Top 視圖

STEP 5 插入模型項次

按**模型項次**，來源選擇**所選特徵**，**目的地視圖**為 View A，**尺寸**選擇**為工程圖標示**及**鑽孔標註**，如圖 8-56 所示。

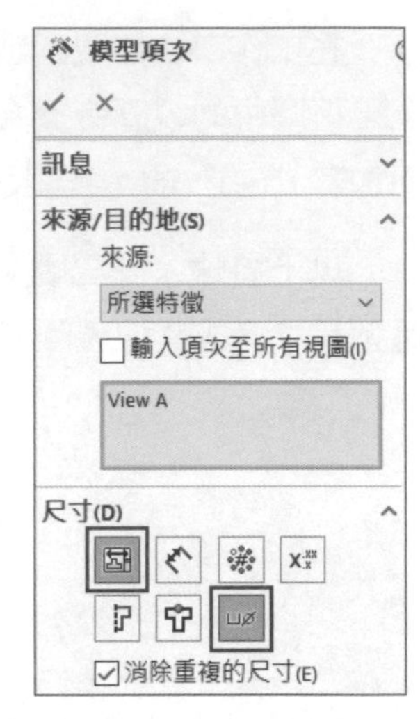

圖 8-56 插入模型項次

STEP 6 選擇特徵

如圖 8-57 所示，選擇特徵 Angled Boss, Angled Tab, CBORE hole, Tab Hole 的面和邊線插入尺寸，按**確定**。調整尺寸至適當位置。

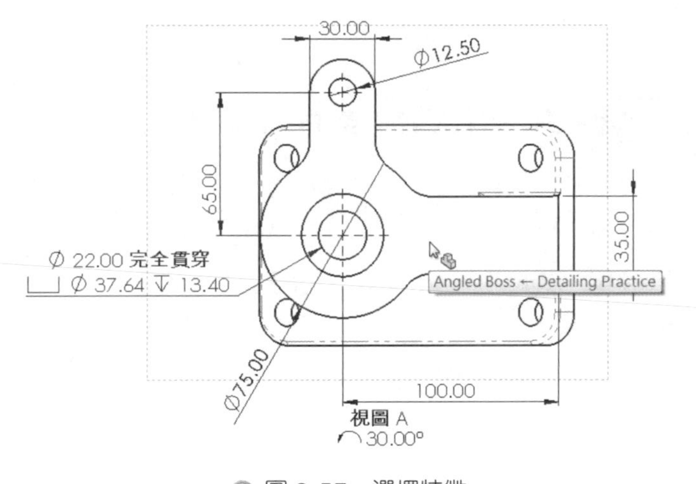

圖 8-57 選擇特徵

技巧

選擇時確認游標旁的提示是特徵的面與邊線。

STEP 7 插入模型項次

使用**模型項次**指令，將尺寸加入至 Relative View 的 Rib for Tab 和 Angled Support 特徵上，如圖 8-58 所示。排列尺寸至適當位置。

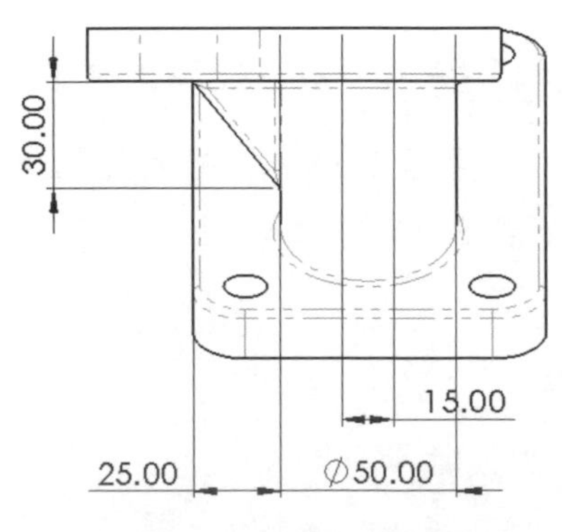

圖 8-58 插入模型項次

STEP 8 移動尺寸

使用 **Shift** 鍵，移動尺寸 **15.00** 至 Right 視圖，如圖 8-59 所示。

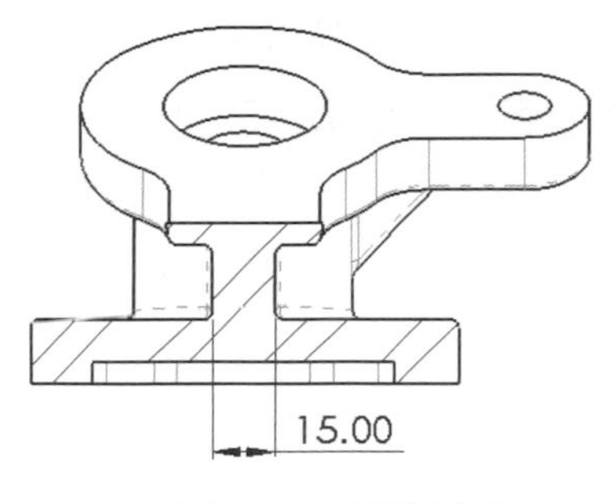

圖 8-59 移動尺寸

STEP 9 插入模型項次

使用**模型項次**選項的**所選特徵**與**輸入項次至所有視圖**，選擇 Underside Cut 特徵加入尺寸。

STEP 10 結果

深度尺寸已加入到 Right 視圖中，如圖 8-60 所示。此特徵輪廓是由草圖限制條件所定義，因此沒有尺寸插入。

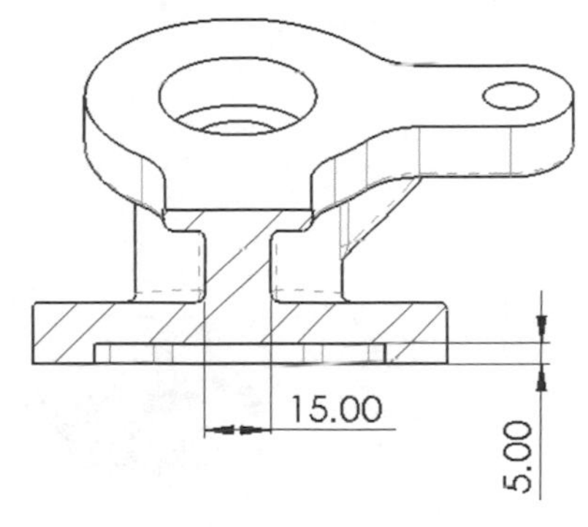

圖 8-60 結果

STEP 11 加入尺寸

按**智慧型尺寸**，將尺寸加入至 Bottom 視圖的 Underside Cut 特徵，如圖 8-61 所示。

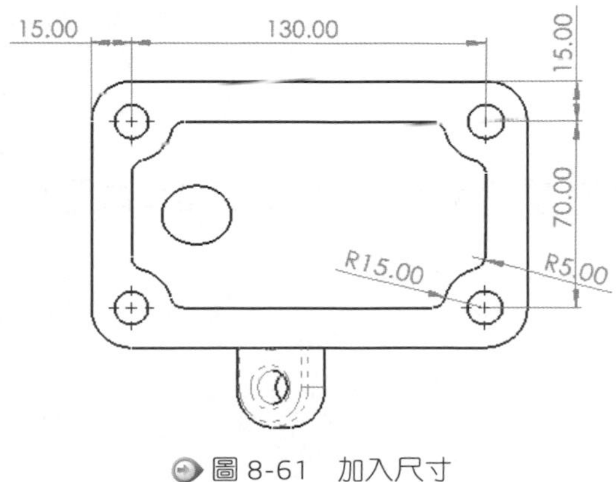

圖 8-61 加入尺寸

STEP 12 加入角度尺寸

按**智慧型尺寸**，標註較佳角度尺寸，並**隱藏**模型原來角度尺寸，如圖 8-62 所示。

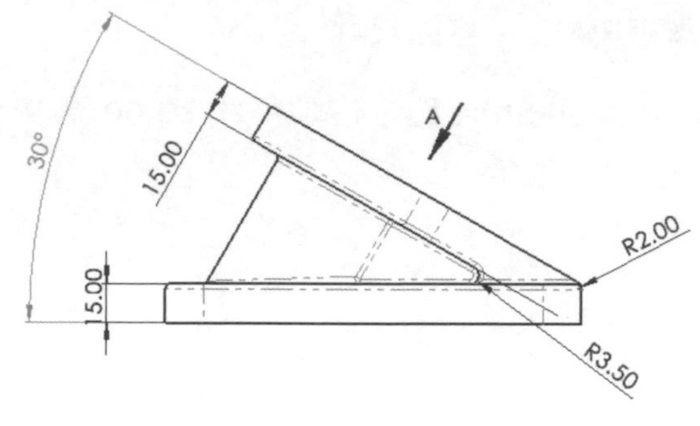

圖 8-62　加入角度尺寸

STEP 13 工程圖如圖 8-63 所示

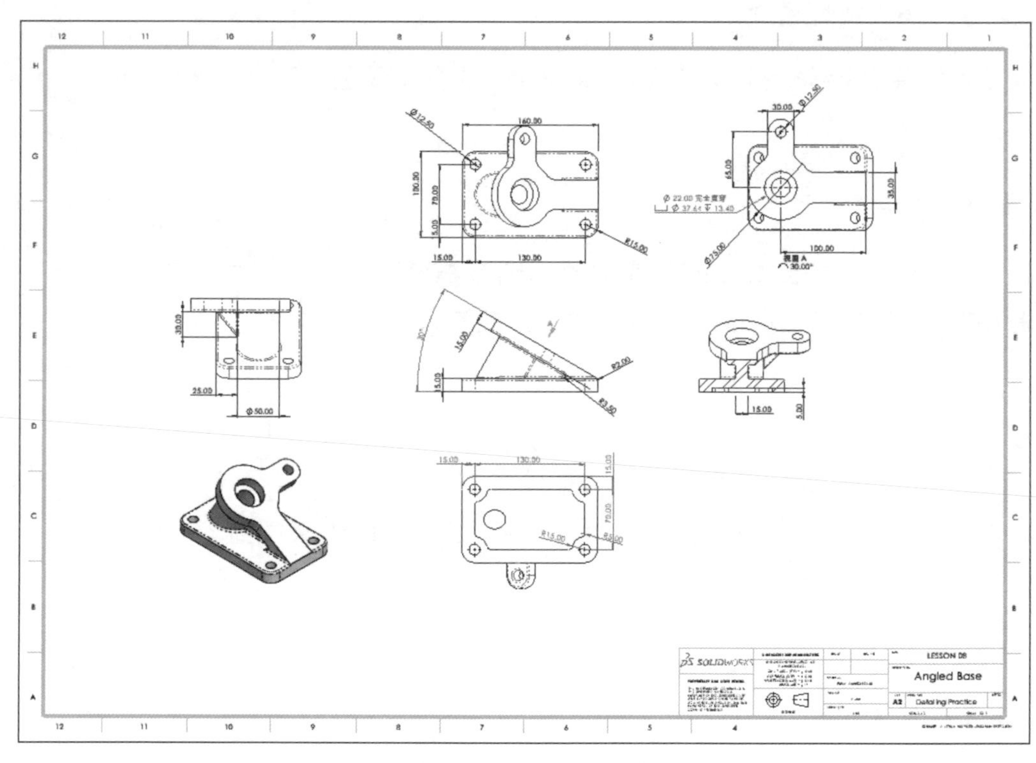

圖 8-63　完成工程圖

STEP 14 共用、儲存並關閉所有檔案

練習 8-2 尺寸類型

請依下列步驟指引，使用如圖 8-64 所示的模型建立工程圖，然後加入製造所需的尺寸、座標尺寸以及自動標註尺寸。此工程圖也包括連結到大鑽孔尺寸和副本數的參數註解。本練習將使用以下技能：

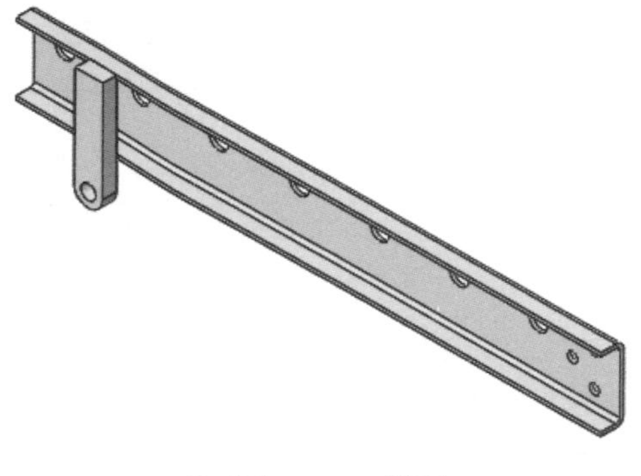

圖 8-64　模型

- 在現有的工程視圖使用註記視角
- 排列尺寸
- 參數註解
- 尺寸類型
- 座標尺寸
- 座標尺寸選項

操作步驟

STEP 1　開啟零件

從 Lesson08\Exercises 資料夾中開啟零件：Dimension Types.SLDPRT。

STEP 2　檢查 Annotations 資料夾

展開 **Annotations** 資料夾，如圖 8-65 所示，零件中已內含多個註記視角，您可使用**顯示特徵尺寸**檢查視角。

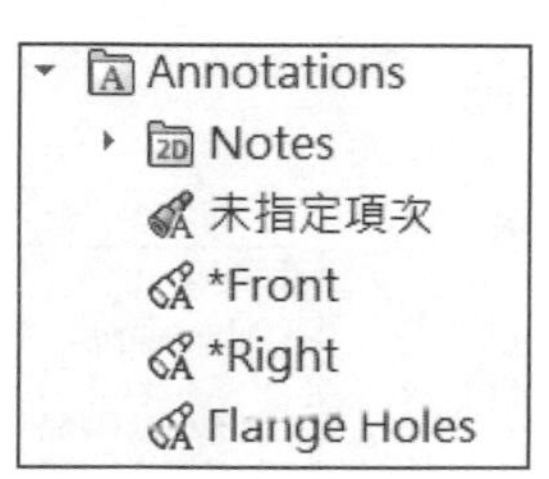

圖 8-65　檢查 Annotations 資料夾

STEP 3　建立工程圖

使用“A3 工程圖”範本建立工程圖。

STEP 4 加入視圖

使用**輸入註記**與**設計註記**，加入帶有尺寸的前視圖與投影右視圖，如圖 8-66 所示。

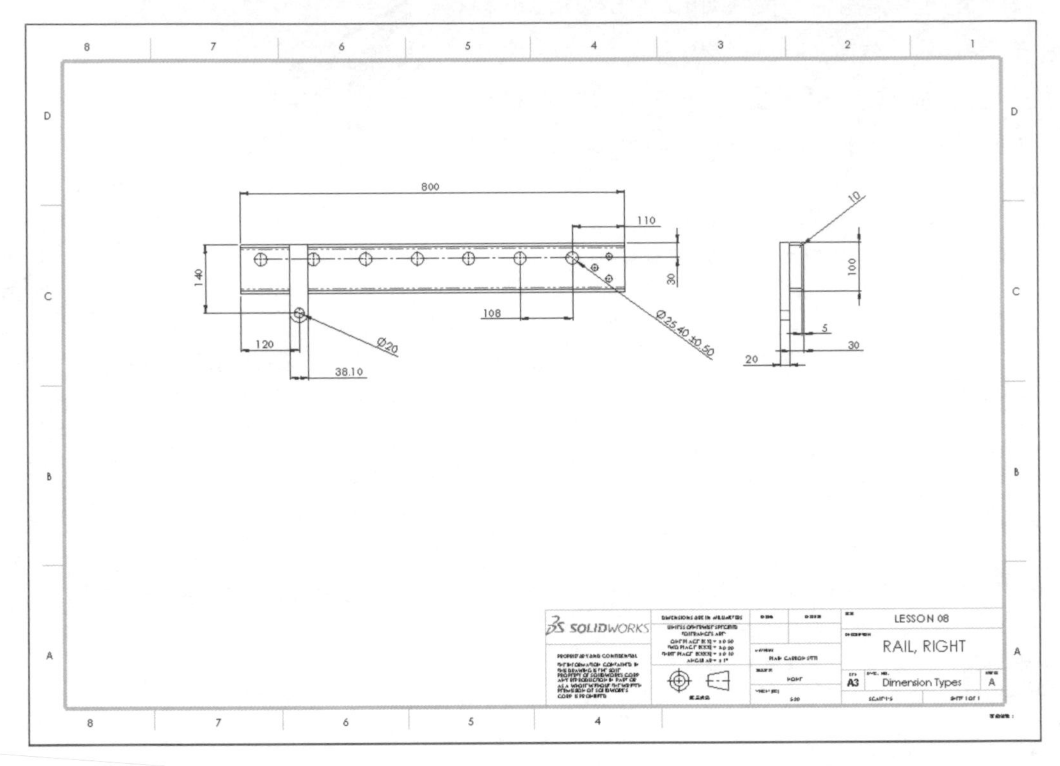

圖 8-66　加入視圖

STEP 5 建立細部放大圖

如圖 8-67 所示，建立**細部放大圖**，使用 PropertyManager 從 Flage Holes 註記視角輸入註記。

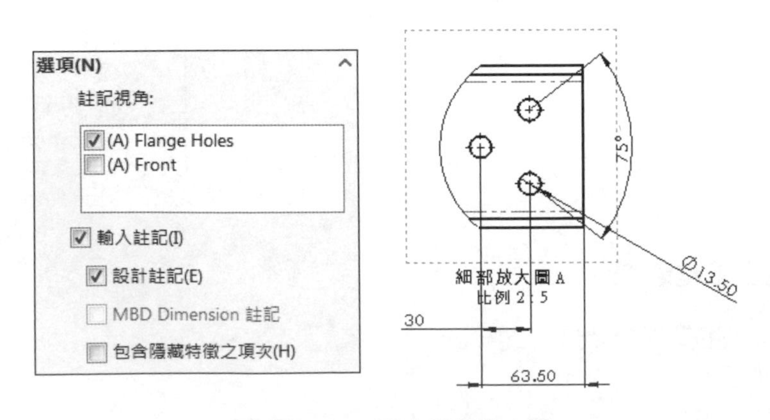

圖 8-67　建立細部放大圖

STEP 6 自動排列尺寸

用**框選**或 **Ctrl+ 選擇**如圖 8-68 所示的尺寸，展開**尺寸調色盤**，按**自動排列尺寸**。移動視圖標示至適當位置。

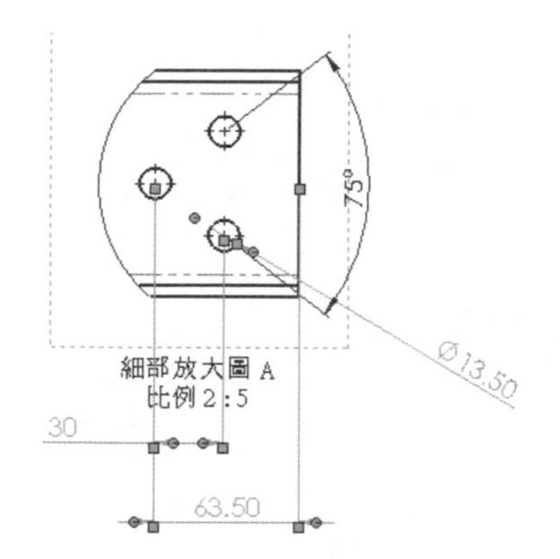

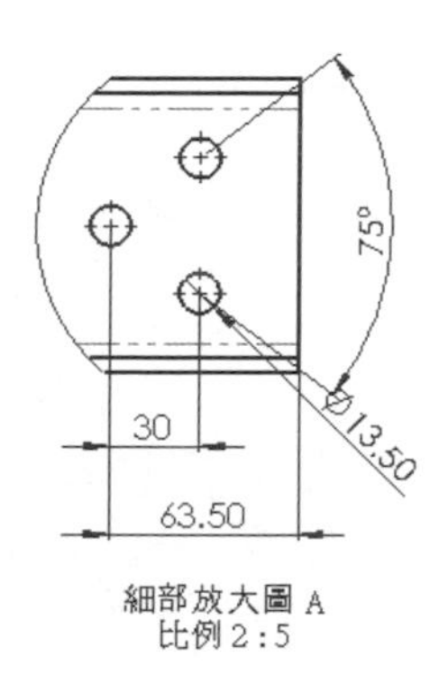

圖 8-68 自動排列尺寸

技巧

若您移動後未展開**尺寸調色盤**，可以按 **Ctrl** 使之重新出現。

STEP 7 加入模型項次

為了加入連結到大鑽孔副本 / 計次的參數註解，這時需要使用到**模型項次**。

按**模型項次**，如圖 8-69 所示，**來源：所選特徵**與**輸入項次至所有視圖**。

尺寸：選擇**副本 / 計次**。選擇與特徵 LPattern1 關聯的邊線（鑽孔邊線），按**確定**。

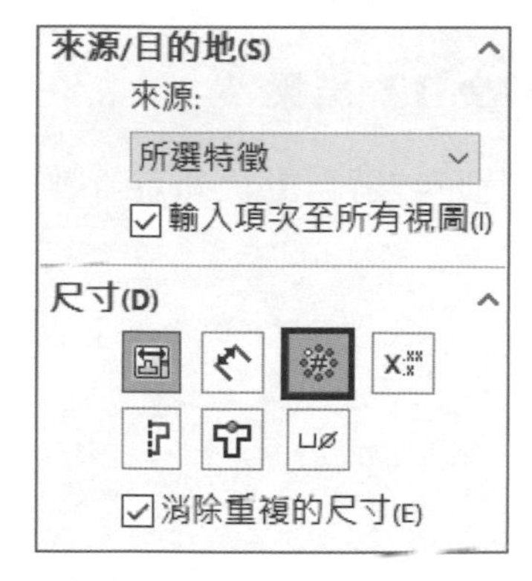

圖 8-69 加入模型項次

STEP 8 加入註解

按**註解**，選擇鑽孔的邊線作為註解導線的錨點，再按一次放置註解。

STEP 9 加入參數與文字

按一下尺寸 **Ø25.40** 加入至註解中，按“Enter”，再按一下副本數 **7**，加入註解後再輸入 **“PLACES”**，如圖 8-70 所示。

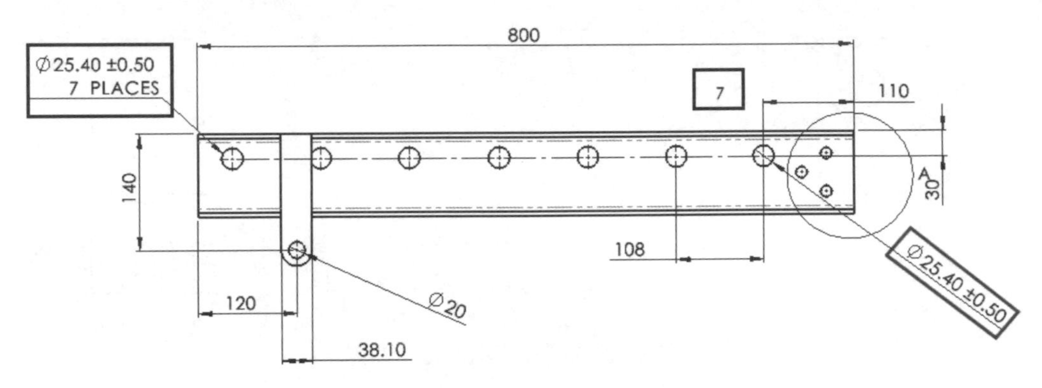

圖 8-70　加入參數與文字

STEP 10 格式化註解

格式選擇**靠右對正**。

STEP 11 測試註解

在尺寸 **Ø25.40** 上快按滑鼠兩下，變更數值為 **25**，按**重新計算**。

STEP 12 結果

此時註解自動更新為新數值，如圖 8-71 所示。

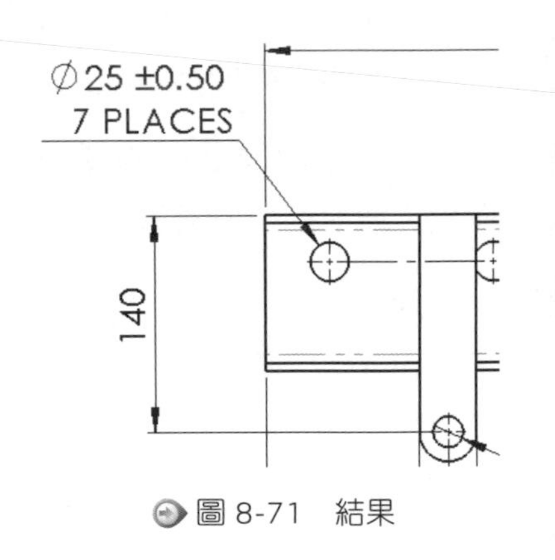

圖 8-71　結果

STEP 13 隱藏尺寸

使用滑鼠右鍵快顯功能表**隱藏**原始的尺寸 Ø25 與副本 / 計次數值 7。

加入座標尺寸

為了以較佳方式標註鑽孔位置，下一步將使用座標尺寸來取代部份設計註記。

STEP 14 執行水平座標尺寸指令

按**水平座標尺寸**。

STEP 15 加入零軸座標

在前視圖，點選最右邊的垂直邊線，將 0 座標放置於視圖上方。

STEP 16 加入座標尺寸

點選邊線以建立座標尺寸樣式，如圖 8-72 所示。

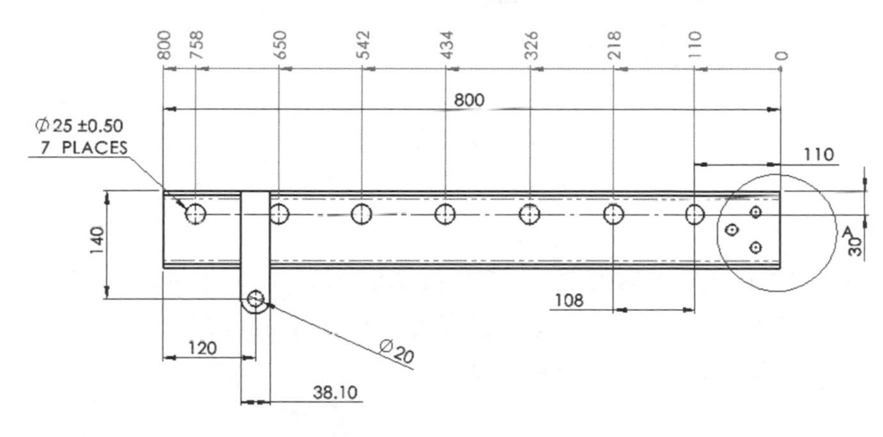

圖 8-72　加入座標尺寸

STEP 17 完成座標尺寸指令

按**確定**或 **Esc** 完成指令。

STEP 18 新增座標尺寸

在任一座標尺寸上按滑鼠右鍵，點選**新增座標尺寸**，如圖 8-73 所示，點選 Ø20 鑽孔的邊線，將位置尺寸加入至座標尺寸中。

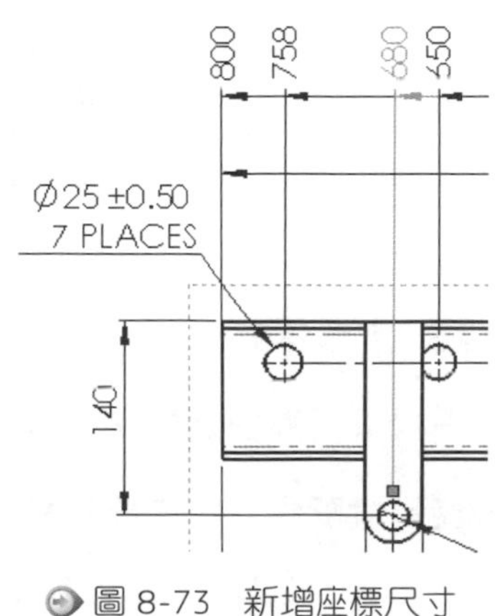

圖 8-73　新增座標尺寸

STEP 19 完成指令

按**確定** ✔ 或 **Esc** 完成指令。

STEP 20 隱藏尺寸

如圖 8-74 所示，**隱藏**其他不需要的尺寸。

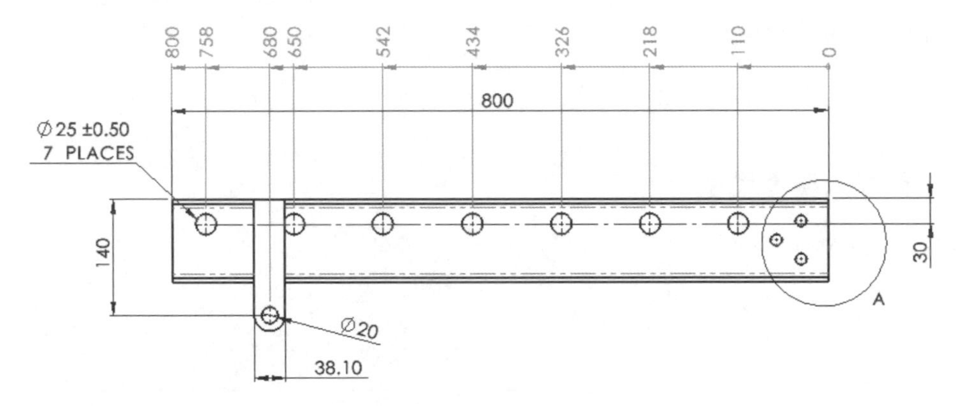

圖 8-74　隱藏尺寸

自動標註尺寸

當您在工程圖工作時，**智慧型尺寸**內含幾個選項可以自動建立連續、基準或座標尺寸樣式，就像模型檔案中的**完全定義草圖**。要使用這些選項時，點選**智慧型尺寸** PropertyManager 中的**自動標註尺寸**標籤即可。

STEP 21 自動標註尺寸

選擇**細部放大圖 A**，按**智慧型尺寸**，在 PropertyManager 中按**自動標註尺寸**標籤。

STEP 22 定義原點

按一下**原點**選擇框，選擇**細部放大圖 A** 右上角的頂點為原點。

> **提示**　個別的邊線或頂點也可定義為水平或垂直尺寸。

STEP 23 定義樣式

在**水平尺寸配置**選擇**座標尺寸**，**尺寸放置**選擇**視圖上方**。

在**垂直尺寸配置**選擇**座標尺寸**，**尺寸放置**選擇**視圖右方**。

STEP 24 選擇圖元

在**標註尺寸之圖元**中點選**所選圖元**，選擇細部放大圖中的三個鑽孔邊線，如圖 8-75 所示。

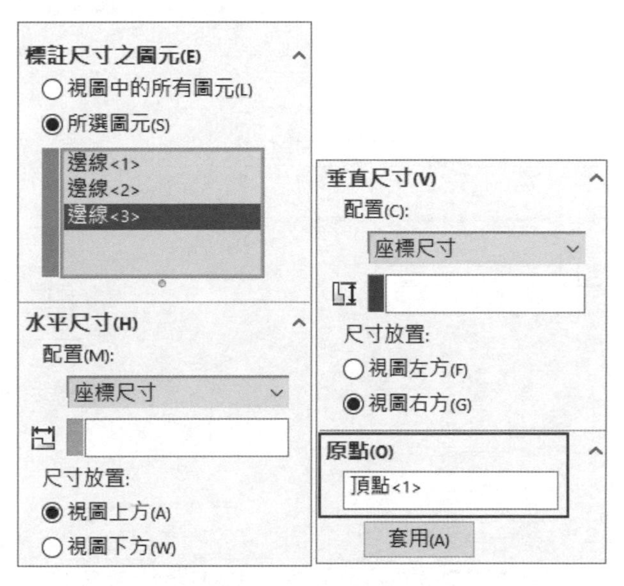

圖 8-75　自動標註尺寸

STEP 25 套用尺寸

按確定前，可以先按**套用**預設尺寸，再按**確定**✔，如圖 8-76 所示。

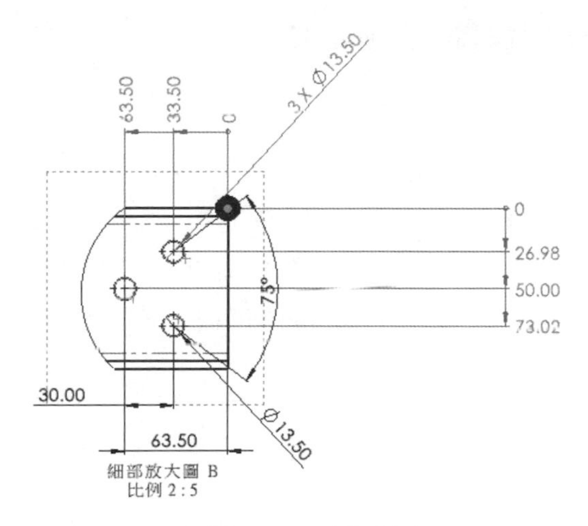

圖 8-76　套用尺寸

STEP 26 完成視圖

隱藏尺寸並調整尺寸位置，完成如圖 8-77 所示的工程圖。

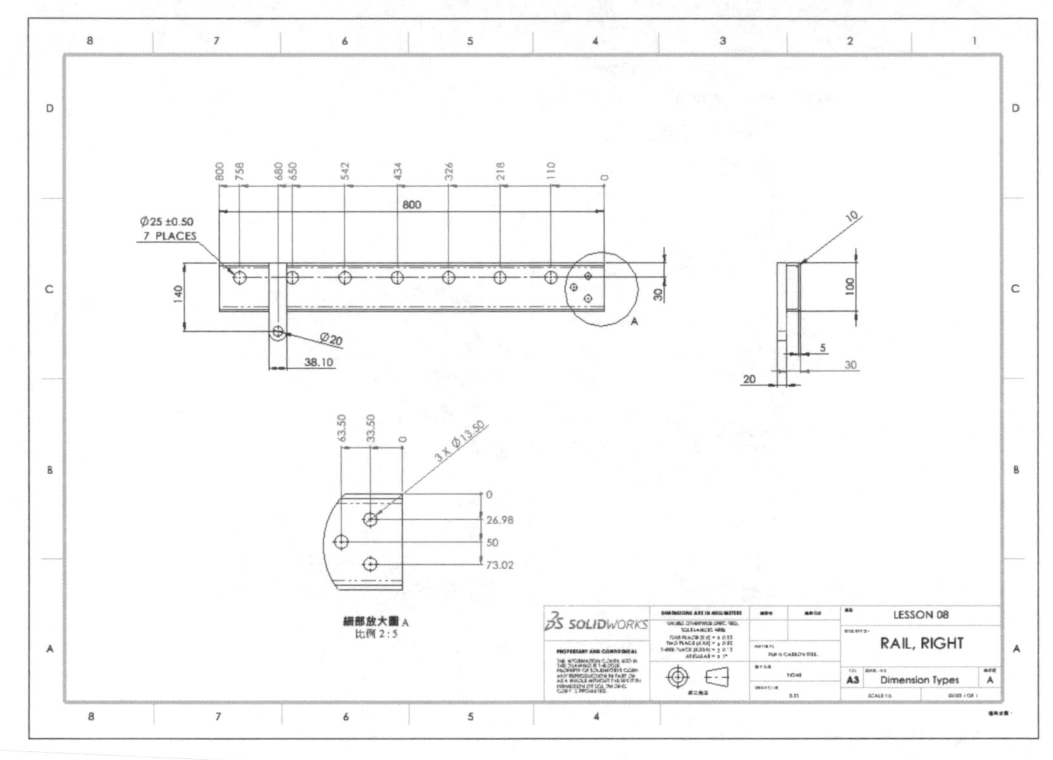

圖 8-77　完成視圖

STEP 27 共用、儲存並關閉所有檔案

練習 8-3 連續尺寸

請依下列步驟指引，建立連續尺寸以完成如圖 8-78 所示的工程圖。本練習將使用以下技能：

- 建立偏移
- 連續尺寸

工程圖範本：A3 工程圖；圖頁比例 1：2

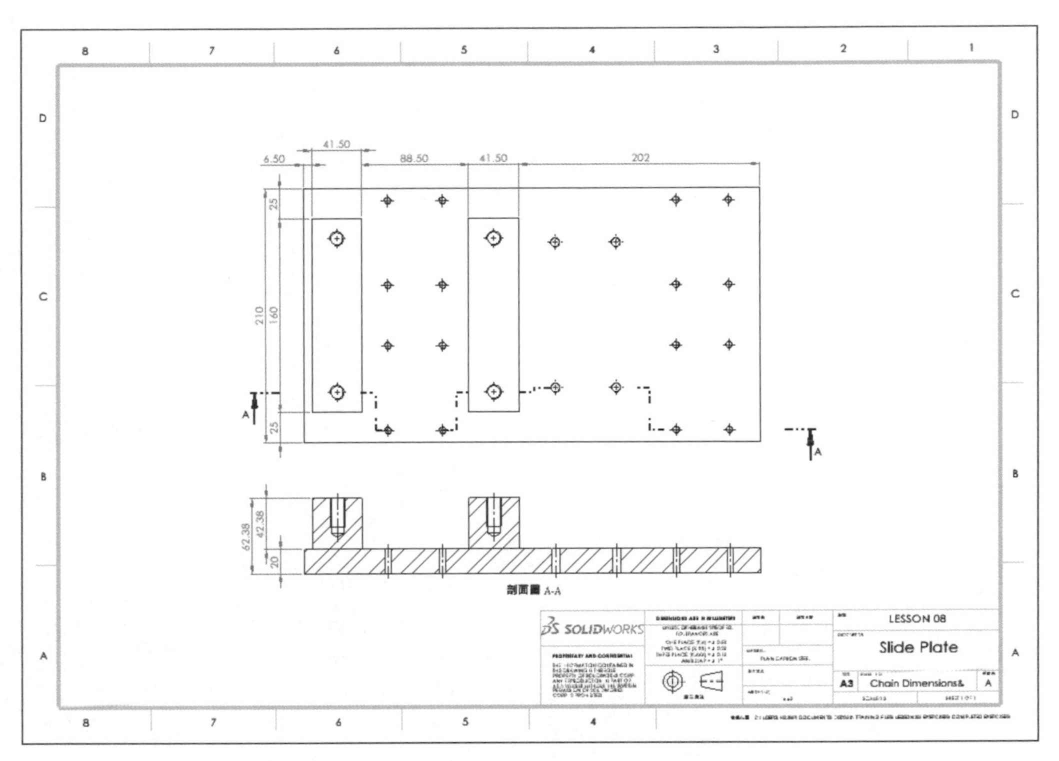

圖 8-78　工程圖

操作步驟

STEP 1　開啟零件

從 Lesson08\Exercises 資料夾中開啟零件：Chain Dimensions.SLDPRT。

STEP 2　建立新工程圖

使用“A3 工程圖”範本建立工程圖，並將零件的上視圖加入至圖頁中。

STEP 3　修改圖頁比例

在**圖頁屬性**對話方塊或狀態列的圖頁比例選單中修改圖頁比例為 1：2，如圖 8-79 所示。

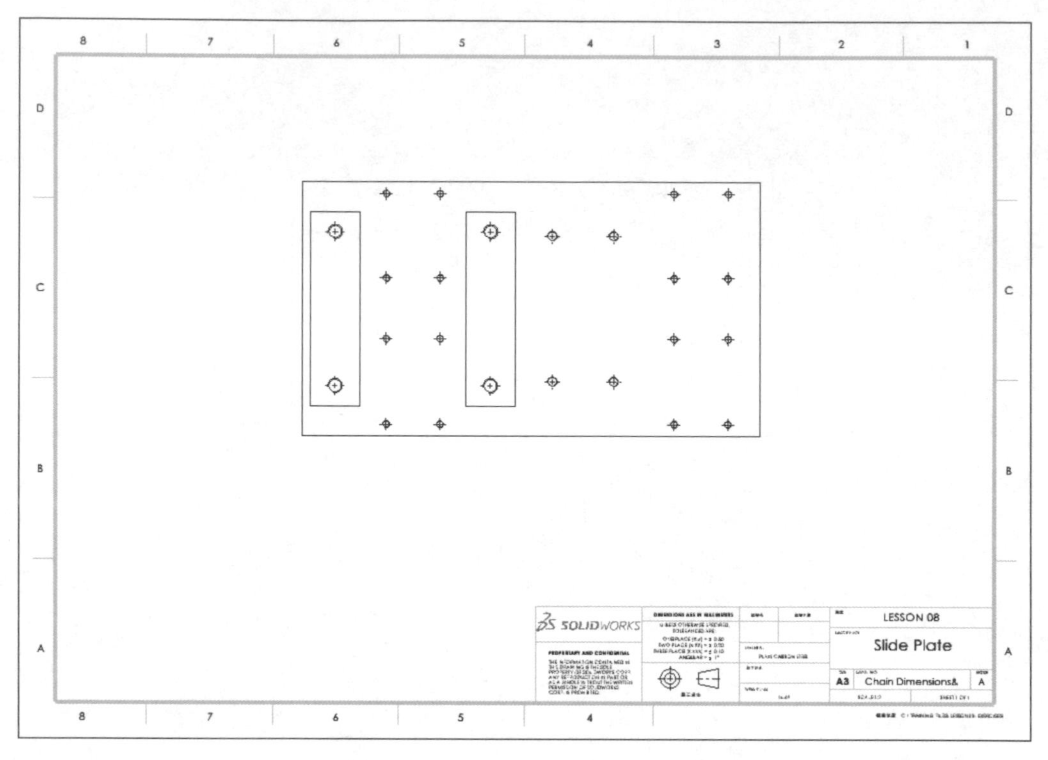

圖 8-79　Chain Dimensions 工程圖

STEP 4　執行剖面指令

按**剖面視圖** 。

STEP 5　建立偏移剖面除料線

除料線選擇**水平**，放置除料線至圖 8-80 所指的鑽孔中心上，再使用彈出的剖面快顯工具列定義圖中的偏移位置。

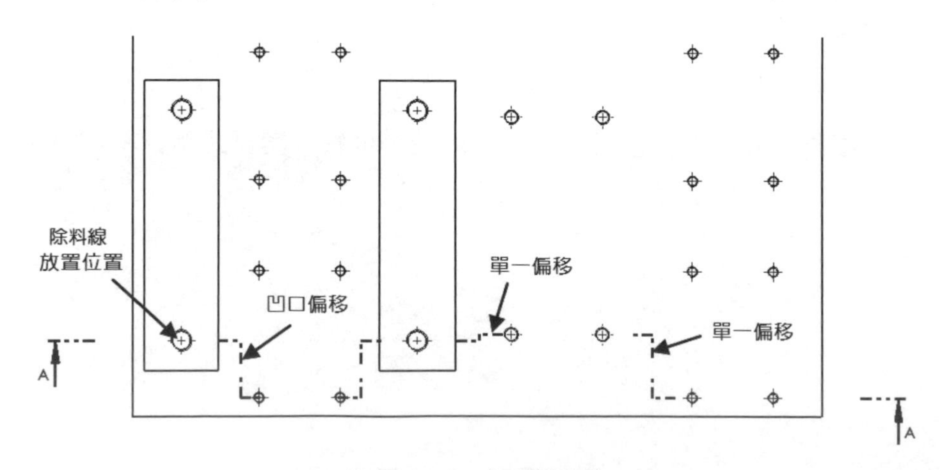

圖 8-80　偏移除料線

STEP 6 放置剖面視圖

剖面偏移完成後，按**確定**✔，在 PropertyManager 中勾選**自動反轉**或按**反轉方向**，放置剖面視圖於上視圖下方，如圖 8-81 所示。

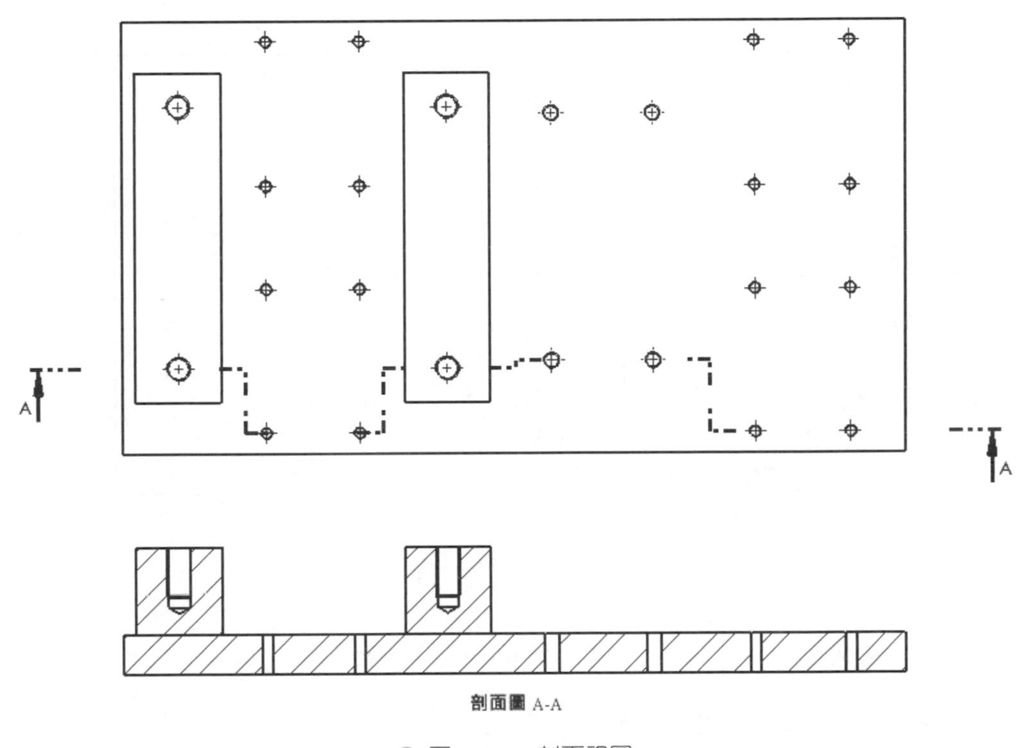

圖 8-81　剖面視圖

STEP 7 將中心線加入至視圖

按**中心線**，在 PropertyManager 勾選**選擇視圖**，在剖面視圖邊界框內按一下，系統將自動加入中心線於視圖中，如圖 8-82。按**確定**。

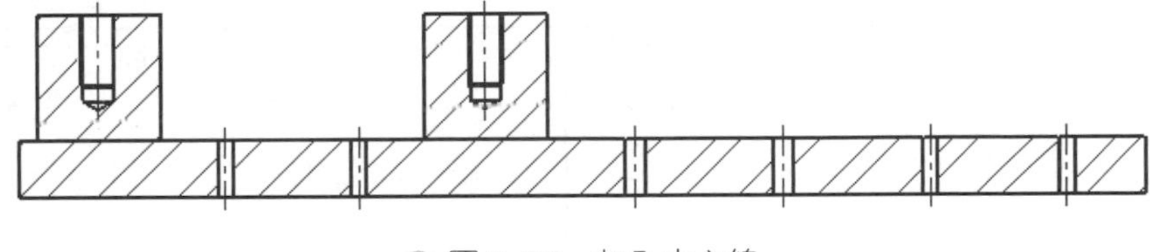

圖 8-82　加入中心線

STEP 8 加入連續尺寸

按**連續尺寸**，點選如圖 8-83 所示的上視圖邊線建立尺寸。

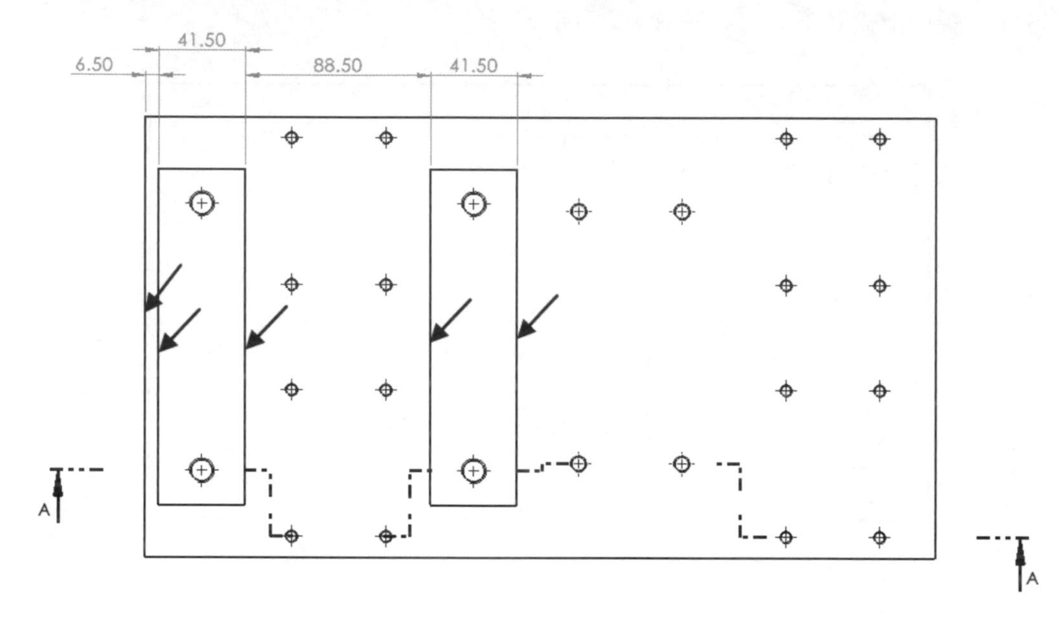

圖 8-83 加入連續尺寸

STEP 9 完成指令

按**確定**✔，或按 **Esc** 完成指令。

STEP 10 加入連續尺寸

在任一連續尺寸上按滑鼠右鍵，點選**加入至鏈線**，選擇如圖 8-84 所示最右邊的邊線。

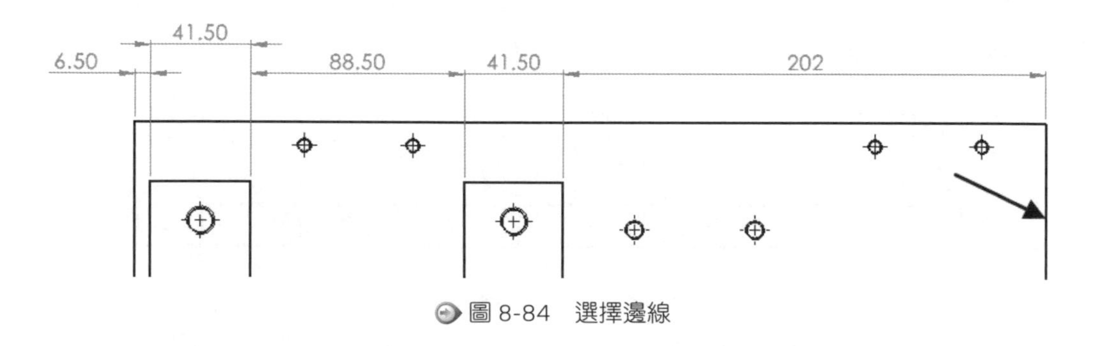

圖 8-84 選擇邊線

STEP 11 完成指令

按**確定**✔，或按 **Esc** 完成指令。

STEP 12 加入整體尺寸

在任一連續尺寸上按滑鼠右鍵，點選**加入整體**，結果如圖 8-85 所示。

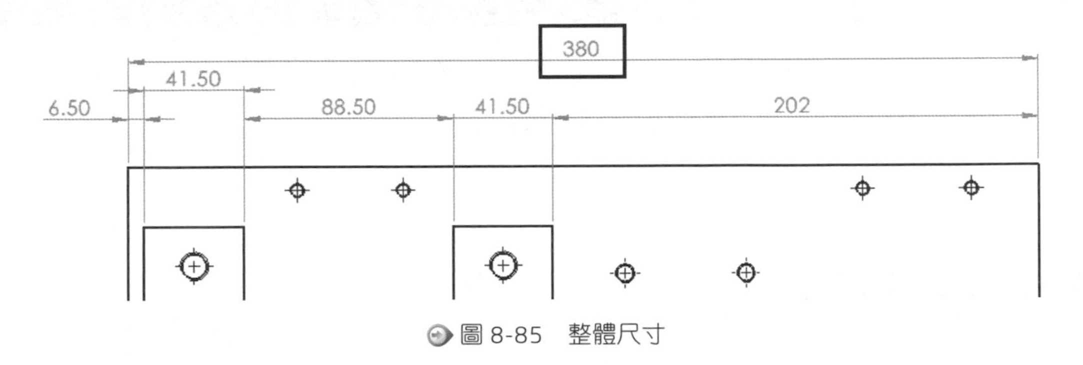

圖 8-85　整體尺寸

STEP 13 完成連續尺寸

分別使用**連續尺寸**完成圖 8-86 所示的視圖左側連續尺寸。

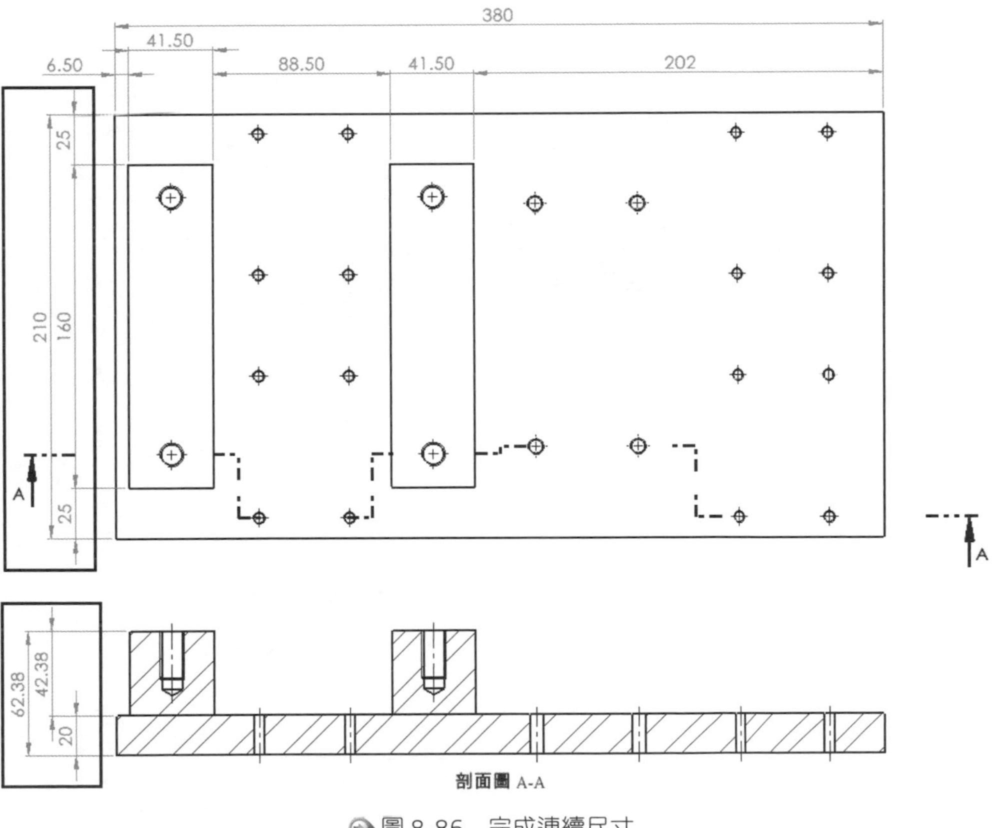

圖 8-86　完成連續尺寸

技巧

若您想要在連續尺寸上移動單一尺寸的間距，只要在尺寸上按滑鼠右鍵，點選**解除對正關係**，尺寸即可單獨移動。

STEP 14 **共用、儲存並關閉所有檔案**

練習 8-4 排列尺寸

請依下列步驟指引，修改現有的工程圖，並加入及排列尺寸來完成圖 8-87 所示的工程圖。本練習將使用以下技能：

- 排列尺寸
- 導角尺寸
- 對正線性直徑尺寸

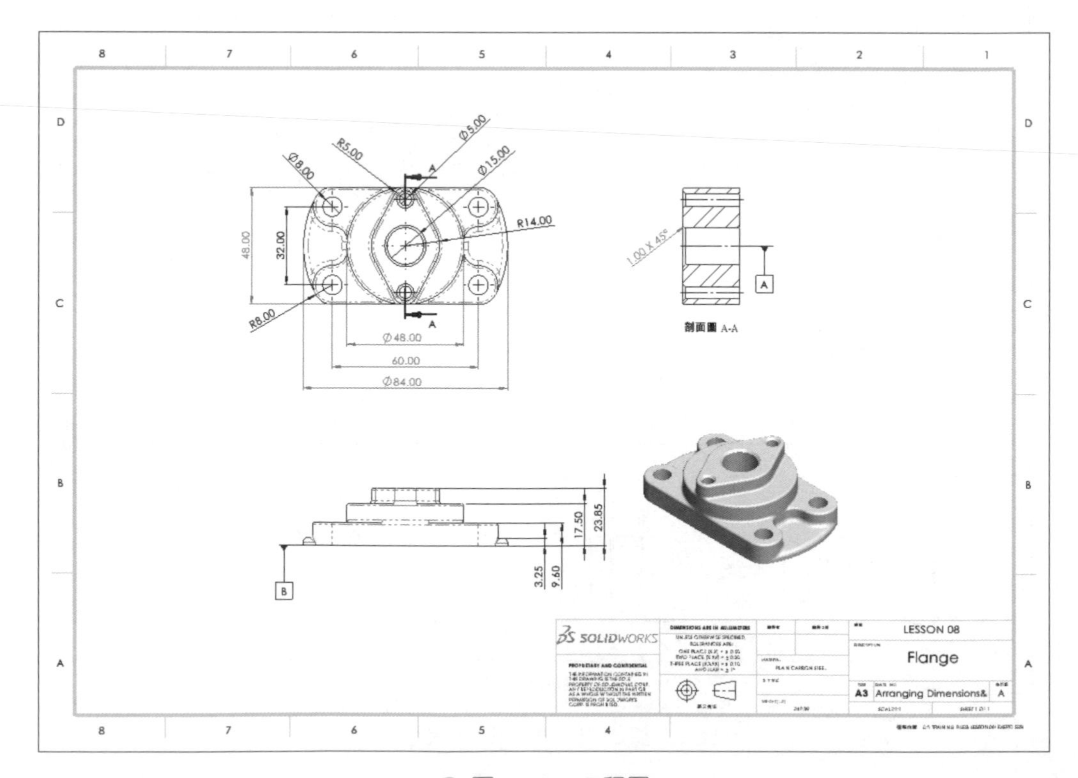

圖 8-87　工程圖

操作步驟

STEP 1 開啟工程圖

從 Lesson08\Exercises 資料夾中開啟工程圖檔：Arranging Dimensions.SLDDRW。下面步驟將先排列現有尺寸，再建立其他參考尺寸，如圖 8-88 所示。

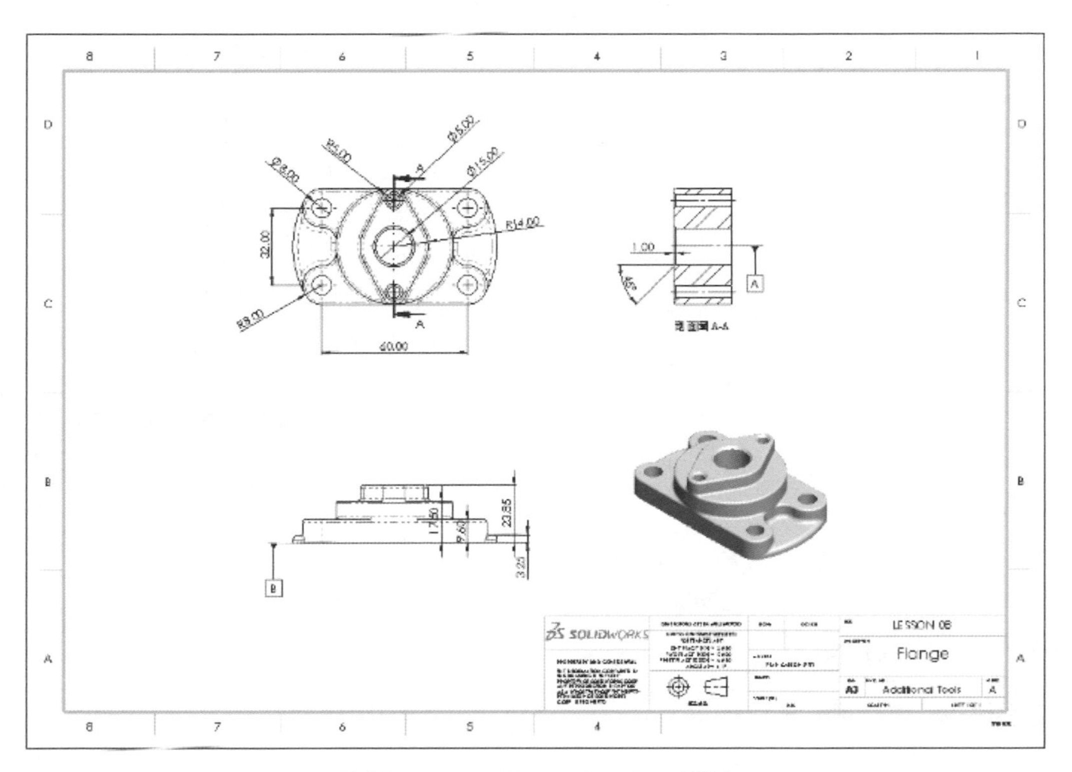

圖 8-88 Additional Tools 工程圖

STEP 2 自動排列尺寸

選擇前視圖所有尺寸，展開**尺寸調色盤**，按**自動排列尺寸**，及**線性均分 / 徑向**，並使用旋轉滾輪調整間距比例常數，結果如圖 8-89 所示。

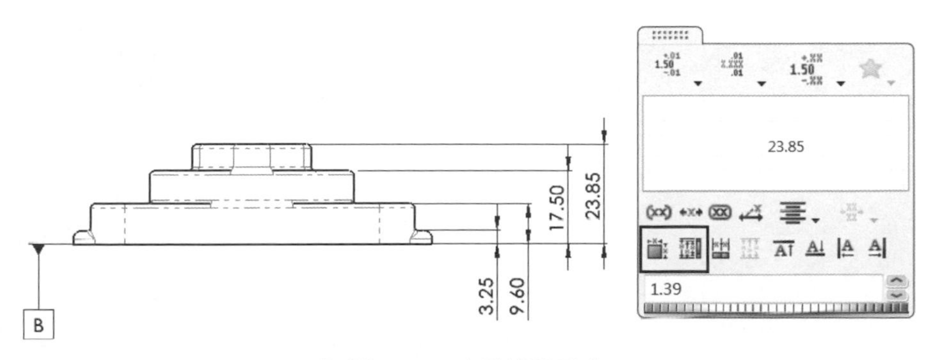

圖 8-89 自動排列尺寸

STEP 3　執行導角尺寸指令

按**導角尺寸**。

STEP 4　選擇邊線

在剖面圖 A-A 中，按一下如圖 8-90 所示的角度邊線，再按一下旁邊垂直邊線。

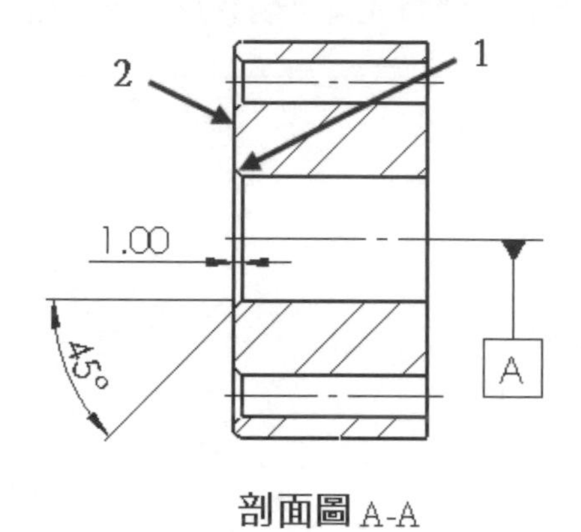

剖面圖 A-A

圖 8-90　選擇邊線

STEP 5　放置尺寸

按一下，將導角尺寸放置至視圖中。

STEP 6　完成指令

按**確定**或按 **Esc** 完成指令。

STEP 7　隱藏尺寸

在尺寸 1.00 與 45° 上按滑鼠右鍵，點選**隱藏**，結果如圖 8-91 所示。

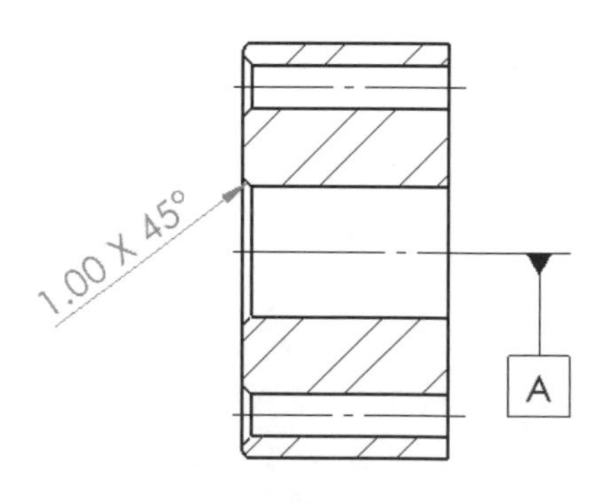

剖面圖 A-A

圖 8-91　導角尺寸

STEP 8 將尺寸加入至上視圖

此模型中的許多特徵輪廓是由草圖限制條件所定義，因此沒有尺寸插入，為了加註製造資訊，需要手動加入參考尺寸。

按**智慧型尺寸**，加入如圖 8-92 所示的尺寸標示。

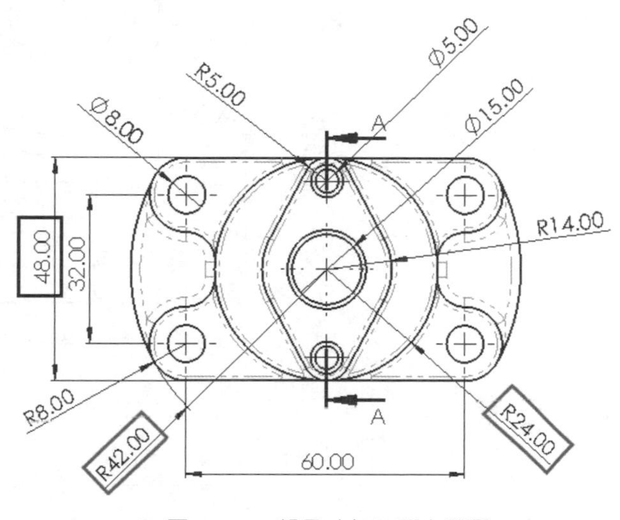

圖 8-92　將尺寸加入至上視圖

STEP 9 修改半徑尺寸

修改 R42.00 尺寸**顯示選項**為**顯示成直徑**及**顯示成線性**。移動尺寸至如圖 8-93 所示的位置，並使用控制點旋轉尺寸成水平，再放置於下方。

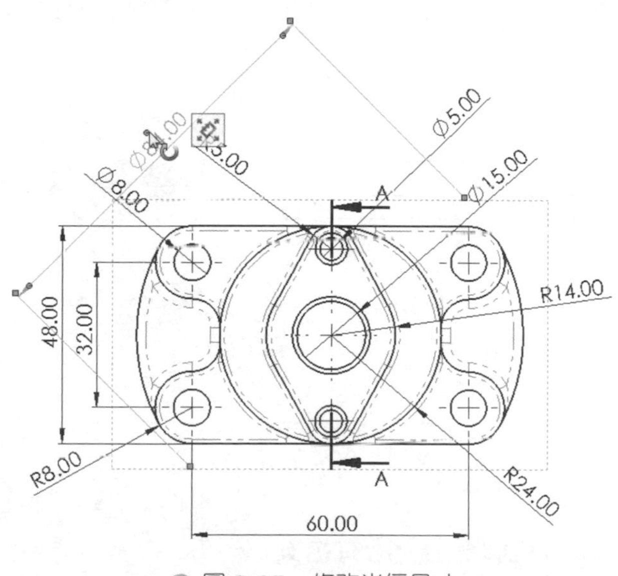

圖 8-93　修改半徑尺寸

STEP 10 重複

重複 **STEP 9**，修改 **R24.00** 成圖 8-94。

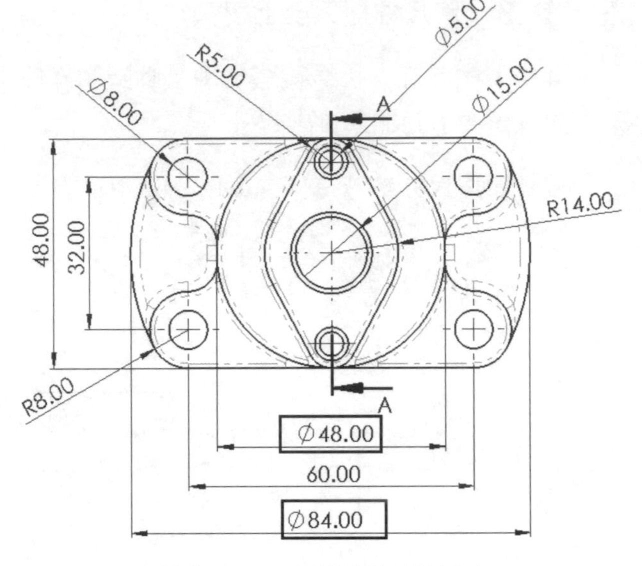

圖 8-94　重複修改半徑尺寸

STEP 11 結果如圖 8-95

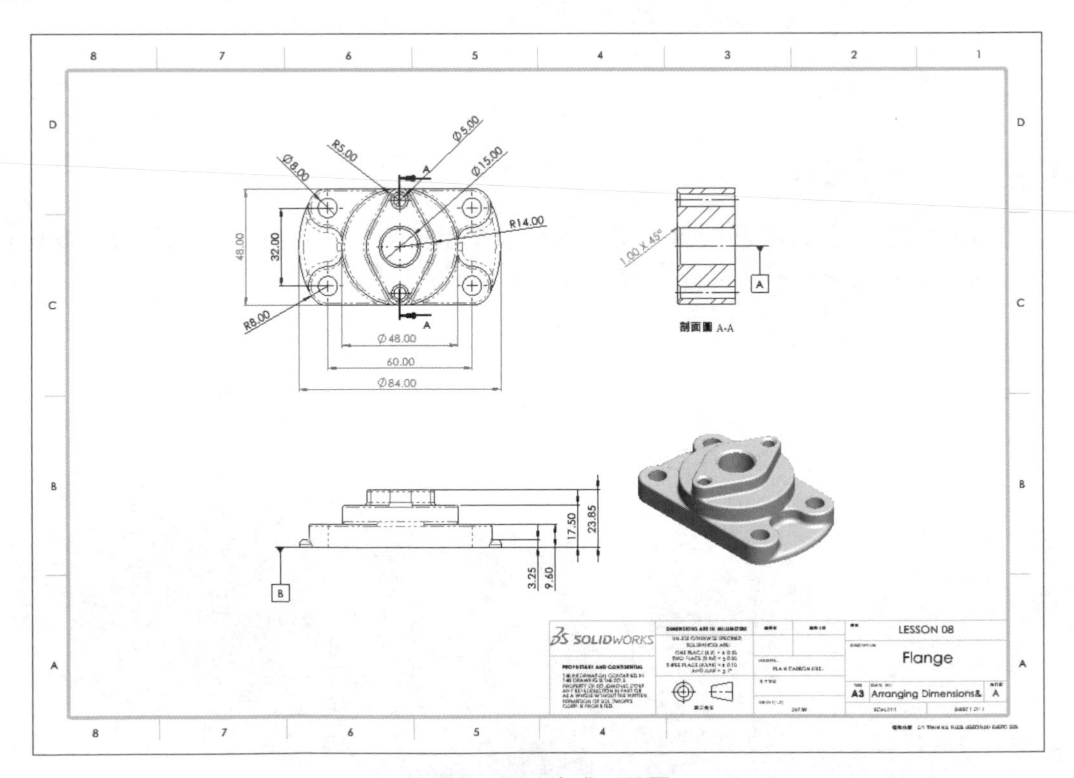

圖 8-95　完成工程圖

STEP 12 共用、儲存並關閉所有檔案

09

使用圖層、樣式與 Design Library

順利完成本章課程後，您將學會：

- 在 SOLIDWORKS 工程圖內使用圖層
- 建立尺寸樣式以輕鬆重複使用尺寸屬性
- 從尺寸調色盤中套用最近的尺寸屬性
- 建立自訂的 Design Library 位置
- 儲存註記至 Design Library 中
- 從 Design Library 建立一個自訂的註解圖塊
- 使用旗標註解庫指引工程圖中與編號註解相關的區域

9.1 使用圖層

當我們要使用不同線條型式和顏色繪製圖元時，可以使用圖層，且圖層還可控制顯示與列印。工程圖可使用註記 PropertyManager，將註記指派至圖層中，也可以編修文件屬性，指定註記類型使自動指派至圖層中。

指令TIPS　圖層

建立或修改圖層可使用**圖層**工具列中的**圖層屬性**指令。

以下我們將開啟一個工程圖，並繪製中心線至視圖中。為了使中心線以正確的線型和顏色顯示，我們將建立中心線圖層並應用到草圖線上。

STEP 1　開啟工程圖檔

從 Lesson09\Case Study 資料夾中開啟工程圖檔：Layers and Styles.SLDDRW。

STEP 2　加入中心線

為了展示此零件是對稱的，上視圖（Top）必須加入中心線。按**中心線**，選擇視圖的上邊線與下邊線，加入如圖 9-1 所示的中心線，並調整長度，按**確定**。

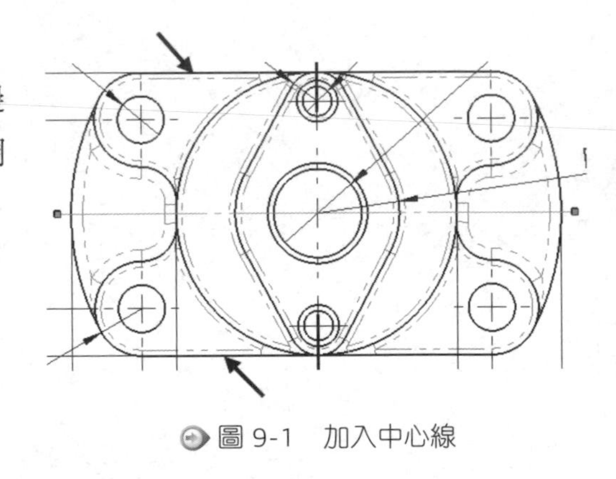

圖 9-1　加入中心線

下一步驟

以下步驟要在上視圖中加入垂直中心線，但是加入中心線時並沒有適合的邊線或圓柱面，為了加入中心線，必須手動繪製一條草圖線，並變更至 Centerline 圖層。

STEP 3　鎖住視圖焦點

在繪製草圖線之前，在上視圖上快按滑鼠兩下以鎖住視圖焦點。

STEP 4 繪製草圖線

如圖 9-2 所示，繪製一條垂直線與零件的鑽孔中心重合。

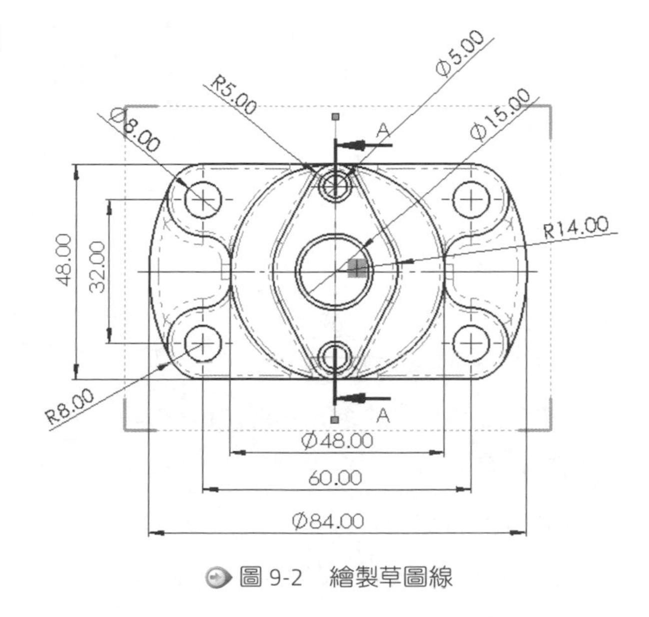

圖 9-2　繪製草圖線

STEP 5 解開視圖焦點

在視圖框線外側快按滑鼠兩下以解開視圖焦點，當視圖處於非啟用狀態時，草圖線顯示為灰色。

STEP 6 顯示圖層工具列

在 CommandManager 上按滑鼠右鍵以展示可用的工具列，點選**圖層**工具列，預設顯示位置在繪圖區的左下角，如圖 9-3 所示。

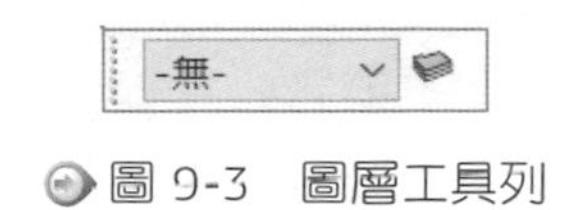

圖 9-3　圖層工具列

STEP 7 開啟圖層屬性對話方塊

按**圖層屬性**。

9.1.1 圖層屬性對話方塊

圖層屬性對話方塊內含多個圖層功能選項，像是**新增**圖層、**刪除**圖層，和**移動**所選的項次至新圖層。除此之外，對話方塊內（圖 9-4）亦可針對每個圖層的屬性做變更，只要任意點選一項屬性即可編修。

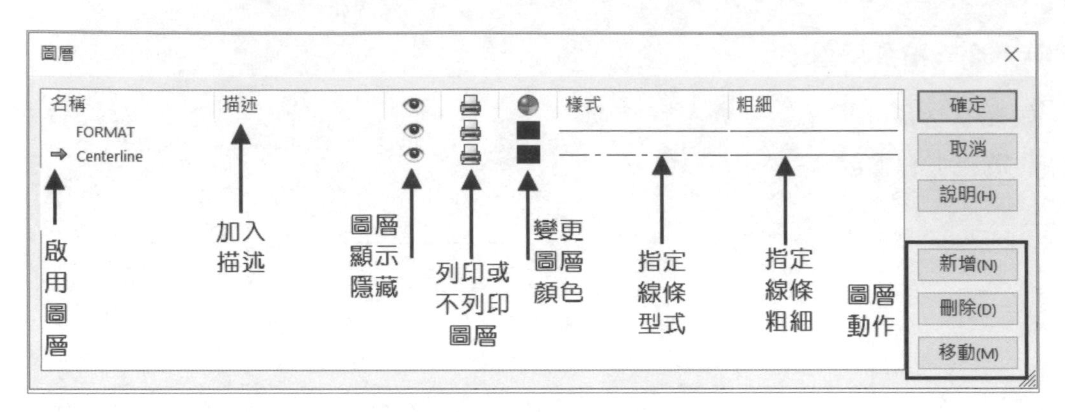

圖 9-4　圖層屬性對話方塊

藍色箭頭 ⇒ 代表目前啟用的圖層，當圖層被啟用時，所有新繪製的圖元都會被加入到此圖層中。

啟用中的圖層也會顯示在圖層工具列中的下拉式功能表，如圖 9-5，選擇 **"- 無 -"** 圖層時，所有新圖元都不會被加入到任何圖層中；**"- 根據標準 -"** 的圖層則是依文件屬性中的定義套用。

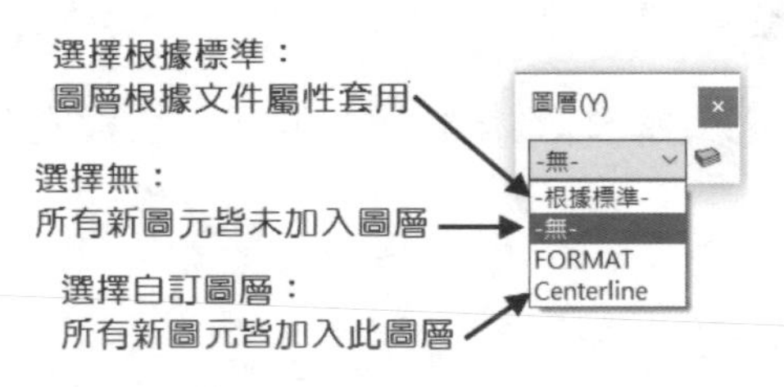

圖 9-5　圖層工具列

STEP 8　新增圖層

如圖 9-6 所示，按**新增**，名稱 Centerline，樣式選擇**鏈線（Chain）**，預設圖層顏色為**黑色**，按**確定**。

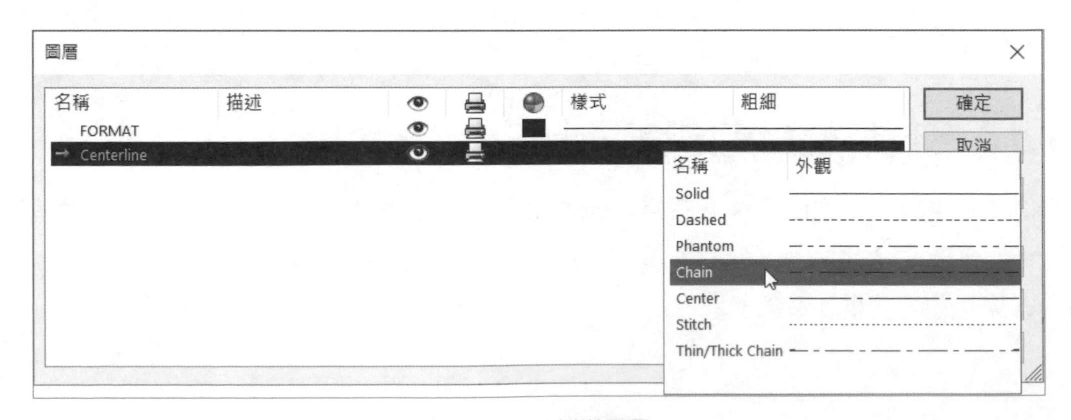

圖 9-6　新增圖層

STEP 9 變更啟用圖層

請注意，目前 Centerline 圖層已啟用，當圖層啟用時，所有新增的圖元都會加入到此圖層中，如圖 9-7 所示，變更圖層為 **"- 無 -"**。

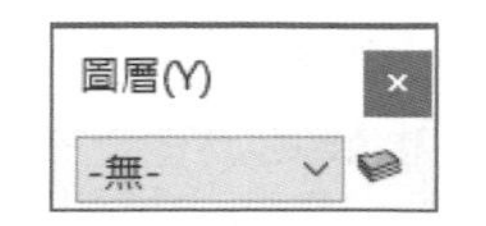

圖 9-7 變更啟用圖層

STEP 10 變更草圖線圖層

在上視圖中快按滑鼠兩下以編輯草圖線。選擇草圖線，在 PropertyManager 的**選項**下選擇 **Centerline** 圖層，如圖 9-8，按**確定** ✔。

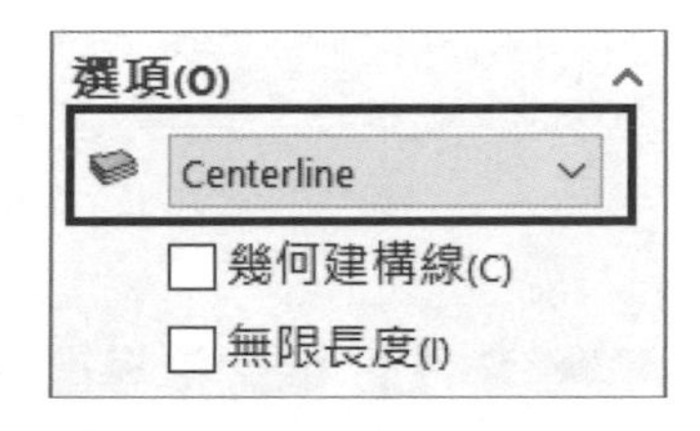

圖 9-8 變更草圖線圖層

STEP 11 結果

此時草圖線會以適當顏色及線條型式，顯示在上視圖中，如圖 9-9 所示。

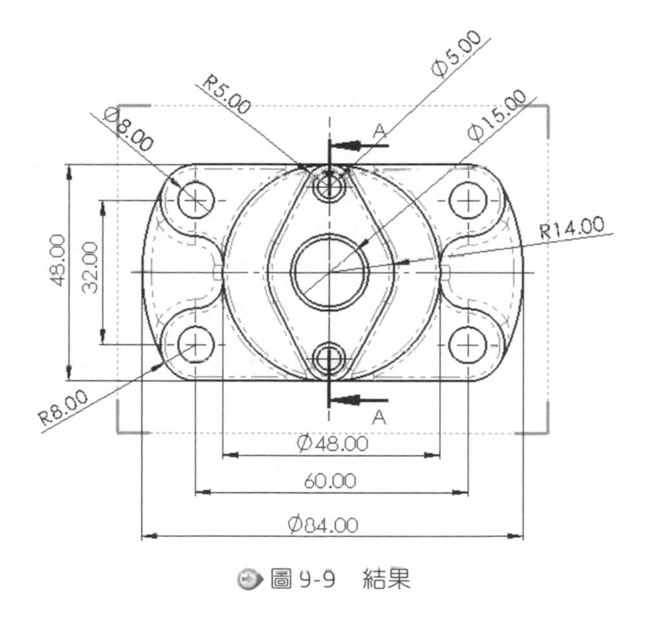

圖 9-9 結果

9.1.2 自動化圖層

除了套用圖層至個別的圖元之外，圖層也可以從文件屬性中，修改設定變更為自動化。例如，假如想要所有尺寸都加入到某一圖層，您可以在工程圖範本的文件屬性中設定圖層，並與您想要的尺寸類型相關聯，然後在圖層工具列使用 **"- 根據標準 -"**。

STEP 12 新增 Notes 圖層

按**圖層屬性**，如圖 9-10 所示，按**新增**，名稱 Notes，按一下**色彩**方塊，選擇**藍色**，按**確定**。

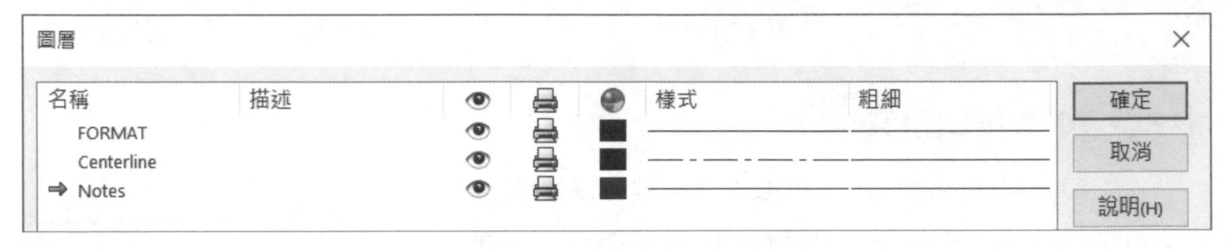

圖 9-10　新增 Notes 圖層

STEP 13 根據標準圖層

從圖層工具列選擇 **"根據標準"**，如圖 9-11 所示，這將確使新註解都被加入到文件屬性所指定的圖層。

圖 9-11　根據標準圖層

STEP 14 修改文件屬性

按**選項**→**文件屬性**，如圖 9-12，展開**註記**，選擇**註解**，在**圖層**選項中選擇 **Notes**，按**確定**。

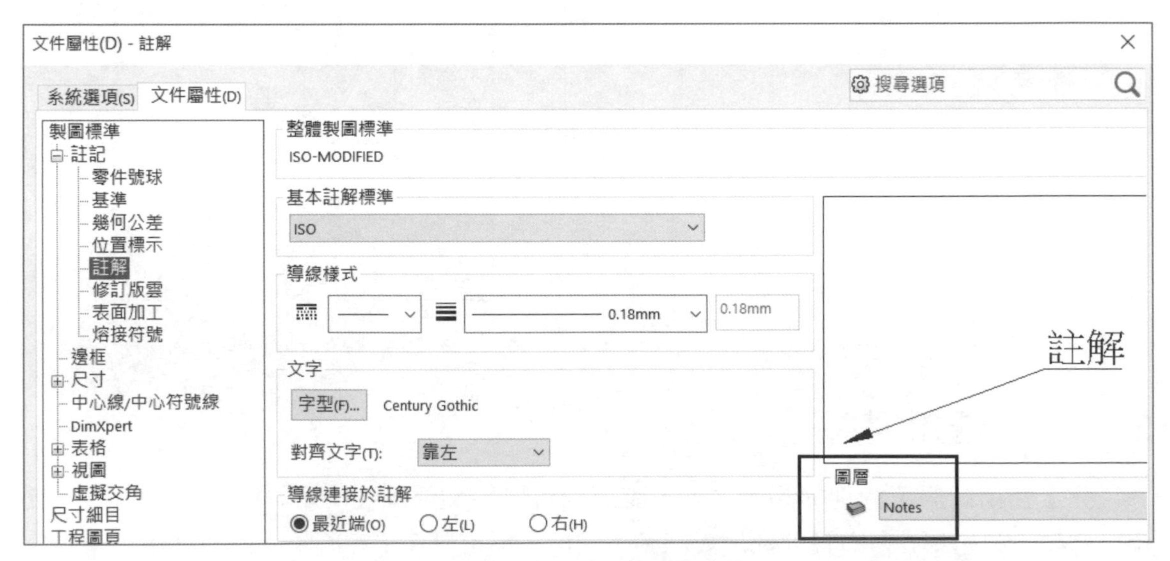

圖 9-12　文件屬性圖層

STEP 15 將註解加入至上視圖

在上視圖中快按滑鼠兩下以鎖住視圖焦點，按**註解** A，如圖 9-13 所示，按**新增符號** 並選擇**中心線** 。在中心線的上端點處，按一下放置註解。

> **技巧**
> 必要時，同時按 **Alt** 鍵可以防止註解的對正關係。

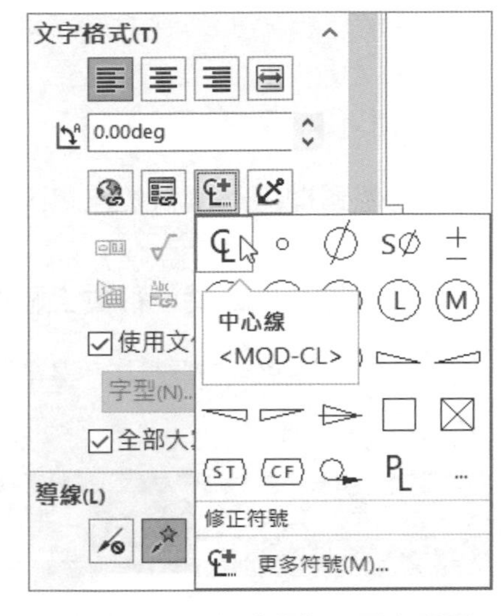

圖 9-13　將註解加入至上視圖

STEP 16 加入另一個註解

按一下註解框外側完成文字編輯，再至另一個中心線的端點放置註解，如圖 9-14 所示。按**確定** ✔ 完成指令。

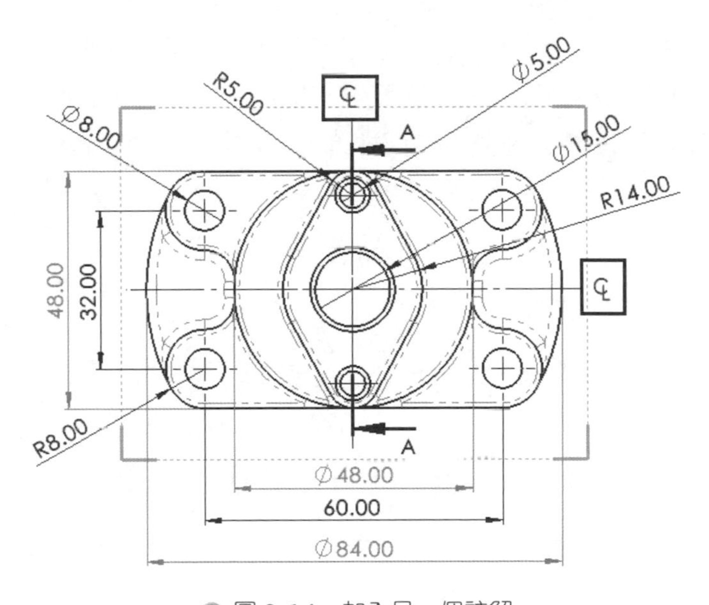

圖 9-14　加入另一個註解

STEP 17 結果

註解已自動加入到 Notes 圖層，並顯示為藍色。

STEP 18 解開視圖焦點

在視圖框線外側快按滑鼠兩下以解開視圖焦點。

STEP 19 選擇項：移動上視圖

移動上視圖，測試中心線符號是否隨著上視圖移動。

9.2 尺寸樣式

尺寸屬性一般都用以修改細部資訊，像是加入文字、定義公差或修改尺寸精度等，為了更方便自動變更尺寸屬性，您可以使用**格式塗貼器**、建立**尺寸樣式**、從尺寸調色盤中套用最近的選項。

指令TIPS 格式塗貼器

格式塗貼器可以用來複製註記的屬性，並套用至其他所選的註記上。使用時，先啟用指令，選擇已格式化的來源尺寸，再選擇要套用的尺寸即可。此指令並不限於使用在尺寸上，也可以複製箭頭樣式或是線條型式等。

操作方法

- CommandManager：**註記→格式塗貼器**。
- 功能表：**工具→格式塗貼器**。
- 快顯功能表：在來源註解上按滑鼠右鍵，點選**註記→格式塗貼器**。

9.2.1 在 PropertyManager 中的樣式

尺寸樣式可以儲存尺寸屬性的設定，並套用至其他尺寸上。樣式群組方塊中包括幾個指令，如圖 9-15 所示。

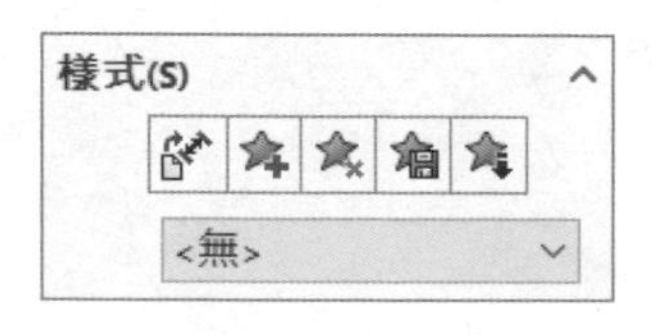

圖 9-15　樣式

樣式下拉表單中列示了所有已被儲存或載入目前文件的可用的尺寸樣式。

	套用預設屬性至所選的尺寸。
	在目前文件中加入或更新樣式。
	從目前文件中刪除樣式。
	儲存樣式至一個外部檔案 (*.sldstl)，使其可用至其他文件上。
	從外部樣式檔案載入到此文件中。

技巧

儲存至外部的樣式，可建立起一個尺寸屬性的常用資料庫。

STEP 20 加入公差

在上視圖選擇尺寸 48.00，加入**對稱公差：±1.00**，如圖 9-16 所示。

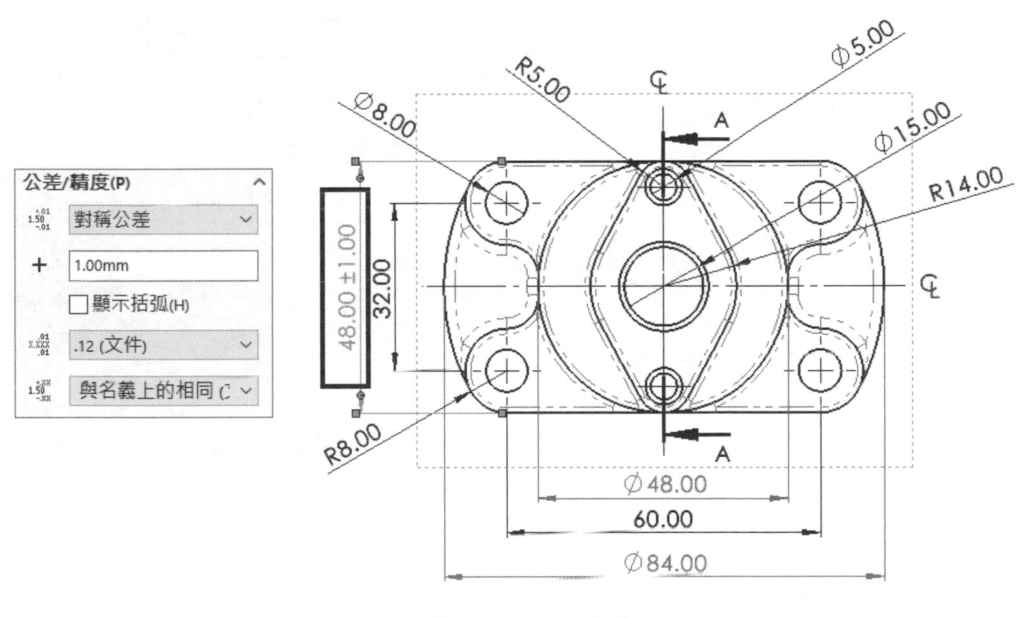

圖 9-16　加入公差

STEP 21 加入樣式

按**新增或更新樣式**，命名為 **"對稱公差，1mm"**，如圖 9-17 所示。按確定。

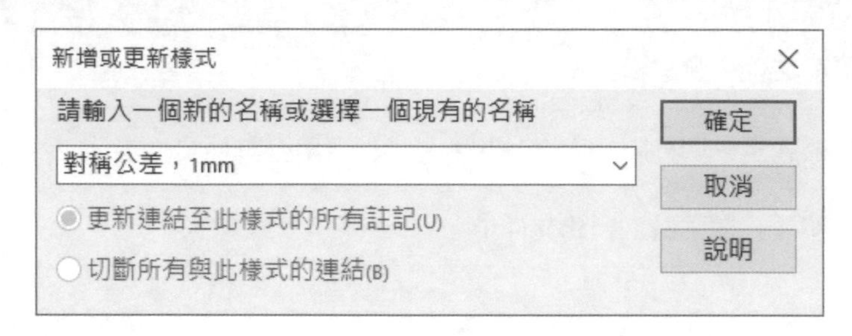

圖 9-17　加入樣式

STEP 22 套用樣式

選擇上視圖的尺寸 Ø48.00 和 Ø84.00，在**尺寸** PropertyManager 的下拉選單中選擇 **"對稱公差，1mm"**，如圖 9-18 所示。按**確定**。

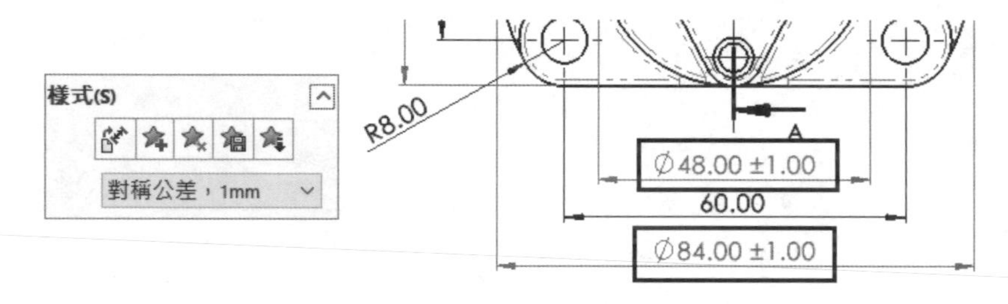

圖 9-18　套用樣式

9.2.2　在尺寸調色盤的樣式

在尺寸調色盤中也可以加入或載入樣式。除此之外，調色盤中還會顯示最近變更過的尺寸屬性，並可以直接套用到所選的尺寸上，而不需另外建立樣式，如圖 9-19 所示。

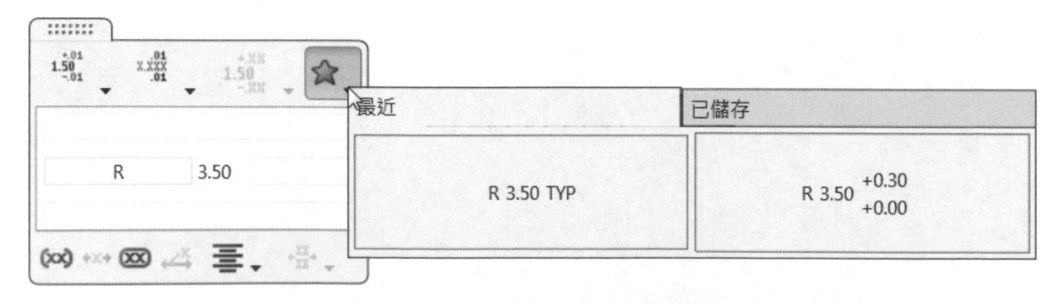

圖 9-19　在尺寸調色盤的樣式

STEP 23 將文字加入至尺寸

在上視圖選擇尺寸 **R8.00**，在尺寸調色盤中輸入文字 **"TYP"**，結果如圖 9-20 所示。

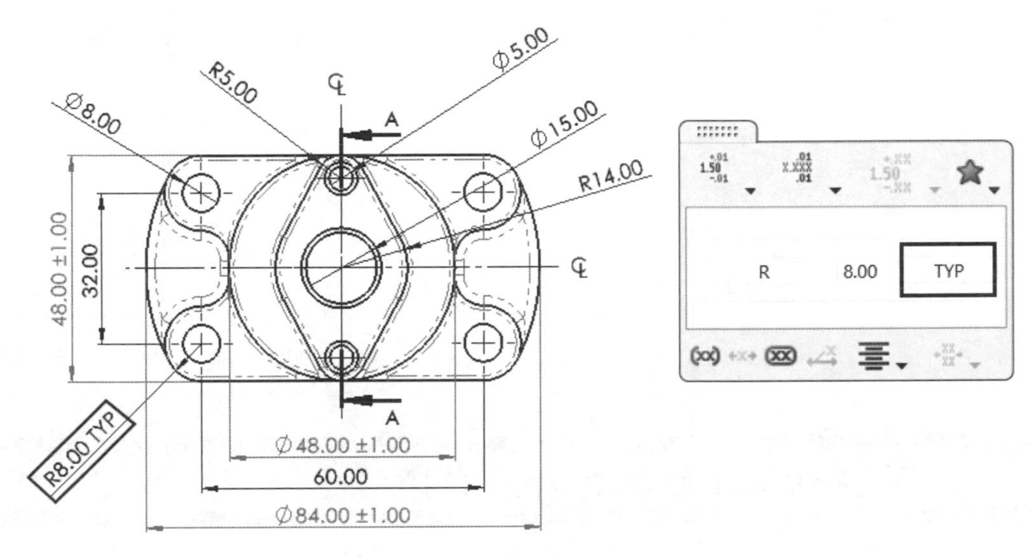

圖 9-20　將文字加入至尺寸

STEP 24 套用最近的屬性變更

在前視圖（Front）選擇尺寸 **R2.00**，展開**尺寸調色盤**，按**樣式**，如圖 9-21 所示。

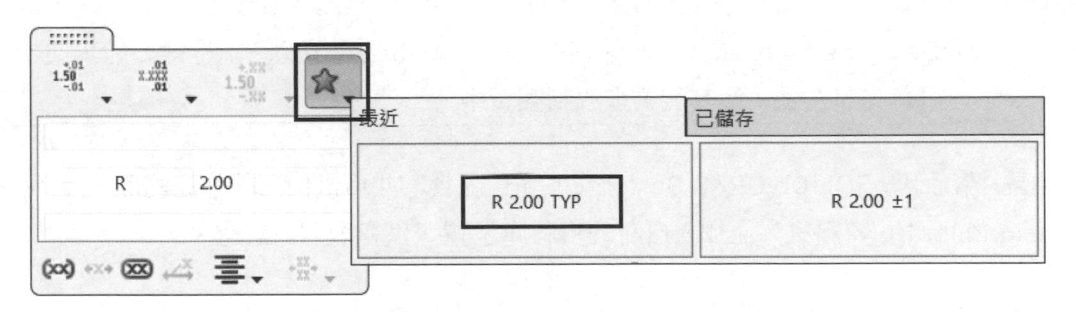

圖 9-21　展開尺寸調色盤

從**最近**的標籤選擇 **R2.00 TYP**，結果如圖 9-22 所示。

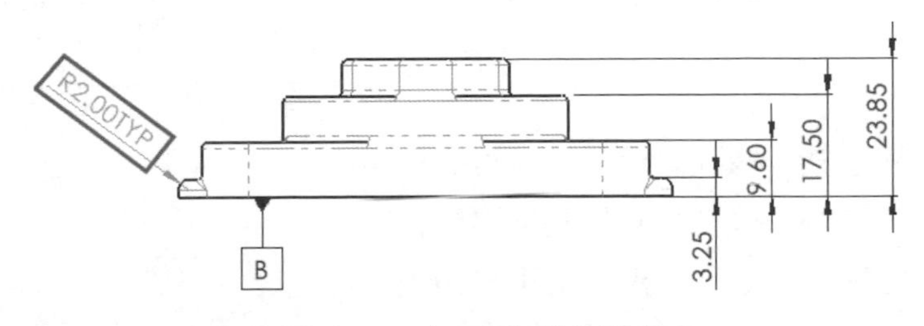

圖 9-22　套用最近的屬性變更

STEP 25 在 SECTION A-A 中將一個最近的樣式加入至尺寸

用尺寸調色盤，將 TYP 註解加入至 SECTION A-A 的導角尺寸上，如圖 9-23 所示。

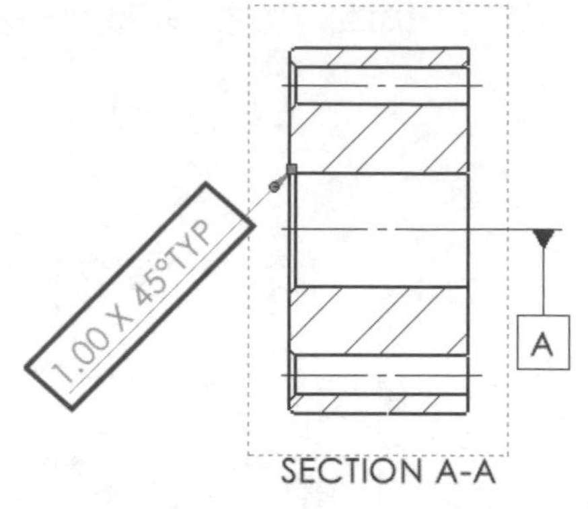

圖 9-23　將樣式加入至尺寸

9.3 在 Design Library 中的註記

許多註記類型都有定義樣式的選項，可使屬性能重複使用，為了使註記樣式更易使用，可以考慮建立自訂的註記資料庫，並加至 Design Library 中，之後即可從 Design Library 直接拖曳至視圖中套用。

> **提示** 因為許多尺寸屬性是由附加的幾何類型所定義，所以尺寸樣式是唯一的，無法從 Design Library 載入。而儲存在 Design Library 中的註記樣式要能夠使用，必須有完整符號，使其能夠拖放到圖頁中。

預設情況下，SOLIDWORKS Design Library 內含一些可供使用的註記範例，以下將查看 Design Library 資料夾，並加入自訂的資料庫位置以供存取自訂註記。

STEP 26 查看 Design Library

在工作窗格中按 **Design Library** 標籤，展開 **Design Library** 再選擇 **annotations** 資料夾，如圖 9-24 所示。

> **提示** 此資料夾包括一些註記樣式，並可另存至資料庫，這些類型註記的建立步驟相對複雜，因此儲存註記以重複使用可以節省大量時間。

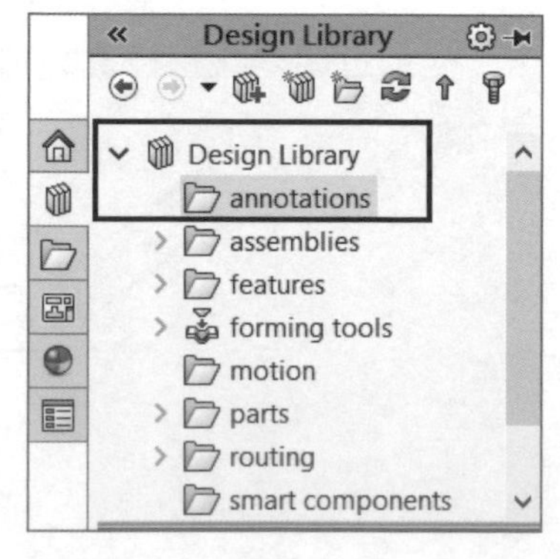

圖 9-24　查看 Design Library

STEP 27 從資料庫中加入註記

加入註記時，從資料庫中拖放即可。放大前視圖（Front），將 **sf6.3** 表面加工符號拖曳至圖 9-25 所指的邊線上，加工符號會自行調整指向。

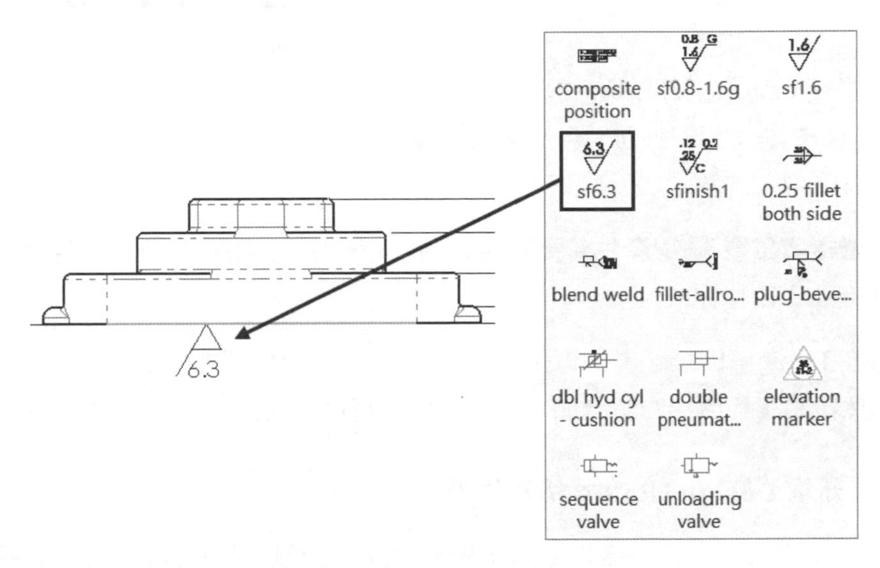

圖 9-25　從資料庫中加入註記

STEP 28 按 × 結束插入註記指令

STEP 29 檢查註記屬性

選擇表面加工符號以顯示屬性，如圖 9-26，從屬性可看出，此符號已儲存在**樣式**內，名稱 **SF6.3**。

圖 9-26　檢查註記屬性

STEP 30 修改表面加工符號

即使註記已插入至圖中，但仍可從 PropertyManager 中修改，如圖 9-27，修改**最小粗度**為 3.0。按**確定** ✔。

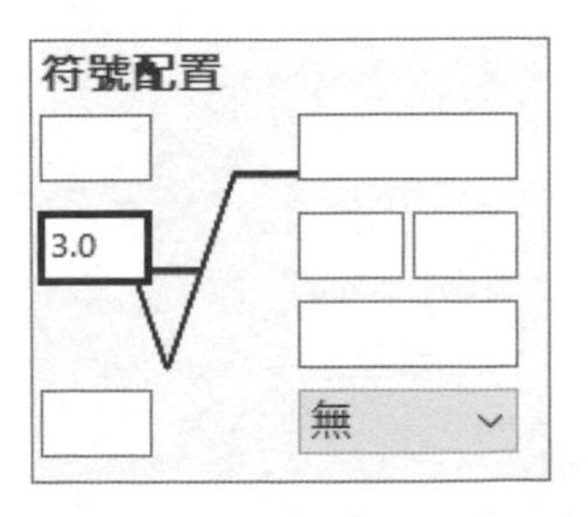

圖 9-27　修改表面加工符號

9.3.1 Design Library 捷徑

要建立自訂註記資料庫，可以使用**註記** PropertyManager 中的**樣式**指令，或 Design Library 窗格的捷徑列（圖 9-28）指令完成。

圖 9-28 Design Library 捷徑列

要手動將樣式加入至外部資料夾，可用**新增樣式**或**儲存樣式**；另一方面，可用**加入至資料庫**指令直接新增樣式，並儲存至指定的資料庫資料夾中。

使用**新增檔案位置**與**產生新資料夾**可以不經過存取**選項**中的**檔案位置**，直接在 Design Library 窗格完成。

以下將在 Design Library 中，使用捷徑列將現有的資料夾加入為新的 Design Library 檔案位置，然後將工程圖中的註記加入至新的自訂資料庫位置。

STEP 31 新增 Design Library 檔案位置

就像自訂檔或範本一樣，樣式可以儲存至一個自訂的檔案位置。如圖 9-29 所示，按**新增檔案位置**，瀏覽至 Lesson09\Case Study 並選擇 SW Annotations 資料夾，按**確定**。

圖 9-29 新增 Design Library 檔案位置

STEP 32 結果

如圖 9-30 所示，新增的 SW Annotations 資料夾已自動加入至 Design Library 窗格中，並可使用。

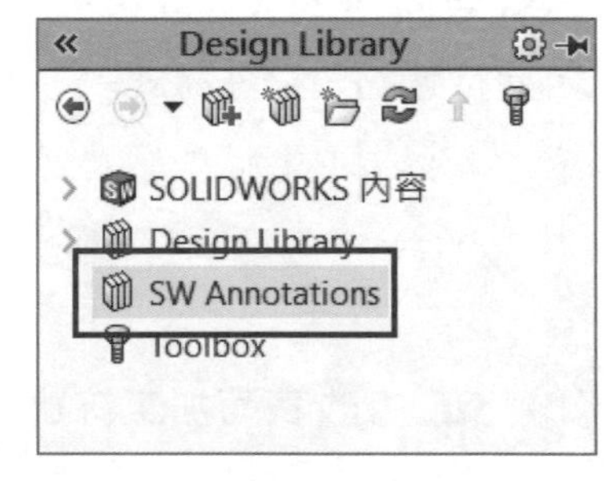

圖 9-30 結果

> **提示** 使用**新增檔案位置**指令可將指定的資料夾加至**選項→系統選項→檔案位置→Design Library** 中。

STEP 33 查看 SW Annotations 資料庫

選擇 **SW Annotations** 資料夾，查看已被儲存在此資料夾中的自訂註記，如圖 9-31 所示。

資料夾中內含的自訂註記有註解、幾何公差、表面加工符號和草圖圖塊等。

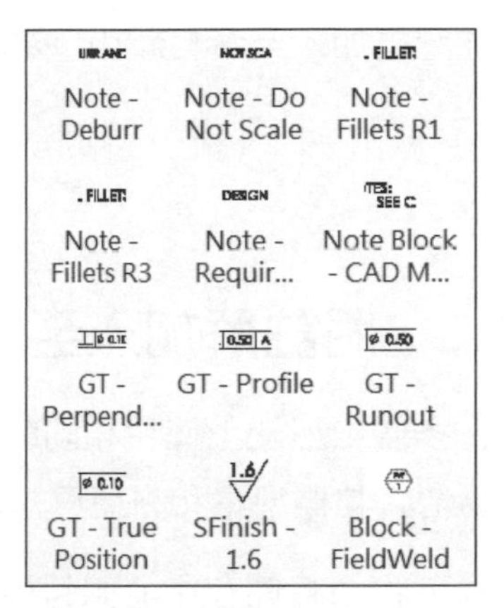

圖 9-31　查看 SW Annotations 資料庫

STEP 34 將表面加工符號加入至資料庫

為了儲存修改後的表面加工符號至此自訂資料庫位置，請選擇前面的自訂 3.0 表面加工符號，按**加入至資料庫**，如圖 9-32 所示。

圖 9-32　將表面加工符號加入至資料庫

STEP 35 完成 PropertyManager

如圖 9-33 所示，在 PropertyManager 中變更**檔案名稱**為 "SFinish - 3.0"，**Design Library 資料夾**選擇 **SW Annotations**，**檔案類型**為 **Style**。按**確定**。

圖 9-33　PropertyManager

STEP 36 結果

註記已加入至資料庫中，如圖 9-34 所示，並能夠拖放和重複使用。

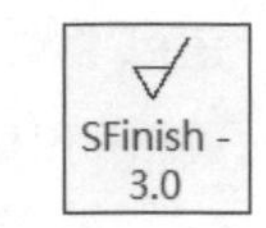

圖 9-34 結果

9.3.2 將註解加入至 Design Library 中

在多個工程圖上使用相同的註解註記是很常見的。將註解加入到 Design Library 中可以容易地將其標準化和方便重複使用。

以下我們將儲存中心線符號註解至 SW Annotations 資料夾中，然後再建立一個帶編號的註解圖塊，並探討如何使用 Design Library 中的註解來建立自訂註解圖塊。

STEP 37 將中心線註解加入至 SW Annotations 資料庫

在工程圖頁中選擇中心線符號 ℄，按**加入至資料庫**，在 PropertyManager 中變更檔案名稱為 **"Note-CL"**，儲存至 SW Annotations 資料夾，如圖 9-35 所示。按**確定**✔。

圖 9-35 將中心線註解加入至資料庫

STEP 38 加入編號註解

接著加入一個註解圖塊。此註解與圖頁關聯，因此建立註解時不可聚焦在任何視圖上。

按**註解**，放置註解在圖頁的左下角，輸入 **"註解："** 按 Enter 跳至下一行，在格式工具列按**編號**，並輸入文字與加入符號，如圖 9-36 所示。按**確定**✔。

圖 9-36 加入編號註解

STEP 39 將註解圖塊加入至 SW Annotations 資料庫

在工程圖頁中選擇左下角的**註解**，按**加入至資料庫**，在 PropertyManager 中變更檔案名稱為 "Note – Block - Symmetrical"，儲存至 SW Annotations 資料夾，如圖 9-37 所示。按**確定**。

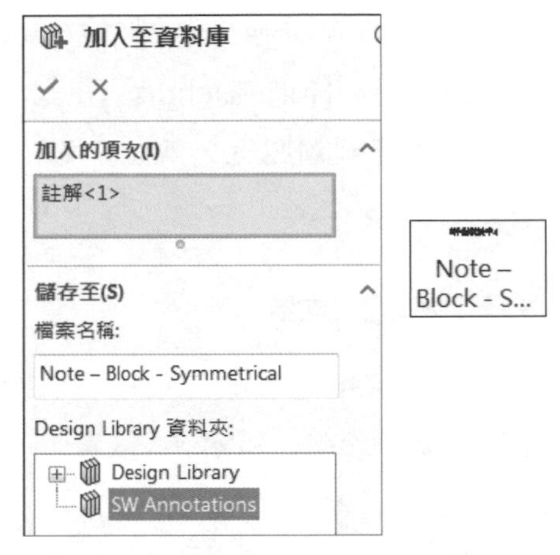

圖 9-37　將註解圖塊加入至資料庫

9.3.3 建立一個自訂註解圖塊

工程圖中常見內含多個編號註解的註解圖塊，藉著儲存個別註解至資料庫中，您可以結合註解，建立自訂的註解圖塊，建立方式有：

建立或放置包含編號格式的註解

如同前面儲存的註解圖塊，當註解包含編號格式時，新加入的註解會自動地加入編號。

修改設定使註解可以合併

預設情況下，**選項** →**系統選項→工程圖→拖曳時停用註解合併**是勾選的，您可以取消勾選，使註解可以合併。

STEP 40 修改註解合併設定

按**選項** →**系統選項→工程圖**，取消勾選**拖曳時停用註解合併**，如圖 9-38 所示。按**確定**。

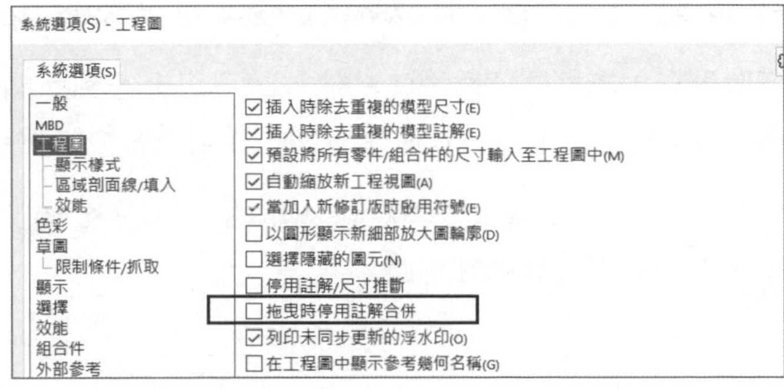

圖 9-38　修改註解合併設定

STEP 41 將一個註解拖曳加入至註解圖塊中

在 Design Library 選擇 SW Annotations 資料夾，將“Note-Deburr”註記，拖放至已編號的註解圖塊上，如圖 9-39 所示。

圖 9-39 將一個註解拖曳加入至註解圖塊中

STEP 42 結果

從資料庫拖曳的註解已合併至註解圖塊中，如圖 9-40 所示。

註解：
1. 零件對稱於中心線 ℄
2. DEBURR AND BREAK ALL SHARP EDGES.

圖 9-40 合併結果

STEP 43 取消插入註記指令

由於不需要加入其他註解副本，按**取消** ✕。

STEP 44 合併其他註解

重複 STEP 41~STEP 43，合併註解 **Note-Do Not Scale**、**Note-Fillets R1** 和 **Note-Require Approval** 至註解圖塊中，如圖 9-41 所示。

註解：
1. 零件對稱於中心線 ℄
2. DEBURR AND BREAK ALL SHARP EDGES.
3. DO NOT SCALE DRAWING.
4. ALL FILLETS AND ROUNDS R1.00 UNLESS OTHERWISE SPECIFIED.
5. ALL DESIGN MODIFICATIONS REQUIRE APPROVAL.

圖 9-41 合併其他註解

9.4 旗標註解庫

已編號的註解可以儲存在旗標註解庫，使其他註記可以參考到此編號，因為旗標註解庫已連結到註解編號，所以當它變更時，其他參考到的註記也會自動更新。

要建立旗標註解庫時，首先要編輯一個已格式化的註解編號，再選擇編號，然後在 PropertyManager 中，勾選**新增至旗標註解庫**。

後面將用零件號球存取旗標註解庫的編號，即註解的應用處，工程圖的旗標區域旁。

以下將註解圖塊的編號 1 加入至旗標註解庫，並標記到工程圖的中心線旁。

STEP 45 編輯註解圖塊

在註解圖塊上快按滑鼠兩下以進入編輯狀態。

STEP 46 反白顯示編號 1

按一下編號 1 使反白顯示，如圖 9-42 所示。

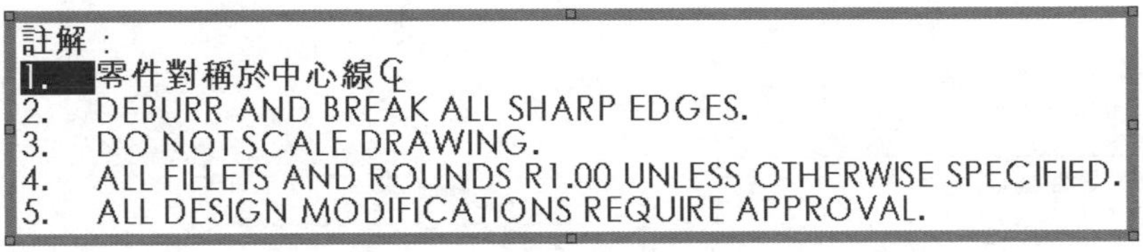

註解：
1. 零件對稱於中心線 ℄
2. DEBURR AND BREAK ALL SHARP EDGES.
3. DO NOT SCALE DRAWING.
4. ALL FILLETS AND ROUNDS R1.00 UNLESS OTHERWISE SPECIFIED.
5. ALL DESIGN MODIFICATIONS REQUIRE APPROVAL.

圖 9-42　反白顯示編號 1

STEP 47 新增至旗標註解庫

在 PropertyManager 中，勾選**新增至旗標註解庫**，**邊框**選擇**旗標 - 三角形**，如圖 9-43 所示。按**確定**✔。

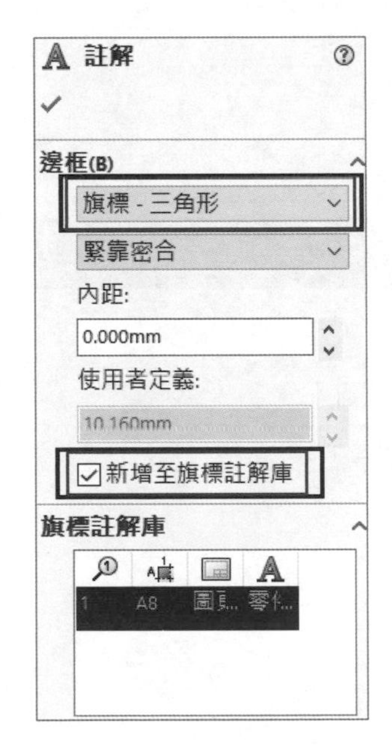

註解：
1▷ 零件對稱於中心線 ℄
2. DEBURR AND BREAK ALL SHARP EDGES.
3. DO NOT SCALE DRAWING.
4. ALL FILLETS AND ROUNDS R1.00 UNLESS OTHERWISE SPECIFIED.
5. ALL DESIGN MODIFICATIONS REQUIRE APPROVAL.

圖 9-43　新增至旗標註解庫

STEP 48 鎖住視圖焦點

接著將加入零件號球旗標至上視圖中，以指出註解應用處，為確定零件號球與視圖相關聯，在上視圖（Top）中快按滑鼠兩下以鎖住視圖焦點。

STEP 49 加入零件號球

按**零件號球**，勾選**旗標註解庫**並選擇編號 1，如圖 9-44 所示，放置旗標註解零件號球至垂直中心線符號旁，再至右側水平中心線符號旁放置旗標註解號球，按**確定**。

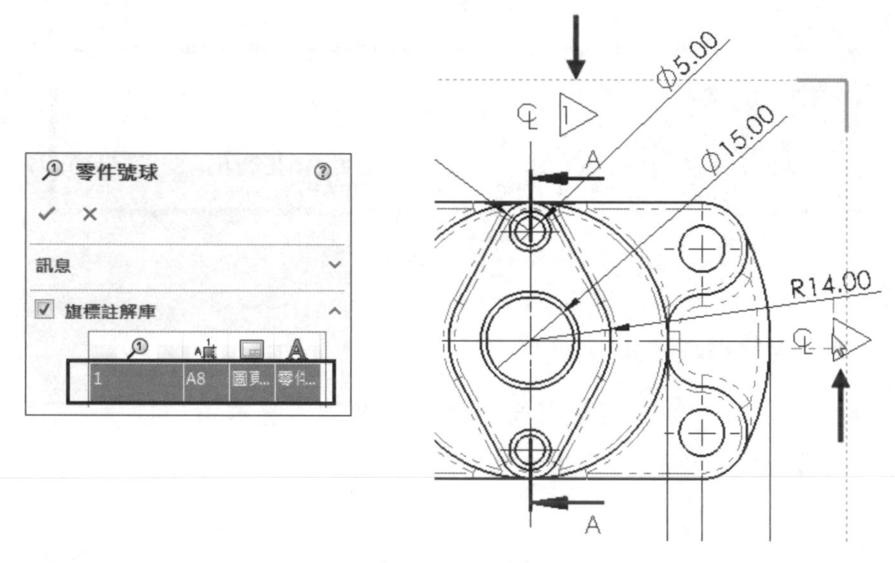

圖 9-44　加入零件號球

技巧

必要時，使用 **Alt** 鍵可避免放置號球時抓取到其他註記。

提示

當鎖住視圖焦點時，放置在視圖外側的註解仍會連結到視圖上。

STEP 50 解開視圖焦點

在視圖框線外側快按滑鼠兩下以解開視圖焦點。

STEP 51 移動游標至旗標註解

移動游標至旗標註解零件號球上，以查看相關註解，如圖 9-45 所示。

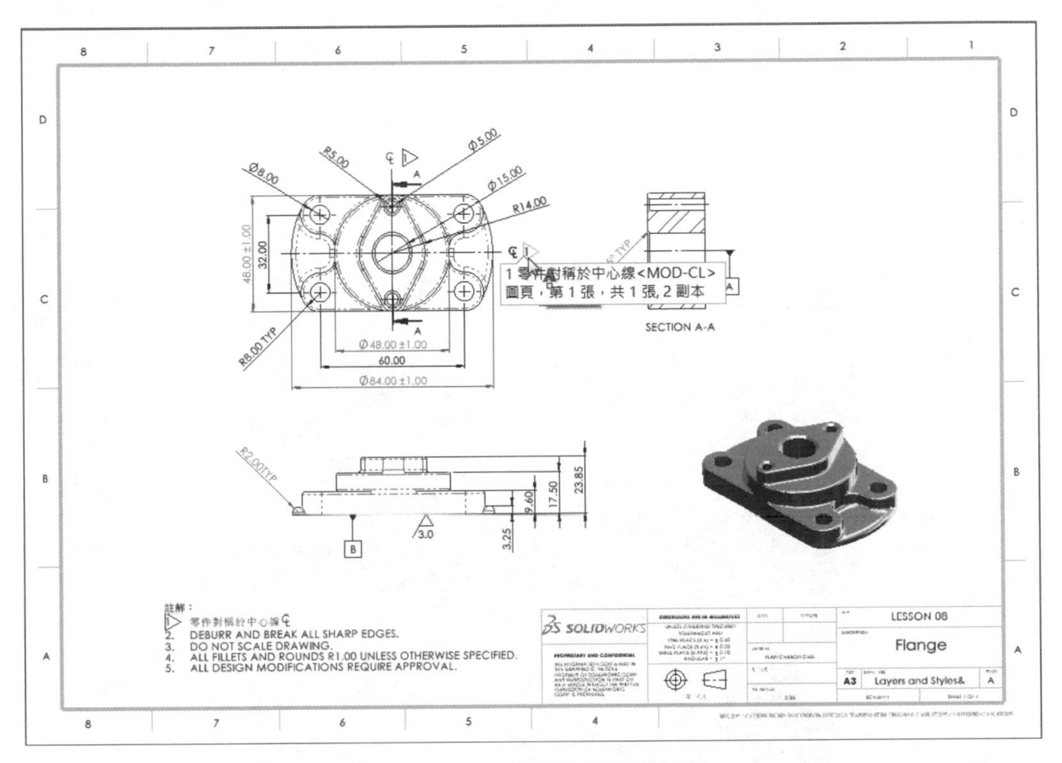

圖 9-45 移動游標至旗標註解

STEP 52 共用、儲存並關閉所有檔案

練習 9-1 使用圖層

請依下列步驟指引，修改現有的工程圖，並將所有尺寸加入至一個新尺寸圖層，接著修改文件屬性設定使中心符號線與中心線自動加入 Center 圖層，如圖 9-46 所示。本練習將使用以下技能：

- 使用圖層
- 自動化圖層

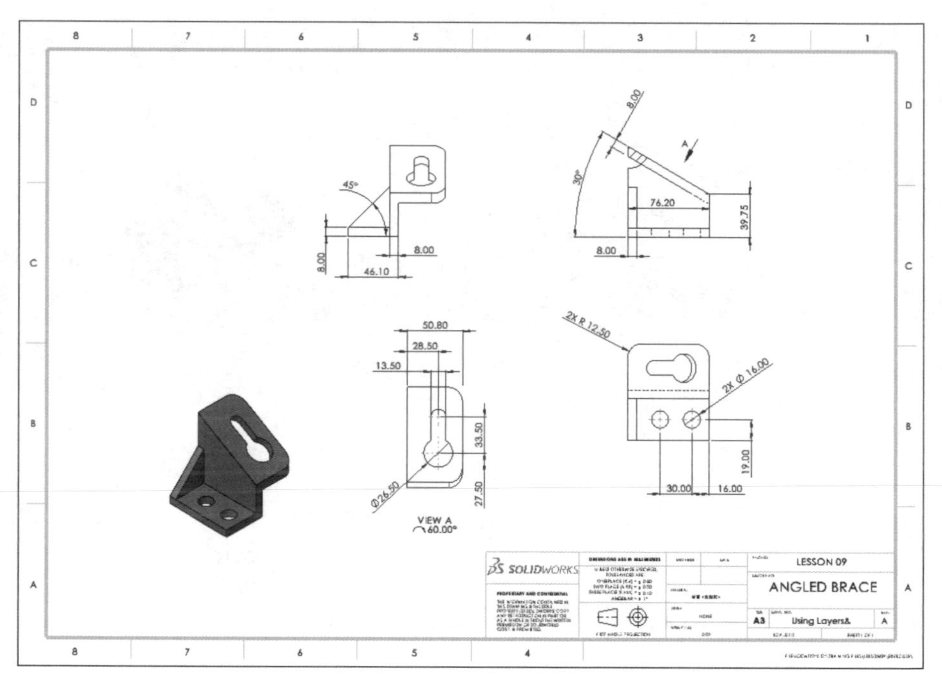

圖 9-46　工程圖

操作步驟

STEP 1　開啟工程圖

從 Lesson09\Exercises 資料夾中開啟工程圖檔：Using Layers.SLDDRW。

STEP 2　顯示圖層工具列

在 CommandManager 上按滑鼠右鍵，開啟圖層工具列，如圖 9-47 所示。

圖 9-47　圖層工具列

提示　圖層工具列的預設位置是在視窗的左下角。

STEP 3　建立一個尺寸圖層

按**圖層屬性**，如圖 9-48 所示，按**新增**，名稱 **Dimensions**，按一下**色彩**方塊，選擇**藍色**，按**確定**。

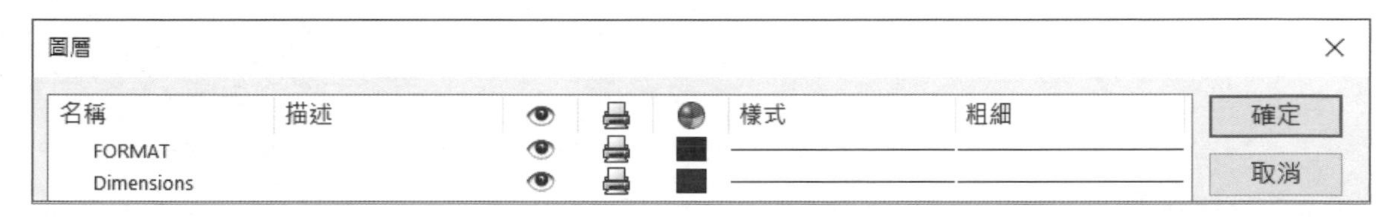

圖 9-48　新增圖層

STEP 4　變更啟用圖層

注意圖層 **Dimensions** 在圖層工具列中是啟用的，我們目前還不需要用到，如圖 9-49 所示，變更啟用圖層為 **"無"**。

圖 9-49　變更啟用圖層

STEP 5　開啟選擇濾器工具列

為了將所有尺寸加入到新的尺寸圖層，這裡可以使用選擇濾器來選擇所有尺寸。開啟**選擇濾器**工具列。

您可以在 CommandManager 上按滑鼠右鍵，從快顯功能表中選擇濾器工具列，也可以直接按快速鍵 F5。

STEP 6　選擇所有工程圖尺寸

在選擇濾器工具列上按**過濾尺寸 / 孔標註**，框選整個工程圖的所有尺寸。

技巧

當選用濾器時，游標會帶有一個濾器符號。

STEP 7　變更尺寸圖層

如圖 9-50 所示，在尺寸 PropertyManager 中選擇**其他**標籤，在**圖層**選項中選擇 **Dimensions** 圖層，按**確定** ✔。

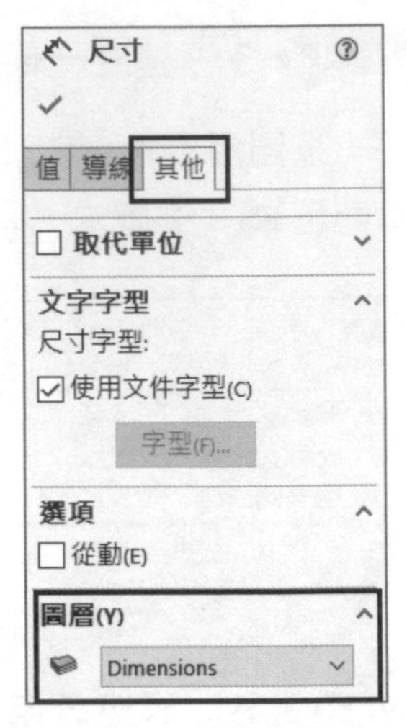

圖 9-50　變更尺寸圖層

STEP 8　結果

如圖 9-51 所示，所有被選取的尺寸都已加入到 Dimensions 圖層中，並顯示為藍色。

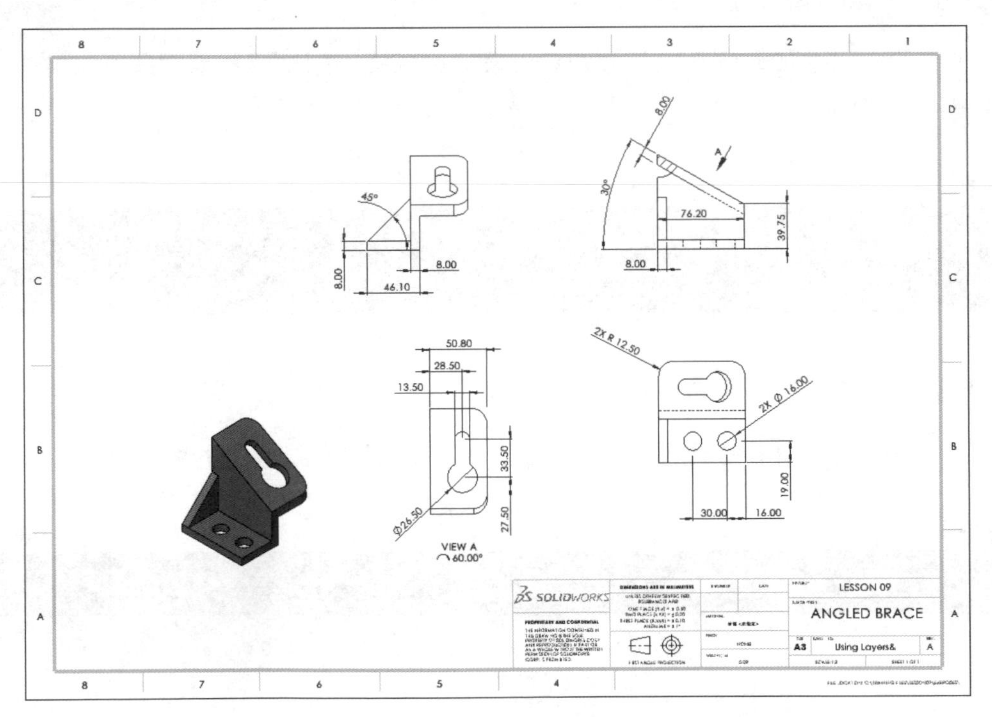

圖 9-51　結果

STEP 9　清除選擇濾器

只要再點選濾器符號即可清除選擇濾器，或是按快速鍵 **F6** 也可以。

選擇項：按 F5 可關閉選擇濾器工具列。

下一步驟

接著將建立一個 Center 圖層並在文件中修改設定，使中心符號線和中心線自動分派到圖層中。

STEP 10 新增 Center 圖層

按**圖層屬性**，如圖 9-52 所示，按**新增**，名稱 **Center**，按一下**色彩**方塊，選擇**綠色**，按**確定**。

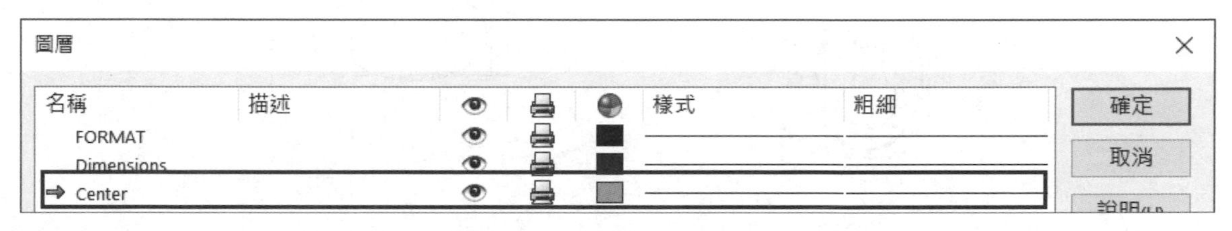

圖 9-52　新增 Center 圖層

STEP 11 變更啟用圖層

如圖 9-53，在圖層工具列選擇 **"- 根據標準 -"** 圖層，這將確保新註記只會指派至文件屬性所設定的圖層。

圖 9-53　變更啟用圖層

STEP 12 修改文件屬性

按**選項** →**文件屬性**，選擇**中心線 / 中心符號線**，如圖 9-54，變更**中心線圖層**和**中心符號圖層**為 Center。按**確定**。

圖 9-54　修改文件屬性

> **提示**　您也可以將此文件屬性儲存至工程圖範本檔，圖層只是工程圖中可用來自動化的幾個設定之一。

STEP 13 加入中心符號線

按**中心符號線**，將中心符號線加入至 TOP 視圖和 VIEW A-A 視圖中，如圖 9-55 所示。

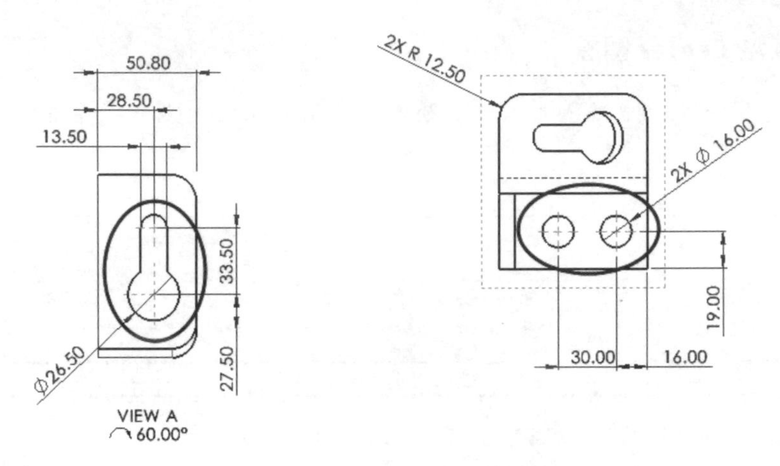

圖 9-55 加入中心符號線

STEP 14 結果

中心符號線註記已自動加入到 Center 圖層中，並顯示為綠色，如圖 9-56 所示。

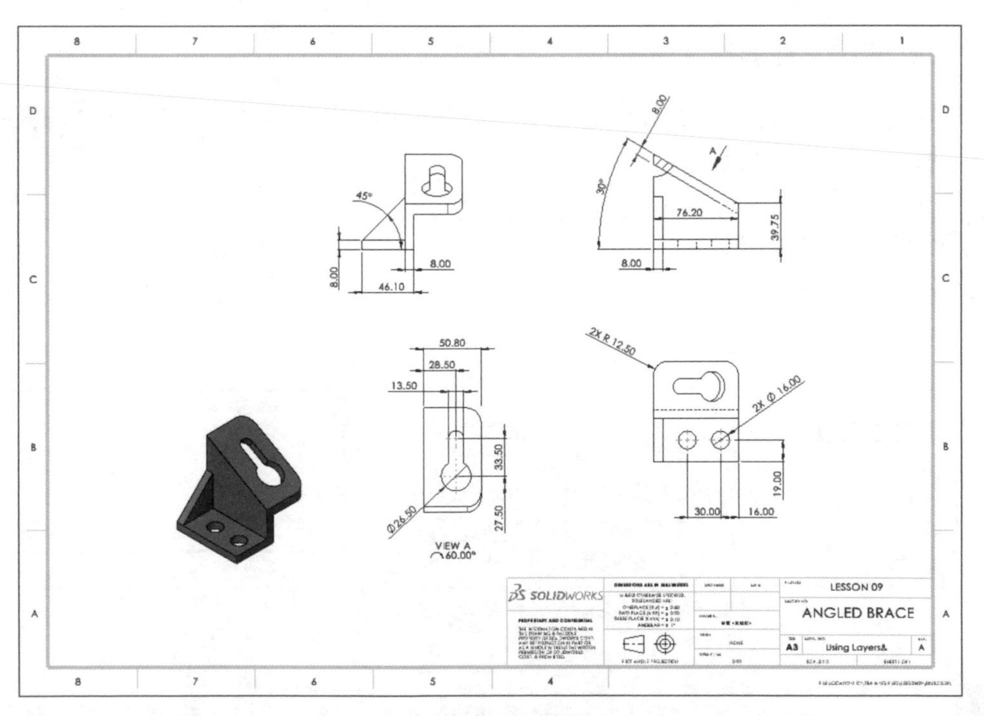

圖 9-56 結果

STEP 15 共用、儲存並關閉所有檔案

練習 9-2 尺寸樣式

請依下列步驟指引，使用尺寸樣式（圖 9-57）將公差與尺寸文字加入至現有的工程圖中。本練習將使用以下技能：

- 尺寸樣式
- 尺寸調色盤樣式

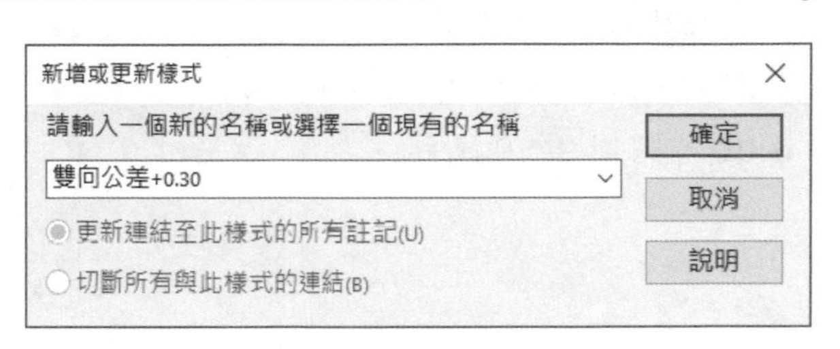

圖 9-57　加入樣式

操作步驟

STEP 1　開啟工程圖

從 Lesson09\Exercises 資料夾中開啟工程圖檔：Dimension Styles.SLDDRW，如圖 9-58 所示。

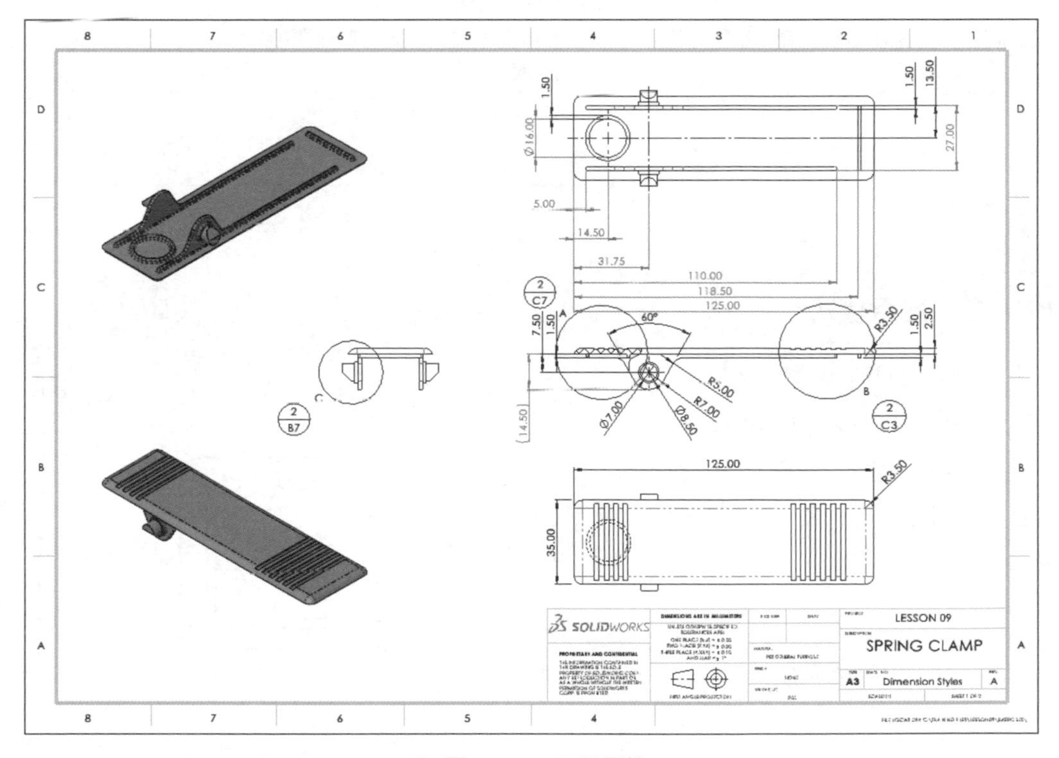

圖 9-58　工程圖檔

STEP 2　按 × 取消註記更新

STEP 3 加入公差

在 BOTTOM 視圖中選擇尺寸 Ø16，加入**雙向公差：+0.30, -0.00**，如圖 9-59 所示。

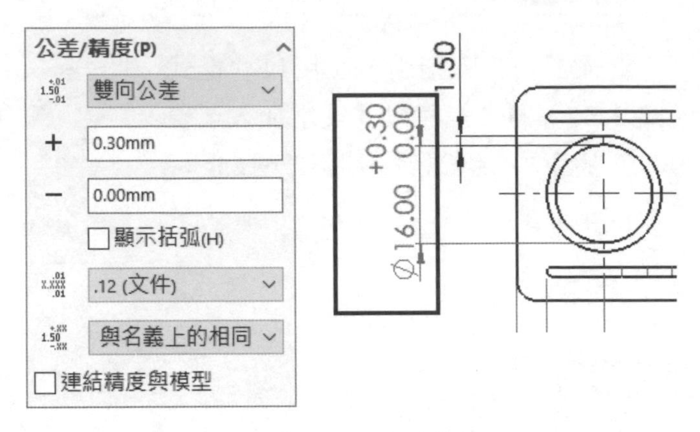

圖 9-59　加入公差

STEP 4 加入樣式

按**新增或更新樣式**，命名為**"雙向公差 +0.30"**如圖 9-60 所示。按**確定**。

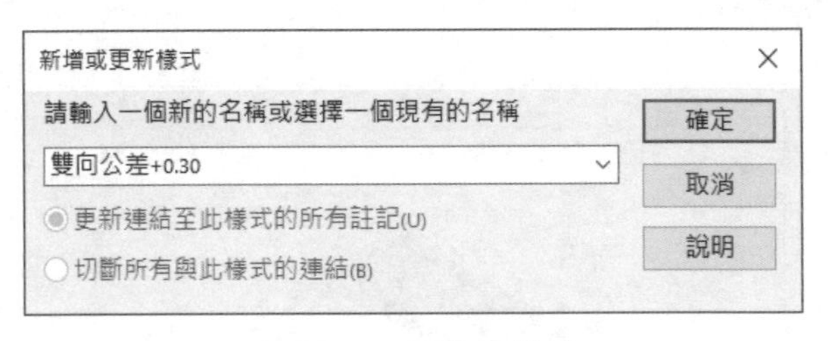

圖 9-60　加入樣式

STEP 5 套用樣式

選擇 BOTTOM 視圖的尺寸 **27.00**，在**尺寸** PropertyManager 的下拉選單中選擇**"雙向公差 +0.30"**，如圖 9-61 所示。按**確定**✔。

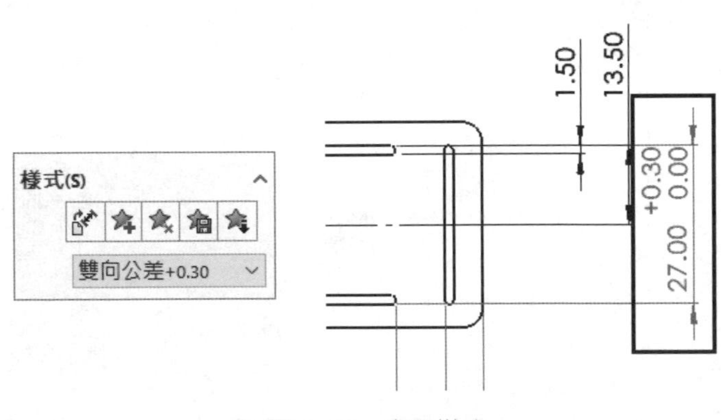

圖 9-61　套用樣式

STEP 6 將文字加入至尺寸

在 BOTTOM 視圖右側選擇尺寸 **1.50**，在尺寸調色盤中輸入文字 **"TYP"**，如圖 9-62 所示。

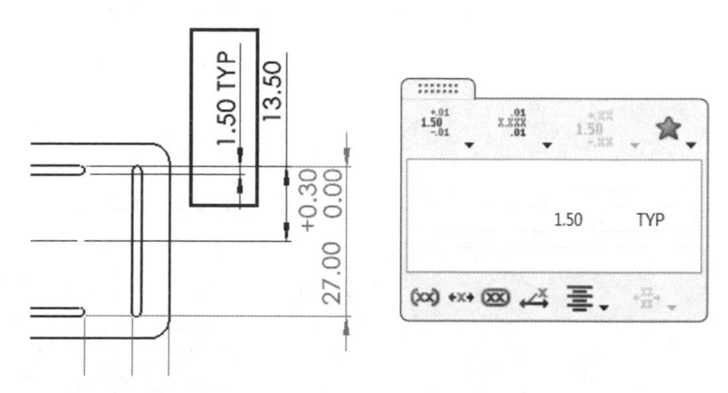

圖 9-62 將文字加入至尺寸

STEP 7 套用最近的屬性更改

在 TOP 視圖選擇尺寸 **R3.50**，展開**尺寸調色盤**，按**樣式**，如圖 9-63 所示。

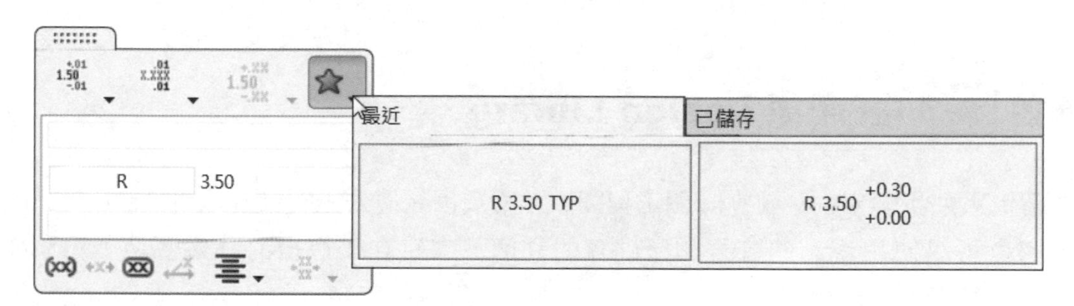

圖 9-63 展開尺寸調色盤

從**最近**的標籤選擇 **R3.50 TYP**，結果如圖 9-64 所示。

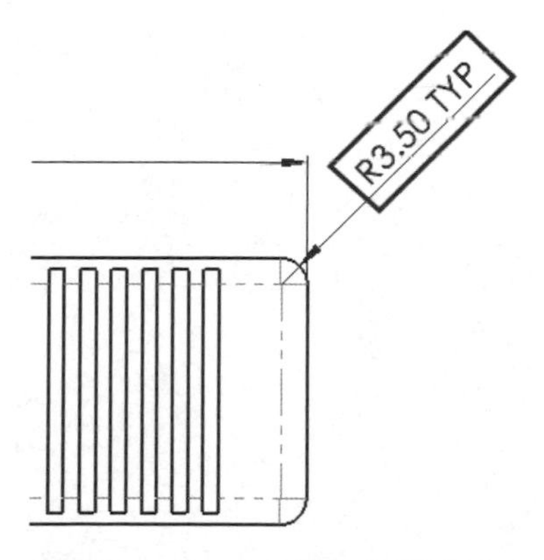

圖 9-64 套用最近的屬性變更

STEP 8 為 FRONT 視圖中的尺寸加入最近樣式

使用尺寸調色盤，為 FRONT 視圖中的尺寸加入"TYP"註解，如圖 9-65 所示。必要時調整尺寸位置。

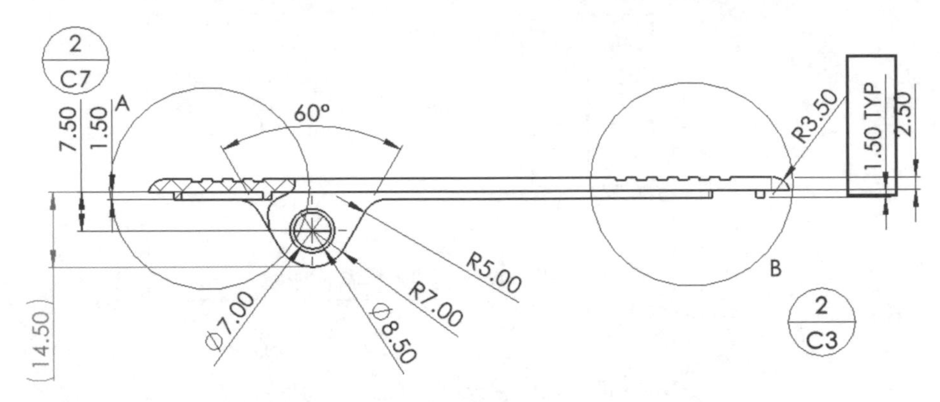

圖 9-65　為 Front 視圖中的尺寸加入最近樣式

STEP 9 共用、儲存並關閉所有檔案

練習 9-3 註記與 Design Library

請依下列步驟指引，建立一個工程圖，並將幾個幾何公差符號加入到 Design Library 中，您也可以使用現有的符號和已儲存的註解，來建立一個自訂註解圖塊，結果如圖 9-66。本練習將使用以下技能：

- Design Library 的註記
- 尺寸調色盤的樣式
- Design Library 捷徑
- 建立一個自訂註解圖塊

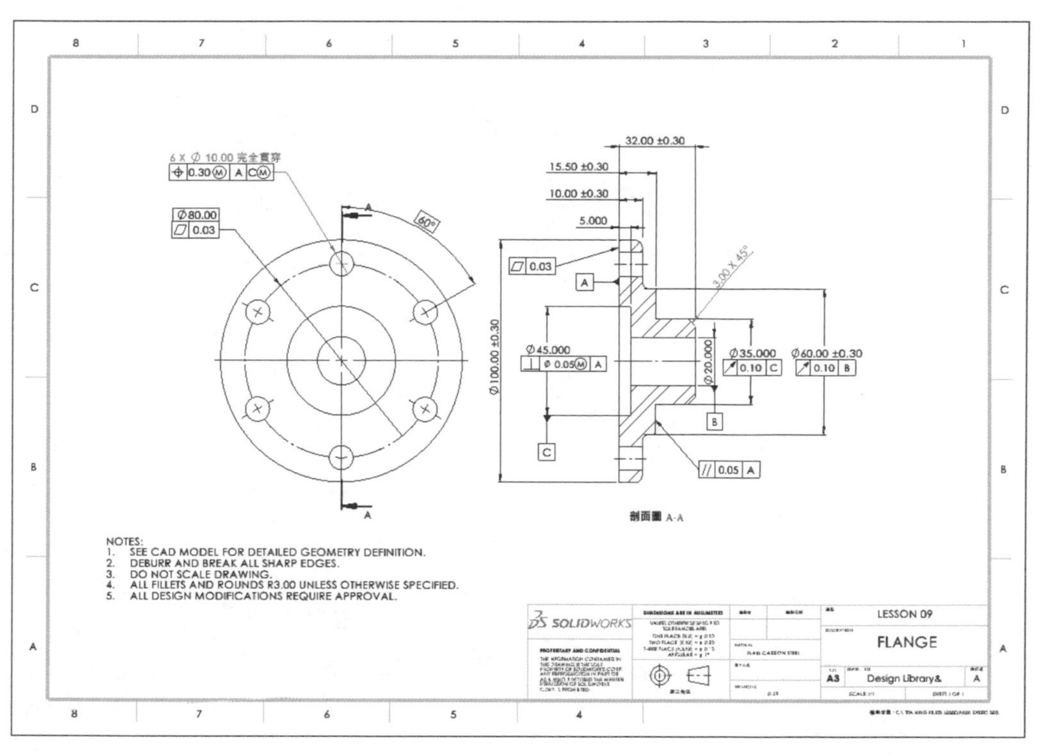

圖 9-66 工程圖

操作步驟

STEP 1 開啟零件檔

從 Lesson09\Exercises 資料夾中開啟零件：Design Library.SLDPRT，如圖 9-67 所示。

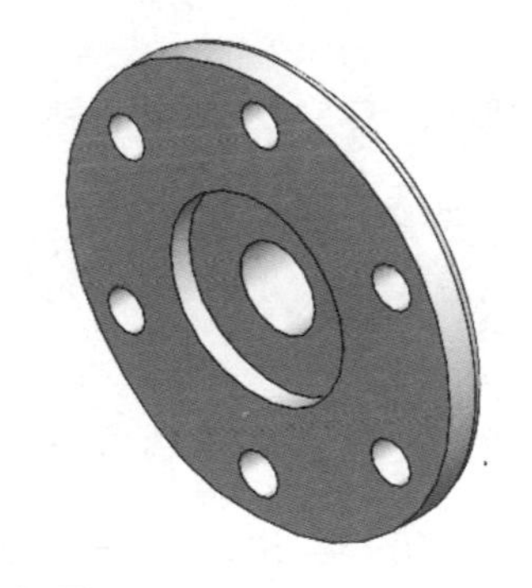

圖 9-67 Design Library 零件

STEP 2 建立工程圖

使用“A3 工程圖”範本建立工程圖。

STEP 3 加入 (A)FRONT 視圖

勾選**輸入註記**與**設計註記**，加入帶有尺寸的 (A)FRONT 視圖。

STEP 4 建立剖面視圖

如圖 9-68 所示，建立**剖面視圖** ，勾選**輸入註記**與**設計註記**以加入尺寸。

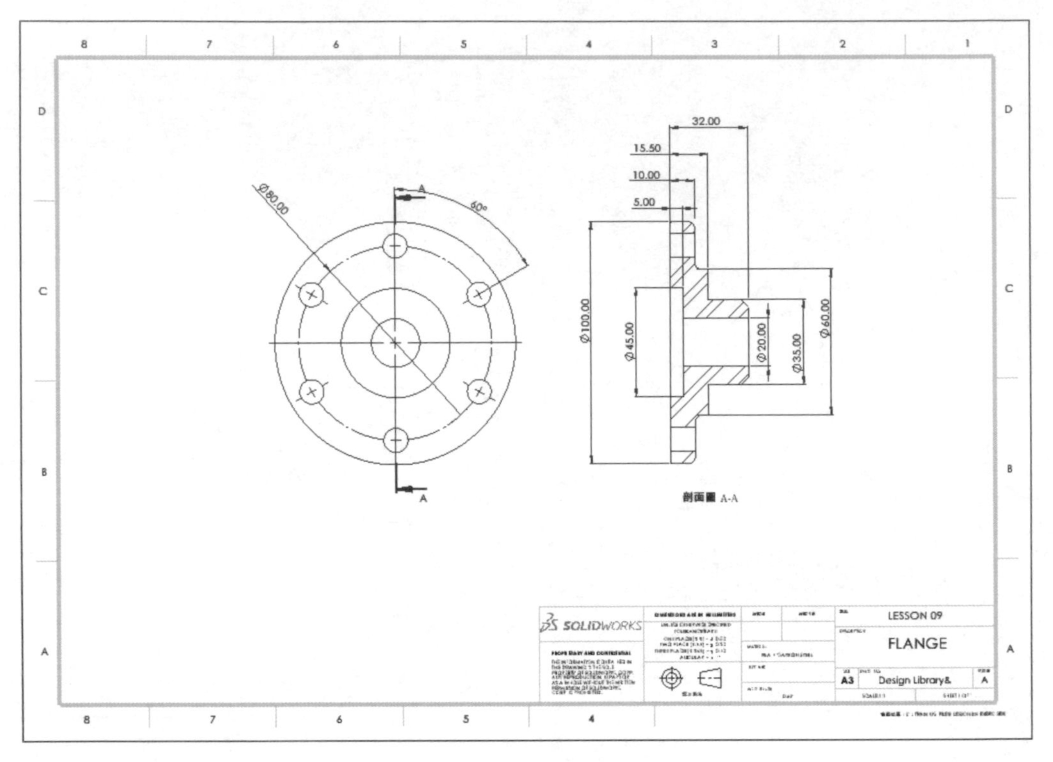

圖 9-68　剖面視圖

STEP 5　加入中心線

按**中心線**，在 PropertyManager 中勾選**選擇視圖**，並在剖面圖 A-A 邊界框內點一下，按**確定**。

STEP 6　加入導角尺寸

如圖 9-69，在剖面圖 A-A 中加入**導角尺寸**。

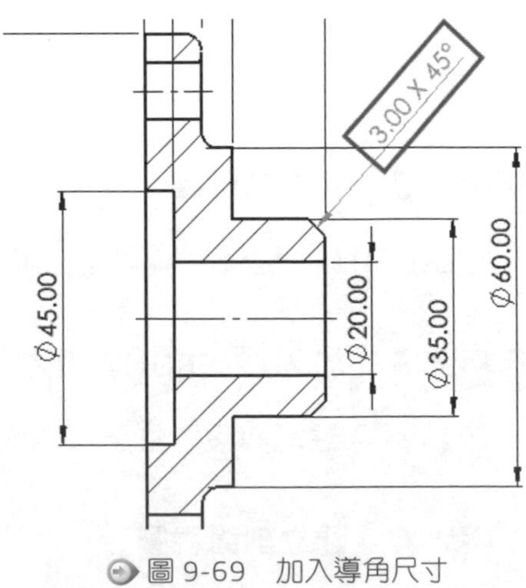

圖 9-69　加入導角尺寸

STEP 7 加入孔標註

如圖 9-70 所示，將**孔標註** ⌴⌀ 加入至前視圖中。

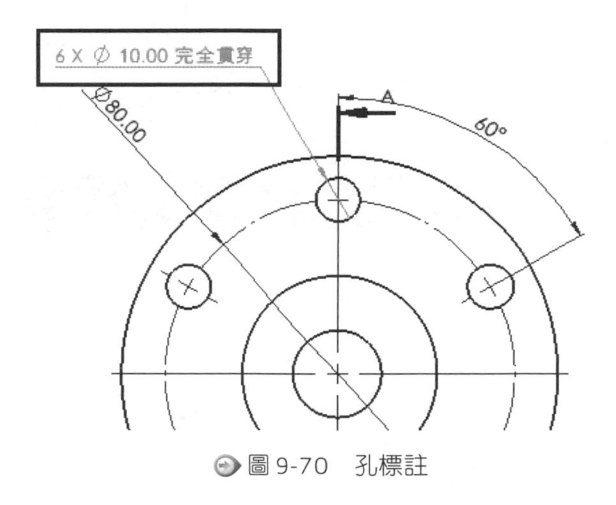

圖 9-70　孔標註

STEP 8 變更尺寸精度

在剖面圖 A-A 中選擇尺寸 **Ø45.00**，在 PropertyManager 中變更尺寸精度為小數 3 位數 **(.123)**。

STEP 9 套用最近屬性

使用**尺寸調色盤**套用小數 3 位數精度至 **Ø20.00, Ø35.00** 和 **5.00**，如圖 9-71。

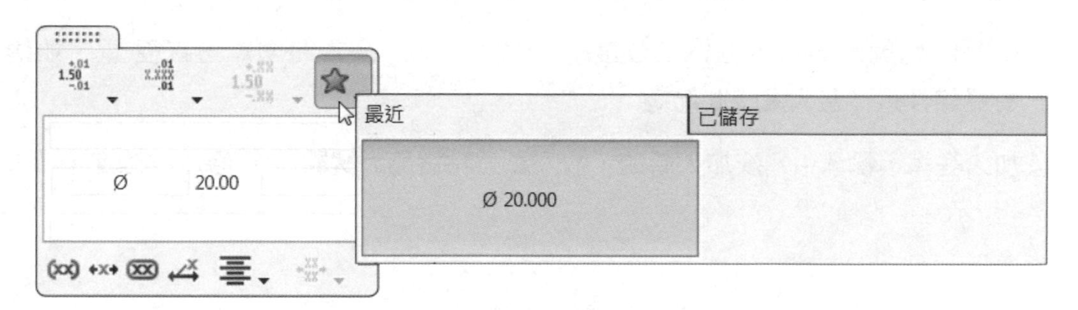

圖 9-71　套用最近屬性

STEP 10 加入公差

在剖面圖 A-A 中選擇尺寸 **Ø100.00**，從 PropertyManager 中加入尺寸公差為 **"對稱公差：±0.30"**。

STEP 11 套用最近屬性

使用**尺寸調色盤**套用相同的尺寸公差至 **10.00, 15.50, 32.00** 和 **Ø60.00**。

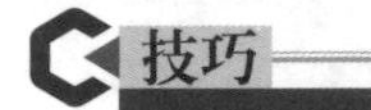

12 加入基準特徵

按**基準特徵** A，將三個基準特徵符號加入至剖面圖 A-A，如圖 9-72 所示。

技巧

點選尺寸值就可以將符號加入到尺寸上。

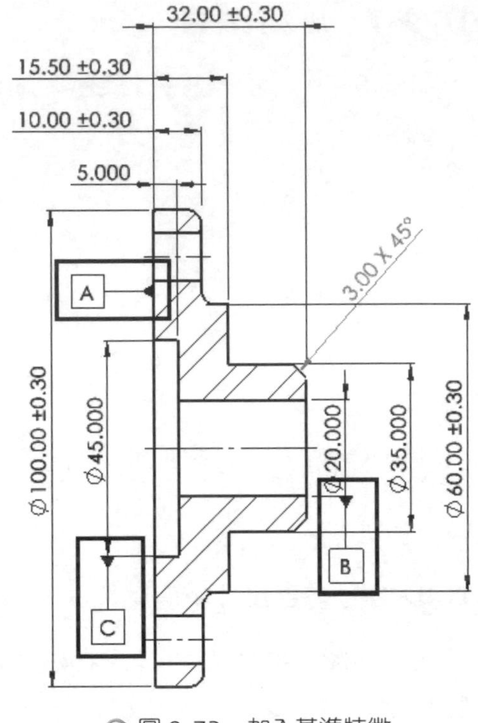

圖 9-72　加入基準特徵

STEP 13 加入正位度幾何公差

按**幾何公差**，點選前視圖的孔標註使公差附著於尺寸上。

在公差圖塊對話方塊中選擇**正位度** ⌖（圖 9-73），公差**範圍**點選**直徑** ⌀，並輸入 **0.30**，**材質條件**選擇**最大實體狀況** Ⓜ。

按**加入基準**，輸入 **A**，按**加入新的**，輸入 **C** 並點選**最大實體狀況** Ⓜ，按**確定**，結果如圖 9-74 所示。

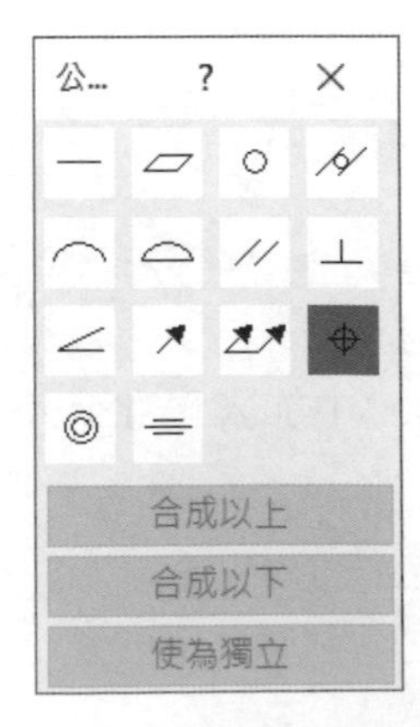

圖 9-73　加入正位度幾何公差

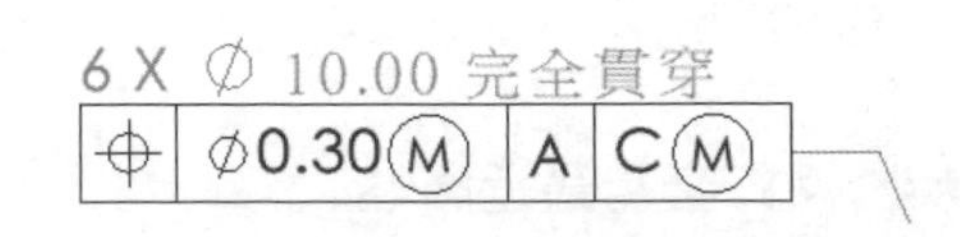

圖 9-74　幾何公差

STEP 14 修改尺寸為基本公差

如圖 9-75，將前視圖兩個尺寸的公差修改為**基本**。

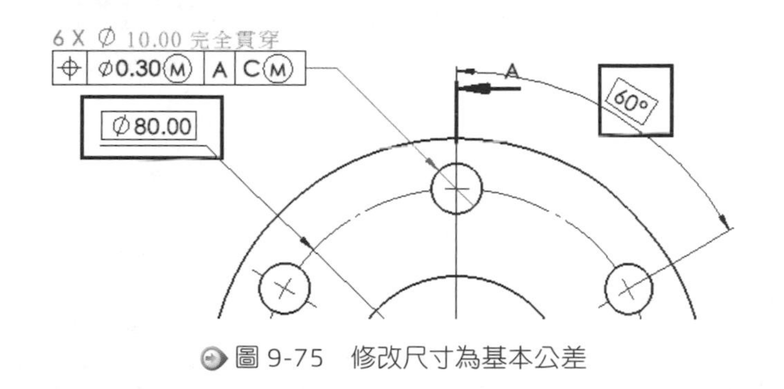

圖 9-75　修改尺寸為基本公差

STEP 15 加入幾何公差

使用**幾何公差**指令，將**真平度**與**平行度**公差加入至剖面圖 A-A，如圖 9-76 所示。

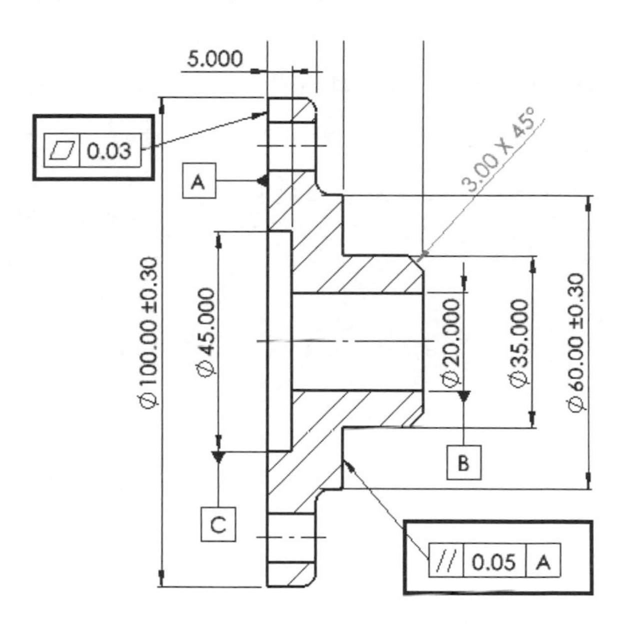

圖 9-76　加入幾何公差

下一步驟

為了避免重複建立已經建立過的幾何公差，可以將其儲存至 Design Library，儲存後即可用拖曳的方式重複使用，但是儲存之前必須先定義自訂資料庫位置，本例中資料夾已建立在 Lesson09\Exercises 內，資料夾內也已經儲存了將在本例中使用到的一些註記。

STEP 16 新增檔案位置

在 Design Library 窗格上方點選**新增檔案位置**，如圖 9-77 所示，瀏覽至 Lesson09\Exercises，選擇 Exercise Annotations 資料夾，按**確定**。

圖 9-77　新增檔案位置

STEP 17 結果

如圖 9-78，Exercise Annotations 資料夾已顯示在 Design Library 窗格中。

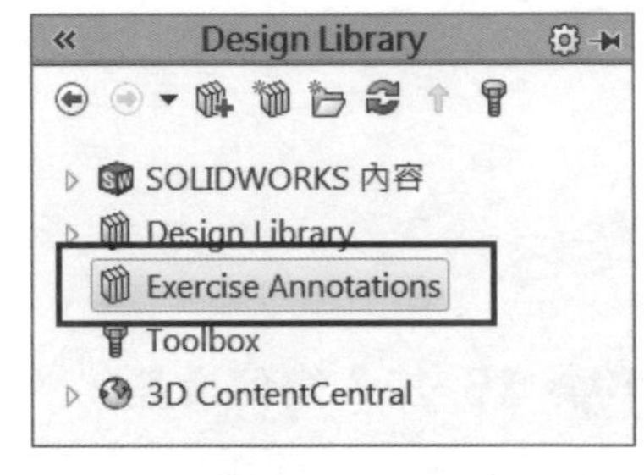

圖 9-78　結果

> **提示**
> 使用**新增檔案位置**，可將資料夾直接加至**選項→系統選項→檔案位置→Design Library** 中。

STEP 18 查看 Exercise Annotations 資料夾

選擇 Exercise Annotations 資料夾，如圖 9-79 所示，裡面已儲存多個自訂註記，像是註解、幾何公差、表面加工以及草圖圖塊等。

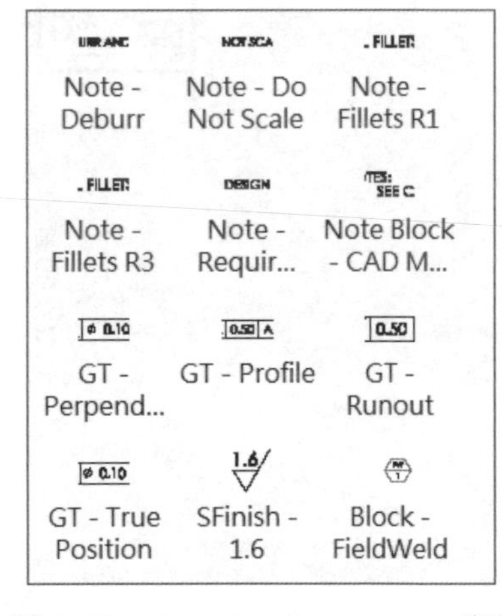

圖 9-79　Exercise Annotations 資料夾

STEP 19 將幾何公差符號加入至資料庫

在工程圖選擇**真平度**幾何公差符號，按**加入至資料庫**，如圖 9-80 所示。

圖 9-80　加入至資料庫

STEP 20 完成 PropertyManager

如圖 9-81 所示，在**加入至資料庫** PropertyManager 中更改**檔案名稱**為"GT–Flatness"，確認儲存到 Exercise Annotations 資料夾，並注意**檔案類型**為 Style，按**確定**✔。

圖 9-81 完成屬性選項

STEP 21 結果

如圖 9-82 所示，GT–Flatness 已加入至資料庫中。

圖 9-82 GT–Flatness

STEP 22 將平行度幾何公差符號加入平行度公差至資料庫

重複 STEP 19~STEP 20，將平行幾何公差符號加入至資料庫，並命名為"GT - Parallel"。

STEP 23 從資料庫中加入垂直幾何公差

Exercise Annotations 資料夾內含了"GT–Perpendicular"符號，將其拖放至工程圖頁中放置，再按取消 ✕ 結束**插入註記**指令。

因為註記符號無法直接附著於尺寸上，所以需先放置於圖頁，然後再拖放到剖面圖 A-A 的 Ø45.000 尺寸上。

STEP 24 編輯符號

如圖 9-83 所示，在垂直度幾何公差上快按滑鼠兩下，並在符號中加入**最大材料條件**。

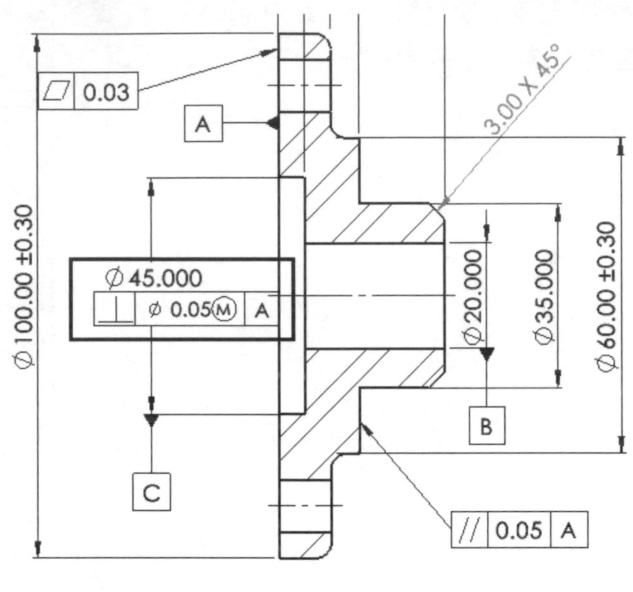

圖 9-83　編輯符號

STEP 25 加入並修改偏轉度公差

從 Library 中將偏轉度公差 GT-Runout 加入到尺寸上，並修改如圖 9-84 所示。

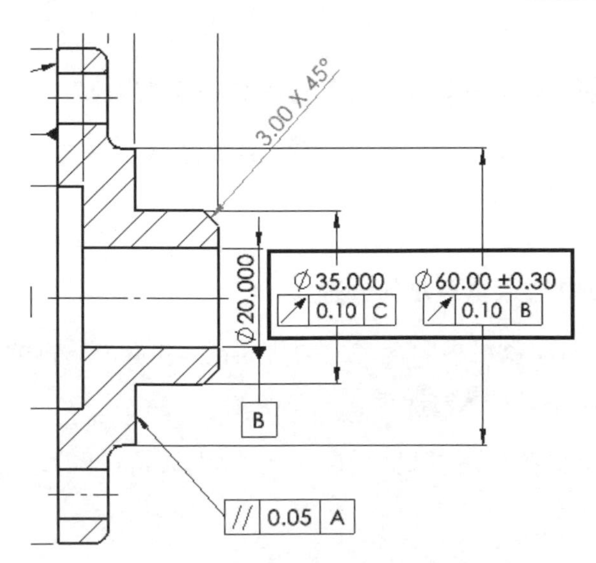

圖 9-84　加入並修改偏轉度公差

STEP 26 修改合併註解設定

接著我們將從現有的註解圖塊中，建立一個自訂註解圖塊，首先取消**選項** ⚙ **→系統選項→工程圖**中的**拖曳時停用註解合併**，如圖 9-85 所示。

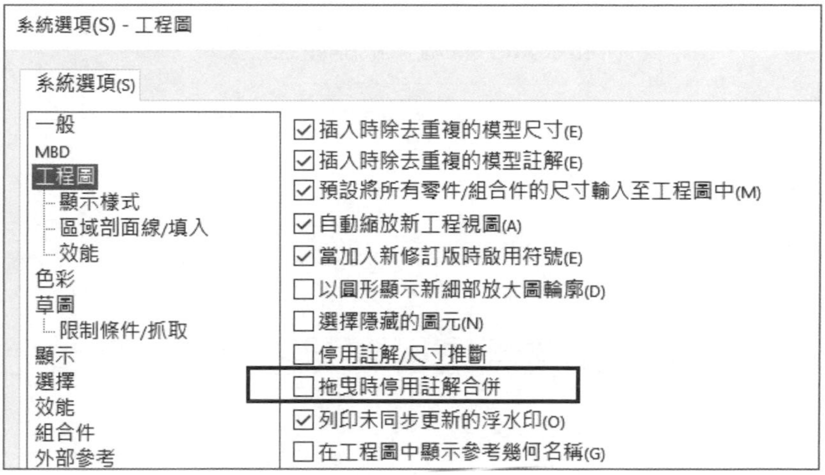

圖 9-85 修改合併註解設定

STEP 27 從 Design Library 中加入註解

從 Exercise Annotations 資料夾中，將 "Note Block–CAD Model" 拖曳至圖頁的左下角，如圖 9-86 所示。

圖 9-86 加入註解

STEP 28 取消插入註記指令

因為這裡只需要一個註解，按**取消** ✕。

STEP 29 將一個註解拖曳加入至註解圖塊中

從 Exercise Annotations 資料夾中，將“Note-Deburr”註記拖曳至已編號的註解圖塊上，如圖 9-87 所示。

NOTES:
1. SEE CAD MODEL FOR DETAILED GEOMETRY DEFINITION.
DEBURR AND BREAK ALL SHARP EDGES.

圖 9-87　將一個註解拖曳加入至註解圖塊中

STEP 30 結果

從資料庫拖曳的註解已合併至註解圖塊中，如圖 9-88 所示。

NOTES:
1. SEE CAD MODEL FOR DETAILED GEOMETRY DEFINITION.
2. DEBURR AND BREAK ALL SHARP EDGES.

圖 9-88　結果

STEP 31 取消插入註記指令

由於不需要加入註解副本，按**取消** ✕。

STEP 32 合併其他註解

重複 STEP 29~STEP 31，合併註解 **Note-Do Not Scale**、**Note-Fillets R3**、**Note-Require Approval** 至註解圖塊中，如圖 9-89 所示。

NOTES:
1. SEE CAD MODEL FOR DETAILED GEOMETRY DEFINITION.
2. DEBURR AND BREAK ALL SHARP EDGES.
3. DO NOT SCALE DRAWING.
4. ALL FILLETS AND ROUNDS R3.00 UNLESS OTHERWISE SPECIFIED.
5. ALL DESIGN MODIFICATIONS REQUIRE APPROVAL.

圖 9-89　合併其他註解

STEP 33 結果如圖 9-90 所示

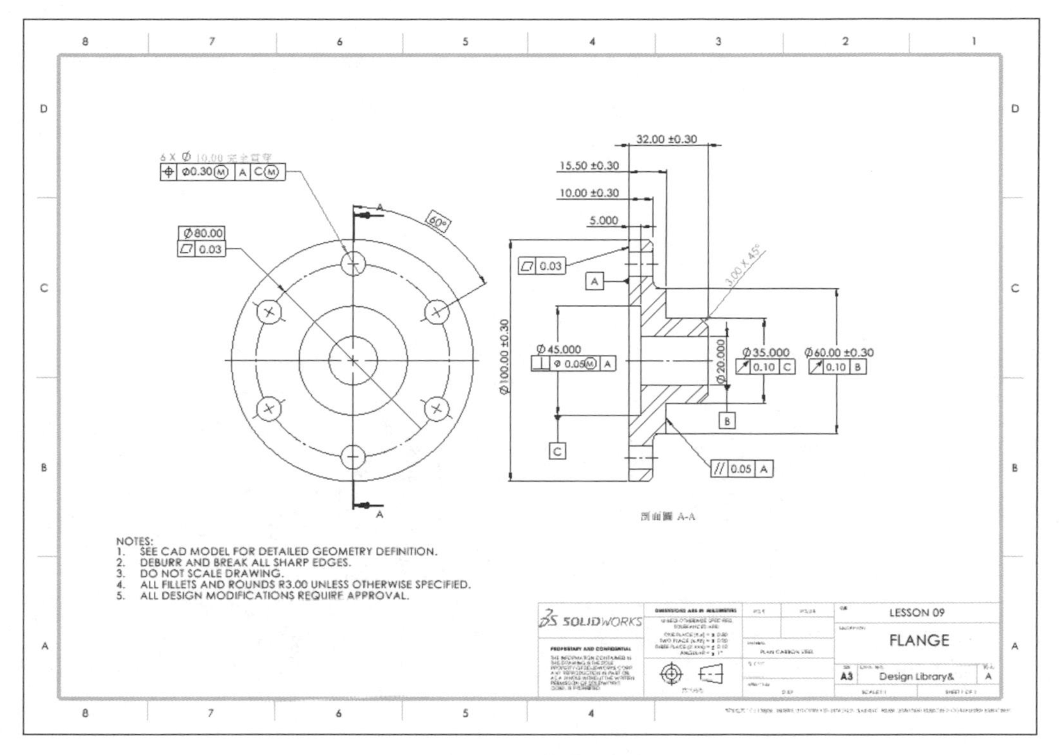

圖 9-90　完成工程圖

STEP 34 共用、儲存 並關閉 所有檔案

NOTE

10

零件表（BOM）進階選項

順利完成本章課程後，您將學會：

- 了解不同的零件表類型
- 顯示與修改在零件表中的組合件結構
- 在零件表中加入與定義欄位
- 建立表格範本
- 了解定義零件表中的零件編號與其他零組件選項的方法
- 學習找出附著零件號球註記的零件表項次的方法

10.1 SOLIDWORKS 中的表格

SOLIDWORKS 內含許多表格類型，可用來傳達有關模型的資訊，如圖 10-1 所示。雖然每種表格類型都是設計用來傳送不同資訊，但它們都具有相同的特性，就是可以對其進行編修和格式化。

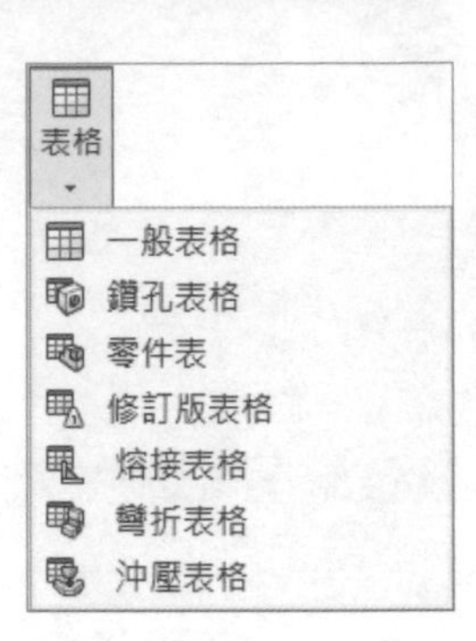

圖 10-1 表格

在 SOLIDWORKS 中，零件表（BOM）是最通用的表格類型，選項也最多。本章將查看零件表的進階選項，從編修零件表和調節資訊的顯示，來了解不同的零件表類型及選項功能。

STEP 1 開啟工程圖

從 Lesson10\Case Study 資料夾中開啟工程圖：BOM Table Practice.SLDDRW，如圖 10-2 所示。

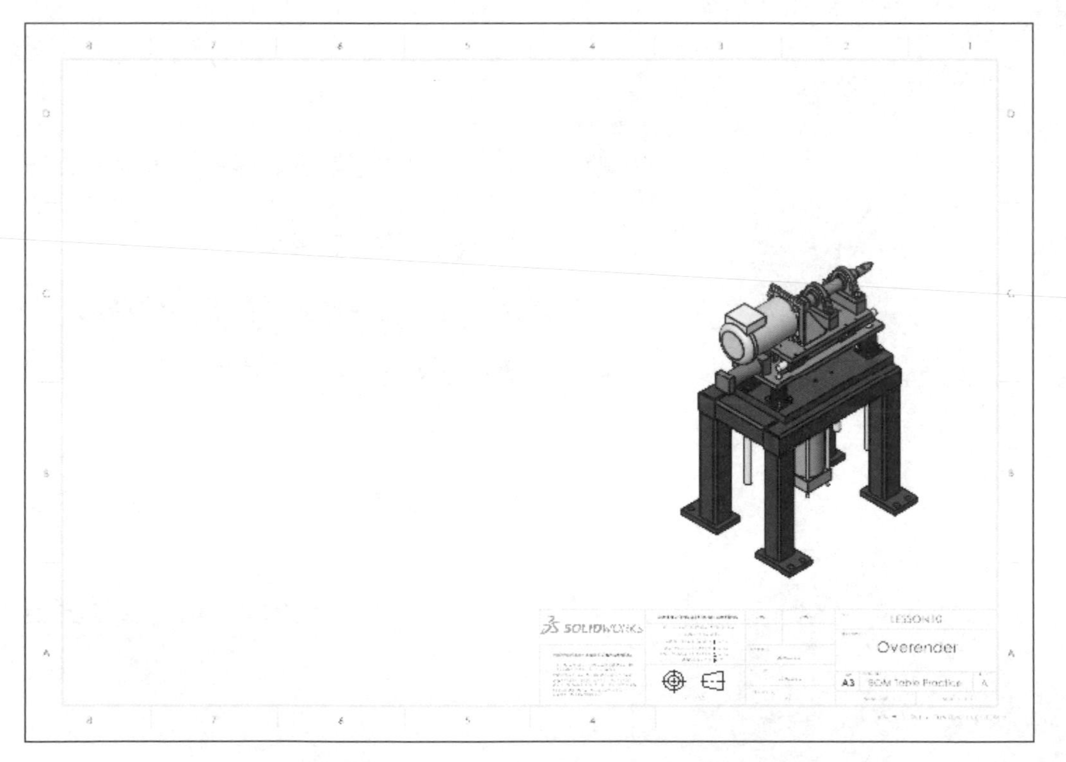

圖 10-2 BOM Table Practice 工程圖

STEP 2 進入零件表屬性

按**表格→零件表**，從圖頁中選擇模型視圖。

10.2 零件表屬性

零件表 PropertyManager 內含一些用來定義表格習性與特性的選項，較顯著的設定如下：

表格範本

表格範本控制欄位、設定與格式化。SOLIDWORKS 包括幾個零件表範本的範例，您也可以建立自訂範本。

表格位置

插入表格時，檢核框可用來附著表格至圖頁格式中的錨點，插入後也可以修改設定以定義表格的哪個角落將被定錨。

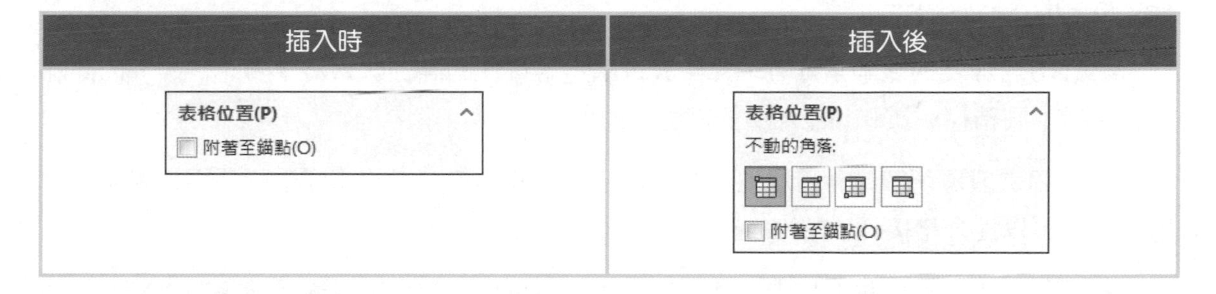

零件表類型

零件表表格依可用的零件表類型可組成不同的結構體，下表為三種零件表類型及其獨特性能的總結。

類型	總結	獨特功能
只有上層	僅列示零件與被組合件參考之上層的次組合件零組件。	表格可以呈現多模型組態，使用此選項時，每個組態的數量欄位會自動加入。
只有零件	次組合件會被解散，只有零件會被列示為項次編號。	

類型	總結	獨特功能
階梯式	上層零組件會與次組合件零組件，以及 / 或熔接本體一起列示在階梯式階層。選項中可以控制階梯項次如何編號，以及是否顯示熔接件的除料清單。	熔接件可以顯示細部的除料清單為階梯或最上層。 零件表結構可以直接操控而無需修改組合件。例如，次組合件可以展開、摺疊或解散，使用在多個次組合件中的相同零組件可以合併。

詳細的除料清單

當您勾選**詳細的除料清單**時，零件表會顯示熔接件的詳細除料清單資訊，詳細的除料清單包括不同結構成員和熔接件中的實體的列項次。

另一個選項是**解散零件階層列**，對於熔接件，此選項可以使用在階梯式零件表中，使用此選項可以提升熔接件的結構成員至階梯式零件表的上層。

在零件表組合件結構欄位中，熔接件的圖示可以用來辨識零件表的熔接項次是如何與熔接件相關聯的。

零件表組合件結構的熔接件圖示		
熔接零件	**詳細的除料清單結構成員**	**詳細的除料清單實體**

模型組態

可以選擇要顯示在表格中的模型組態，所選工程圖中所參考的模型組態會直接被選取，而**只有上層**零件表類型可以勾選多個模型組態。

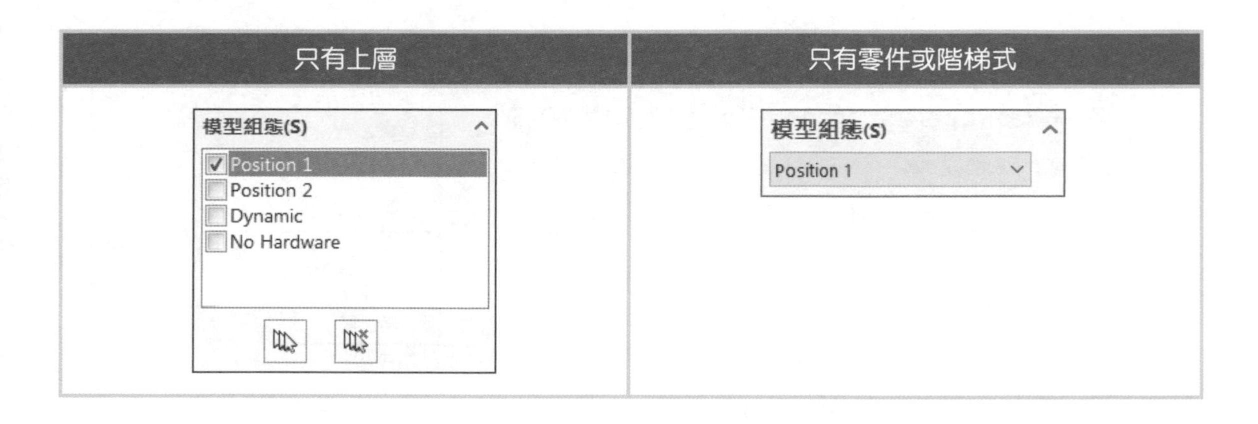

零件模型組態群組

此設定控制著同一零件的不同組態在表格中如何顯示，其中**顯示為一個項次編號**只用在“只有上層”零件表中以顯示多重模型組態，若在表格中顯示的組合件模型組態，使用了不同的零組件模型組態，則預設為“顯示同一零件的組態為個別的項次”。

保持遺失的項目 / 列

此設定是控制在零件表中，如何處理置換的零組件。

項次編號

此設定用在定義起始的項次編號和其編號增量，表格插入後選項多了一個**“根據組合件順序”**可使用。

插入時	插入後
項次編號(I) 起始於: 1 增量: 1 不要變更項次編號	項次編號(I) 起始於: 1 增量: 1 根據組合件順序 根據次組合件順序 不要變更項次編號

接下來，我們將介紹不同的零件表類型，並檢查零件表組合件結構。

STEP 3 在圖頁中加入“只有上層”零件表

在零件表 PropertyManager 中，選擇如圖 10-3 所示的選項，按**確定**✔。

圖 10-3 加入“只有上層”零件表

STEP 4 結果

如圖 10-4 所示，表格已定錨在圖頁的左上角。

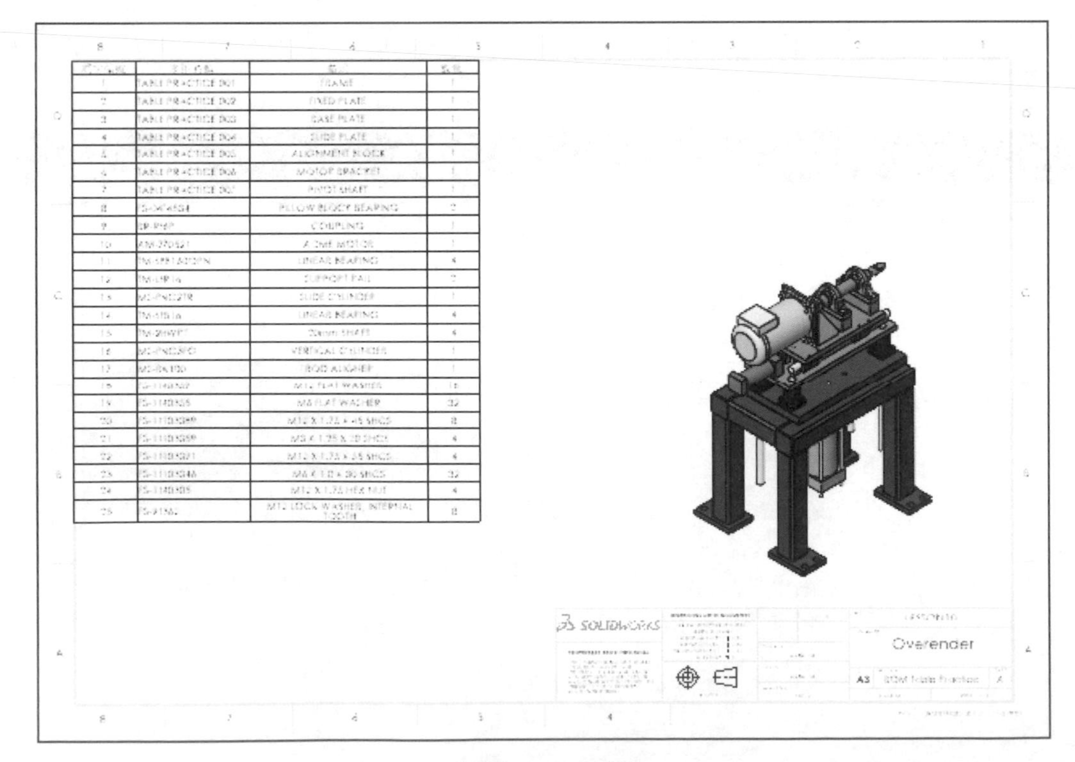

圖 10-4 結果

10.3 顯示零件表組合件結構

為了檢查顯示在零件表的組合件結構，可以在左邊展開額外的欄位。側邊欄位只有在表格啟用時才會顯示，就像表格上的表頭一樣。

組合件結構欄位顯示的圖示，代表每個項次模型的類型，此欄位也提供了幾個功能：

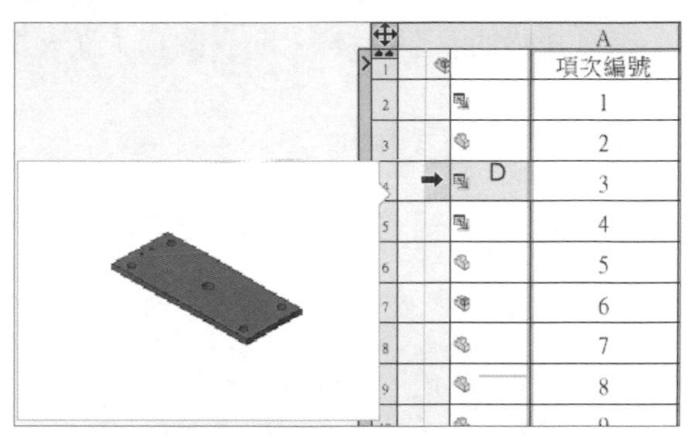

A
項次編號
1
2
3
4
5
6
7
8

圖 10-5　零組件的小縮圖

- 游標移到圖示時可顯示預覽零組件的縮圖，如圖 10-5 所示。
- 按一下小縮圖，該零組件會在工程視圖中強調顯示。
- 在小圖示上按滑鼠右鍵，系統提供控制零組件零件表屬性的選項。
- 對階梯式零件表，欄位可以用來重組零件表。

按一下零件表左邊的側邊展開標籤，即可顯示組合件其他欄位。

STEP 5　顯示組合件結構

移動游標至表格上啟用表格，按一下零件表左邊的側邊展開標籤，以顯示組合件結構欄位。

如圖 10-6 所示，小圖示指出在表格中零件、熔接件和組合件的零組件，注意項次編號 1 是熔接件，而項次編號 6 則是組合件零組件。游標移到零組件小圖示可預覽縮圖。

A	B	C	D
項次編號	零件名稱	描述	數量
1	TABLE PRACTICE 001	FRAME	1
2	TABLE PRACTICE 002	FIXED PLATE	1
3	TABLE PRACTICE 003	BASE PLATE	1
4	TABLE PRACTICE 004	SLIDE PLATE	1
5	TABLE PRACTICE 005	ALIGNMENT BLOCK	1
6	TABLE PRACTICE 006	MOTOR BRACKET	1
7	TABLE PRACTICE 007	PIVOT SHAFT	1
8	FS-0474584	PILLOW BLOCK BEARING	2
9	BR-RS6P	COUPLING	1
10	AM-770521	ACME MOTOR	1
11	TM-SPB160OPN	LINEAR BEARING	4
12	TM-LSR16	SUPPORT RAIL	2

圖 10-6　顯示組合件結構

STEP 6 進入零件表 PropertyManager

“只有上層”的零件表有一獨特選項是“數量”欄位，多重模型組態也能顯示。

在表格的左上角按一下 ⊕ 圖示，進入**零件表** PropertyManager。

STEP 7 加入組態

展開**模型組態**群組，勾選 **No Hardware** 組態，如圖 10-7 所示。

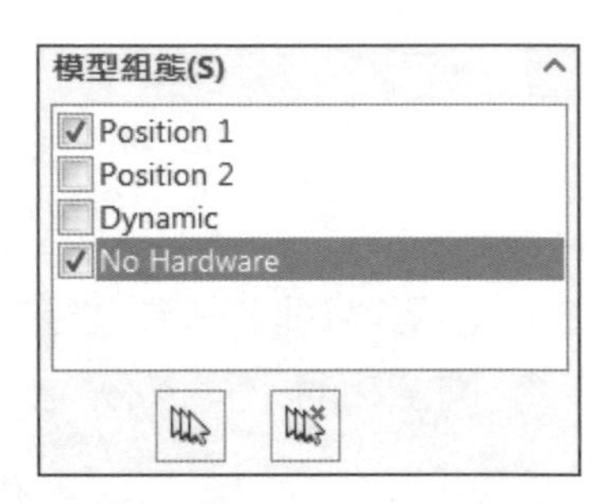

圖 10-7 加入組態

STEP 8 結果

如圖 10-8 所示，系統針對此模型組態自動加入一個“數量”欄位。

項次編號	零件名稱	描述	數量	數量
1	TABLE PRACTICE 001	FRAME	1	1
2	TABLE PRACTICE 002	FIXED PLATE	1	1
3	TABLE PRACTICE 003	BASE PLATE	1	1
4	TABLE PRACTICE 004	SLIDE PLATE	1	1
5	TABLE PRACTICE 005	ALIGNMENT BLOCK	1	1
6	TABLE PRACTICE 006	MOTOR BRACKET	1	1
7	TABLE PRACTICE 007	PIVOT SHAFT	1	1
8	FS-0474584	PILLOW BLOCK BEARING	2	2
9	BR-RS6P	COUPLING	1	1
10	AM-770521	ACME MOTOR	1	1
11	TM-SPB160OPN	LINEAR BEARING	4	4
12	TM-LSR16	SUPPORT RAIL	2	2
13	MS-PNC2TR	SLIDE CYLINDER	1	1
14	TM-SFB16	LINEAR BEARING	4	4
15	TM-2HWR7	20mm SHAFT	4	4
16	MS-PNC3FG	VERTICAL CYLINDER	1	1
17	MS-RA100	ROD ALIGNER	1	1
18	FS-1140359	M12 FLAT WASHER	16	-
19	FS-1140355	M6 FLAT WASHER	32	-
20	FS-11103389	M12 X 1.75 X 45 SHCS	8	-
21	FS-11103359	M8 X 1.25 X 20 SHCS	4	-
22	FS-11103391	M12 X 1.75 X 55 SHCS	4	-
23	FS-11103346	M6 X 1.0 X 30 SHCS	32	-
24	FS-1140305	M12 X 1.75 HEX NUT	4	-
25	FS-91362	M12 LOCK WASHER, INTERNAL TOOTH	8	-

圖 10-8 結果

提示 在此零件表類型中，“數量”欄位的表頭修改以及零值的顯示，可以從**選項→文件屬性→表格→零件表**內調整。

STEP 9 變更表格為只有零件

在零件表 PropertyManager 中，變更 **BOM 類型**為 **“只有零件”**，如圖 10-9 所示。

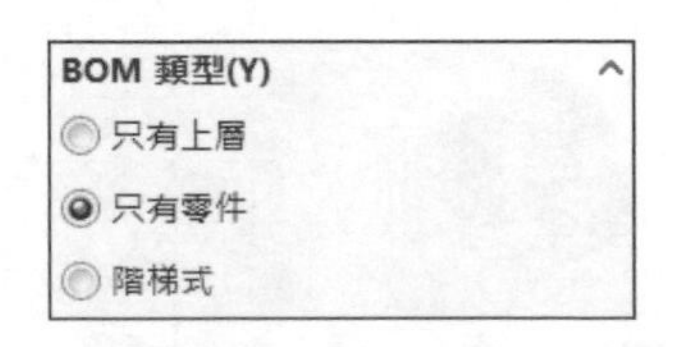

圖 10-9 變更表格為只有零件

STEP 10 檢查零件表組合件結構

從側結構欄位上可以看到只有零件和熔接件列示在項次上，組合件零組件“Table Practice 006”是被解散的，只有零件會被列示在表格中，如圖 10-10 所示。

項次編號	零件名稱	描述	數量
1	TABLE PRACTICE 001	FRAME	1
2	TABLE PRACTICE 002	FIXED PLATE	1
3	TABLE PRACTICE 003	BASE PLATE	1
4	TABLE PRACTICE 004	SLIDE PLATE	1
5	TABLE PRACTICE 005	ALIGNMENT BLOCK	1
6	TABLE PRACTICE 006A	MOTOR BRACKET PLATE	1
7	TABLE PRACTICE 006B	MOTOR BRACKET MOUNTING PLATE	1
8	TABLE PRACTICE 006C	MOTOR BRACKET GUSSET	2
9	TABLE PRACTICE 007	PIVOT SHAFT	1
10	FS-0474584	PILLOW BLOCK BEARING	2
11	BR-RS6P	COUPLING	1
12	AM-770521	ACME MOTOR	1

圖 10-10　檢查零件表組合件結構

STEP 11 變更表格為階梯式

再一次進入零件表 PropertyManager 中，變更 **BOM 類型**為 **“階梯式”**，如圖 10-11 所示。

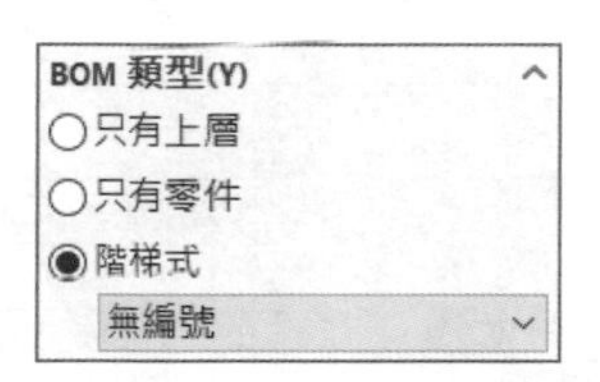

圖 10-11　變更表格為階梯式

STEP 12 檢查零件表組合件結構

這種表格類型的組合件零組件都會被展開，並顯示零組件，如圖 10-12 所示。

項次編號	零件名稱	描述	數量
1	TABLE PRACTICE 001	FRAME	1
2	TABLE PRACTICE 002	FIXED PLATE	1
3	TABLE PRACTICE 003	BASE PLATE	1
4	TABLE PRACTICE 004	SLIDE PLATE	1
5	TABLE PRACTICE 005	ALIGNMENT BLOCK	1
6	TABLE PRACTICE 006	MOTOR BRACKET	1
	TABLE PRACTICE 006A	MOTOR BRACKET PLATE	1
	TABLE PRACTICE 006B	MOTOR BRACKET MOUNTING PLATE	1
	TABLE PRACTICE 006C	MOTOR BRACKET GUSSET	2
7	TABLE PRACTICE 007	PIVOT SHAFT	1
8	FS-0474584	PILLOW BLOCK BEARING	2
9	BR-RS6P	COUPLING	1

圖 10-12　檢查零件表組合件結構

STEP 13 選擇項：修改階梯式表格屬性

在零件表 PropertyManager 中將數值變更為**詳細編號**與**平坦式編號**，以查看在表格中的效應。

STEP 14 勾選詳細的除料清單

在勾選此項時（圖 10-13），熔接件的除料清單項次會顯示為階層列。

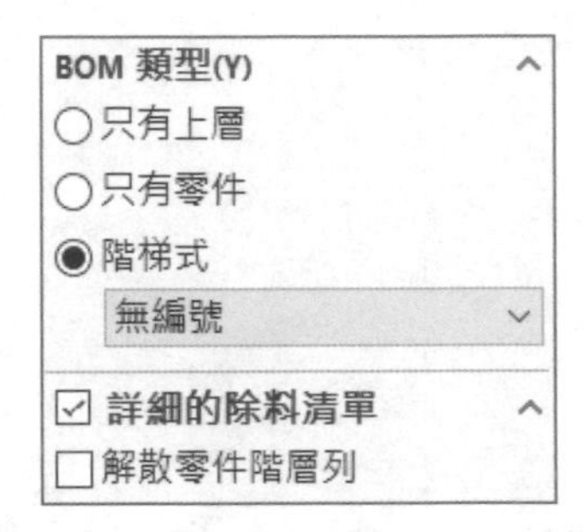

圖 10-13　勾選詳細的除料清單

若要除料清單項次像上層零件一樣列示，可以勾選**解散零件階層列**選項。對於只有上層和只有零件，熔接件的零件列會自動解散，如圖 10-14 所示。

	A	B	C	D
1	項次編號	零件名稱	描述	數量
2	1	TABLE PRACTICE 001	FRAME	1
3			TUBE, SQUARE 80.00 X 80.00 X 5.00	2
4			TUBE, SQUARE 80.00 X 80.00 X 5.00	1
5			TUBE, SQUARE 80.00 X 80.00 X 5.00	4
6			TUBE, SQUARE 80.00 X 80.00 X 5.00	1
7			FOOT PAD, 20mm PLATE	4
8			END CAP, 5mm PLATE	4
9	2	TABLE PRACTICE 002	FIXED PLATE	1

圖 10-14　詳細的除料清單

STEP 15 選擇項：調整零件表組合件結構

在減號（-）前按一下，展開的零組件可以從組合件結構欄位中摺疊，如圖 10-15 所示。

13	MS-PNC2TR
14	TM-SFB16
15	TM-2HWR7
16	MS-PNC3FG

圖 10-15　調整零件表組合件結構

技巧

其他用在重組階梯式零件表選項，像是**解散**與**合併相同的零組件**都可以從快顯功能表中尋得，如圖 10-16 所示。

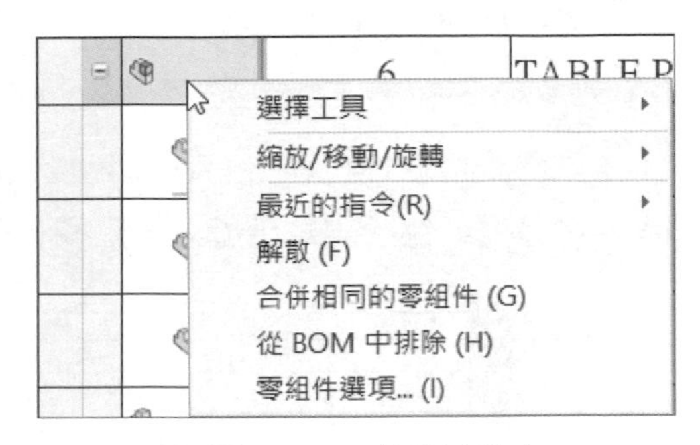

圖 10-16　快顯功能表

STEP 16 變更表格為只有上層

在零件表 PropertyManager 中變更回 **“只有上層”**，**模型組態**選擇 **“Position1”**，如圖 10-17 所示。按**確定** ✔。

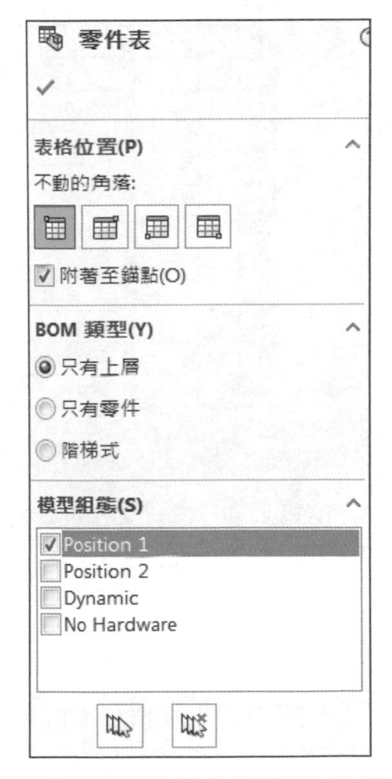

圖 10-17　變更表格為只有上層

10.4 修改表格

一旦表格屬性已決定好，即可從快顯功能表中的選項修改。在零件表中，快顯功能表提供的選項，包括開啟舊檔、插入欄和列、格式設定與排序表格等，如圖 10-18 所示。

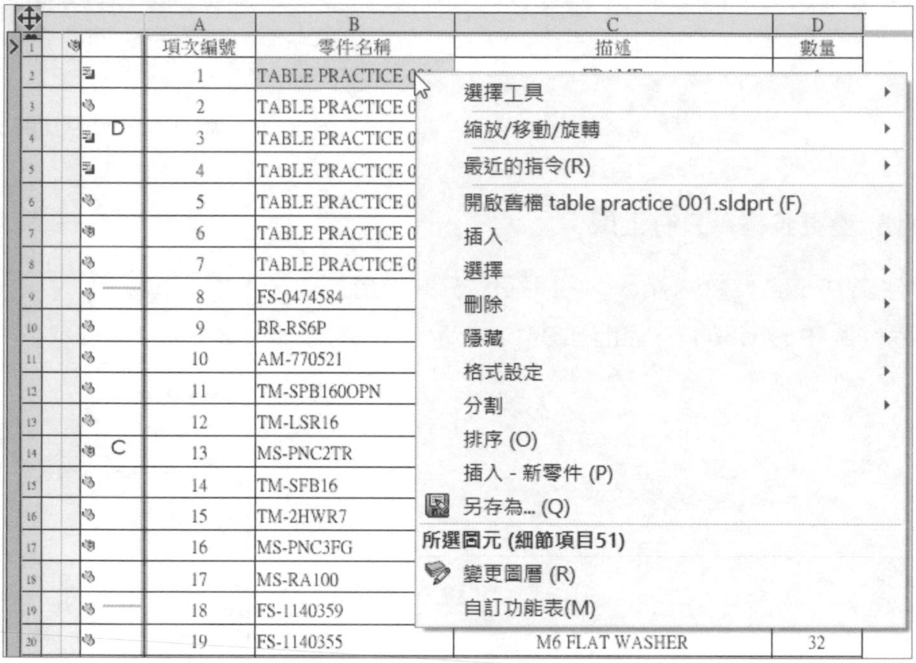

圖 10-18　快顯功能表選項

這裡將加入一個新的欄位至零件表，以及定義一個自訂屬性並填入資訊，然後排序表格並儲存為表格範本。

STEP 17 加入欄位

在**描述**欄上按滑鼠右鍵，點選**插入→欄位右方**。

STEP 18 選擇 Vendor 自訂屬性

在欄位的上方對話方塊中，選擇 **Vendor** 自訂屬性填入欄位，如圖 10-19 所示。

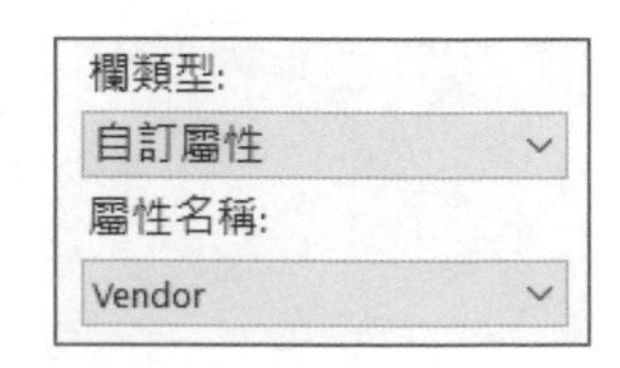

圖 10-19　選擇 Vendor 自訂屬性

技巧

在現有的欄位表頭上快按滑鼠兩下，可以叫出對話方塊編修。

STEP 19 調整欄位大小

在 Vendor 欄任一儲存格上按滑鼠右鍵，點選**格式設定→欄寬**，設定**欄寬**為 **40**，如圖 10-20 所示。

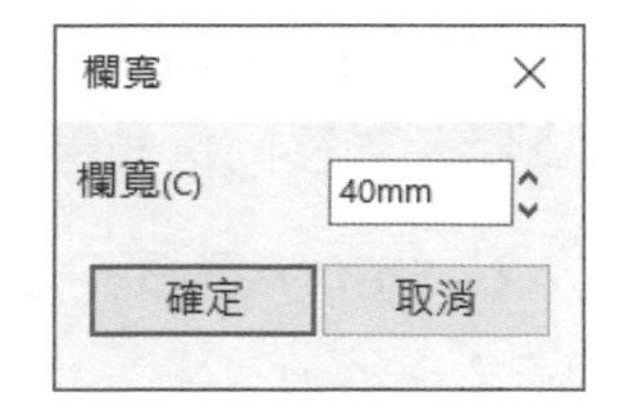

圖 10-20　調整欄位大小

只要拖曳欄與列的儲存格框線，即可調整大小。

STEP 20 排序表格

為了使相同的 Vendor 項次群組在一起，必須排序表格。在 **Vendor** 欄任一儲存格上按滑鼠右鍵，點選**排序**，對話方塊中的**排序依據**會自動選擇 **Vendor** 欄，如圖 10-21 所示，**再依據**選擇**零件名稱**，這將會針對每個 Vendor 的零件名稱排序。

按**確定**。

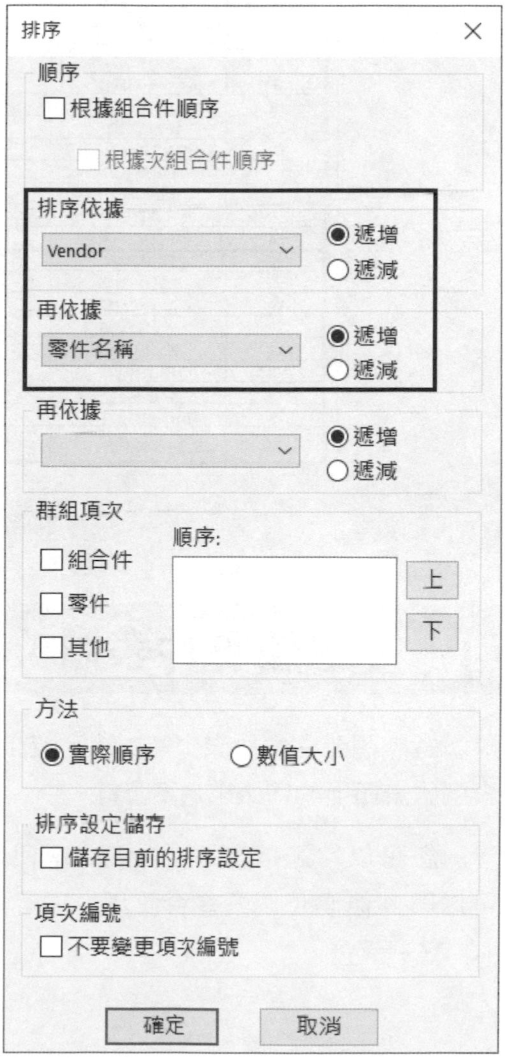

圖 10-21　排序表格

STEP 21 手動排序列

欄與列都可用手動拖曳表頭的方式重新排序，FASTENAL 零組件是主要的五金工件，以下將手動移動這些零組件至表格下方。

按 **Shift+ 選擇**列**項次編號 10-18**，按住列表頭區域，拖曳列至最底端，結果如圖 10-22 所示。

項次編號	零件名稱	描述	VENDOR	數量
1	TABLE PRACTICE 001	FRAME		1
2	TABLE PRACTICE 002	FIXED PLATE		1
3	TABLE PRACTICE 003	BASE PLATE		1
4	TABLE PRACTICE 004	SLIDE PLATE		1
5	TABLE PRACTICE 005	ALIGNMENT BLOCK		1
6	TABLE PRACTICE 006	MOTOR BRACKET		1
7	TABLE PRACTICE 007	PIVOT SHAFT		1
8	AM-770521	ACME MOTOR	ACME	1
9	BR-RS6P	COUPLING	BROWNING	1
10	MS-PNC2TR	SLIDE CYLINDER	MOSIER	1
11	MS-PNC3FG	VERTICAL CYLINDER	MOSIER	1
12	MS-RA100	ROD ALIGNER	MOSIER	1
13	TM-2HWR7	20mm SHAFT	THOMSON	4
14	TM-LSR16	SUPPORT RAIL	THOMSON	2
15	TM-SFB16	LINEAR BEARING	THOMSON	4
16	TM-SPB16OOPN	LINEAR BEARING	THOMSON	4
17	FS-0474584	PILLOW BLOCK BEARING	FASTENAL	2
18	FS-11103346	M6 X 1.0 X 30 SHCS	FASTENAL	32
19	FS-11103359	M8 X 1.25 X 20 SHCS	FASTENAL	4
20	FS-11103389	M12 X 1.75 X 45 SHCS	FASTENAL	8
21	FS-11103391	M12 X 1.75 X 55 SHCS	FASTENAL	4
22	FS-1140305	M12 X 1.75 HEX NUT	FASTENAL	4
23	FS-1140355	M6 FLAT WASHER	FASTENAL	32
24	FS-1140359	M12 FLAT WASHER	FASTENAL	16
25	FS-91362	M12 LOCK WASHER, INTERNAL TOOTH	FASTENAL	8

圖 10-22 手動排序列

10.5 過濾零件表欄位

當您想要在零件表中尋找特定資訊時，您可以使用零件表欄位表頭上的箭頭來過濾資料。

您可以勾選指定的屬性搜尋或使用自訂濾器，濾器也可以與其他欄位濾器結合使用，以尋找您要的資訊，如圖 10-23 所示。

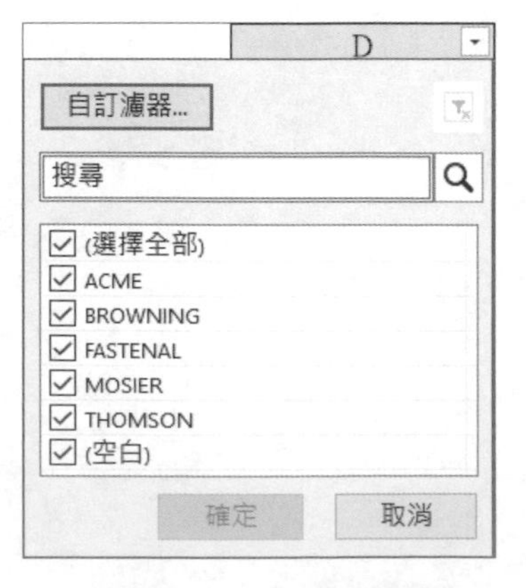

圖 10-23 欄位濾器

STEP 22 過濾 Vender 欄位

移動游標至零件表欄位上，使表頭顯示箭頭，在 Vender 欄，欄位 D 的箭頭上按一下以顯示濾器。

取消勾選 **(選擇全部)**，並勾選 **FASTENAL** 與 **THOMSON**，如圖 10-24 所示。

按**確定**。

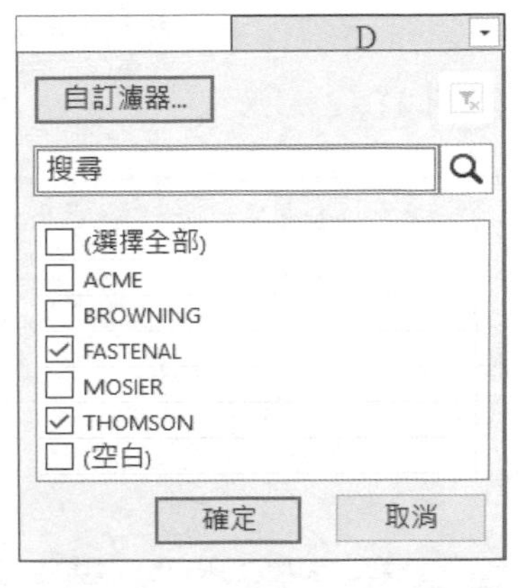

圖 10-24　過濾 Vender 欄位

STEP 23 過濾結果

現在零件表只顯示在濾器中勾選的 Vender 屬性項次，如圖 10-25 所示。

項次編號	零件名稱	描述	VENDOR	數量
13	TM-2HWR7	20mm SHAFT	THOMSON	4
14	TM-LSR16	SUPPORT RAIL	THOMSON	2
15	TM-SFB16	LINEAR BEARING	THOMSON	4
16	TM-SPB160OPN	LINEAR BEARING	THOMSON	4
17	FS-0474584	PILLOW BLOCK BEARING	FASTENAL	2
18	FS-11103346	M6 X 1.0 X 30 SHCS	FASTENAL	32
19	FS-11103359	M8 X 1.25 X 20 SHCS	FASTENAL	4
20	FS-11103389	M12 X 1.75 X 45 SHCS	FASTENAL	8
21	FS-11103391	M12 X 1.75 X 55 SHCS	FASTENAL	4
22	FS-1140305	M12 X 1.75 HEX NUT	FASTENAL	4
23	FS-1140355	M6 FLAT WASHER	FASTENAL	32
24	FS-1140359	M12 FLAT WASHER	FASTENAL	16
25	FS-91362	M12 LOCK WASHER, INTERNAL TOOTH	FASTENAL	8

圖 10-25　過濾結果

STEP 24 建立自訂描述濾器

進入**描述**欄位濾器，按**自訂濾器**，如圖 10-26 所示，從下拉選單中選擇**包含**，在右側文字欄中輸入 “BEARING”（需注意大小寫），按**確定**。

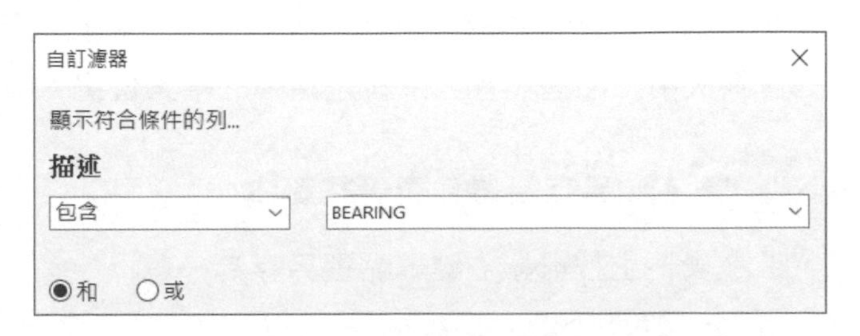

圖 10-26　建立自訂描述濾器

STEP 25 結果

現在零件表只顯示包含所選 Vender 屬性與描述欄中包含“BEARING”文字的項次，如圖 10-27 所示。

項次編號	零件名稱	描述	VENDOR	數量
15	TM-SFB16	LINEAR BEARING	THOMSON	4
16	TM-SPB160OPN	LINEAR BEARING	THOMSON	4
17	FS-0474584	PILLOW BLOCK BEARING	FASTENAL	2

圖 10-27　結果

10.6 清除零件表過濾器

已經使用過濾器過濾的欄位會在欄位表頭上顯示過濾器符號，要清除過濾器，您可以在過濾器上按**清除過濾器**按鈕，如圖 10-28 所示。

另外，若想要清除表格中所有過濾器，您可以在表格任一儲存格上按滑鼠右鍵，從快顯功能表中點選**清除所有過濾器**。

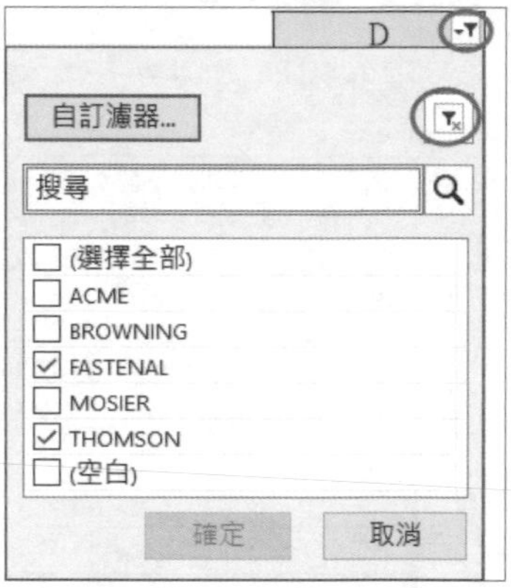

圖 10-28　清除過濾器

STEP 26 清除所有過濾器

在表格任一儲存格上按滑鼠右鍵，點選**清除所有過濾器**。

10.7 儲存為表格範本

想要在其他文件中重複使用表格設定，可以建立表格範本檔，要儲存表格範本檔，只要在表格上按滑鼠右鍵，點選**另存為**即可。和其他範本一樣，表格範本也必須儲存在自訂的資料夾中，然後再加入**系統選項**中的**檔案位置**。範本可以適用於任何類型的表格。

STEP 27 另存為零件表表格範本

在表格上按滑鼠右鍵，點選**另存為…**。

STEP 28 建立新資料夾

如圖 10-29 所示，在 Training Files\Custom Templates 資料夾下空白處按滑鼠右鍵，點選**新增→資料夾**，建立 Table Templates 資料夾。

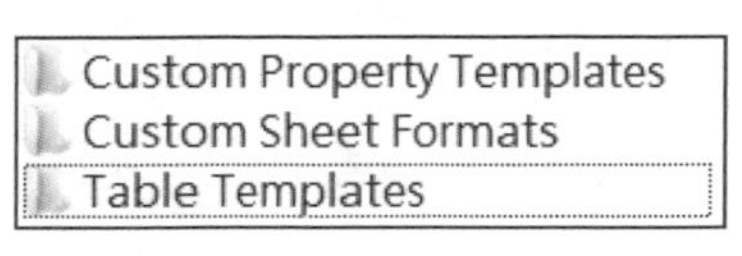

圖 10-29　建立新資料夾

STEP 29 另存為 "SW BOM with Vendor"

在新資料夾 Table Templates 中儲存零件表範本為 "SW BOM with Vendor"。

STEP 30 在選項中加入新檔案位置

按**選項** ⚙ **→系統選項→檔案位置**，在**顯示資料夾**中選擇 **BOM 範本**，**新增** Table Templates 資料夾，如圖 10-30 所示。按**確定**。

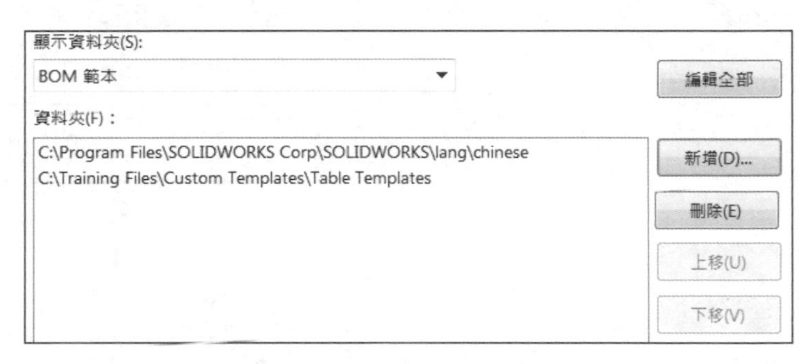

圖 10-30　加入新檔案位置

10.8 輸出表格選項

當您進入表格**另存新檔**對話方塊時，預設的類型為範本，但是仍有其他可用的類型，像是 EXCEL、Text 或是 CSV 檔案，如圖 10-31 所示。

您可以輸出整個 BOM 表格，或者輸出過濾的 BOM 表格，表格中顯示的列項次在儲存完成時，也會被包含在輸出表格中。

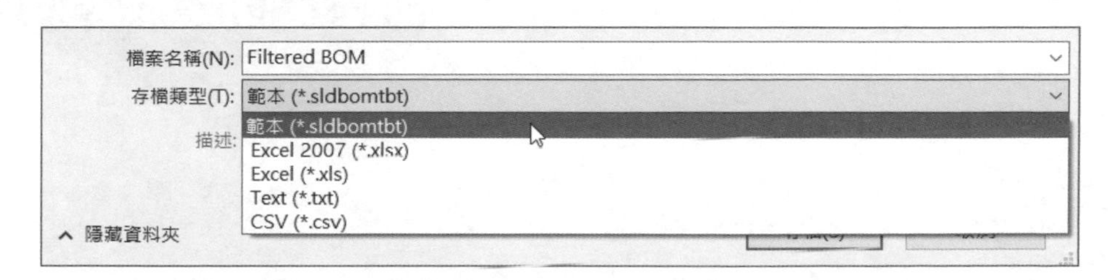

圖 10-31　輸出表格選項

10.9 零件表表格屬性

零件表表格會自動地填入參考模型中的資訊，顯示自訂屬性的欄位，屬性資訊的連結也被保留，若零組件屬性有任何變更，表格都會自動更新。此外，若修改了表格中的儲存格，零組件中的屬性也會被更新。以下將示範從零件表表格中更新零組件。

STEP 31 編輯表格儲存格

在**項次編號 16** 的**描述**儲存格 **LINEAR BEARING** 中快按滑鼠兩下。

STEP 32 保持連結至屬性

這時出現關於連結至屬性的警告訊息框，按**保持連結**，如圖 10-32 示。

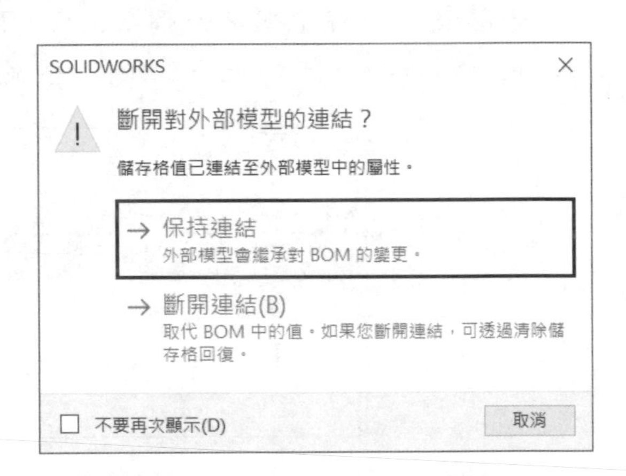

圖 10-32 保持連結至屬性

STEP 33 變更屬性值

修改描述為"Linear Bearing, OPEN"，按 **Enter** 完成編輯。

STEP 34 開啟零件

在**項次編號 16** 按滑鼠右鍵，點選開啟舊檔 **Open tm-spb160opn.sldprt**，如圖 10-33 所示。

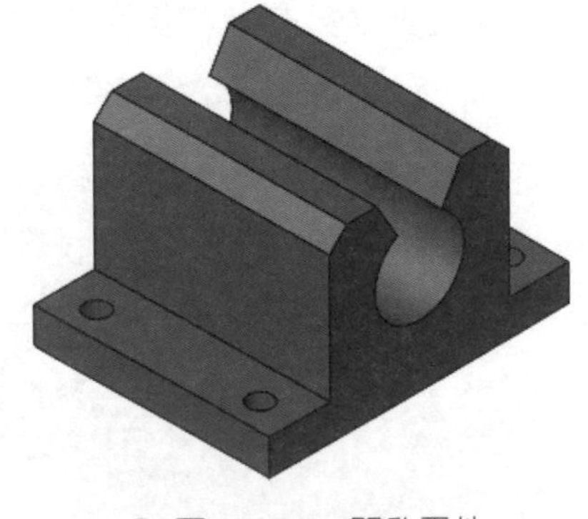

圖 10-33 開啟零件

STEP 35 檢查檔案屬性

按**檔案屬性**，如圖 10-34 所示，零件的 **Description**（描述）屬性文字已自動更新。

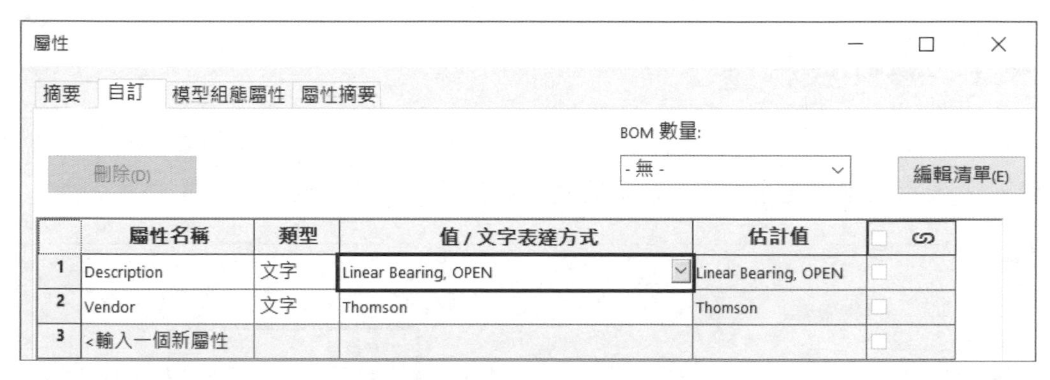

圖 10-34　檢查檔案屬性

10.9.1 斷開屬性連結

您也可以選擇斷開連結顯示在零件表中的屬性，斷開後，即可輸入自訂的屬性資訊，此資訊亦不會傳回零組件中，如圖 10-35 所示。

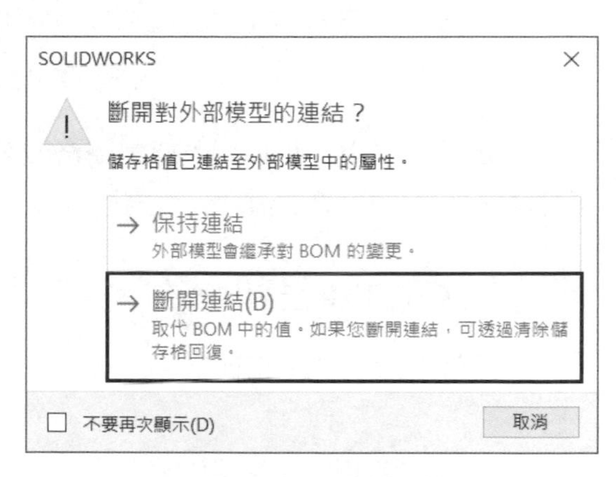

圖 10-35　斷開屬性

當表格或儲存格被啟用時，斷開連結的屬性資訊在儲存格中會以藍色顯示。

如圖 10-36 所示，要回復儲存格中修改過的連結時，只要清除自訂文字，儲存格將重新帶入連結屬性值，另外，您也可以在列、欄或整個零件表中按滑鼠右鍵，點選**回復原始值**。

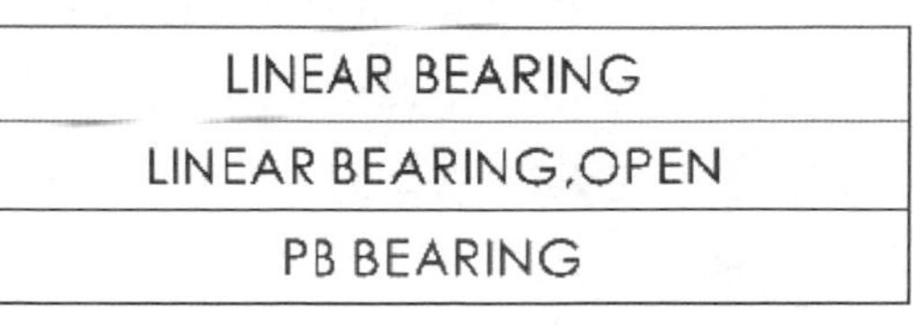

圖 10-36　藍色屬性

假如想要防止零件表被修改，您也可以在格式工具列中按**鎖住表格**。

技巧

已修改儲存格中的顏色可以在**選項**→**系統選項**→**色彩**，指定**工程圖**→**已修改儲存格（BOM）**的色彩。

10.9.2 零件表數量

如圖 10-37 所示，**檔案屬性**對話方塊的上方右側有一個“**BOM 數量**”，預設下顯示為“**- 無 -**”，表示使用在組合件時，模型的副本數會填入零件表表格的數量中。

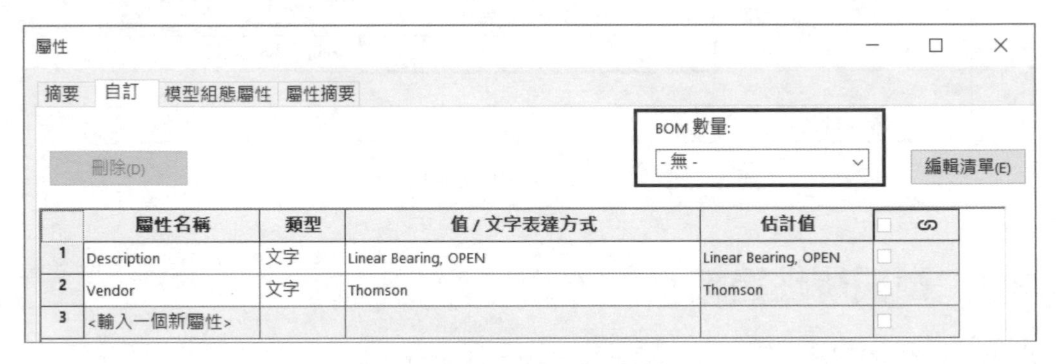

圖 10-37　BOM 數量

在適當情況下，可以修改此儲存格的數量為一個屬性值。例如：長度或質量。當填入屬性時，零件表的數量值會計算屬性值乘上副本數。

STEP 36 關閉對話方塊

在**屬性**對話方塊中按**確定**。

10.9.3 零件表零件名稱

零件表中的預設欄位“零件名稱”並不是唯一的，此欄位是由零組件模型組態屬性所帶入，模型組態屬性可以被設定為使用**文件名稱**、**模型組態名稱**或**使用者指定名稱**作為零件名稱，如圖 10-38。

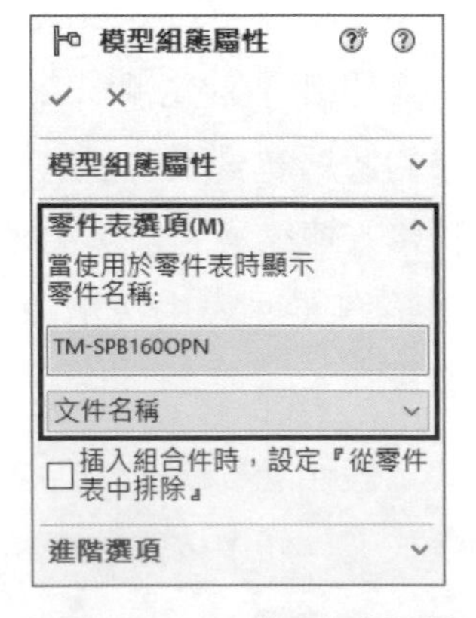

圖 10-38　模型組態屬性

如圖 10-39 所示，您可以從**選項** ⚙ →**文件屬性**→**模型組態**中選擇預設零件表零件編號為**文件名稱**或是**模型組態名稱**。

因為這是文件屬性，此設定只儲存在您的範本內，SOLIDWORKS 預設範本設定使用**文件名稱**作為零件表零件名稱。

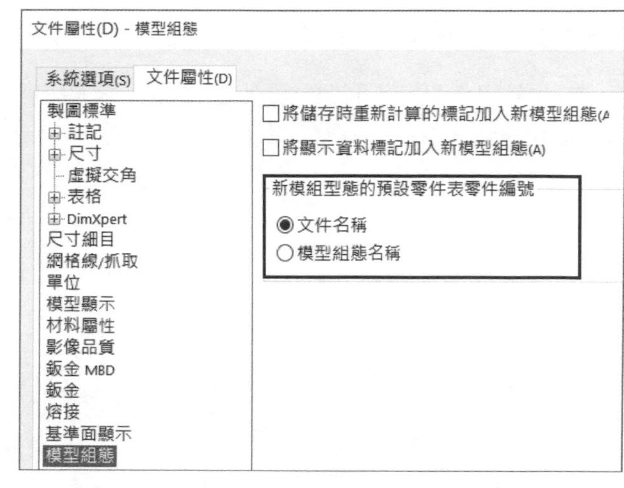

圖 10-39　預設零件表零件編號

Table Parctice 組合件的大部份零組件都用 **"文件名稱"** 作為零件表中的零件名稱。但是，五金工件的零組件都是組態的零件，所以在模型組態屬性中被設定為使用 **"使用者指定名稱"** 作為零件名稱。您可以比較 Linear Bearing 與 Socket Head Cap Screw 零組件兩者的不同。

STEP 37 進入模型組態

在左邊窗格按 **ConfigurationManager** 標籤。

STEP 38 進入模型組態屬性

如圖 10-40 所示，在模型組態 **Default** 上按滑鼠右鍵，點選**屬性**。

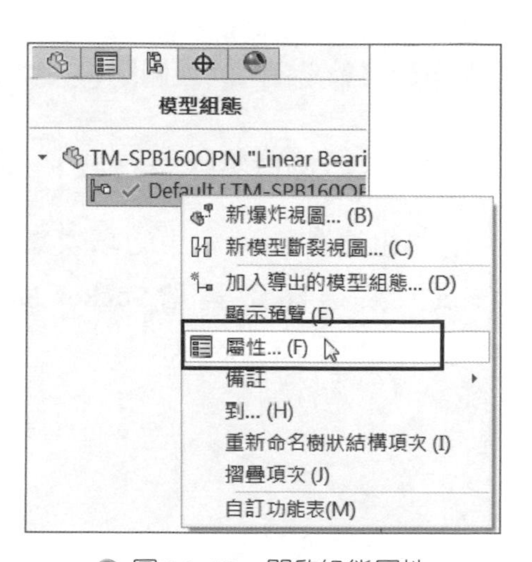

圖 10-40　開啟組態屬性

STEP 39 檢查組態設定

此零組件使用預設的**零件表選項**，零件名稱使用 **"文件名稱"**，如圖 10-41 所示。

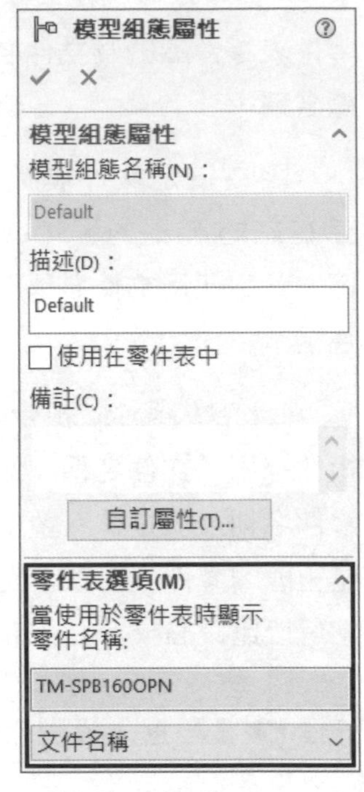

圖 10-41　檢查組態設定

STEP 40 按確定

STEP 41 儲存並關閉此零件檔

STEP 42 開啟零件 Socket Head Cap Screw

在組合件零件表中的**項次編號 18** 上按滑鼠右鍵，點選**開啟舊檔 Socket Head Cap Screw.sldprt**，如圖 10-42 所示。

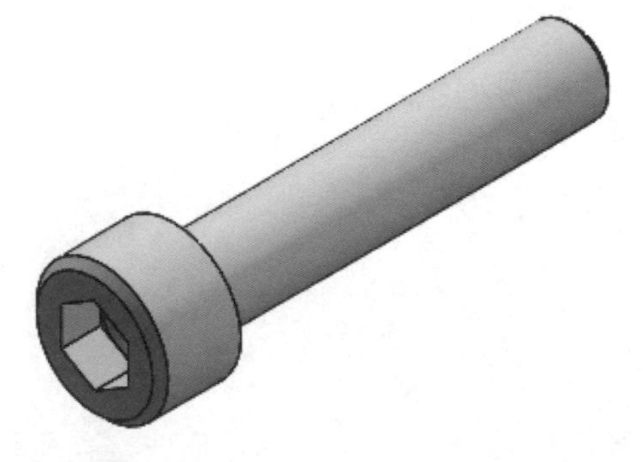

圖 10-42　Socket Head Cap Screw

STEP 43 進入組態屬性

按 **ConfigurationManager** 標籤，在啟用的模型組態上按滑鼠右鍵，點選**屬性**，如圖 10-43 所示。

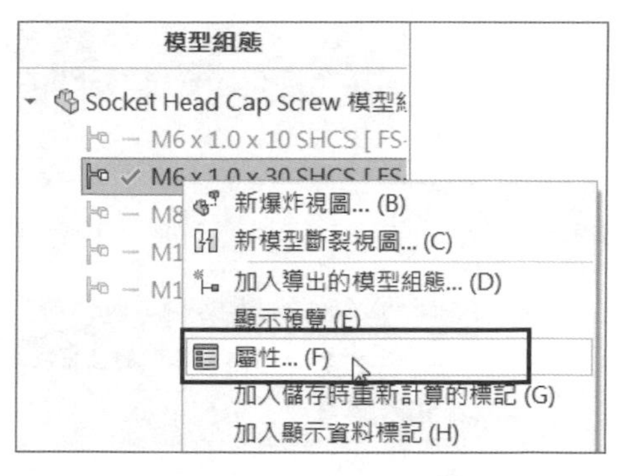

圖 10-43　進入組態屬性

STEP 44 檢查模型組態設定

每個零組件的模型組態都有一個**使用者指定名稱**作為用在零件表中的零件名稱。另外，在**描述**選項中**使用在零件表中**是被勾選的，如圖 10-44 所示。

此檢核框提供一個將模型組態名稱作為零組件描述的簡易方式，勾選時，此欄位將覆蓋掉任何自訂或組態指定屬性。

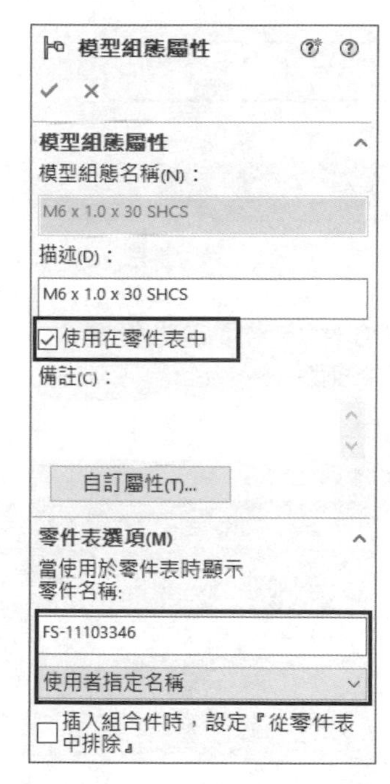

圖 10-44　檢查組態設定

STEP 45 按確定

注意模型組態列表下，每個模型組態的零件名稱都內含在右邊括弧內，如圖 10-45。

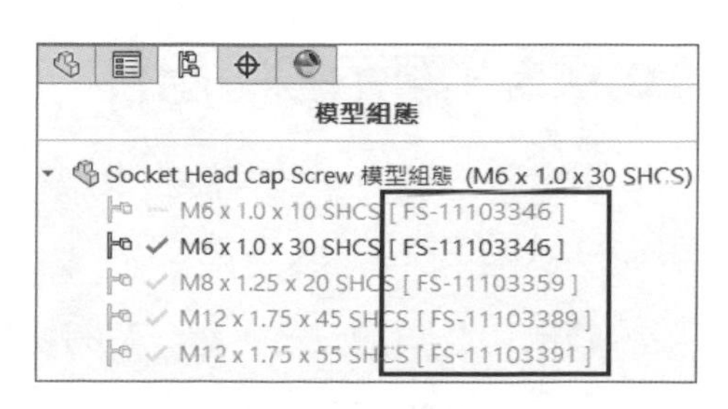

圖 10-45　零件名稱

STEP 46 共用、儲存並關閉此零件檔

10.9.4 從零件表中排除

在組態屬性中，有一個零件表選項 **"插入組合件時，設定「從零件表中排除」"**，此選項可以用來指定所選的組態，不會顯示在零件表表格的零組件項次中。

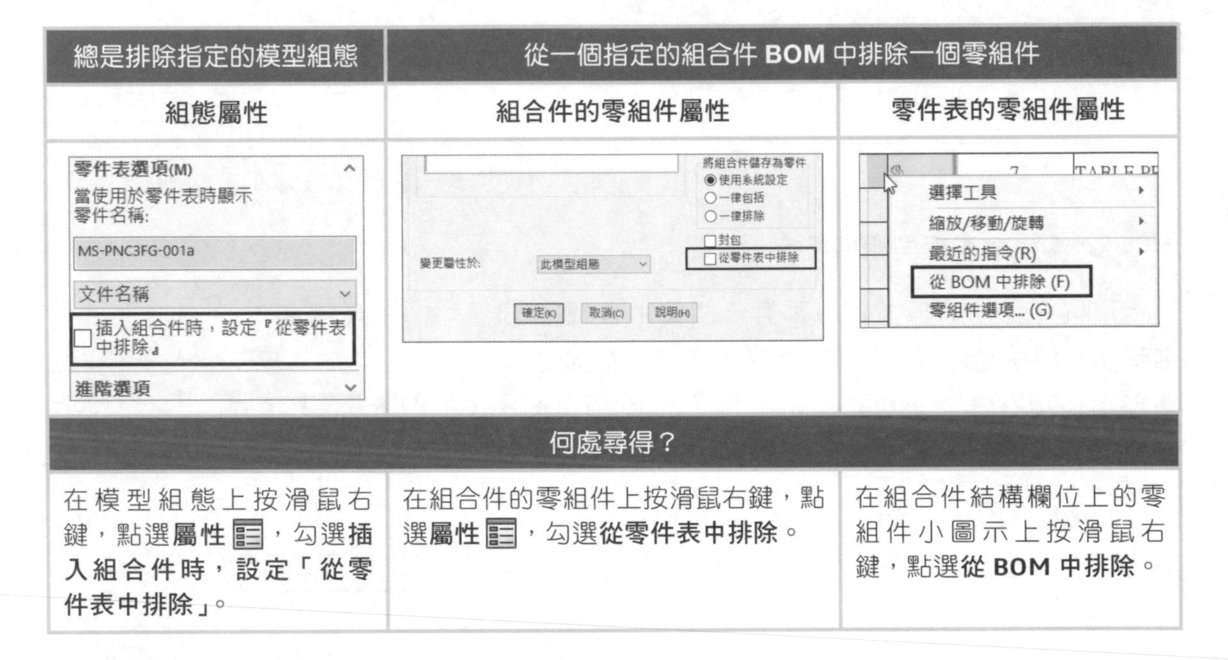

總是排除指定的模型組態	從一個指定的組合件 BOM 中排除一個零組件	
組態屬性	**組合件的零組件屬性**	**零件表的零組件屬性**
零件表選項(M) 當使用於零件表時顯示零件名稱: MS-PNC3FG-001a 文件名稱 插入組合件時，設定『從零件表中排除』 進階選項	將組合件儲存為零件 使用系統設定 一律包括 一律排除 封包 從零件表中排除 變更屬性於: 此模型組態 確定(K) 取消(C) 說明(H)	選擇工具 縮放/移動/旋轉 最近的指令(R) 從 BOM 中排除 (F) 零組件選項... (G)
何處尋得？		
在模型組態上按滑鼠右鍵，點選**屬性**，勾選**插入組合件時，設定「從零件表中排除」**。	在組合件的零組件上按滑鼠右鍵，點選**屬性**，勾選**從零件表中排除**。	在組合件結構欄位上的零組件小圖示上按滑鼠右鍵，點選**從 BOM 中排除**。

> **技巧**
>
> 當組合件中的零組件屬性已經被設為從零件表中排除時，FeatureManager（特徵管理員）也會註記，如圖 10-46 所示。假如組態屬性已經被設為排除，則不會顯示在組合件的 FeatureManager（特徵管理員）中。

TM-SPB160OPN<3> (Linear Bearing, OPEN)
TM-SPB160OPN<4> (Linear Bearing, OPEN)
TM-LSR16<1> (Support Rail) (從 BOM 中排除)
TM-LSR16<2> (Support Rail) (從 BOM 中排除)

圖 10-46　從 BOM 中排除

10.9.5 顯示子零組件

組合件模型有一些其他的模型組態設定，影響著子零組件如何在零件表中顯示，子零組件可以設定為：

- **顯示**：為預設設定，在"只有零件"和"階梯式"零件表中顯示子零組件。

- **隱藏**：當次組合件在所有零件表類型中被作為零件零組件時，子零組件不顯示。
- **升級**：當所有 BOM 類型中的次組合件被解散時。

在此例中，我們想要隱藏零件表內的次組合件：Slide Cylinder，因此需要修改此零組件的模型組態屬性。

STEP 47 開啟 SLIDE CYLINDER 次組合件

在組合件零件表中的**項次編號 10** 上按滑鼠右鍵，點選**開啟舊檔 ms-pnc2tr.sldasm**，如圖 10-47 所示。

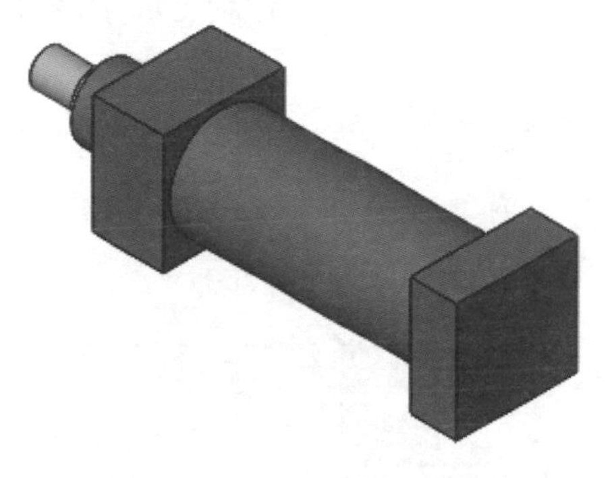

圖 10-47　ms-pnc2tr.sldasm

STEP 48 進入模型組態屬性

按 **ConfigurationManager** 標籤，在啟用的模型組態上按滑鼠右鍵，點選**屬性**。

STEP 49 設定子零組件隱藏

如圖 10-48 所示，點選**子零組件的顯示情形**為**隱藏**。

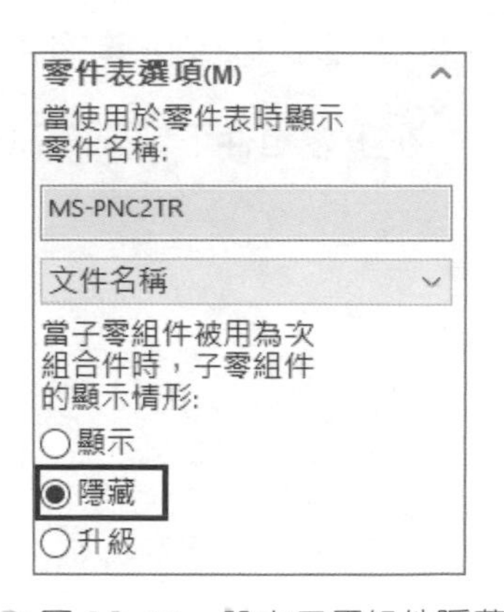

圖 10-48　設定子零組件隱藏

STEP 50 按確定

STEP 51 選擇項：修改其他模型組態

修改模型中的其他模型組態，一樣**隱藏**子零組件。

STEP 52 共用、儲存並關閉此次組合件

10.10 零件表零組件選項

零件表數量、零件名稱與子零組件顯示設定都可以直接從零件表中修改。在組合件結構圖示上按滑鼠右鍵，可從快顯功能表**零組件選項**中調整上述設定，如圖 10-38 所示。以下將從零組件選項對話方塊中修改子零組件的顯示設定。

STEP 53 進入 VERTICAL CYLINDER 的零組件選項

在**項次編號 11→VERTICAL CYLINDER** 的組合件結構圖示上按滑鼠右鍵，點選**零組件選項**，如圖 10-49 所示。

11	10	MS-PNC2TR	SLIDE CYLINDER
12	11	MS-PNC3FG	VERTICAL CYLINDER
13			ROD ALIGNER
14			20mm SHAFT
15			SUPPORT RAIL
16			LINEAR BEARING
17			LINEAR BEARING, OPEN
18			PILLOW BLOCK BEARING

選擇工具
縮放/移動/旋轉
最近的指令(R)
從 BOM 中排除 (F)
零組件選項... (G)

圖 10-49　進入 VERTICAL CYLINDER 的零組件選項

STEP 54 修改子零組件為隱藏

在**子零組件**下，點選**隱藏**，如圖 10-50 所示。

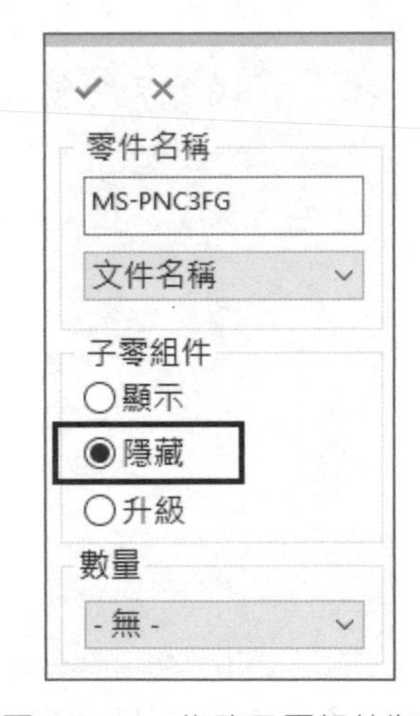

圖 10-50　修改子零組件為隱藏

STEP 55 結果

請注意 **VERTICAL CYLINDER** 的組合件結構圖示已顯示為零件。

10.11 零件號球指示器

零件表側邊展開區域中的第二個欄位，是用來顯示哪一個零組件有附著零件號球，以下將使用自動零件號球指令，將零件號球加入至組合件工程視圖上。

STEP 56 加入零件號球

按**自動零件號球**，如圖 10-51 所示，按**確定**，調整號球至適當位置。

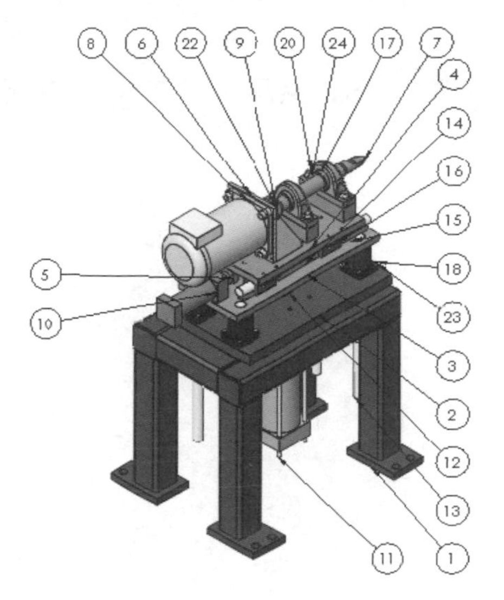

圖 10-51　自動零件號球

STEP 57 查看零件號球指示器欄位

移動游標至零件表的左側查看側邊展開區域，最左邊欄位顯示的零件號球指出，此零組件已經附著零件號球，如圖 10-52 所示。

	A	B	C	D	E
1	項次編號	零件名稱	描述	VENDOR	數量
2	1	TABLE PRACTICE 001	FRAME		1
3	2	TABLE PRACTICE 002	FIXED PLATE		1
4	3	TABLE PRACTICE 003	BASE PLATE		1
5	4	TABLE PRACTICE 004	SLIDE PLATE		1
6	5	TABLE PRACTICE 005	ALIGNMENT BLOCK		1
7	6	TABLE PRACTICE 006	MOTOR BRACKET		1
8	7	TABLE PRACTICE 007	PIVOT SHAFT		1
9	8	AM-770521	ACME MOTOR	ACME	1
10	9	BR-RS6P	COUPLING	BROWNING	1
11	10	MS-PNC2TR	SLIDE CYLINDER	MOSIER	1
12	11	MS-PNC3FG	VERTICAL CYLINDER	MOSIER	1
13	12	MS RA100	ROD ALIGNER	MOSIER	1
14	13	TM-2HWR7	20mm SHAFT	THOMSON	4
15	14	TM LSR16	SUPPORT RAIL	THOMSON	2
16	15	TM-SFB16	LINEAR BEARING	THOMSON	4
17	16	TM-SPB16OPN	LINEAR BEARING, OPEN	THOMSON	4
18	17	FS-0474584	PILLOW BLOCK BEARING	FASTENAL	2
19	18	FS-11103346	M6 X 1.0 X 30 SHCS	FASTENAL	32
20	19	FS-11103359	M8 X 1.25 X 20 SHCS	FASTENAL	4
21	20	FS-11103389	M12 X 1.75 X 45 SHCS	FASTENAL	8
22	21	FS-11103391	M12 X 1.75 X 55 SHCS	FASTENAL	4
23	22	FS-1140305	M12 X 1.75 HEX NUT	FASTENAL	4
24	23	FS-1140355	M6 FLAT WASHER	FASTENAL	32
25	24	FS-1140359	M12 FLAT WASHER	FASTENAL	16
26	25	FS-91362	M12 LOCK WASHER, INTERNAL TOOTH	FASTENAL	8

圖 10-52　查看零件號球指示器欄位

提示 部份五金工具零組件並未顯示零件號球，這是因為在工程圖中並沒有顯示副本，要顯示可能需要其他的視圖。

STEP 58 共用、儲存並關閉所有檔案

練習 10-1 零件表

請依下列步驟指引，在 Pivot Conveyor 工程圖（圖 10-53）中加入零件表與零件號球。從步驟中，您將看到不同的零件表類型、零件表零組件選項與零件表零件名稱設定。同時也將應用到堆疊的零件號球。本練習將使用以下技能：

- 零件表屬性
- 顯示零件表組合件結構
- 零件表零件名稱
- 子零組件
- 堆疊零件號球

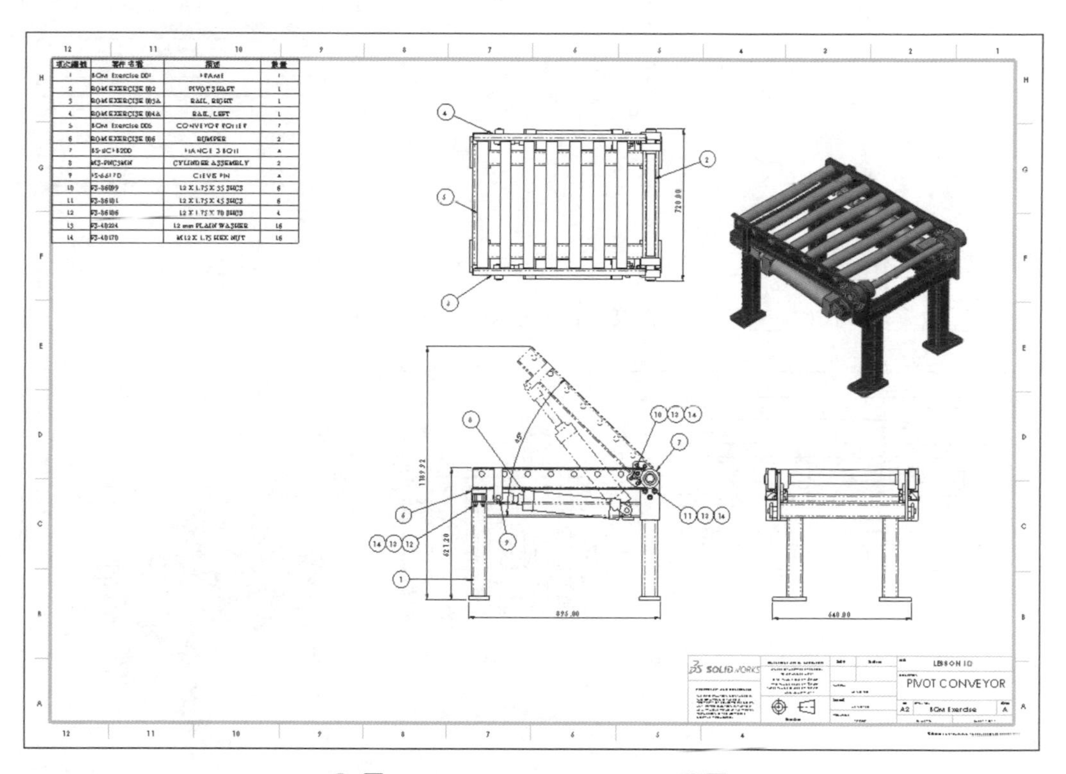

圖 10-53　Pivot Conveyor 工程圖

操作步驟

STEP 1　開啟工程圖

從 Lesson10\Exercises 資料夾中開啟工程圖：BOM Exercise.SLDDRW。

STEP 2 加入零件表

按**表格→零件表**，從圖頁中選擇模型視圖。在零件表 PropertyManager 中選擇如圖 10-54 所示的選項，按**確定**✔。

圖 10-54　加入零件表

STEP 3 結果

表格已加入至圖頁左上角點，如圖 10-55 所示。

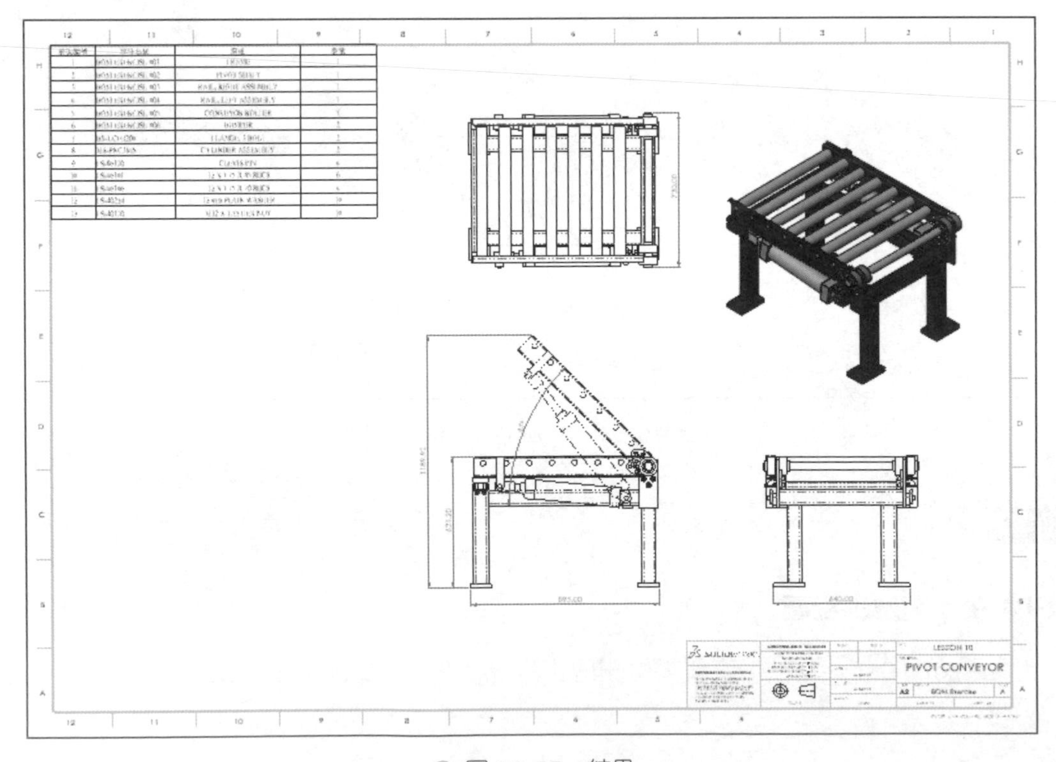

圖 10-55　結果

STEP 4 檢查組合件結構

移動游標至表格上啟用表格，按一下零件表左邊的側邊展開標籤，以顯示組合件結構。如圖 10-56 所示，小圖示指出零件、熔接件和組合件的零組件（項次編號 3,4,8 都是組合件零組件），移動游標到零組件小圖示可預覽次組合件縮圖。

	A	B	C	D
1	項次編號	零件名稱	描述	數量
2	1	BOM EXERCISE 001	FRAME	1
3	2	BOM EXERCISE 002	PIVOT SHAFT	1
4	3	BOM EXERCISE 003	RAIL, RIGHT ASSEMBLY	1
5	4	BOM EXERCISE 004	RAIL, LEFT ASSEMBLY	1
6	5	BOM EXERCISE 005	CONVEYOR ROLLER	7
7	6	BOM EXERCISE 006	BUMPER	2
8	7	BS-UCFB200	FLANGE, 3 BOLT	2
9	8	MS-PNC3MN	CYLINDER ASSEMBLY	2
10	9	FS-66170	CLEVIS PIN	4
11	10	FS-86101	12 X 1.75 X 45 SHCS	6
12	11	FS-86106	12 X 1.75 X 70 SHCS	4
13	12	FS-40224	12 mm PLAIN WASHER	10
14	13	FS-40170	M12 X 1.75 HEX NUT	10

圖 10-56 檢查組合件結構

共同的零組件

RAIL, RIGHT ASSEMBLY 和 RAIL, LEFT ASSEMBLY 次組合件（圖 10-57）都包含一些在上層組合件中相同的零組件，即“FLANGE, 3 BOLT”與相同的扣件。以下將查看零件表類型的不同，是如何影響這些零組件在表格中的顯示狀況。

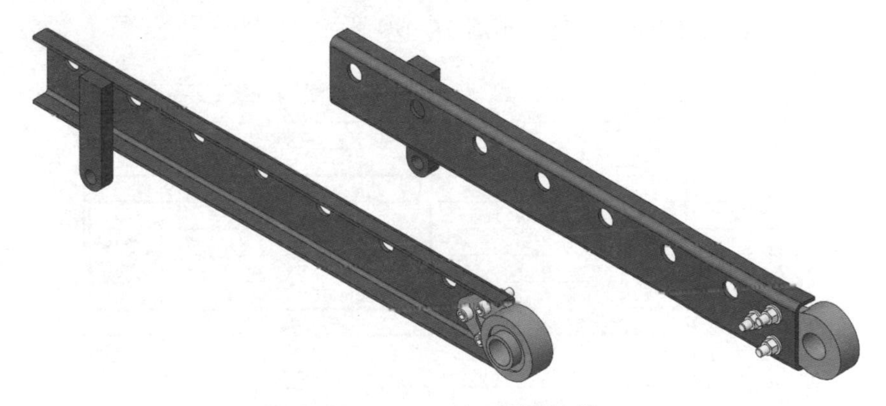

圖 10-57 共同的零組件

STEP 5 進入零件表 PropertyManager

在表格的左上角按一下圖示進入**零件表** PropertyManager。

注意“只有上層”的零件表表格中，FLANGE, 3 BOLT 零組件的數量有 2 個、SHCS 有 10 件、WASHER 與 HEX NUT 各有 10 件，如圖 10-58 所示。

項次編號	零件名稱	描述	數量
1	BOM EXERCISE 001	FRAME	1
2	BOM EXERCISE 002	PIVOT SHAFT	1
3	BOM EXERCISE 003	RAIL, RIGHT ASSEMBLY	1
4	BOM EXERCISE 004	RAIL, LEFT ASSEMBLY	1
5	BOM EXERCISE 005	CONVEYOR ROLLER	7
6	BOM EXERCISE 006	BUMPER	2
7	BS-UCFB200	FLANGE, 3 BOLT	2
8	MS-PNC3MN	CYLINDER ASSEMBLY	2
9	FS-66170	CLEVIS PIN	4
10	FS-86101	12 X 1.75 X 45 SHCS	6
11	FS-86106	12 X 1.75 X 70 SHCS	4
12	FS-40224	12 mm PLAIN WASHER	10
13	FS-40170	M12 X 1.75 HEX NUT	10

圖 10-58 進入零件表 PropertyManager

STEP 6 變更表格為“只有零件”

在零件表 PropertyManager 中，變更 **BOM 類型**為**只有零件**，如圖 10-59 所示。

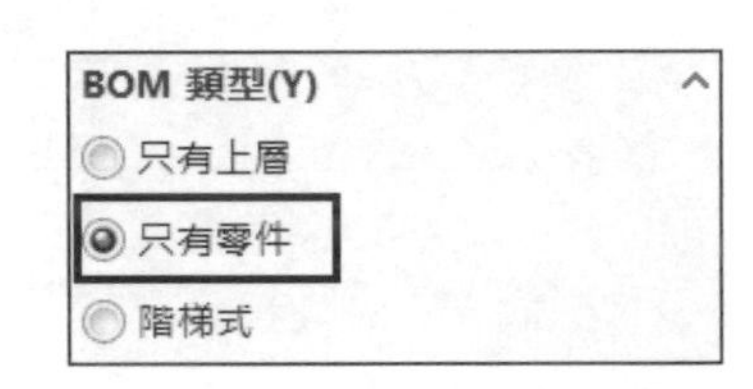

圖 10-59 變更表格為只有零件

STEP 7 檢查零件表組合件結構

在組合件結構欄位中，可以看到只有零件和熔接件列示在項次上，在 RAIL 次組合件的共同零組件已合併至上層零組件中，如圖 10-60 所示。

項次編號	零件名稱	描述	數量
1	BOM EXERCISE 001	FRAME	1
2	BOM EXERCISE 002	PIVOT SHAFT	1
3	BOM EXERCISE 003A	RAIL, RIGHT	1
4	BS-UCFB200	FLANGE, 3 BOLT	4
5	FS-86101	12 X 1.75 X 45 SHCS	12
6	FS-40224	12 mm PLAIN WASHER	16
7	FS-40170	M12 X 1.75 HEX NUT	16
8	BOM EXERCISE 004A	RAIL, LEFT	1
9	BOM EXERCISE 005	CONVEYOR ROLLER	7
10	BOM EXERCISE 006	BUMPER	2
11	MS-PNC3MN-001	CYLINDER BODY	2
12	MS-PNC3MN-002	CYLINDER ROD	2
13	MS-PNC3MN-003	CLEVIS, CYLINDER ROD	2
14	FS-66170	CLEVIS PIN	4
15	FS-86106	12 X 1.75 X 70 SHCS	4

圖 10-60 檢查零件表組合件結構

重新建構零件表

如果我們想要 RAIL 次組合件呈現解散狀態（只有零件），但是也想要其他次組合件，如 CYLINDER 組合件，以顯示成單一項次（只有上層）時，有兩種技巧可以處理：

- 使用**階梯式**零件表以及重新建構零件表。
- 調整**子零組件**選項為**隱藏**和 / 或**升級**子零組件。

下列為使用上述技巧的不同之處：

	重新建構階梯式零件表	調整子零組件選項
		子零組件 ○顯示 ○隱藏 ◉升級
如何使用	指定**階梯式**零件表型態，可使用組合件結構欄位展開與摺合組合件零組件。在組合件結構欄位按滑鼠右鍵可以**解散**組合件或**合併相同的零組件**。	在組合件結構欄位的任一組合件零組件上按滑鼠右鍵，點選**零組件選項**，可以決定**子零組件**顯示狀態，這些選項在組合件組態中的屬性也可尋得。
不同的功能	• 只有目前的零件表會被變更影響。 • 其他零件表類型（上層、只有零件）不受影響。	• 組合件零組件屬性被變更，出現在組合件的零件表皆被影響。 • 在所有視圖參考的零組件中，所有零件表類型都可見變更。

提示 上述技巧是可以結合的。

在本例中，我們將調整零件表零組件選項，對不同的組合件**隱藏**與**升級**子零組件。

STEP 8 變更表格為只有上層

按一下表格的左上角圖示 顯示零件表 PropertyManager，在零件表 PropertyManager 中變更 **BOM 類型**為**只有上層**。

STEP 9 進入 CYLINDER ASSEMBLY 的零組件選項

在**項次編號 8 CYLINDER ASSEMBLY** 的組合件結構圖示上按滑鼠右鍵，點選**零組件選項**，如圖 10-61 所示。

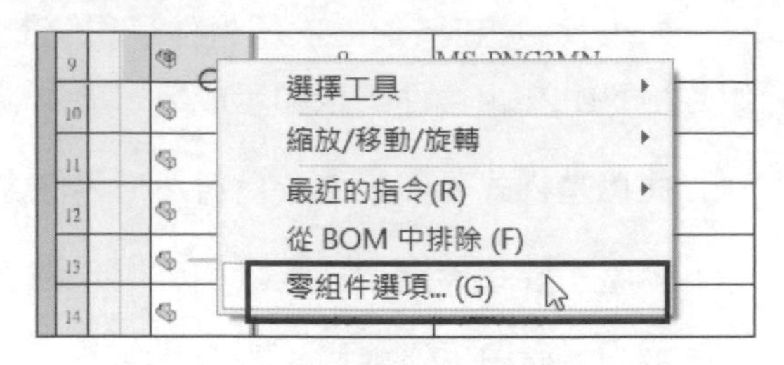

圖 10-61 進入 CYLINDER ASSEMBLY 的零組件選項

STEP 10 修改子零組件為隱藏

在**子零組件**下，點選**隱藏**，如圖 10-62 所示。按**確定**。

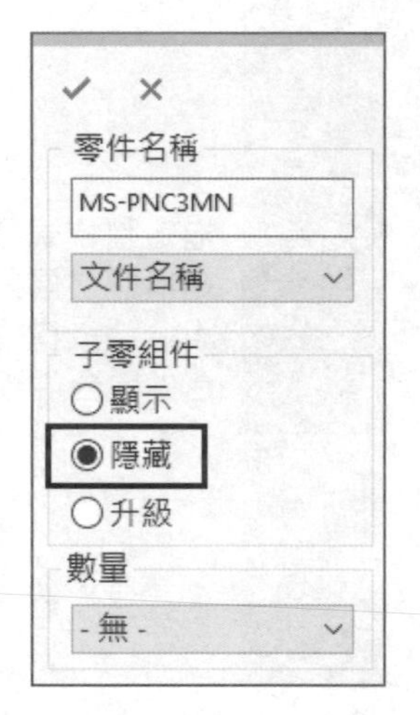

圖 10-62 修改子零組件為隱藏

STEP 11 結果

請注意 **CYLINDER** 的組合件結構圖示已顯示為零件。此組合件零組件在所有零件表，以及所有參考到零組件的零件表中將只顯示為上層。

STEP 12 進入 RAIL, RIGHT ASSEMBLY 的零組件選項

在**項次編號 3, RAIL, RIGHT ASSEMBLY** 的組合件結構圖示上按滑鼠右鍵，點選**零組件選項**。

STEP 13 修改子零組件為升級

在**子零組件**下，點選**升級**，如圖 10-63 所示，按**確定**。

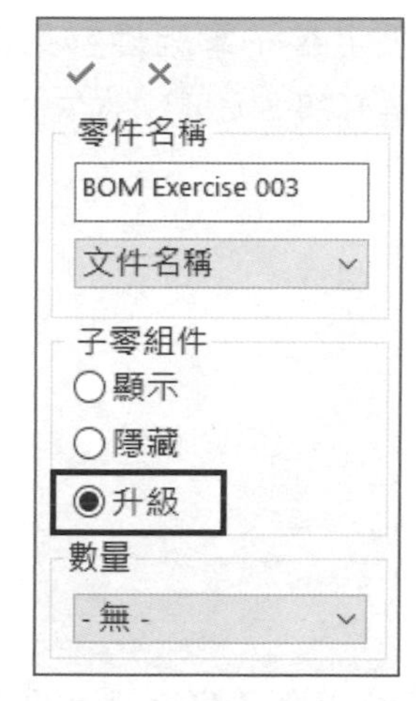

圖 10-63　修改子零組件為升級

STEP 14 結果

此時組合件零組件在表格中呈現為解散狀態，其在所有零件表型態以及所有參考到的零件表中，將只顯示為零件。

STEP 15 開啟次組合件

對另一個 RAIL 次組合件，我們將使用另一種技巧變更子零組件選項。

在 **RAIL, LEFT ASSEMBLY** 次組合件儲存格按滑鼠右鍵，點選**開啟舊檔 bom exercise 004.sldasm**，如圖 10-64 所示。

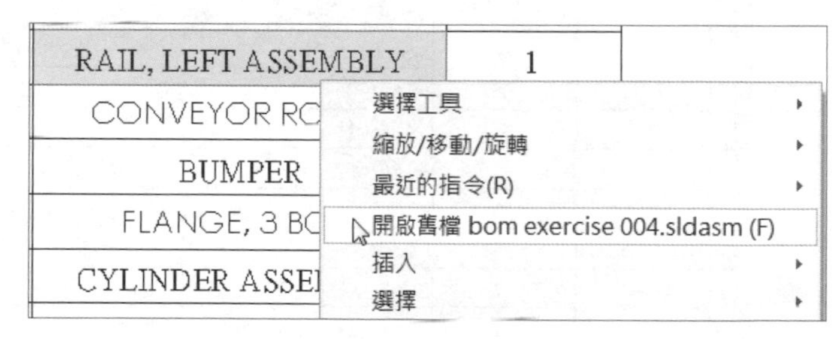

圖 10-64　開啟次組合件

STEP 16 進入模型組態屬性

按 **ConfigurationManager** 標籤，在 **Default** 組態上按滑鼠右鍵，點選**屬性**。

STEP 17 設定子零組件升級

設定**當子零組件被用為次組合件時，子零組件的顯示情形為升級**，如圖 10-65 所示。按**確定**✔。

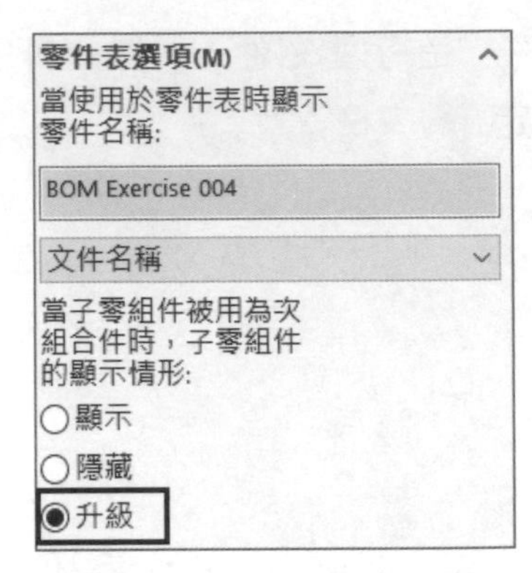

圖 10-65 設定子零組件升級

STEP 18 儲存並關閉此組合件

STEP 19 結果

顯示的結果與在零件表變更子零組件選項時的結果一致，如圖 10-66 所示。

A 項次編號	B 零件名稱	C 描述	D 數量
1	BOM EXERCISE 001	FRAME	1
2	BOM EXERCISE 002	PIVOT SHAFT	1
3	BOM EXERCISE 005	CONVEYOR ROLLER	7
4	BOM EXERCISE 006	BUMPER	2
5	BS-UCFB200	FLANGE, 3 BOLT	4
6	MS-PNC3MN	CYLINDER ASSEMBLY	2
7	FS-66170	CLEVIS PIN	4
8	FS-86101	12 X 1.75 X 45 SHCS	12
9	FS-86106	12 X 1.75 X 70 SHCS	4
10	FS-40224	12 mm PLAIN WASHER	16
11	FS-40170	M12 X 1.75 HEX NUT	16
12	BOM EXERCISE 003A	RAIL, RIGHT	1
13	BOM EXERCISE 004A	RAIL, LEFT	1

圖 10-66 結果

STEP 20 選擇項：查看其他零件表類型的結果

在零件表 PropertyManager 中，選擇**只有零件**與**階梯式**，查看子零組件的顯示設定如何影響表格，檢視完成後選擇 **"只有上層"**。

STEP 21 重排 BOM 項次

選擇列表頭，並拖曳至如圖 10-67 所示的表格位置。

項次編號	零件名稱	描述	數量
1	BOM EXERCISE 001	FRAME	1
2	BOM EXERCISE 002	PIVOT SHAFT	1
3	BOM EXERCISE 004A	RAIL, LEFT	1
4	BOM EXERCISE 003A	RAIL, RIGHT	1
5	BOM EXERCISE 005	CONVEYOR ROLLER	7
6	BOM EXERCISE 006	BUMPER	2
7	BS-UCFB200	FLANGE, 3 BOLT	4
8	MS-PNC3MN	CYLINDER ASSEMBLY	2
9	FS-66170	CLEVIS PIN	4
10	FS-86101	12 X 1.75 X 45 SHCS	12
11	FS-86106	12 X 1.75 X 70 SHCS	4
12	FS-40224	12 mm PLAIN WASHER	16
13	FS-40170	M12 X 1.75 HEX NUT	16

圖 10-67　重排零件表項次

了解 BOM 零件名稱

下一步，您將在 RAIL 組合件中的 cap screw, socket head 零組件上建立新模型組態，再修改模型組態屬性，以在零件表中顯示零件名稱。

STEP 22 開啟零件

在表格儲存格上按滑鼠右鍵，點選**開啟舊檔 cap screw, socket head.sldprt**，如圖 10-68 所示。

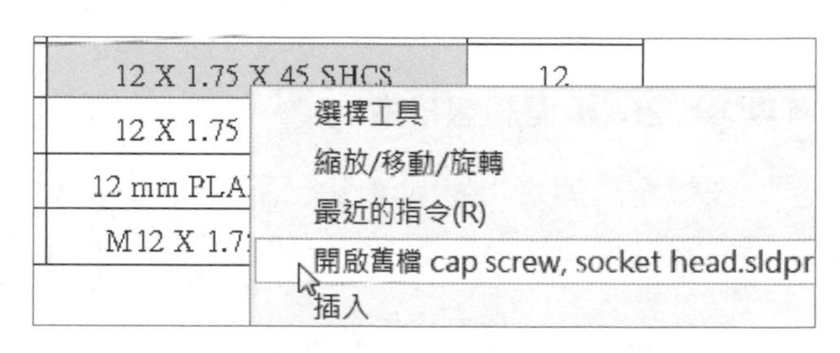

圖 10-68　開啟零件

STEP 23 複製啟用的模型組態

按 **ConfigurationManager** 標籤，選擇啟用的模型組態，按 Ctrl+C 複製，再按 Ctrl+V 貼上。

STEP 24 結果

複製的模型組態已建立，如圖 10-69，注意中括號中間顯示的是零件名稱，這名稱也會直接顯示在零件表中。

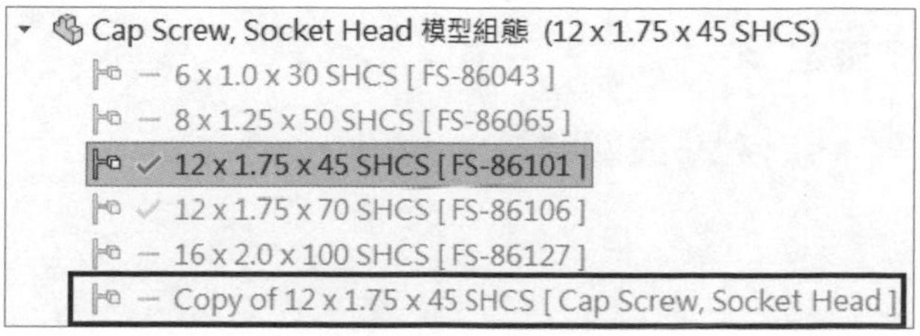

Cap Screw, Socket Head 模型組態 (12 x 1.75 x 45 SHCS)
— 6 x 1.0 x 30 SHCS [FS-86043]
— 8 x 1.25 x 50 SHCS [FS-86065]
✓ 12 x 1.75 x 45 SHCS [FS-86101]
✓ 12 x 1.75 x 70 SHCS [FS-86106]
— 16 x 2.0 x 100 SHCS [FS-86127]
— Copy of 12 x 1.75 x 45 SHCS [Cap Screw, Socket Head]

圖 10-69　結果

STEP 25 修改模型組態屬性

在複製的模型組態上按滑鼠右鍵，點選**屬性**，如圖 10-70 所示修改下列屬性：

- **模型組態名稱：12 x 1.75 x 35 SHCS**。
- **描述：12 x 1.75 x 35 SHCS**，勾選**使用在零件表中**。
- **零件表選項**：選擇**使用者指定名稱**與輸入名稱 **FS-86099**。

按**確定**✔。

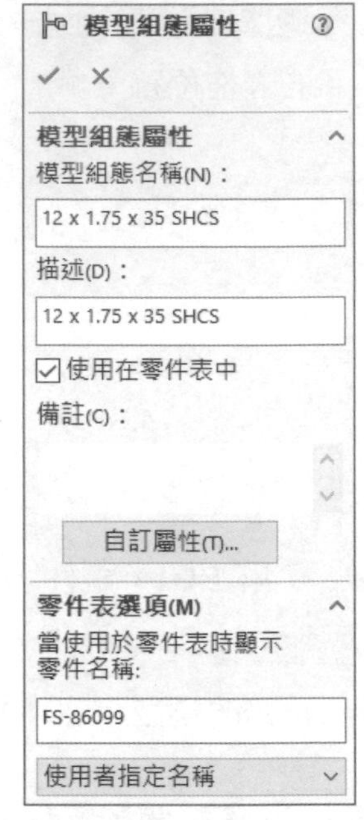

圖 10-70　修改組態屬性

> **提示** 現在模型組態應顯示為正確的零件名稱。

STEP 26 模型組態排序

在模型組態最上層的零件名稱上按滑鼠右鍵，點選**樹狀結構順序→數值**，結果如圖 10-71 所示。

除此之外，您也可以手動拖曳排序。

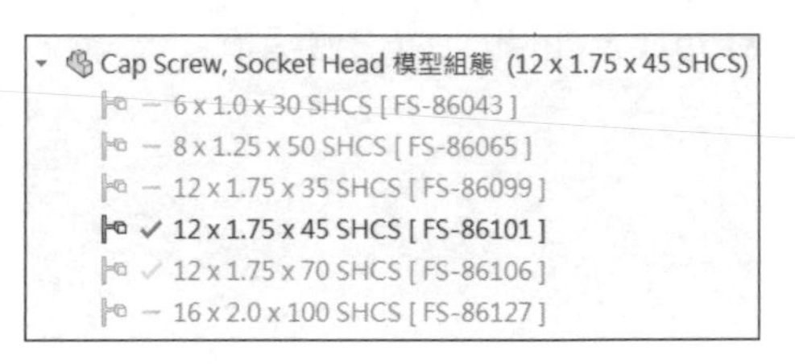

圖 10-71　組態排序

STEP 27 修改模型組態尺寸

在新模型組態名稱上快按滑鼠兩下啟用模型組態。在零件表面上快按滑鼠兩下顯示特徵尺寸，變更如圖 10-72 所示的尺寸為 35，按**重新計算**及**確定**✔。

儲存並**關閉**此零件。

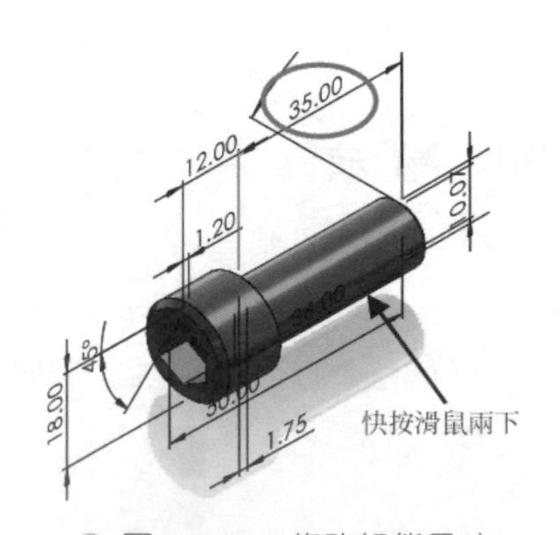

圖 10-72　修改組態尺寸

STEP 28 在 rail 組合件使用新模型組態

從 Lesson10\Exercises\ Components - BOM Exercise 資料夾中開啟次組合件：BOM Exercises 003.sldasm。

在 FeatureManager（特徵管理員）中按 **Ctrl**，選擇三個 Cap Screw, Socket Head 零組件，在文意感應工具列中選擇 **12 x 1.75 x 35 SHCS** 組態，如圖 10-73 所示，按**確定**✔。

儲存並**關閉**此組合件。

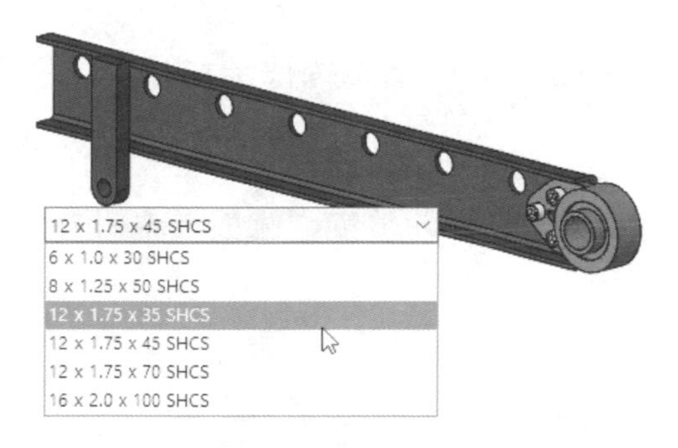

圖 10-73　在 rail 組合件使用新模型組態

> **技巧**
> 在選擇後，文意感應工具列會自動出現在游標旁，您也可以在最上層的名稱上按滑鼠右鍵後存取。

STEP 29 重複步驟

重複上一步驟，在 BOM Exercises 004.sldasm 使用新模型組態，如圖 10-74 所示。

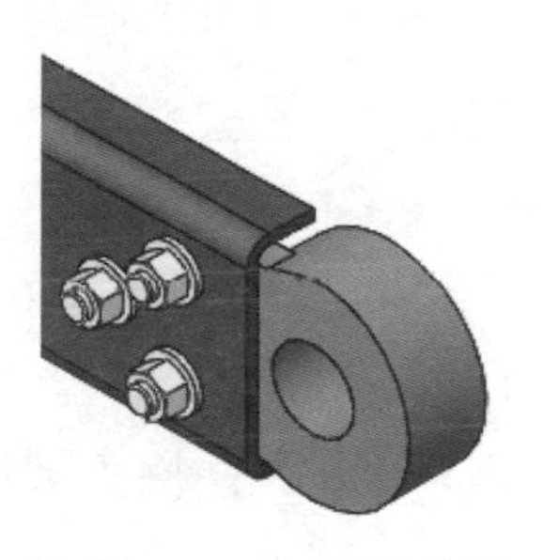

圖 10-74　重複步驟

STEP 30 查看與排序零件表

回到工程圖，查看零件表，35mm 長的 SHCS 零件已顯示為單一項次編號，將列表頭拖曳至如圖 10-75 所示的位置。

> **技巧**
> 為了使同一零件的組態列示為個別項次，零件表中的**零件模型組態群組**選項必須適當選取。

	A	B	C	D
1	項次編號	零件名稱	描述	數量
2	1	BOM EXERCISE 001	FRAME	1
3	2	BOM EXERCISE 002	PIVOT SHAFT	1
4	3	BOM EXERCISE 004A	RAIL, LEFT	1
5	4	BOM EXERCISE 003A	RAIL, RIGHT	1
6	5	BOM EXERCISE 005	CONVEYOR ROLLER	7
7	6	BOM EXERCISE 006	BUMPER	2
8	7	BS-UCFB200	FLANGE, 3 BOLT	4
9	8	MS-PNC3MN	CYLINDER ASSEMBLY	2
10	9	FS-66170	CLEVIS PIN	4
11	10	FS-86099	12 X 1.75 X 35 SHCS	6
12	11	FS-86101	12 X 1.75 X 45 SHCS	6
13	12	FS-86106	12 X 1.75 X 70 SHCS	4
14	13	FS-40224	12 mm PLAIN WASHER	16
15	14	FS-40170	M12 X 1.75 HEX NUT	16

圖 10-75　查看與排序零件表

STEP 31 重新計算 並儲存 工程圖

STEP 32 加入零件號球

要完成工程圖，零件號球必須加入至工程視圖中。按**零件號球**，加入零件號球至如圖 10-76 所示的前視圖與上視圖中。

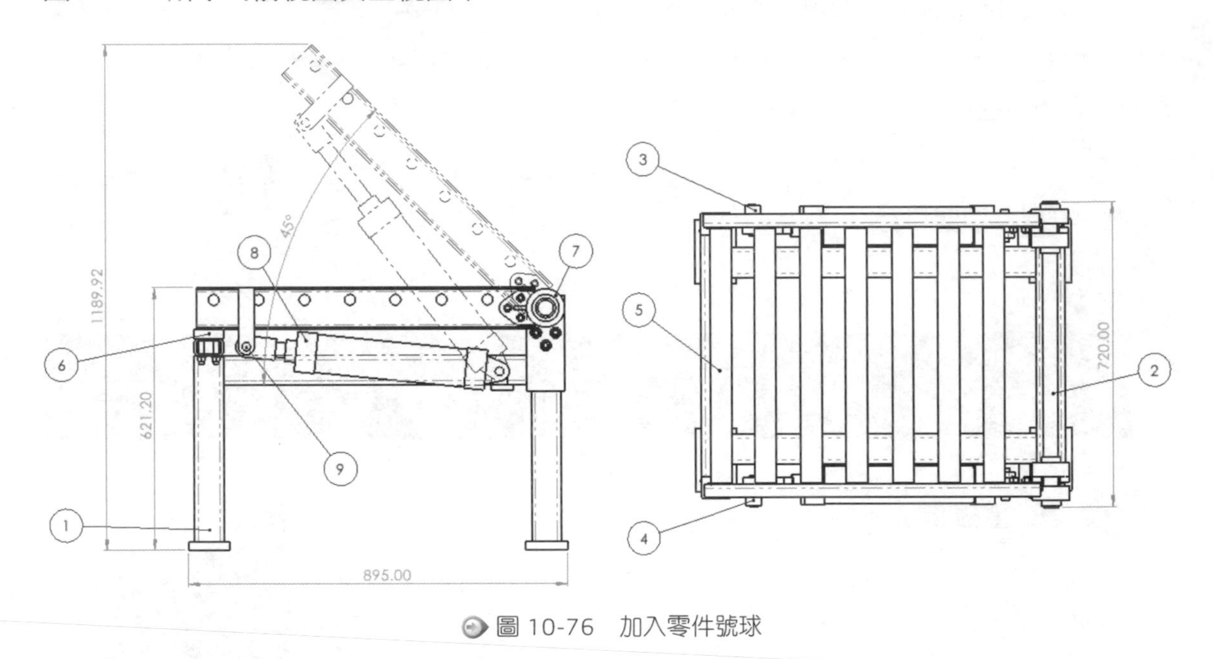

圖 10-76　加入零件號球

STEP 33 檢查零件號球指示器欄位

檢查零件表中的零件號球指示器欄位，確認零件號球有加入到項次 1-9 之中，如圖 10-77 所示。

A 項次編號	B 零件名稱
1	BOM EXERCISE 001
2	BOM EXERCISE 002
3	BOM EXERCISE 004A
4	BOM EXERCISE 003A
5	BOM EXERCISE 005
6	BOM EXERCISE 006
7	BS-UCFB200
8	MS-PNC3MN
9	FS-66170
10	FS-86099
11	FS-86101
12	FS-86106
13	FS-40224
14	FS-40170

圖 10-77　檢查零件號球指示器欄位

堆疊式零件號球

要在組合件中聚集扣件必須使用堆疊式零件號球。首先啟用**堆疊式零件號球**指令，再選擇要堆疊的零件，如圖 10-78 所示。

若指令完成後要加入其他的項次，可在堆疊式零件號球上按滑鼠右鍵，點選**新增堆疊式零件號球**。

若需移除項次，請選擇已堆疊的零件號球後，按 **Delete**。

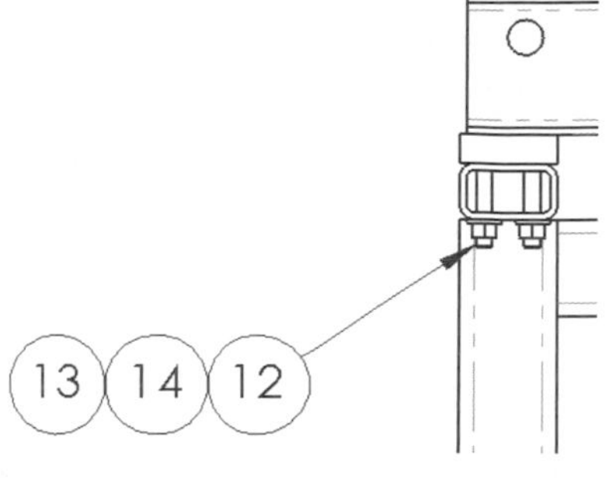

圖 10-78　堆疊式零件號球

指令TIPS　堆疊式零件號球

- 功能表：**插入→註記→堆疊式零件號球**。
- 快顯功能表：在圖頁或視圖上按滑鼠右鍵，點選**註記→堆疊式零件號球**。

技巧

在零件號球上按滑鼠右鍵，選擇**新增堆疊式零件號球**可以轉換成堆疊式零件號球。

STEP 34 新增堆疊式零件號球

按**堆疊式零件號球**，在前視圖選擇 SHCS 零組件邊線，並放置零件號球至圖頁上，然後選擇 washer（墊圈）以及 nut（螺帽）的邊線，邊線選擇如圖 10-79（左）所示。按**確定**。

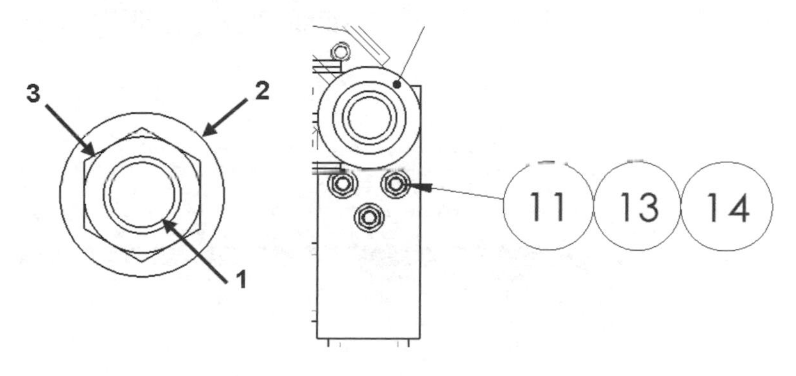

圖 10-79　新增堆疊式零件號球

STEP 35 新增堆疊式零件號球

按**堆疊式零件號球**，在前視圖聚集扣件，如圖 10-80 所示。修改零件號球屬性為**向左堆疊**，按**確定**。

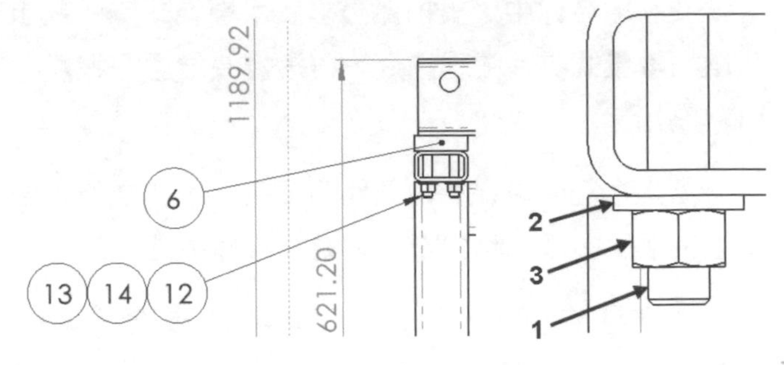

圖 10-80　新增堆疊式零件號球

STEP 36 使用選擇其他新增堆疊式零件號球

對於最後的堆疊式零件號球，因為墊圈與螺帽被隱藏住無法選取，要加入堆疊只能用**選擇其他**指令。

按**堆疊式零件號球**，選擇 SHCS 零組件邊線，並放置零件號球至圖頁上，如圖 10-81。

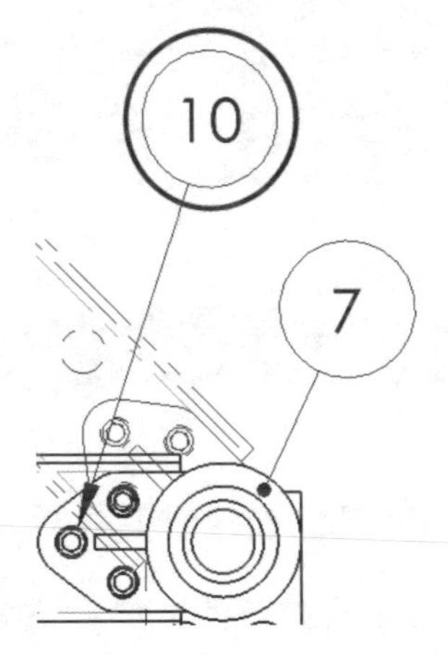

圖 10-81　選擇 SHCS 零組件邊線

為了選擇被隱藏的零組件，放大 SHCS，在螺栓頭上按滑鼠右鍵，並點選**選擇其他**指令，在**選擇其他**對話方塊中，選擇如圖 10-82 所示的墊圈。重複選擇其他，選擇螺帽。

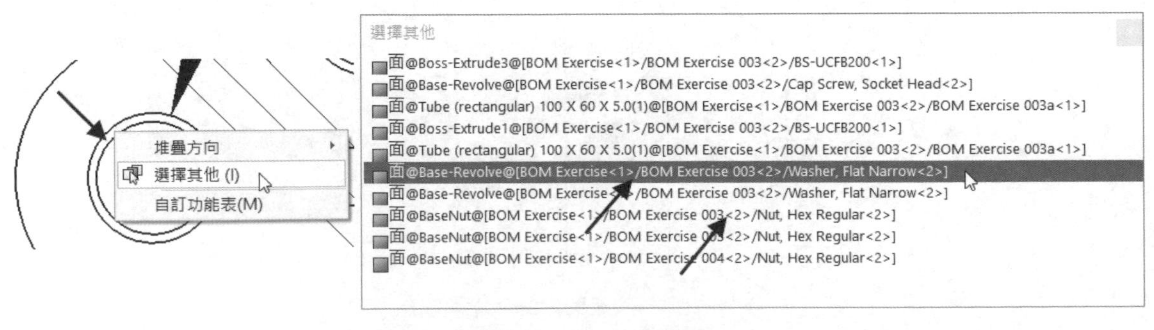

圖 10-82　選擇墊圈

STEP 37 按確定

STEP 38 檢查零件號球指示器欄位

展開零件表側邊欄位，如圖 10-83，檢查零件號球符號是否已加入至全部項次中。

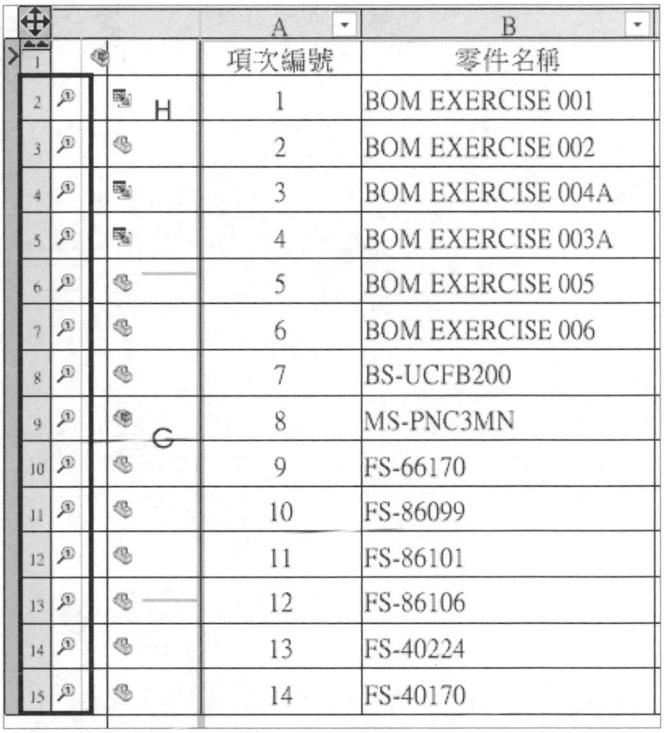

	A	B
1	項次編號	零件名稱
2	1	BOM EXERCISE 001
3	2	BOM EXERCISE 002
4	3	BOM EXERCISE 004A
5	4	BOM EXERCISE 003A
6	5	BOM EXERCISE 005
7	6	BOM EXERCISE 006
8	7	BS-UCFB200
9	8	MS-PNC3MN
10	9	FS-66170
11	10	FS-86099
12	11	FS-86101
13	12	FS-86106
14	13	FS-40224
15	14	FS-40170

圖 10-83 檢查零件號球

STEP 39 共用、儲存並關閉所有檔案

完成之工程圖，如圖 10-84 所示。

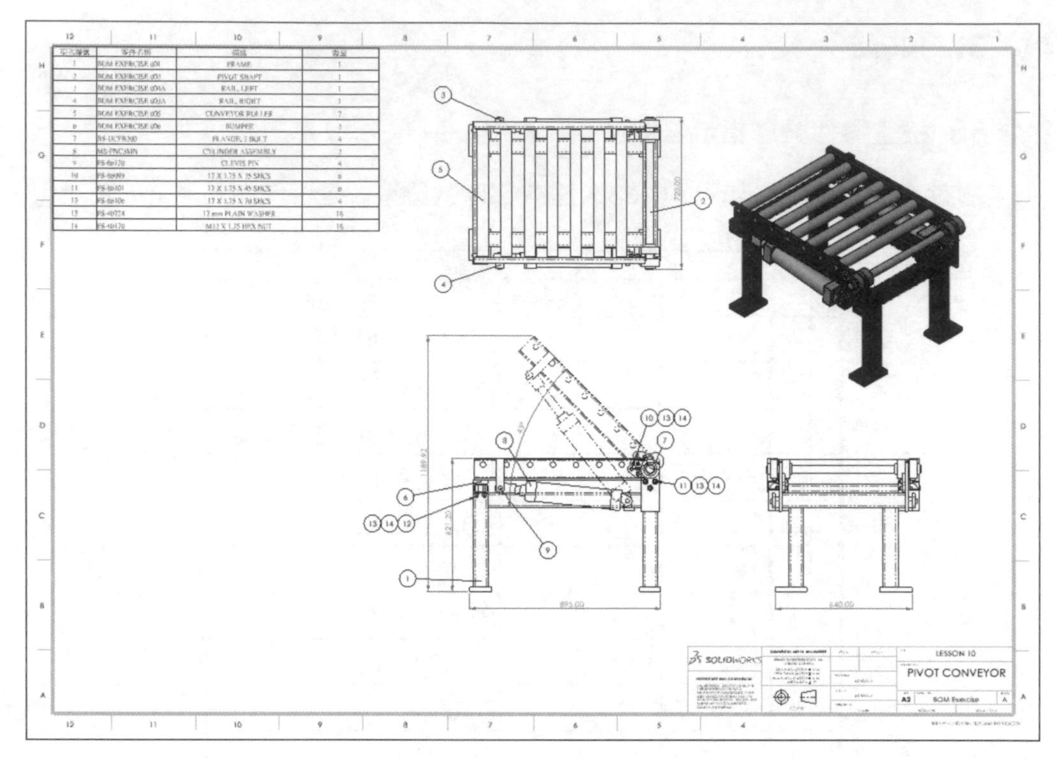

圖 10-84　完成之工程圖

練習 10-2 磁性線

在請依下列步驟指引，練習如何使用磁性線組織零件號球，建立如圖 10-85 所示的工程圖。本練習將使用以下技能：

- 磁性線
- 堆疊式零件號球

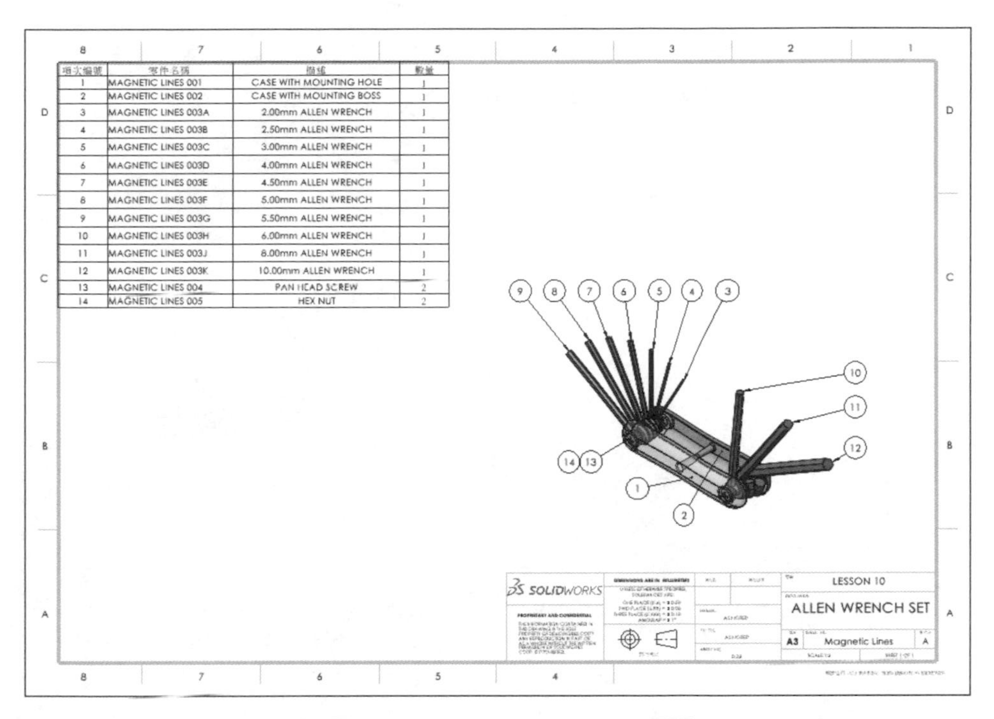

項次編號	零件名稱	描述	數量
1	MAGNETIC LINES 001	CASE WITH MOUNTING HOLE	1
2	MAGNETIC LINES 002	CASE WITH MOUNTING BOSS	1
3	MAGNETIC LINES 003A	2.00mm ALLEN WRENCH	1
4	MAGNETIC LINES 003B	2.50mm ALLEN WRENCH	1
5	MAGNETIC LINES 003C	3.00mm ALLEN WRENCH	1
6	MAGNETIC LINES 003D	4.00mm ALLEN WRENCH	1
7	MAGNETIC LINES 003E	4.50mm ALLEN WRENCH	1
8	MAGNETIC LINES 003F	5.00mm ALLEN WRENCH	1
9	MAGNETIC LINES 003G	5.50mm ALLEN WRENCH	1
10	MAGNETIC LINES 003H	6.00mm ALLEN WRENCH	1
11	MAGNETIC LINES 003J	8.00mm ALLEN WRENCH	1
12	MAGNETIC LINES 003K	10.00mm ALLEN WRENCH	1
13	MAGNETIC LINES 004	PAN HEAD SCREW	2
14	MAGNETIC LINES 005	HEX NUT	2

圖 10-85　Magnetic Lines 工程圖

操作步驟

STEP 1　開啟組合件

從 Lesson10\Exercises 資料夾中開啟組合件：Magnetic Lines.SLDASM，如圖 10-86 所示。

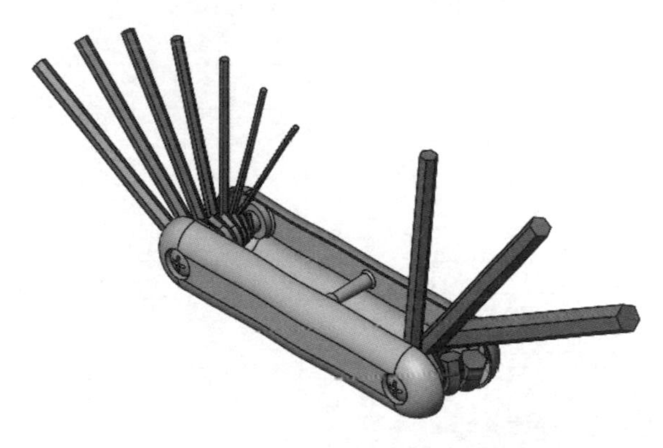

圖 10-86　Magnetic Lines 組合件

STEP 2　建立工程圖與等角視

使用 **"A3 工程圖"** 範本建立工程圖，加入 **OPEN** 模型組態的**等角視**，**顯示樣式為帶邊線塗彩**，**顯示狀態為 Transparent Case**，如圖 10-87 所示。

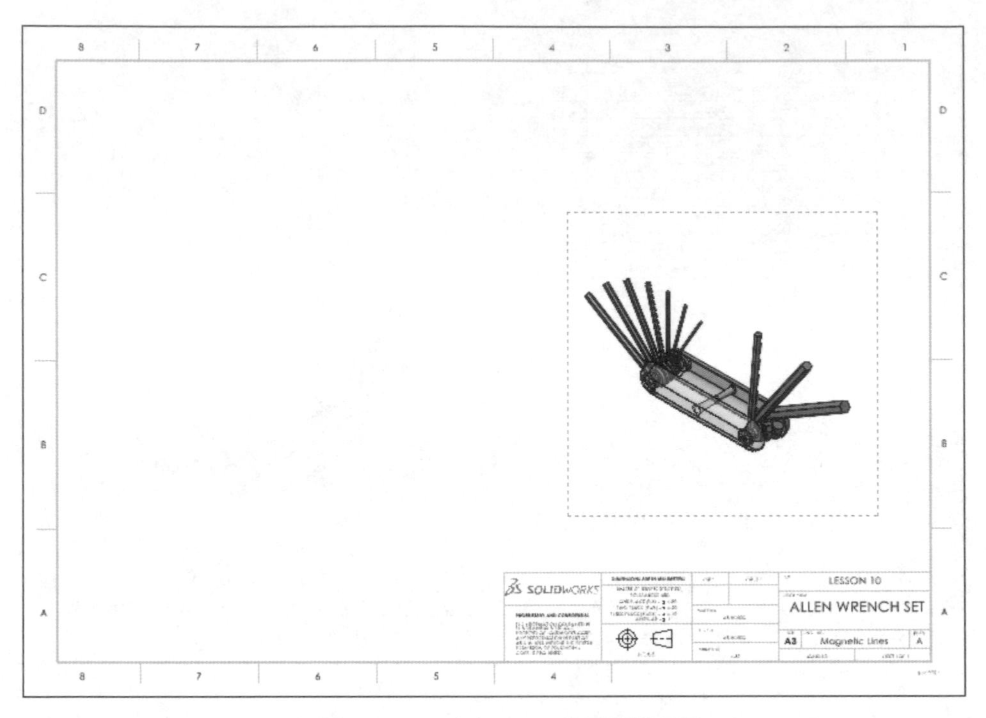

圖 10-87　建立 A3 工程圖與等角視

STEP 3　加入零件表

按**表格→零件表**，從圖頁中選擇模型視圖。在零件表 PropertyManager 中選擇如圖 10-88 所示的選項，按**確定**✔。

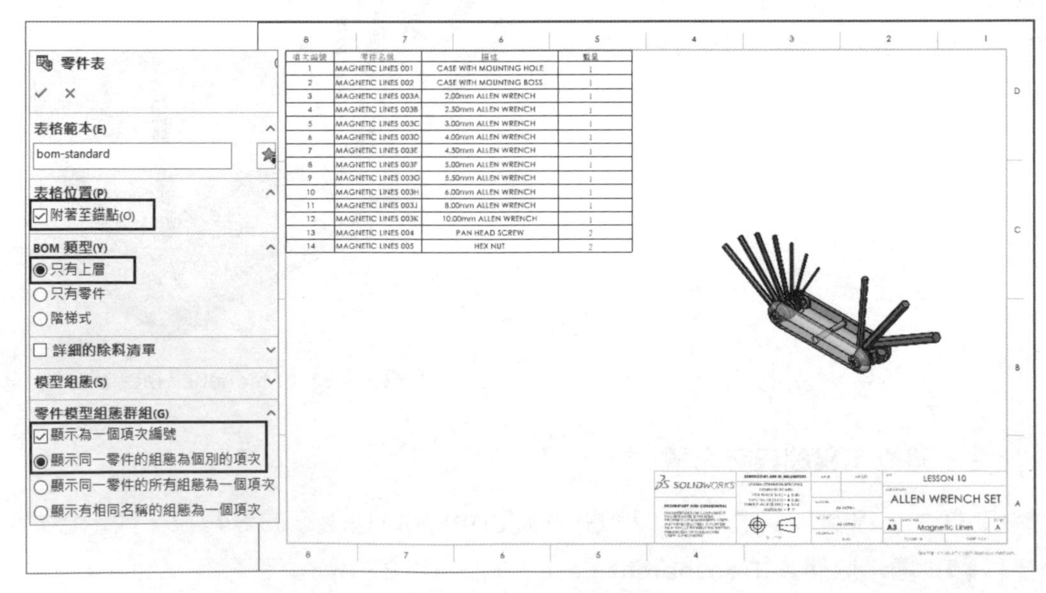

圖 10-88　加入零件表

STEP 4 加入零件號球

按**零件號球**，加入如圖 10-89 所示零件號球。

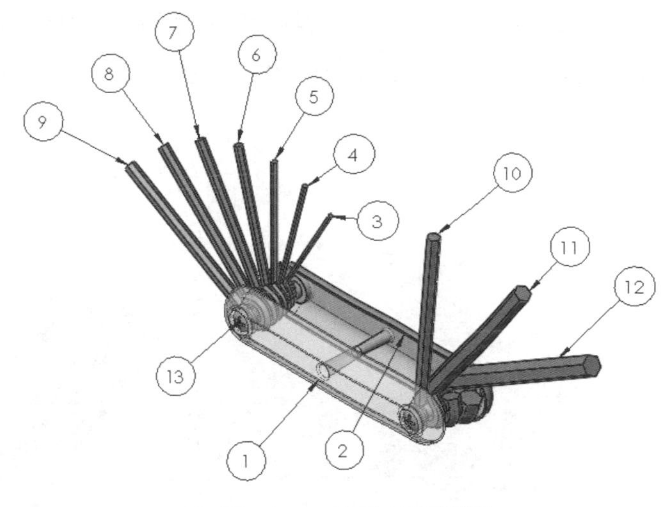

圖 10-89　加入零件號球

磁性線

要對齊零件號球可以將**磁性線**加入到工程圖中，如圖 10-90 所示。

磁性線是用在組織零件號球，零件號球可以被附著在磁性線上以保持相互對齊，其中可以選擇等距或自由拖曳選項。

自動零件號球指令在預設下會直接使用磁性線，也可以手動加入磁性線。當您繪製磁性線時，只要靠近零件號球，零件號球會自動被吸附在磁性線上，您也可以手動拖曳零件號球加入磁性線。

零件號球下方若出現一個紅點，表示其已經附著在磁性線上。磁性線的長度和角度除了可以拖曳兩端的箭頭變更之外，還可以在磁性線的 PropertyManager 中設定。

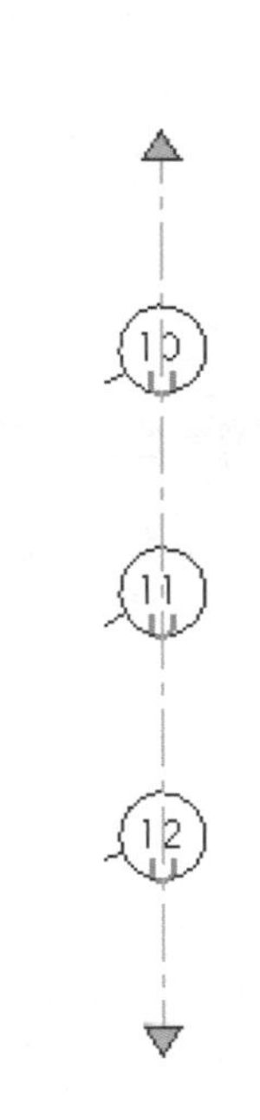

圖 10-90　磁性線

指令TIPS　磁性線

- CommandManager：**註記→磁性線**。
- 功能表：**插入→註記→磁性線**。
- 快顯功能表：在圖頁或視圖上按滑鼠右鍵，點選**註記→磁性線**。

STEP 5 加入磁性線

按**磁性線**，設定**間距**為**等距**，這會使零件號球在磁性線上為等距對齊。按一下放置磁性線的第一個端點，移動游標靠近零件號球使吸附至磁性線上，再按一下放置結束點，如圖 10-91 所示。

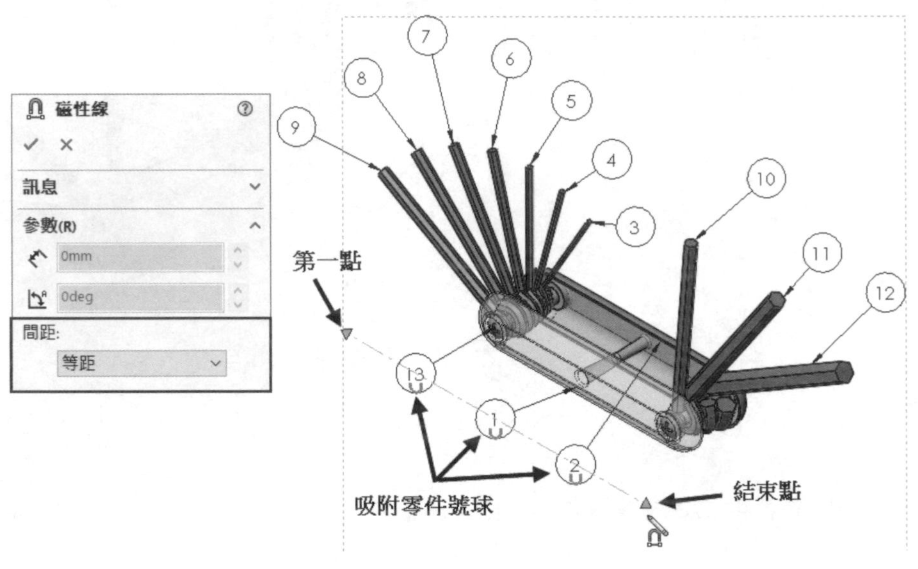

圖 10-91 加入磁性線

STEP 6 加入空磁性線

建立如圖 10-92 所示的水平及垂直磁性線至視圖中（勿接觸到零件號球），按**確定**。

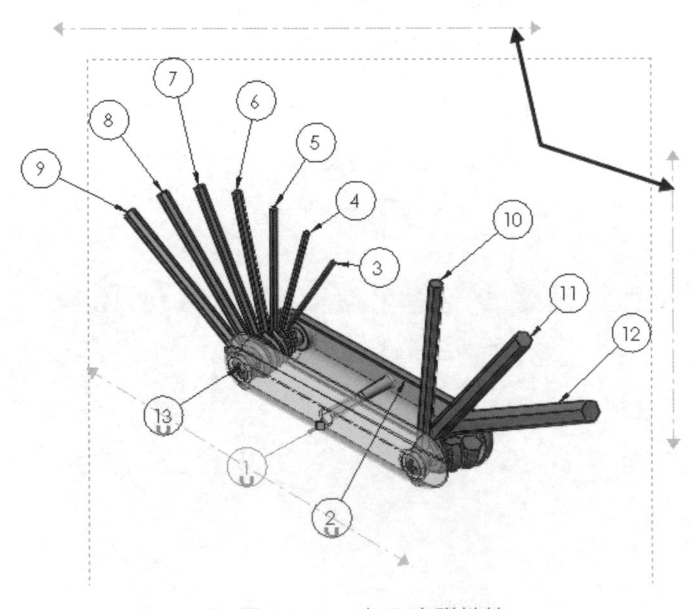

圖 10-92 加入空磁性線

STEP 7 將零件號球拖曳至垂直磁性線

如圖 10-93 所示，將零件號球拖曳至垂直磁性線。

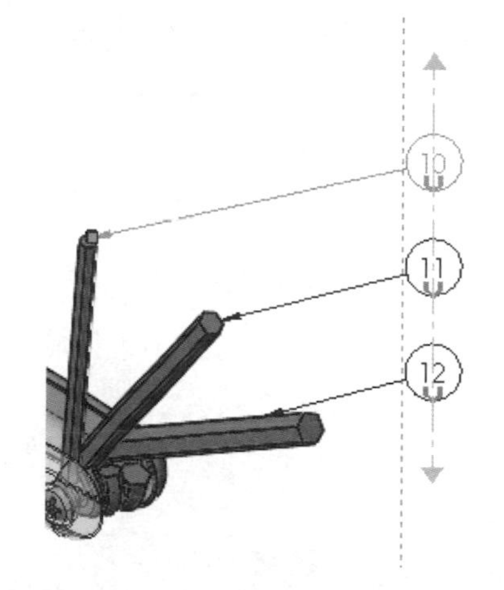

圖 10-93 拖曳零件號球至垂直磁性線

STEP 8 調整垂直磁性線

拖曳磁性線的端點調整線的長度，以及拖曳線至適當位置。

STEP 9 修改水平磁性線屬性

當您想讓零件號球依想要的順序附著時，可以將磁性線屬性設定為**自由拖曳**。

請選擇水平磁性線，在**間距**下選擇**自由拖曳**，如圖 10-94 所示，這個設定可隨意調整零件號球間距。

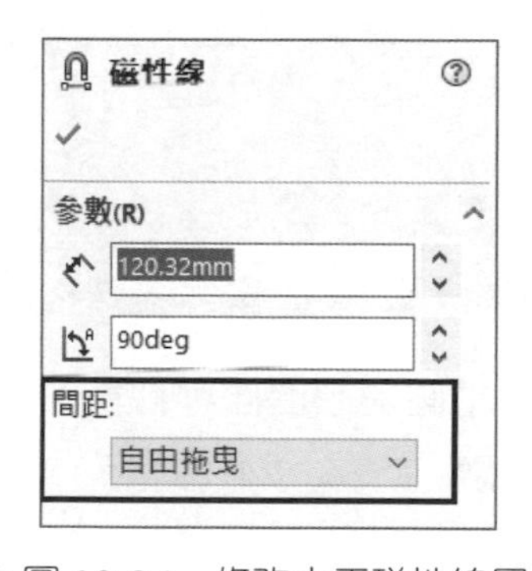

圖 10-94 修改水平磁性線屬性

STEP 10 附著零件號球至水平磁性線

拖曳零件號球至水平磁性線放置，如圖 10-95 所示。

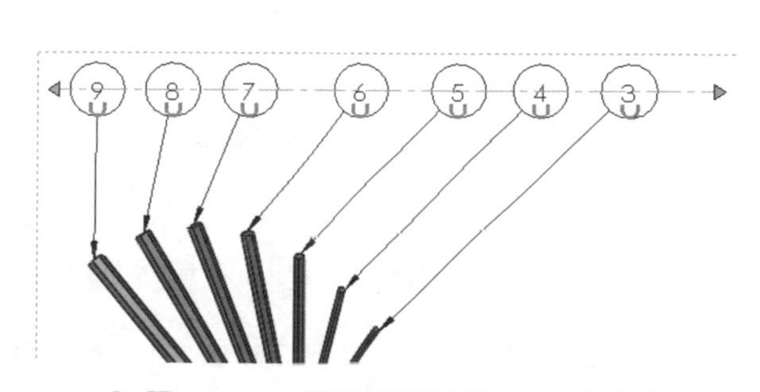

圖 10-95 附著零件號球至水平磁性線

STEP 11 修改水平磁性線屬性

選擇水平磁性線，變更**間距**為**等距**。拖曳線的端點調整長度，並將線拖曳至適當位置。

STEP 12 調整磁性線的長度與角度

按一下左下角磁性線，在 PropertyManager 中變更**長度**為 **100**mm，**角度**為 **150** 度，如圖 10-96 所示。按**確定**。

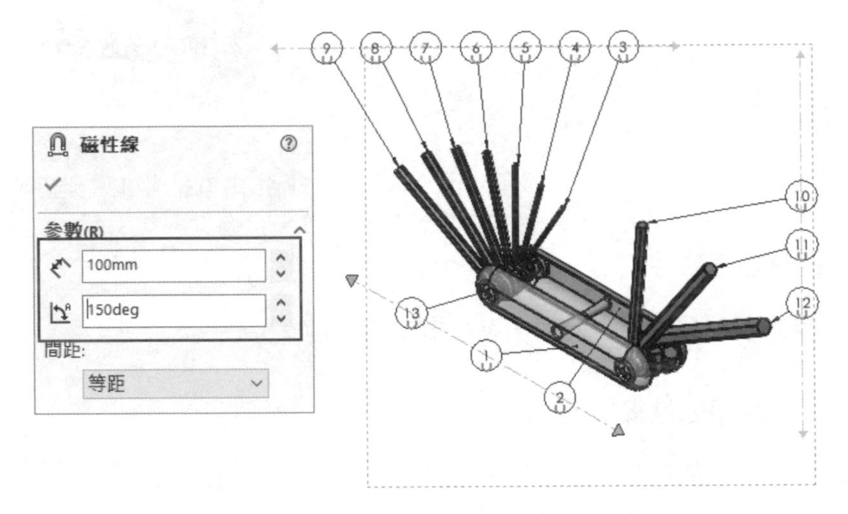

圖 10-96　調整磁性線的長度與角度

STEP 13 檢查零件號球指示器欄位

按左側箭頭展開零件表側邊欄位，零件號球指示器欄位顯示項次 14（螺帽）並沒有零件號球，如圖 10-97 所示。

11			10
12			11
13			12
14		C	13
15			14

圖 10-97　檢查零件號球指示器欄位

STEP 14 新增堆疊式零件號球

在項次 13 零件號球上按滑鼠右鍵，點選**新增堆疊式零件號球**。在圖 10-98 箭頭所指處按滑鼠右鍵，點選**選擇其他**，在**選擇其他**對話方塊中，選擇 Magnetic Lines 005 零組件。

修改零件號球屬性為**向左堆疊**，按**確定**。

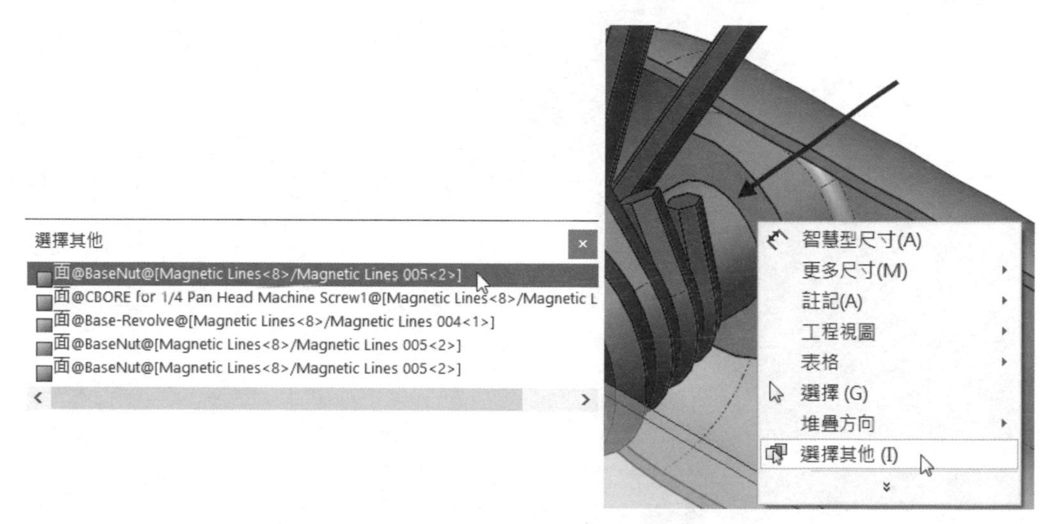

圖 10-98　新增堆疊式零件號球

STEP 15 結果

完成後之工程圖如圖 10-99 所示。

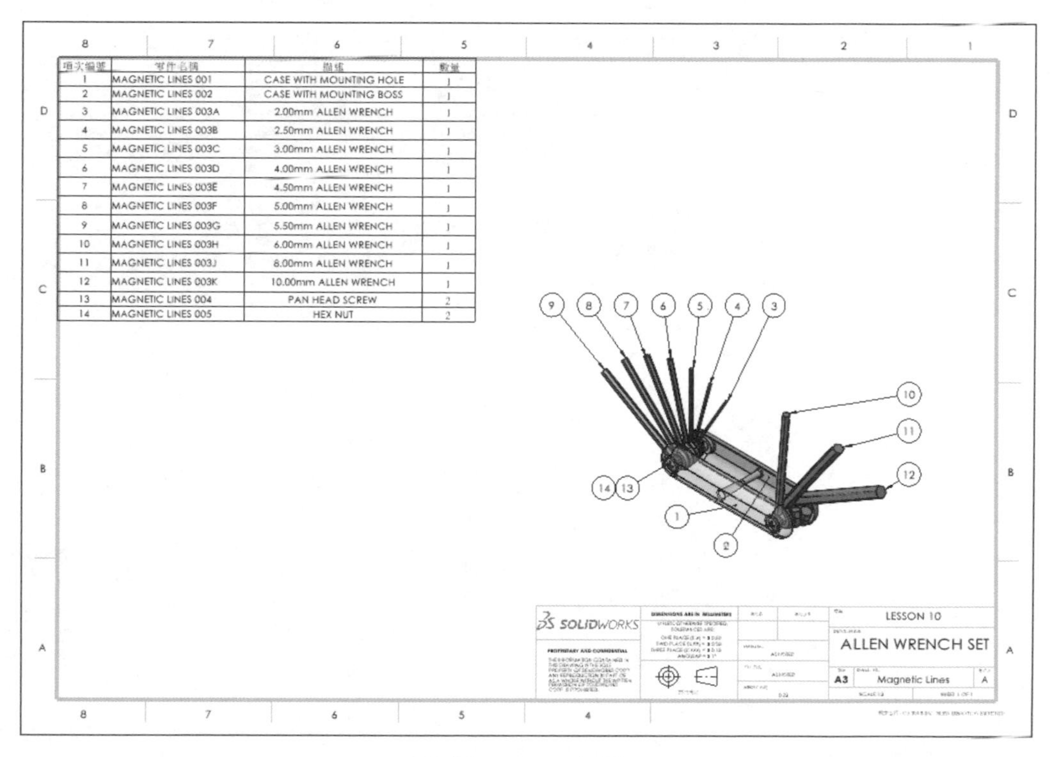

項次編號	零件名稱	描述	數量
1	MAGNETIC LINES 001	CASE WITH MOUNTING HOLE	1
2	MAGNETIC LINES 002	CASE WITH MOUNTING BOSS	1
3	MAGNETIC LINES 003A	2.00mm ALLEN WRENCH	1
4	MAGNETIC LINES 003B	2.50mm ALLEN WRENCH	1
5	MAGNETIC LINES 003C	3.00mm ALLEN WRENCH	1
6	MAGNETIC LINES 003D	4.00mm ALLEN WRENCH	1
7	MAGNETIC LINES 003E	4.50mm ALLEN WRENCH	1
8	MAGNETIC LINES 003F	5.00mm ALLEN WRENCH	1
9	MAGNETIC LINES 003G	5.50mm ALLEN WRENCH	1
10	MAGNETIC LINES 003H	6.00mm ALLEN WRENCH	1
11	MAGNETIC LINES 003J	8.00mm ALLEN WRENCH	1
12	MAGNETIC LINES 003K	10.00mm ALLEN WRENCH	1
13	MAGNETIC LINES 004	PAN HEAD SCREW	2
14	MAGNETIC LINES 005	HEX NUT	2

圖 10-99　結果

STEP 16 共用、儲存並關閉所有檔案

NOTE

11

其他表格

順利完成本章課程後，您將學會：

- 建立與修改鑽孔表格
- 分割表格
- 了解如何修改表格中的表頭、邊框與錨點等設定
- 使用修訂版表格與加入修訂版符號
- 使用導線註記選項，像是加入導線、插入新的分支與加入轉折點
- 在工程圖使用設計表格

11.1 SOLIDWORKS 其他表格

本章我們將查看其他類型的表格，以及相關的註記和選項。首先就從鑽孔表格開始，然後再介紹如何使用修訂版表格，以及其與註解導線一起使用時可用的一些進階選項。

此外，針對熔接件和鈑金件也有一些特定的表格可以使用，但這裡並不討論。

11.2 插入鑽孔表格

鑽孔表格通常用來標示鑽孔大小和位置，這有助於製造加工時的溝通使用，如圖 11-1 所示。

A15	495	197.50	Ø 5.00 完全貫穿 M6x1.0 - 6H 完全貫穿
A16	495	252.50	Ø 5.00 完全貫穿 M6x1.0 - 6H 完全貫穿
B1	42.50	75	Ø35.00 THRU
B2	42.50	225	Ø35.00 THRU
B3	467.50	75	Ø35.00 THRU
B4	467.50	225	Ø35.00 THRU
C1	217.50	75	Ø 10.20 完全貫穿 M12x1.75 - 6H 完全貫穿
C2	217.50	225	Ø 10.20 完全貫穿 M12x1.75 - 6H 完全貫穿

圖 11-1　鑽孔表格

要建立鑽孔表格時，必須先在視圖中選擇一個基準，**基準**為表格中 X 軸與 Y 軸的原點位置。

要選擇在表格中的鑽孔標示時，只要選擇個別鑽孔的邊線，或選擇在視圖中包括所有鑽孔的面即可。

技巧

如果想在表格中加入多個工程視圖的鑽孔，則可使用 PropertyManager 中的**下一個視圖**按鈕，從另一個視圖中建立其他基準和選擇邊線 / 面。

一旦選擇完成，表格也加入至圖頁中後，即可透過表格 PropertyManager 中的其他選項，來調整表格的配置及顯示狀況。

指令TIPS　鑽孔表格

- CommandManager：**註記→表格→鑽孔表格**。
- 功能表：**插入→表格→鑽孔表格**。
- 快顯功能表：在圖頁或視圖上按滑鼠右鍵，點選**表格→鑽孔表格**。

STEP 1　開啟工程圖檔

從 Lesson11\Case Study 資料夾中開啟工程圖檔：Hole Table Practice.SLDDRW，如圖 11-2 所示。

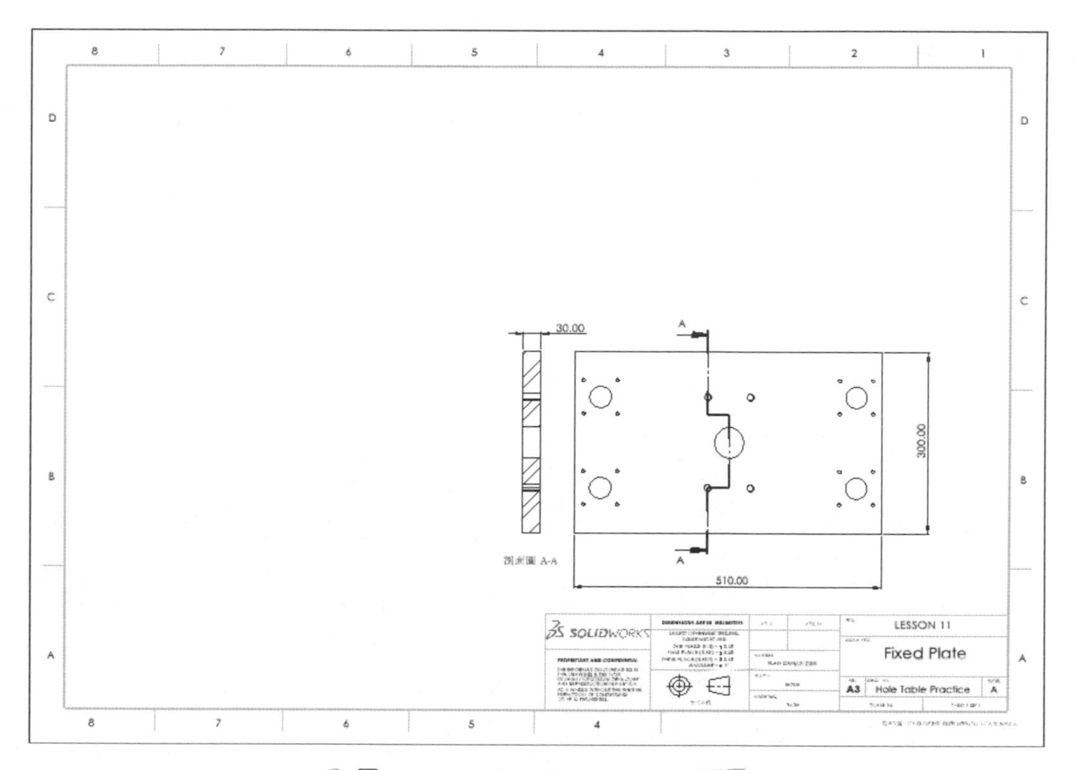

圖 11-2　Hole Table Practice 工程圖

STEP 2　啟用鑽孔表格指令

按表格→鑽孔表格。

STEP 3　定義鑽孔表格設定

表格位置點選**附著至錨點**，**基準**使用**原點**，並選擇視圖左下角點，鑽孔的**邊線 / 面**，選擇如圖 11-3 所示的面。

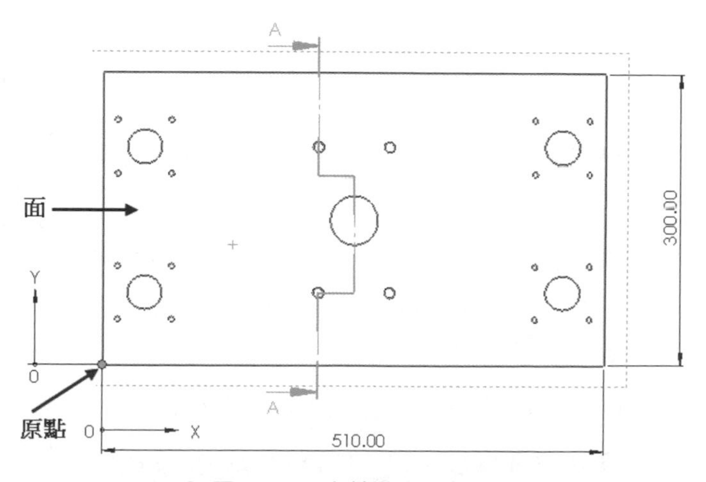

圖 11-3　定義鑽孔表格設定

STEP 4　按確定加入表格

STEP 5　結果

鑽孔表格已加入至圖頁中，標籤也被加入至視圖中以標示鑽孔的參考位置，如圖 11-4 所示。

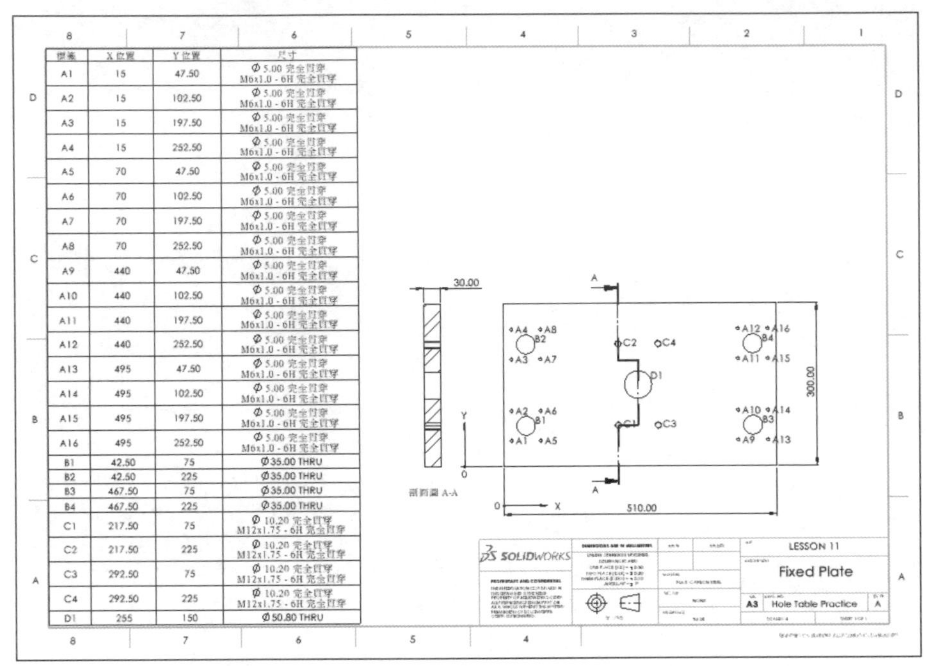

標籤	X 位置	Y 位置	尺寸
A1	15	47.50	Ø 5.00 完全貫穿 M6x1.0 - 6H 完全貫穿
A2	15	102.50	Ø 5.00 完全貫穿 M6x1.0 - 6H 完全貫穿
A3	15	197.50	Ø 5.00 完全貫穿 M6x1.0 - 6H 完全貫穿
A4	15	252.50	Ø 5.00 完全貫穿 M6x1.0 - 6H 完全貫穿
A5	70	47.50	Ø 5.00 完全貫穿 M6x1.0 - 6H 完全貫穿
A6	70	102.50	Ø 5.00 完全貫穿 M6x1.0 - 6H 完全貫穿
A7	70	197.50	Ø 5.00 完全貫穿 M6x1.0 - 6H 完全貫穿
A8	70	252.50	Ø 5.00 完全貫穿 M6x1.0 - 6H 完全貫穿
A9	440	47.50	Ø 5.00 完全貫穿 M6x1.0 - 6H 完全貫穿
A10	440	102.50	Ø 5.00 完全貫穿 M6x1.0 - 6H 完全貫穿
A11	440	197.50	Ø 5.00 完全貫穿 M6x1.0 - 6H 完全貫穿
A12	440	252.50	Ø 5.00 完全貫穿 M6x1.0 - 6H 完全貫穿
A13	495	47.50	Ø 5.00 完全貫穿 M6x1.0 - 6H 完全貫穿
A14	495	102.50	Ø 5.00 完全貫穿 M6x1.0 - 6H 完全貫穿
A15	495	197.50	Ø 5.00 完全貫穿 M6x1.0 - 6H 完全貫穿
A16	495	252.50	Ø 5.00 完全貫穿 M6x1.0 - 6H 完全貫穿
B1	42.50	75	Ø35.00 THRU
B2	42.50	225	Ø35.00 THRU
B3	467.50	75	Ø35.00 THRU
B4	467.50	225	Ø35.00 THRU
C1	217.50	75	Ø 10.20 完全貫穿 M12x1.75 - 6H 完全貫穿
C2	217.50	225	Ø 10.20 完全貫穿 M12x1.75 - 6H 完全貫穿
C3	292.50	75	Ø 10.20 完全貫穿 M12x1.75 - 6H 完全貫穿
C4	292.50	225	Ø 10.20 完全貫穿 M12x1.75 - 6H 完全貫穿
D1	255	150	Ø50.80 THRU

圖 11-4　結果

11.2.1　調整鑽孔表格設定

建立表格後，鑽孔表格 PropertyManager 內有一些其他選項可以用來調整設定，如圖 11-5 所示：

- **標籤順序**：設定控制鑽孔標籤在模型表面的順序。
- **標籤類型**：預設類型是英數字，相同的鑽孔類型都用相同的前置字母，您也可以手動加入前置數字。
- **配置**：用於調整資訊如何顯示於表格中。
- **鑽孔位置精度**：鑽孔位置尺寸的精度與其他尺寸註記一樣。
- **顯示狀況**：在工程視圖中的各種項次顯示狀況，由檢核框的選項所控制。

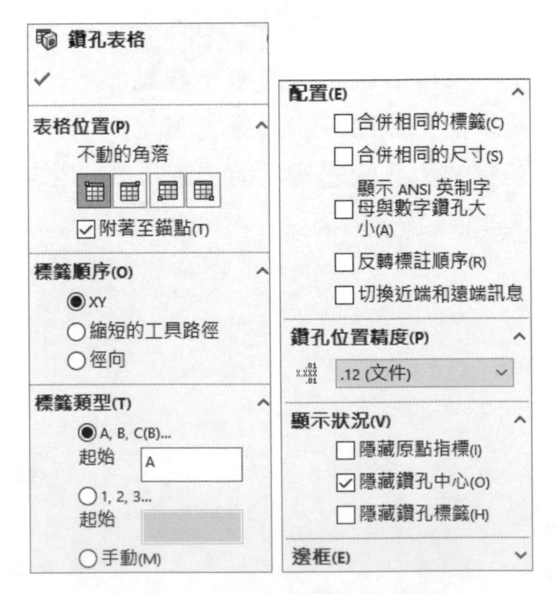

圖 11-5　調整鑽孔表格設定

> 部分選項也可以在鑽孔表格快顯功能表中找到。

與鑽孔表格關聯的個別項次也可以修改，只要選擇儲存格、鑽孔標籤或基準後，即可從 PropertyManager 中選擇相關的選項。以下例子中，我們將修改表格配置以合併相同尺寸的鑽孔，然後再變更表格基準與調整標籤順序。

STEP 6　修改表格配置

選擇表格左上角點的箭頭圖示 以顯示 PropertyManager，在**配置**下勾選**合併相同的尺寸**。

STEP 7　結果

尺寸欄位的儲存格已被合併，如圖 11-6 所示。

標籤	X 位置	Y 位置	尺寸
A1	15	47.50	
A2	15	102.50	
A3	15	197.50	
A4	15	252.50	
A5	70	47.50	
A6	70	102.50	
A7	70	197.50	
A8	70	252.50	Ø 5.00 完全貫穿 M6×1.0 - 6H 完全貫穿
A9	440	47.50	
A10	440	102.50	
A11	440	197.50	
A12	440	252.50	
A13	495	47.50	
A14	495	102.50	
A15	495	197.50	
A16	495	252.50	
B1	42.50	75	
B2	42.50	225	Ø35.00 THRU
B3	467.50	75	
B4	467.50	225	
C1	217.50	75	
C2	217.50	225	Ø 10.20 完全貫穿 M12×1.75 - 6H 完全貫穿
C3	292.50	75	
C4	292.50	225	
D1	255	150	Ø50.80 THRU

圖 11-6　結果

STEP 8　選擇表格基準

如圖 11-7 所示，在靠近所選頂點處按一下，選擇表格基準。

> 注意游標回饋符號以確定您所選的是基準符號。

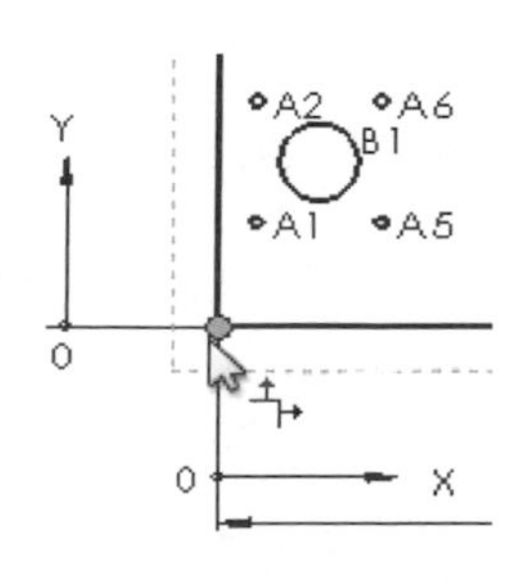

圖 11-7　選擇表格基準

STEP 9 編輯基準定義

在 PropertyManager 中按**編輯基準定義**，如圖 11-8 所示。

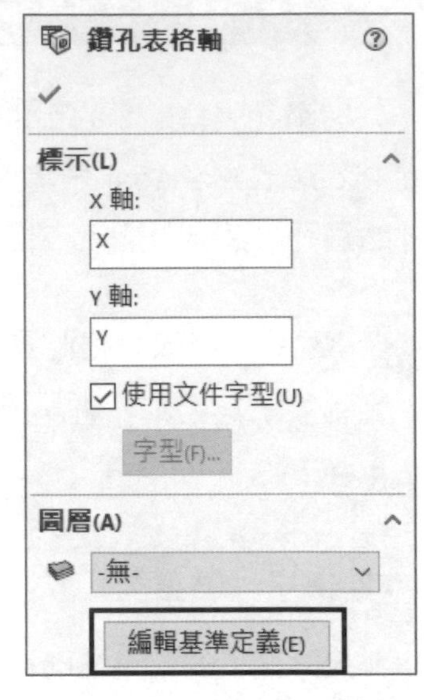

圖 11-8　編輯基準定義

STEP 10 選擇新基準

在工程視圖中選擇中心鑽孔的邊線，如圖 11-9 所示。

按**確定**✔。

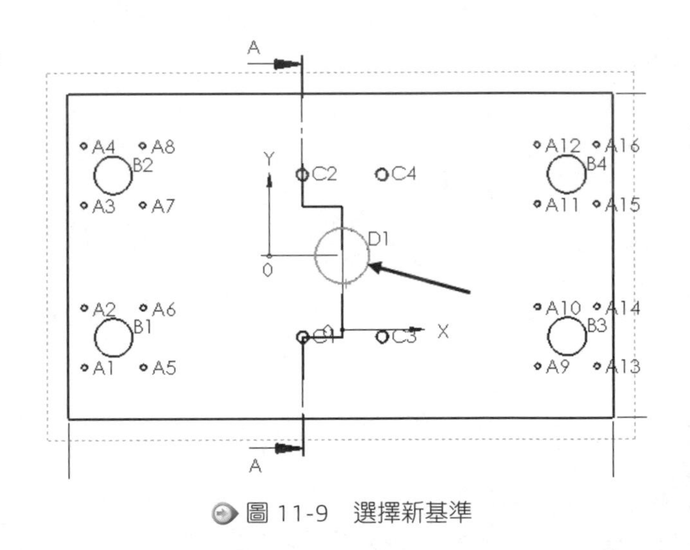

圖 11-9　選擇新基準

STEP 11 結果

表格中 X 與 Y 已更新顯示為從新基準量測的位置。

STEP 12 修改標籤順序

在表格左上角出現的圖示 按一下，顯示 PropertyManager，在**標籤順序**下選擇**縮短的工具路徑**，按**確定**✔。

STEP 13 結果

表格中的鑽孔標籤與排列項次都已更新，如圖 11-10 所示。

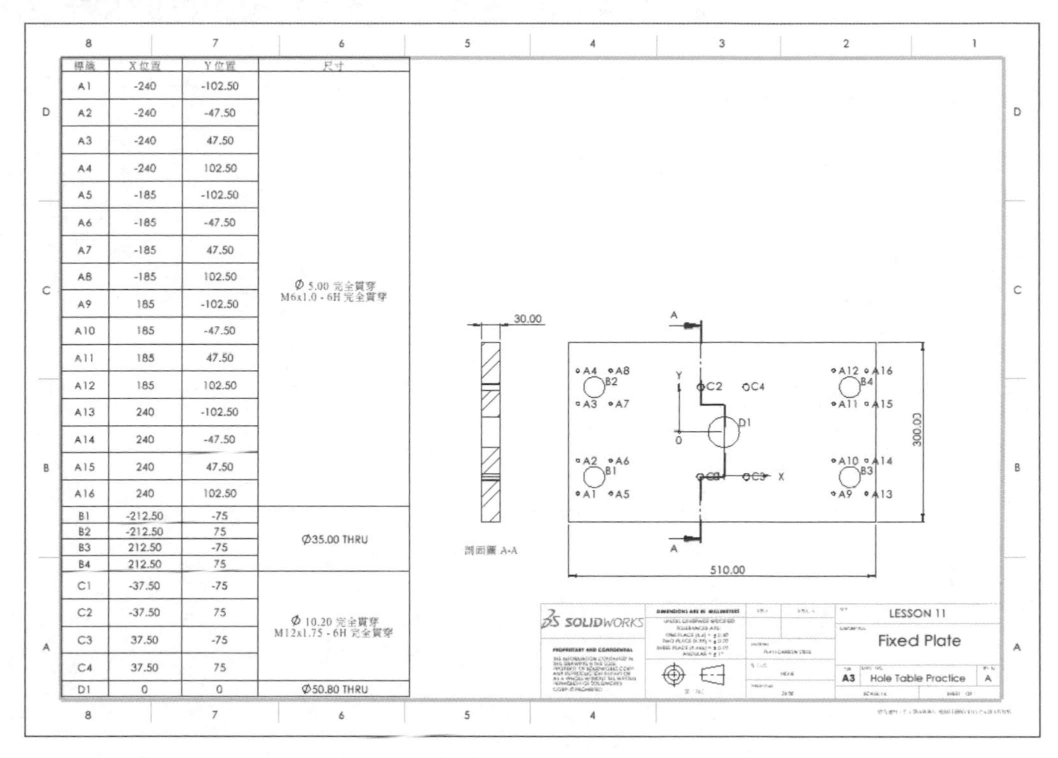

標籤	X 位置	Y 位置	尺寸
A1	-240	-102.50	Ø 5.00 完全貫穿 M6x1.0 - 6H 完全貫穿
A2	-240	-47.50	
A3	-240	47.50	
A4	-240	102.50	
A5	-185	-102.50	
A6	-185	-47.50	
A7	-185	47.50	
A8	-185	102.50	
A9	185	-102.50	
A10	185	-47.50	
A11	185	47.50	
A12	185	102.50	
A13	240	-102.50	
A14	240	-47.50	
A15	240	47.50	
A16	240	102.50	
B1	-212.50	-75	Ø35.00 THRU
B2	-212.50	75	
B3	212.50	-75	
B4	212.50	75	
C1	-37.50	-75	Ø 10.20 完全貫穿 M12x1.75 - 6H 完全貫穿
C2	-37.50	75	
C3	37.50	-75	
C4	37.50	75	
D1	0	0	Ø50.80 THRU

圖 11-10　結果

STEP 14 格式化列高

選擇第一列的表頭後，按 **Shift+ 選擇**最後列表頭，按滑鼠右鍵並從快顯功能表中點選**格式設定→列高**。變更**列高**為 11mm，如圖 11-11 所示。

按**確定**。

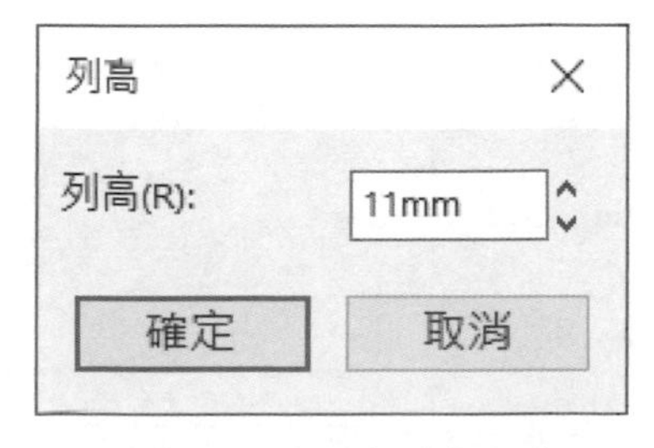

圖 11-11　格式化列高

11.3 分割表格

當表格因為太長（如此例中的鑽孔表格）而無法完全放到工程圖頁中時，可以使用快顯功能表中的指令**分割表格**，使表格可以填入圖頁中。

若表格已被分割，則快顯功能表中亦提供合併表格選項。

STEP 15 使用表格快顯功能表

在 **B1** 儲存格的**標籤**欄位中按滑鼠右鍵。

STEP 16 分割表格

點選**分割→水平向上**。

STEP 17 移動表格

從左上角點將分割的表格拖曳至如圖 11-12 所示的位置。

標籤	X位置	Y位置	尺寸
A1	-185	47.50	Ø 5.00 完全貫穿 M6×1.0 - 6H 完全貫穿
A2	-240	47.50	
A3	-240	102.50	
A4	-185	102.50	
A5	-185	-47.50	
A6	-240	-47.50	
A7	-240	-102.50	
A8	-185	-102.50	
A9	185	-102.50	
A10	240	-102.50	
A11	240	-47.50	
A12	185	-47.50	
A13	185	47.50	
A14	185	102.50	
A15	240	102.50	
A16	240	47.50	

標籤	X位置	Y位置	尺寸
B1	-212.50	75	Ø35.00 THRU
B2	-212.50	-75	
B3	212.50	-75	
B4	212.50	75	
C1	-37.50	75	Ø 10.20 完全貫穿 M12×1.75 - 6H 完全貫穿
C2	37.50	75	
C3	37.50	-75	
C4	-37.50	-75	
D1	0	0	Ø50.80 THRU

30.00
剖面圖 A-A
300.00
510.00
SOLIDWORKS
LESSON 10
Fixed Plate
A3 Hole Table Practice A

圖 11-12 移動表格

STEP 18 共用、儲存並關閉所有檔案

11.4 使用修訂版表格

修訂版表格和其他 SOLIDWORKS 的表格一樣有著相同的特性。下面將開啟一個已有修訂版表格的工程圖檔，並解釋表格的屬性，和探討表格的其他選項，像是如何控制表格的表頭位置、修改儲存格邊框等，另外也會加入一個新的修訂版表格和相關的註記。

STEP 1 開啟工程圖檔

從 Lesson11\Case Study 資料夾中開啟工程圖檔：Revision Table Practice.SLDDRW，如圖 11-13 所示。

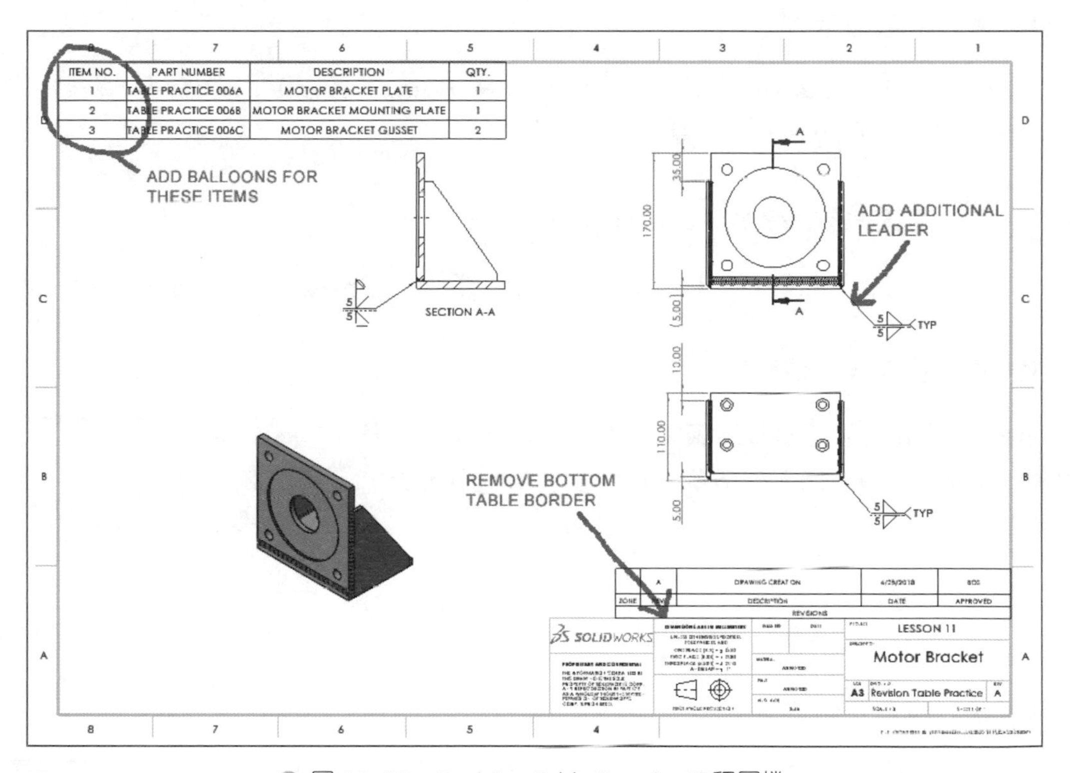

圖 11-13 Revision Table Practice 工程圖檔

11.4.1 標示

標示指令可以從標示工具列中找到，如圖 11-14 所示。本例工程圖中已有標示，表示已因設計人員的溝通而建立。加入標示後，標示會列示在 FeatureManager（特徵管理員）中，您可以在標示上按滑鼠右鍵，從快顯功能表中選擇**編輯標示**、**方位**、**隱藏 / 顯示**、**輸出標示**或**刪除**等，如圖 11-15。

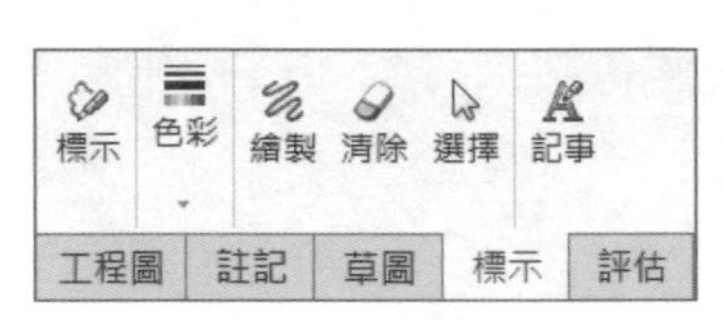

◉ 圖 11-14 標示工具列

◉ 圖 11-15 標示選項

STEP 2 隱藏標示

在 FeatureManager（特徵管理員）中展開 **Markups（標示）** 資料夾，在標示上按滑鼠右鍵，從快顯功能表中選擇**隱藏**。

STEP 3 進入修訂版表格 PropertyManager

按一下修訂版表格（Revision Table1）左上角點圖示，以顯示 PropertyManager。

STEP 4 檢查表格位置

請注意表格設定是**附著至錨點，不動的角落**設定於右下角點，如圖 11-16 所示，這些都符合之前範本中所設定錨點位置。

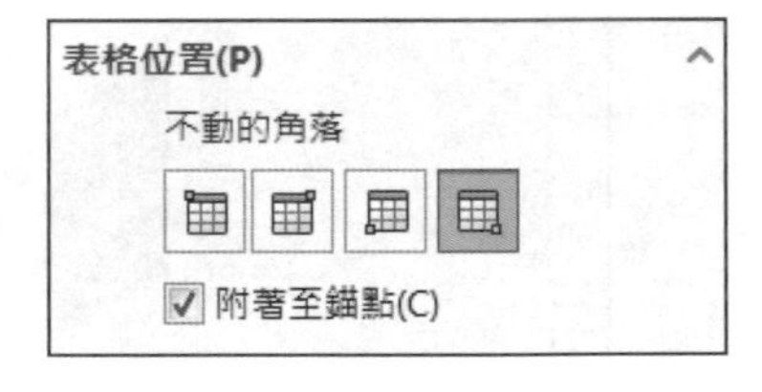

◉ 圖 11-16　檢查表格位置

STEP 5 檢查表格表頭

表格的表頭列位於底端，新增列會從上面開始，這可以按格式工具列中的**表格表頭**按鈕切換，如圖 11-17 所示。

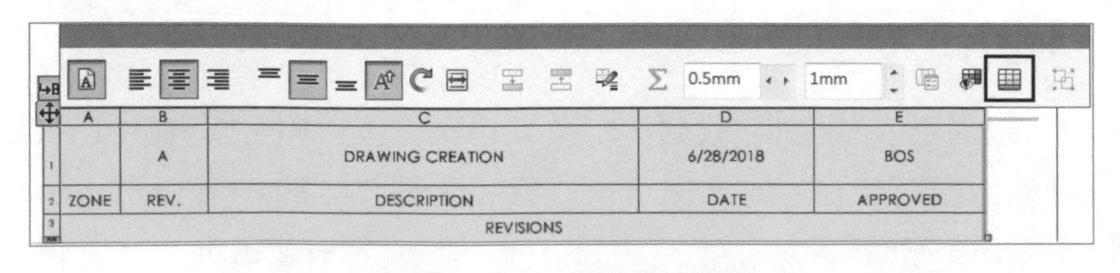

◉ 圖 11-17　檢查表格表頭

STEP 6 切換表格表頭

修訂版表格的表頭列標示著這是何種表格，在表頭列左方有一對箭頭展開圖示▲▲，可以切換表頭列是展開或是摺疊。

STEP 7 編修表格儲存格邊框

完整表格的邊框設定需從 PropertyManager 中調整，而個別的儲存格邊框編修，則可以按格式工具列中的**邊框編輯**按鈕啟用。

如圖 11-18 所示，按**邊框編輯**按鈕，再選擇表格底端的水平線，選擇線條型式為**無**。

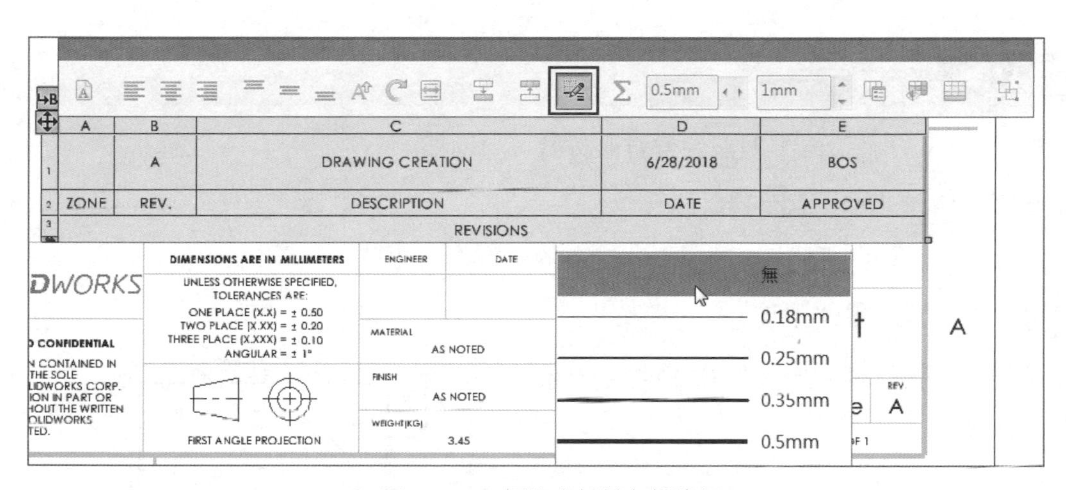

圖 11-18 編修表格儲存格邊框

關閉編修表格，結果如圖 11-19 所示。

	A	DRAWING CREATION	6/28/2018	BOS
ZONE	REV.	DESCRIPTION	DATE	APPROVED
REVISIONS				

SOLIDWORKS

PROPRIETARY AND CONFIDENTIAL

THE INFORMATION CONTAINED IN THIS DRAWING IS THE SOLE PROPERTY OF SOLIDWORKS CORP. ANY REPRODUCTION IN PART OR AS A WHOLE WITHOUT THE WRITTEN PERMISSION OF SOLIDWORKS CORP. IS PROHIBITED.

DIMENSIONS ARE IN MILLIMETERS

UNLESS OTHERWISE SPECIFIED, TOLERANCES ARE:
ONE PLACE (X.X) = ± 0.50
TWO PLACE (X.XX) = ± 0.20
THREE PLACE (X.XXX) = ± 0.10
ANGULAR = ± 1°

FIRST ANGLE PROJECTION

ENGINEER DATE

MATERIAL AS NOTED

FINISH AS NOTED

WEIGHT(KG) 3.45

PROJECT LESSON 11

DESCRIPTION Motor Bracket

SIZE A3 DWG. NO. Revision Table Practice REV. A

SCALE:1:3 SHEET 1 OF 1

圖 11-19 結果

11.4.2 加入修訂版

目前工程圖缺少零件號球，在將修訂版符號加入至表格前，要先加入零件號球。當表格啟用時，可使用**加入修訂版** 按鈕將修訂加入到表格中。預設情況下，當加入修訂版時，**修訂版符號**指令就會自動啟用，如圖 11-20 所示。

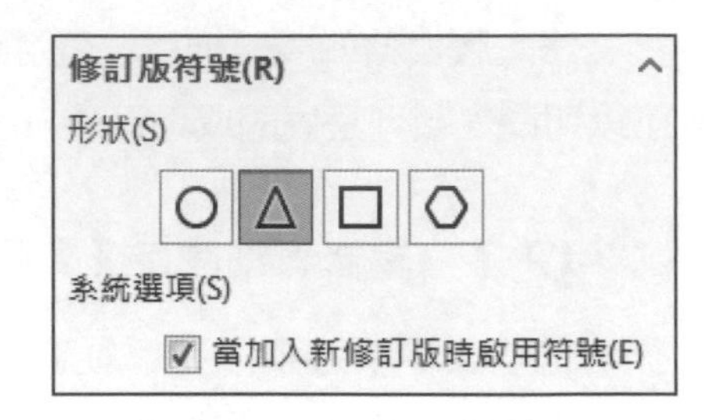

圖 11-20　加入修訂版

這些符號是用來標示工程圖中有更改的位置。符號所在位置的區域將填入到修訂表中。或者，可以從註記工具列使用修訂版符號指令。

指令TIPS　修訂版符號

- CommandManager：**註記→修訂版符號** 。
- 功能表：**插入→註記→修訂版符號**。

STEP 8　加入零件號球

按**零件號球** ，加入如圖 11-21 所示的零件號球。

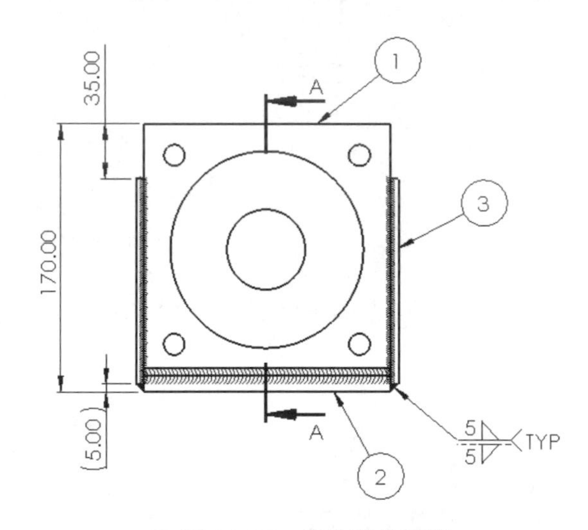

圖 11-21　加入零件號球

STEP 9　加入修訂版

移動游標至修訂版表格查看表頭，按一下**加入修訂版** 按鈕。

STEP 10 加入修訂版符號

在工程圖頁的零件號球旁放置修訂版符號，如圖 11-22 所示，按**確定**✔。

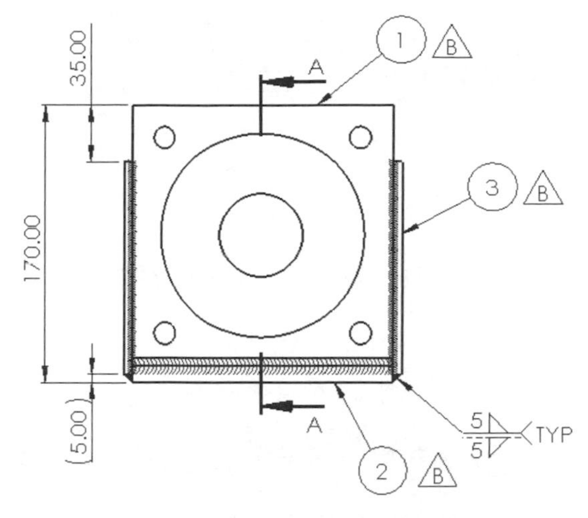

圖 11-22　加入修訂版符號

STEP 11 加入修訂版描述

在新修訂版的 **DESCRIPTION**（描述）儲存格上快按滑鼠兩下，輸入**加入零件號球**後按 Enter。

STEP 12 重新計算 🔴 工程圖

STEP 13 結果

新增表列中包括目前的日期，以及加入修訂版符號的區域，工程圖文件中的修訂版自訂屬性也已自動更新，以符合目前表格中的修訂版次，如圖 11-23 所示。

C2, D1, D2	B	加入零件號球	2020/1/13	
	A	DRAWING CREATION	6/28/2018	BOS
ZONE	REV.	DESCRIPTION	DATE	APPROVED
REVISIONS				

SOLIDWORKS	DIMENSIONS ARE IN MILLIMETERS	ENGINEER	DATE	PROJECT LESSON 11	
PROPRIETARY AND CONFIDENTIAL THE INFORMATION CONTAINED IN THIS DRAWING IS THE SOLE PROPERTY OF SOLIDWORKS CORP. ANY REPRODUCTION IN PART OR AS A WHOLE WITHOUT THE WRITTEN PERMISSION OF SOLIDWORKS CORP. IS PROHIBITED.	UNLESS OTHERWISE SPECIFIED, TOLERANCES ARE: ONE PLACE (X.X) = ± 0.50 TWO PLACE (X.XX) = ± 0.20 THREE PLACE (X.XXX) = ± 0.10 ANGULAR = ± 1°	MATERIAL AS NOTED		DESCRIPTION Motor Bracket	
	FIRST ANGLE PROJECTION	FINISH AS NOTED		SIZE A3 DWG. NO. Revision Table Practice	REV. B
		WEIGHT (KG) 3.45		SCALE1:3	SHEET 1 OF 1

圖 11-23　結果

11.5 註記導線選項

在完成工程圖之前，註記導線需要再做些編修。許多註記如零件號球、熔接符號等等，都使用導線來指出註記所參考的位置。以下為註記導線的獨特選項：

- **新增額外的導線**：按 **Ctrl+ 拖曳**導線箭頭，將可新增一條額外的導線。
- **插入新的分支**：在導線上按滑鼠右鍵，從快顯功能表點選**插入新的分支**，新的分支導線會從原來的導線中點加入。
- **加入轉折點**：在導線上按滑鼠右鍵，從快顯功能表點選**加入轉折點**。

以下我們將新增額外的導線至零件號球，以及插入新的分支與轉折點至熔接符號上。

STEP 14 新增額外的導線

選擇零件號球項次 3，按 **Ctrl+ 拖曳**箭頭的控制點至對面的連接板零組件，如圖 11-24 所示。

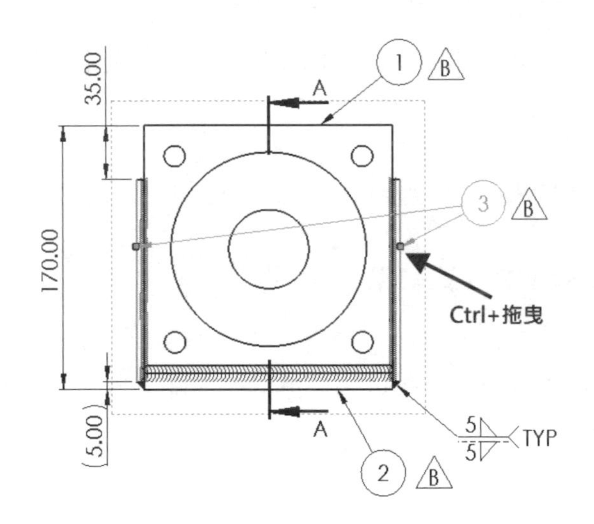

圖 11-24　新增額外的導線

STEP 15 插入新的分支

在熔接符號導線上按滑鼠右鍵，點選**插入新的分支**，在對面的角落上快按滑鼠兩下放置新的分支導線，如圖 11-25 所示。

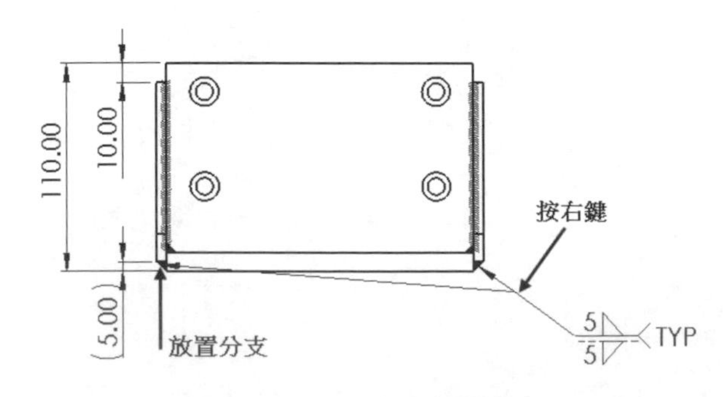

圖 11-25　插入新的分支

提示 快按滑鼠兩下以結束導線，單點一下則是加入轉折點與導線連續。

STEP 16 加入轉折點

在新的分支導線上按滑鼠右鍵，點選**加入轉折點**，如圖 11-26 所示。

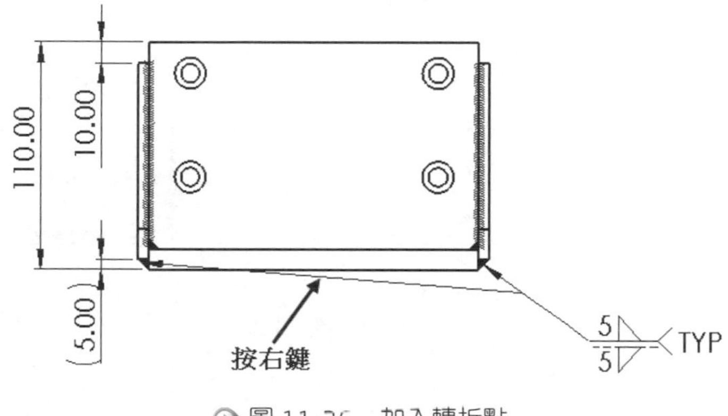

圖 11-26　加入轉折點

STEP 17 拖曳轉折點位置

將轉折點拖曳至如圖 11-27 所示的位置。

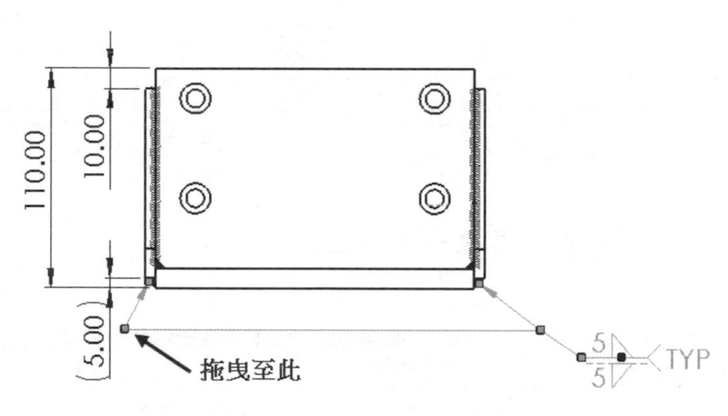

圖 11-27　拖曳轉折點位置

STEP 18 選擇項：加入修訂版符號與修改描述

要完成工程圖前，需將**修訂版符號** ⚠ 加入至修改後的熔接符號導線旁。注意**區域**儲存格已更新，在**描述**儲存格上快按滑鼠兩下，並在後面加入 **"與熔接符號導線"** 的文字，如圖 11-28 所示。

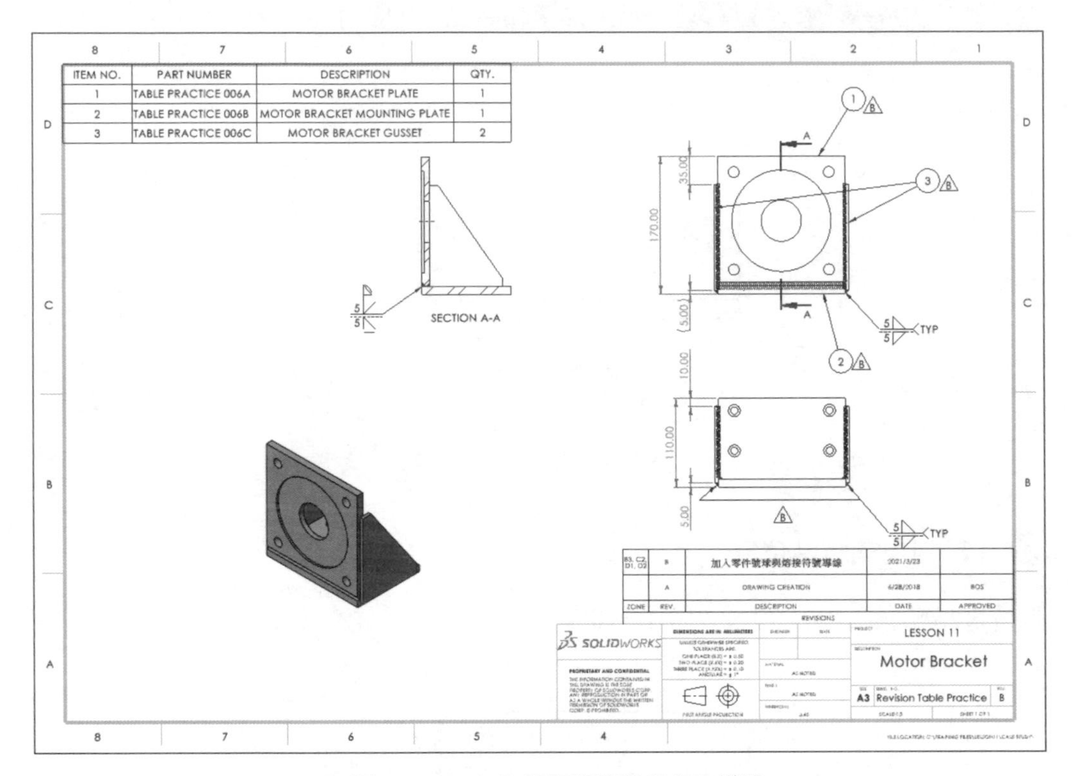

圖 11-28　加入修訂版符號與修改描述

STEP 19 共用、儲存 並關閉 所有檔案

11.6 工程圖中的設計表格

SOLIDWORKS 模型組態中的設計表格是屬於 Excel 試算表。目前的設計表格可以在工程圖中顯示，就像其他任何表格的類型一樣，但是作用卻大不相同。

當將設計表格加入到工程圖頁時，此 Excel 表格在工程圖中的顯示與其在模型文件中的顯示一樣。 因此，要修改工程圖頁上設計表格的顯示狀況，必須回到模型文件中修改設計表格，包括隱藏欄和列、調整邊框、格式化文字等。

練習 11-1 鑽孔表格

請依下列步驟指引，使用提供的模型，建立鑽孔表格的工程圖，如圖 11-29 所示。本練習將使用以下技能：

- 插入鑽孔表格
- 調整鑽孔表格設定

工程圖範本：A3 工程圖；圖頁比例 1：2。

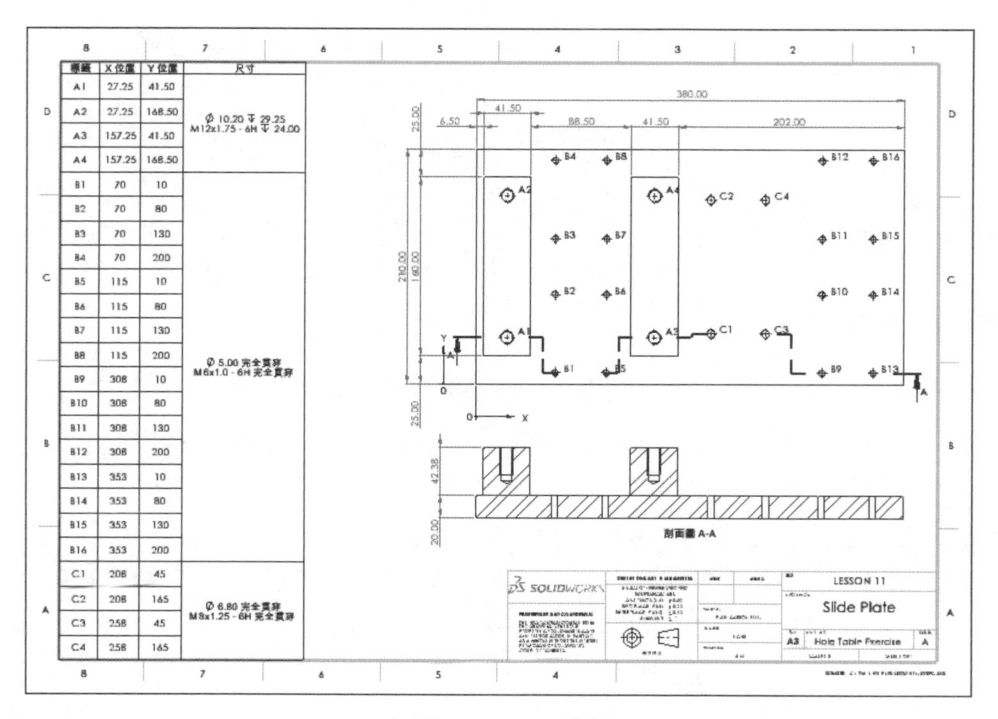

標籤	X位置	Y位置	尺寸
A1	27.25	41.50	Ø 10.20 ↧ 29.25 M12x1.75 - 6H ↧ 24.00
A2	27.25	168.50	
A3	157.25	41.50	
A4	157.25	168.50	
B1	70	10	Ø 5.00 完全貫穿 M6x1.0 - 6H 完全貫穿
B2	70	80	
B3	70	130	
B4	70	200	
B5	115	10	
B6	115	80	
B7	115	130	
B8	115	200	
B9	308	10	
B10	308	80	
B11	308	130	
B12	308	200	
B13	353	10	
B14	353	80	
B15	353	130	
B16	353	200	
C1	208	45	Ø 6.80 完全貫穿 M8x1.25 - 6H 完全貫穿
C2	208	165	
C3	258	45	
C4	258	165	

圖 11-29　工程圖

操作步驟

STEP 1　開啟零件

從 Lesson11\Exercises 資料夾中開啟工程圖檔：Hole Table Exercise.SLDDRW。

STEP 2　使用鑽孔表格

按**表格→鑽孔表格**。

STEP 3　設定鑽孔表格

在**表格位置**勾選**附著至錨點**；**基準**使用**原點**，並選擇視圖中左下角點；**邊線 / 面**選擇如圖 11-30 所示的平面。

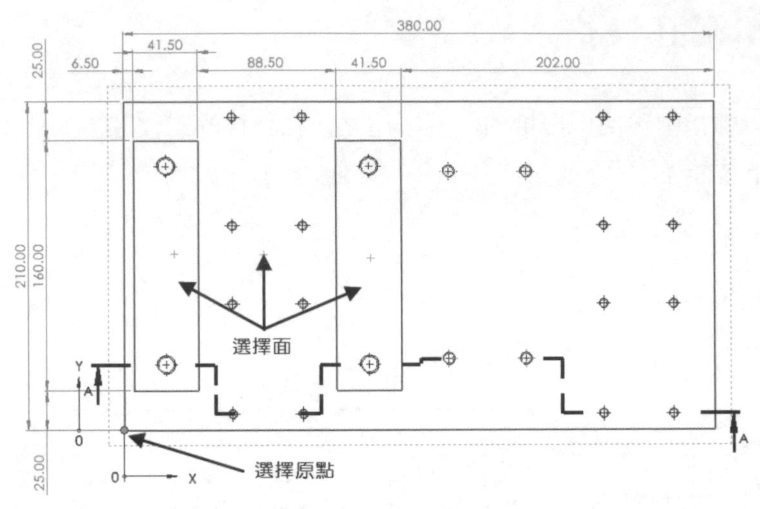

圖 11-30　設定鑽孔表格

STEP 4　按確定✔加入表格

STEP 5　結果

鑽孔表格已加入至圖頁中，標籤也標示至視圖中的鑽孔處，如圖 11-31 所示。

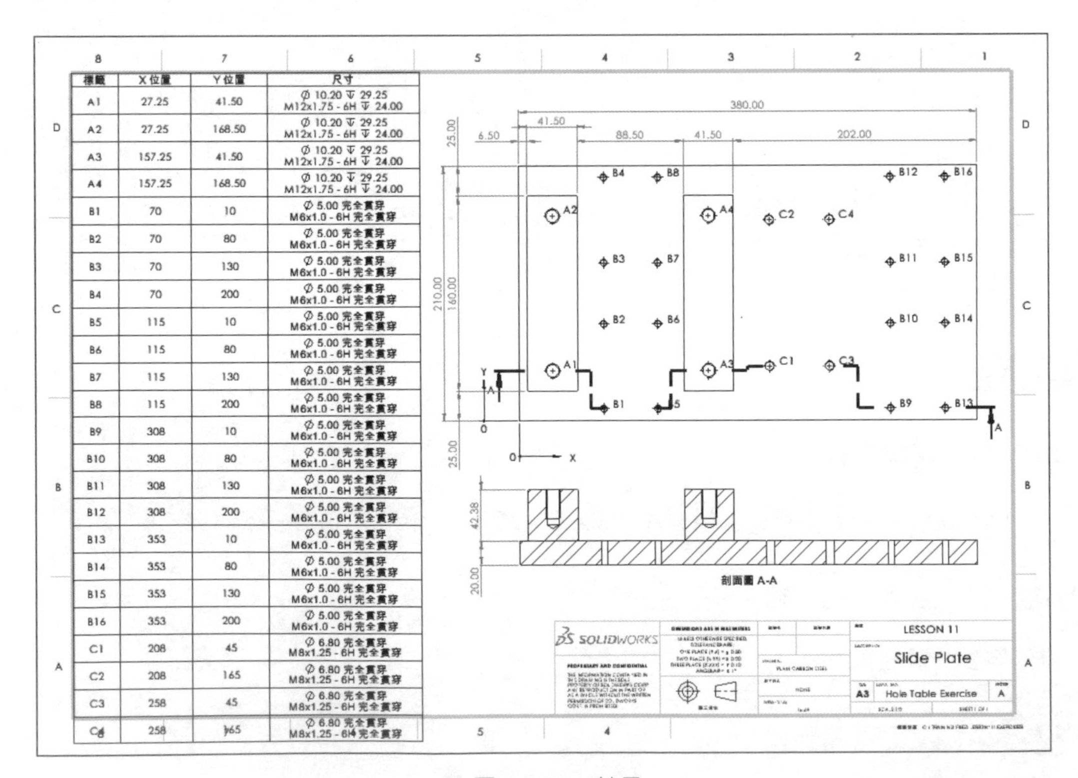

標籤	X位置	Y位置	尺寸
A1	27.25	41.50	Ø 10.20 ↧ 29.25 M12x1.75 - 6H ↧ 24.00
A2	27.25	168.50	Ø 10.20 ↧ 29.25 M12x1.75 - 6H ↧ 24.00
A3	157.25	41.50	Ø 10.20 ↧ 29.25 M12x1.75 - 6H ↧ 24.00
A4	157.25	168.50	Ø 10.20 ↧ 29.25 M12x1.75 - 6H ↧ 24.00
B1	70	10	Ø 5.00 完全貫穿 M6x1.0 - 6H 完全貫穿
B2	70	80	Ø 5.00 完全貫穿 M6x1.0 - 6H 完全貫穿
B3	70	130	Ø 5.00 完全貫穿 M6x1.0 - 6H 完全貫穿
B4	70	200	Ø 5.00 完全貫穿 M6x1.0 - 6H 完全貫穿
B5	115	10	Ø 5.00 完全貫穿 M6x1.0 - 6H 完全貫穿
B6	115	80	Ø 5.00 完全貫穿 M6x1.0 - 6H 完全貫穿
B7	115	130	Ø 5.00 完全貫穿 M6x1.0 - 6H 完全貫穿
B8	115	200	Ø 5.00 完全貫穿 M6x1.0 - 6H 完全貫穿
B9	308	10	Ø 5.00 完全貫穿 M6x1.0 - 6H 完全貫穿
B10	308	80	Ø 5.00 完全貫穿 M6x1.0 - 6H 完全貫穿
B11	308	130	Ø 5.00 完全貫穿 M6x1.0 - 6H 完全貫穿
B12	308	200	Ø 5.00 完全貫穿 M6x1.0 - 6H 完全貫穿
B13	353	10	Ø 5.00 完全貫穿 M6x1.0 - 6H 完全貫穿
B14	353	80	Ø 5.00 完全貫穿 M6x1.0 - 6H 完全貫穿
B15	353	130	Ø 5.00 完全貫穿 M6x1.0 - 6H 完全貫穿
B16	353	200	Ø 5.00 完全貫穿 M6x1.0 - 6H 完全貫穿
C1	208	45	Ø 6.80 完全貫穿 M8x1.25 - 6H 完全貫穿
C2	208	165	Ø 6.80 完全貫穿 M8x1.25 - 6H 完全貫穿
C3	258	45	Ø 6.80 完全貫穿 M8x1.25 - 6H 完全貫穿
C4	258	165	Ø 6.80 完全貫穿 M8x1.25 - 6H 完全貫穿

圖 11-31　結果

STEP 6 修改鑽孔表格屬性

按一下表格左上角的箭頭圖示，開啟 PropertyManager，在**配置**下，勾選**合併相同的標籤**。

STEP 7 結果

如圖 11-32 所示，標籤合併後，表格僅簡單列示鑽孔的尺寸與數量，這種類型的表格可以與尺寸合併以定義鑽孔位置。

標籤	尺寸	數量
A	∅ 10.20 ↧ 29.25 M12x1.75 - 6H ↧ 24.00	4
B	∅ 5.00 完全貫穿 M6x1.0 - 6H 完全貫穿	16
C	∅ 6.80 完全貫穿 M8x1.25 - 6H 完全貫穿	4

圖 11-32 結果

STEP 8 修改鑽孔表格屬性

按一下表格左上角的箭頭圖示，開啟 PropertyManager，在**配置**下，取消勾選**合併相同的標籤**，勾選**合併相同的尺寸**。

STEP 9 結果

相同大小的孔標註儲存格已被合併。

STEP 10 調整表格大小

使用表格右下角控制點，拖曳並調整以配合圖頁大小，如圖 11-33 所示。

標籤	X位置	Y位置	尺寸
A1	27.25	41.50	∅ 10.20 ↧ 29.25 M12x1.75 - 6H ↧ 24.00
A2	27.25	168.50	
A3	157.25	41.50	
A4	157.25	168.50	
B1	70	10	∅ 5.00 完全貫穿 M6x1.0 - 6H 完全貫穿
B2	70	80	
B3	70	130	
B4	70	200	
B5	115	10	
B6	115	80	
B7	115	130	
B8	115	200	
B9	308	10	
B10	308	80	
B11	308	130	
B12	308	200	
B13	353	10	
B14	353	80	
B15	353	130	
B16	353	200	
C1	208	45	∅ 6.80 完全貫穿 M8x1.25 - 6H 完全貫穿
C2	208	165	
C3	258	45	
C4	258	165	

圖 11-33 調整表格大小

STEP 11 結果（圖 11-34）

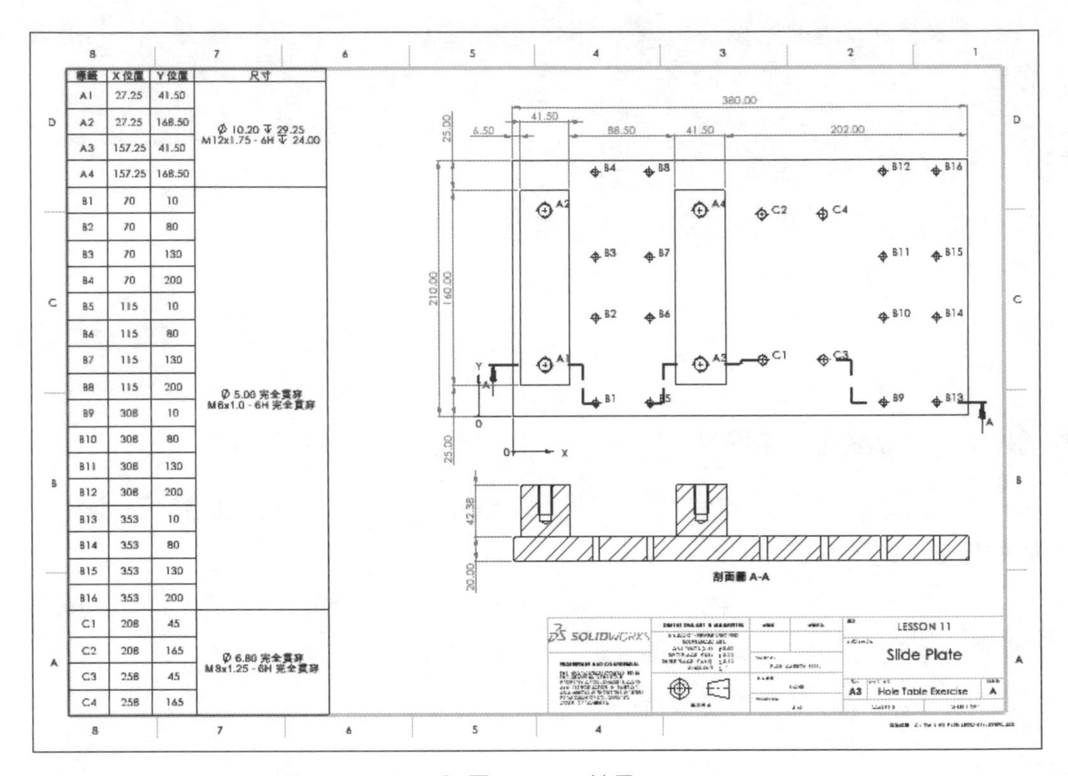

圖 11-34　結果

STEP 12 共用、儲存並關閉所有檔案

練習 11-2 修訂版與設計表格

請依下列步驟指引，使用提供的模型 Fork 建立如圖 11-35 所示的修訂版表格，以及設計表格工程圖。本練習將使用以下技能：

- 建立修訂版表格
- 加入修訂版
- 工程圖中的設計表格
- 加入設計表格

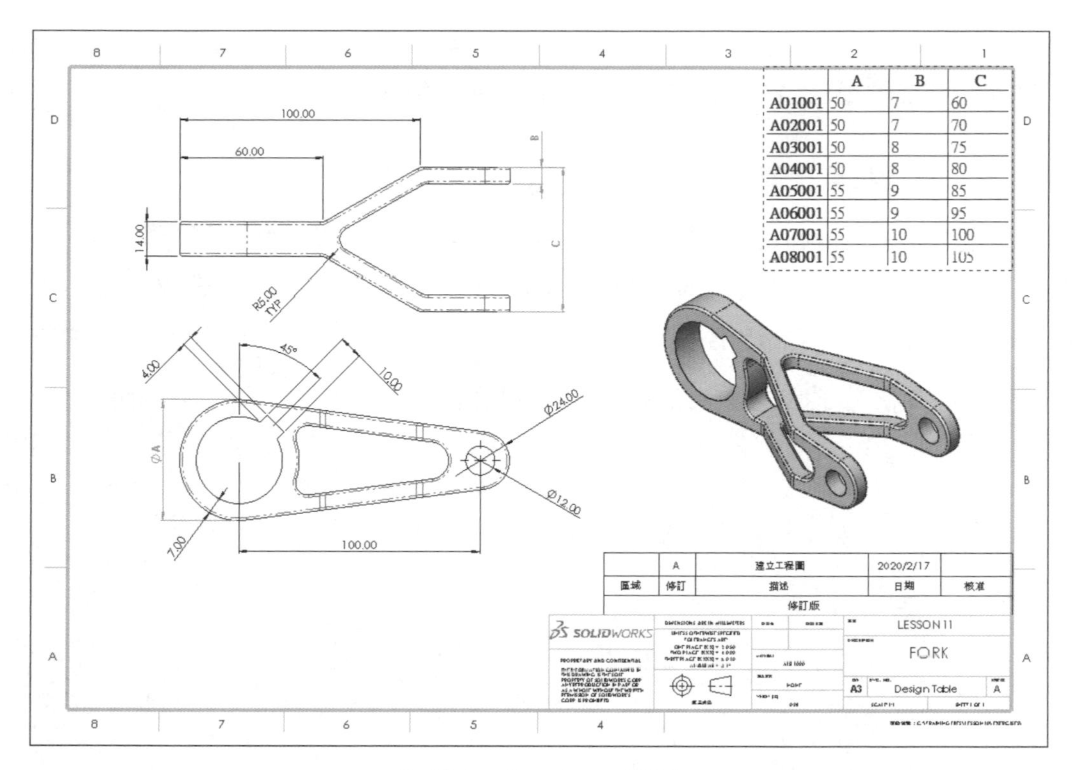

	A	B	C
A01001	50	7	60
A02001	50	7	70
A03001	50	8	75
A04001	50	8	80
A05001	55	9	85
A06001	55	9	95
A07001	55	10	100
A08001	55	10	105

圖 11-35　Fork 工程圖

操作步驟

STEP 1　開啟零件

從 Lesson11\Exercises 資料夾中開啟零件：Design Table.SLDPRT。

STEP 2　查看模型註記視角

展開 **Annotations（註記）** 資料夾後按滑鼠右鍵，點選**顯示特徵尺寸**。按**啟動與重新定位**，查看 *Top 與 *Front 視角，預覽將使用在工程圖中的註記，如圖 11-36 所示。

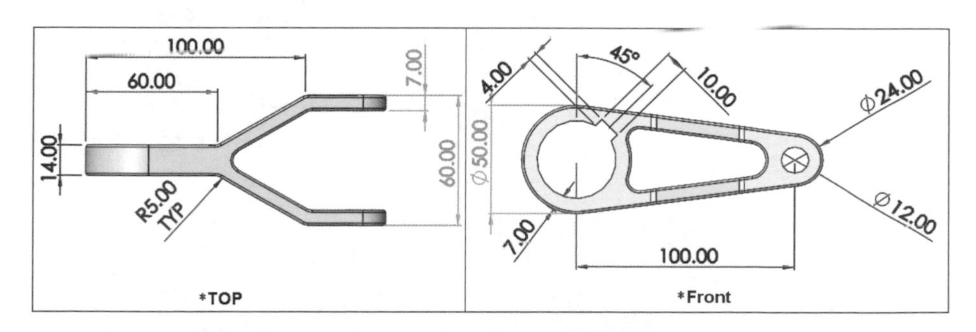

圖 11-36　查看模型註記視角

其中，粉紅色尺寸為設計表格的組態尺寸，設計表格為嵌入的 Excel 文件，使用於模型組態中。在註記 資料夾按滑鼠右鍵，關閉**顯示特徵尺寸**。

STEP 3 查看模型組態

按 **ConfigurationManager** ，展開**表格** 資料夾，如圖 11-37 所示，組態名稱前的 **Excel** 符號 指出此組態是受設計表格所控制。

而此**設計表格** 試算表可以從**表格** 資料夾打開編輯。

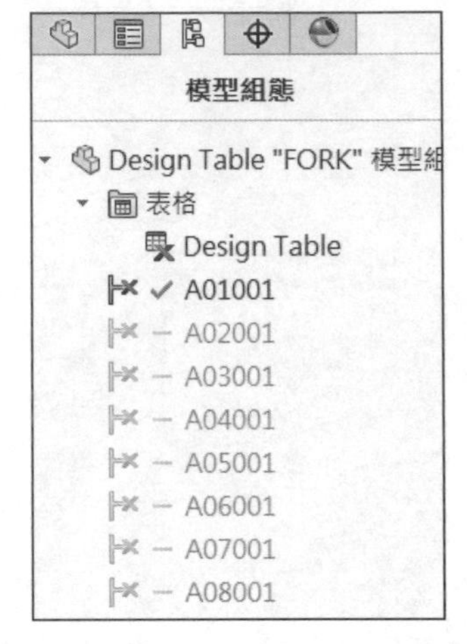

圖 11-37　查看模型組態

STEP 4 開啟設計表格

在**設計表格** 上按滑鼠右鍵，點選**編輯表格**，如圖 11-38 所示。這裡並不需要新增資料，在**新增列及欄**對話方塊中按**確定**。

此零件的設計表格顯示有三個組態的尺寸，表格中也顯示每個組態中所標示的尺寸值。在表格外按一下關閉表格。

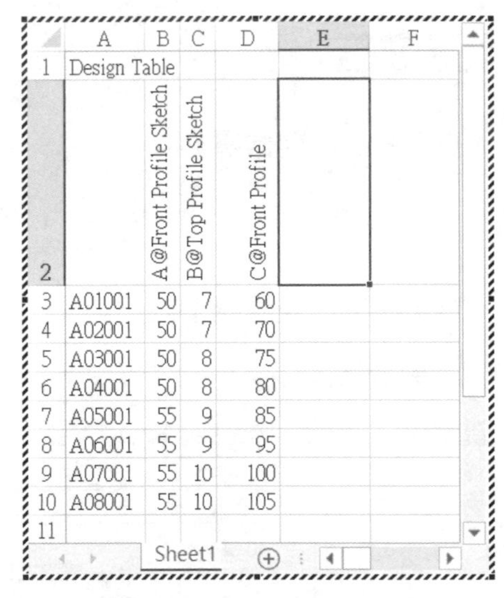

	A	B	C	D	E	F
1	Design Table					
2		A@Front Profile Sketch	B@Top Profile Sketch	C@Front Profile		
3	A01001	50	7	60		
4	A02001	50	7	70		
5	A03001	50	8	75		
6	A04001	50	8	80		
7	A05001	55	9	85		
8	A06001	55	9	95		
9	A07001	55	10	100		
10	A08001	55	10	105		
11						

Sheet1

圖 11-38　開啟設計表格

STEP 5 建立工程圖

使用 **"A3 工程圖"** 範本建立工程圖，勾選**輸入註記**與**設計註記**選項，以加入視圖與尺寸，如圖 11-39 所示。

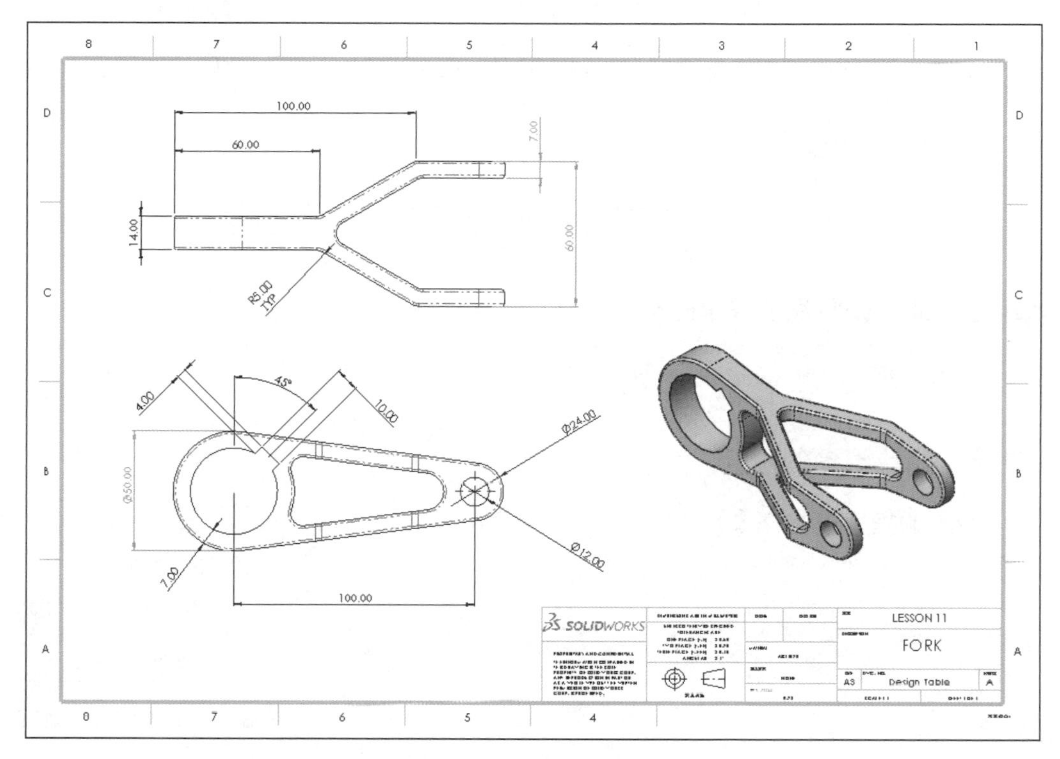

圖 11-39 建立工程圖

STEP 6 加入修訂版表格

按**表格→修訂版表格**，表格位置勾選**附著至錨點**，因為不需加入修訂版符號，所以不勾選**當加入新修訂版時啟用符號**。如圖 11-40 所示，按**確定**✔。

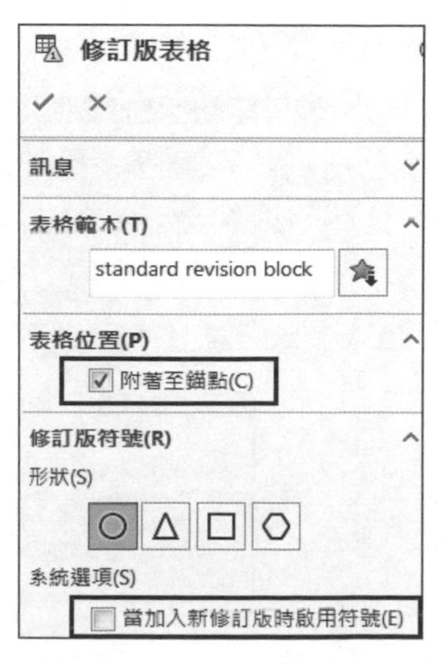

圖 11-40 加入修訂版表格

STEP 7 結果

由於表格與標題圖塊重疊，如圖 11-41 所示，因此需調整表格屬性以使其顯示正常。

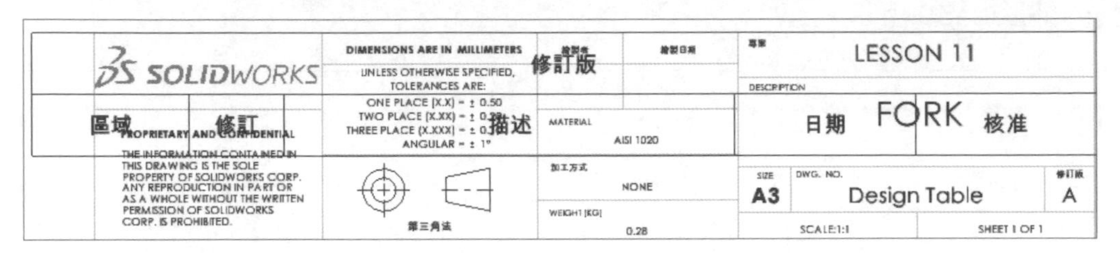

圖 11-41　結果

STEP 8 進入修訂版表格 PropertyManager

按一下表格左上角的箭頭圖示開啟 PropertyManager。

STEP 9 修改不動的角落

修改**不動的角落**為**右下**，如圖 11-42 所示。

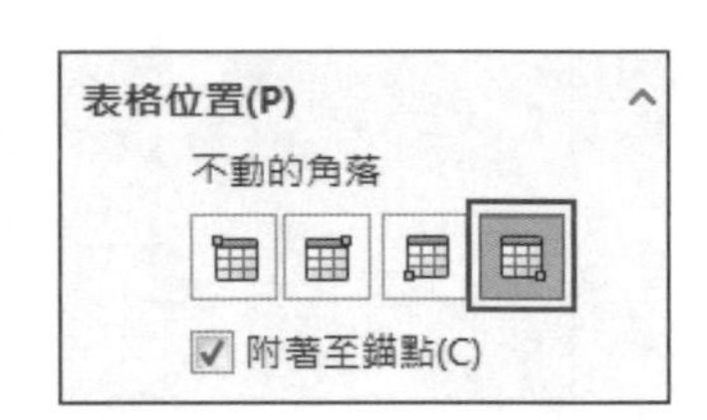

圖 11-42　修改不動的角落

STEP 10 修改表格表頭

要反轉表格使表頭位於底端，請按**格式**工具列中的**表格表頭**按鈕切換，如圖 11-43 所示。

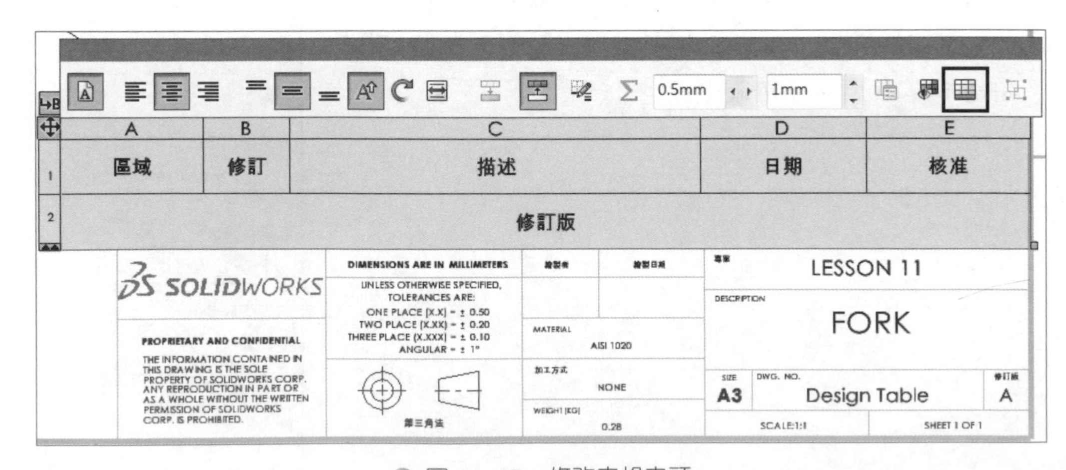

圖 11-43　修改表格表頭

STEP 11 修改儲存格邊框

按**修訂版**表格的表頭儲存格，在**格式**工具列中按**邊框編輯**按鈕，再選擇表格底端的水平線，選擇線條型式為**無**，如圖 11-44 所示。按**確定**。

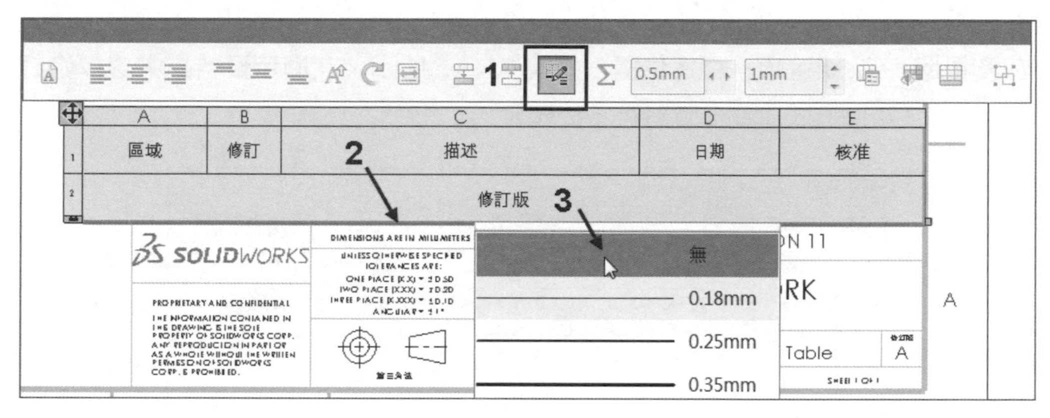

圖 11-44 修改儲存格邊框

STEP 12 修改列高與表格寬度

按 **Ctrl**，選擇兩列後按滑鼠右鍵，在快顯功能表中點選**格式設定→列高**，變更列高為 8mm，如圖 11-45 所示。

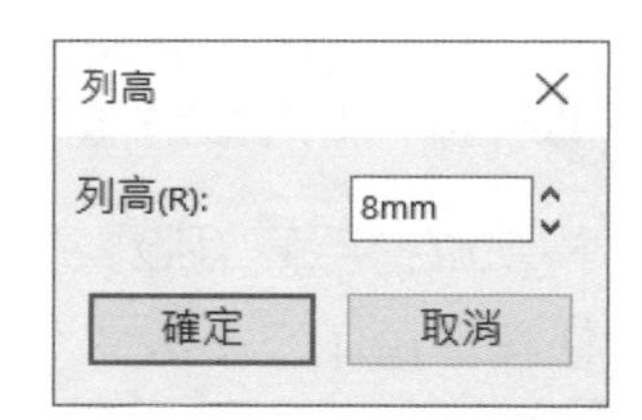

圖 11-45 修改列高與表格寬度

STEP 13 另存為範本

為了使此修改後的表格可以在其他工程圖中重複使用，可以另存為範本，表格範本的資料夾位置也會被加入**選項**中。在表格內按滑鼠右鍵，點選**另存為**。

STEP 14 新增資料夾

瀏覽至 Training Files\Custom Templates 資料夾，在空白處按滑鼠右鍵，點選**新增→資料夾**，名稱為 "Table Templates"，如圖 11-46 所示。

圖 11-46 新增資料夾

STEP 15 另存為 SW Rev Table

在新的 Table Templates 資料夾內，儲存修訂版表格範本為 **"SW Rev Table"**。

STEP 16 加入新檔案位置

按**選項** →**系統選項**→**檔案位置**，如圖 11-47 所示。在**顯示資料夾**中選擇**修訂版表格範本**，新增 Table Templates 資料夾，按**確定**。

顯示資料夾(S):
修訂版表格範本
編輯全部
資料夾(F)：
C:\Program Files\SOLIDWORKS Corp\SOLIDWORKS\lang\chinese
C:\Training Files\Custom Templates\Table Templates
新增(D)...
刪除(E)
上移(U)
下移(V)

圖 11-47　加入新檔案位置

STEP 17 加入修訂版

移動游標至修訂版表格查看表頭，按一下**加入修訂版** 按鈕。在新修訂版的**描述**儲存格上快按滑鼠兩下，輸入 **"建立工程圖"** 後按**確定** 。

STEP 18 重新計算 與儲存 工程圖

結果如圖 11-48 所示。

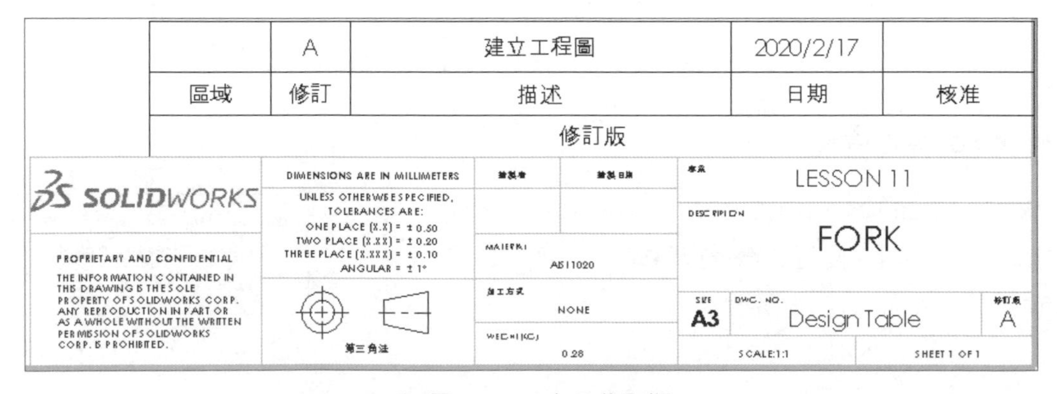

圖 11-48　加入修訂版

加入設計表格

以下我們將使用設計表格至圖頁中，並編修組態中的尺寸，以加入模型中的所有組態。

要插入設計表格時，必須先預選含有表格的模型，設計表格顯示的樣式與在試算表中一樣。因此，要修改表格在工程圖中的顯示狀況，必須先在模型中修改設計表格。

> 提示　以下的操作步驟需要一些 Excel 格式化的基本技能。

STEP 19 插入模型設計表格

選擇一個工程視圖，按**表格→設計表格**。

STEP 20 移動表格

表格已被插入至圖頁中，縮小圖頁找到表格後，按一下啟用表格，並將表格拖曳至圖頁的右上角，如圖 11-49 所示。表格的大小和內容都和在零件模型中查看的一樣。

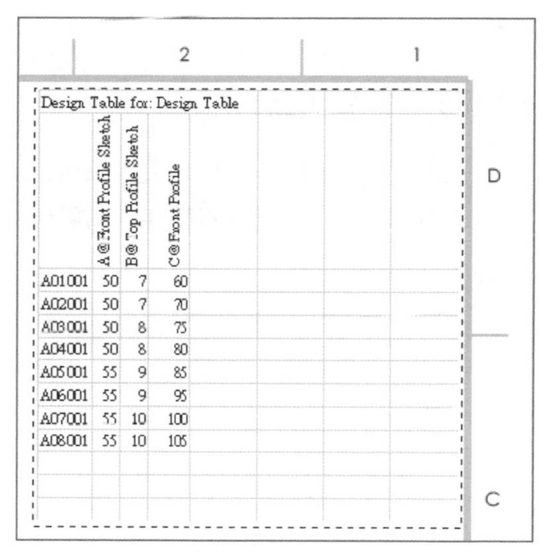

Design Table for: Design Table

	A@Front Profile Sketch	B@Top Profile Sketch	C@Front Profile
A01001	50	7	60
A02001	50	7	70
A03001	50	8	75
A04001	50	8	80
A05001	55	9	85
A06001	55	9	95
A07001	55	10	100
A08001	55	10	105

圖 11-49　移動表格

STEP 21 編輯表格

在表格內快按滑鼠兩下以編輯表格。

STEP 22 結果

此時零件模型開啟，嵌入的試算表也已開啟，可被編輯，如圖 11-50 所示。

技巧

拖曳表格的邊框可以移動表格，在表格外按一下即可關閉表格，但您可以參考 STEP 4 重新開啟。

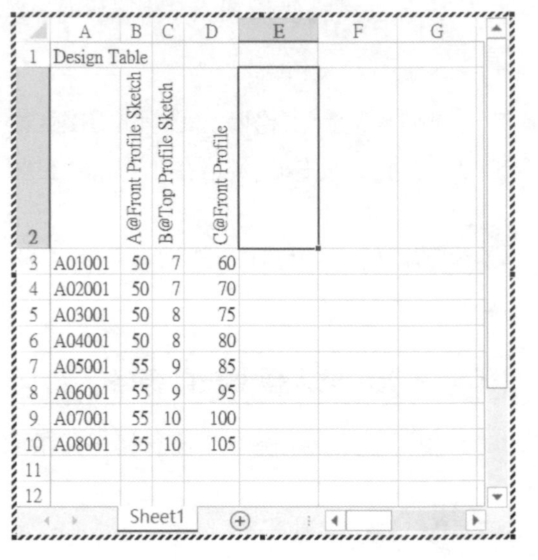

	A	B	C	D	E	F	G
1	Design Table						
2		A@Front Profile Sketch	B@Top Profile Sketch	C@Front Profile			
3	A01001	50	7	60			
4	A02001	50	7	70			
5	A03001	50	8	75			
6	A04001	50	8	80			
7	A05001	55	9	85			
8	A06001	55	9	95			
9	A07001	55	10	100			
10	A08001	55	10	105			
11							
12							

Sheet1

圖 11-50　結果

STEP 23 插入新列

在列 2 表頭上按滑鼠右鍵，點選**插入**。在列 2 加入文字，使用**粗體** B 與**置中** ☰，如圖 11-51 所示。

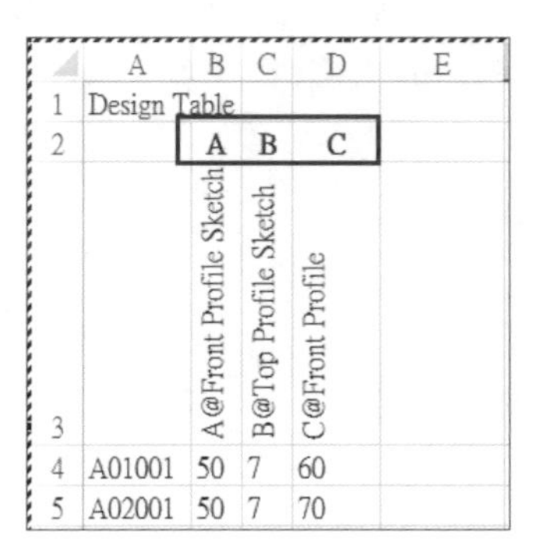

	A	B	C	D	E
1	Design Table				
2		**A**	**B**	**C**	
3		A@Front Profile Sketch	B@Top Profile Sketch	C@Front Profile	
4	A01001	50	7	60	
5	A02001	50	7	70	

圖 11-51　插入新列

STEP 24 隱藏列

在列 1 與列 3 的表頭上按滑鼠右鍵，點選**隱藏**，如圖 11-52 所示。

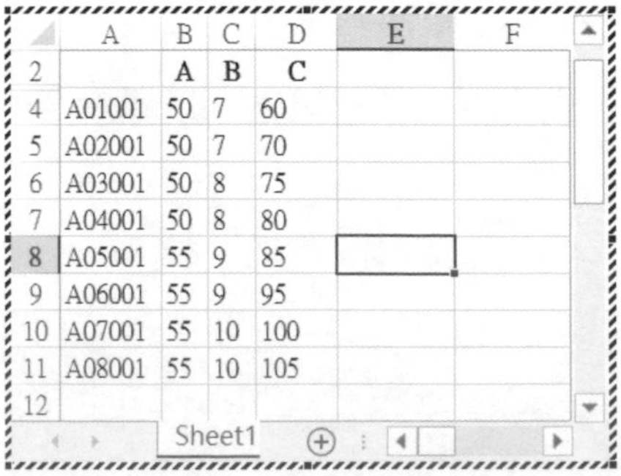

	A	B	C	D	E	F
2		**A**	**B**	**C**		
4	A01001	50	7	60		
5	A02001	50	7	70		
6	A03001	50	8	75		
7	A04001	50	8	80		
8	A05001	55	9	85		
9	A06001	55	9	95		
10	A07001	55	10	100		
11	A08001	55	10	105		
12						

Sheet1

圖 11-52　隱藏列

STEP 25 加入框線

選擇 **A2-D11** 儲存格，按**所有框線** ⊞ 與**粗外框線** ⊡，如圖 11-53 所示。

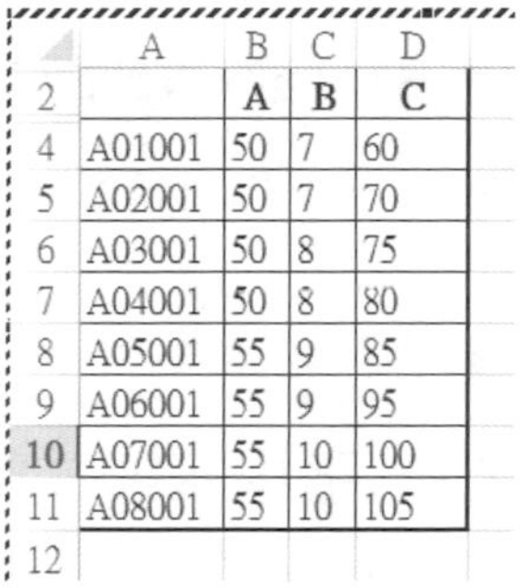

	A	B	C	D
2		A	B	C
4	A01001	50	7	60
5	A02001	50	7	70
6	A03001	50	8	75
7	A04001	50	8	80
8	A05001	55	9	85
9	A06001	55	9	95
10	A07001	55	10	100
11	A08001	55	10	105
12				

圖 11-53　加入框線

STEP 26 調整欄寬

選擇欄 **A-D**，拖曳垂直欄框線調整欄寬，如圖 11-54 所示。

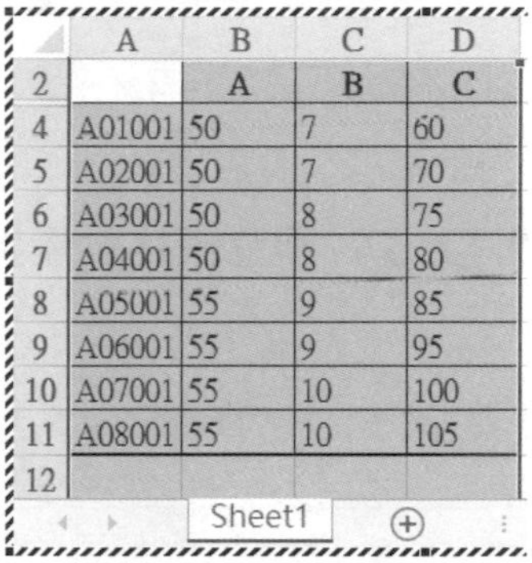

	A	B	C	D
2		A	B	C
4	A01001	50	7	60
5	A02001	50	7	70
6	A03001	50	8	75
7	A04001	50	8	80
8	A05001	55	9	85
9	A06001	55	9	95
10	A07001	55	10	100
11	A08001	55	10	105
12				

Sheet1

圖 11-54　調整欄寬

STEP 27 格式化文字

選擇 **A4-A11** 儲存格，格式化文字為**粗體** B。

STEP 28 調整表格的視窗邊框

利用表格的視窗邊框的右下角點，調整大小至與內含文字的儲存格貼合，如圖 11-55 所示。

STEP 29 離開表格

按一下表格視窗外側，離開編輯表格。

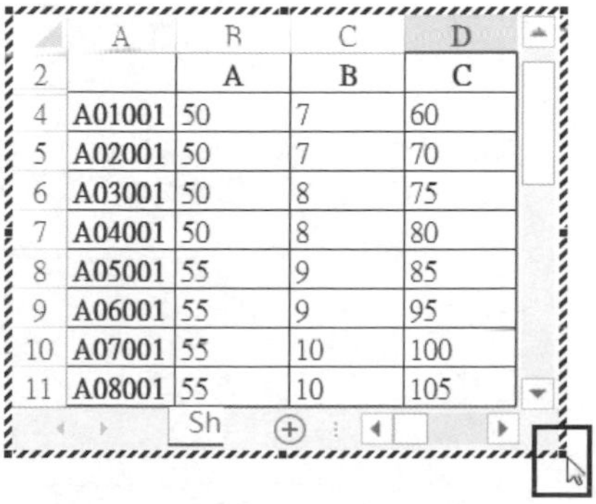

	A	B	C	D
2		A	B	C
4	**A01001**	50	7	60
5	**A02001**	50	7	70
6	**A03001**	50	8	75
7	**A04001**	50	8	80
8	**A05001**	55	9	85
9	**A06001**	55	9	95
10	**A07001**	55	10	100
11	**A08001**	55	10	105

Sh

圖 11-55　調整表格的視窗邊框

STEP 30 儲存並關閉零件檔

STEP 31 強制重新計算工程圖檔

按 **Ctrl+Q** 強制重新計算工程圖檔。

STEP 32 結果

在工程圖中的表格已更新為模型中變更過的設計表格，如圖 11-56 所示。

	A	B	C
A01001	50	7	60
A02001	50	7	70
A03001	50	8	75
A04001	50	8	80
A05001	55	9	85
A06001	55	9	95
A07001	55	10	100
A08001	55	10	105

圖 11-56　結果

STEP 33 調整表格位置與大小

按一下表格使啟用，將表格拖曳至右上角適當位置，並使用表格周圍的控制點調整大小，如圖 11-57 所示。

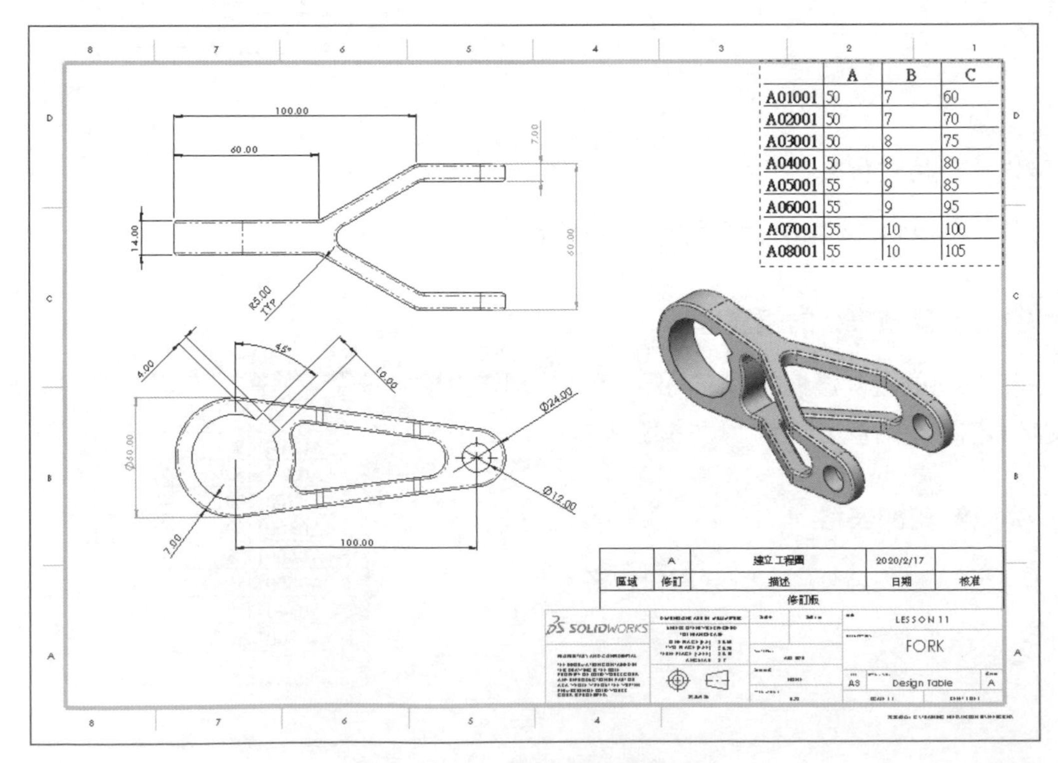

	A	B	C
A01001	50	7	60
A02001	50	7	70
A03001	50	8	75
A04001	50	8	80
A05001	55	9	85
A06001	55	9	95
A07001	55	10	100
A08001	55	10	105

圖 11-57　調整表格位置與大小

STEP 34 修改尺寸值

要完成工程圖，我們將修改尺寸以指出表格中的 **A,B,C** 尺寸被參考的位置。選擇前視圖中的 **Ø50.00** 尺寸。

系統出現訊息框指出關於此變更將會影響到此設計表格，勾選**不要再顯示此訊息**，按**確定**。

在**主要值**群組框中，注意尺寸名稱為 **"A"**。勾選**取代值**與輸入 **"A"**，如圖 11-58 所示。

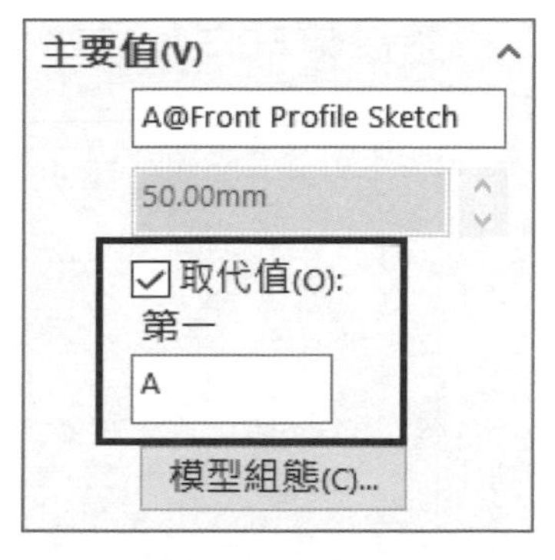

圖 11-58　修改尺寸值

STEP 35 修改尺寸字型

為使尺寸顯示更為明顯，這裡將修改字型。在**尺寸** PropertyManager 中按**其他**標籤，取消**勾選使用文字字型**，按**字型**按鈕。如圖 11-59 所示，**字型樣式**選擇**粗體**，**大小**選擇點數 14，按**確定**。

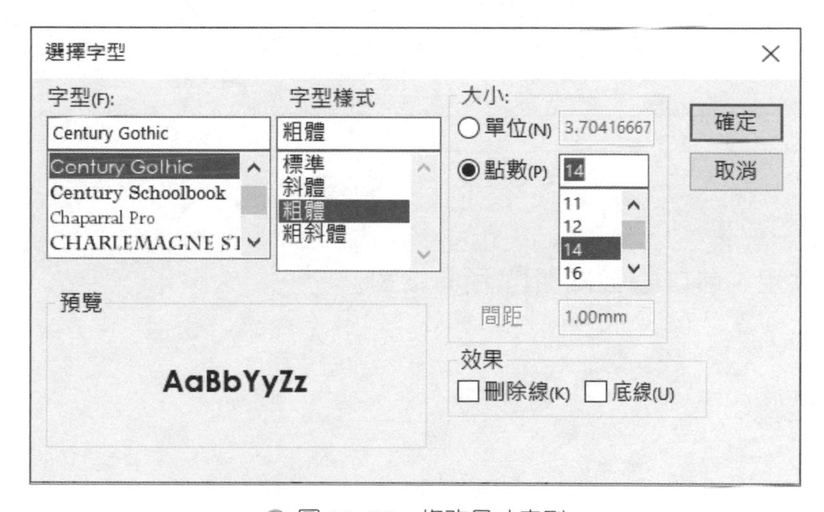

圖 11-59　修改尺寸字型

STEP 36 重複步驟

重複 STEP 34~STEP 35，在上視圖中修改 B 與 C 尺寸，如圖 11-60 所示。

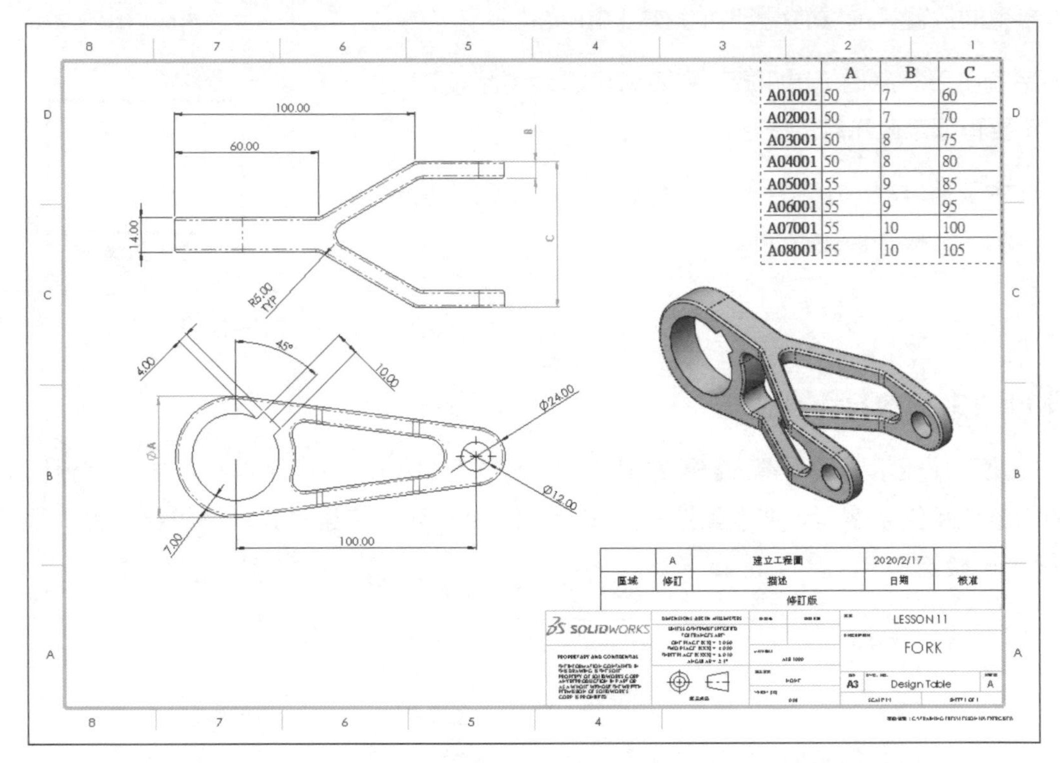

	A	B	C
A01001	50	7	60
A02001	50	7	70
A03001	50	8	75
A04001	50	8	80
A05001	55	9	85
A06001	55	9	95
A07001	55	10	100
A08001	55	10	105

圖 11-60　重複步驟

STEP 37 共用、儲存並關閉所有檔案

12

其他工程圖工具

順利完成本章課程後，您將學會：

- 使用新的參考模型打開工程圖
- 在同一步操作中儲存工程圖副本和參考的模型
- 使用 DrawCompare 工具比較相似的工程圖
- 使用 SOLIDWORKS Design Checker 檢測工程圖中的製圖標準
- 使用 SOLIDWORKS 工作排程器完成工程圖的批次操作

12.1 工程圖再利用

當一個設計專案和另一個專案或新專案類似時，我們可以套用現有設計的元素。為幫助了解此方法如何運作，SOLIDWORKS 提供了幾種方式允許工程圖的再利用。

取代模型

在已開啟的工程圖中，您可以使用**取代模型**指令變更現有工程視圖的參考模型，這在原有模型儲存為原始版本時是最好的。但是此指令在平板型式和鈑金件註解中的視圖和註記的使用上，是不適用的。

開啟並使用新參考

當一個零件類似於一個工程圖所參考的模型時，您可以在開啟工程圖檔當中選擇參考至新零件。工程圖開啟後則可以**另存新檔**至一個新的檔案。當模型相似時，尺寸與註記皆能保持原狀，以節省您重複細部操作的時間。

另存新檔並使用新參考

假如您認為可將現有的模型與工程圖儲存成新檔或類似的設計，您可以從**另存新檔**對話方塊中儲存工程圖與參考的模型。

Pack and Go

另一個類似於與另存新檔並使用新參考的作法是使用 Pack and Go，它提供了更多選項讓您在儲存工程圖與參考模型時更為簡化。使用 Pack and Go，則像是工程圖參考的模型、模擬結果以及移畫印花和外觀等都能被包括在內。另外您也可以選擇儲存至 ZIP 檔案以方便傳輸。Pack and Go 指令可以從**檔案**功能表中尋得。

12.1.1 評估現有的檔案

以下將介紹如何使用上述的技術，為一些類似模型再次利用完成工程圖。首先，開啟完整的工程圖並檢查可用的檔案。

STEP 1 開啟工程圖檔

如圖 12-1 所示，從 Lesson12\Case Study 資料夾中開啟工程圖檔：Hanger 001.SLDDRW。

此工程圖有兩個圖頁，圖頁 1 為成形鈑金零件，圖頁 2 為平板型式。

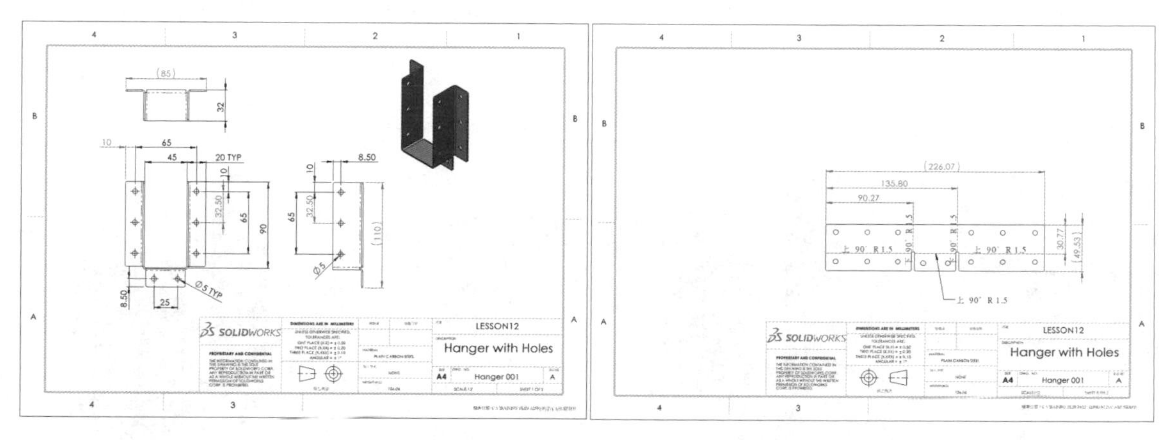

圖 12-1　Hanger 001 工程圖檔

STEP 2 檢查工程圖與參考

按**檔案→尋找參考**，如圖 12-2 所示，在相同資料夾中有一個與工程圖檔名相同的參考零件。按**關閉**。

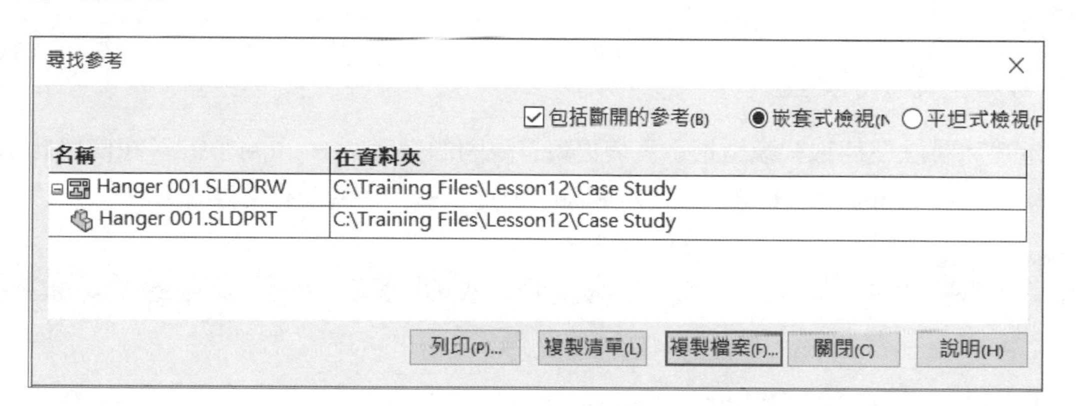

圖 12-2　尋找參考

STEP 3 開啟零件 Hanger 001

在圖頁 1 內，點選任一個視圖，按**開啟零件**。

STEP 4 開啟零件 Hanger 002

從 Lesson12\Case Study 資料夾中開啟零件：Hanger 002.SLDPRT。

STEP 5 比較零件模型

如圖 12-3 所示，垂直非重疊顯示兩個模型，使用文件視窗上方的圖示可併排個別文件 。

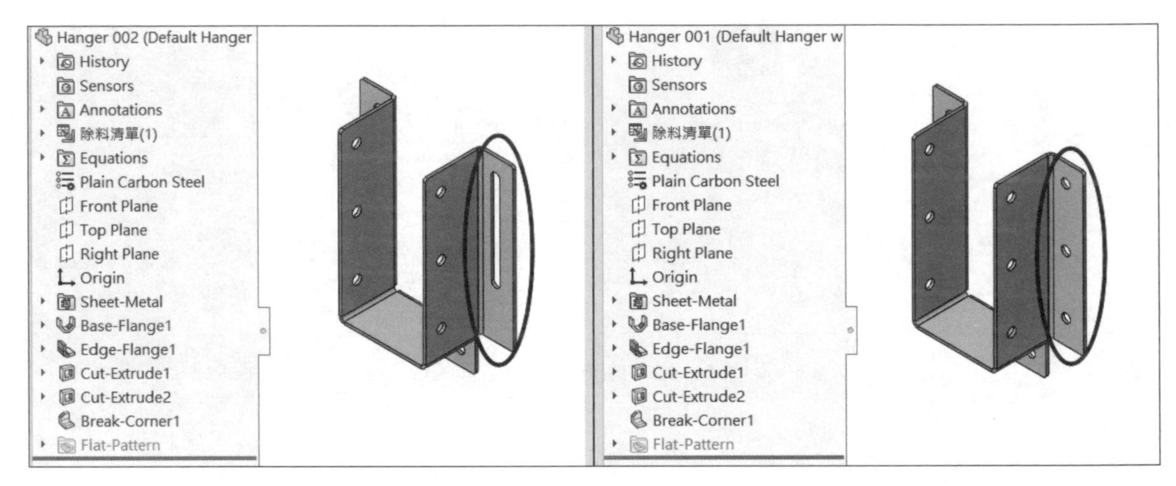

圖 12-3　比較零件模型

Hanger 002 零件是由 Hanger 001 複製而來，並已修正左右兩側為狹槽而不是鑽孔。

12.1.2 取代模型

這裡將嘗試使用**取代模型**指令，變更現有視圖的參考為 Hanger 002。在使用此指令時，您可以只選擇要被取代參考的工程視圖，或是工程圖中的所有父視圖。

STEP 6 回到工程圖 Hanger 001

開啟 Hanger 001 工程圖文件視窗。

STEP 7 取代模型

按**取代模型**，在**選擇的視圖**下勾選**所有視圖**，系統自動選取 FRONT、ISO 以及 FLAT，如圖 12-4，這些都是工程圖中的父視圖，TOP 和 RIGHT 只是投影產生的子視圖。

在**新模型**選項下按**瀏覽**，選擇 Hanger 002 零件，按**確定**。

圖 12-4 取代模型

STEP 8 取代結果

如圖 12-5，視圖已參考到 Hanger 002，並且輸入的尺寸已變為懸置。

在 FRONT 視圖中，關聯到 Hanger 001 零件的鑽孔尺寸和中心符號都已變為懸置。

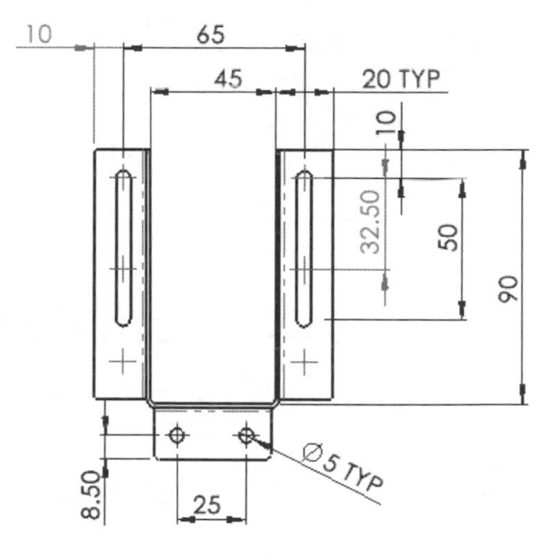

圖 12-5 取代結果

STEP 9 查看平板型式

啟用圖頁 FlatPattern，FLAT 視圖也不再顯示正確的組態，如圖 12-6 所示。

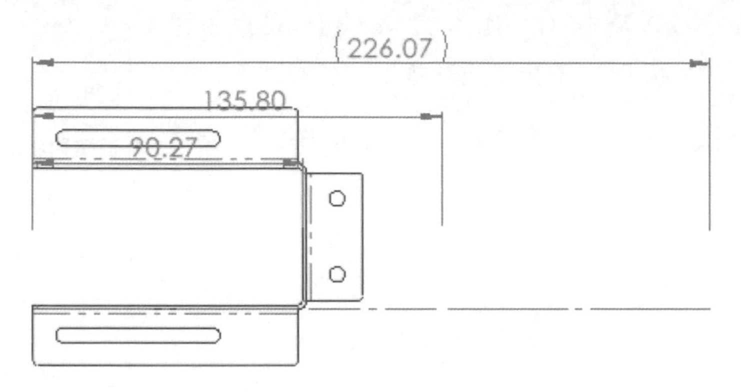

圖 12-6 查看平板型式

若要繼續處理此工程圖，您必須以新名稱另存新檔，然後移除懸置的尺寸後，再輸入狹槽特徵尺寸，並重建圖頁 FlatPattern 資訊，這裡我們將使用另一種技巧。

STEP 10 不儲存關閉所有檔案

按**視窗→全部關閉**，在對話方塊中按**不要儲存**。

12.1.3 另一個技巧

取代模型在某些情況表現的不錯，但是並不適用於此工程圖。在開啟舊檔時使用新參考技巧對圖頁 FlatPattern 應該會表現的更好，尤其是新參考的模型是由原始模型複製並修改過的，像本例。

12.1.4 開啟舊檔時使用新參考

用**開啟舊檔**開啟工程圖時，在對話方塊中有一個參考按鈕可以使用。

STEP 11 進入開啟舊檔對話方塊

按**開啟舊檔**。

STEP 12 選擇工程圖檔與參考

在對話方塊中選擇 Hanger 001 工程圖檔，如圖 12-7 所示，按**參考**。

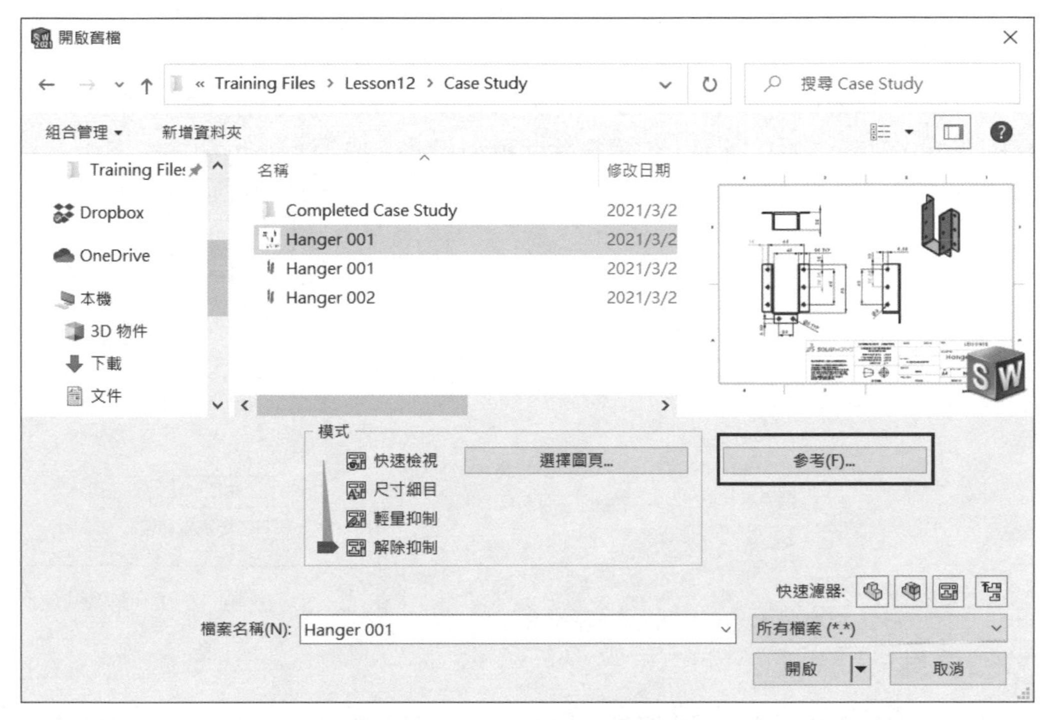

◎ 圖 12-7　選擇工程圖檔與參考

STEP 13 修改參考

在模型**名稱**上快按兩下，選擇 Hanger 002 後按**開啟**，如圖 12-8 所示，綠色文字表示模型已經變更。按**確定**。

◎ 圖 12-8　修改參考

STEP 14 開啟工程圖檔

在**開啟舊檔**對話框中，按**開啟**。

STEP 15 刪除懸置尺寸

系統出現一個視窗，顯示新參考到的模型中有一個懸置的模型尺寸，如圖 12-9 所示。勾選**刪除**此模型尺寸，按**確定**。

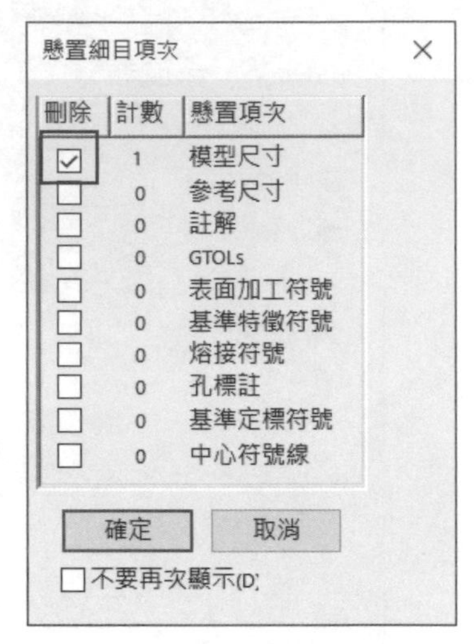

圖 12-9　刪除懸置尺寸

STEP 16 結果

工程視圖已經更新至新參考的模型，如圖 12-10 所示。輸入的尺寸也能維持參考關係，而且平板型式也已正確更新。

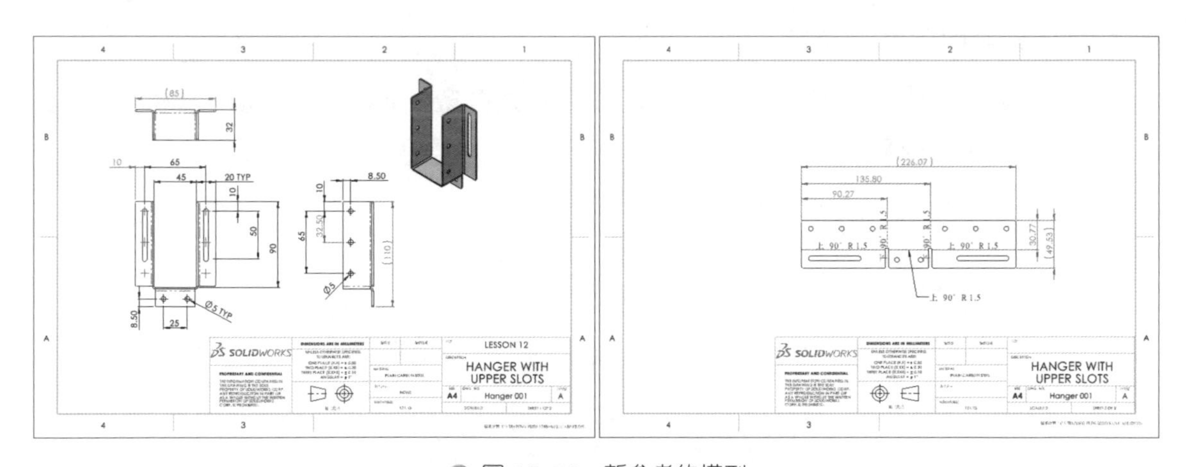

圖 12-10　新參考的模型

STEP 17 檢查參考

按**檔案→尋找參考**，如圖 12-11 所示。此時工程圖檔內的模型已參考到 Hanger 002，在做任何變更前，此工程圖將另存新檔。按**關閉**。

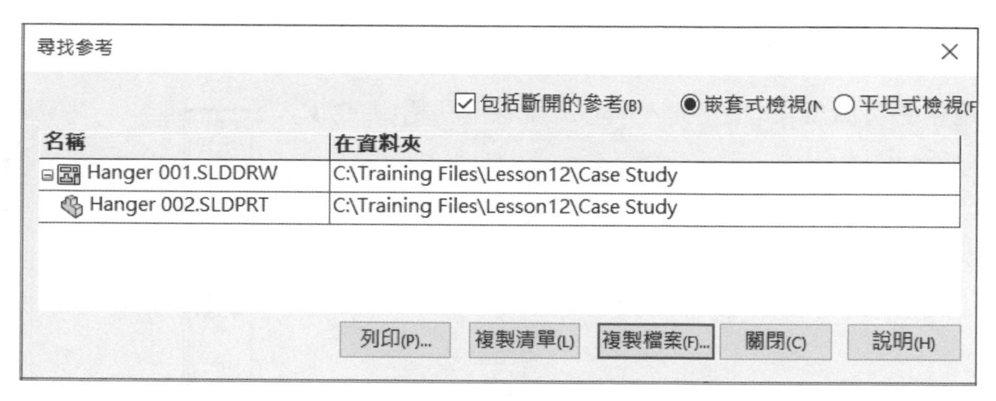

圖 12-11　尋找參考

STEP 18 另存為新工程圖檔

按**另存新檔**，儲存檔名為 Hanger 002，若出現必須儲存零件文件訊息時，按**全部儲存**。

STEP 19 檢查工程圖

檢查兩個圖頁，確認可能需要的變更。

STEP 20 刪除懸置圖元

如圖 12-12 所示，在圖頁 1 **刪除** ✕ 6 個懸置的中心符號線。

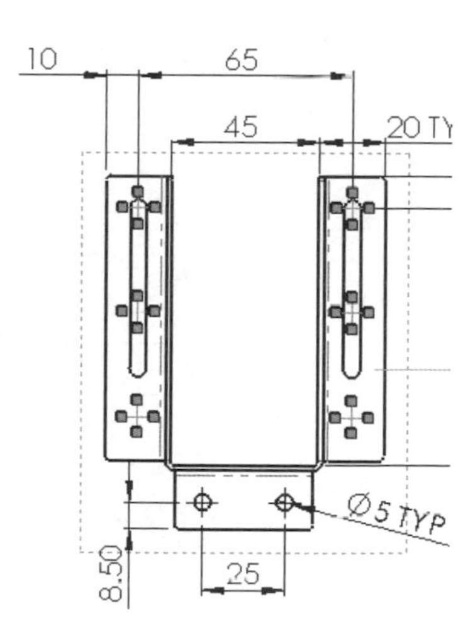

圖 12-12　刪除中心符號線

技巧

您可以使用**選擇濾器（F5）**中的**過濾中心符號線**。

STEP 21 插入狹槽中心符號線

使用**中心符號線** 工具插入中心符號線至狹槽中，如圖 12-13 所示。

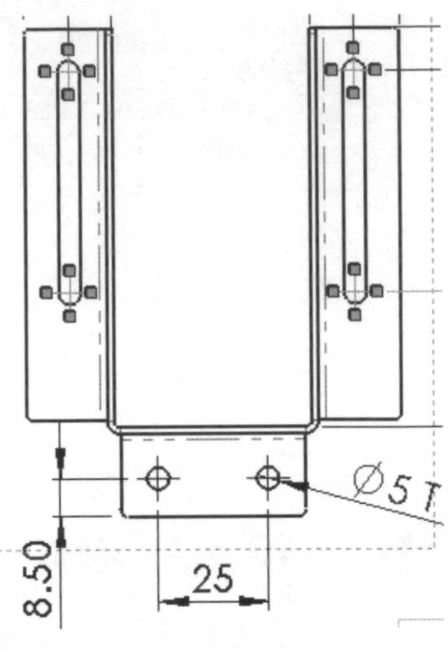

圖 12-13　插入中心符號線

STEP 22 重新整理已輸入註記

選擇 FRONT 視圖，如圖 12-14 所示，在 PropertyManager 的**輸入選項**中，清除並重新勾選**設計註記**，這將更新視圖中的輸入註記。

調整尺寸 Ø5 至適當位置。

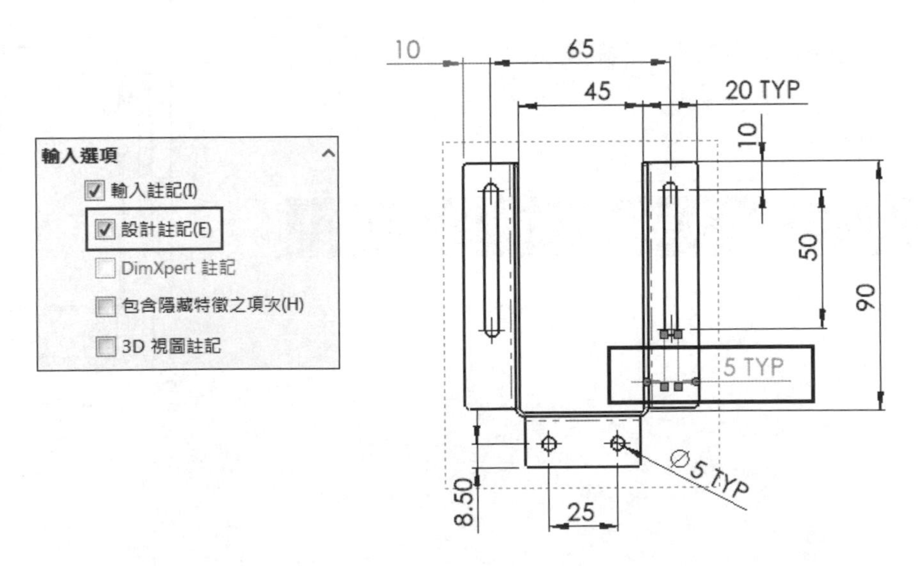

圖 12-14　輸入註記

STEP 23 儲存工程圖

12.1.5 另存新檔並選擇新參考

假如相似的模型並不存在時，還有另一種技巧可用。

以下我們將建立一個類似於 Hanger 002 的零件 Hanger 003，並直接套用到已經完成的工程圖檔中，也就是複製工程圖與模型，並編修新檔案。

STEP 24 進入另存新檔對話方塊

按**另存新檔**。

STEP 25 包括所有參考零組件

在**另存新檔**對話方塊，勾選**包括所有參考的零組件**，如圖 12-15 所示。按**進階**。

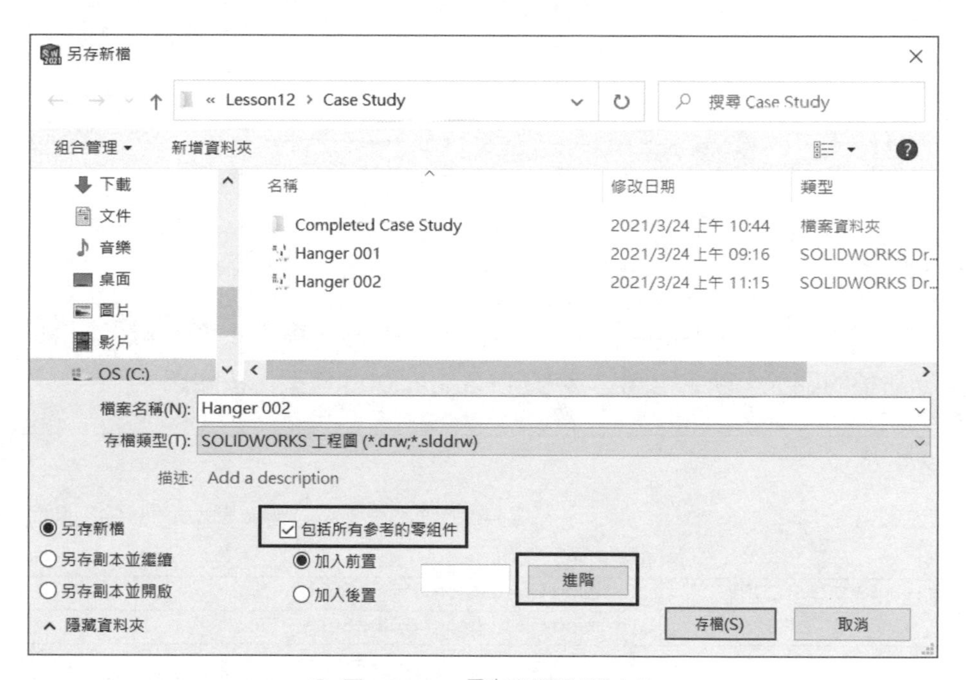

圖 12-15 另存新檔對話方塊

> **提示** 若是新檔案需要加入前置或後置字元，可以直接在**另存新檔**對話方塊中輸入即可，若要定義新檔名則要在**進階**選項中設定。

STEP 26 重新命名工程圖與組合件

如圖 12-16 所示，在檔名上快按滑鼠兩下以編輯零件名稱，或按**尋找 / 取代**變更檔名為 Hanger 003。按**儲存全部**。

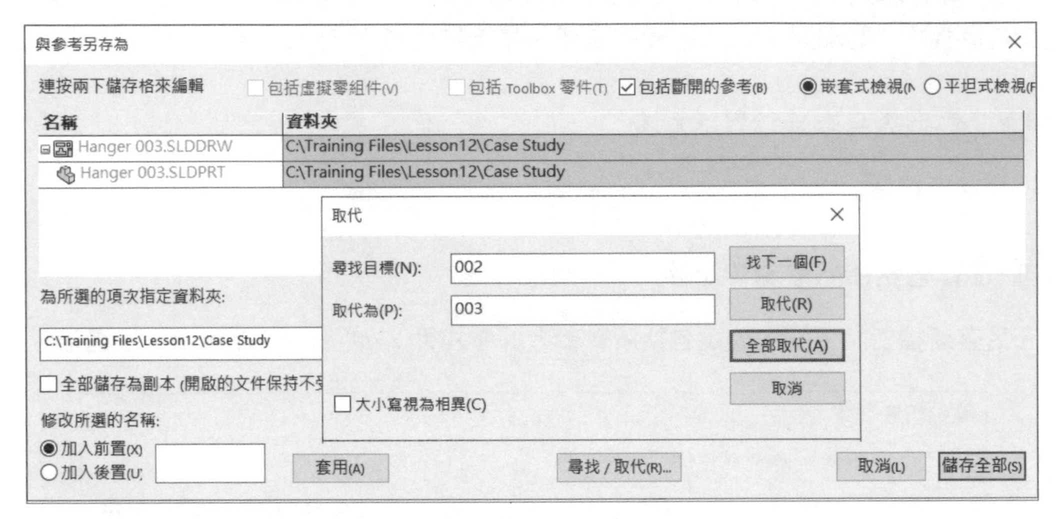

圖 12-16　另存參考

STEP 27 結果

目前的文件已變更為 Hanger 003 工程圖，按**檔案→尋找參考**，結果如圖 12-17 所示。因另存新檔的關係，新工程圖已參考至 Hanger 003 模型。按**關閉**。

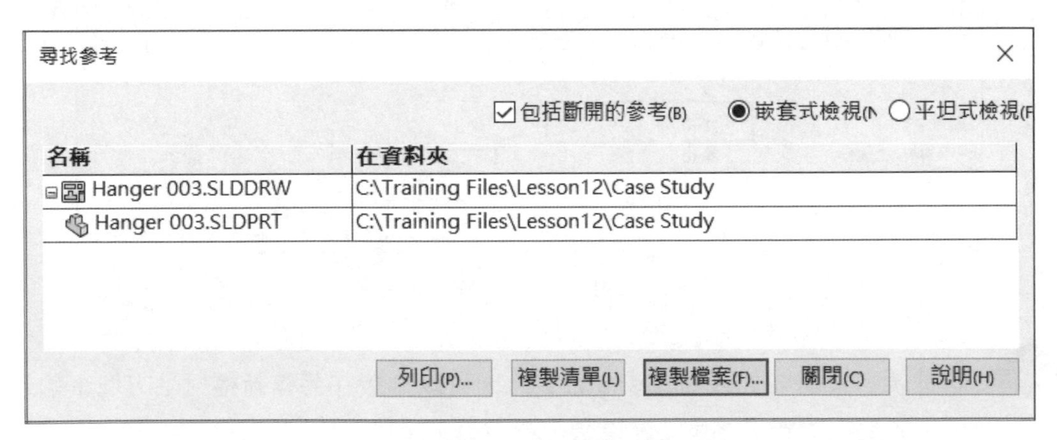

圖 12-17　尋找參考

STEP 28 編輯尺寸

修改狹槽位置尺寸 10 為 30，按**重新計算** ，調整尺寸至適當位置，如圖 12-18 所示。

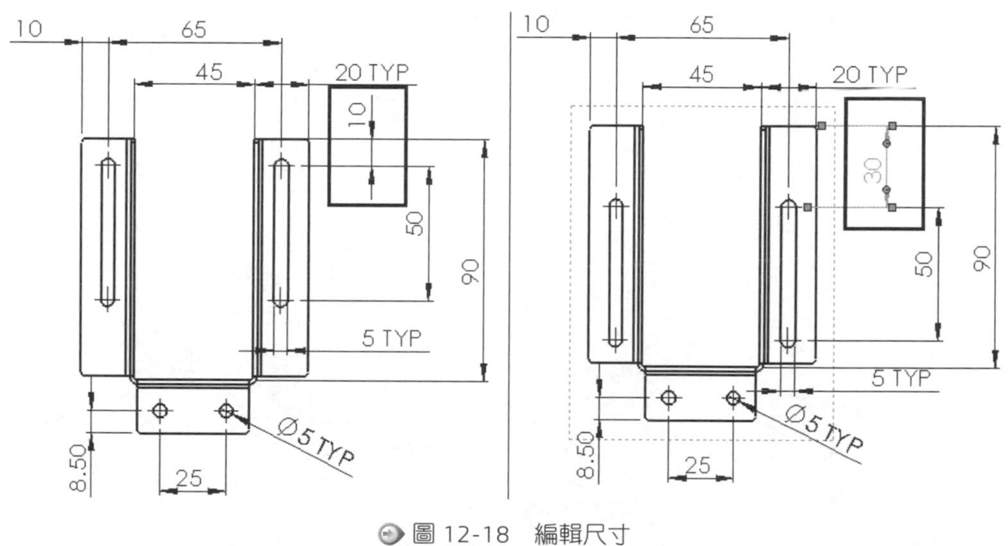

圖 12-18　編輯尺寸

STEP 29 修改零件描述（Description）

在標題圖塊表格熱點上快按滑鼠兩下，修改零件的 Description 為"HANGER WITH LOWER SLOTS"，如圖 12-19 所示。按確定 。

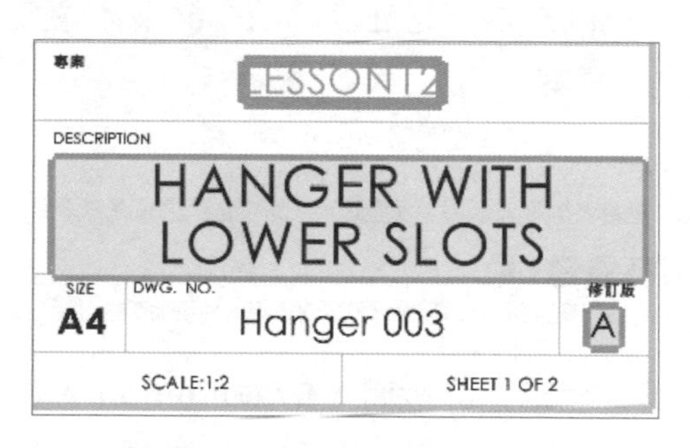

圖 12-19　修改 Description

STEP 30 共用、儲存 並關閉 所有檔案

12.1.6　Pack and Go

Pack and Go 工具和另存新檔的參考有著相似的介面和選項，但是表格中有一些欄位顯示原始檔案名稱、資料夾，以及上方因應儲存額外檔案另加的檢核框，如圖 12-20 所示。

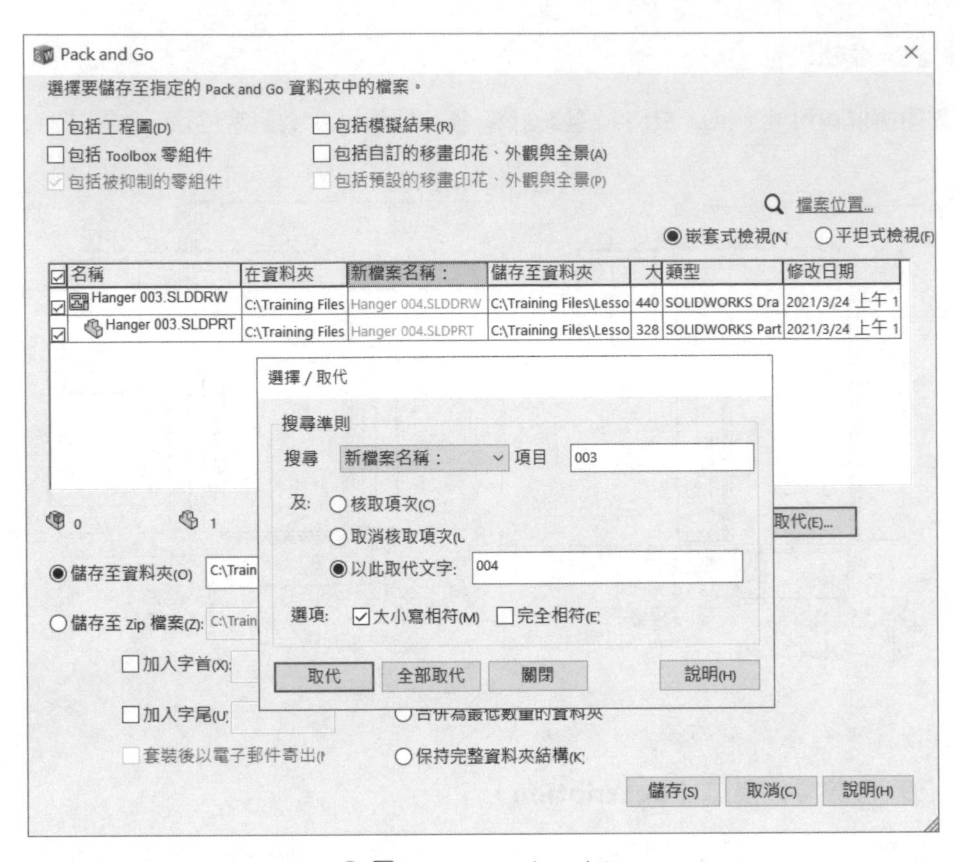

圖 12-20　Pack and Go

而 Pack and Go 另一個不同的地方是建立的新檔案並不會變成啟用中的文件，它們都被儲存在所選的資料夾或 Zip 檔案。

12.2 DrawCompare

要比較相似的工程圖或工程圖修訂版時，**DrawCompare** 會是一個有用的工具，您可以選擇兩個工程圖檔，經過比較後，不同的地方會強調顯示。以下將比較 Hanger 001 與 Hanger 003。

STEP 1 **進入 DrawCompare**

開啟 **DrawCompare**。

STEP 2 **選擇兩個工程圖**

按**瀏覽**，工程圖 1 選擇 Hanger 001；工程圖 2 選擇 Hanger 003，如圖 12-21 所示。

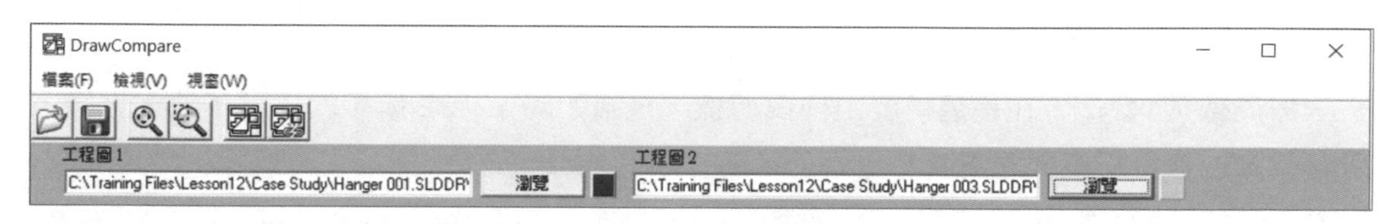

圖 12-21　選擇工程圖檔

12.2.1 DrawCompare 選項

DrawCompare 工具包含下拉式功能表與各個指令的工具列，下列為指令說明：

檔案

此功能表內含有瀏覽、比較文件，以及開啟 / 儲存結果。

檢視

此功能表內含放大 / 縮小指令，以及影像解析度的選項。

視窗

此功能表內含要檢視的視窗，預設是**排列**所有可用的視窗，但是可以選擇**差異**、**工程圖 1**、**工程圖 2** 的個別視窗。

開啟 / 儲存結果

顯示的視窗可以使用**儲存結果**指令另存為影像，開啟之前儲存的結果則可用**開啟結果**指令。

放大 / 縮小

在執行 DrawCompare 工具時，要調整大小必須使用**最適當大小**和**局部放大**。

比較指令

在選擇工程圖之後，DrawCompare 視窗中使用此比較指令並載入結果，這個指令有比較工程圖和比較分離的工程圖。

STEP 3 按比較工程圖

STEP 4 局部放大差異

按**局部放大**，在**差異**視窗中拖曳游標，定義如圖 12-22 所示的區域，放大之後，所有視窗也會更新至相同區域。

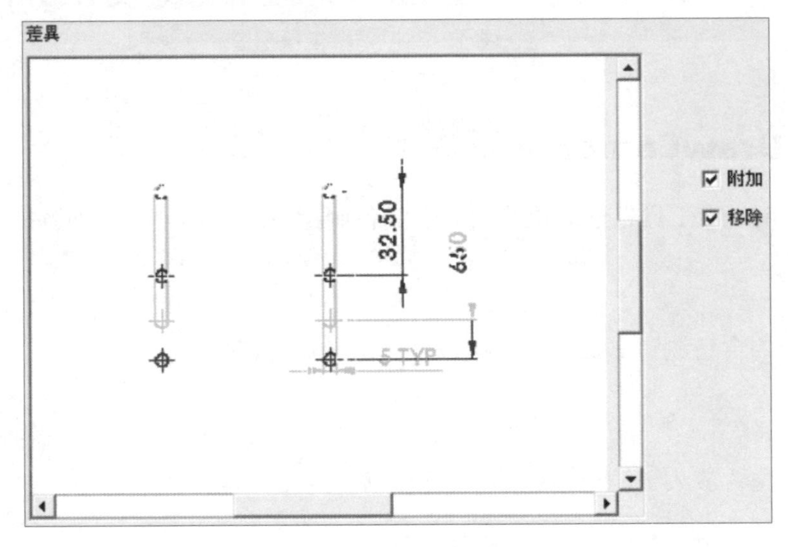

圖 12-22 局部放大差異

提示 上面的結果可能會稍有不同，皆依個人編修 Hanager 003 工程圖的程度而定。

STEP 5 只查看差異視窗

按**視窗→差異**，現在只顯示差異視窗，差異的地方以兩種顏色區別，藍色屬於工程圖 1，綠色屬於工程圖 2。

STEP 6 關閉 DrawCompare 工具

比較文件

要比較兩個所選的工程圖也可以使用**比較文件**指令，此指令主要是比較一般像是最後儲存日期、檔案大小和零件表以確認差異。

指令TIPS　比較文件

- CommandManager：**評估→比較文件**。
- 功能表：**工具→比較→文件**。
- 功能表：**工具→比較→BOM**。

12.3 SOLIDWORKS Design Checker

工程圖也可以和標準檔案作比較，以確保符合公司標準。建立標準檔並用來檢測文件的工具稱為 SOLIDWORKS Design Checker。標準檔案的檢測包括文件屬性設定，像是製圖標準、單位、圖頁格式的字型等。

12.4 SOLIDWORKS 工作排程器

SOLIDWORKS 工作排程器是另一種用在工程圖的工具，在這裡面的許多工具都可以完成與工程圖相關功能的批次操作，例如：

- 列印檔案
- 輸出檔案
- 更新自訂屬性
- 產生工程圖
- 轉換至高品質視圖
- 產生 eDrawings
- Design Checker

所有工作都允許選擇個別的檔案，或者在某個資料夾中指定檔案類型，工作也可以直接執行或列入排程時間。

指令TIPS　SOLIDWORKS 工作排程器 

- 功能表：**工具→SOLIDWORKS 應用程式→SOLIDWORKS 工作排程器**。
- Windows 開始功能表：**SOLIDWORKS 20XX →SOLIDWORKS 工具→SOLIDWORKS 工作排程器 20XX** 。

12.4.1　更新自訂屬性

以下將執行一個簡單的工作，變更 Hanger 零件的**專案**自訂屬性，目前所有 Hanger 零件的屬性值是 Lesson12（如圖 12-23），這裡要使用自動排程變更成 SW TRAINING。

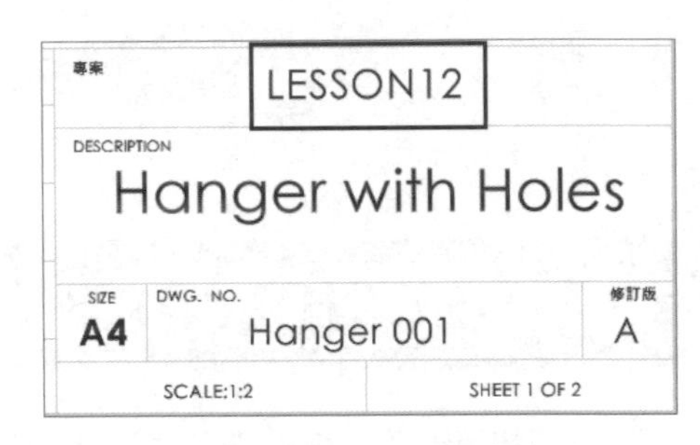

圖 12-23　自訂屬性

STEP 1　執行 SOLIDWORKS 工作排程器

按**工具→SOLIDWORKS 應用程式→SOLIDWORKS 工作排程器** 。

STEP 2　選擇更新自訂屬性

從左邊工作窗格中按**更新自訂屬性** 。

STEP 3　加入資料夾

按**加入資料夾**並選擇 Lesson12\Case Study，不勾選**包含子資料夾**。

STEP 4　選擇更新的檔案類型

因為 **"專案"** 屬性儲存在模型內，所以只要選擇零件類型即可。在**檔案名稱或類型**下拉選單中選擇 ***.prt, *.sldprt**，如圖 12-24 所示。

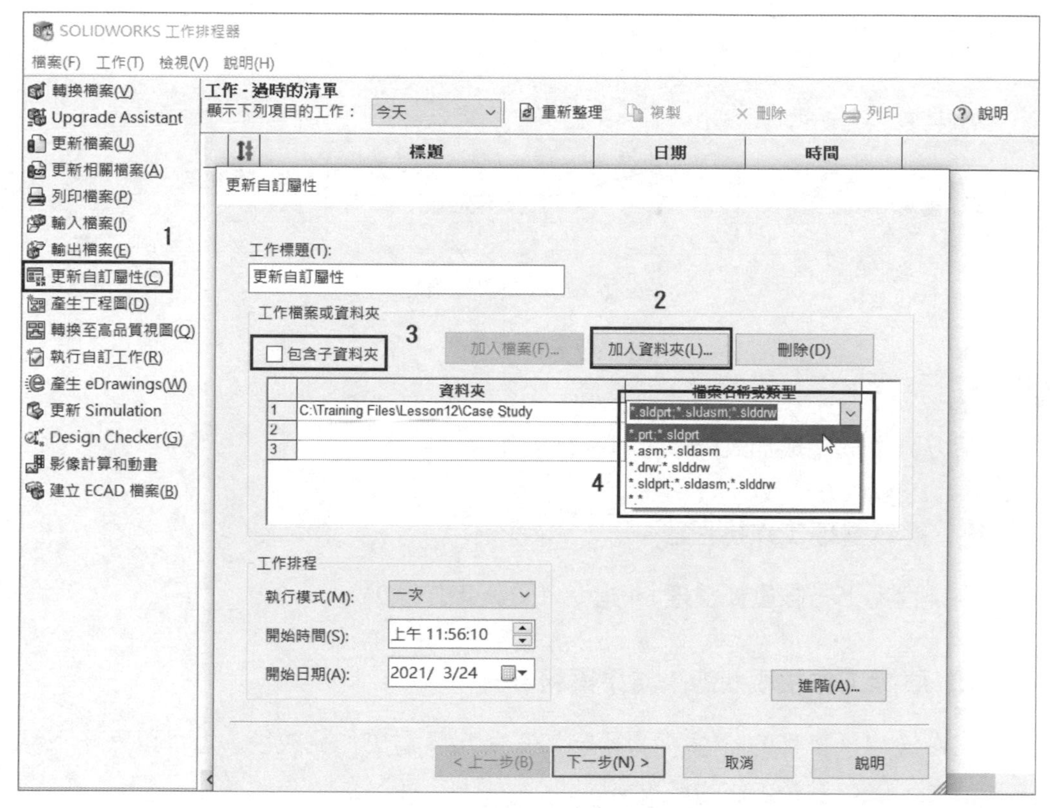

圖 12-24　更新自訂屬性

提示　假如我們要更新的組合件也在這個資料夾內，也可以加入第二列，並選擇 ***.asm,*.sldasm** 檔案格式。

STEP 5　查看工作排程

工作排程的時間是依目前時間排定的，假如我們想要稍後再執行，可以在這裡調整時間。

STEP 6　按下一步

STEP 7　在專案屬性中定義一個新的值

在**自訂屬性**對話方塊中，從**名稱**及**類型**下拉選單中選擇**專案**與**文字**，如圖 12-25 所示，並在**值**儲存格中輸入 **"SW TRAINING"**。

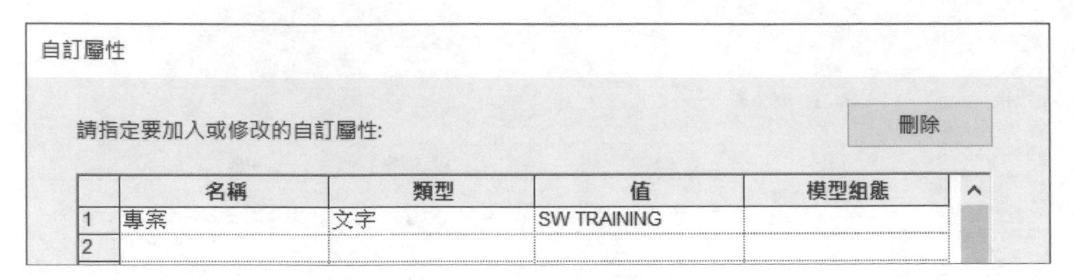

圖 12-25　自訂屬性

STEP 8　執行工作

在對話方塊中按**完成**加入排程，並執行工作。

STEP 9　重新整理工作排程器

從工作排程器上方按**重新整理**指令，更新工作狀態。

STEP 10　展開工作檢視狀態、結果與報告

展開工作檢視子工作的狀態，如圖 12-26 所示。當工作完成後，您可以點一下**標題**及**狀態**欄的項次，以查看子工作的結果。

圖 12-26　查看子工作

STEP 11　檢查結果

開啟工程圖檔 Hanager 001，如圖 12-27 所示，**專案**欄位已更新為新的屬性值。

圖 12-27　檢查結果

STEP 12　共用、儲存並關閉所有檔案

練習 12-1 開啟新的參考

請依下列步驟指引，練習在開啟現有工程圖時選擇新的參考，這個技巧在利用現有工程圖參考至相似的模型時非常有用。本練習將使用以下技能：

- 工程圖再利用
- 開啟舊檔時選擇新的參考

操作步驟

STEP 1 開啟工程圖檔 Clamp 001

從 Lesson12\Exercises 資料夾中開啟工程圖檔：Clamp 001.SLDDRW，如圖 12-28 所示。

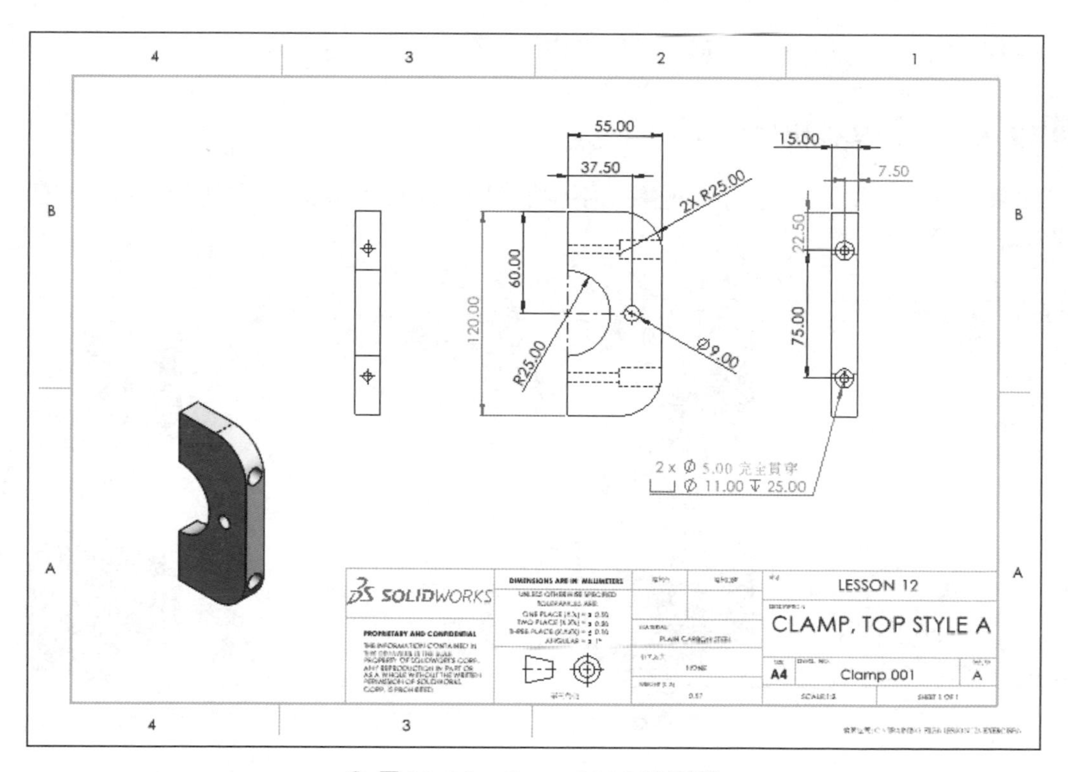

圖 12-28　Clamp 001 工程圖檔

STEP 2 檢查工程圖與參考

按**檔案→尋找參考**，如圖 12-29 所示，在相同資料夾中有一個與工程圖檔名相同的參考零件，按**關閉**。

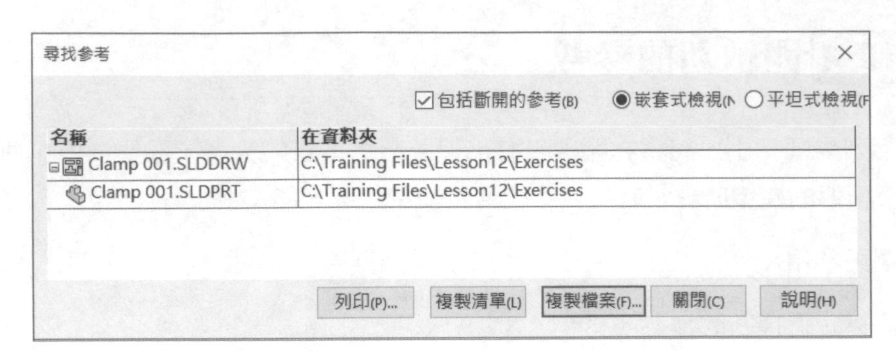

圖 12-29 尋找參考

STEP 3 開啟零件 Clamp 001

在圖頁 1 內，點選任一個視圖，按**開啟零件**。

STEP 4 開啟零件 Clamp 002

從 Lesson12\Exercises 資料夾中開啟零件：Clamp 002.SLDPRT。

STEP 5 比較零件模型

如圖 12-30 所示，垂直非重疊顯示兩個模型，使用文件視窗上方的圖示可併排個別文件。

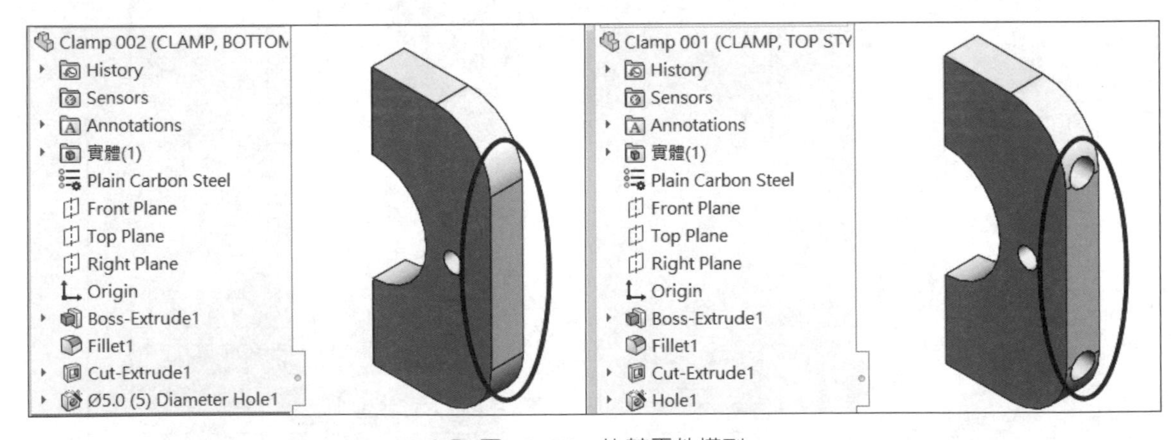

圖 12-30 比較零件模型

Clamp 002 的左側面鑽孔為盲孔，而不是貫穿孔。

當一個現有的零件相似於一個工程圖所參考的模型時，可以在開啟工程圖檔中選擇新的參考零件。

提示 Clamp 002 零件是從 Clamp 001 複製並編修而來，因此特別適合作新參考檔案。

STEP 6 關閉所有檔案

按**視窗→全部關閉**。

STEP 7 進入開啟舊檔對話方塊

按**開啟舊檔**。

STEP 8 選擇工程圖檔與參考

在對話方塊中選擇 Clamp 001 工程圖檔並按**參考**，如圖 12-31 所示。

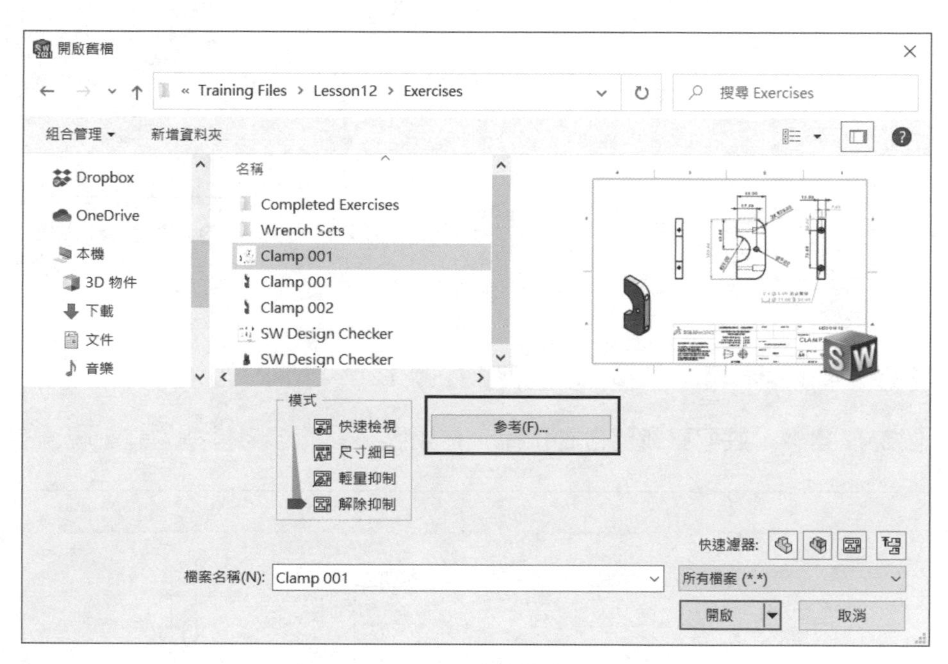

圖 12-31　選擇工程圖檔與參考

STEP 9 修改參考

在模型名稱上快按兩下，選擇 Clamp 002 後按**開啟**，如圖 12-32 所示，綠色文字表示模型已經變更。按**確定**。

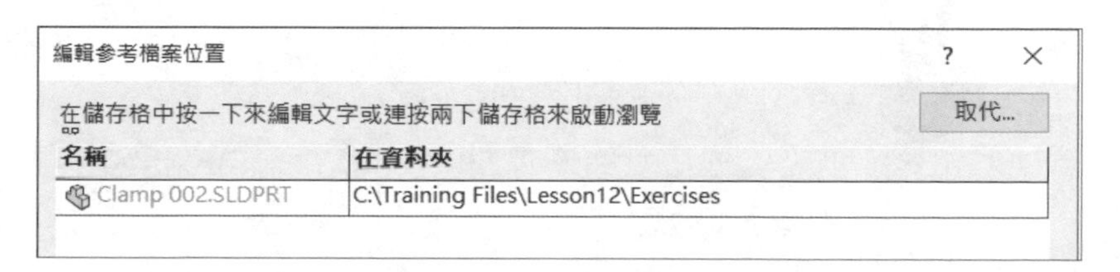

圖 12-32　修改參考

STEP 10 開啟工程圖檔

按**開啟**。

STEP 11 懸置細目項次對話方塊

系統會出現一個對話方塊，顯示新參考到的模型中沒有懸置的模型尺寸，如圖 12-33 所示。按**確定**。

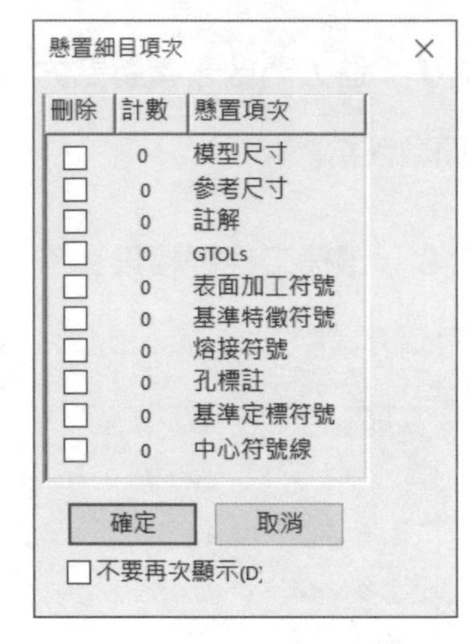

圖 12-33　懸置細目項次對話方塊

STEP 12 結果

工程視圖已經更新顯示為新參考的模型，如圖 12-34 所示。

在這個工程圖中，**註記更新**已自動啟用，這是因為在新參考模型的註記視圖有變更。

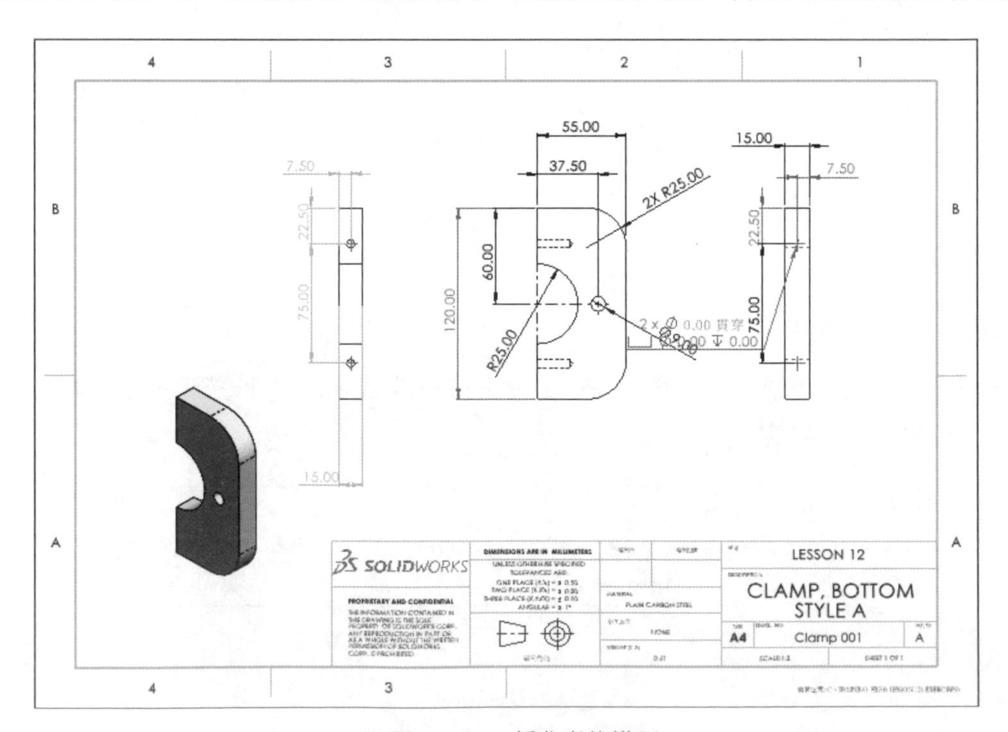

圖 12-34　新參考的模型

STEP 13 註記更新

當**註記更新**啟用時，所有被隱藏的尺寸都顯示為灰色，而且滑鼠按鍵也可以用來切換尺寸的顯示隱藏。

如圖 12-35 所示，將圖中左邊的三個灰色尺寸切換為顯示，右邊四個切換為隱藏。按**確定**✔，並調整尺寸至適當位置。

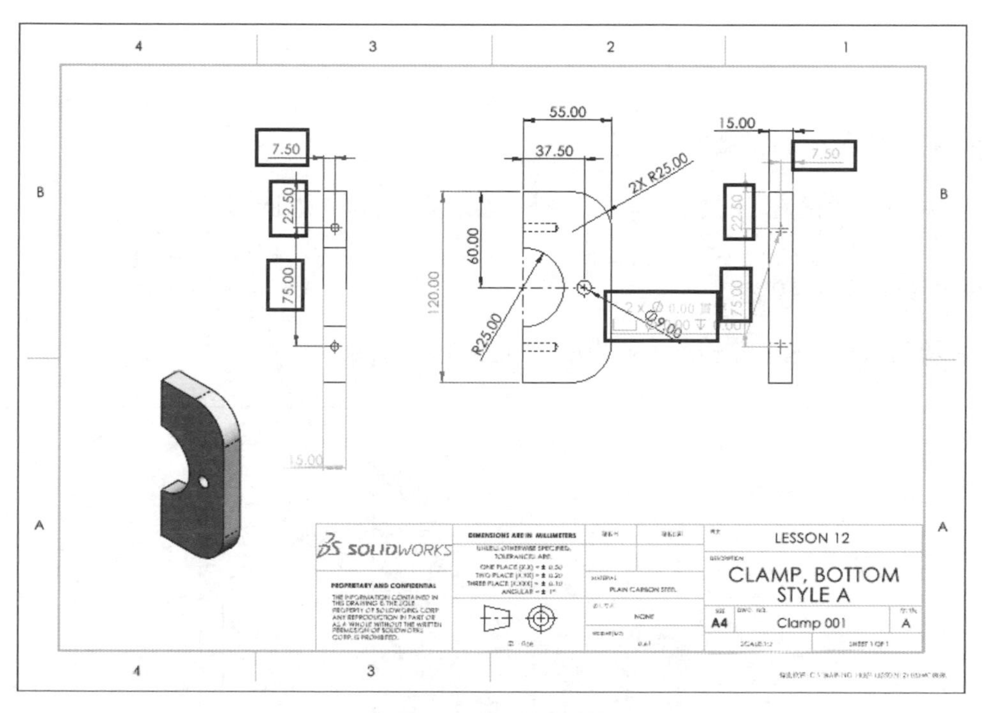

圖 12-35　註記更新

STEP 14 檢查參考

按**檔案→尋找參考**，如圖 12-36 所示。此時工程圖檔內的模型已參考到 Clamp 002，在做任何變更前，此工程圖將另存新檔。按**關閉**。

尋找參考

名稱	在資料夾
Clamp 001.SLDDRW	C:\Training Files\Lesson12\Exercises
Clamp 002.SLDPRT	C:\Training Files\Lesson12\Exercises

圖 12-36　尋找參考

STEP 15 另存為新工程圖檔

按**另存新檔**，儲存檔名為 Clamp 002。

STEP 16 刪除懸置圖元

如圖 12-37 所示，**刪除** ✕ 4 個懸置的中心符號線。

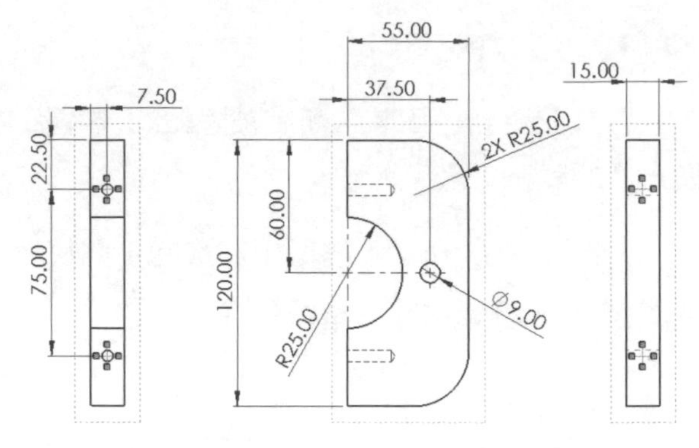

圖 12-37　刪除中心符號線

STEP 17 插入中心符號線

使用**中心符號線** ⊕ 工具，插入中心符號線至左視圖的鑽孔。

STEP 18 加入孔標註

將**孔標註** ⌴ø 加入至左視圖，結果如圖 12-38 所示。

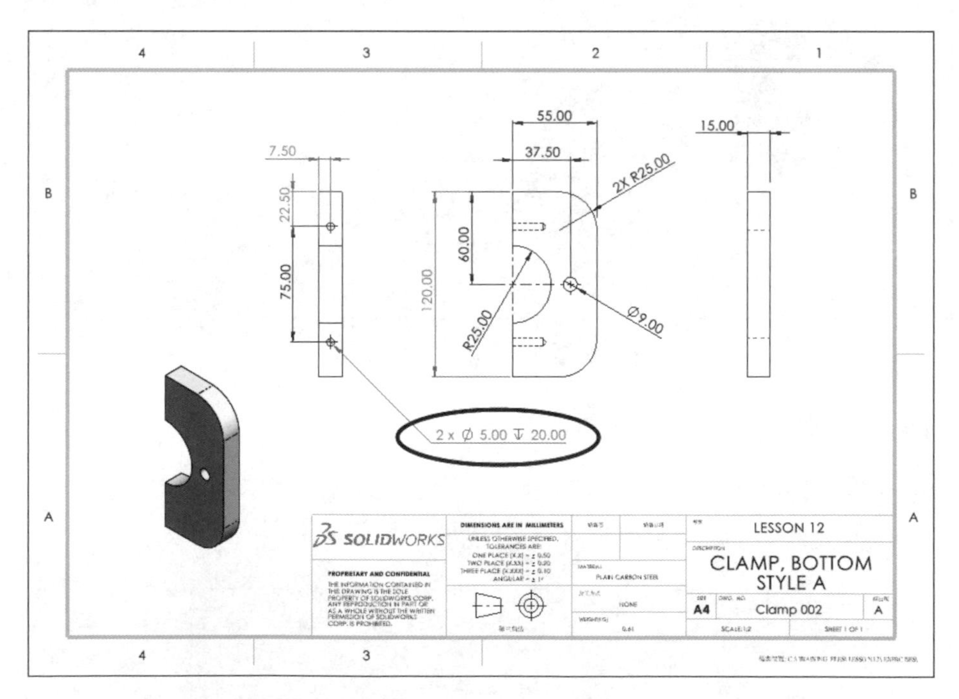

圖 12-38　加入孔標註

STEP 19 儲存 並關閉 所有檔案

STEP 20 選擇項：使用取代模型

嘗試使用取代模型指令重新建立 Clamp 002 工程圖。

練習 12-2 另存新檔並選擇新參考

請依下列步驟指引，練習另存一個新工程圖以及參考模型，這個技巧是在利用現有工程圖，但是要參考的相似模型（圖 12-39）尚未存在時使用。

新建立的模型 Clamp 003 將用來取代已設計好工程圖中的相似模型 Clamp 001，並將此工程圖另存新檔。本練習將使用以下技能：

- 工程圖再利用
- 另存新檔並選擇新的參考

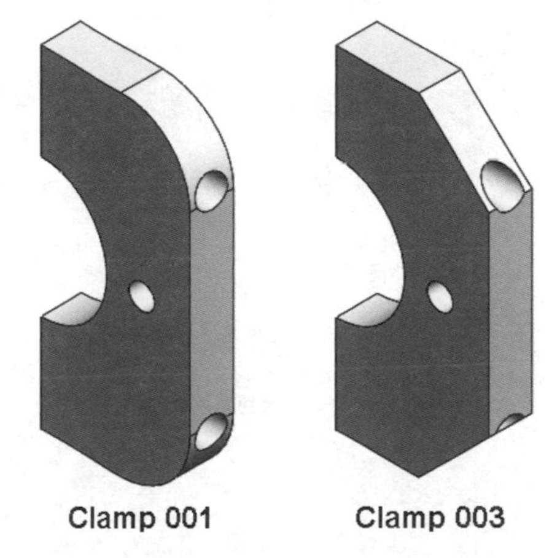

圖 12-39　相似的模型

操作步驟

STEP 1　開啟工程圖檔 Clamp 001

從 Lesson12\Exercises 資料夾中開啟工程圖檔：Clamp 001.SLDDRW，如圖 12-40 所示。

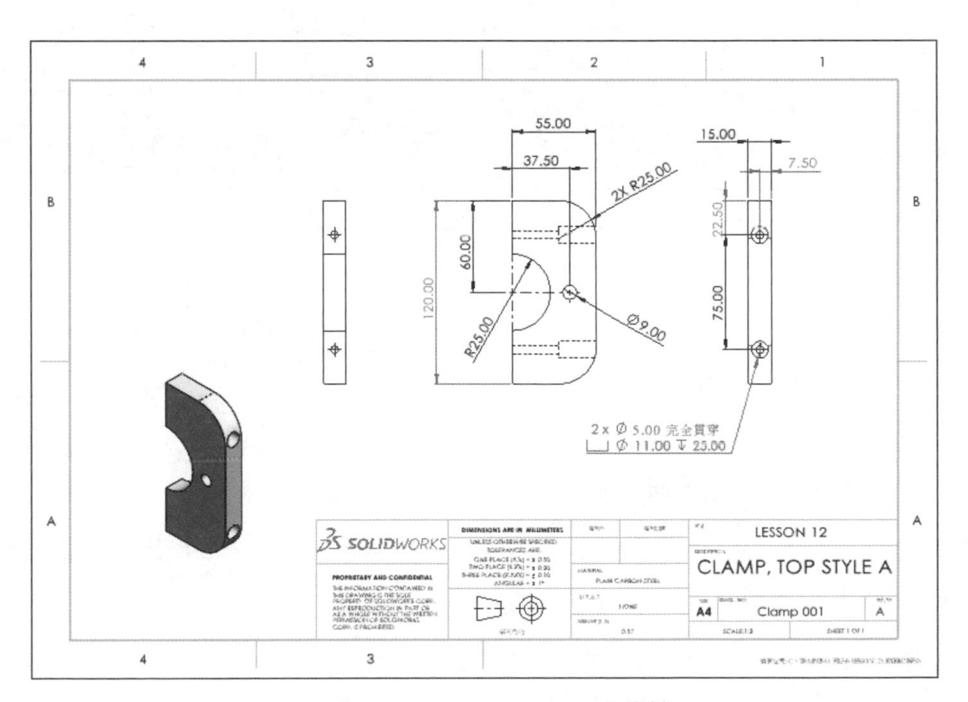

圖 12-40　Clamp 001 工程圖檔

STEP 2 進入另存新檔對話方塊

按另存新檔 。

STEP 3 進入包括所有參考的零組件

在**另存新檔**對話方塊中，勾選**包括所有參考的零組件**，如圖 12-41 所示，按**進階**。

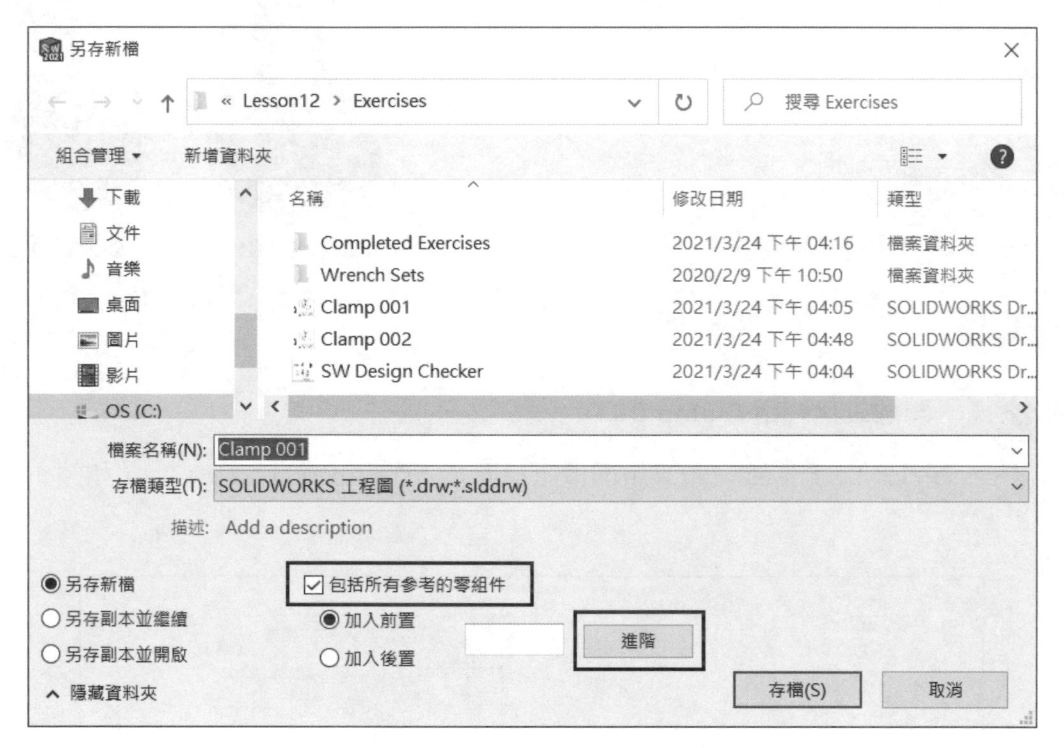

圖 12-41　另存新檔對話方塊

提示 若是新檔案需要加入前置或後置，可以直接在**另存新檔**對話方塊中輸入即可，若要定義新檔名則要在**進階**選項中設定。

STEP 4 重新命名工程圖與模型

如圖 12-42 所示，在檔名上快按滑鼠兩下以編輯零件名稱，或按**尋找 / 取代**變更檔名為 Clamp 003。按**儲存全部**。

與參考另存為

連按兩下儲存格來編輯 ☐包括虛擬零組件(V) ☐包括 Toolbox 零件(T) ☑包括斷開的參考(B) ◉嵌套式檢視(N) ○平坦式檢視(F)

名稱	資料夾
Clamp 003.SLDDRW	C:\Training Files\Lesson12\Exercises
Clamp 003.SLDPRT	C:\Training Files\Lesson12\Exercises

取代

尋找目標(N): 001 找下一個(F)

取代為(P): 003 取代(R)

全部取代(A)

☐大小寫視為相異(C) 取消

為所選的項次指定資料夾:

C:\Training Files\Lesson12\Exercises

☐全部儲存為副本 (開啟的文件保持不受影響)

修改所選的名稱:

◉加入前置(X) ○加入後置(U) 套用(A) 尋找 / 取代(R)... 取消(L) 儲存全部(S)

圖 12-42　另存參考

STEP 5　結果

目前的文件已變更為 Clamp 003 工程圖，按**檔案→尋找參考**，結果如圖 12-43 所示。因另存新檔的關係，新工程圖已參考至 Clamp 003 模型。按**關閉**。

尋找參考

名稱	在資料夾
Clamp 003.SLDDRW	C:\Training Files\Lesson12\Exercises
Clamp 003.SLDPRT	C:\Training Files\Lesson12\Exercises

圖 12-43　尋找參考

STEP 6　開啟零件

任選一個視圖，按**開啟零件**。

STEP 7　變更圓角為導角

在 Fillet 特徵上按滑鼠右鍵，點選**將圓角轉換為導角**，按**確定**✔，如圖 12-44 所示。

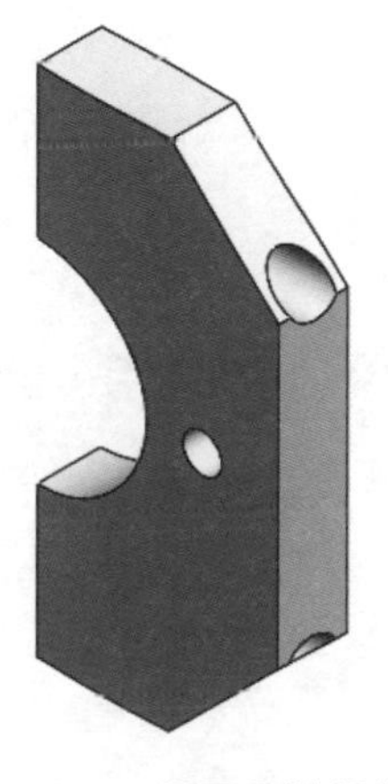

圖 12-44　將圓角轉換為導角

STEP 8 變更特徵名稱

變更特徵 Fillet 名稱為 Chamfer。

STEP 9 儲存並關閉零件檔

STEP 10 更新工程圖

刪除懸置的半徑尺寸，並用**導角尺寸**，標註導角，加入前置文字“2X”，如圖 12-45 所示。

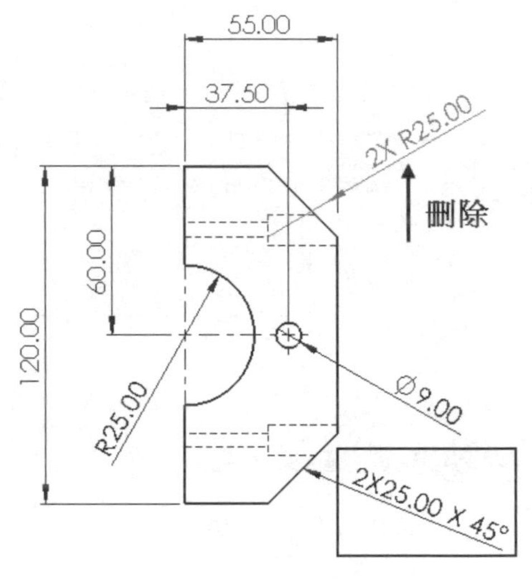

圖 12-45 標註導角尺寸

STEP 11 修改零件描述（Description）

在標題圖塊表格熱點上快按滑鼠兩下，修改零件的 **Description** 為“Clamp, Top Style B”，如圖 12-46 所示。按**確定**。

圖 12-46 修改 Description

STEP 12 共用、儲存並關閉所有檔案

完成之工程圖如圖 12-47 所示。

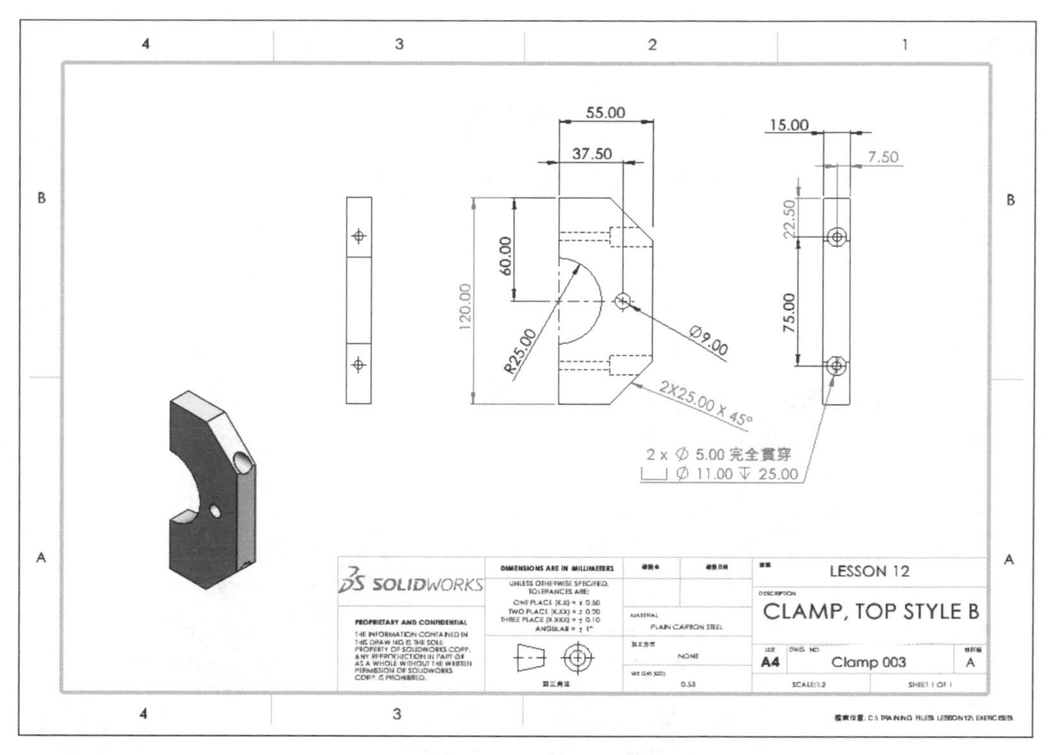

圖 12-47　完成之工程圖

STEP 13 選擇項：建立工程圖 Clamp 004

您可以使用現有的工程圖 Clamp 002，建立 Style B Bottom Clamp 模型及工程圖。

練習 12-3 Pack and Go

請依下列步驟指引，練習使用 Pack and Go 來複製一整個專案（圖 12-48）至另一個新資料夾中，並變更名稱，以重複使用現有的檔案。

使用 Pack and Go 可以複製及重新命名所有在專案中的檔案，像是 ToolBox 零組件、工程圖的零組件模型等，而且所有參考關係都能維持。本練習將使用以下技能：

- 工程圖再利用
- Pack and Go

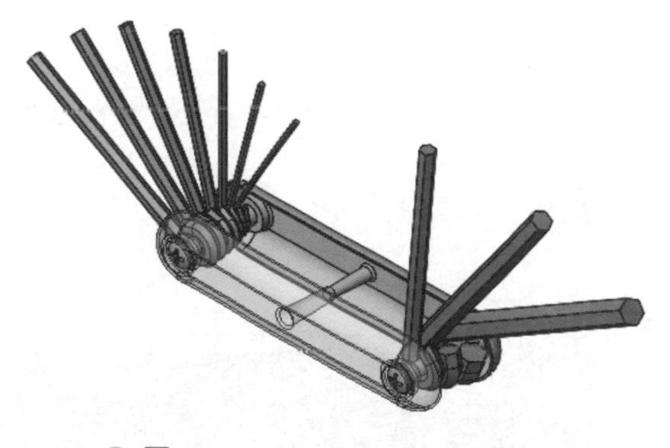

圖 12-48　Allen Wrench, Metric

操作步驟

STEP 1 檢查 Allen Wrench, Metric 資料夾

按**開啟舊檔**，瀏覽至 Lesson12\Exercises\Wrench Sets\Allen Wrench, Metric 資料夾，此專案內含幾個零件、工程圖及組合件，如圖 12-49 所示。

圖 12-49 Allen Wrench, Metric 資料夾

STEP 2 開啟組合件

開啟最上層的組合件：**Allen Wrench, Metric.SLDASM**。

提示 Pack and Go 工具可以從最上層的組合件或工程圖開始。

技巧

為了快速從一個大型專案資料夾中尋找最上層組合件，您可以在**開啟舊檔**對話方塊中，使用**快速濾器**的**過濾最上層組合件**。

使用 Pack and Go

Pack and Go 工具使用一個對話方塊聚集工程圖或模型所參考到的檔案，重新命名並儲存至一個新資料夾或 zip 檔案。您可以在對話方塊中用列檢核框選擇哪個參考檔要複製到新位置，若未勾選，則原始檔案參考將被保留。

勾選在上層中的檢核框可以包含與模型關聯的不同檔案類型。

要編輯儲存格，可在儲存格上快按滑鼠兩下，修改多個儲存格可用**選擇 / 取代**文字、加入前置或後置、或調整資料夾位置。

指令TIPS　Pack and Go

- 功能表：**檔案→Pack and Go**。
- **開啟舊檔**對話方塊：在 SOLIDWORKS 檔案上按滑鼠右鍵，點選 **SOLIDWORKS →Pack and Go**。

STEP 3　啟用 Pack and Go

按**檔案→Pack and Go**。

STEP 4　包括工程圖

在左上角勾選**包括工程圖**與**包括 Toolbox 零組件**，如圖 12-50 所示。

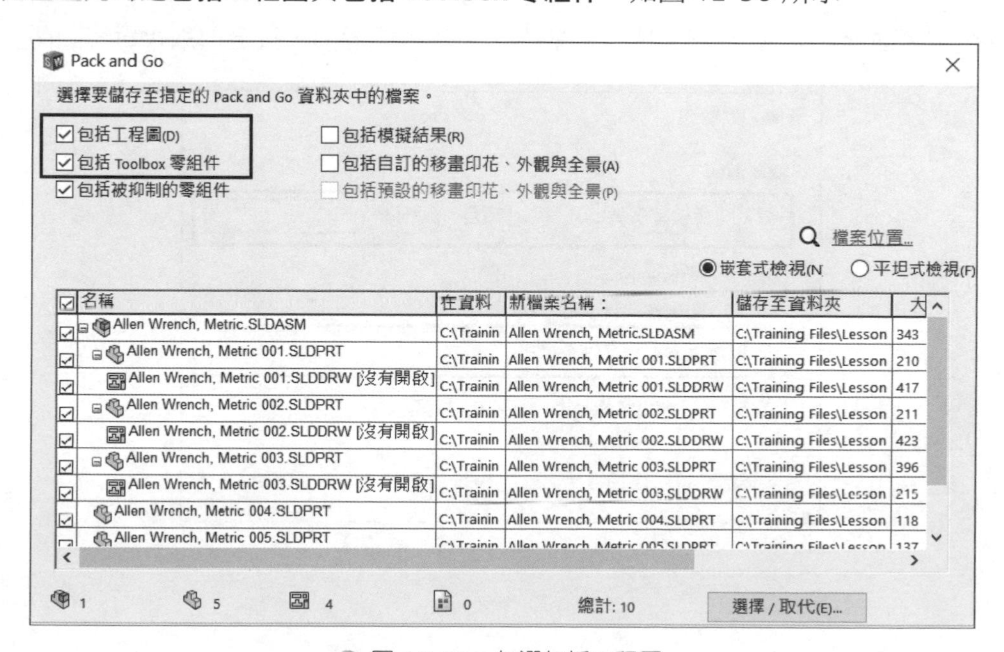

圖 12-50　勾選包括工程圖

STEP 5 建立要另存新檔的資料夾

在**儲存至資料夾**按**瀏覽**，選至 Wrench Sets 資料夾，按滑鼠右鍵，點選**新增→資料夾**，命名為 **Allen Wrench, Inch**，如圖 12-51 所示。按**選擇資料夾**。

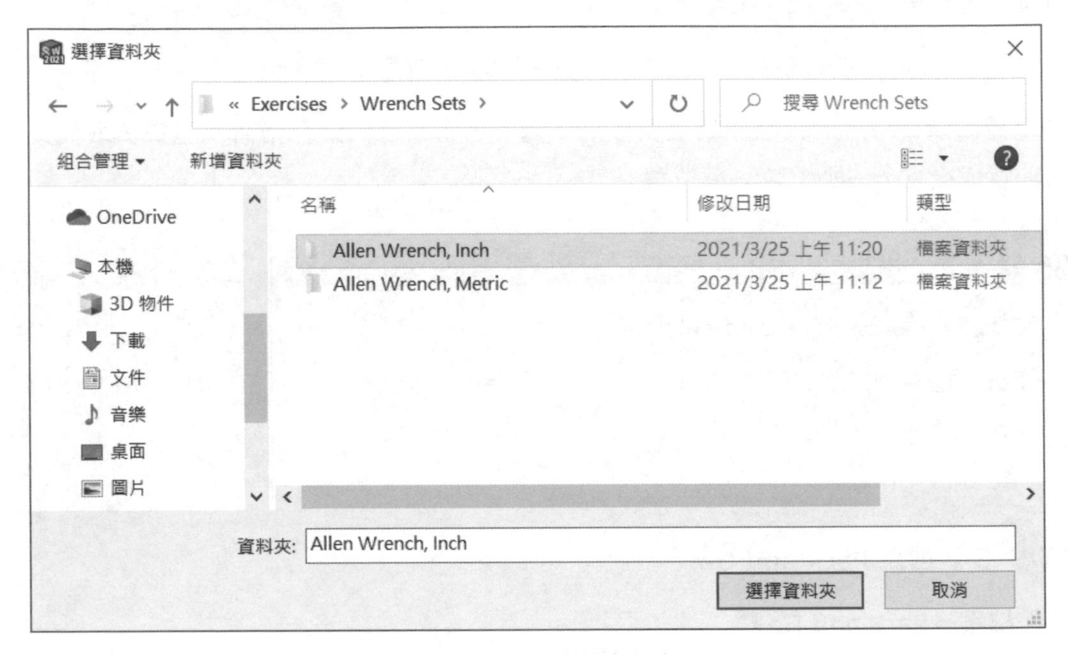

圖 12-51 選擇資料夾

STEP 6 使用選擇 / 取代來重新命名檔案

按**選擇 / 取代**，如圖 12-52 所示，輸入文字及選擇選項，按**全部取代**再按**關閉**。

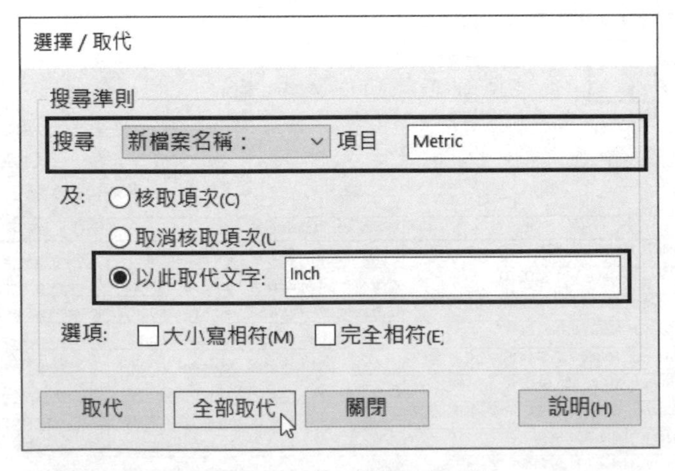

圖 12-52 選擇 / 取代

STEP 7 儲存新檔案至新資料夾

如圖 12-53 所示，按**儲存**。

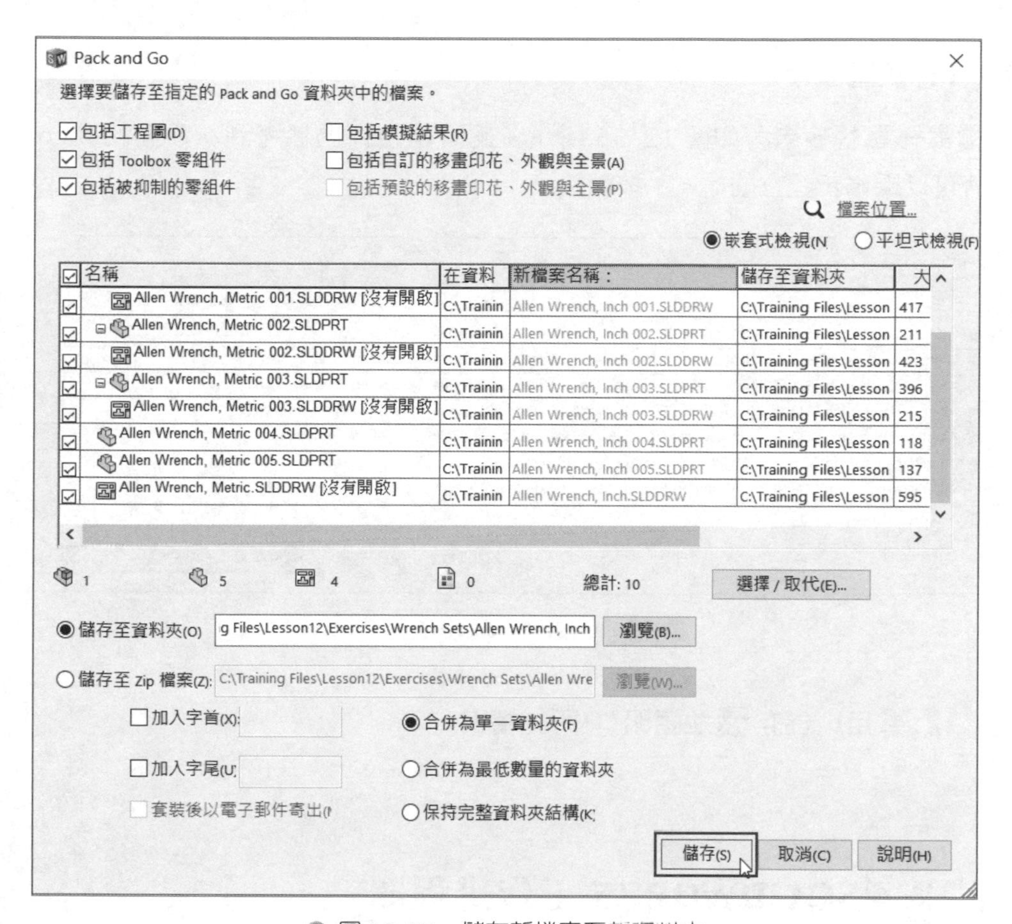

圖 12-53　儲存新檔案至新資料夾

STEP 8 關閉 Allen Wrench, Metric 組合件

STEP 9 檢查 Allen Wrench, Inch 資料夾

按**開啟舊檔**，瀏覽至 Lesson12\Exercises\Wrench Sets\Allen Wrench, Inch 資料夾，如圖 12-54 所示，此資料夾已內含 Metric 的副本，並以新檔名存在。

Allen Wrench, Inch 001
Allen Wrench, Inch 001
Allen Wrench, Inch 002
Allen Wrench, Inch 002
Allen Wrench, Inch 003
Allen Wrench, Inch 003
Allen Wrench, Inch 004
Allen Wrench, Inch 005
Allen Wrench, Inch
Allen Wrench, Inch

圖 12-54　Allen Wrench, Inch 資料夾

STEP 10 開啟最上層的組合件或工程圖

開啟最上層的組合件或工程圖：Allen Wrench, Inch。

STEP 11 檢查參考

按**檔案→尋找參考**，如圖 12-55 所示。此時組合件已參考到新建立的 Inch 專案檔案，接著可以編修新建立的檔案。按**關閉**。

名稱	在資料夾
Allen Wrench, Inch.SLDASM	C:\Training Files\Lesson12\Exercises\Wrench Sets\Allen Wrench, Inch
Allen Wrench, Inch 001.SLD	C:\Training Files\Lesson12\Exercises\Wrench Sets\Allen Wrench, Inch
Allen Wrench, Inch 002.SLD	C:\Training Files\Lesson12\Exercises\Wrench Sets\Allen Wrench, Inch
Allen Wrench, Inch 004.SLD	C:\Training Files\Lesson12\Exercises\Wrench Sets\Allen Wrench, Inch
Allen Wrench, Inch 005.SLD	C:\Training Files\Lesson12\Exercises\Wrench Sets\Allen Wrench, Inch
Allen Wrench, Inch 003.SLD	C:\Training Files\Lesson12\Exercises\Wrench Sets\Allen Wrench, Inch

圖 12-55　Allen Wrench, Inch

STEP 12 共用、儲存並關閉所有檔案

練習 12-4 SOLIDWORKS 工作排程器

請依下列步驟指引，利用 SOLIDWORKS 工作排程器，練習儲存在 Wrench Sets 資料夾內所有的工程圖檔案為 PDF，並儲存至新資料夾。本練習將使用以下技能：

- SOLIDWORKS 工作排程器

操作步驟

STEP 1 執行 SOLIDWORKS 工作排程器

按**工具→SOLIDWORKS 應用程式→SOLIDWORKS 工作排程器**。

STEP 2 選擇輸出檔案工作

從左邊工作窗格中按**輸出檔案**。

STEP 3 變更輸出的檔案類型

在**輸出檔案類型**下拉選單中選擇 **Adobe Portable Document Format(*.pdf)**。

STEP 4 加入資料夾

按**加入資料夾**並選擇 Lesson12\Exercises\Wrench Sets，勾選**包含子資料夾**，如圖 12-56 所示。

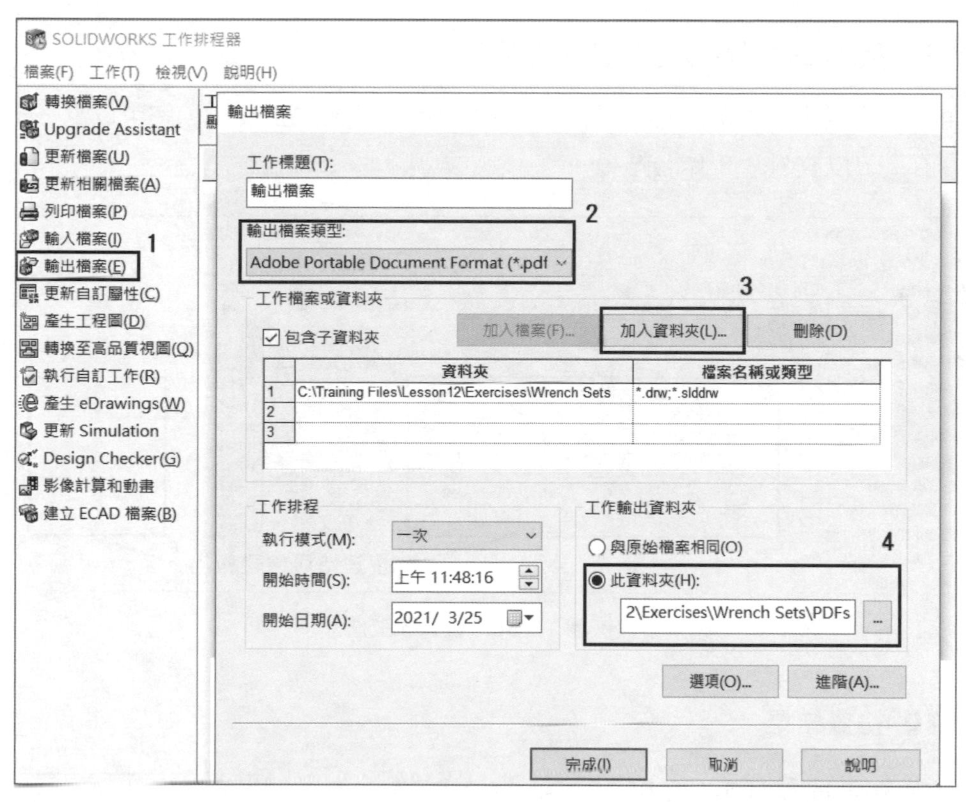

圖 12-56 加入資料夾

STEP 5 指定輸出資料夾

在**工作輸出資料夾**中點選**此資料夾**，並按**瀏覽**至 Wrench Sets，並新增資料夾 **PDFs**，如圖 12-57，選擇此新資料夾為輸出資料夾。

Allen Wrench, Inch
Allen Wrench, Metric
PDFs

圖 12-57 新資料夾

STEP 6 查看工作排程

工作排程的時間是依目前時間自動排定的，假如我們想要稍後再執行，可以在這裡調整時間。

STEP 7 執行工作

在對話方塊中按**完成**加入排程並執行工作。

STEP 8 重新整理工作排程器

從工作排程器上方按**重新整理**指令，更新工作狀態。

STEP 9 展開工作檢視狀態、結果與報告

展開工作檢視子工作的狀態，如圖 12-58 所示。當工作完成後，您可以點一下**標題**及**狀態**欄的項次，以查看子工作的結果。

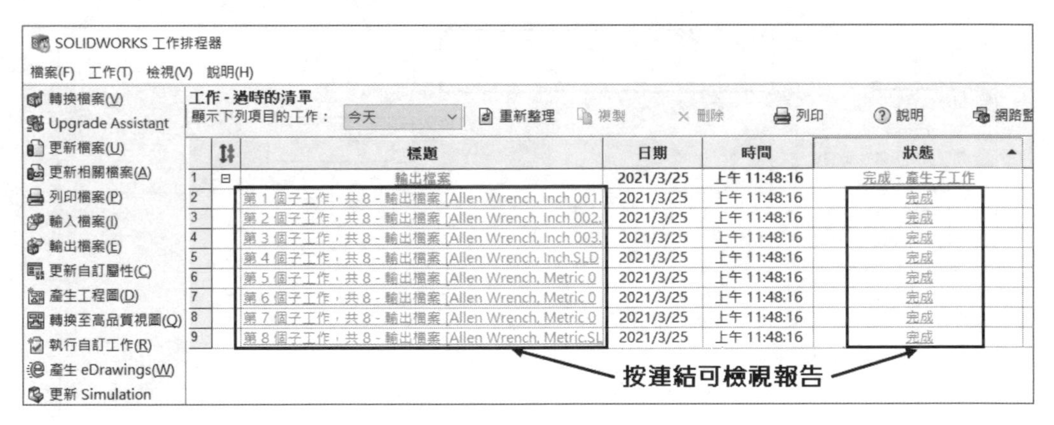

圖 12-58 查看子工作

STEP 10 檢查結果

使用檔案總管瀏覽至 Wrench Sets\PDFs 資料夾查看結果，如圖 12-59 所示。

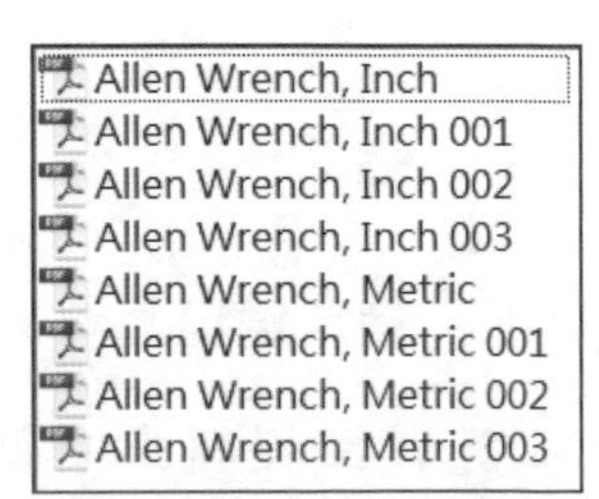

圖 12-59 Wrench Sets\PDFs 資料夾

STEP 11 關閉工作排程器

練習 12-5 SOLIDWORKS Design Checker

請依下列步驟指引，學習 SOLIDWORKS Design Checker 的功能，用來修改舊有範本的工程圖，並套用目前的範本以符合重要設定。本練習將使用以下技能：

- SOLIDWORKS Design Checker

操作步驟

STEP 1 開啟工程圖檔

從 Lesson12\Exercises 資料夾中開啟工程圖檔：SW Design Checker.SLDDRW，如圖 12-60 所示。

此工程圖是由舊有範本與圖頁所建立，這裡我們想更新為自訂的圖頁格式，以確定所有設定皆符合目前所使用的工程圖範本。

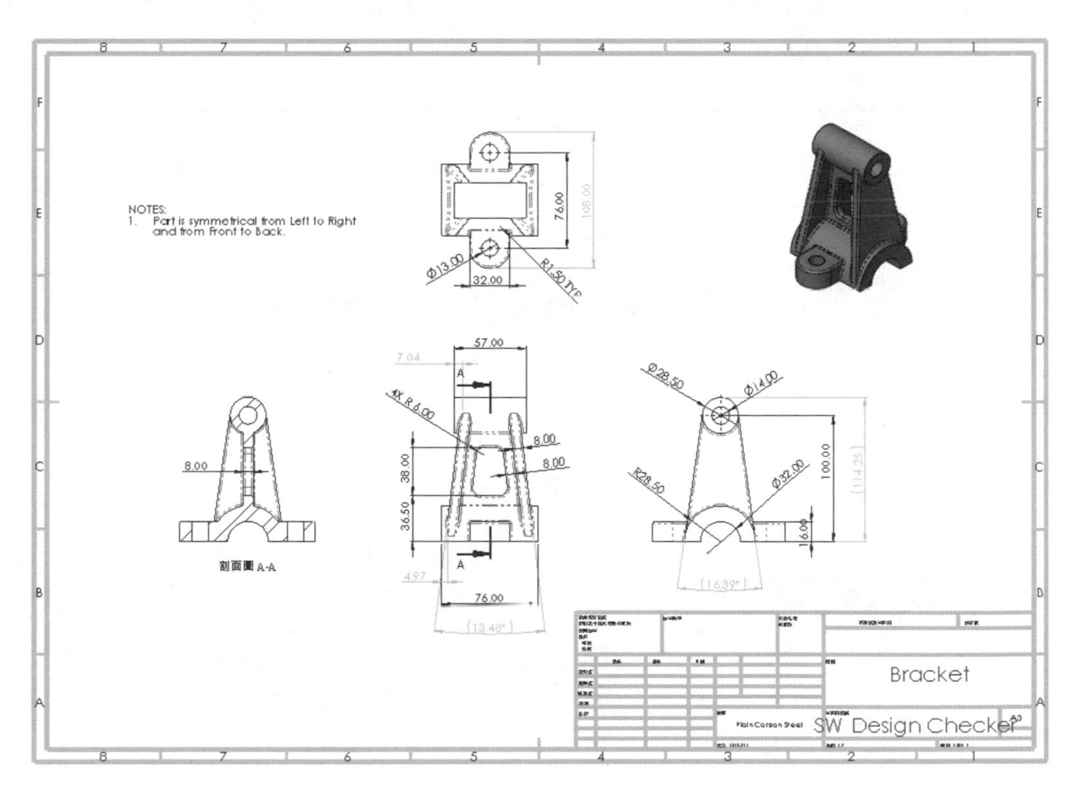

圖 12-60　SW Design Checker 工程圖

STEP 2 修改圖頁格式

在圖頁 1 上按滑鼠右鍵，點選**屬性**，如圖 12-61 所示。

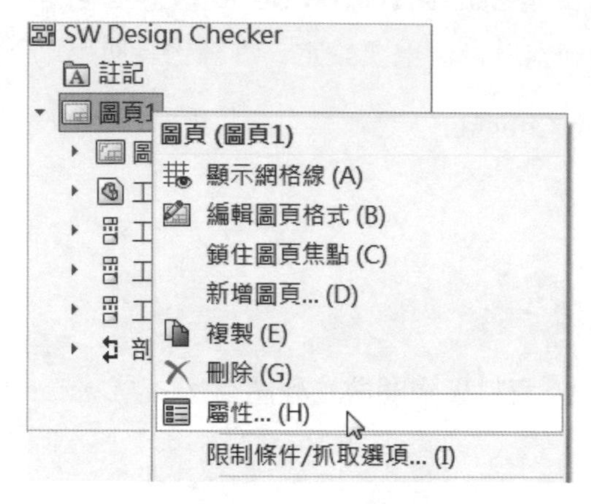

圖 12-61 圖頁屬性

在對話方塊中的**圖頁格式 / 大小**選擇 **"SW A3- 橫向"**，如圖 12-62 所示，按**套用變更**。

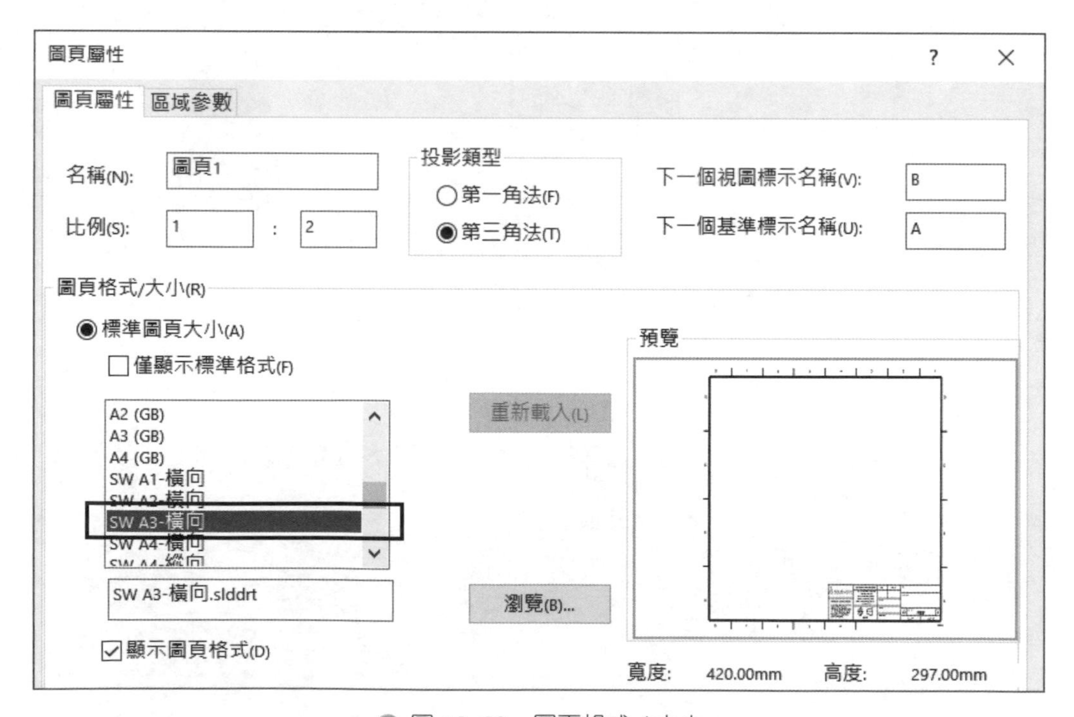

圖 12-62 圖頁格式 / 大小

結果如圖 12-63 所示。

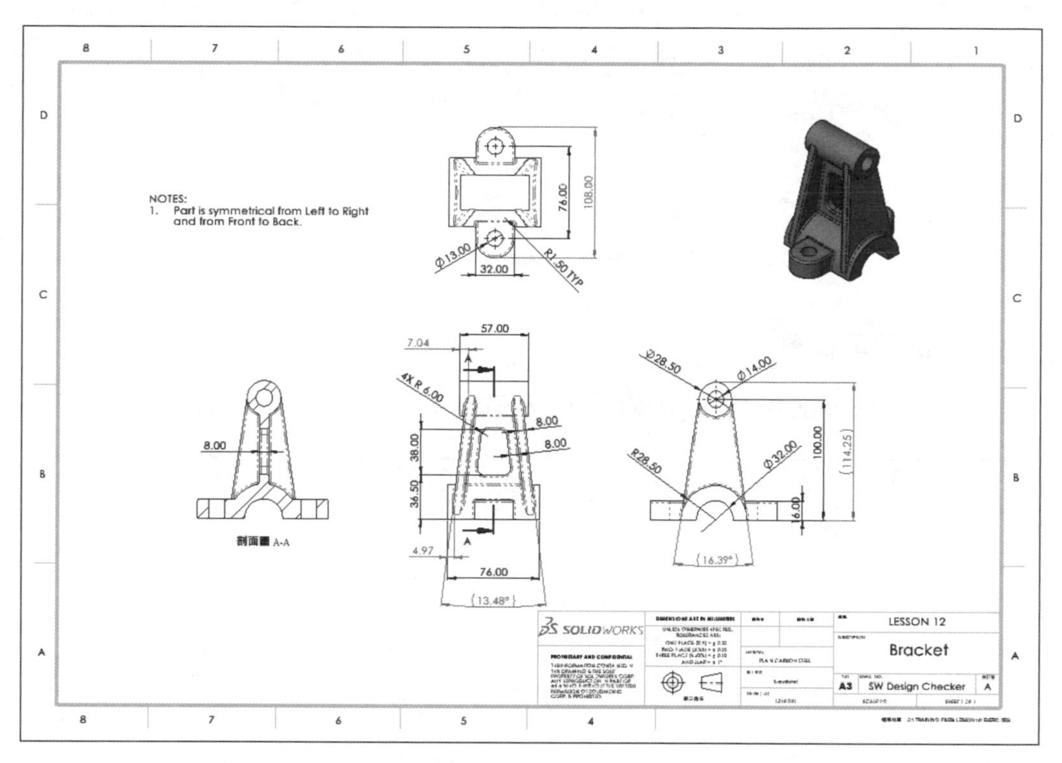

圖 12-63 結果

STEP 3 重新計算 並儲存 工程圖檔案

使用 Design Checker

Design Checker 內含幾項工具，如圖 12-64 所示。

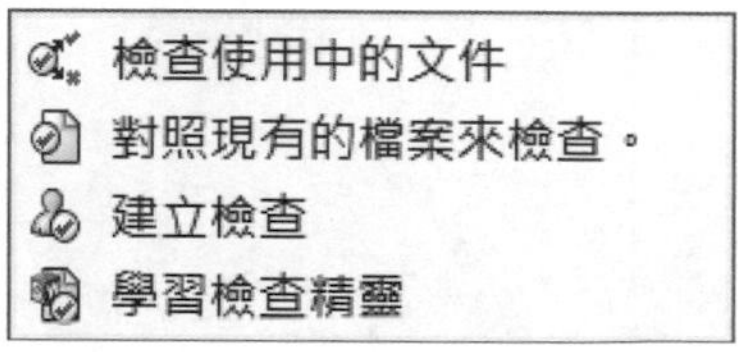

- **檢查使用中的文件**

使用一組已經建立好的**檢查**來檢查目前的文件。

檢查使用中的文件
對照現有的檔案來檢查。
建立檢查
學習檢查精靈

圖 12-64 Design Checker 工具

- **對照現有的檔案來檢查**

對照現有的檔案來檢查目前的文件，此技術提供較少指定的檢查控制。

- **建立檢查**

使用 SOLIDWORKS Design Checker 介面，手動建立一組檢查，此技術提供建立檢查最多的選項，但是定義選項時較耗時間。

- **學習檢查精靈**

使用現有的文件建立檢查，當精靈完成時，還可以更進一步的使用 SOLIDWORKS **Design Checker** 介面定義檢查。

指令TIPS Design Checker

- CommandManager：**評估→檢查使用中的文件** 快顯功能表。
- 功能表：**工具→Design Checker**。

以下我們將使用**學習檢查精靈**，使用此工具，我們可以利用現有檔案中的設定來建立檢查，然後再使用 **SOLIDWORKS Design Checker** 介面來做進一步細分。

STEP 4 開啟工程圖

從 Lesson12\Exercises 資料夾中開啟工程圖檔：Clamp 001，如圖 12-65 所示。

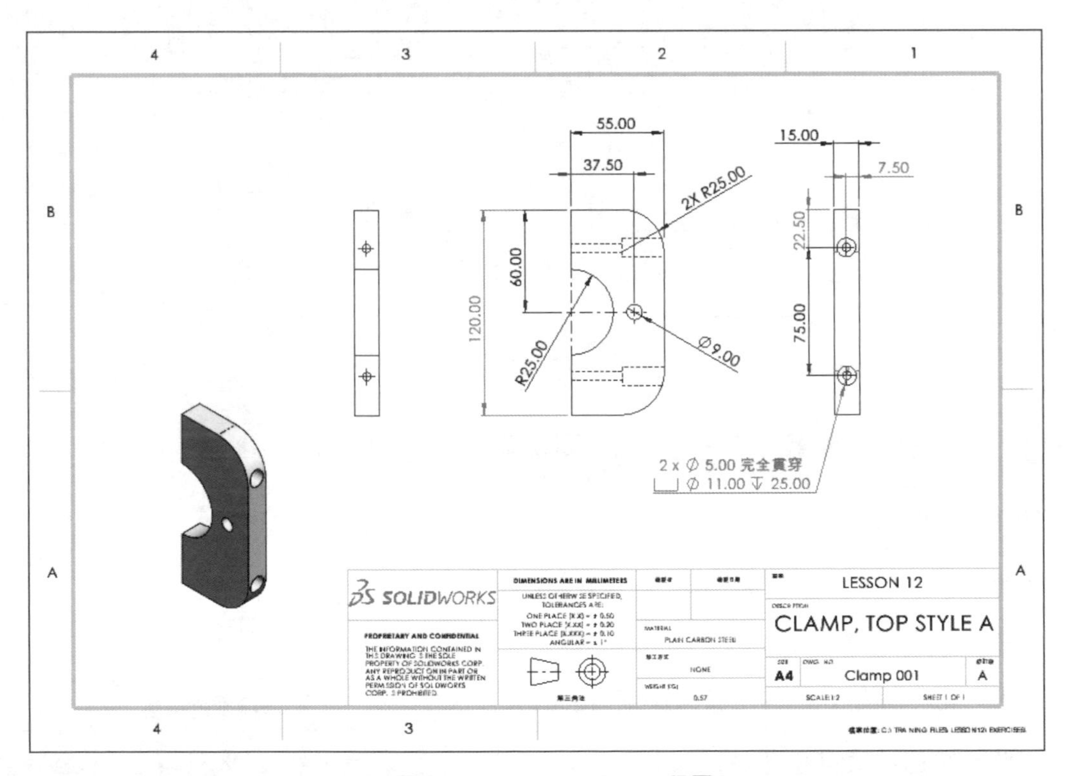

圖 12-65　Clamp 001 工程圖

STEP 5 選擇檔名

選擇 FeatureManager（特徵管理員）最上層的 Clamp 001 工程圖檔名稱。

STEP 6 執行學習檢查精靈

按**學習檢查精靈**，精靈已在工作窗格中啟用，如圖 12-66 所示。

有幾個檢查分類可以被定義，例如，我們將在**文件檢查**中定義幾個檢查，這些都在**選項→文件屬性**中可以尋得。

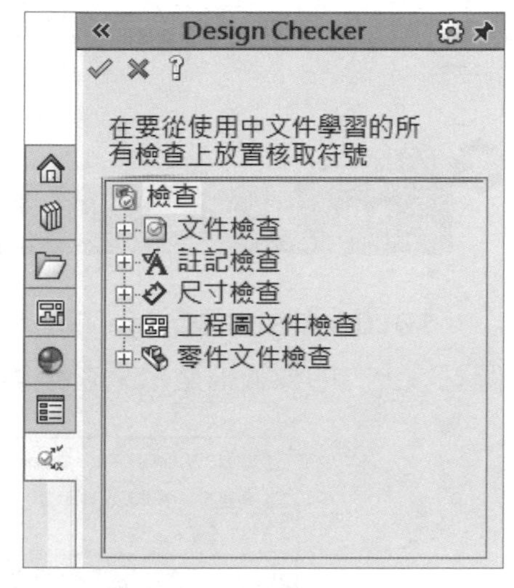

圖 12-66 學習檢查精靈

STEP 7 選擇文件檢查

展開**文件檢查**，勾選如圖 12-67 所示的 6 個檢核框，當檢查項被選取時，其在文件中的設定值會顯示在下面窗格中。按**完成**。

> **提示** 若是在下面窗格中並未看到設定值，您可以重新啟動 SOLIDWORKS 後，再重新開啟此工程圖檔。

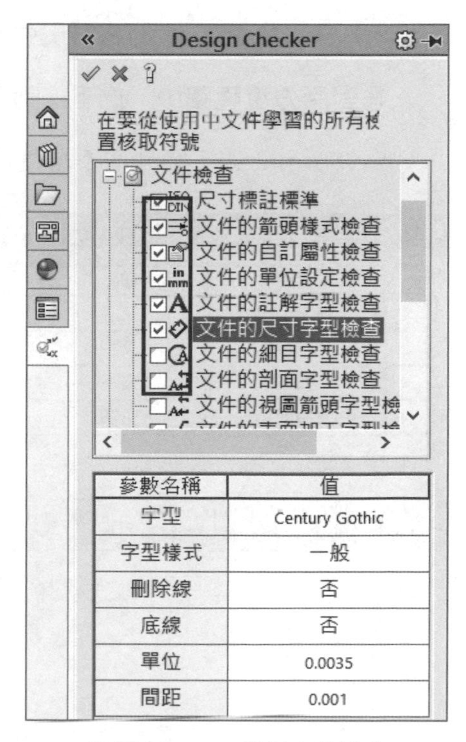

圖 12-67 選擇文件檢查

STEP 8　SOLIDWORKS Design Checker 介面中的檢查

此時在學習精靈中的設定全部被轉移到 **SOLIDWORKS Design Checker**，如圖 12-68 所示。

技巧

此工具會另外開啟新視窗顯示，可能需要從 Windows 工具列尋得。

SOLIDWORKS Design Checker 左邊窗格上方的標籤可以存取不同分類的檢查。在視圖區域上方的標籤則是用來查看與編修檢查。

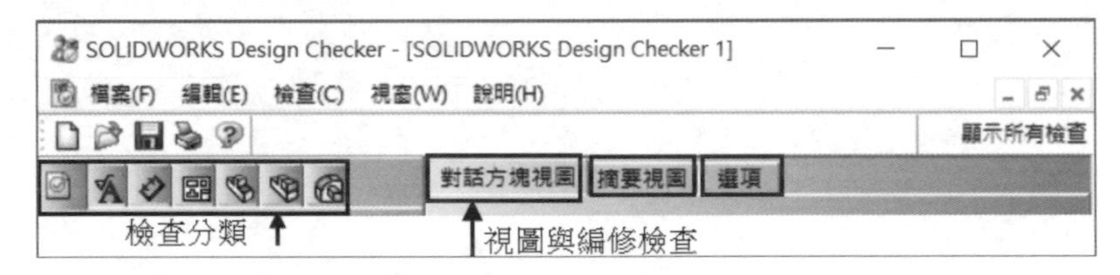

圖 12-68　SOLIDWORKS Design Checker 介面中的檢查

STEP 9　編修文件的自訂屬性檢查

在**對話方塊視圖**中，向下捲動頁面找到**文件的自訂屬性檢查**，如圖 12-69 所示。

SWFormatSize 屬性並不需要檢核，所以選擇列**表頭 1**，按**刪除**。

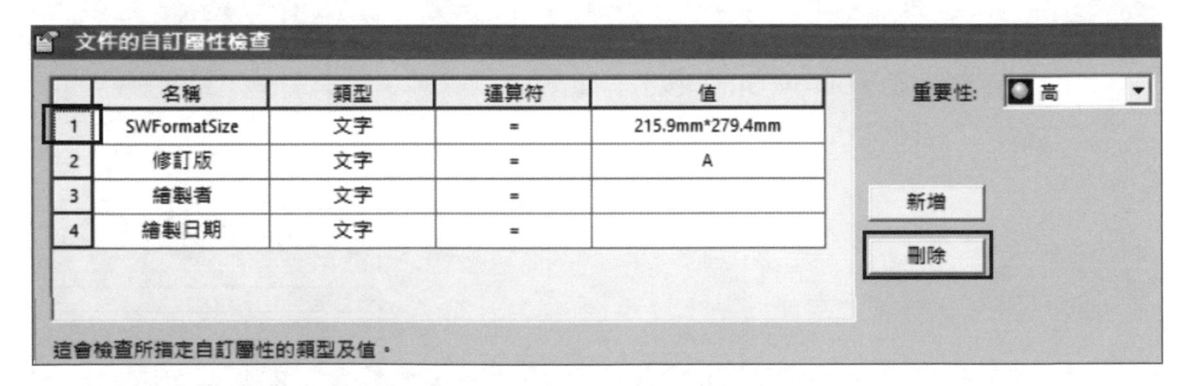

圖 12-69　編修文件的自訂屬性檢查

STEP 10 儲存檢查為標準檔

按**存檔**，儲存至 Lesson12\Exercises 資料夾內，檔名為 SW Design Checks，如圖 12-70 所示。

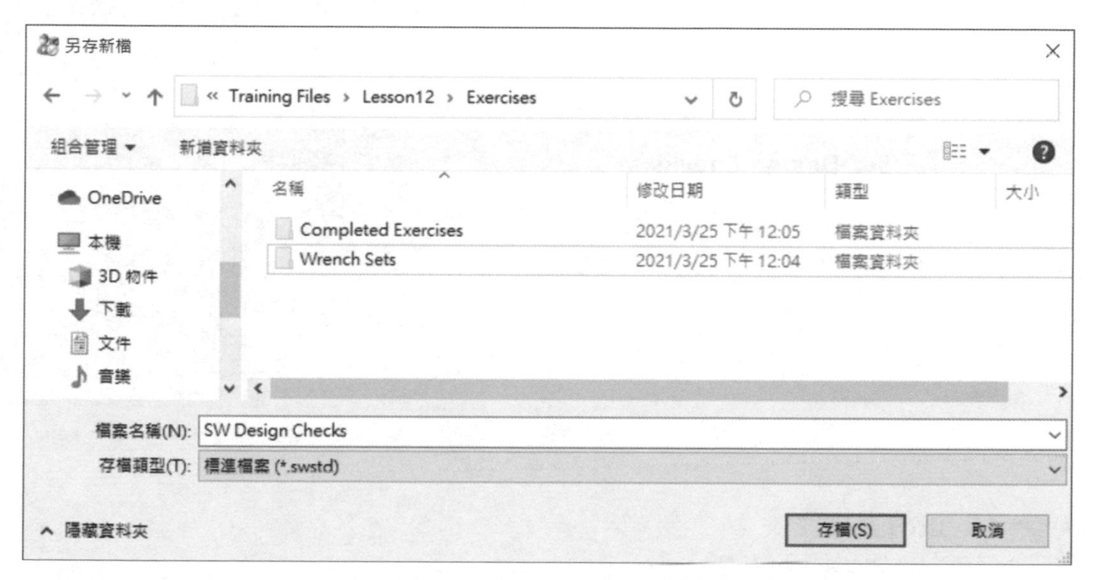

圖 12-70　儲存檢查為標準檔

技巧

標準檔案也可建立後並應用在 SOLIDWORKS 的**選項**→**文件屬性**→**製圖標準**中。然而，在選項對話方塊中建立的標準檔只含文件屬性設定，而 Design Checker 標準檔則包含更多選項。

STEP 11 關閉 SOLIDWORKS Design Checker

STEP 12 關閉 Clamp 001 工程圖檔案

STEP 13 檢查使用中的文件

在 **SW Design Checker** 工程圖檔仍開啟時，按**檢查使用中的文件**。

STEP 14 加入自訂標準檔案

在工作窗格上，按**新增標準**➕，從 Lesson12\Exercises 資料夾內選擇 **SW Design Checks** 標準檔，如圖 12-71 所示。

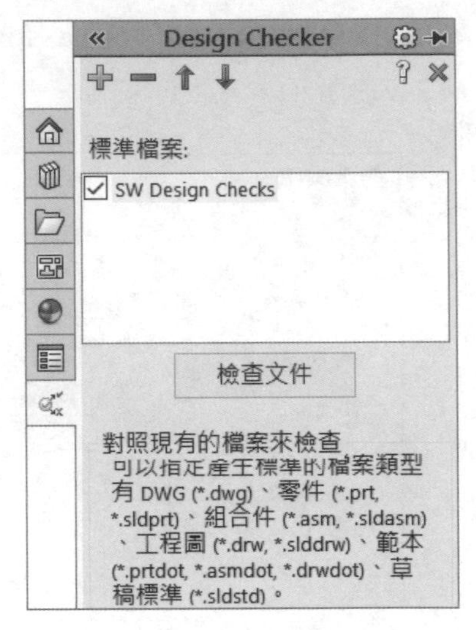

圖 12-71　調整標準

> **提示** 如果有顯示其他標準，則清除勾選其他標準，只勾選 **SW Design Checks**。

STEP 15 按檢查文件

STEP 16 檢查錯誤

結果顯示在**文件的單位設定檢查**中有一個檢查錯誤，如圖 12-72 所示。

展開錯誤的檢查，並按 **SW Design Checker- 圖頁 1** 查看細節。

> **提示** 在檢查出錯誤中所列的項次都是找到的問題。

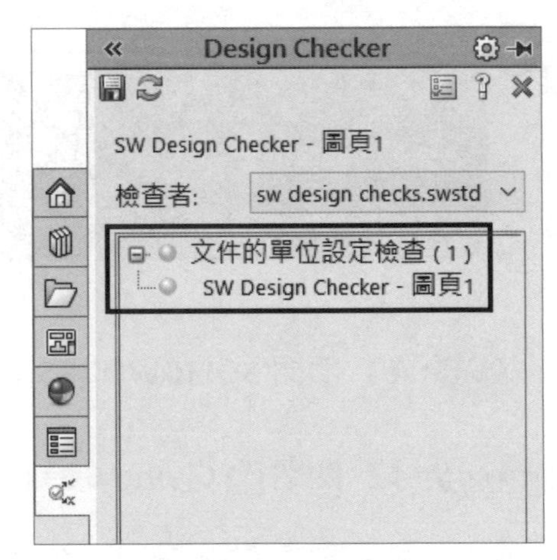

圖 12-72　檢查錯誤

STEP 17 更正問題

結果顯示目前文件（**實際值**）與從 Clamp 001 文件中的**偏好值**是不同的，如圖 12-73 所示。按**自動全部更正**，更正為偏好值。

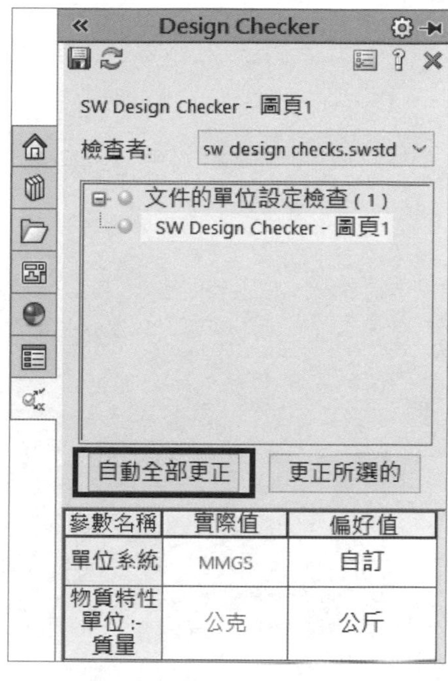

參數名稱	實際值	偏好值
單位系統	MMGS	自訂
物質特性單位 :- 質量	公克	公斤

圖 12-73　更正問題

STEP 18 結果

如圖 12-74 所示，文件是根據標準的。**關閉**工作窗格中的 **Design Checker**。

> **提示**　有需要的話也可以建立其他檢查來查看零件和組合件文件。

圖 12-74　結果

STEP 19 共用、儲存並關閉所有檔案

NOTE

13

效能管理

順利完成本章課程後，您將學會：

- 使用效能評估工具
- 了解細項處理和選項如何影響效能
- 在開啟舊檔對話方塊的選項中選擇開啟模式與選擇圖頁以改善效能
- 了解在解除抑制、輕量抑制和尺寸細目三種開啟模型的不同功能
- 確認可以提高效能的硬體、Windows 設定與 SOLIDWORKS 操作

13.1 效能管理

當您使用 SOLIDWORKS 工作時，有許多因素會影響效能，為了有效管理工程圖效能，SOLIDWORKS 提供下列選項使用：

- **效能評估**

此工具可評估一個文件，並透過計算查看內部影響效能的因子。

- **細項練習**

若效能是重要的，則必須知道哪些細項，像是視圖類型及顯示樣示是如何影響的。

- **系統選項與文件屬性**

一些在系統選項和文件屬性中的特定設定，可以最佳化工程圖效能。

- **開啟舊檔選項**

許多細部的工作並不需要載入所有模型資訊，工程圖在開啟時，可以選用不同的模式，以控制要載入的圖頁。開啟舊檔選項也可以控制哪些圖頁要被載入。

13.2 效能評估

效能評估工具可以用來分析工程圖開啟和重新計算的時間，佔用花費時間的項目都會顯示在結果中。

工程圖統計資料的結果，會顯示包括工程視圖的類型、註記類型與數量。

技巧

效能評估工具也可以用在零件和組合件上，以檢視可能與參考模型相關的效能問題。

指令TIPS 效能評估

- CommandManager：**評估→效能評估**。
- 功能表：**工具→評估→效能評估**。

13.2.1 開啟進度指示器

當開啟工程圖超過 1 分鐘時，**效能評估**工具也能從**開啟進度指示器**對話方塊中執行，在載入工程圖或組合件時，**開啟進度指示器**可以即時顯示開啟進度的訊息，如圖 13-1，若超過 1 分鐘，開啟進度指示器會維持顯示以便執行**效能評估**工具。

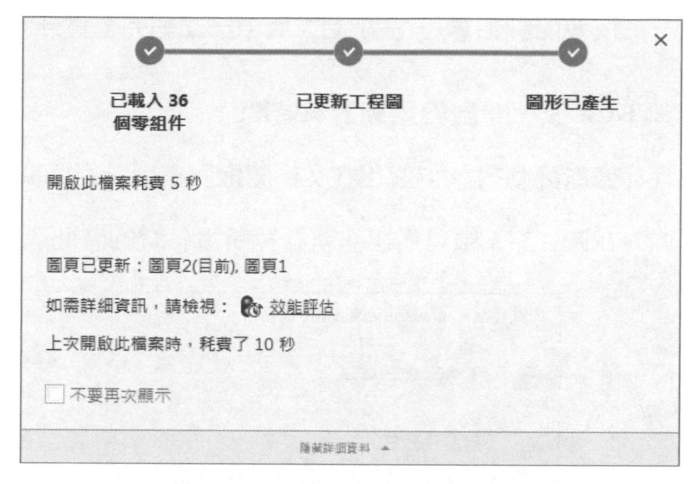

圖 13-1　工程圖開啟進度指示器

以下將開啟一個組合件工程圖，並查看在效能評估內的訊息，後面再討論如何顯示結果，以及細項練習與選項如何影響文件的效能。

STEP 1　開啟工程圖檔

從 Lesson13\Case Study 資料夾中開啟工程圖檔：Managing Performance，如圖 13-2 所示。

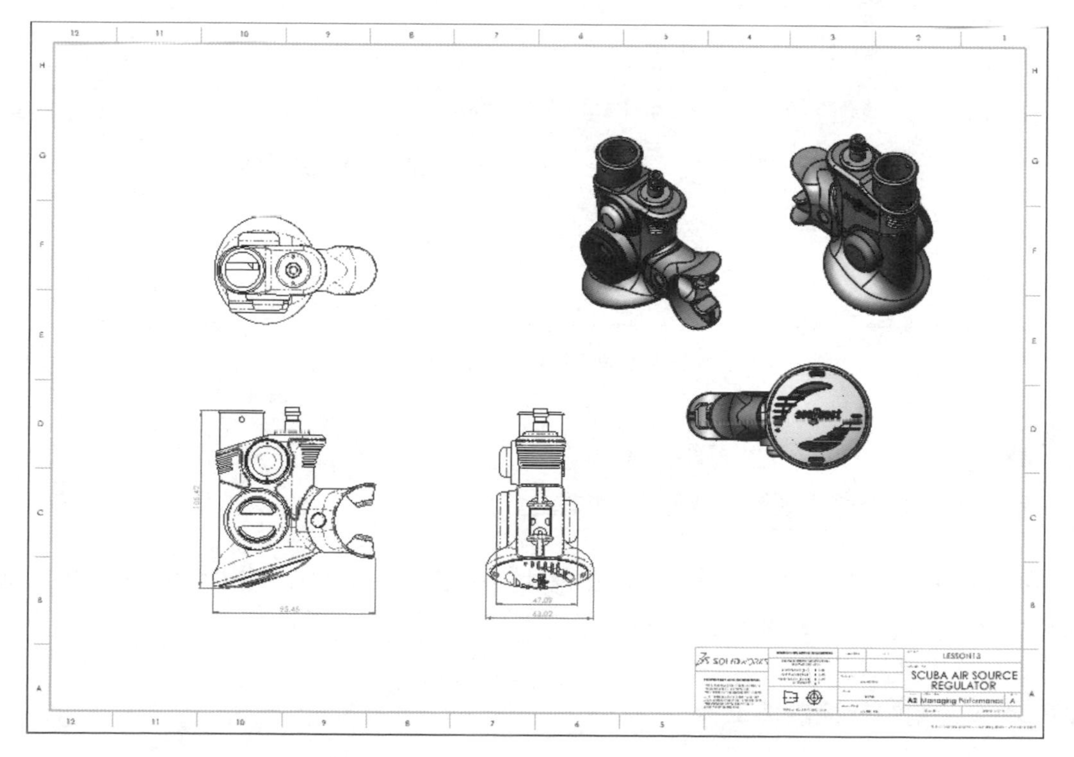

圖 13-2　Managing Performance 工程圖

STEP 2 啟用效能評估工具

按**效能評估**，在對話方塊中按**立即完全重新地計算的工程圖（建議使用）**。

STEP 3 開啟與重新計算時間

效能評估對話方塊用在文件開啟與重新計算時間，顯示花費時間分佈情形。

在圖 13-3 中可看出重新計算所需花費的時間。

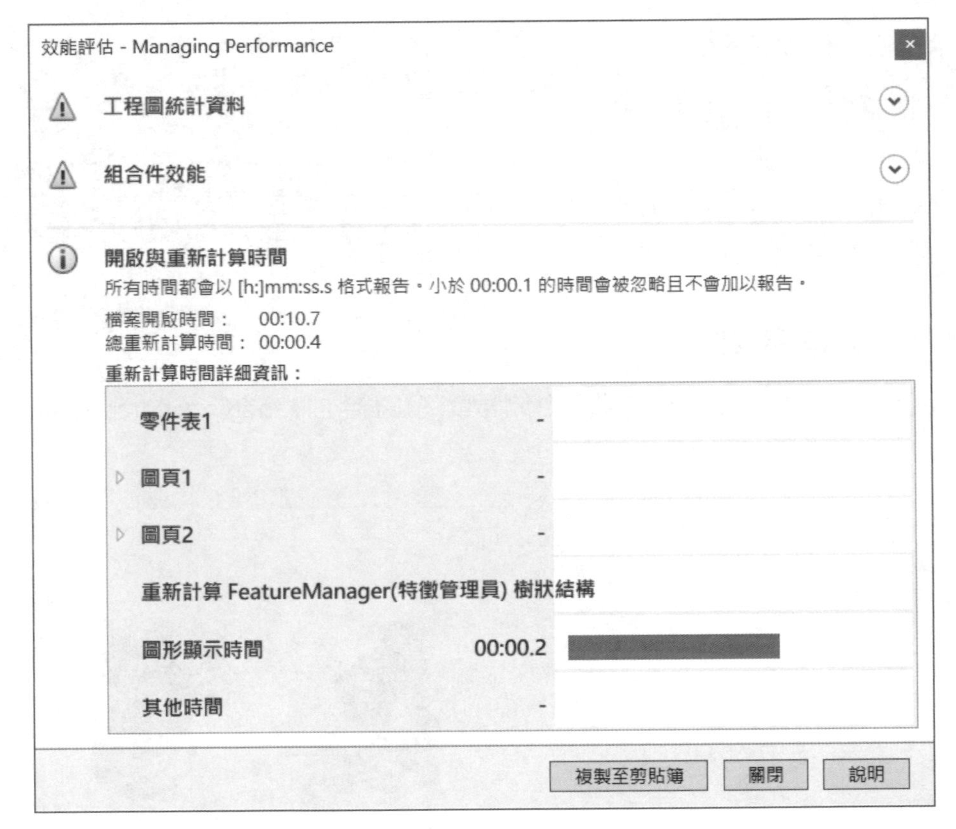

圖 13-3　效能評估

提示　除了不同電腦的計算時間不同之外，還有許多影響開啟和重新計算時間的因子，像是電腦硬體及其他軟體的運行等。

對此文件，重新計算時間最多的是在視圖調色盤上，現在文件中所有的模型視圖都已建構完成，下面已可以清除視圖調色盤。

STEP 4 關閉效能評估工具

STEP 5 清除視圖調色盤

在工作窗格中查看**視圖調色盤**。每次工程圖重新計算時，視圖調色盤也會重新計算，並佔用重新計算時間。

在視圖調色盤的右上角按**全部清除** ✕，如圖 13-4 所示。

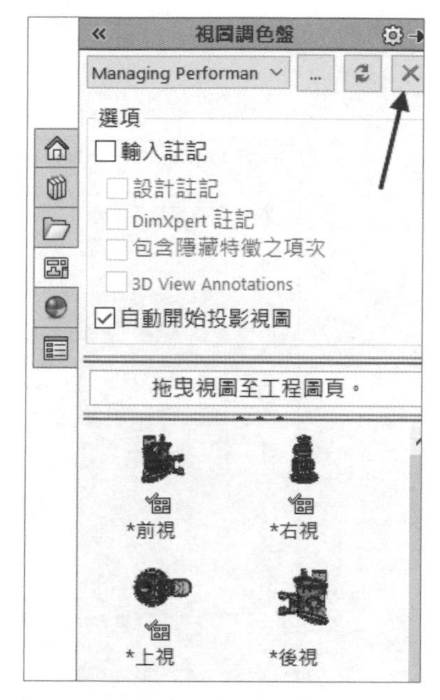

圖 13-4 清除視圖調色盤

> **技巧**
> 記住視圖調色盤內的視圖可以從上方的下拉選單選擇文件，或按上方的瀏覽重新載入。

STEP 6 重新開啟工程圖

以下將查看上一步驟的調整是如何影響到檔案開啟及工程圖的重新計算時間。**儲存**並**關閉**檔案。按“R”鍵，查看**最近文件**，如圖 13-5 所示。

點選 Managing Performance.SLDDRW，再一次**開啟**工程圖。

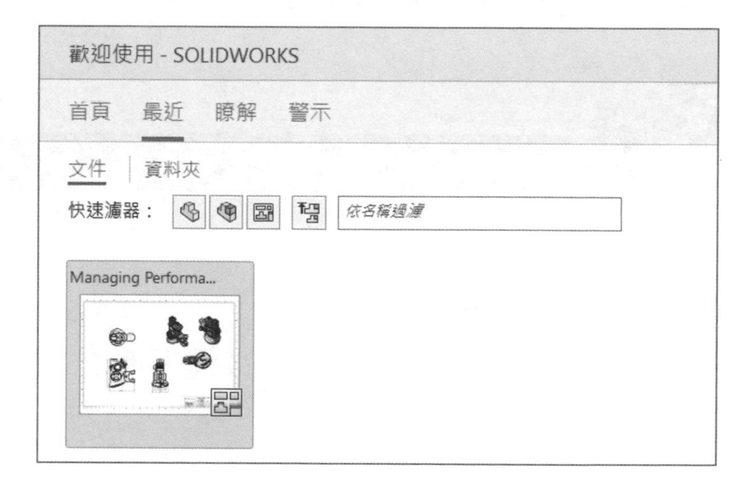

圖 13-5 查看最近文件

STEP 7 使用效能評估工具

按**效能評估**，在對話方塊中按**立即完全重新地計算的工程圖（建議使用）**。

STEP 8　開啟與重新計算時間

效能評估工具顯示開啟與重新計算時間已經減少，如圖 13-6 所示，花費時間最多的在於圖形顯示。

效能評估 - Managing Performance

工程圖統計資料

開啟與重新計算時間
所有時間都會以 [h:]mm:ss.s 格式報告。小於 00:00.1 的時間會被忽略且不會加以報告。
檔案開啟時間：　00:05.4
總重新計算時間：00:00.3
重新計算時間詳細資訊：

零件表1	-
圖頁1	-
圖頁2	-
重新計算 FeatureManager(特徵管理員) 樹狀結構	
圖形顯示時間	00:00.2
其他時間	-

複製至剪貼簿　關閉　說明

圖 13-6　效能評估

技巧

每個圖頁都可以個別展開，以查看個別視圖的重新計算時間。

STEP 9　展開工程圖統計資料

如圖 13-7 所示，在對話方塊上方，按**展開**⌄**工程圖統計資料**。

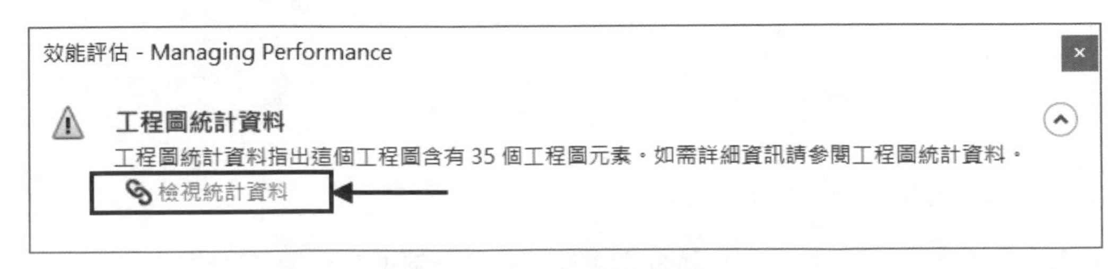

圖 13-7　工程圖統計資料

再點選 **檢視統計資料**。如圖 13-8 所示，工程圖統計資料對話方塊中，列示了各種會影響效能的不同元素等，並不是所有的視圖都被表列其中，表列的都是影響效能最大，最耗資源的項目。按**確定**。

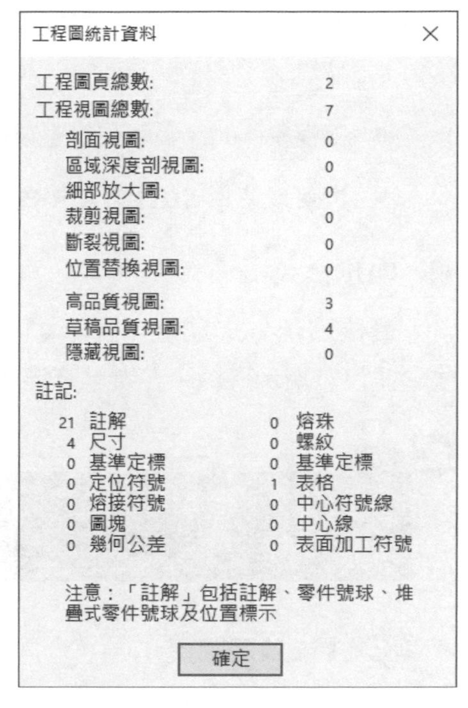

圖 13-8　檢視統計資料

STEP 10 關閉效能評估工具

13.3 細項練習

某些工程視圖類型和屬性會較大地影響到效能，假如效能是重要的，那應該了解如何調整細項部份以最佳化工程圖效能。

視圖類型

有時視圖需要切除模型，像是剖面視圖。如圖 13-9 所示，需要系統大量計算，以產生新的面和視圖邊線。注意在**工程圖統計資料**中這些視圖是花費最多時間的。

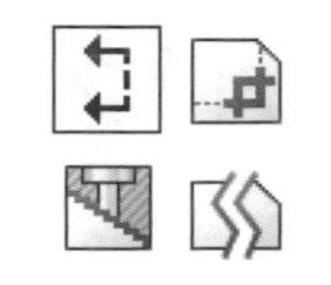

圖 13-9　剖面視圖

草稿品質與高品質

草稿品質工程圖（圖 13-10）常會有比高品質更快的效能，這裡有一些關於兩者的技巧：

- 草稿品質工程圖只用以表現模型的圖形資料，而高品質則是實際模型資料。

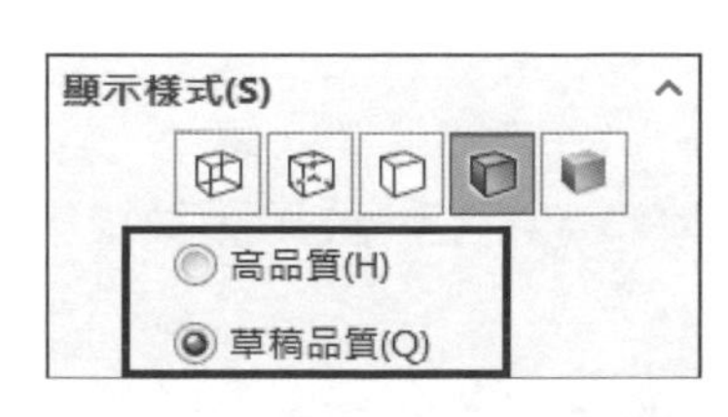

圖 13-10　草稿品質工程圖

- 草稿品質工程圖已足夠用於各種細項操作，但要滿足列印品質的話則需要使用高品質。
- 工程視圖的品質可以從**選項**控制，或編修工程視圖屬性。
- 也可以使用 **SOLIDWORKS 工作排程器**，轉換草稿品質至更高品質的視圖。

顯示樣式

最佳顯示方式是選擇**塗彩**，如圖 13-11 所示。因為塗彩並沒有顯示邊線，花費計算邊線的時間就少。

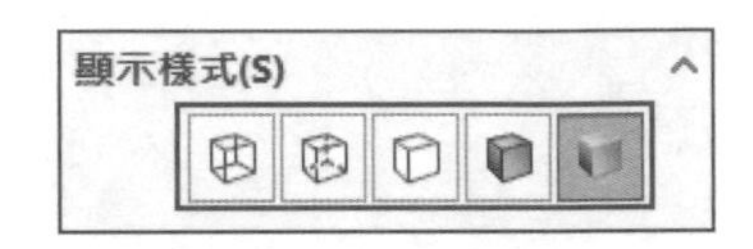

圖 13-11　塗彩模式

技巧

模型的顯示樣式選擇**塗彩**，可以改善模型的顯示效能。

STEP 11 啟用圖頁 1

STEP 12 變更視圖為高品質

選擇工程視圖，為確保工程圖能列印出高品質邊線，在**顯示樣式**下點選**高品質**，注意視圖邊線顯示的變化，如圖 13-12 所示。

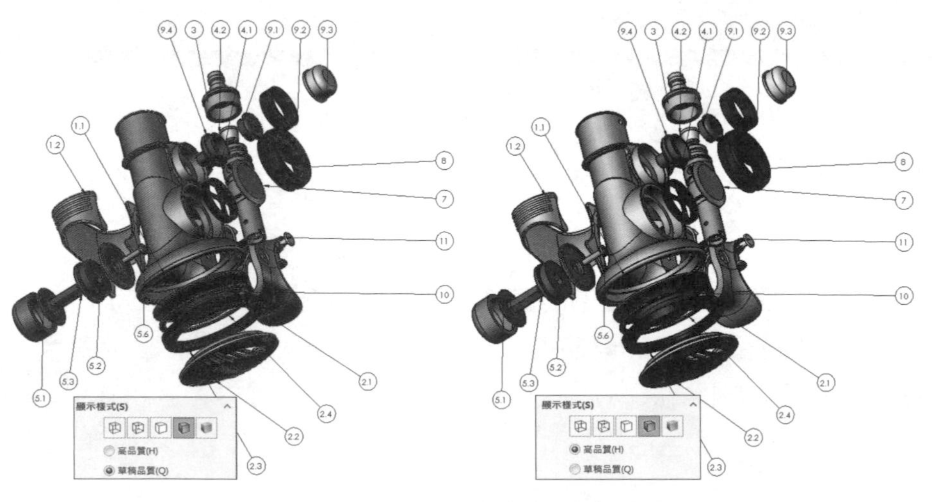

圖 13-12　草稿品質與高品質

STEP 13 啟用圖頁 2

STEP 14 變更視圖為塗彩

選擇三個帶邊線塗彩的視圖，變更為**塗彩**以改進效能，如圖 13-13 所示。因為塗彩視圖都只顯示圖形資料，所以都是以草稿品質顯示，因此在顯示樣式中並沒有**高品質**選項可供選擇。

圖 13-13　塗彩視圖

STEP 15 查看前視圖的品質

選擇前視圖，在 PropertyManager 中，顯示為**高品質**，如圖 13-14 所示，這個視圖的預設顯示品質是由系統選項所控制。

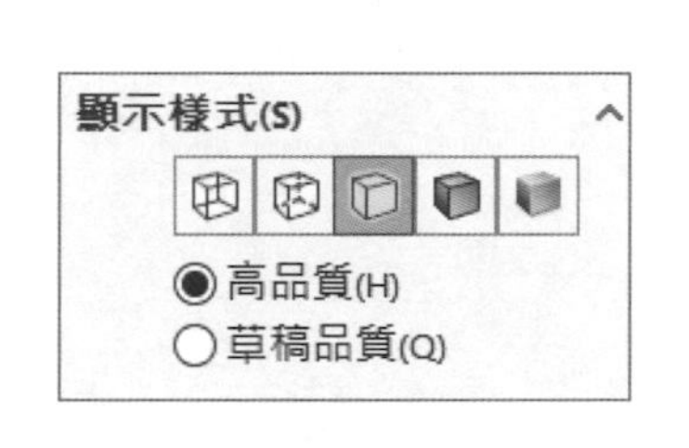

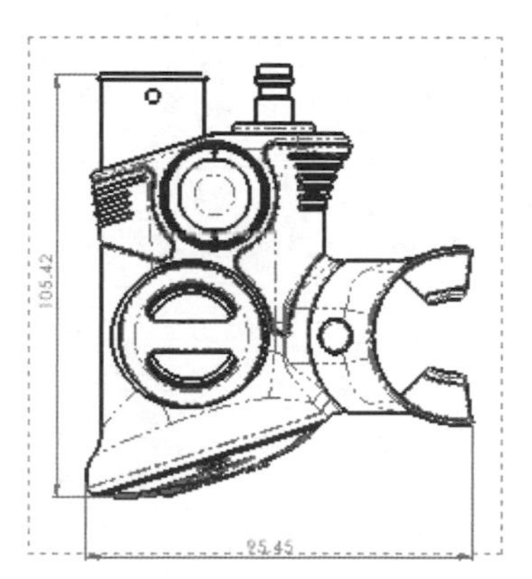

圖 13-14　顯示高品質

STEP 16 共用、儲存並關閉此工程圖檔

13.4 系統選項與文件屬性

在**選項**對話方塊中有幾個設定能幫助最佳化效能，記住系統選項會作用到任何開啟的檔案，而文件屬性只作用並儲存於開啟的檔案中。

下列選項可用來改善效能：

系統選項	
工程圖	
☑將折斷線對齊投影視圖的父視圖 ☑自動移入有視圖的視圖調色盤(I) ☐於新增圖頁時顯示圖頁格式對話方塊(F) ☑當尺寸被刪除或編輯時減少間距 (加入或變更公差、文字等等...) ☐重新使用來自已刪除輔助、細部、及剖面視圖中的視圖字母 ☑啟用段落自動編號 ☐不允許產生鏡射視圖 ☐置換在零件表中的數量欄名稱 使用的名稱: 細部放大圖比例：2 X 作為修訂版使用的自訂屬性：修訂版	載入或重新計算視圖調色盤會降低效率，為了防止自動帶入視圖調色盤（像是使用**從零件 / 組合件產生工程圖**指令時預設會帶入），這個選項可以不勾選。
工程圖，顯示樣式	
線架構和隱藏視圖的邊線品質 ◉高品質(L) ○草稿品質(A 塗彩邊線視圖的邊線品質 ○高品質(T) ◉草稿品質(Y)	建立新視圖時，為了控制品質必須修改顯示樣式，預設線架構為高品質，帶邊線塗彩為草稿品質。
工程圖，效能	
☑拖曳工程視圖時顯示其內容(V) ☑允許開啟工程圖時自動更新(W) ☑為有塗彩及草稿品質視圖的工程圖儲存鑲嵌面紋資料(T) ☑工程視圖中包含的草圖圖元大於此數目時關閉「自動求解模式」並開啟「無解移動」(E)：2000	這些檢核框可以勾選或者不選以改善效能。

效能

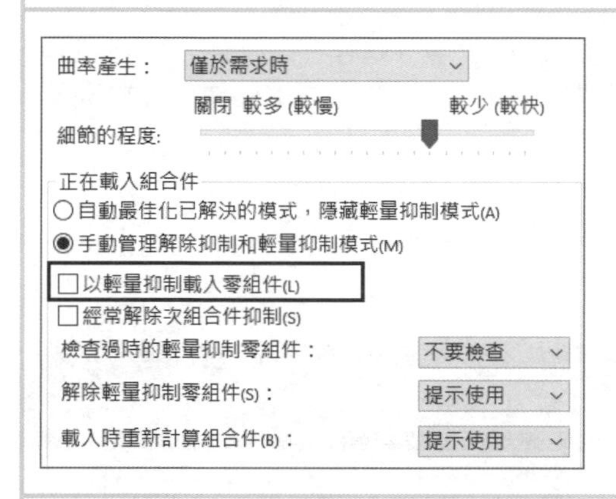

這些項目有益於改善 SOLIDWORKS 效能，實際操作時，輕量抑制載入零組件能加速開啟組合件，以及參考到組合件的工程圖。

因為大部份的細項操作並不需要全部的模型資料，輕量抑制載入是一個聰明選項。

組合件

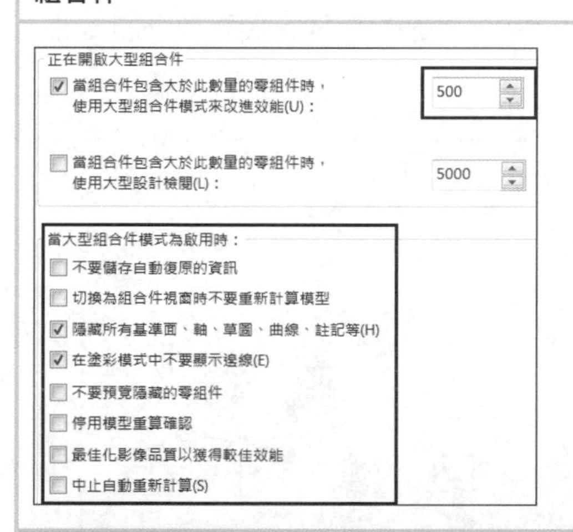

假如組合件已感受效能降低，那參考到組合件的工程圖也會一樣。

這時，修改組合件設定為使用大型組合件模式，在開啟的組合件件數達到指定的數量時，檢核框可以抑制額外的動作以改進效能。

文件屬性

影像品質

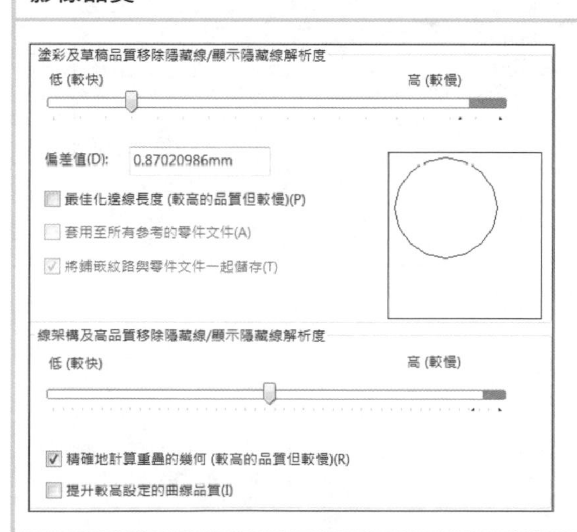

較低的影像品質設定可以輔助改善圖形效能。

效能	
尺寸細目模式 ☑儲存模型資料 ☐包括視圖調色盤中的標準視圖	在尺寸細目模式中，儲存在工程圖中的資料較少，效能也較佳。然而，使用此模式，對細部工作卻能大大的改善效能。

13.5 開啟舊檔選項

另一個方法是使用選項來控制輕量抑制零組件，這些模式可以在**開啟**工程圖時從對話方塊中選擇，如圖 13-15 所示。除此之外，也可以使用尺寸細目模式。而對於多圖頁的工程圖，也有**選擇圖頁**按鈕可以單獨選擇圖頁。

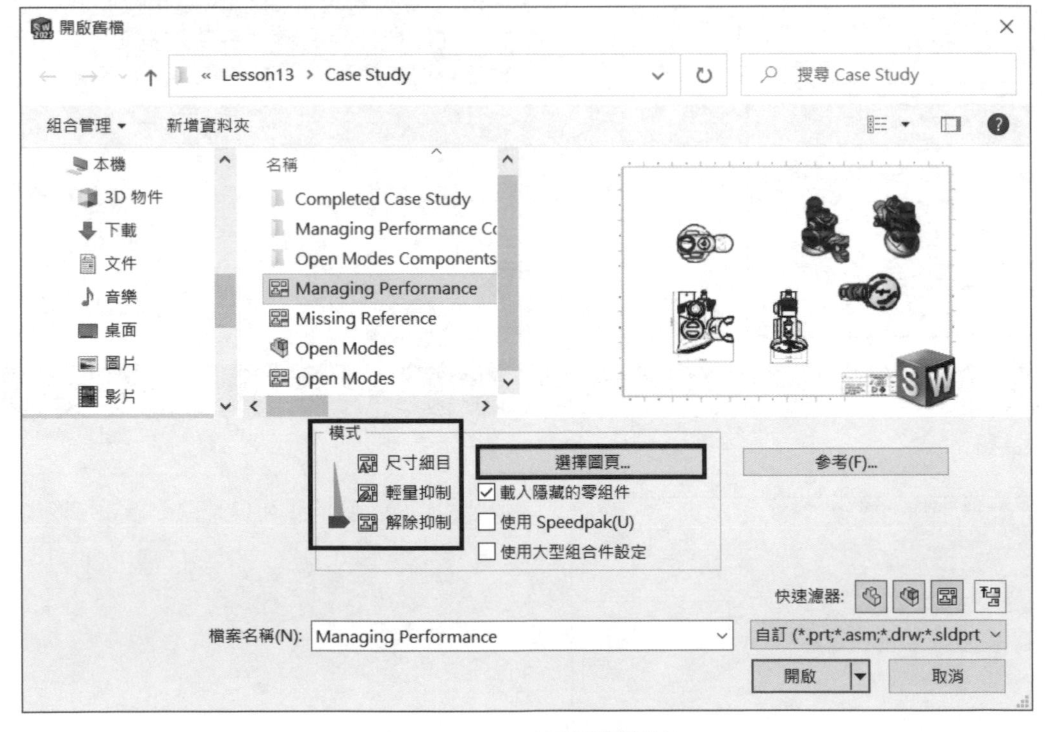

圖 13-15 開啟舊檔選項

13.5.1 開啟模式

以下為工程圖不同開啟模式的簡要說明：

- **解除抑制**

全部載入模型至記憶體中。

- **輕量抑制**

只載入一小部份模型至記憶體中，其他模型資料在需要時才載入，像是輸入模型項次。輕量抑制的工程圖也可以全部解除抑制，只要在視圖上按右鍵，從快顯功能表中選擇**由輕量抑制設為解除抑制**即可。

- **尺寸細目**

此模式在不載入零件與組合件資料的狀況下即可開啟工程圖，工程圖所需要的模型資料會受此模式限制使用，但是仍可以建立某些視圖類型或加入註記。當工程圖以**尺寸細目**模式開啟時，也可以直接從 CommandManager 按**解除抑制工程圖**來解除抑制。

技巧

在尺寸細目模式下，您並不需要使用到參考模型。

13.5.2 選擇圖頁

對於多圖頁的工程圖，**選擇圖頁**按鈕可以用來選擇要載入的圖頁，其他圖頁則以快速檢視模式開啟，但快速檢視只能查看及列印。

在此例中，我們將以不同模式開啟工程圖檔案，來比較其效能與能力的不同。

STEP 1　使用解除抑制開啟工程圖檔

從 Lesson13\Case Study 資料夾中開啟工程圖：Open Modes.SLDDRW，如圖 13-16 所示。

預設模式為**解除抑制**，下面先檢查解除抑制模式下的工程圖效能，再嘗試比較不同的開啟模式。

此組合件所參考的零組件將近有 400 件，某些零組件非常精細，並包含許多邊線。

圖 13-16　開啟舊檔

STEP 2　啟用效能評估工具

按**效能評估**，在對話方塊中按**立即完全重新地計算的工程圖（建議使用）**。

STEP 3　開啟與重新計算時間

因為組合件較大及更詳細，開啟和儲存的時間都比較久，如圖 13-17 所示。

關閉**效能評估**對話方塊。

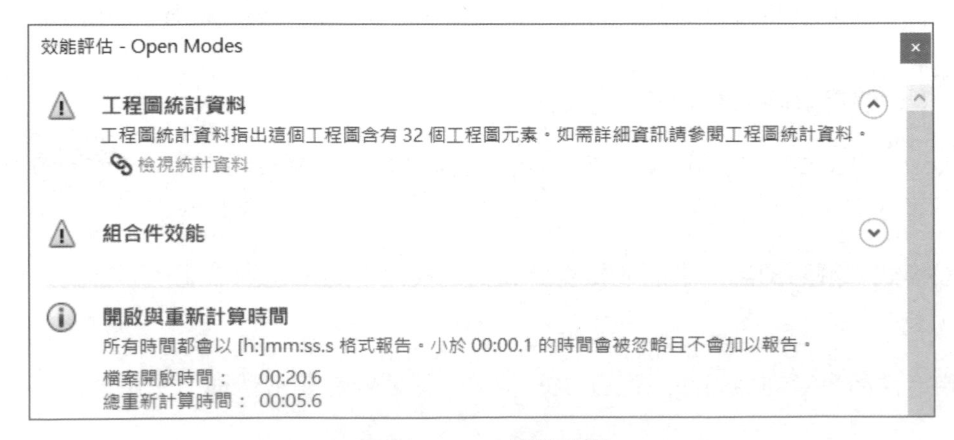

圖 13-17　開啟時間

STEP 4 儲存並關閉工程圖檔

STEP 5 使用最近文件對話方塊開啟

除了在**開啟舊檔**對話方塊中可以選擇開啟模式之外，您也可以從**最近文件**中選擇開啟模式。

按“R”，在 Open Modes 工程圖的右下角箭頭按一下，從**模式**下拉選單中選擇**輕量抑制**，如圖 13-18 所示，按**開啟**。

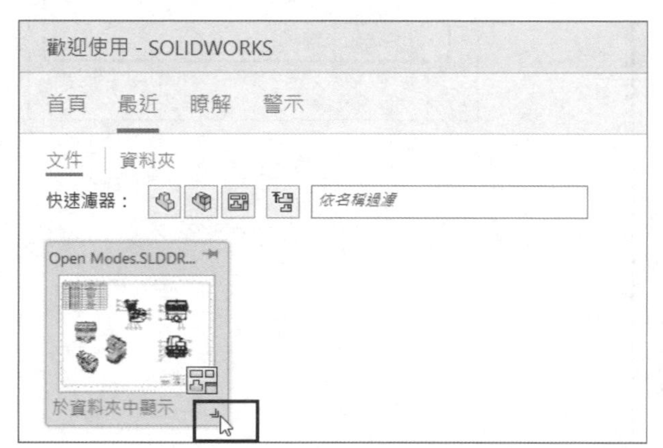

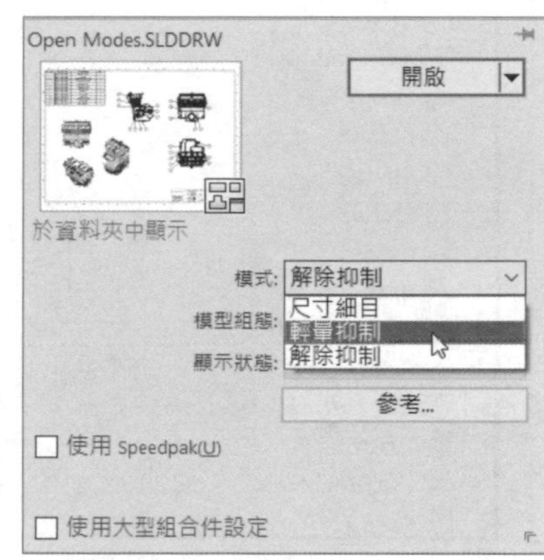

圖 13-18 最近文件

STEP 6 啟用效能評估工具

按**效能評估**，在對話方塊中按**立即完全重新地計算的工程圖（建議使用）**。

STEP 7 開啟與重新計算時間

開啟與重新計算的時間都已經減少，如圖 13-19 所示，這是因為只有少量的模型資訊以此模式載入。**關閉**效能評估對話方塊。

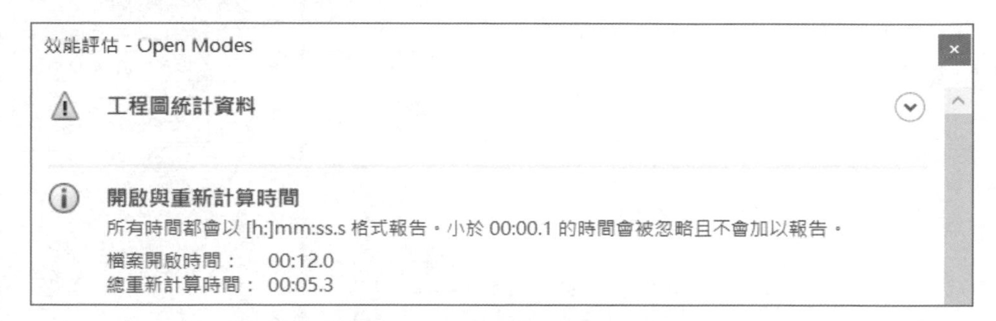

圖 13-19 開啟與重新計算時間

13.5.3 查看輕量抑制模式功能

在輕量抑制模式中，模型的特徵資訊並未載入，但是您仍可以查看此工程圖的所有屬性，若您啟用的指令或功能需要額外的模型資訊，系統將會提示解除輕量抑制的零組件。

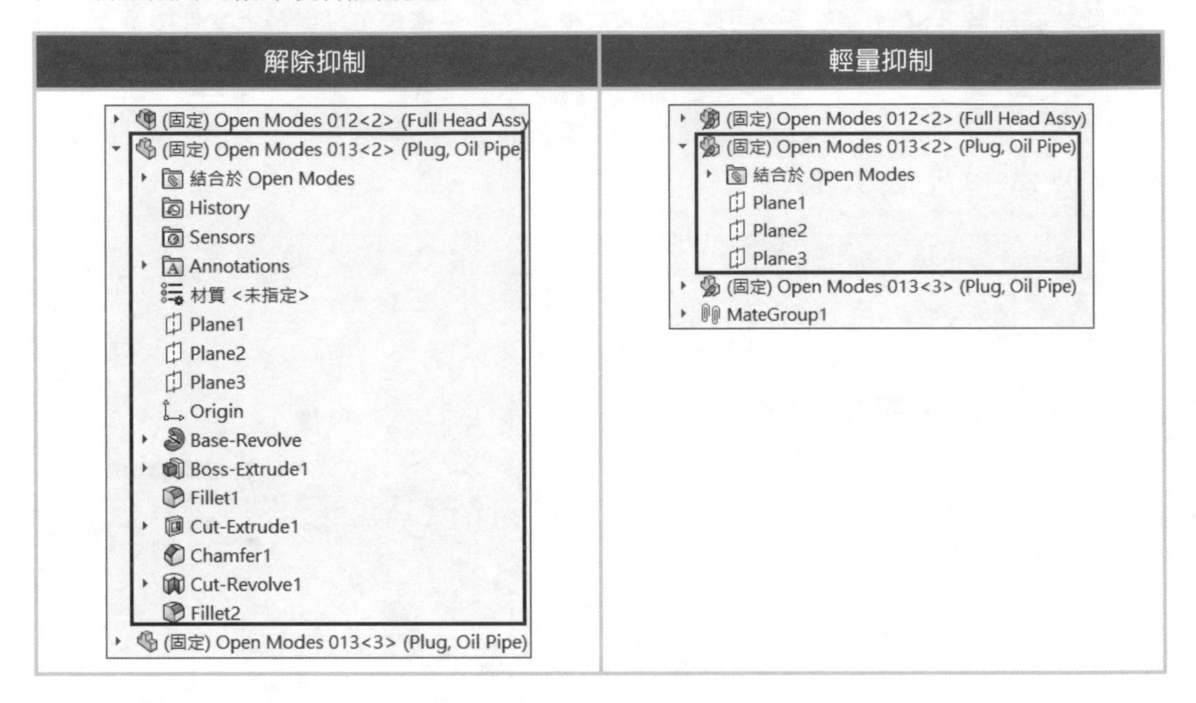

許多細部功能並不需要特徵資訊，所以此模式有時就像解除抑制模式一樣，下面將探討此狀況。

STEP 8 在零件表展開側邊欄位中檢查零件號球

選擇零件表，並展開側邊欄位，項次編號 8 缺少零件號球，如圖 13-20 所示，在現有的視圖中並未顯示，所以下面將變更 Drawing View6 中零組件的模型組態，並加入零件號球。

	A	B
2	ITEM NO.	PART NUMBER
3	1	OPEN MODES 001
4	2	OPEN MODES 002
5	3	OPEN MODES 003
6	4	OPEN MODES 004
7	5	OPEN MODES 005
8	6	OPEN MODES 006
9	7	OPEN MODES 007
10	8	OPEN MODES 008
11	9	OPEN MODES 009
12	10	OPEN MODES 010
13	11	OPEN MODES 011
14	12	OPEN MODES 012
15	13	OPEN MODES 013

圖 13-20 在零件表展開側邊欄位中檢查零件號球

STEP 9 選擇 Drawing View6

選擇 **Drawing View6**，塗彩的前視圖，如圖 13-21 所示，變更**參考模型組態**為 **Drive Train**，按**確定**。

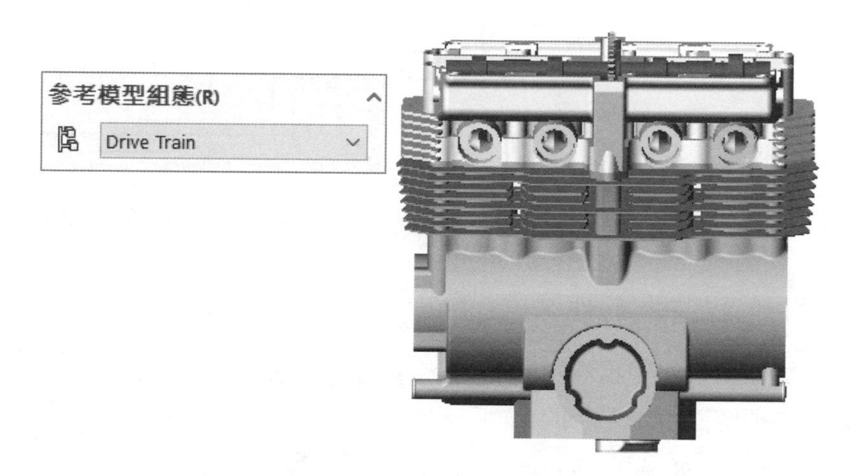

圖 13-21　選擇 Drawing View6

STEP 10 加入零件號球

將零件號球加入至項次編號 8，如圖 13-22 所示。

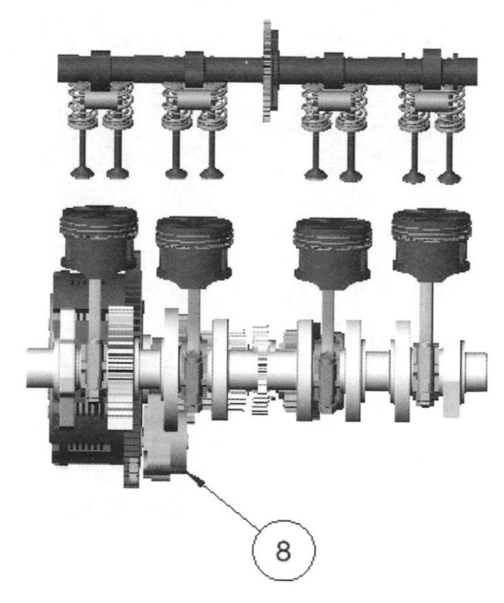

圖 13-22　加入零件號球

STEP 11 插入模型項次

使用**模型項次**指令時，即需要載入特徵資料。

按**模型項次**，**來源**選擇**所選特徵**，在 Drawing View1 視圖中，選擇如圖 13-23 所示的邊線。

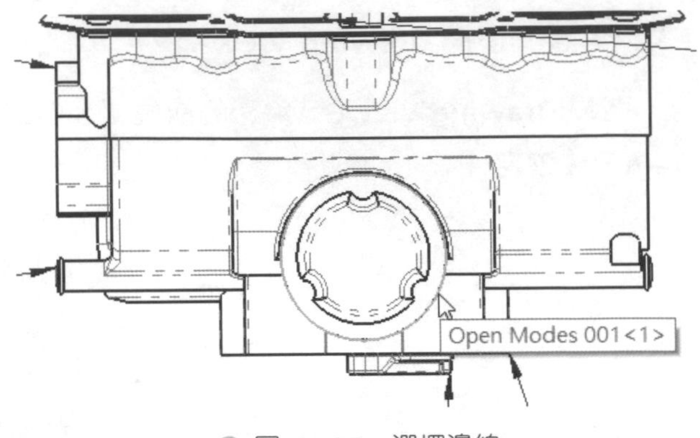

圖 13-23　選擇邊線

STEP 12 解除輕量抑制零組件

系統顯示**解除輕量抑制零組件**對話方塊，訊息表示必須解除抑制列示的零組件才能完成此操作，如圖 13-24 所示。按**確定**。

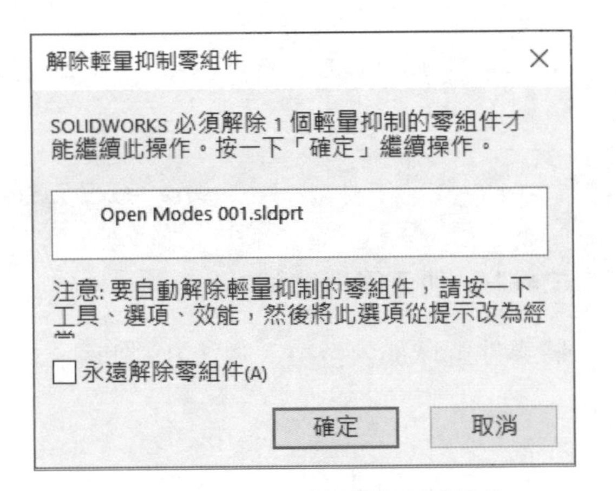

圖 13-24　解除輕量抑制零組件

STEP 13 結果

結果如圖 13-25 所示，零組件的特徵已被載入，所選特徵的尺寸也已加入，按**確定**。

選擇項：必要時調整尺寸位置。

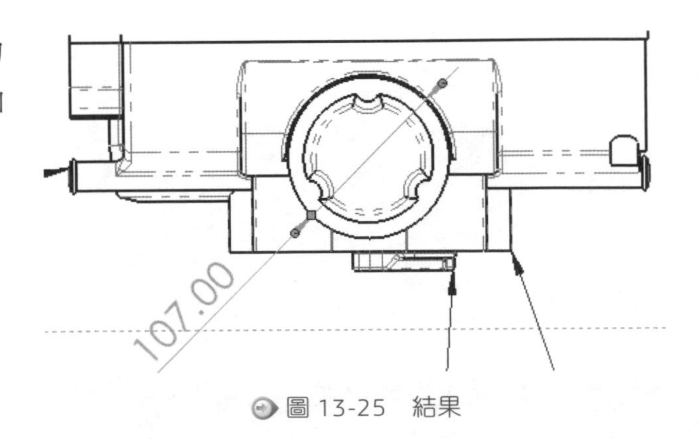

圖 13-25　結果

STEP 14 查看 FeatureManager（特徵管理員）

如圖 13-26 所示，此零組件關聯於所選的特徵已經被完成解除抑制，即不再顯示羽毛狀。

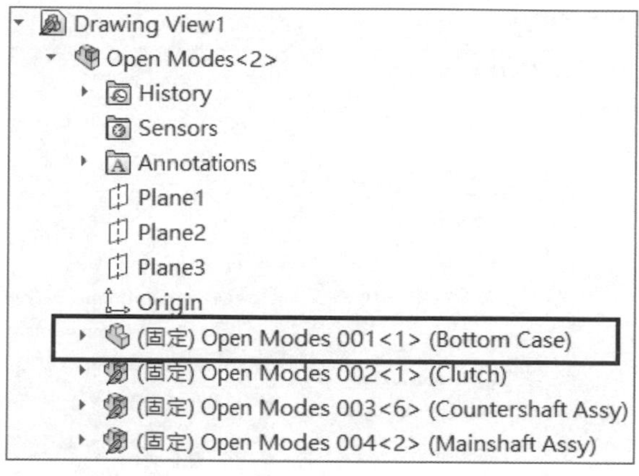

圖 13-26　查看 FeatureManager（特徵管理員）

STEP 15 儲存並關閉此工程圖檔案

13.5.4　自動的輕量抑制模式

在 SOLIDWORKS 2024 與較新版本中，效能選項提供了**自動最佳化已解決的模式，隱藏輕量抑制模式**，如圖 13-27 所示，此選項可在所需的資訊之下，自動使用輕量化與解除抑制零組件狀態，基本上會隱藏輕量抑制。

系統選項(S) - 效能

系統選項(S)

一般
MBD
工程圖
顯示樣式
區域剖面線/填入
效能
色彩
草圖
限制條件/抓取
顯示
選擇
效能
組合件
外部參考
預設範本
檔案位置
FeatureManager(特徵管理員)
調節方塊增量

模型重算確認 (啟用進階本體檢查)(V)
為某些鈑金特徵忽略自相交錯的檢查(G)
透明度
高品質正常檢視模式(H)
高品質動態檢視模式(D)
曲率產生：僅於需求時
關閉 較多 (較慢) 較少 (較快)
細節的程度:
正在載入組合件
自動最佳化已解決的模式，隱藏輕量抑制模式(A)
手動管理解除抑制和輕量抑制模式(M)
以輕量抑制載入零組件(L)
經常解除次組合件抑制(S)

圖 13-27　效能自動化選項

當此選項被勾選時，輕量抑制的開啟檔案模式與圖示都會被隱藏，如圖 13-28 所示，但是在此背後，當系統有需要時，會自動載入零組件。

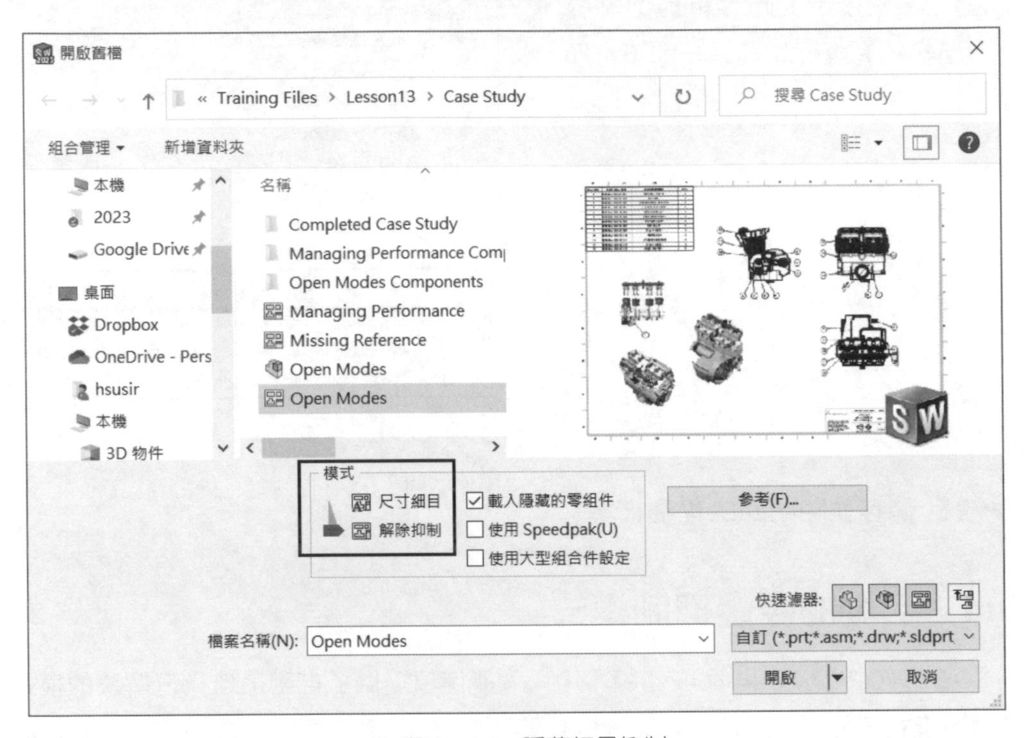

圖 13-28　隱藏輕量抑制

13.5.5 查看尺寸細目功能

在尺寸細目模式中，工程圖所參考的模型並未全部載入，SOLIDWORKS 使用儲存在工程圖中，限量的模型資料，因此只限某些細部操作與視圖指令可用，下面將測試哪些可用的指令和習性。

STEP 16 以尺寸細目模式開啟 Open Modes 工程圖檔

在**開啟舊檔**對話方塊或**最近文件**中，使用**尺寸細目**模式開啟檔案，如圖 13-29 所示。

圖 13-29　以尺寸細目模式開啟檔案

STEP 17 結果

工程圖開啟檔案的速度比其他模式快很多。

STEP 18 查看可用的指令

點選**評估**標籤，如圖 13-30 所示，有許多指令呈灰色無法使用。

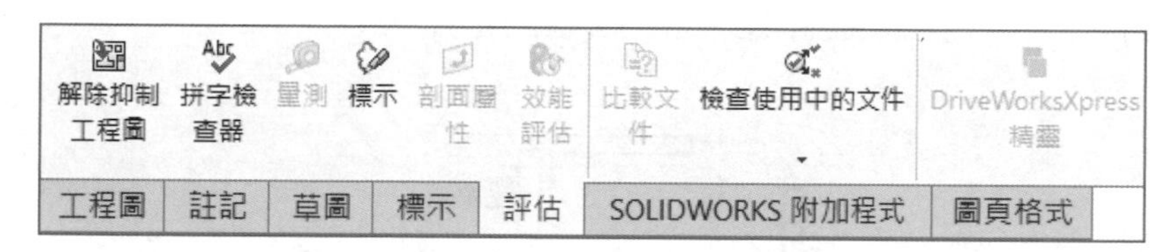

圖 13-30　評估標籤

點選**註記**標籤，如圖 13-31 所示，有許多指令仍可以使用，但部份指令，像是**模型項次**呈灰色，代表它需要外部的模型資料。

圖 13-31　註記標籤

點選**工程圖**標籤，如圖 13-32 所示，只剩 4 種指令可以使用。

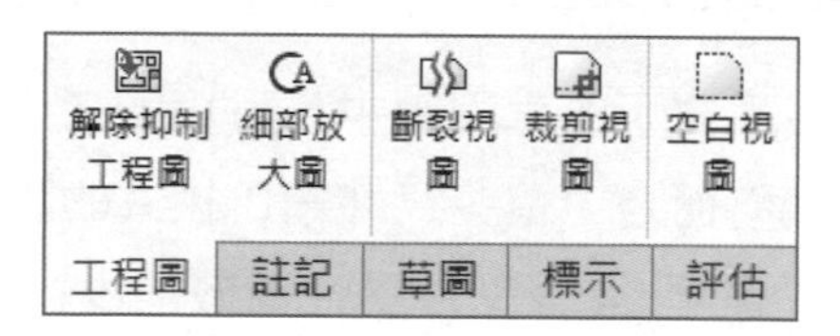

圖 13-32　工程圖標籤

您可以注意到，解除抑制工程圖指令都會顯示在每個標籤的最左邊，在視窗的最上面也有同樣的訊息列。按解除抑制工程圖將載入所有模型資料。

STEP 19 查看零件表

選擇零件表，您可以發現零件表的側邊展開欄位也是無法使用的。

STEP 20 選擇一個工程視圖

在圖頁中選擇一個工程視圖，您可以發現工程視圖的屬性無法使用，但是仍可以移動視圖與選擇邊線。

STEP 21 標註尺寸

按**智慧型尺寸**，在上視圖標註如圖 13-33 所示的尺寸。

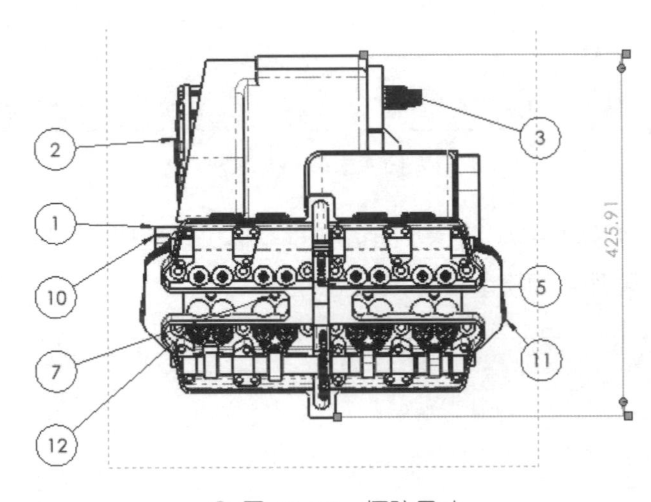

圖 13-33　標註尺寸

13.5.6　了解尺寸細目設定

如前面所見，在尺寸細目模式下的工程圖中，可用的指令與習性，皆依預設設定下所儲存在工程圖文件中的模型資料而定。這些尺寸細目模式的設定可以依此模式的傾向使用狀況而修正。這些設定可以從**選項** **→文件屬性→效能**中找到，如圖 13-34 所示，但是只有在解除抑制和輕量抑制模式才能選定。

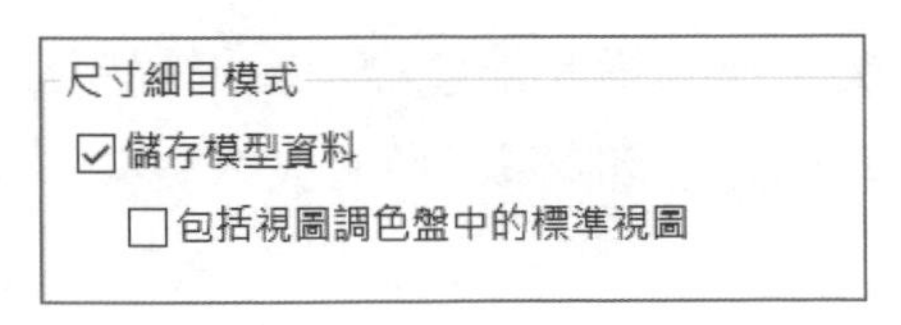

圖 13-34　尺寸細目模式設定

因為這些設定是與文件相關聯的，因此它們只能在工程圖範本中調整預設設定。

> 提示 **儲存模型資料**選項只有在 SOLIDWORKS 預設的工程圖範本中，以及傳統工程圖被轉換到新版 SOLIDWORKS 時才可以使用。

無論您何時使用**尺寸細目**模式，都只有有限的功能可用，但是若修改**尺寸細目**設定，則可以開啟或關閉一些額外功能。

下列為尺寸細目模式固定限制的功能：

部份註記

- 模型項次
- 中心線
- 區域剖面線 / 填入
- 中心符號線
- 自動零件號球
- 大部份表格類型

許多工程視圖類型

- 投影視圖
- 剖面視圖
- 調整模型視角
- 預先定義視圖
- 輔助視圖
- 移轉剖面
- 區域深度剖視圖
- 位置替換視圖

最常用的評估工具

- 量測
- 比較文件
- 剖面屬性
- 效能評估

查看現有視圖與表格的屬性

基於**文件屬性→效能**中的設定，下表為尺寸細目模式習性之摘要：

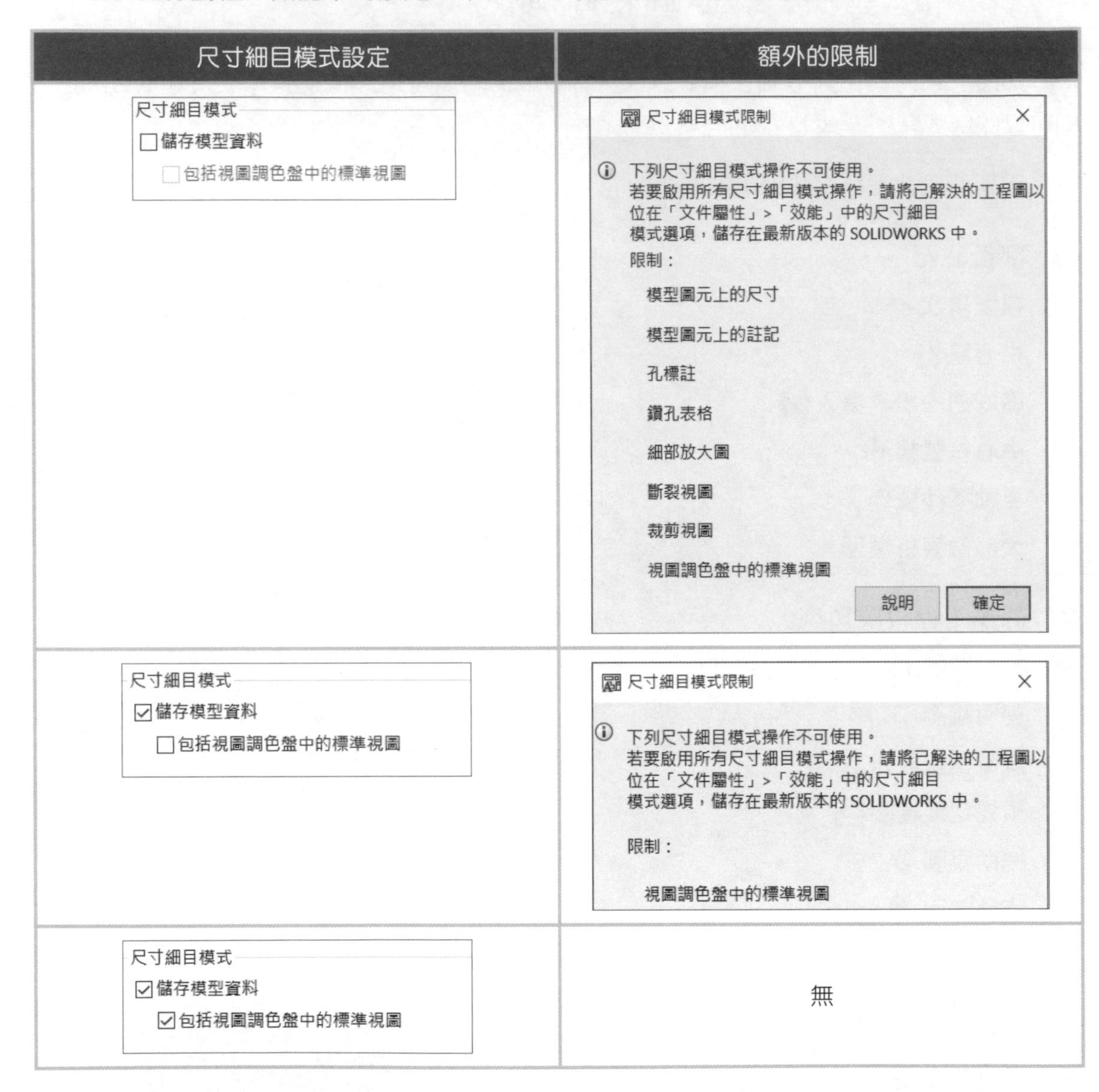

尺寸細目模式設定	額外的限制
尺寸細目模式 ☐ 儲存模型資料 ☐ 包括視圖調色盤中的標準視圖	尺寸細目模式限制 下列尺寸細目模式操作不可使用。 若要啟用所有尺寸細目模式操作，請將已解決的工程圖以位在「文件屬性」>「效能」中的尺寸細目模式選項，儲存在最新版本的 SOLIDWORKS 中。 限制： 模型圖元上的尺寸 模型圖元上的註記 孔標註 鑽孔表格 細部放大圖 斷裂視圖 裁剪視圖 視圖調色盤中的標準視圖 說明 確定
尺寸細目模式 ☑ 儲存模型資料 ☐ 包括視圖調色盤中的標準視圖	尺寸細目模式限制 下列尺寸細目模式操作不可使用。 若要啟用所有尺寸細目模式操作，請將已解決的工程圖以位在「文件屬性」>「效能」中的尺寸細目模式選項，儲存在最新版本的 SOLIDWORKS 中。 限制： 視圖調色盤中的標準視圖
尺寸細目模式 ☑ 儲存模型資料 ☑ 包括視圖調色盤中的標準視圖	無

如您所見，取消勾選**儲存模型資料**時，在**尺寸細目**模式下，智慧型尺寸或註記無法參考到模型圖元，若您只想要查看與列印，或者不需要全部功能，則您可以考慮取消此選項，以在解除抑制工程圖時改進效能。

若您想要在尺寸細目模式下，有更多的細部操作，則可以勾選**包括視圖調色盤中的標準視圖**選項。在勾選此選項並使用尺寸細目模式時，可以從視圖調色盤中拖放更多視圖，視圖的建立效能也會比解除抑制工程圖模式更快。

有一點要注意的是，當你儲存越多的資料，在儲存解除抑制工程圖和重新計算的時間就越長，因此修改選項時要考慮清楚。

如圖 13-35 所示，在尺寸細目模式下，視圖調色盤中的輸入註記與自動投影視圖都無法使用。只有標準視圖可以使用，儲存的視角與爆炸視圖也都未顯現。

為了使視圖調色盤中的資料儲存為尺寸細目模式，必須勾選此選項，而且視圖調色盤必須在儲存解除抑制工程圖時先被載入。

視圖調色盤
拖曳視圖至工程圖頁。
*前視
*右視
*上視
*後視
*左視
*下視

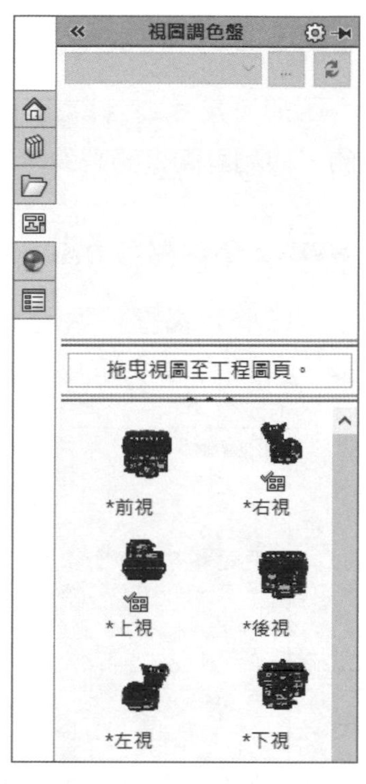

圖 13-35　視圖調色盤

STEP 22 檢視限制

在工程圖最上層的訊息列上按**檢視限制**，如圖 13-36 所示。

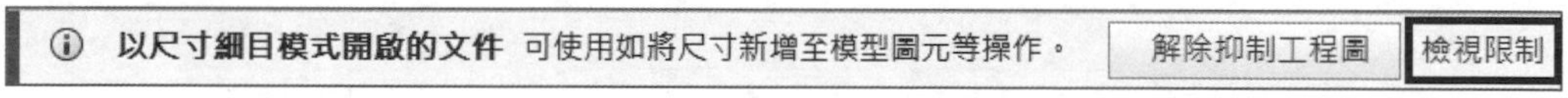

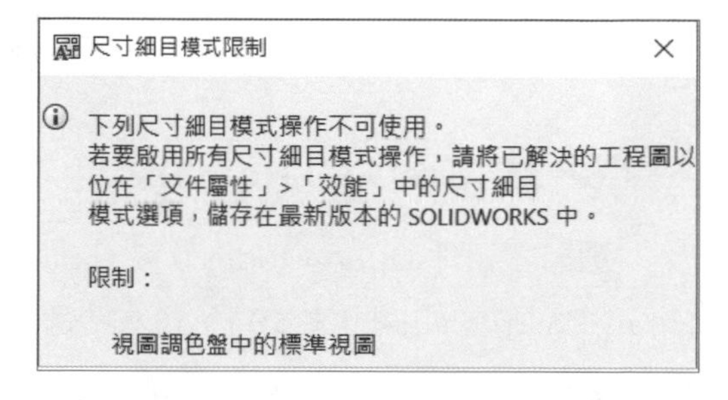

以尺寸細目模式開啟的文件 可使用如將尺寸新增至模型圖元等操作。
解除抑制工程圖
檢視限制

圖 13-36　檢視限制

此工程圖的設定並不包括在**尺寸細目**模式下使用視圖調色盤，若要變更設定，工程圖必須如圖 13-37 所示的說明解除抑制。

因為此工程圖中已有所需的全部視圖，所以在這裡不做任何變更設定，按**確定**。

尺寸細目模式限制
下列尺寸細目模式操作不可使用。
若要啟用所有尺寸細目模式操作，請將已解決的工程圖以位在「文件屬性」>「效能」中的尺寸細目模式選項，儲存在最新版本的 SOLIDWORKS 中。
限制：
視圖調色盤中的標準視圖

圖 13-37　檢視限制對話方塊

STEP 23 儲存並關閉此工程圖檔案

13.5.7 過時的視圖

即使**尺寸細目**模式並未載入參考的模型，但是它會在開啟工程視圖時檢查是否最新的。假如視圖是過時的，系統會顯示訊息，並提供選項以解除限制更新視圖。

STEP 24 開啟 Drive Train 模型組態組合件

按**開啟舊檔**，點選 **Open Modes** 組合件，選擇**輕量抑制**模式及 **Drive Train** 模型組態，如圖 13-38 所示，按**開啟**。

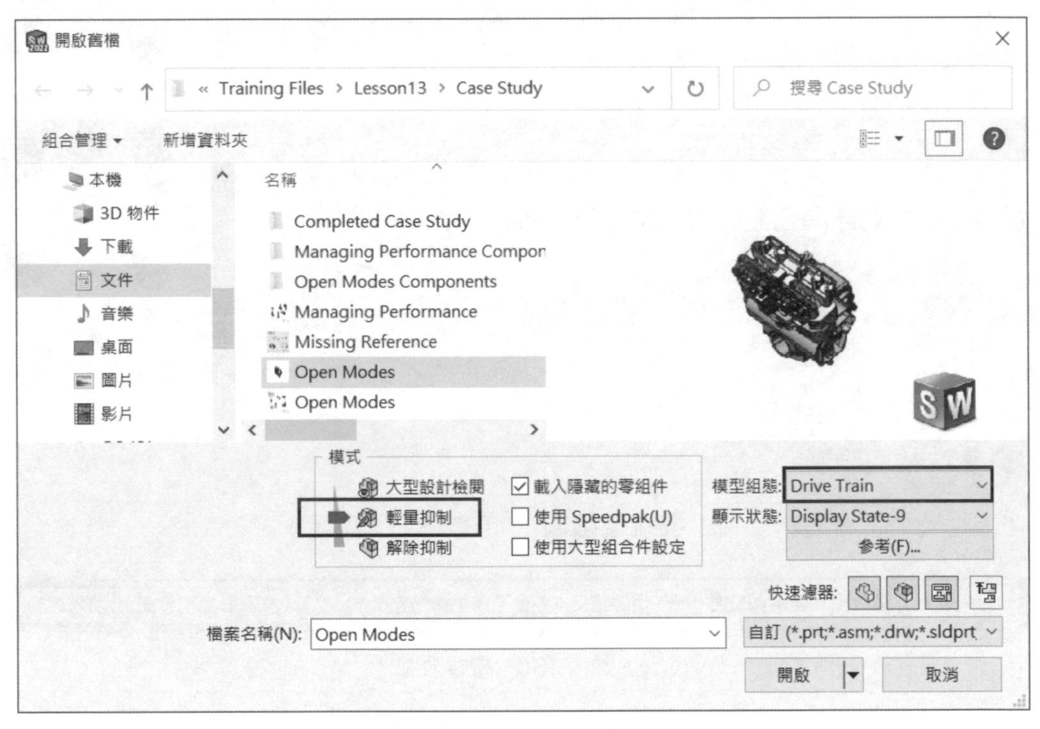

圖 13-38　開啟 Drive Train 模型組態組合件

STEP 25 抑制 Full Head Assy

選擇零組件 Open Modes 012 (Full Head Assy)，如圖 13-39 所示，點選**抑制**。

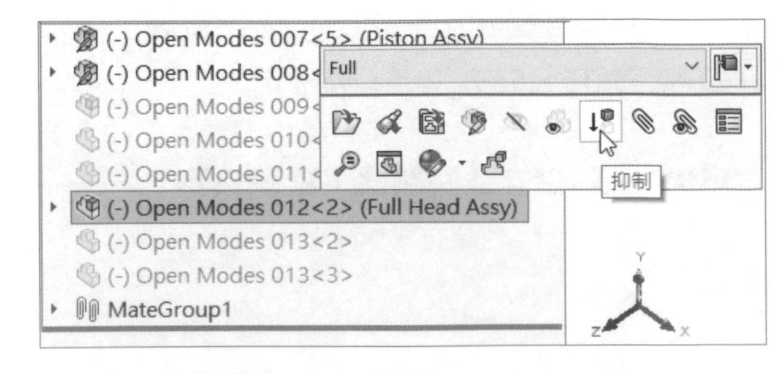

圖 13-39　抑制 Full Head Assy

STEP 26 儲存並關閉此組合件

STEP 27 以尺寸細目模式開啟 Open Modes 工程圖檔

在**開啟舊檔**或**最近文件**對話方塊中，使用**尺寸細目**模式開啟檔案，如圖 13-40 所示。

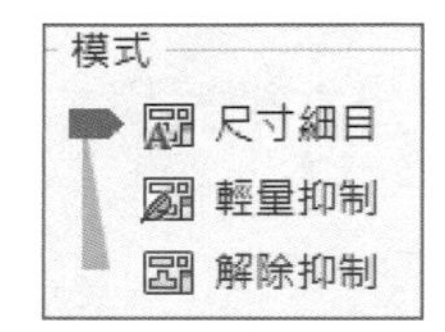

圖 13-40 以尺寸細目模式開啟檔案

STEP 28 查看訊息對話方塊

訊息對話方塊顯示此工程圖可能需要更新，如圖 13-41 所示。按**在解除抑制模式中開啟**，以更新此工程圖。

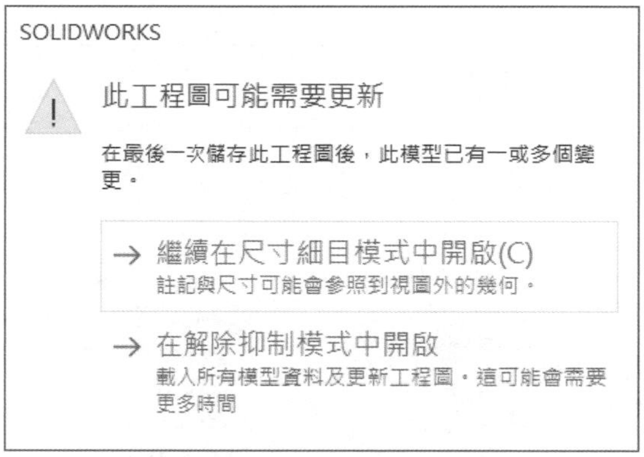

SOLIDWORKS

此工程圖可能需要更新

在最後一次儲存此工程圖後，此模型已有一或多個變更。

→ 繼續在尺寸細目模式中開啟(C)
註記與尺寸可能會參照到視圖外的幾何。

→ 在解除抑制模式中開啟
載入所有模型資料及更新工程圖。這可能會需要更多時間

圖 13-41　訊息對話方塊

STEP 29 更新組態

如圖 13-42 所示，此工程視圖所參考被修改過的組態已經更新。

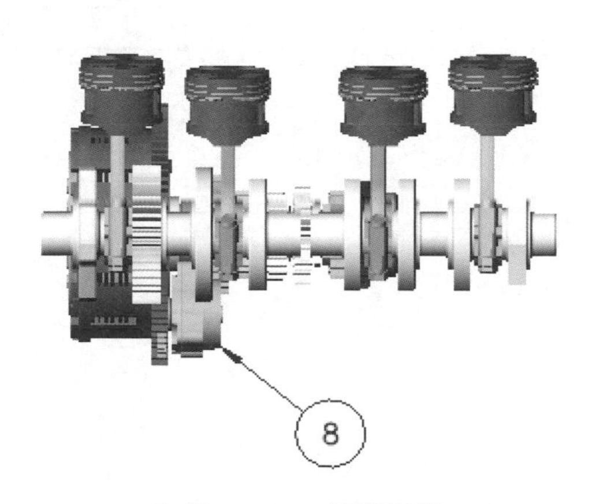

圖 13-42　更新組態

STEP 30 共用、儲存並關閉所有檔案

13.5.8 開啟工程圖時遺失參考

因為以尺寸細目模式開啟檔案時，外部模型資料並未載入，因此，若有遺失檔案，則適用於此模式開啟。唯一要注意的是，此工程圖不能檢測模型是否是最新的。

下面將以尺寸細目模式開啟遺失參考檔案的工程圖，以查看其習性及如何完成細部操作。

STEP 1 開啟工程圖檔

在 Lesson13\Case Study 資料夾下開啟工程圖檔案：Missing Reference.SLDDRW，如圖 13-43 所示，**解除抑制**是預設開啟模式，這裡先以解除抑制模式開啟，然後再以尺寸細目模式開啟，以比較兩者之不同。

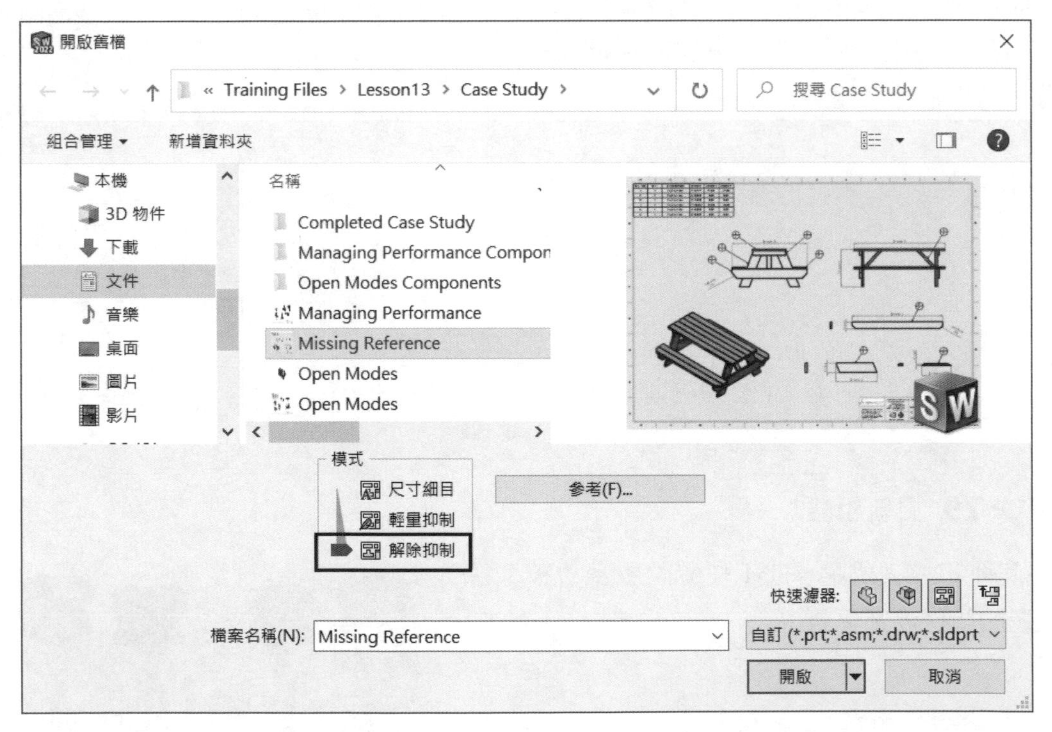

圖 13-43 開啟 Missing Reference

STEP 2 抑制遺失的零組件

如圖 13-44 所示，系統出現訊息對話方塊，表示參考的模型無法載入至工程圖中，有時在傳送檔案時有遺失、重新命名模型或移動模型等而未適當處理，都可能產生此狀況。

按**抑制此零組件**。

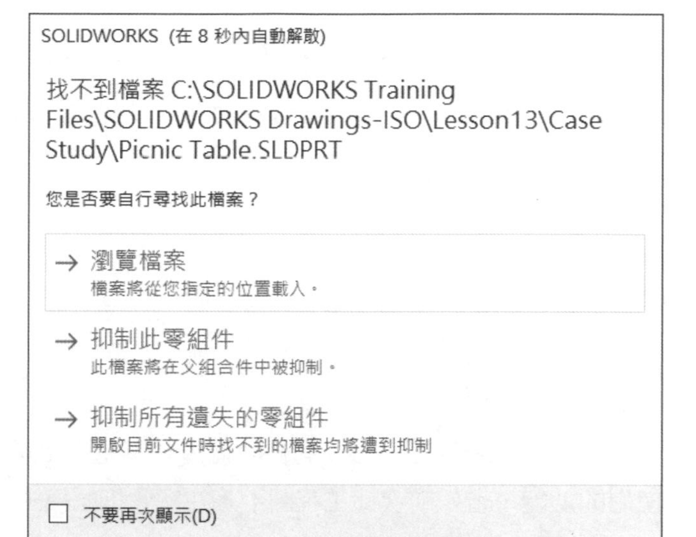

圖 13-44　抑制此零組件

STEP 3 產生空白工程視圖

此工程圖開啟後產生空白工程視圖，如圖 13-45 所示。

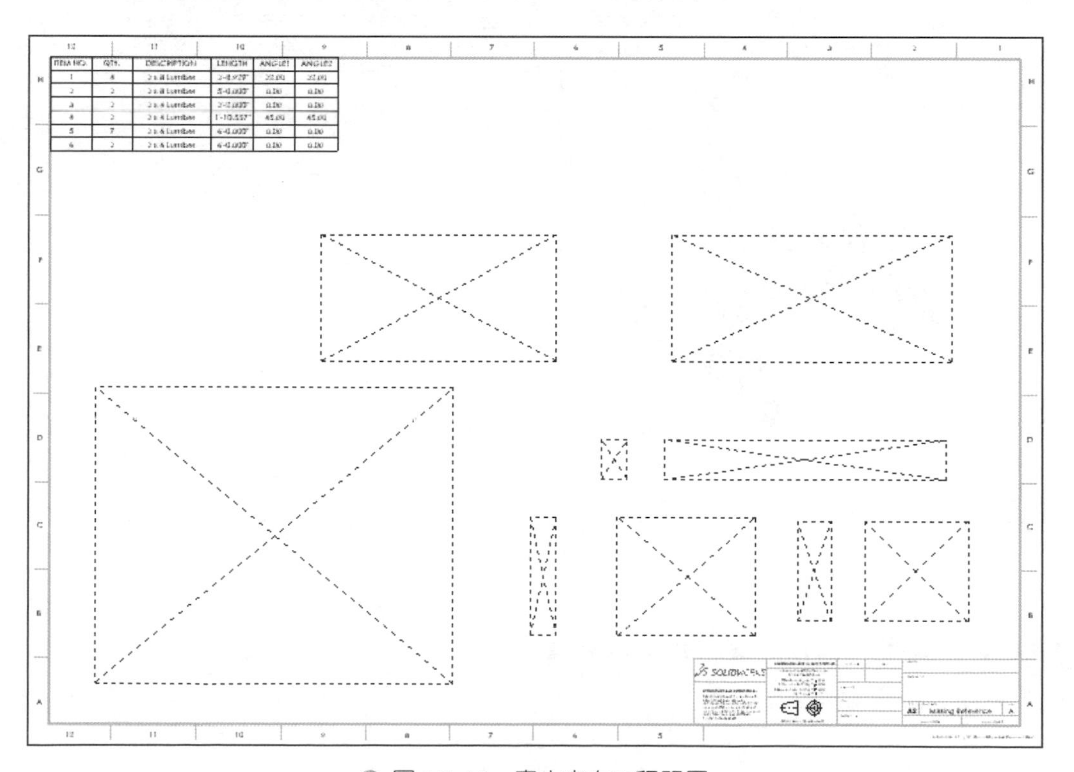

圖 13-45　產生空白工程視圖

STEP 4　不儲存關閉此工程圖檔

STEP 5　以尺寸細目模式開啟

從**開啟舊檔**或**最近文件**對話方塊中，以**尺寸細目**模式開啟工程圖檔案，如圖 13-46 所示。

圖 13-46　尺寸細目模式

STEP 6　結果

結果此工程圖開啟後所有視圖皆清楚可見，如圖 13-47 所示，所有尺寸細目模式下可以使用的功能，皆依前次此工程圖中，在解除抑制模式下所儲存的尺寸細目模式設定而定。

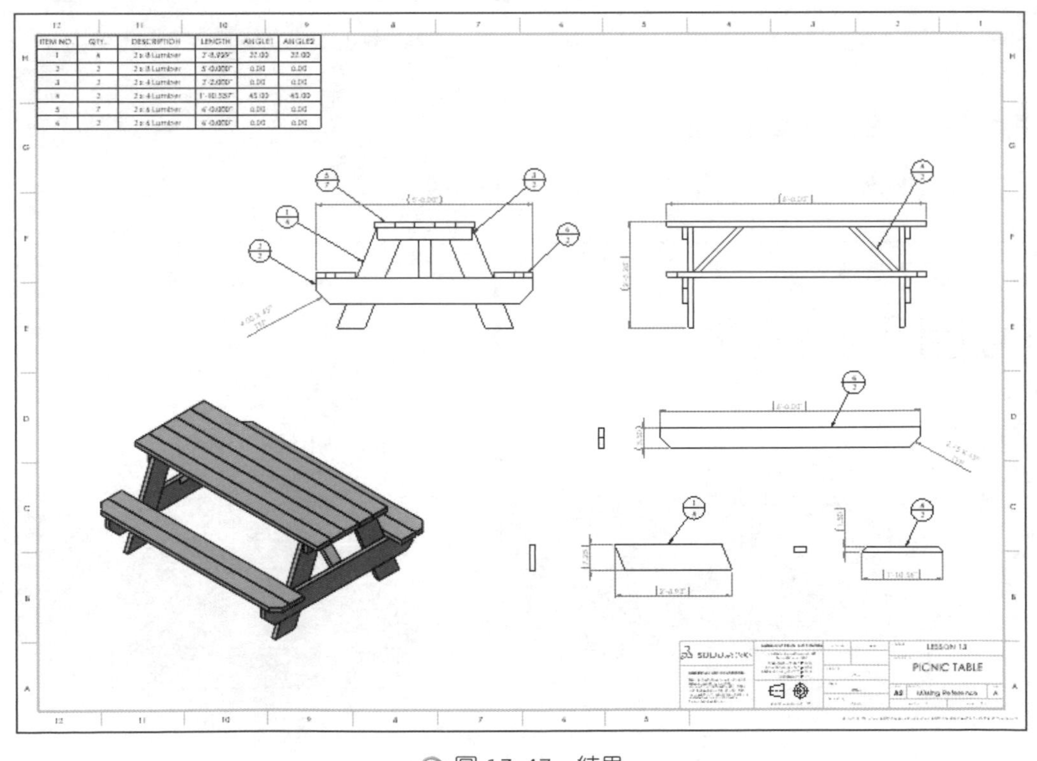

圖 13-47　結果

STEP 7　共用、儲存並關閉此工程圖檔

13.6 硬體與效能

另一個最佳化 SOLIDWORKS 效能的重要部份是，確定軟體已安裝在適當的硬體和驅動程式上，SOLIDWORKS 會持續更新建議的硬體在網站中：

https://www.solidworks.com/sw/support/hardware.html.

除此之外，還有一些重要提示：

RAM 越多越好

大容量的 RAM 將確使有足夠的能力處理大量和複雜的檔案。在檔案儲存至硬碟前，所有編修的資料都儲存在 RAM 之中，目前的建議是 16G 以上。

使用固態硬碟 SSD

跟標準硬碟相比，固態硬碟能提供更快的速度效能。

優先使用高速的處理器

大部份的 SOLIDWORKS 工作都是線性並使用單一處理器，因此，對工作站而言，速度是比較重要的。

技巧

但是某些程序像是彩現與模擬分析則使用多核心處理器。

確定選擇認證的顯示卡及驅動程式

使用支援的繪圖卡與驅動程式是極重要的，要檢核繪圖卡可以使用 **SOLIDWORKS Rx** 工具中的**診斷**標籤，這會分析系統資訊，並提供連結到 SOLIDWORKS 所認證的顯示卡網頁中。

技巧

您可以從工作窗格 **SOLIDWORKS 資源**或 Windows 開始功能表中執行 **SOLIDWORKS Rx**。

13.7 其他考慮事項

除了適當的硬體之外，Windows 設定與工作習慣也會影響到效能。

Windows 設定

Windows 中的一些設定會直接衝擊到 SOLIDWORKS 的效能。

- **高效率電源計畫**：從 Windows10 的**設定→系統→電源與睡眠→其他電源設定→電源選項**。
- **調整視覺效果**：在 Windows10 **設定→系統→關於→進階系統設定，進階**標籤的**效能**中，您可以移除一些不必要的設定，如圖 13-48 所示。

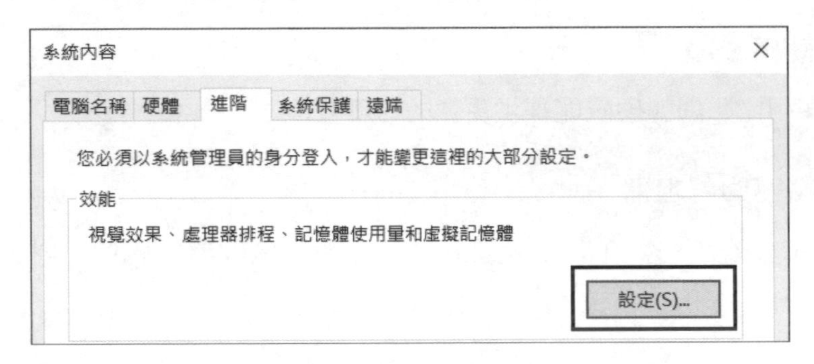

圖 13-48　效能設定

SOLIDWORKS 設定

藉著調整部份 SOLIDWORKS 設定，可以大大改進效能，像是：

- 關閉 SOLIDWORKS 附加程式
- 使用輕量抑制
- 保持最上層結合數最少（使用次組合件）
- 降低影像品質設定
- 使用塗彩
- 使用簡化的模型組態

單機作業

為得到最佳效能，應該在單機開啟 SOLIDWORKS 檔案，而不是在 Server 端，這可以減少連接網路的時間，而且也怕因網路中斷影響作業。